普通高等教育基础课规划教材

# 高等数学学习辅导

第 2 版

南京理工大学应用数学系　编

机 械 工 业 出 版 社

本书是参照教育部高等学校数学与统计学教学指导委员会制定的“工科类本科数学基础课程教学基本要求”而编写的一本教学参考书，是与南京理工大学应用数学系编《高等数学》第2版配套的学习辅导书. 全书包括一元函数微积分、多元函数微积分、向量代数与空间解析几何、无穷级数和微分方程等内容，共有十二章，每章按主要知识点分成若干小节，每小节由内容提要，重点、难点分析，典型例题三部分组成.

对于中学教学中淡化的某些重要教学内容(如:数学归纳法、极坐标、行列式、复数等)，我们在相应章节进行了补充. 在每一章的结尾，给出了两套自测题，按照上、下两个学期，分别汇编了两套期中考试试卷和三套期末考试试卷，以及三套数学竞赛试题，供读者考前模拟练习使用.

本书主要是作为普通高等工科院校学生的课外学习指导用书，也可作为夜大、职大、自考、考研等学生的参考书.

**图书在版编目（CIP）数据**

高等数学学习辅导/南京理工大学应用数学系编. —2版. —北京：机械工业出版社，2015.12（2019.9重印）

普通高等教育基础课规划教材

ISBN 978-7-111-54500-2

Ⅰ. 高…　Ⅱ. 南…　Ⅲ. 高等数学-高等学校-教学参考资料　Ⅳ. 013

中国版本图书馆CIP数据核字（2016）第183795号

机械工业出版社（北京市百万庄大街22号　邮政编码100037）
策划编辑：郑　玫　责任编辑：郑　玫　孟令磊
责任印制：常天培　责任校对：段凤敏　任秀丽
北京京丰印刷厂印刷
2019年9月第2版·第3次印刷
169mm×239mm·23印张·442千字
标准书号：ISBN 978-7-111-54500-2
定价：43.00元

凡购本书，如有缺页、倒页、脱页，由本社发行部调换

| 电话服务 | 网络服务 |
|---|---|
| 服务咨询热线：010-88379833 | 机 工 官 网：www.cmpbook.com |
| 读者购书热线：010-88379649 | 机 工 官 博：weibo.com/cmp1952 |
| | 教育服务网：www.cmpedu.com |
| **封面无防伪标均为盗版** | 金 书 网：www.golden-book.com |

# 前　言

本书是参照教育部高等学校数学与统计学教学指导委员会制定的“工科类本科数学基础课程教学基本要求”，配合《高等数学》教材的学习而编写的一本教学参考书．全书共有十二章，每章按主要内容分小节，每小节均由三部分内容组成：

1．内容提要：结合编者多年教学经验，对本小节的主要内容按照基本概念、重要结论、方法与技巧等方面进行归纳总结，便于学生查找复习．

2．重点、难点分析：给出本小节的重点、难点，并对重要内容进行强调，使学生学习时心中有数，目的明确．

3．典型例题：总结本节的典型例题，并给出详细的分析和解答，供学生课后复习．

另外，对于中学教学中淡化的某些重要教学内容(如:数学归纳法、极坐标、行列式、复数等)，我们在相应章节进行了补充．且在每章后增加了应用能力矩阵，以及编有两套自测题，第一套主要是基本题，第二套有提高题．学生既可用来检测本章的学习效果，也可作为章节测验题．最后，还按照上、下两个学期，分别汇编了两套期中考试试卷和三套期末考试试卷，以及三套数学竞赛试题，供学生考前模拟练习使用．

本书主要作为普通高等工科院校学生的课外学习指导书，也可作为夜大、职大、自考、考研等学生的参考书．本书由许春根、王为群、徐慧玲、张丽琴、杨建新、邱志鹏共同编写．许春根负责全部稿件的统稿工作，并完成第一、二章的编写．王为群编写第三、四章，徐慧玲编写第五、六章，张丽琴编写第七、八章，杨建新编写第九、十章，邱志鹏编写第十一、十二章．杨孝平教授、俞军副教授仔细审阅了全部书稿，并提出了许多宝贵意见，机械工业出版社的郑玫编辑给予很多帮助，在此表示衷心感谢！

由于编者水平有限，书中难免存在错误和不妥之处，恳请同行专家和热心读者批评指教，不胜感激．

编　者

# 目　　录

# 第一章　函数、极限与连续

## 第一节　函　　数

### 一、内容提要

1. 映射

设 $A$、$B$ 是两个非空集合，若对每个 $x \in A$，按照某种确定的法则 $f$，有唯一确定的 $y \in B$ 与它相对应，则称 $f$ 为从 $A$ 到 $B$ 的一个映射，记作 $f: A \to B$，其中 $y$ 称为 $x$ 在映射 $f$ 下的像，并记作 $f(x)$，即 $y = f(x)$.

2. 函数

设非空数集 $D \subseteq \mathbf{R}$，则称映射 $f: D \to \mathbf{R}$ 为定义在 $D$ 上的函数，记作 $y = f(x)$，$x \in D$.

确定函数有两个要素，分别是定义域 $D$ 和对应法则 $f$.

3. 反函数

若函数 $f: A \to B$ 是一一映射，则其逆映射 $f^{-1}: B \to A$ 称为函数 $f$ 的反函数. 若函数 $f: A \to f(A)$ 是单射，则 $f$ 一定存在反函数 $f^{-1}: f(A) \to A$.

一般地，$y = f(x)$，$x \in D$ 的反函数记为 $y = f^{-1}(x)$，$x \in f(D)$.

4. 复合函数

设有函数 $y = g(u)$，$u \in D_g$ 及 $u = f(x)$，$x \in D$，且 $f(D) \subseteq D_g$，则对于 $D$ 中每一个 $x$ 值，通过变量 $u$，有一个确定的 $y$ 值与之对应，称 $y$ 是定义在 $D$ 上的由 $f$ 和 $g$ 复合而成的复合函数，记作 $y = g(f(x))$，$x \in D$，其中 $u$ 称为中间变量.

5. 初等函数

基本初等函数是指下列几类函数：常函数、幂函数、指数函数、对数函数、三角函数、反三角函数. 由基本初等函数经过有限次的四则运算和有限次的函数复合运算所得到的并可用一个式子表示的函数，称为初等函数.

6. 函数的几种特性

函数的有界性、单调性、奇偶性和周期性是函数的几种特性，并不是函数的共性，每一种函数特性都有明显的几何意义.

函数在定义域 $X$ 上有界的图形特征是对应于 $X$ 上的函数值被限制在平行于 $x$ 轴的两条直线之间. 单调函数的图形特征是在 $X$ 上函数曲线是始终上升或下降的.

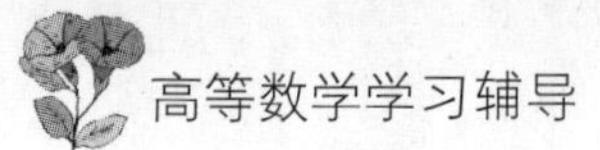


奇函数的图形是关于原点对称的. 偶函数的图形是关于 $y$ 轴对称的. 周期函数在一个周期上的图形周期出现.

**二、重点、难点分析**

初等函数是高等数学研究的主要对象，它们由基本初等函数构成. 本节的一个重点是函数的复合运算，把一个复合函数分解成几个简单函数，是我们必须掌握的一项基本技能. 在后面几章中，关于复合函数的求导，积分计算中的换元法和分部积分法都基于复合函数的分解.

求一个函数的反函数也是本节的一个难点. 一般步骤为：①由方程 $f(x)=y$ 解出 $x$，即用关于 $y$ 的解析式来表示 $x$；②把上述解析表达式中的 $x$ 与 $y$ 对换，即得反函数 $y=f^{-1}(x)$.

**三、典型例题**

**例 1** 指出函数 $y=\arctan\sqrt[3]{\dfrac{x-1}{2}}$ 是由哪些简单函数复合而成.

**【分析】** 从内层开始，逐层向外找出复合函数的复合关系.

**解** 设 $v=\dfrac{x-1}{2}$，$u=v^{\frac{1}{3}}$，$y=\arctan u$，所以 $y=\arctan\sqrt[3]{\dfrac{x-1}{2}}$ 是 $y=\arctan u$，$u=v^{\frac{1}{3}}$，$v=\dfrac{x-1}{2}$ 复合而成.

**例 2** 求 $y=f(x)$，$x\in\mathbf{R}$ 的反函数，其中 $f(x)=\begin{cases}x+1 & x\geqslant 0\\ -x^2 & x<0\end{cases}$.

**【分析】** 由分段函数求反函数，需要逐段讨论函数的单调性和取值范围.

**解** 先从 $y=f(x)$ 中解出 $x$，因为 $f(x)$ 是分段函数，所以要分区间来考虑，当 $x\geqslant 0$ 时 $y=x+1$，单调增加的，解出 $x=y-1$，此时 $y\geqslant 1$；当 $x<0$ 时 $y=-x^2$，单调增加的，解出 $x=-\sqrt{-y}$，此时 $y<0$. 即

$$x=\begin{cases}y-1 & y\geqslant 1\\ -\sqrt{-y} & y<0\end{cases},$$

反函数为
$$y=f^{-1}(x)=\begin{cases}x-1 & x\geqslant 1\\ -\sqrt{-x} & x<0\end{cases}.$$

**例 3** 判别下列各组函数是否相同：

（1）函数 $f(x)=x$ 与 $g(x)=\sqrt{x^2}$；

（2）函数 $f(x)=\dfrac{x^2-1}{x-1}$ 与 $g(x)=x+1$.

**【分析】** 对于给定的两个函数，当且仅当它们的定义域和对应法则完全相同时，才表示同一个函数，否则表示不同的函数.

**解**　(1)函数$f(x)$和$g(x)$的定义域都是$(-\infty,+\infty)$，但$f(x)$和$g(x)$的对应法则却不同，特别是当$x<0$时，$f(x)=x$，$g(x)=-x$，故两个函数不相同.

(2)由于函数$f(x)$的定义域是$(-\infty,1)\cup(1,+\infty)$，而$g(x)$的定义域是$(-\infty,+\infty)$，故两个函数不相同.

**例4**　已知$f(x)=\mathrm{e}^{x^2}$，$f(\varphi(x))=1-x$，且$\varphi(x)\geqslant 0$，求$\varphi(x)$并写出它的定义域.

**【分析】**　由复合函数的定义写出$f(\varphi(x))$的另一种表达式，再通过比较求出未知函数.

**解**　由于$f(\varphi(x))=\mathrm{e}^{\varphi^2(x)}=1-x$，可得$\varphi(x)=\sqrt{\ln(1-x)}$，再根据$\ln(1-x)\geqslant 0$知$1-x\geqslant 1$，即$x\leqslant 0$，故$\varphi(x)$的定义域为$x\leqslant 0$.

**例5**　讨论双曲函数$y=\mathrm{sh}x=\dfrac{\mathrm{e}^x-\mathrm{e}^{-x}}{2}$，$y=\mathrm{ch}x=\dfrac{\mathrm{e}^x+\mathrm{e}^{-x}}{2}$，$y=\mathrm{th}x=\dfrac{\mathrm{e}^x-\mathrm{e}^{-x}}{\mathrm{e}^x+\mathrm{e}^{-x}}$，以及它们的反函数$y=\mathrm{arsh}x=\ln(x+\sqrt{x^2+1})\ (x\in\mathbf{R})$，$y=\mathrm{arch}x=\ln(x+\sqrt{x^2-1})\ (x\geqslant 1)$，$y=\mathrm{arth}x=\dfrac{1}{2}\ln\dfrac{1+x}{1-x}(x\in(-1,1))$的奇偶性.

**【分析】**　主要根据定义域的对称性，以及$f(-x)$与$f(x)$或$-f(x)$是否相等来确定奇偶性.

**解**　由奇偶性定义易知$y=\mathrm{sh}x$、$y=\mathrm{th}x$是奇函数，$y=\mathrm{ch}x$是偶函数；由于$\mathrm{arsh}(-x)=\ln(-x+\sqrt{x^2+1})=\ln\dfrac{1}{\sqrt{x^2+1}+x}=-\ln(x+\sqrt{x^2+1})=-\mathrm{arsh}x$；$\mathrm{arth}(-x)=\dfrac{1}{2}\ln\dfrac{1-x}{1+x}=-\dfrac{1}{2}\ln\dfrac{1+x}{1-x}=-\mathrm{arth}x$，所以$y=\mathrm{arsh}x$和$y=\mathrm{arth}x$是奇函数，而$y=\mathrm{arch}x$的定义域不对称，所以$y=\mathrm{arch}x$不具有奇偶性.

**例6**　指出下列函数在$(-\infty,+\infty)$内是否有界？

① $y=\dfrac{x}{1+x^2}$；　　② $y=x\sin x$.

**【分析】**　证明有界，只需找到一个$M$，使$|f(x)|\leqslant M$，$x\in D$. 证明无界，可以采取反证法，任取一个正数$M$，都可找一个函数值$f(x_0)$，使得$|f(x_0)|>M$.

**解**　① 当$x\neq 0$时$|y|=\dfrac{|x|}{1+x^2}\leqslant\dfrac{|x|}{2|x|}=\dfrac{1}{2}$　（因为$1+x^2\geqslant 2|x|,x\neq 0$）

又当$x=0$时，$y=0$，所以$|y|\leqslant\dfrac{1}{2}$，$x\in(-\infty,+\infty)$，故此函数在$(-\infty,+\infty)$内有界.

② 对任意正数$M>0$，取$x_0=\left(2[M]+\dfrac{1}{2}\right)\pi$，则$\sin x_0=1$. 于是$|f(x_0)|=$

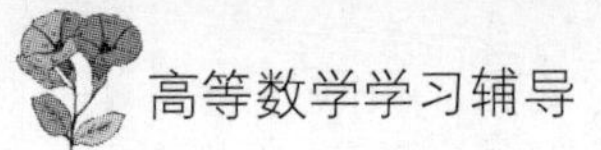


$\pi\left(2[M]+\dfrac{1}{2}\right)\sin\left(2[M]+\dfrac{1}{2}\right)\pi=(2[M]+1)\pi>M$，所以，函数 $y=x\sin x$ 在 $(-\infty,+\infty)$ 内无界.

**例 7** 设 $f(x)$ 满足方程 $af(x)+bf\left(\dfrac{1}{x}\right)=\dfrac{c}{x}$，其中 $a$、$b$、$c$ 为常数，且 $|a|\neq|b|$，求 $f(x)$ 的表达式并证明 $f(x)$ 是奇函数.

**解**
$$af(x)+bf\left(\frac{1}{x}\right)=\frac{c}{x},\tag{1}$$

在式(1)中用 $\dfrac{1}{x}$ 代 $x$，则得
$$af\left(\frac{1}{x}\right)+bf(x)=cx,\tag{2}$$

由式(1)、(2)消去 $f\left(\dfrac{1}{x}\right)$，得
$$(a^2-b^2)f(x)=\frac{ac}{x}-bcx,$$

故
$$f(x)=\frac{c}{a^2-b^2}\left(\frac{a}{x}-bx\right).$$

由于
$$f(-x)=\frac{c}{a^2-b^2}\left(\frac{a}{-x}+bx\right)=\frac{-c}{a^2-b^2}\left(\frac{a}{x}-bx\right)=-f(x),$$

所以，$f(x)$ 是奇函数.

## 第二节　极　　限

### 一、内容提要

1. 预备知识：数学归纳法

归纳法是一种由特殊到一般的推理方法. 分完全归纳法和不完全归纳法二种.

由于不完全归纳法中推测所得结论可能不正确，因而必须作出证明，证明可用数学归纳法进行.

数学归纳法作为一种证明方法，它的基本思想是递推(递归)思想，由归纳法得到的与自然数有关的数学命题常采用数学归纳法来证明，它的操作步骤分为二步：

(1) 先证明当 $n=n_0$($n_0$ 是使命题成立的自然数)时命题成立；

(2) 假设当 $n=k(k\in\mathbf{N}_+,\ k\geqslant n_0)$ 时命题成立，再证明当 $n=k+1$ 时命题也成立，那么就能证明这个命题成立，这种证明方法叫数学归纳法.

例如，利用数学归纳法证明 $2^n>n^2$($n\in\mathbf{N}$ 且 $n\geqslant5$)成立，过程如下：

(1) 当 $n=5$ 时，$2^n>n^2$ 成立.

(2) 假设 $n=k(k\in\mathbf{N},k\geqslant5)$ 时 $2^k>k^2$ 成立，那么

$$2^{k+1}=2\cdot 2^k=2^k+2^k>k^2+2^k\text{（利用了假设 }2^k>k^2\text{ 成立）}$$
$$=k^2+(1+1)^k>k^2+C_k^0+C_k^1+C_k^{k-1}$$
$$=k^2+2k+1=(k+1)^2,$$

从而，当 $n=k+1$ 时，$2^n>n^2$ 成立.

由过程(1)(2)可知，对 $n\geqslant 5$ 的一切自然数 $2^n>n^2$ 都成立.

2. 极限的定义

$\lim\limits_{n\to\infty}x_n=A\Leftrightarrow\forall\varepsilon>0$，$\exists N$，当 $n>N$ 时，恒有 $|x_n-A|<\varepsilon$ 成立.

$\lim\limits_{x\to\infty}f(x)=A\Leftrightarrow\forall\varepsilon>0$，$\exists N>0$，当 $|x|>N$ 时，恒有 $|f(x)-A|<\varepsilon$ 成立.

$\lim\limits_{x\to x_0}f(x)=A\Leftrightarrow\forall\varepsilon>0$，$\exists\delta>0$，当 $0<|x-x_0|<\delta$ 时，恒有 $|f(x)-A|<\varepsilon$ 成立.

上述给出了当 $n\to\infty$（数列极限）、$x\to\infty$、$x\to x_0$ 时，函数极限的 $\varepsilon-\delta(N)$ 定义，其他情况：$x\to+\infty$，$x\to-\infty$，$x\to x_0^+$，$x\to x_0^-$，可类似给出定义. 数列也是一种函数（整标函数），我们为了叙述的方便，有时用符号 $\lim f(x)$ 表示上述某一极限过程的函数极限.

3. 极限的性质

① 唯一性：收敛数列的极限是唯一的；函数在某一极限过程的极限值是唯一的.

② 有界性：如果数列收敛，则该数列是有界数列；如果函数 $f(x)$ 当 $x\to x_0$ 时以 $A$ 为极限，则存在正数 $\delta$，使得函数 $f(x)$ 在点 $x_0$ 的某去心 $\delta$ 邻域内有界. 其他极限过程也有类似的局部有界性.

③ 保号性：若 $\lim\limits_{n\to\infty}u_n=a>0$（或 $<0$），则存在 $N>0$，使得当 $n>N$ 时，恒有 $u_n>0$（或 $<0$）；若 $\lim\limits_{x\to x_0}f(x)=A>0$（或 $A<0$），则存在 $\delta>0$，使得当 $0<|x-x_0|<\delta$ 时，$f(x)>0$（或 $f(x)<0$）. 其他极限过程也有类似的保号性.

4. 极限的四则运算

设 $\lim f(x)=A$，$\lim g(x)=B$，则

(1) $\lim[f(x)\pm g(x)]=\lim f(x)\pm\lim g(x)=A\pm B$；

(2) $\lim[f(x)\cdot g(x)]=\lim f(x)\cdot\lim g(x)=A\cdot B$，特别地，$\lim[k\cdot f(x)]=k\lim f(x)$；

(3) 当 $B\neq 0$ 时，$\lim\dfrac{f(x)}{g(x)}=\dfrac{\lim f(x)}{\lim g(x)}=\dfrac{A}{B}$.

上述四则运算对所有极限过程都成立.

5. 极限存在的准则

(1) 夹逼准则

设函数 $f(x)$，$g(x)$，$h(x)$ 满足

① $\exists \eta>0$，当 $0<|x-x_0|<\eta$ 时 $g(x)\leqslant f(x)\leqslant h(x)$；

② $\lim\limits_{x\to x_0}g(x)=\lim\limits_{x\to x_0}h(x)=A$，

则 $\lim\limits_{x\to x_0}f(x)=A$.

其他极限过程也有类似夹逼准则，如数列极限：$x_n\leqslant y_n\leqslant z_n\ (n\geqslant n_0)$，且 $\lim\limits_{n\to\infty}x_n=\lim\limits_{n\to\infty}z_n=A$，则 $\lim\limits_{n\to\infty}y_n=A$.

（2）单调有界准则：单调有界数列必有极限.

6. 无穷小和无穷大

如果函数 $f(x)$ 在某一极限过程中以零为极限，则称 $f(x)$ 为该极限过程中的无穷小量，简称无穷小. 若函数 $f(x)$ 在某一极限过程中 $f(x)$ 的绝对值无限地增大，则称 $f(x)$ 为该极限过程中的无穷大量，简称无穷大. 在同一极限过程中，无穷大量的倒数是无穷小量，恒不为零的无穷小量的倒数是无穷大量.

7. 无穷小的比较

设变量 $\alpha$ 与 $\beta$ 是在同一个极限过程中的无穷小量，如果在这一极限过程中，当

$$\lim\frac{\beta}{\alpha}=\begin{cases}0 & \text{称}\beta\text{是比}\alpha\text{高阶无穷小，记作}\beta=o(\alpha),\\ \infty & \text{称}\beta\text{是比}\alpha\text{低阶无穷小，}\\ c & \text{称}\alpha\text{和}\beta\text{同阶无穷小}(c\neq 0),\\ 1 & \text{称}\alpha\text{和}\beta\text{等阶无穷小，}\alpha\sim\beta.\end{cases}$$

8. 两个重要极限

$$\lim_{x\to 0}\frac{\sin x}{x}=1,\qquad \lim_{x\to\infty}\left(1+\frac{1}{x}\right)^x=\mathrm{e}.$$

**二、重点、难点分析**

1. 数列极限的“$\varepsilon-N$”定义中的 $N$ 是与 $\varepsilon$ 有关的正整数，它的作用在于刻划保证不等式 $|x_n-A|<\varepsilon$ 成立所需要的 $n$ 变大的程度. 一般来说，当 $\varepsilon$ 给得更小时，$N$ 要更大些，但当 $\varepsilon$ 给定后，随之而取定的 $N$ 并不是唯一的. 因为根据 $N$ 的作用，如果 $N$ 是一个能满足定义要求的正整数，那么任何一个大于 $N$ 的正整数 $N+1$，$N+2$，…，当然也都能满足要求，定义也并不要求取定的 $N$ 是所有符合要求的正整数中最小的一个，只要求存在符合要求的正整数就可以了.

由于 $\varepsilon$ 是任意给定的正数，自然 $2\varepsilon$，$\frac{\varepsilon}{2}$，$\sqrt{\varepsilon}$，$\varepsilon^2$，…，也都是任意给定的正数，虽然它们形式上与 $\varepsilon$ 有差异，而本质上与 $\varepsilon$ 起同样的作用，今后在极限的证明中，常用到这些与 $\varepsilon$ 等价的形式.

2. 无穷小是一个以零为极限的变量，在变化过程中其绝对值可以任意小，绝不能将一个很小的数（如 $10^{-1000}$）看成是无穷小. 在常量中，唯一的只有零可以作为无穷小.

3. 函数极限与数列极限的关系. 我们以函数在点 $x_0$ 的极限 $\lim\limits_{x \to x_0} f(x)=A$ 说明这个问题.

如果 $\lim\limits_{x \to x_0} f(x)=A$，那么对于任何一个趋向于 $x_0$ 的数列 $\{x_n\}(x_n \neq x_0, n=1,2,\cdots)$ 都有 $\lim\limits_{n \to \infty} f(x_n)=A$.

如果对于每一个收敛于 $x_0$ 数列 $\{x_n\}(x_n \neq x_0, n=1,2,\cdots)$，极限 $\lim\limits_{n \to \infty} f(x_n)$ 存在且相等，用 $A$ 表示这个共同的极限，则 $\lim\limits_{x \to x_0} f(x)=A$.

4. 由函数极限的保号性知，若函数的极限大于零(或小于零)，则函数值在某一时刻后大于零(或小于零)，反之不成立. 例如：$f(x)=\dfrac{1}{x^2}>0(x \neq 0)$，而 $\lim\limits_{x \to \infty} f(x)=0$，也就是说，函数值大于零(或小于零)，并不能保证它的极限一定大于零(或小于零).

**三、典型例题**

**例 1**　下列命题是否互相等价，简要说明理由.

(1) 对于任意正数 $\varepsilon$，都能找到自然数 $N$，只要 $n>N$，就有 $|a_n-A|<\varepsilon$；

(2) 对于任意正数 $\varepsilon$，都能找到自然数 $N$，只要 $n \geqslant N$，就有 $|a_n-A|<\varepsilon$；

(3) 对于任意正数 $\varepsilon$，都能找到自然数 $N$，只要 $n>N$，就有 $|a_n-A|<M\varepsilon$ (其中 $M$ 是某个确定的正数)；

(4) 对于任意正数 $\varepsilon$，都能找到自然数 $N$，只要 $n>N$，就有 $|a_n-A|<\sqrt{\varepsilon}$；

(5) 对于任意自然数 $k$，都能找到自然数 $N_k$，只要 $n>N_k$，就有 $|a_n-A|<\dfrac{1}{2^k}$.

**解**　上述五个命题是互相等价的，命题(1)就是极限"$\lim\limits_{n \to \infty} a_n=A$"的定义. 命题(2)与命题(1)的等价性是明显的. 命题(3)，(4)，(5)中的 $M\varepsilon$，$\sqrt{\varepsilon}$，$\dfrac{1}{2^k}$都具有任意性，和 $\varepsilon$ 起着同样的作用(能够任意小)，从而上述命题是等价的.

**例 2**　证明：对于数列 $x_n$，$\lim\limits_{n \to \infty} x_n=A$ 的充要条件是 $\lim\limits_{k \to \infty} x_{2k-1}=\lim\limits_{k \to \infty} x_{2k}=A$.

**证**　必要性. 设 $\lim\limits_{n \to \infty} x_n=A$，则由数列极限定义有：$\forall \varepsilon>0$，$\exists N \in \mathbf{N}_+$，当 $n>N$ 时，恒有 $|x_n-A|<\varepsilon$.

因此我们取自然数 $k_0$，使 $2k_0>2k_0-1>N$，则当 $k>k_0$ 时恒有 $|x_{2k-1}-A|<\varepsilon$，且 $|x_{2k}-A|<\varepsilon$.

于是由数列极限定义知

$$\lim_{k \to \infty} x_{2k-1}=A \text{ 且} \lim_{k \to \infty} x_{2k}=A.$$

充分性. 设 $\lim\limits_{k \to \infty} x_{2k-1}=\lim\limits_{k \to \infty} x_{2k}=A$，则由数列极限定义有：$\forall \varepsilon>0$，$\exists k_1$，$k_2 \in \mathbf{N}_+$，当 $k>k_1$ 时，恒有 $|x_{2k-1}-A|<\varepsilon$，当 $k>k_2$ 时，恒有 $|x_{2k}-A|<\varepsilon$.

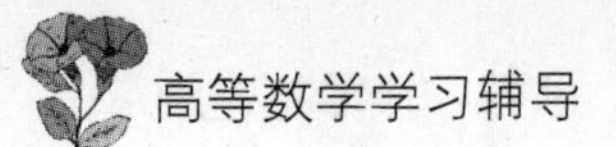


取自然数 $N$，使 $N>\max\{2k_1-1,2k_2\}$，则 $n>N$ 时，上两个等式都成立，从而有 $|x_n-A|<\varepsilon$.

于是由数列极限定义知，$\lim\limits_{n\to\infty}x_n=A$. 证毕.

**例 3** 设 $a>0$，任取 $x_1>0$，令 $x_{n+1}=\dfrac{1}{2}\left(x_n+\dfrac{a}{x_n}\right)$ $(n=1,2,\cdots)$，证明数列 $x_n$ 收敛，并求 $\lim\limits_{n\to\infty}x_n$.

**解** 首先用单调收敛准则证明 $\lim\limits_{n\to\infty}x_n$ 存在.

利用数学归纳法证明 $x_n\geqslant\sqrt{a}(n\geqslant2)$. 事实上，当 $n=1$ 时，$x_1>0$. 当 $n=2$ 时，$x_2=\dfrac{1}{2}\left(x_1+\dfrac{a}{x_1}\right)\geqslant\sqrt{x_1\cdot\dfrac{a}{x_1}}=\sqrt{a}>0$.

假设当 $n=k$ 时 $x_k\geqslant\sqrt{a}>0$，则

$$x_{k+1}=\frac{1}{2}\left(x_k+\frac{a}{x_k}\right)\geqslant\sqrt{x_k\cdot\frac{a}{x_k}}=\sqrt{a}>0,$$

从而由数学归纳法知

$$x_n\geqslant\sqrt{a}>0\quad(n\geqslant2).$$

又由于

$$\frac{x_{n+1}}{x_n}=\frac{\dfrac{1}{2}\left(x_n+\dfrac{a}{x_n}\right)}{x_n}=\frac{1}{2}\left(1+\frac{a}{x_n^2}\right)\leqslant\frac{1}{2}\left(1+\frac{a}{a}\right)=1,$$

所以 $x_n$ 单调减少，于是由单调收敛准则知 $\lim\limits_{n\to\infty}x_n$ 存在，记 $\lim\limits_{n\to\infty}x_n=A$. 由于 $x_n\geqslant\sqrt{a}$ $(n\geqslant2)$，知 $A\geqslant\sqrt{a}>0$，于是 $\lim\limits_{n\to\infty}\dfrac{1}{x_n}=\dfrac{1}{A}$，由 $x_{n+1}=\dfrac{1}{2}\left(x_n+\dfrac{a}{x_n}\right)$，两边同时令 $n\to\infty$，得 $A=\dfrac{1}{2}\left(A+\dfrac{a}{A}\right)$，解此方程得到 $A=\sqrt{a}$，即 $\lim\limits_{n\to\infty}x_n=\sqrt{a}$.

**注** 此例题告诉我们计算 $\sqrt{a}$ 的一种数值迭代方法.

**例 4** 证明 $\lim\limits_{n\to\infty}\sqrt[n]{n}=1$.

**证** 不难看出 $\sqrt[n]{n}>1(n\geqslant2)$，令 $\sqrt[n]{n}=1+a_n(a_n>0,n\geqslant2)$，则由二项展开式，得 $n=(1+a_n)^n=1+na_n+C_n^2a_n^2+\cdots+a_n^n>1+\dfrac{n(n-1)}{2}a_n^2$，由此得 $\dfrac{n(n-1)}{2}a_n^2<n-1$，即得 $0<a_n^2<\dfrac{2}{n}$，由夹逼准则知，当 $n\to\infty$ 时，$a_n^2\to0$，从而 $a_n\to0$，因此，$\lim\limits_{n\to\infty}\sqrt[n]{n}=\lim\limits_{n\to\infty}(1+a_n)=1$.

**注** 同理可证 $\lim\limits_{n\to\infty}\sqrt[n]{a}=1$ $(a>0)$，常把三个极限 $\lim\limits_{n\to\infty}\sqrt[n]{n}=1$，$\lim\limits_{n\to\infty}\sqrt[n]{a}=1$ $(a>$

0)，$\lim\limits_{n\to\infty}q^n=0$（$|q|<1$）当作结论使用.

**例 5**　证明数列 $x_1=\sqrt{6}$，$x_2=\sqrt{6+\sqrt{6}}$，$x_3=\sqrt{6+\sqrt{6+\sqrt{6}}}$，…的极限存在，并求极限值.

**【分析】**　先通过单调有界准则证明极限的存在性，再求极限值.

**证**　运用数学归纳法证明此数列单调增加，当 $n=1$ 时，$x_1=\sqrt{6}<\sqrt{6+\sqrt{6}}=x_2$ 成立；假定 $n=k$ 时 $x_k<x_{k+1}$，则当 $n=k+1$ 时，$x_{k+1}=\sqrt{6+x_k}<\sqrt{6+x_{k+1}}=x_{k+2}$. 故当 $n\geqslant1(n\in\mathbf{N}_+)$时，$x_n<x_{n+1}$，即此数列是单调增加的. 同理，由数学归纳法容易证明，对任意的自然数 $n$，都有 $x_n<3$，即数列有界. 因此，极限 $\lim\limits_{n\to\infty}x_n$存在. 设$\lim\limits_{n\to\infty}x_n=a$，令 $n\to\infty$，对 $x_{n+1}=\sqrt{6+x_n}$的两边同时取极限，得方程$a=\sqrt{6+a}$或 $a^2-a-6=0$，解得 $a=3$ 或 $-2$(舍负)，故极限$\lim\limits_{n\to\infty}x_n=3$.

**例 6**　已知 $x_0=1$，$x_n=1+\dfrac{1}{x_{n-1}}(n=1,2,\cdots)$，证明$\{x_n\}$收敛并求$\lim\limits_{n\to\infty}x_n$.

**【分析】**　数列本身没有单调性，但是它的奇数子列、偶数子列具有单调性，分别应用单调有界准则证明它们的极限的存在性.

**解**　由 $x_0=1$，知 $x_1>1$，由归纳法知 $x_n>1(n=1,2,\cdots)$，且当 $n\geqslant2$ 时，有

$$x_n=1+\frac{1}{x_{n-1}}=1+\frac{1}{1+\dfrac{1}{x_{n-2}}}=1+\frac{x_{n-2}}{1+x_{n-2}}=2-\frac{1}{1+x_{n-2}}<2,$$

$$x_n-x_{n-2}=\frac{x_{n-2}-x_{n-4}}{(1+x_{n-2})(1+x_{n-4})},\ n=4,5,\cdots,$$

故数列$\{x_{2n-1}\}$和$\{x_{2n}\}$均单调，又因为

$$x_1=2,\ x_3=2-\frac{1}{3}<x_1;\ x_2=1+\frac{1}{2}=\frac{3}{2}>x_0,$$

故$\{x_{2n-1}\}$单调递减且$\{x_{2n}\}$单调增加.

又因为 $1\leqslant x_n\leqslant2$，故$\{x_{2n-1}\}$和$\{x_{2n}\}$都收敛. 又 $x_n=2-\dfrac{1}{1+x_{n-2}}$，设

$$\lim_{n\to\infty}x_{2n-1}=A,\ \lim_{n\to\infty}x_{2n}=B,$$

从而 $A^2-A-1=0$，$B^2-B-1=0$，解得

$$A=B=\frac{1+\sqrt{5}}{2}\quad\left(舍去\frac{1-\sqrt{5}}{2}\right),$$

故$\lim\limits_{n\to\infty}x_n=\dfrac{1+\sqrt{5}}{2}$.

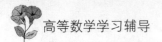

**例 7** 考察极限$\lim\limits_{x\to 0}e^{\frac{1}{x}}$的存在性.

**解** 因为$\lim\limits_{x\to 0^-}\dfrac{1}{x}=-\infty$，故$\lim\limits_{x\to 0^-}e^{\frac{1}{x}}=0$. 又因为$\lim\limits_{x\to 0^+}\dfrac{1}{x}=+\infty$，故$\lim\limits_{x\to 0^+}e^{\frac{1}{x}}=+\infty$. 从而当$x\to 0^-$时，$e^{\frac{1}{x}}$是无穷小；而当$x\to 0^+$时，$e^{\frac{1}{x}}$是无穷大. 所以，极限$\lim\limits_{x\to 0}e^{\frac{1}{x}}$不存在.

**注** 一般来说，含有$|x|$，$e^{\frac{1}{x}}$，在讨论$x\to 0$时的极限，分左、右极限讨论.

**例 8** 求极限$\lim\limits_{n\to\infty}\dfrac{2+3^n}{1+5^{n+1}}$.

**解** $$原式=\lim_{n\to\infty}\frac{\dfrac{2}{5^n}+\left(\dfrac{3}{5}\right)^n}{\dfrac{1}{5^n}+5}=\frac{\lim\limits_{n\to\infty}\left[\dfrac{2}{5^n}+\left(\dfrac{3}{5}\right)^n\right]}{\lim\limits_{n\to\infty}\left(\dfrac{1}{5^n}+5\right)}=\frac{0}{5}=0.$$

**例 9** 求极限$\lim\limits_{x\to+\infty}(\sqrt{x^2+x}-x)$.

**【分析】** 分子有理化，化成可用极限运算法则的形式.

**解** $$\lim_{x\to+\infty}(\sqrt{x^2+x}-x)=\lim_{x\to+\infty}\frac{(\sqrt{x^2+x}+x)(\sqrt{x^2+x}-x)}{\sqrt{x^2+x}+x}$$
$$=\lim_{x\to+\infty}\frac{x}{\sqrt{x^2+x}+x}=\lim_{x\to+\infty}\frac{1}{\sqrt{1+\dfrac{1}{x}}+1}=\frac{1}{2}.$$

**例 10** 求极限$\lim\limits_{x\to\infty}\dfrac{a_0x^m+a_1x^{m-1}+\cdots+a_m}{b_0x^n+b_1x^{n-1}+\cdots+b_n}$ （其中$a_i(0\leqslant i\leqslant m)$，$b_j(0\leqslant j\leqslant n)$，$m$，$n$为常数，$a_0\neq 0$，$b_0\neq 0$，$m>0$，$n>0$）.

**【分析】** 要根据分子、分母的最高次项的次数和系数来讨论.

**解** $$\lim_{x\to\infty}\frac{a_0x^m+a_1x^{m-1}+\cdots+a_m}{b_0x^n+b_1x^{n-1}+\cdots+b_n}=\begin{cases}\dfrac{a_0}{b_0}, & 当\ n=m\\ 0, & 当\ n>m.\\ \infty, & 当\ n<m\end{cases}$$

**例 11** 求$\lim\limits_{x\to 2}\left(\dfrac{1}{x-2}-\dfrac{4}{x^2-4}\right)$.

**【分析】** 先通分，再消零因式求极限.

**解** $$\lim_{x\to 2}\left(\frac{1}{x-2}-\frac{4}{x^2-4}\right)=\lim_{x\to 2}\frac{(x+2)-4}{x^2-4}=\lim_{x\to 2}\frac{x-2}{(x-2)(x+2)}=\lim_{x\to 2}\frac{1}{x+2}=\frac{1}{4}.$$

**例 12** 求极限$\lim\limits_{x\to 0}x\arctan\dfrac{1}{x}$.

【分析】 $\lim\limits_{x\to 0}\arctan\dfrac{1}{x}$极限不存在，可以通过无穷小量与有界变量的乘积仍然是无穷小来求.

**解** 当$x\to 0$时，$\arctan\dfrac{1}{x}$的极限不存在$\left(左极限为-\dfrac{\pi}{2},右极限为\dfrac{\pi}{2}\right)$，但是$\arctan\dfrac{1}{x}$是有界量，即$\left|\arctan\dfrac{1}{x}\right|<\dfrac{\pi}{2}$，根据定理：无穷小量与有界变量的乘积仍然是无穷小，可知$\lim\limits_{x\to 0}x\arctan\dfrac{1}{x}=0$.

**例 13** 求极限$\lim\limits_{n\to\infty}\dfrac{1}{n}\left(\dfrac{1}{\sqrt{n^2+1}}+\dfrac{2}{\sqrt{n^2+2}}+\cdots+\dfrac{n}{\sqrt{n^2+n}}\right)$.

【分析】 利用夹逼准则求.

**解** 令$x_n=\dfrac{1}{n}\left(\dfrac{1}{\sqrt{n^2+1}}+\dfrac{2}{\sqrt{n^2+2}}+\cdots+\dfrac{n}{\sqrt{n^2+n}}\right)$，于是有

$$\frac{1}{n}\cdot\frac{1+2+\cdots+n}{\sqrt{n^2+n}}<x_n<\frac{1}{n}\cdot\frac{1+2+\cdots+n}{\sqrt{n^2+1}}$$

$$\frac{n+1}{2\sqrt{n^2+n}}<x_n<\frac{n+1}{2\sqrt{n^2+1}},$$

因为
$$\lim_{n\to\infty}\frac{n+1}{2\sqrt{n^2+n}}=\lim_{n\to\infty}\frac{n+1}{2\sqrt{n^2+1}}=\frac{1}{2},$$

所以，由夹逼准则知 $\lim\limits_{n\to\infty}\dfrac{1}{n}\left(\dfrac{1}{\sqrt{n^2+1}}+\dfrac{2}{\sqrt{n^2+2}}+\cdots+\dfrac{n}{\sqrt{n^2+n}}\right)=\dfrac{1}{2}$.

**例 14** 求$\lim\limits_{x\to 0}(1+3\tan x)^{\cot x}$.

**解** $\lim\limits_{x\to 0}(1+3\tan x)^{\cot x}=\lim\limits_{x\to 0}(1+3\tan x)^{\frac{1}{3\tan x}\cdot 3}\xlongequal{令t=3\tan x}\lim\limits_{t\to 0}\left[(1+t)^{\frac{1}{t}}\right]^3=\mathrm{e}^3$.

**例 15** 求$\lim\limits_{x\to 0}\sqrt[x]{1-2x}$.

**解** $\lim\limits_{x\to 0}\sqrt[x]{1-2x}=\lim\limits_{x\to 0}[1+(-2x)]^{\frac{1}{x}}\xlongequal{令t=-2x}\lim\limits_{t\to 0}(1+t)^{-\frac{2}{t}}=\mathrm{e}^{-2}$.

**例 16** 求$\lim\limits_{x\to 0}(\cos x)^{\frac{1}{x^2}}$.

**解** $\lim\limits_{x\to 0}(\cos x)^{\frac{1}{x^2}}=\lim\limits_{x\to 0}[1+(\cos x-1)]^{\frac{1}{x^2}}=\lim\limits_{x\to 0}[1+(\cos x-1)]^{\frac{1}{\cos x-1}\cdot\frac{\cos x-1}{x^2}}$

$$=\lim_{x\to 0}\left\{[1+(\cos x-1)]^{\frac{1}{\cos x-1}}\right\}^{\frac{\cos x-1}{x^2}},$$

因为$\lim\limits_{x\to 0}\dfrac{\cos x-1}{x^2}=-\dfrac{1}{2}$且$\lim\limits_{x\to 0}[1+(\cos x-1)]^{\frac{1}{\cos x-1}}=\mathrm{e}$，所以

$$\lim_{x\to 0}(\cos x)^{\frac{1}{x^2}}=\mathrm{e}^{-\frac{1}{2}}.$$

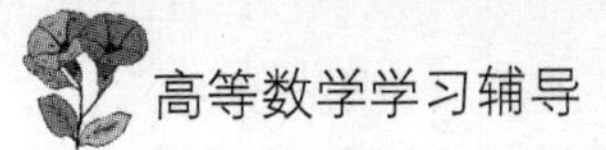


**注** 可以证明下列命题：若$\lim\limits_{x\to x_0}V(x)=a\quad(a>0,a\neq 1)$，$\lim\limits_{x\to x_0}U(x)=b$，则$\lim\limits_{x\to x_0}V(x)^{U(x)}=a^b$. 事实上，令$F(x)=\ln V(x)^{U(x)}=U(x)\ln V(x)$，则$\lim\limits_{x\to x_0}F(x)=b\ln a=\ln a^b$，即$\lim\limits_{x\to x_0}\ln V(x)^{U(x)}=\ln a^b$，从而$\lim\limits_{x\to x_0}V(x)^{U(x)}=a^b$.

**例 17** 求$\lim\limits_{x\to 0}\dfrac{(e^x-1)\sin 2x}{1-\cos x}$.

**解** 利用等价代换：当$x\to 0$时，$e^x-1\sim x$，$\sin 2x\sim 2x$，$1-\cos x\sim\dfrac{1}{2}x^2$，则有

$$\lim_{x\to 0}\frac{(e^x-1)\sin 2x}{1-\cos x}=\lim_{x\to 0}\frac{x\cdot 2x}{\frac{1}{2}x^2}=4.$$

**注** 当$x\to 0$时，常见的等价无穷小量有：$\sin x\sim x$，$\tan x\sim x$，$1-\cos x\sim\dfrac{x^2}{2}$，$e^x-1\sim x$，$a^x-1\sim x\ln a$，$\ln(1+x)\sim x$，$\arcsin x\sim x$，$\arctan x\sim x$，$(1+x)^\mu-1\sim\mu x$等.

**例 18** 当$x\to 0$时，下列各无穷小量是关于$x$的几阶无穷小：

（1）$\sqrt{x}+\tan x$； （2）$x^{\frac{1}{2}}+x^{\frac{1}{3}}$；

（3）$\tan x-\sin x$； （4）$2x^2+\arctan x$.

**解** （1）$\dfrac{1}{2}$阶； （2）$\dfrac{1}{3}$阶； （3）3 阶； （4）1 阶.

**注** 无穷小量相加减有下列原则：①等价无穷小相减的结果是更高阶的无穷小. ②不同阶的无穷小相加减的结果是与低阶无穷小等价的无穷小，俗称“就低不就高”原则. 上述(1)、(2)、(4)应用原则②，(3)应用原则①.

**例 19** 无界变量一定是无穷大量，对吗?

**答** 不对. 无穷大量一定是无界变量，但无界变量不一定是无穷大. 例如：$f(x)=x\cos x$是无界变量，但它不是无穷大量($x\to\infty$)，因为当$x_n=2n\pi$时，$f(x_n)=2n\pi$，表明$f(x)$在$(-\infty,+\infty)$上无界，当$x_n=2n\pi+\dfrac{\pi}{2}$时，$f(x_n)=0$，表明当$x\to\infty$时，$f(x)$不是无穷大量.

## 第三节 函数的连续性

### 一、内容提要

1. 连续的三个等价定义

（1）设函数$f(x)$在点$x_0$的某一邻域内有定义，在点$x_0$处给$x$以增量$\Delta x$，相应地函数增量为$\Delta y$，如果$\lim\limits_{\Delta x\to 0}\Delta y=0$，则称$f(x)$在点$x_0$处连续.

（2）设函数 $f(x)$ 在点 $x_0$ 的某一邻域内有定义，如果 $\lim\limits_{x\to x_0}f(x)=f(x_0)$，则称 $f(x)$ 在点 $x_0$ 处连续.

（3）设函数 $f(x)$ 在点 $x_0$ 的某一邻域内有定义，如果对于任意给定的正数 $\varepsilon$，总存在着正数 $\delta$，当 $|x-x_0|<\delta$ 时，有 $|f(x)-f(x_0)|<\varepsilon$，则称 $f(x)$ 在点 $x_0$ 处连续.

2. 间断点

如果函数 $f(x)$ 在点 $x_0$ 的某去心邻域内有定义，呈下述三种情况之一：

（1）$f(x)$ 在点 $x_0$ 处没有定义；

（2）$f(x)$ 在点 $x_0$ 处有定义，但 $\lim\limits_{x\to x_0}f(x)$ 不存在；

（3）$f(x)$ 在点 $x_0$ 处有定义，且 $\lim\limits_{x\to x_0}f(x)$ 存在，但 $\lim\limits_{x\to x_0}f(x)\neq f(x_0)$.

则 $x_0$ 是 $f(x)$ 的间断点.

3. 间断点的分类

第一类间断点：$f(x_0-0)$，$f(x_0+0)$ 都存在

$$\begin{cases}\text{可去间断点}(f(x_0-0)=f(x_0+0))\text{，如：}f(x)=\dfrac{\sin x}{x},\ x_0=0\\ \text{跳跃间断点}(f(x_0-0)\neq f(x_0+0))\text{，如：}f(x)=\dfrac{1}{1+\mathrm{e}^{\frac{1}{x}}},\ x_0=0\end{cases}$$

第二类间断点：$f(x_0-0)$ 与 $f(x_0+0)$ 中至少有一个不存在

$$\begin{cases}\text{无穷间断点：}f(x_0-0)\text{和}f(x_0+0)\text{至少有一个为无穷大，如：}f(x)=\dfrac{1}{x},\ x_0=0\\ \text{振荡间断点：当}x\to x_0\text{时，}f(x)\text{上下无限次地振荡，如：}f(x)=\sin\dfrac{1}{x},\ x_0=0\end{cases}$$

4. 连续函数的运算

设 $f(x)$ 与 $g(x)$ 在点 $x_0$ 处皆连续，则 $f(x)\pm g(x)$，$f(x)\cdot g(x)$，$\dfrac{f(x)}{g(x)}$ $(g(x_0)\neq 0)$ 在点 $x_0$ 处也连续.

设 $u=g(x)$ 在 $x=x_0$ 连续，$y=f(u)$ 在相应点 $u_0=g(x_0)$ 连续，则复合函数 $y=f(g(x))$ 在 $x=x_0$ 连续.

5. 闭区间上连续函数的性质

零点定理（根的存在定理）：设 $f(x)$ 在 $[a,b]$ 上连续，且 $f(a)\cdot f(b)<0$，则 $\exists\xi\in(a,b)$，使 $f(\xi)=0$.

介值定理：设 $f(x)$ 在 $[a,b]$ 上连续，则对于介于 $f(a)$ 和 $f(b)$ 之间的任一值 $c$，在开区间 $(a,b)$ 内至少存在一点 $\xi$，使 $f(\xi)=c$.

最值定理：设 $f(x)$ 在 $[a,b]$ 上连续，则 $f(x)$ 在 $[a,b]$ 上至少取得最大值和最小值各一次.

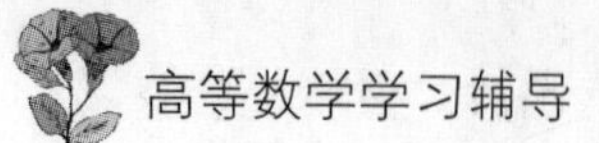


## 二、重点、难点分析

函数的连续性是客观世界中连续现象的一种数学抽象，其特点是，当自变量的改变量很小时，因变量的改变量也很小，用式子表示为

$$\lim_{\Delta x\to 0}\Delta y=0 \quad 或 \quad \lim_{x\to x_0}f(x)=f(x_0)$$

在一个区间上连续的函数，其图形是一条没有断点的连续曲线. 本节的重点便是深刻理解函数连续的概念，把握连续的三个要素：有定义，有极限，极限值等于函数值，函数没有定义的点、极限不存在的点都是间断点. 分段函数的分界点可能是间断点，本节的难点是判别间断点的类型.

闭区间上连续函数的最值定理和介值定理是非常重要的两个定理，在有关函数的一些相关证明中，常用到这些结论. 零点定理也属于介值定理，可用来确定方程在某区间内有根. 用这些定理证明一些结论是本节的重点，也是难点.

## 三、典型例题

**例 1** 判断下列说法是否正确，说明理由(可以举例说明)

(1) 若 $f(x)$ 在 $x_0$ 点处连续，$g(x)$ 在 $x_0$ 点处不连续，则 $f(x)+g(x)$ 在 $x_0$ 点处必不连续.

(2) 若 $f(x)$，$g(x)$ 在 $x_0$ 点处均不连续，则 $f(x)+g(x)$ 在 $x_0$ 点处亦不连续.

(3) 若 $f(x)$ 在 $x_0$ 点处连续，$g(x)$ 在 $x_0$ 点处不连续，则 $f(x)\cdot g(x)$ 在 $x_0$ 点处必不连续.

(4) 若 $f(x)$ 在 $x_0$ 点处不连续，$g(x)$ 在 $x_0$ 点处亦不连续，则 $f(x)\cdot g(x)$ 在 $x_0$ 点处不连续.

**解** (1) 正确. 否则 $g(x)=[f(x)+g(x)]-f(x)$ 在 $x_0$ 点处连续，矛盾.

(2) 不正确. 例如：$f(x)=\begin{cases}1, & x>0\\ 0, & x=0\\ -1, & x<0\end{cases}$，$g(x)=\begin{cases}-1, & x>0\\ 0, & x=0\\ 1, & x<0\end{cases}$，$f(x)$，$g(x)$ 在 $x=0$ 处均不连续，但 $f(x)+g(x)\equiv 0$ 在 $x=0$ 处连续.

(3) 不正确. 例如：$f(x)=x$，$g(x)=\begin{cases}\sin\dfrac{1}{x}, & x\neq 0\\ 0, & x=0\end{cases}$ 在 $x=0$ 处，$f(x)$ 连续，$g(x)$ 不连续，但 $f(x)\cdot g(x)=\begin{cases}x\cdot\sin\dfrac{1}{x}, & x\neq 0\\ 0, & x=0\end{cases}$ 在 $x=0$ 处连续.

(4) 不正确. 例如：$f(x)=\begin{cases}x, & x\neq 0\\ 1, & x=0\end{cases}$，$g(x)=\begin{cases}\sin\dfrac{1}{x}, & x\neq 0\\ 0, & x=0\end{cases}$，$f(x)$，

$g(x)$在$x=0$处都不连续，但$f(x)\cdot g(x)=\begin{cases}x\cdot\sin\dfrac{1}{x}, & x\neq 0\\ 0 & x=0\end{cases}$在$x=0$处连续.

**例 2**　设$f(x)$对一切$x_1$，$x_2$满足$f(x_1+x_2)=f(x_1)+f(x_2)$，并且$f(x)$在$x=0$处连续，证明函数$f(x)$在任意点$x_0$处连续.

**证**　已知$f(x_1+x_2)=f(x_1)+f(x_2)$，令$x_2=0$，则$f(x_1)=f(x_1)+f(0)$，可得$f(0)=0$，又$f(x)$在$x=0$处连续，则有$\lim\limits_{\Delta x\to 0}f(\Delta x)=f(0)=0$，而$f(x_0+\Delta x)-f(x_0)=f(x_0)+f(\Delta x)-f(x_0)=f(\Delta x)$，所以$\lim\limits_{\Delta x\to 0}[f(x_0+\Delta x)-f(x_0)]=\lim\limits_{\Delta x\to 0}f(\Delta x)=0$，故函数$f(x)$在任意点$x_0$处连续.

**例 3**　当$x=0$时，函数$f(x)=\dfrac{x}{\sqrt{1-x}-1}$没有定义，能否补充定义使得$f(x)$在$x=0$处连续？

**解**　因为$\lim\limits_{x\to 0}f(x)=\lim\limits_{x\to 0}\dfrac{x}{\sqrt{1-x}-1}=\lim\limits_{x\to 0}\dfrac{x(\sqrt{1-x}+1)}{(\sqrt{1-x}-1)(\sqrt{1-x}+1)}$

$$=\lim_{x\to 0}\frac{x(\sqrt{1-x}+1)}{-x}=(-1)\lim_{x\to 0}(\sqrt{1-x}+1)=-2,$$

所以，$x=0$为$f(x)$的可去间断点，故可补充定义$f(0)=-2$，使得$f(x)$在$x=0$处连续.

**例 4**　求函数$f(x)=\dfrac{1}{1-e^{\frac{x}{1-x}}}$的间断点并判别类型.

**解**　由于$f(x)$在$x=0$和$x=1$处无定义，因此$x=0$和$x=1$是$f(x)$的间断点.

又$\lim\limits_{x\to 0}f(x)=\lim\limits_{x\to 0}\dfrac{1}{1-e^{\frac{x}{1-x}}}=\infty$，故$x=0$是无穷间断点，属于第二类，而

$$f(1+0)=\lim_{x\to 1^+}\frac{1}{1-e^{\frac{x}{1-x}}}=1\quad\left(\text{由于}\lim_{x\to 1^+}\frac{x}{1-x}=-\infty\right),$$

$$f(1-0)=\lim_{x\to 1^-}\frac{1}{1-e^{\frac{x}{1-x}}}=0\quad\left(\text{由于}\lim_{x\to 1^-}\frac{x}{1-x}=+\infty\right),$$

所以，$x=1$为跳跃间断点，属于第一类.

**例 5**　求函数$f(x)=\dfrac{x^2+x}{|x|(x^2-1)}$的间断点并判别类型.

**解**　函数$f(x)$有三个间断点$x=0$，$x=1$，$x=-1$. 因为

$$f(0+0)=\lim_{x\to 0^+}\frac{x^2+x}{|x|(x^2-1)}=-1,$$

$$f(0-0)=\lim_{x\to 0^-}\frac{x^2+x}{|x|(x^2-1)}=1,$$

故 $x=0$ 是跳跃间断点，属于第一类. 因为

$$\lim_{x\to 1}f(x)=\lim_{x\to 1}\frac{x^2+x}{|x|(x^2-1)}=\infty,$$

故 $x=1$ 是无穷间断点，属于第二类. 因为

$$\lim_{x\to -1}f(x)=\lim_{x\to -1}\frac{x^2+x}{|x|(x^2-1)}=\frac{1}{2},$$

所以，$x=-1$ 是可去间断点，属于第一类.

**例 6** 讨论函数 $f(x)=\begin{cases}x^\alpha\sin\dfrac{1}{x}, & x\neq 0\\ 0, & x=0\end{cases}$ 的连续性（$\alpha$ 为某一常数）.

**解** 当 $x\neq 0$ 时，$f(x)=x^\alpha\sin\dfrac{1}{x}$ 为初等函数，而其定义区间为 $(-\infty,0)$，$(0,+\infty)$. 由初等函数的连续性知，$f(x)$ 在 $(-\infty,0)$ 与 $(0,+\infty)$ 内连续，只需讨论 $x=0$ 的情形.

当 $\alpha>0$ 时，$\lim\limits_{x\to 0}x^\alpha=0$，$\sin\dfrac{1}{x}$ 为有界变量，因此 $\lim\limits_{x\to 0}x^\alpha\sin\dfrac{1}{x}=0$，从而 $f(x)$ 在 $x=0$ 处连续.

当 $\alpha=0$ 时，$\lim\limits_{x\to 0}f(x)=\lim\limits_{x\to 0}\sin\dfrac{1}{x}$ 不存在，从而 $f(x)$ 在 $x=0$ 处不连续.

当 $\alpha<0$ 时，由于 $\lim\limits_{x\to 0}x^\alpha$ 为无穷大，假设 $f(x)$ 在 $x=0$ 处连续，必须有 $\lim\limits_{x\to 0}x^\alpha\sin\dfrac{1}{x}=0$，从而必须有 $\lim\limits_{x\to 0}\sin\dfrac{1}{x}=0$，而这与 $\lim\limits_{x\to 0}\sin\dfrac{1}{x}$ 不存在相矛盾，因此 $f(x)$ 在 $x=0$ 处不连续.

综上所述，仅当 $\alpha>0$ 时，$f(x)$ 才能处处连续.

**例 7** 设函数 $f(x)$ 在 $(-\infty,a]$ 上连续，且 $f(a)>0$，$\lim\limits_{x\to -\infty}f(x)=A<0$，求证在 $(-\infty,a)$ 内至少存在一点 $\xi$，使得 $f(\xi)=0$.

**【分析】** 此题是零点定理的一种推广形式，已知 $f(a)>0$，另找一点 $x_0$，使 $f(x_0)<0$ 即得到结论.

**证明** 因为 $\lim\limits_{x\to -\infty}f(x)=A<0$，故对 $\varepsilon_0=-\dfrac{A}{2}>0$，$\exists N>0$，当 $x<-N$ 且 $x\in(-\infty,a)$ 时有 $|f(x)-A|<\varepsilon_0$，即 $|f(x)-A|<-\dfrac{A}{2}$ 或 $\dfrac{3A}{2}<f(x)<\dfrac{A}{2}$，此时取一点 $x_0$，使 $x_0<-N$ 且 $x_0\in(-\infty,a)$，有 $f(x_0)<\dfrac{A}{2}<0$，在区间 $[x_0,a]$ 上应

用零点定理知 $\exists\xi\in(x_0,a)\subseteq(-\infty,a)$，使得 $f(\xi)=0$.

**例 8**　设 $f(x)$ 与 $g(x)$ 皆为闭区间 $[a,b]$ 上的连续函数，而且 $f(a)>g(a)$，$f(b)<g(b)$，求证：在 $(a,b)$ 内至少存在一点 $\xi$，使 $f(\xi)=g(\xi)$.

**【分析】**　要找一点 $\xi\in(a,b)$，使得 $f(\xi)=g(\xi)$，即要使 $f(\xi)-g(\xi)=0$，也就是找 $f(x)-g(x)$ 的零点.

**证明**　令 $F(x)=f(x)-g(x)$，而 $F(a)=f(a)-g(a)>0$，$F(b)=f(b)-g(b)<0$，由零点定理知，$\exists\xi\in(a,b)$ 使得 $F(\xi)=0$，即 $f(\xi)=g(\xi)$.

**例 9**　证明：方程 $x=a\sin x+b(a>0,b>0)$ 至少有一个正根，并且它不超过 $a+b$.

**【分析】**　由题意，即证函数 $x-(a\sin x+b)$ 在 $(0,a+b]$ 上至少有一个零点.

**证明**　令 $F(x)=x-(a\sin x+b)$，则

$$F(0)=-b<0$$

$$\begin{aligned}F(a+b)&=a+b-[a\sin(a+b)+b]=a-a\sin(a+b)\\&=a[1-\sin(a+b)]\geqslant 0.\end{aligned}$$

当 $\sin(a+b)=1$ 时，$a+b$ 就是原方程的根.

当 $\sin(a+b)\neq 1$ 时，$F(a+b)>0$，由零点定理知 $\exists\xi\in(0,a+b)$，使 $F(\xi)=0$，即 $\xi$ 是原方程的根.

总之，方程 $x=a\sin x+b$ 至少有一个正根，且不超过 $a+b$.

**例 10**　一个旅游者在早上 8 点钟离开山下的旅馆，沿着一条上山的路在下午 5 点钟走到了山顶上的旅馆，第二天早上 8 点钟他从山顶沿原路下山，在下午 5 点钟回到了山下的旅馆. 试证明：在路上存在这样的一个地点，旅游者在两天里在同一时刻经过它.

**【分析】**　在此题中，若假设有两名旅游者（行走习惯一样），在同一天里一人从山下，另一人从山顶在早上 8 点出发，他们在路上必然相遇，相遇的地点、时刻即是所要求的地点、时刻. 此问题可以转化为函数的连续性来进行证明.

**证明**　我们把从山下到山顶的这段路对应于数轴的一段区间，不妨设为 $[a,b]$，$a$ 点是对应于山下旅馆，$b$ 点对应于山顶旅馆，用 $f(x)$、$g(x)$ 分别表示第一天、第二天到达这段路不同点的时刻，由实际问题，可以假定 $f(x)$、$g(x)$ 是连续函数. 由题意知 $f(a)=8$，$f(b)=17$，$g(a)=17$，$g(b)=8$.

令 $F(x)=f(x)-g(x)$，则

$$F(a)=f(a)-g(a)=8-17=-9,$$

$$F(b)=f(b)-g(b)=17-8=9,$$

$$F(a)\cdot F(b)<0.$$

由零点定理知，存在一点 $\xi\in(a,b)$，使 $F(\xi)=0$，即 $f(\xi)=g(\xi)$，这也就说明

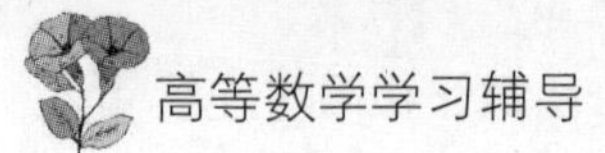


旅游者在两天里到达地点 $\xi$ 的时刻是相同的.

从而说明了在路上存在这样的一个地点，旅游者在两天里在同一个时刻经过它.

**函数、极限与连续的应用能力矩阵**

| 数学能力 | 后续数学课程学习能力 | 专业课程学习能力（应用创新能力） |
|---|---|---|
| ①数列极限的概念，收敛数列的性质，函数极限的概念，函数极限的性质，无穷小量与无穷大量的概念，无穷小量的性质等，通过对这些知识的讲解可以培养学生的抽象思维能力； | ①高等数学中的导数、定积分、微分、重积分等概念，微分中值定理、泰勒公式等性质的证明都要用到极限的概念和性质，可以说高等数学是“一门极限的科学”； | ①“计算流体力学”中“物质导数”等的概念，“数值分析”中算法的收敛性判别等要用到极限的概念； |
| ②求函数的定义域及表达式，求数列极限，求函数极限，间断点的判别等可以培养学生的运算能力； | | ②“计算流体力学”中的“黎曼问题”要用到间断的内容； |
| ③数列极限的几何意义，单调有界准则，无穷小量与无穷大量的定义，连续函数的概念和性质等，通过对这些知识的讲解可培养学生的几何直观能力； | | |
| ④收敛数列的性质证明，数列极限的运算法则证明，单调有界准则的证明，函数极限性质的证明，无穷小量性质的证明，函数极限与无穷小关系的证明，函数极限运算法则的证明，复合函数求极限定理证明，夹逼准则和重要极限的证明等可以锻炼学生的逻辑推理能力； | ②“工程数学—复变函数”中复变函数的定义、极限、连续及运算法则都要用到函数的定义、极限的定义、函数的连续及极限的运算法则等； | ③“内弹道学”中“强间断、弱间断”等的定义要用到间断的概念；<br><br>④“计算流体力学基础及其应用”中“无穷小流体微团”的概念要用到无穷小的概念； |
| ⑤利用单调有界准则、夹逼准则及收敛数列的性质证明（求解）数列极限，利用等价无穷小和重要极限以及变量代换等方法求函数极限，利用连续函数的概念及闭区间上连续函数的性质证明相关命题等，可锻炼学生的分析综合能力. | ③“工程数学—概率论”中随机变量的分布函数的定义要用到函数的定义. | ⑤“数值分析”“微分方程数值解”在精度分析、误差估计等内容中要用到无穷小的相关内容. |

# 自测题（一）

**一、填空题**(每题 4 分,共 16 分)

**1.** 函数 $f(x)=\dfrac{1}{\ln(1-x)}+\sqrt{25-x^2}$ 的定义域是________.

**2.** 已知函数 $y=2^{x-1}-1$，则它的反函数是________.

**3.** 已知 $\lim\limits_{x\to0}\dfrac{x}{f(2x)}=3$，则 $\lim\limits_{x\to0}\dfrac{f(3x)}{x}=$________.

**4.** 当 $a=$________时，$f(x)=\begin{cases}(1+x)^{-\frac{1}{x}}, & x\neq0\\ a, & x=0\end{cases}$ 在 $x=0$ 处连续.

**二、选择题**(每题 4 分,共 16 分)

**1.** 与函数 $f(x)=\ln x^2$ 相同的函数是(　　).

A. $f(x)=2\ln x$　　B. $f(x)=2\ln|x|$

C. $f(x)=(\ln x)^2$　　D. $f(x)=\ln(2x)$

**2.** 函数 $f(x)=2^{-x}\sin x$ 在 $[0,+\infty)$ 内是(　　).

A. 偶函数　B. 奇函数　C. 单调函数　D. 有界函数

**3.** 数列 $\{x_n\}$ 有界是数列 $\{x_n\}$ 收敛的(　　).

A. 充分条件　　B. 充分必要条件

C. 必要条件　　D. 非充分又非必要条件

**4.** $x=1$ 是函数 $f(x)=\dfrac{1}{1-e^{\frac{1}{x-1}}}$ 的(　　).

A. 可去间断点　B. 跳跃间断点　C. 无穷间断点　D. 振荡间断点

**三、**(8 分)用 $[x]$ 表示 $x$ 的取整函数，证明：$y=x-[x]$ 是周期函数并作出此函数的图形.

**四、**(8 分)若 $a_1,a_2,\cdots,a_m$ 为 $m$ 个正数，证明：

$$\lim_{n\to\infty}\sqrt[n]{a_1^n+a_2^n+\cdots+a_m^n}=\max(a_1,a_2,\cdots,a_m).$$

**五、求下列的极限**(每小题 3 分,共 18 分)：

(1) $\lim\limits_{x\to1}\dfrac{x^m-1}{x^n-1}$；　(2) $\lim\limits_{n\to\infty}(\sqrt{n^2+1}-\sqrt{n^2-1})$；

(3) $\lim\limits_{x\to0}\dfrac{\cos x-\cos3x}{x^2}$；　(4) $\lim\limits_{x\to-\infty}x\left(\dfrac{\pi}{2}+\arctan x\right)$；

(5) $\lim\limits_{x\to\infty}\left(\dfrac{x^2}{x^2-1}\right)^x$；　(6) $\lim\limits_{x\to\infty}\left(\dfrac{3x+4}{3x+2}\right)^{6x+7}$.

六、(8 分) 证明方程 $\tan x=\cos x-\dfrac{\sqrt{2}}{2}$至少有一个小于$\dfrac{\pi}{4}$的正根.

七、(8 分)已知$\lim\limits_{x\to\infty}\left(\dfrac{x^2+1}{x+1}-ax-b\right)=0$，求常数 $a$，$b$ 之值.

八、(9 分)当 $x\to0$ 时，试决定下列各无穷小对于 $x$ 的阶数.

(1) $\sqrt[3]{x^2}-x$　　(2) $\sqrt{a+x^3}-\sqrt{a}(a>0)$　　(3) $x\sin x-\tan x$

九、(9 分)试确定 $a$，$b$ 的值，使$f(x)=\dfrac{\mathrm{e}^x-b}{(x-a)(x-1)}$有无穷间断点 $x=0$，有可去间断点 $x=1$.

## 自测题（二）

**一、选择题**(每题 4 分,共 28 分)

**1.** 函数$f(x)=\ln(x+\sqrt{1+x^2})$是(　　).

A. 非奇非偶函数　　B. 奇函数　　C. 偶函数

**2.** 如果数列$\{x_n\}$有界，则(　　).

A. 存在 $M>0$，对一切 $x_n$，有 $|x_n|\leqslant M$.

B. 任给 $M>0$，存在 $N>0$，仅当 $n>N$ 时 $|x_n|\leqslant M$.

C. 任给 $M>0$，任给 $N>0$，当 $n>N$ 时 $|x_n|\leqslant M$.

D. 任给 $M>0$，仅有有限个 $x_n$，使 $|x_n|>M$.

**3.** 设 $0<a<b$，则$\lim\limits_{n\to\infty}(a^n+b^n)^{\frac{1}{n}}=$(　　).

A. $a$　　B. $b$　　C. 1　　D. $a+b$

**4.** 当 $x\to+\infty$ 时，函数$f(x)=x\sin x$ 是(　　).

A. 无穷大量　　B. 无穷小量　　C. 无界变量　　D. 有界变量

**5.** 当 $x\to0^+$时，下列无穷小量中，(　　)的阶数最高.

A. $1-\cos\sqrt{x}$　　B. $\sqrt{x}+x^4$　　C. $x\sin\sqrt[3]{x}$　　D. $x\sqrt{x+\sqrt{x}}$

**6.** 设$f(x)=(\cos x)^{\frac{1}{x}}$，则定义$f(0)=$(　　)时，$f(x)$在 $x=0$ 处连续.

A. 0　　B. 1　　C. e　　D. $-1$

**7.** 已知极限$\lim\limits_{x\to0}\dfrac{x-\arctan x}{x^k}=c$，其中 $k$，$c$ 为常数，且 $c\neq0$，则 (　　) (2013 年考研题数学一).

A. $k=3$，$c=-\dfrac{1}{2}$　　B. $k=2$，$c=\dfrac{1}{2}$

C. $k=3$，$c=-\dfrac{1}{3}$　　　　D. $k=3$，$c=\dfrac{1}{3}$

二、(10 分) 求 $\lim\limits_{n\to\infty}\dfrac{1-2+3-\cdots+(-1)^{n+1}n}{n}$（第十一届江苏省非理科专业高等数学竞赛试题）.

三、(10 分) 作函数 $y=\lim\limits_{n\to\infty}\sqrt[n]{1+x^n+\left(\dfrac{x^2}{2}\right)^n}$ $(x\geqslant 0)$ 的图形.

四、(10 分) 设 $f(x)=\begin{cases} a+\arccos x, & -1<x<1 \\ b, & x=-1 \\ \sqrt{x^2-1}, & -\infty<x<-1 \end{cases}$，试确定 $a$，$b$，使 $f(x)$ 在 $x=-1$ 处连续.

五、(10 分) 计算极限 $\lim\limits_{n\to\infty}\left|\sin\left(\pi\sqrt{n^2+n}\right)\right|$（第四届江苏省非理科专业高等数学竞赛试题）.

六、(10 分) 求函数 $f(x)=\dfrac{1}{1-\mathrm{e}^{\frac{x(x+1)}{x^2-1}}}$ 的连续区间，并指出它的间断点及其类型.

七、(10 分) 设 $f(x)$ 在 $[a, b]$ 上连续，且 $f(a)<a$，$f(b)>b$，证明：在 $(a, b)$ 内至少存在一点 $\xi$，使得 $f(\xi)=\xi$.

八、(12 分) 若函数 $f(x)$ 单调，并且 $\lim\limits_{x\to+\infty}\dfrac{f(2x)}{f(x)}=1$，证明：对任何实数 $C>0$，$\lim\limits_{x\to+\infty}\dfrac{f(Cx)}{f(x)}=1$.

# 自测题答案

**自测题(一)**

一、**1.** $[-5,0)\cup(0,1)$；　**2.** $y=1+\log_2(x+1)\ (x>-1)$；　**3.** $\dfrac{1}{2}$；　**4.** $\mathrm{e}^{-1}$

二、**1.** B；　**2.** D；　**3.** C；　**4.** B

三、提示：$f(x+n)=x+n-[x+n]=x-[x]=f(x)$，$\forall n\in\mathbf{Z}$.

四、提示：记 $a=\max(a_1,a_2,\cdots,a_m)$，则 $a\leqslant\sqrt[n]{a_1^n+a_2^n+\cdots+a_m^n}\leqslant a\cdot\sqrt[n]{m}$.

五、(1) 原式 $=\lim\limits_{x\to 1}=\dfrac{(x-1)(x^{m-1}+x^{m-2}+\cdots+x+1)}{(x-1)(x^{n-1}+x^{n-2}+\cdots+x+1)}$

$$=\lim_{x\to 1}\frac{x^{m-1}+x^{m-2}+\cdots+x+1}{x^{n-1}+x^{n-2}+\cdots+x+1}=\frac{m}{n}.$$

（2）0，（3）4，（4）$-1$，（5）1，（6）$\mathrm{e}^4$.

六、设 $f(x)=\tan x-\cos x+\frac{\sqrt{2}}{2}$，则 $f(0)<0$，$f\left(\frac{\pi}{4}\right)>0$，由零点定理即证.

七、因为 $\frac{x^2+1}{x+1}-ax-b=\frac{(1-a)x^2-(a+b)x+1-b}{x+1}$，当 $x\to\infty$ 时，上式的极限值等于零，必须 $x^2$、$x$ 的系数等于零，即得 $a=1$，$b=-1$.

八、（1）$\frac{2}{3}$阶，（2）3 阶，（3）1 阶

九、$a=0$，$b=\mathrm{e}$

**自测题(二)**

一、**1.** B **2.** A **3.** B **4.** C **5.** C **6.** B **7.** D

二、提示：由于 $x_{2n}=\frac{1}{2}$，$x_{2n+1}=\frac{n+1}{2n+1}$，从而求得极限为$\frac{1}{2}$.

三、提示：求得 $y=\begin{cases}1, & 0\leqslant x\leqslant 1\\ x, & 1<x<2\\ \frac{x^2}{2}, & x\geqslant 2\end{cases}$.

四、$a=-\pi$，$b=0$.

五、提示：$\left|\sin\left(\pi\sqrt{n^2+n}\right)\right|=\left|\sin\left(\pi\sqrt{n^2+n}-\pi n\right)\right|$，分子有理化求极限，结果为1.

六、连续区间为：$(-\infty,-1)\cup(-1,0)\cup(0,1)\cup(1,+\infty)$，$x=0$ 无穷间断点（第二类），$x=1$ 跳跃间断点（第一类），$x=-1$ 可去间断点（第一类）.

七、提示：$F(x)=f(x)-x$ 用介值定理.

八、提示：当 $C\geqslant 2$ 时，分 $C=2^n$ 和 $C\neq 2^n$ 讨论，$C=2^n$ 易证，$C\neq 2^n$ 利用单调性和夹逼准则证明；当 $1<C<2$ 时，也利用单调性和夹逼准则证明；当 $0<C<1$ 时，令 $x=\frac{1}{C}y$，转化为前述情况可证.

# 第二章　导数与微分

## 第一节　导 数 概 念

### 一、内容提要

1. 导数的定义

设函数 $y=f(x)$ 在点 $x_0$ 的某一邻域内有定义，如果极限

$$\lim_{\Delta x\to 0}\frac{f(x_0+\Delta x)-f(x_0)}{\Delta x}$$

存在，则称 $y=f(x)$ 在点 $x_0$ 处可导，且称此极限值为 $y=f(x)$ 在点 $x_0$ 处的导数．记为

$$f'(x_0),\ y'\bigg|_{x=x_0},\ \frac{\mathrm{d}y}{\mathrm{d}x}\bigg|_{x=x_0}\text{或}\frac{\mathrm{d}f(x)}{\mathrm{d}x}\bigg|_{x=x_0},$$

即　$f'(x_0)=\lim\limits_{\Delta x\to 0}\dfrac{f(x_0+\Delta x)-f(x_0)}{\Delta x}.$

**注**　$f(x)$ 在点 $x_0$ 处的导数还可以表示为

$$f'(x_0)=\lim_{h\to 0}\frac{f(x_0+h)-f(x_0)}{h},$$

$$f'(x_0)=\lim_{x\to x_0}\frac{f(x)-f(x_0)}{x-x_0}.$$

2. 左、右导数

（1）左导数 $f'_-(x_0)=\lim\limits_{\Delta x\to 0^-}\dfrac{f(x_0+\Delta x)-f(x_0)}{\Delta x}$；

（2）右导数 $f'_+(x_0)=\lim\limits_{\Delta x\to 0^+}\dfrac{f(x_0+\Delta x)-f(x_0)}{\Delta x}$.

$f(x)$ 在点 $x_0$ 处可导的充分必要条件为其在点 $x_0$ 处的左、右导数存在且相等.

3. 导函数

如果对于任一 $x\in I$（开区间），$f(x)$ 都有一个确定的导数值与之对应，由此得到一个新的函数，称为 $y=f(x)$ 的导函数，简称为 $f(x)$ 的导数，记作

$$y',\ f'(x),\ \frac{\mathrm{d}y}{\mathrm{d}x}\text{或}\frac{\mathrm{d}f}{\mathrm{d}x},$$

即
$$f'(x)=\lim_{\Delta x\to 0}\frac{f(x+\Delta x)-f(x)}{\Delta x}.$$

**注** (1)上式中，虽然 $x$ 可以取 $I$ 内任何值，但在取极限过程中 $x$ 是常量，$\Delta x$ 是变量.

(2) $f'(x_0)=f'(x)\big|_{x=x_0}$.

4. 几何意义

$f'(x_0)$在几何上表示曲线 $y=f(x)$ 在点 $M(x_0,f(x_0))$ 处的切线的斜率，因此曲线 $y=f(x)$ 在点 $M(x_0,f(x_0))$ 处的切线方程为

$$y-y_0=f'(x_0)(x-x_0).$$

当 $f'(x_0)=\infty$ 时，曲线 $y=f(x)$ 在点 $M(x_0,f(x_0))$ 处具有垂直于 $x$ 轴的切线 $x=x_0$.

当 $f'(x_0)\neq 0$ 时，曲线 $y=f(x)$ 在点 $M(x_0,f(x_0))$ 处的法线方程为

$$y-y_0=-\frac{1}{f'(x_0)}(x-x_0).$$

**二、重点、难点分析**

导数是微积分中最基本、最重要的概念之一，反映的是因变量相对于自变量的变化快慢程度，描述了函数的变化率，有很重要的实际应用背景.

导数 $f'(x_0)$ 与函数 $f(x)$ 的连续性一样，是一种局部性态的概念，它只是描述了在点 $x_0$ 附近函数相对于自变量的变化率，刻画了函数在一点附近的性质. 若函数 $y=f(x)$ 在点 $x_0$ 处可导，则 $y=f(x)$ 在点 $x_0$ 处一定连续. 但是，反之不成立，即函数在一点连续，而它在该点未必可导.

函数的可导性和切线的存在性不是等价的. 若 $y=f(x)$ 在 $x_0$ 点可导，则曲线 $y=f(x)$ 在给定点 $(x_0,f(x_0))$ 处的切线一定存在. 若 $y=f(x)$ 在 $x_0$ 点不可导，则曲线 $y=f(x)$ 在给定点 $(x_0,f(x_0))$ 处的切线也可能存在. 例如 $y=\sqrt[3]{x}$ 在 $x=0$ 处不可导，但曲线 $y=\sqrt[3]{x}$ 在给定点 $(0,0)$ 处切线存在，切线为 $x=0$.

**三、典型例题**

**例 1** 按定义求 $y=\sqrt{x}$ 的导数

**【分析】** 可以分三步来求具体函数的导数.

1°算增量: $\Delta y=f(x+\Delta x)-f(x)$;

2°求比值: $\dfrac{\Delta y}{\Delta x}$;

3°取极限: $f'(x)=\lim\limits_{\Delta x\to 0}\dfrac{\Delta y}{\Delta x}$.

解　$\Delta y=f(x+\Delta x)-f(x)=\sqrt{x+\Delta x}-\sqrt{x}$

$$\frac{\Delta y}{\Delta x}=\frac{\sqrt{x+\Delta x}-\sqrt{x}}{\Delta x}=\frac{\Delta x}{\Delta x(\sqrt{x+\Delta x}+\sqrt{x})}=\frac{1}{\sqrt{x+\Delta x}+\sqrt{x}}$$

$$f'(x)=\lim_{\Delta x\to 0}\frac{\Delta y}{\Delta x}=\frac{1}{2\sqrt{x}}.$$

**例 2**　设函数 $f(x)$ 在 $x_0$ 可导，求极限 $\lim\limits_{h\to 0}\dfrac{f(x_0+ah)-f(x_0+bh)}{h}$.

**【分析】**　通过在分子上减一项,再加一项 $f(x_0)$,利用导数定义来求.

解

$$\begin{aligned}&\lim_{h\to 0}\frac{f(x_0+ah)-f(x_0+bh)}{h}\\&=\lim_{h\to 0}\frac{f(x_0+ah)-f(x_0)+f(x_0)-f(x_0+bh)}{h}\\&=\lim_{h\to 0}a\cdot\frac{f(x_0+ah)-f(x_0)}{ah}-\lim_{h\to 0}b\cdot\frac{f(x_0+bh)-f(x_0)}{bh}\\&=af'(x_0)-bf'(x_0)\\&=(a-b)f'(x_0).\end{aligned}$$

**例 3**　下列说法是否正确?

(1) 若 $f(x)$ 在 $x_0$ 可导，则 $f(x)$ 在 $x_0$ 的某邻域内有界；

(2) 若 $f(x)$ 在 $x_0$ 可导，则 $f(x)$ 在 $x_0$ 的某邻域内连续；

(3) 若 $f(x)$ 在 $x_0$ 左(右)可导，则 $f(x)$ 在 $x_0$ 左(右)连续.

解　(1) 正确. 当 $f(x)$ 在 $x_0$ 可导时，在 $x_0$ 必连续，根据连续的性质，$f(x)$ 在 $x_0$ 的某邻域内有界.

(2) 不正确. “可导必连续”的说法具有严格的一点对一点的特征，即函数在一点的可导性只能推出在该点的连续性，而不能推及于其他点.

(3) 正确. 其道理与“可导必连续”是一样的.

**例 4**　设 $f(x)=x(x-1)(x-2)\cdots(x-100)$，求 $f'(0)$.

**【分析】**　通过导数定义来求更简单.

解

$$\begin{aligned}f'(0)&=\lim_{x\to 0}\frac{f(x)-f(0)}{x}\\&=\lim_{x\to 0}\frac{x(x-1)(x-2)\cdots(x-100)-0}{x}\\&=(-1)(-2)\cdots(-100)\\&=100!.\end{aligned}$$

**例5** 设$f(x)=\begin{cases}e^x+b, & x\leqslant 0\\ \sin ax, & x>0\end{cases}$，试确定 $a$，$b$，使$f(x)$在 $x=0$ 处连续且可导，并求$f'(0)$.

**【分析】** 通过函数连续的定义:函数值等于极限值,以及左、右导数相等条件列出代数方程,再求出 $a$、$b$ 的值.

**解** 因为

$$\lim_{x\to 0^-}f(x)=\lim_{x\to 0^-}(e^x+b)=1+b,$$

$$\lim_{x\to 0^+}f(x)=\lim_{x\to 0^+}\sin ax=0,\ f(0)=1+b,$$

所以当 $1+b=0$ 即 $b=-1$ 时，$f(x)$在 $x=0$ 处连续，此时

$$f_-'(0)=\lim_{x\to 0^-}\frac{e^x+b-(1+b)}{x}=\lim_{x\to 0^-}\frac{e^x-1}{x}=1,$$

$$f_+'(0)=\lim_{x\to 0^+}\frac{\sin ax-(1+b)}{x}=\lim_{x\to 0^+}\frac{\sin ax}{x}=a,$$

因此，当 $b=-1$，$a=1$ 时，$f(x)$在 $x=0$ 处可导，且$f'(0)=1$.

**例6** 设$f(x)=\begin{cases}x^\alpha\cdot\sin\dfrac{1}{x}, & x\neq 0\\ 0, & x=0\end{cases}$.

问:(1) 当 $\alpha$ 为何值时，$f(x)$在 $x=0$ 处不可导?

(2) 当 $\alpha$ 为何值时，$f(x)$在 $x=0$ 处可导，但导函数不连续?

(3) 当 $\alpha$ 为何值时，$f(x)$在 $x=0$ 处可导,且导函数连续?

**【分析】** 先通过导数定义来计算极限,看极限的存在性.

**解** $$\lim_{\Delta x\to 0}\frac{f(0+\Delta x)-f(0)}{\Delta x}=\lim_{\Delta x\to 0}\frac{f(\Delta x)-f(0)}{\Delta x}=\lim_{\Delta x\to 0}\frac{(\Delta x)^\alpha\cdot\sin\frac{1}{\Delta x}}{\Delta x}$$

$$=\lim_{\Delta x\to 0}(\Delta x)^{\alpha-1}\cdot\sin\frac{1}{\Delta x}=\begin{cases}\text{不存在}, & \alpha\leqslant 1,\\ 0, & \alpha>1,\end{cases}$$

即 $$f'(0)=\begin{cases}\text{不存在}, & \alpha\leqslant 1,\\ 0, & \alpha>1.\end{cases}$$

当 $\alpha>1$ 时，$f(x)$的导函数为

$$f'(x)=\begin{cases}\alpha\cdot x^{\alpha-1}\sin\dfrac{1}{x}-x^{\alpha-2}\cos\dfrac{1}{x}, & x\neq 1,\\ 0, & x=0,\end{cases}$$

只有当 $\alpha>2$ 时，$\lim\limits_{x\to 0}f'(x)=\lim\limits_{x\to 0}\left(\alpha\cdot x^{\alpha-1}\sin\dfrac{1}{x}-x^{\alpha-2}\cos\dfrac{1}{x}\right)=f'(0)=0$,

所以，当 $\alpha\leqslant 1$ 时，$f(x)$在 $x=0$ 处不可导；

当 $1<\alpha\leqslant 2$ 时，$f(x)$在 $x=0$ 处可导，但导数不连续；

当 $\alpha>2$ 时，$f(x)$在 $x=0$ 处可导，且导函数在 $x=0$ 处连续.

# 第二节　导数的计算

## 一、内容提要

1. 导数的四则运算法则

$$(u\pm v)'=u'\pm v';\ (uv)'=u'v+uv';\ \left(\frac{u}{v}\right)'=\frac{u'v-uv'}{v^2}.$$

2. 复合函数求导法则

设 $y=f(u)$，$u=g(x)$，若 $u=g(x)$在 $x$ 处可导，$y=f(u)$在相应点 $u$ 可导，则复合函数 $y=f(g(x))$在 $x$ 可导，且有

$$\frac{\mathrm{d}y}{\mathrm{d}x}=\frac{\mathrm{d}y}{\mathrm{d}u}\cdot\frac{\mathrm{d}u}{\mathrm{d}x},$$

即　$y'_x=y'_u\cdot u'_x$ 或 $y'_x=f'(u)\cdot\varphi'(x)$

3. 反函数求导法则

设 $x=\varphi(y)$在某区间内单调可导且 $\varphi'(y)\neq 0$，则其反函数 $y=f(x)$在对应区间内也单调可导，且

$$f'(x)=\frac{1}{\varphi'(y)}.$$

4. 由参数方程所确定的函数的求导法则

设有参数方程$\begin{cases}x=\varphi(t)\\ y=\psi(t)\end{cases}$，其中 $\varphi'(t)\neq 0$，$\varphi(t)$与 $\psi(t)$具有所需要的各阶导数，则

$$\frac{\mathrm{d}y}{\mathrm{d}x}=\frac{\frac{\mathrm{d}y}{\mathrm{d}t}}{\frac{\mathrm{d}x}{\mathrm{d}t}}=\frac{\psi'(t)}{\varphi'(t)},$$

$$\frac{\mathrm{d}^2y}{\mathrm{d}x^2}=\frac{\mathrm{d}}{\mathrm{d}x}\left(\frac{\mathrm{d}y}{\mathrm{d}x}\right)=\frac{\mathrm{d}}{\mathrm{d}t}\left(\frac{\mathrm{d}y}{\mathrm{d}x}\right)\cdot\frac{\mathrm{d}t}{\mathrm{d}x}=\frac{\mathrm{d}}{\mathrm{d}t}\left(\frac{\psi'(t)}{\varphi'(t)}\right)\cdot\frac{1}{\varphi'(t)}.$$

5. 隐函数求导法则

若二元方程 $F(x,\ y)=0$ 确定隐函数 $y=y(x)$，则 $F(x,\ y(x))\equiv 0$,等式两边对 $x$ 逐次求导，可得$\frac{\mathrm{d}y}{\mathrm{d}x}$，$\frac{\mathrm{d}^2y}{\mathrm{d}x^2}$.

6. 高阶导数及其求法

求高阶导数只要对导函数继续求得即可，通常利用已知公式求解，常用的是如下函数的高阶导数公式：$\sin x$、$\cos x$、$\ln(1+x)$、$\frac{1}{x}$、$a^x$、….

若 $u$、$v$ $n$ 阶可导，则有莱布尼兹(Leibniz)公式

$$\begin{aligned}(uv)^{(n)} &= \sum_{k=0}^{n} C_n^k u^{(n-k)} v^{(k)} \\ &= u^{(n)} v + C_n^1 u^{(n-1)} v' + C_n^2 u^{(n-2)} v'' + \cdots + uv^{(n)},\end{aligned}$$

其中，$C_n^k = \dfrac{n(n-1)\cdots(n-k+1)}{k!}$.

7. 对数求导法

先在函数表达式的两边取自然对数，然后再求导的方法称为对数求导法. 此方法主要用于幂指函数，带有较复杂的乘、除、乘方、开方因子的函数. 如：$y=u(x)^{v(x)}$，$u(x)>0$，$u$、$v$ 可导.

令 $\ln y=\ln u(x)^{v(x)}$，则 $\ln y=v(x)\ln u(x)$，两边对 $x$ 求导，得

$$\frac{1}{y}\cdot y' = v'(x)\ln u(x) + v(x)\frac{1}{u(x)}\cdot u'(x),$$

所以

$$y' = y\left[v'(x)\ln u(x) + \frac{v(x)}{u(x)}\cdot u'(x)\right],$$

$$y' = u(x)^{v(x)}\left[v'(x)\ln u(x) + \frac{v(x)}{u(x)}\cdot u'(x)\right].$$

**二、重点、难点分析**

根据定义求导数，对于复杂的函数来说有时是困难的，但有了四则运算求导法则，便可以大大简化此类函数的导数计算. 复合函数的求导法则在导数的运算中占有十分重要的地位，它也是求隐函数和由参数方程所确定的函数的导数的依据，又是训练掌握不定积分两类换元法的基础. 总之，导数的计算在微积分中占有极其重要的地位，它直接影响到不定积分、定积分、多元函数的微分与积分的学习. 由于我们日常应用的函数主要是初等函数，故熟练掌握初等函数的导数计算就显得非常重要.

在很多情况下，函数以隐函数和参数方程的形式给出，必须掌握这两类函数的导数的计算.

本节的重点是熟记基本初等函数的求导公式以及和、差、积、商的求导法则，熟练掌握复合函数、隐函数、参数方程确定函数的求导法则. 难点是如何将复合函数的导数层层分解为常用导数公式表中所列函数的导数.

## 三、典型例题

**例 1**　求函数 $y=2^x\cot x+\ln 3$ 的导数 $y'$.

**【分析】**　可利用导数的四则运算性质.

**解**　$y'=(2^x\cot x)'+(\ln 3)'=(2^x)'\cot x+2^x(\cot x)'+0$

$=\ln 2\cdot 2^x\cdot\cot x-2^x\csc^2 x.$

**注**　$\ln 3$ 是常数，故 $(\ln 3)'=0$，不要因为 $(\ln x)'=\frac{1}{x}$ 而得出 $(\ln 3)'=\frac{1}{3}$.

**例 2**　下列说法正确吗?

(1) 若函数 $u$ 和 $v$ 的导数都不存在，则 $u+v$ 的导数也不存在.

(2) 若函数 $u$ 的导数存在，$v$ 的导数不存在，则 $u+v$ 的导数不存在.

(3) 若函数 $u$ 的导数存在，$v$ 的导数不存在，则 $uv$ 的导数不存在.

**解**　(1) 不正确．不能断言 $u+v$ 的导数不存在．例如：$u=|x|$，$v=x-|x|$，它们在 $x=0$ 的导数都不存在，但是 $u+v=x$ 在 $x=0$ 的导数存在．同理，由 $u$ 和 $v$ 的导数都不存在，也不能断定 $u\cdot v$ 及 $\frac{u}{v}$ 的导数也不存在.

(2) 正确．事实上，若 $u+v$ 的导数存在，则 $v=(u+v)-u$ 的导数也存在，这与已知条件矛盾.

(3) 不正确．$uv$ 的导数可能存在，也可能不存在．例如：$u=1$，$v=|x|$ 在 $x=0$ 处 $u$ 可导，$v$ 不可导，而 $uv=|x|$ 在 $x=0$ 不可导；$u=0$，$v=|x|$ 在 $x=0$ 处 $u$ 可导，$v$ 不可导，而 $uv=0$ 在 $x=0$ 可导.

**例 3**　已知 $y=\frac{2\sin x}{1+\sqrt[3]{x}}$，求 $y'$.

**【分析】**　利用商的导数公式.

**解**

$$y'=\frac{(2\sin x)'(1+\sqrt[3]{x})-2\sin x(1+\sqrt[3]{x})'}{(1+\sqrt[3]{x})^2}$$

$$=\frac{2\cos x\cdot(1+\sqrt[3]{x})-\frac{1}{3}x^{-\frac{2}{3}}\cdot 2\sin x}{(1+\sqrt[3]{x})^2}$$

$$=\frac{6(\sqrt[3]{x^2}+x)\cos x-2\sin x}{3\sqrt[3]{x^2}(1+\sqrt[3]{x})^2}.$$

**例 4**　求下列函数的导数.

(1) $y=\arctan^2 3x$；　　(2) $y=\ln(x+\sqrt{x^2+a^2})$；

(3) $y=3^{\sin^2\frac{1}{x}}$；　　(4) $y=f(\sin^2 x)+f(\cos^2 x)$，其中 $f$ 可导.

【分析】 利用复合函数的链式求导法则.

解 (1) 写出中间变量，令 $y=u^2$，$u=\arctan v$，$v=3x$，则

$$\frac{dy}{dx}=\frac{dy}{du}\cdot\frac{du}{dv}\cdot\frac{dv}{dx}=2u\cdot\frac{1}{1+v^2}\cdot 3=\frac{6\arctan v}{1+v^2}=\frac{6\arctan 3x}{1+9x^2}$$

或一步完成，省略中间变量的书写，如：

$$\frac{dy}{dx}=2\arctan 3x\cdot(\arctan 3x)'=2\arctan 3x\cdot\frac{1}{1+(3x)^2}\cdot(3x)'=\frac{6\arctan 3x}{1+9x^2}.$$

(2)
$$y'=\frac{1}{x+\sqrt{x^2+a^2}}\cdot(x+\sqrt{x^2+a^2})'=\frac{1}{x+\sqrt{x^2+a^2}}\cdot[1+(\sqrt{x^2+a^2})']$$
$$=\frac{1}{x+\sqrt{x^2+a^2}}\cdot\left[1+\frac{(x^2+a^2)'}{2\sqrt{x^2+a^2}}\right]=\frac{1}{x+\sqrt{x^2+a^2}}\cdot\left(1+\frac{x}{\sqrt{x^2+a^2}}\right)$$
$$=\frac{1}{x+\sqrt{x^2+a^2}}\cdot\frac{\sqrt{x^2+a^2}+x}{\sqrt{x^2+a^2}}=\frac{1}{\sqrt{x^2+a^2}}.$$

(3)
$$y'=\ln 3\cdot 3^{\sin^2\frac{1}{x}}\cdot\left(\sin^2\frac{1}{x}\right)'=\ln 3\cdot 3^{\sin^2\frac{1}{x}}\cdot 2\sin\frac{1}{x}\cdot\left(\sin\frac{1}{x}\right)'$$
$$=2\ln 3\cdot 3^{\sin^2\frac{1}{x}}\cdot\sin\frac{1}{x}\cdot\cos\frac{1}{x}\cdot\left(\frac{1}{x}\right)'$$
$$=2\ln 3\cdot 3^{\sin^2\frac{1}{x}}\sin\frac{1}{x}\cos\frac{1}{x}\cdot\left(-\frac{1}{x^2}\right)$$
$$=-\frac{\ln 3}{x^2}\sin\frac{2}{x}\cdot 3^{\sin^2\frac{1}{x}}.$$

(4)
$$y'=f'(\sin^2x)\cdot(\sin^2x)'+f'(\cos^2x)\cdot(\cos^2x)'$$
$$=f'(\sin^2x)\cdot 2\sin x\cos x+f'(\cos^2x)\cdot 2\cos x\cdot(-\sin x)$$
$$=f'(\sin^2x)\sin 2x-f'(\cos^2x)\sin 2x$$
$$=\sin 2x[f'(\sin^2x)-f'(\cos^2x)].$$

**例 5** 求下列函数的导数.

(1) $y=x^x(x>0)$；

(2) $y=\left(\frac{a}{b}\right)^x\left(\frac{b}{x}\right)^a\left(\frac{x}{a}\right)^b\quad(a>0,b>0,x>0)$；

(3) $y=\frac{(2x+3)^4\cdot\sqrt{x-6}}{\sqrt[3]{x+1}}$.

**【分析】** 直接求导是比较困难的.(1)是幂指函数,(2)、(3)是多个因子的乘积形式,可以利用对数求导法简化计算.

**解** (1)两边取对数 $\ln y = x\ln x$,再两边对 $x$ 求导.

$$\frac{1}{y}\cdot y' = \ln x + x\cdot\frac{1}{x},$$

$$y' = y(\ln x + 1),$$

得
$$y' = x^x(\ln x + 1).$$

(2)两边取对数

$$\begin{aligned}\ln y &= x\ln\frac{a}{b} + a\ln\frac{b}{x} + b\ln\frac{x}{a}\\ &= x(\ln a - \ln b) + a(\ln b - \ln x) + b(\ln x - \ln a),\end{aligned}$$

两边对 $x$ 求导,得 $\frac{1}{y}\cdot y' = \ln a - \ln b - a\cdot\frac{1}{x} + b\cdot\frac{1}{x}$,

$$y' = y\left(\ln a - \ln b - \frac{a}{x} + \frac{b}{x}\right),$$

$$y = \left(\frac{a}{b}\right)^x\left(\frac{b}{x}\right)^a\left(\frac{x}{a}\right)^b\left(\ln\frac{a}{b} + \frac{b-a}{x}\right).$$

(3)两边取绝对值得 $|y| = \frac{(2x+3)\sqrt[4]{x-6}}{\sqrt[3]{|x+1|}}$;两边取对数可得 $\ln|y| = \ln\frac{(2x+3)^4\cdot\sqrt{x-6}}{\sqrt[3]{|x+1|}}$,

$$\ln|y| = 4\ln|2x+3| + \frac{1}{2}\ln(x-6) - \frac{1}{3}\ln|x+1|,$$

$$\frac{1}{y}\cdot y' = \frac{8}{2x+3} + \frac{1}{2(x-6)} - \frac{1}{3(x+1)},$$

$$y' = \frac{(2x+3)^4\cdot\sqrt{x-6}}{\sqrt[3]{x+1}}\left[\frac{8}{2x+3} + \frac{1}{2(x-6)} - \frac{1}{3(x+1)}\right].$$

**例 6** 设 $\begin{cases}x = \ln(1+t^2)\\ y = t - \arctan t\end{cases}$,求 $\frac{\mathrm{d}y}{\mathrm{d}x}$,$\frac{\mathrm{d}^2y}{\mathrm{d}x^2}$.

**解** 对参数方程求导

$$\frac{\mathrm{d}y}{\mathrm{d}x} = \frac{y'(t)}{x'(t)} = \frac{1 - \frac{1}{1+t^2}}{\frac{2t}{1+t^2}} = \frac{t}{2},$$

$$\frac{d^2y}{dx^2}=\frac{d}{dx}\left(\frac{dy}{dx}\right)=\frac{d}{dt}\left(\frac{dy}{dx}\right)\cdot\frac{dt}{dx}=\left(\frac{t}{2}\right)'\cdot\frac{1}{x'(t)}=\frac{1}{2}\cdot\frac{1}{\frac{2t}{1+t^2}}=\frac{1+t^2}{4t}.$$

**例 7** 设 $e^y+xy=e$ 确定了 $y=y(x)$，求 $y'|_{x=0}$，$y''|_{x=0}$.

**解** 方程两边对 $x$ 求导，得 $e^y\cdot y'+y+xy'=0$，解出 $y'$，得

$$y'=\frac{-y}{x+e^y}\quad(*).$$

将 $x=0$ 代入方程 $e^y+xy=e$，解得 $y=1$，把 $x=0,y=1$ 代入上式得

$$y'|_{x=0}=-\frac{1}{e}.$$

对$(*)$再求导，得 $y''=\left(\frac{-y}{x+e^y}\right)'=-\frac{y'(x+e^y)-y(1+e^yy')}{(x+e^y)^2}$.

把 $x=0,y=1$ 及 $y'|_{x=0}=-\frac{1}{e}$代入上式，得 $y''|_{x=0}=\frac{1}{e^2}$.

**例 8** 求下列函数的 $n$ 阶导数 $y^{(n)}$.

(1) $y=x^2\cos^2x$；　　(2) $y=\sin^4x+\cos^4x$；

(3) $y=\frac{1}{x^2+5x+6}$；　　(4) $y=\sin2x\cos3x$.

**解** (1) 令 $u(x)=\cos^2x$，$v(x)=x^2$，则 $u(x)=\cos^2x=\frac{1}{2}+\frac{1}{2}\cos2x$，

$$u'(x)=-\sin2x,\ u''(x)=-2\cos2x,\ \cdots,\ u^{(n)}(x)=2^{n-1}\cos\left(2x+\frac{n\pi}{2}\right),$$

$$v'(x)=2x,\ v''(x)=2,\ v^{(3)}=v^{(4)}=\cdots=v^{(n)}=0.$$

由莱布尼兹公式得

$$\begin{aligned}y^{(n)}&=(\cos^2x)^{(n)}\cdot x^2+n\cdot(\cos^2x)^{(n-1)}\cdot(x^2)'+\\&\quad\frac{n(n-1)}{2}\cdot(\cos^2x)^{(n-2)}\cdot(x^2)''+0\\&=2^{n-1}x^2\cos\left(2x+\frac{n\pi}{2}\right)+2^{n-2}\cdot n\cdot\cos\left(2x+\frac{(n-1)\pi}{2}\right)\cdot2x+\\&\quad\frac{n(n-1)}{2}\cdot2^{n-3}\cos\left(2x+\frac{n-2}{2}\pi\right)\cdot2\\&=2^{n-1}x^2\cos\left(2x+\frac{n\pi}{2}\right)+2^{n-1}\cdot nx\cdot\cos\left(2x+\frac{n-1}{2}\pi\right)+\end{aligned}$$

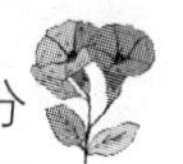

$$2^{n-3}n(n-1)\cos\left(2x+\frac{n-2}{2}\pi\right).$$

(2) 原式直接求高阶导数很困难，要进行降次，即

$$\begin{aligned} y &= \sin^4 x+\cos^4 x=(\sin^2 x+\cos^2 x)^2-2\sin^2 x\cos^2 x \\ &=1-2\sin^2 x\cos^2 x=1-\frac{1}{2}\sin^2 2x \\ &=1-\frac{1}{2}\cdot\frac{1-\cos 4x}{2}=\frac{3}{4}+\frac{1}{4}\cos 4x, \end{aligned}$$

则有 $$y^{(n)}=\left(\frac{3}{4}+\frac{1}{4}\cos 4x\right)^{(n)}=4^{(n-1)}\cos\left(4x+\frac{n\pi}{2}\right).$$

(3) $y=\dfrac{1}{x^2+5x+6}=\dfrac{1}{x+2}-\dfrac{1}{x+3}$，利用公式 $\left(\dfrac{1}{x}\right)^{(n)}=\dfrac{(-1)^n n!}{x^{n+1}}$，

则有 $$\begin{aligned} y^{(n)} &= \left(\frac{1}{x+2}\right)^{(n)}-\left(\frac{1}{x+3}\right)^{(n)}=\frac{(-1)^n n!}{(x+2)^{n+1}}-\frac{(-1)^n n!}{(x+3)^{n+1}} \\ &=(-1)^n n!\left[\frac{1}{(x+2)^{n+1}}-\frac{1}{(x+3)^{n+1}}\right]. \end{aligned}$$

(4) 利用积化和差公式 $\sin\alpha\cos\beta=\dfrac{1}{2}[\sin(\alpha+\beta)+\sin(\alpha-\beta)]$，

得 $$y=\sin 2x\cos 3x=\frac{1}{2}[\sin 5x+\sin(-x)]=\frac{1}{2}(\sin 5x-\sin x),$$

$$y^{(n)}=\frac{1}{2}[(\sin 5x)^{(n)}-(\sin x)^{(n)}]=\frac{1}{2}\left[5^n\sin\left(5x+\frac{n\pi}{2}\right)-\sin\left(x+\frac{n\pi}{2}\right)\right].$$

**例 9** 求垂直于直线 $2x+4y=3$ 并且和双曲线 $\dfrac{x^2}{2}-\dfrac{y^2}{7}=1$ 相切的直线方程.

**解** 已知直线的斜率为 $-\dfrac{1}{2}$，所求直线与已知直线垂直，故其斜率为 2. 设切点坐标为 $(x_0,y_0)$，对双曲线方程两边求导得

$$x-\frac{2}{7}y\cdot\frac{\mathrm{d}y}{\mathrm{d}x}=0,\ 即\frac{\mathrm{d}y}{\mathrm{d}x}=\frac{7x}{2y},$$

故所求直线的斜率又为 $\dfrac{7x_0}{2y_0}$，因而有

$$\frac{7x_0}{2y_0}=2.$$

又因为$(x_0,y_0)$在双曲线上，应有

$$\frac{{x_0}^2}{2}-\frac{{y_0}^2}{7}=1,$$

联立上述两个方程，解得$\begin{cases}x_0=4\\y_0=7\end{cases}$或$\begin{cases}x_0=-4\\y_0=-7\end{cases}$.
即切点坐标为(4,7)或(−4,−7). 故得两条切线方程为

$$y-7=2(x-4)\text{，即 }2x-y-1=0,$$

$$y+7=2(x+4)\text{，即 }2x-y+1=0.$$

**例 10** 证明星形线$x^{\frac{2}{3}}+y^{\frac{2}{3}}=a^{\frac{2}{3}}(a>0)$上任一点处的切线界于两坐标轴间的一段的长度等于常数$a$.

**证** 在星形线上任取一点$(x_0,y_0)$，求该点处的切线方程. 方程$x^{\frac{2}{3}}+y^{\frac{2}{3}}=a^{\frac{2}{3}}$两边对$x$求导，得

$$\frac{2}{3}x^{-\frac{1}{3}}+\frac{2}{3}y^{-\frac{1}{3}}\cdot y'=0,$$

即

$$y'=-\frac{y^{\frac{1}{3}}}{x^{\frac{1}{3}}},$$

则切线的斜率为$y'\big|_{x=x_0}=-\dfrac{{y_0}^{\frac{1}{3}}}{{x_0}^{\frac{1}{3}}}$，切线方程为$y-y_0=-\dfrac{{y_0}^{\frac{1}{3}}}{{x_0}^{\frac{1}{3}}}(x-x_0)$. 求出在$x$轴、$y$轴上的截距，即

当$y=0$时，$x=x_0+{x_0}^{\frac{1}{3}}{y_0}^{\frac{2}{3}}$，

当$x=0$时，$y=y_0+{x_0}^{\frac{2}{3}}{y_0}^{\frac{1}{3}}$.

设切线界于两坐标轴间的一段的长度为$l$，则

$$\begin{aligned}l^2&=\left(x_0+{x_0}^{\frac{1}{3}}{y_0}^{\frac{2}{3}}\right)^2+\left(y_0+{x_0}^{\frac{2}{3}}{y_0}^{\frac{1}{3}}\right)^2\\&={x_0}^{\frac{2}{3}}\left({x_0}^{\frac{2}{3}}+{y_0}^{\frac{2}{3}}\right)^2+{y_0}^{\frac{2}{3}}\left({y_0}^{\frac{2}{3}}+{x_0}^{\frac{2}{3}}\right)^2\quad\left(\text{因为 }{x_0}^{\frac{2}{3}}+{y_0}^{\frac{2}{3}}=a^{\frac{2}{3}}\right)\\&=a^{\frac{4}{3}}{x_0}^{\frac{2}{3}}+a^{\frac{4}{3}}{y_0}^{\frac{2}{3}}=a^{\frac{4}{3}}\left({x_0}^{\frac{2}{3}}+{y_0}^{\frac{2}{3}}\right)\\&=a^{\frac{4}{3}}\cdot a^{\frac{2}{3}}=a^2,\end{aligned}$$

所以，任一点处的切线界于两坐标轴间的一段的长度等于常数$a$.

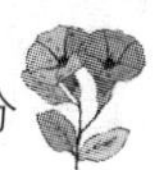

## 第三节　函数的微分

### 一、内容提要

1. 微分的定义

若函数 $y=f(x)$ 在点 $x_0$ 的增量 $\Delta y=f(x_0+\Delta x)-f(x_0)$ 可表示为

$$\Delta y=A\Delta x+o(\Delta x)$$

其中，$A$ 是不依赖于 $\Delta x$ 的常数，而 $o(\Delta x)$ 是比 $\Delta x$ 高阶的无穷小，则称 $y=f(x)$ 在点 $x_0$ 可微，将线性主部 $A\Delta x$ 称为 $y=f(x)$ 在 $x_0$ 相应于 $\Delta x$ 的微分，记作 $\mathrm{d}y$，即 $\mathrm{d}y\big|_{x=x_0}=A\Delta x$.

**注**　微分 $\mathrm{d}y$ 是关于 $\Delta x$ 的线性函数，通常把 $\mathrm{d}y$ 称为 $\Delta y$ 的线性主部.

2. 可微与可导的关系

函数 $y=f(x)$ 在 $x=x_0$ 处可微，当且仅当 $f(x)$ 在 $x_0$ 处可导，且当 $f'(x_0)$ 存在时，$\mathrm{d}y=f'(x_0)\mathrm{d}x$.

3. 微分的运算法则

设 $u=u(x)$，$v=v(x)$ 都是可微函数，则

(1) $\mathrm{d}(Cu)=C\mathrm{d}u$　（$C$ 为常数）；　　(2) $\mathrm{d}(u\pm v)=\mathrm{d}u\pm\mathrm{d}v$；

(3) $\mathrm{d}(uv)=v\mathrm{d}u+u\mathrm{d}v$；　　(4) $\mathrm{d}\left(\dfrac{u}{v}\right)=\dfrac{v\mathrm{d}u-u\mathrm{d}v}{v^2}$　$(v\neq 0)$.

4. 一阶微分的形式不变性（复合函数的微分法则）

设 $y=f(u)$ 与 $u=\varphi(x)$ 都是可微函数，则

$$\mathrm{d}y=\frac{\mathrm{d}y}{\mathrm{d}x}\mathrm{d}x=f'(u)\varphi'(x)\mathrm{d}x,$$

又 $\varphi'(x)\mathrm{d}x=\mathrm{d}u$，故 $\mathrm{d}y=f'(u)\mathrm{d}u$.

可见，对于 $y=f(u)$ 而言，$u$ 是自变量时和 $u$ 是中间变量时，写出 $\mathrm{d}y=f'(u)\mathrm{d}u$ 和 $\mathrm{d}y=f'(u)\varphi'(x)\mathrm{d}x$ 都是对的，这一性质叫微分形式的不变性.

5. 微分的几何意义

$\Delta y$ 是曲线 $y=f(x)$ 上点的纵坐标的增量，$\mathrm{d}y$ 就是曲线上对应点的切线的纵坐标的增量.

6. 微分在近似计算中的应用

$$\Delta y=f(x_0+\Delta x)-f(x_0)\approx f'(x_0)\Delta x,$$
$$f(x_0+\Delta x)\approx f(x_0)+f'(x_0)\Delta x.$$

### 二、重点、难点分析

本节的重点是熟练掌握基本初等函数的微分公式和微分的运算法则，难点是利用微分的运算法则和微分形式不变性求函数的微分.

对一元函数来说，本质上，可微和可导是等价的，所以可微和可导是一回事；

但导数与微分是不同的概念，是有区别的. 函数$f(x)$在$x_0$处的导数$f'(x_0)$是一个定数，而$f(x)$在$x_0$处的微分$dy=f'(x_0)(x-x_0)$是$x$的一次函数，是无穷小量(当$x\to x_0$时)；从几何意义上说，$f'(x_0)$是曲线$y=f(x)$在$(x_0,f(x_0))$处的切线斜率，而微分$dy=f'(x_0)(x-x_0)$是曲线$y=f(x)$过点$(x_0,f(x_0))$处的切线在点$x$的纵坐标与曲线$y=f(x)$在点$x_0$处的纵坐标之差.

**三、典型例题**

**例1** 已知$y=\tan^2(1+2x^2)$，求$dy$.

**解** 
$$\begin{aligned}dy&=y'(x)dx=2\tan(1+2x^2)\cdot\sec^2(1+2x^2)\cdot 4xdx\\&=8x\tan(1+2x^2)\sec^2(1+2x^2)dx.\end{aligned}$$

**例2** 已知$y=e^{\pi-3x}\cos 3x$，求当$x=\dfrac{\pi}{3}$时函数$y$的微分$dy$.

**解** 
$$\begin{aligned}dy&=\cos 3x\,de^{\pi-3x}+e^{\pi-3x}d\cos 3x\\&=-3\cos 3x\cdot e^{\pi-3x}dx-3\sin 3xe^{\pi-3x}dx\\&=-3e^{\pi-3x}(\cos 3x+\sin 3x)dx,\end{aligned}$$
$$dy\Big|_{x=\frac{\pi}{3}}=-3e^0(-1+0)dx=3dx.$$

**例3** 已知$\sqrt{x^2+y^2}=e^{\arctan\frac{y}{x}}$确定了$y=y(x)$，求$dy,y''$.

**解** 方程两边取对数$\dfrac{1}{2}\ln(x^2+y^2)=\arctan\dfrac{y}{x}$，两边微分
$$\frac{xdx+ydy}{x^2+y^2}=\frac{1}{1+\left(\dfrac{y}{x}\right)^2}\frac{xdy-ydx}{x^2},$$
化简得
$$xdx+ydy=xdy-ydx,$$
解得
$$dy=\frac{x+y}{x-y}dx,$$
因此
$$y'=\frac{x+y}{x-y}.$$
上式两边再对$x$求导
$$y''=\frac{(1+y')(x-y)-(1-y')(x+y)}{(x-y)^2},$$
将$y'=\dfrac{x+y}{x-y}$代入上式并化简，得

$$y''=\frac{2(x^2+y^2)}{(x-y)^3}.$$

**例 4**　计算 $\sqrt[3]{126}$的近似值.

**解**　因为 $\sqrt[3]{126}=\sqrt[3]{125+1}=5\cdot\sqrt[3]{1+\frac{1}{125}}$，取 $f(x)=\sqrt[3]{1+x}$. 当 $x_0=0$ 时，$f(x_0)=\sqrt[3]{1+0}=1$，$f'(x)=\frac{1}{3}(1+x)^{-\frac{2}{3}}=\frac{1}{3}\frac{1}{\sqrt[3]{(1+x)^2}}$，所以 $f'(x_0)=\frac{1}{3}$，从而

$$\sqrt[3]{126}=5f(x)\approx 5[f(x_0)+f'(x_0)x]\quad\left(x=\frac{1}{125}\right)$$

$$=5\left(1+\frac{1}{3}\cdot\frac{1}{125}\right)=5+\frac{1}{75}\approx 5.0133.$$

**导数与微分的应用能力矩阵**

| 数学能力 | 后续数学课程学习能力 | 专业课程学习能力<br>（应用创新能力） |
|---|---|---|
| ①导数的概念，微分的概念，导数与微分的关系，求导法则，微分法则，泰勒公式的概念，曲率的概念等知识的讲解可以培养学生的抽象思维能力；<br><br>②求函数的导数与微分、用洛必达法则求极限、求函数的极值与最值，求曲线的拐点，求曲线的渐近线，求曲线的曲率，求方程的近似解等可以培养学生的运算能力；<br><br>③导数与微分的几何意义，微分中值定理的几何解释，泰勒中值定理的几何解释，判断函数的增减性，曲线的凹凸性，函数图形的描绘等可以培养学生的几何直观能力. | ①在高等数学课程下学期内容中，多元函数的偏导数与全微分概念是一元函数导数与微分概念的推广，同时偏导数的运算也要用到一元函数的基本导数公式与求导法则，因此学好一元微分学对学习多元微分学有很大的帮助；<br>②在工程数学课程中，复变函数的导数与微分概念是一元函数导数与微分概念的形式推广，因此复变函数的求导法则跟一元函数的求导法则有很多的相似之处，特别是初等的复函数的导数公式与初等的实变函数的导数公式形式相同，所以学好了这部分知识，将有助于学习复变函数的导数，进一步有利于学习复变函数的解析性；<br>③在概率统计课程中，一元连续随机变量（例如：服从指数分布、正态分布的随机变量）的概率密度函数的图形可以用函数图形的描绘方法画出来，这有助于对这些随机变量的直观理解. 另外，一元连续随机变量的概率密度函数是它的概率分布函数的导数，因此要用到一元函数的求导方法. | 导数是函数对自变量的变化率，当函数有不同的实际含义时，变化率的含义也不同，从而使导数在不同的领域及科学技术中有了广泛的应用. 例如：<br><br>①在经济学中，经济函数的边际函数要用到导数的概念；<br><br>②在经济学中，弹性函数的计算要用到导数的运算；<br><br>③在经济学中，求解最优问题要用到函数的最值的求法；<br><br>④在运动学中，求物体的速度、加速度等要用到导数的运算；<br><br>⑤在物理学中，电流强度是电荷对时间的变化率，线密度是质量对长度的变化率，比热容是热量对温度的变化率等，求这些物理量时都要用到导数的运算. |

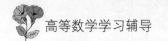

## 自测题（一）

**一、填空题**(每题4分，共16分)

**1.** 设 $y=(2^{\frac{3}{2}}-x^{\frac{2}{3}})^{\frac{3}{2}}$，则 $y'=$________.

**2.** 设 $\ln\sqrt{x^2+y^2}=\arctan\frac{y}{x}$，则$\frac{dy}{dx}=$________.

**3.** 当 $n\geqslant 2$ 时，$(x^2e^x)^{(n)}=$________.

**4.** 设$f(x)=x\ln(2x)$在 $x_0$ 处可导，且$f'(x_0)=2$，则$f(x_0)=$________.

**二、选择题**(每题4分，共16分)

**1.** $f'(x_0)$表示(　　).

A. $[f(x_0)]'$　　B. 曲线 $y=f(x)$在点$(x_0,f(x_0))$的切线倾角

C. 导函数$f'(x)$在 $x=x_0$ 时的值　　D. 以上结论都不对

**2.** 曲线 $y=1+\sin x$ 在 $x=0$ 处的切线与 $x$ 轴正方向的夹角为(　　).

A. $\frac{\pi}{2}$　　B. 0　　C. 1　　D. $\frac{\pi}{4}$

**3.** 函数$f(x)=\ln|x-1|$的导函数是(　　).

A. $f'(x)=\frac{1}{|x|}$　　B. $f'(x)=\frac{1}{|x-1|}$

C. $f'(x)=\frac{1}{1-x}$　　D. $f'(x)=\frac{1}{x-1}$

**4.** 若 $y=\sin(x^2)$，则当 $x=\sqrt{\pi}$, $dx=-2$ 时 $y$ 的微分 $dy=$(　　).

A. $4\sqrt{\pi}$　　B. $-4\sqrt{\pi}$　　C. 2　　D. $-2$

三、(8分)求函数 $y=\cos^2\left(\sin\frac{x}{3}\right)$的导数$\frac{dy}{dx}$.

四、(10分)已知 $y=x^2e^{2x}$，求 $y^{(20)}(x)$.

五、(10分)已知$\begin{cases}x=\cos 2t\\ y=\sin^2 t\end{cases}$，求$\frac{d^2y}{dx^2}$.

六、(10分)设 $e^y+xy=e$，求 $y^{(n)}(0)$.

七、(10分)讨论函数$f(x)=(x^2-x-2)|x^3-x|$的可导性.

八、(8分)求 $\ln(0.98)$的近似值.

九、(12分)试确定正数 $k$,使曲线$\frac{x^2}{a^2}+\frac{y^2}{b^2}=1$ 与 $xy=k$ 相切,并求出切线方程.

# 自测题（二）

**一、选择题**(每题4分，共20分)

**1.** 若$f(x)$在$(-1,1)$中连续，则$xf(x)$在(　　).

A. $(-1,1)$内可导　　B. $x=0$处可导

C. $(-1,1)$内处处不可导　　D. $x=0$处不可导

**2.** 设$f(x)=x|x|$，则$f'(0)$为(　　).

A. 不存在　　B. 0　　C. 1　　D. $-1$

**3.** 设$f(x_0+\Delta x)-f(x_0)=0.3\Delta x+\ln^2(1+\Delta x)$，那么$f(x)$在$x_0$点(　　).

A. 可微，且$dy=0.3\Delta x$　　B. 可微，但$dy\neq 0.3\Delta x$

C. 不可微　　D. 不连续

**4.** 函数$f(x)=\left|\dfrac{\sin x}{x}\right|$在$x=\pi$处的(　　).

A. 右导数$f_+'(\pi)=-\dfrac{1}{\pi}$　　B. 导数$f'(\pi)=\dfrac{1}{\pi}$

C. 左导数$f_-'(\pi)=\dfrac{1}{\pi}$　　D. 右导数$f_+'(\pi)=\dfrac{1}{\pi}$

**5.** 设$f(x)$是周期为4的可导奇函数,且$f(x)=2(x-1)$,$x\in[0,2]$,则$f(7)=$(　　)(2014年考研题数学一).

A. 3　　B. 35　　C. 1　　D. $-1$

**二、**(20分)**求导数**

(1) $y=\left(\dfrac{x}{b}\right)^a\left(\dfrac{a}{x}\right)^b\left(\dfrac{b}{a}\right)^x\quad(a>0,b>0,x>0)$;

(2) $y=\sqrt[3]{\dfrac{(a+x)(b+x)}{(a-x)(b-x)}}\quad(a>b>0)$.

**三、**(10分)设$f(t)$二次可微，$f''(t)\neq 0$，$\begin{cases}x=f'(t)\\y=tf'(t)-f(t)\end{cases}$，求$\dfrac{dy}{dx}$，$\dfrac{d^2y}{dx^2}$.

**四、**(10分)设$f(x)=\begin{cases}x^2 & x\leqslant x_0\\ax+b & x>x_0\end{cases}$，试确定常数$a$和$b$，使$f(x)$在$x=x_0$处既连续又可导.

**五、**(10分)设$f(x)=(x-2)^n(x-1)^n\cos\dfrac{\pi x^2}{16}$,求$f^{(n)}(2)$(第二届江苏省非理科专业高等数学竞赛试题).

六、(10 分)设 $y - xe^y = 1$，求 $y''$.

七、(10 分)设曲线 $f(x) = x^n$ 在点(1,1)处的切线与 $x$ 轴的交点为$(\xi_n, 0)$，求 $\lim\limits_{n\to\infty} f(\xi_n)$.

八、(10 分)曲线 $y = \dfrac{1}{\sqrt{x}}$的切线与 $x$ 轴和 $y$ 轴围成一个图形，记切点的横坐标为 $a$. 试求切线方程和这个图形的面积. 当切点沿曲线趋向于无穷远时，该面积的变化趋势如何？

## 自测题答案

**自测题（一）**

一、**1.** $-\sqrt{\sqrt[3]{\dfrac{4}{x^2}}-1}$，**2.** $\dfrac{x+y}{x-y}$，**3.** $[x^2+2nx+n(n-1)]e^x$，**4.** $\dfrac{e}{2}$.

二、**1.** C；**2.** D；**3.** D；**4.** A

三、$y' = -\dfrac{1}{3}\cos\dfrac{x}{3}\cdot\sin\left(2\sin\dfrac{x}{3}\right)$.

四、$y^{(20)}(x) = 2^{20}e^{2x}(x^2+20x+95)$.

五、因为 $y = \dfrac{1}{x-2} - \dfrac{1}{x-1}$,所以

$$y^{(n)} = (-1)^n(n!)\left[\frac{1}{(x-2)^{n+1}} - \frac{1}{(x-1)^{n+1}}\right].$$

六、$y''(0) = e^{-2}$.

七、在 $x=0, x=1$ 处不可导.

八、$\ln x \approx x-1$，$\ln(0.98) \approx -0.02$.

九、$k = \dfrac{ab}{2}$,切线方程:$y \pm \dfrac{b}{\sqrt{2}} = -\dfrac{b}{a}\left(x \pm \dfrac{a}{\sqrt{2}}\right)$.

**自测题(二)**

一、**1.** B；**2.** B；**3.** A；**4.** D；**5.** C.

二、(1) 对数求导法，对两边取对数，再求导，得：

$$y' = \left(\frac{x}{b}\right)^a\left(\frac{a}{x}\right)^b\left(\frac{b}{a}\right)^x\left(\frac{a}{x} - \frac{b}{x} + \ln\frac{a}{b}\right).$$

(2) 对数求导法，对两边取对数，再求导，得：

$$y' = \frac{2}{3}\sqrt[3]{\frac{(a+x)(b+x)}{(a-x)(b-x)}}\cdot\frac{(a+b)(ab-x^2)}{(a^2-x^2)(b^2-x^2)}.$$

三、$\dfrac{dy}{dx}=t\quad \dfrac{d^2y}{dx^2}=\dfrac{1}{f''(t)}$.

四、$a=2x_0$，$b=-x_0{}^2$.

五、令 $u(x)=(x-2)^n, v(x)=(x-1)^n\cos\dfrac{\pi x^2}{16}$,应用莱布尼兹公式得

$$f^{(n)}(2)=v(2)u^{(n)}(2)=n!\ \cos\frac{4\pi}{16}=\frac{\sqrt{2}}{2}n!.$$

六、$y'=\dfrac{e^y}{1-xe^y}$，$y''=\dfrac{e^{2y}(3-y)}{(1-xe^y)^3}$.

七、$\xi_n=1-\dfrac{1}{n}$，$\lim\limits_{n\to\infty}f(\xi_n)=e^{-1}$.

八、切点为$\left(a,\dfrac{1}{\sqrt{a}}\right)$，切线方程为 $y-\dfrac{1}{\sqrt{a}}=-\dfrac{1}{2\sqrt{a^3}}(x-a)$，图形面积 $S=\dfrac{9}{4}\sqrt{a}$，$\lim\limits_{a\to+\infty}S=+\infty$，$\lim\limits_{a\to0+}S=0$.

# 第三章　中值定理与导数应用

## 第一节　中 值 定 理

### 一、内容提要

1. 罗尔(Rolle)定理

设函数$f(x)$满足条件

(1) 在闭区间$[a, b]$上连续;

(2) 在开区间$(a, b)$内可导;

(3) 在区间端点处函数值相等，即$f(a)=f(b)$,

则在开区间$(a, b)$内至少存在一点$\xi$，使得$f'(\xi)=0$.

2. 拉格朗日(Lagrange)中值定理

设函数$f(x)$满足条件

(1) 在闭区间$[a, b]$上连续;

(2) 开区间$(a, b)$内可导,

则在开区间$(a, b)$内至少存在一点$\xi$，使得$f'(\xi)=\dfrac{f(b)-f(a)}{b-a}$.

**推论1**　若函数$f(x)$在开区间$(a, b)$内可微，且$f'(x)\equiv 0$，则在$(a, b)$内，$f(x)$是一个常数.

**推论2**　若函数$\varphi(x)$，$\psi(x)$在开区间$(a, b)$内可微，且$\varphi'(x)\equiv\psi'(x)$，$x\in(a, b)$,则在$(a, b)$内，$\varphi(x)$与$\psi(x)$最多相差一个常数，即有$\varphi(x)=\psi(x)+c$，$x\in(a, b)$，其中$c$为常数.

3. 柯西(Cauchy)中值定理

设函数$f(x)$，$F(x)$满足条件:

(1) 在闭区间$[a, b]$上连续;

(2) 在开区间$(a, b)$内可导，且$F'(x)\neq 0$，$x\in(a, b)$,

则在开区间$(a, b)$内至少存在一点$\xi$，使得$\dfrac{f(b)-f(a)}{F(b)-F(a)}=\dfrac{f'(\xi)}{F'(\xi)}$.

### 二、重点、难点分析

罗尔定理和拉格朗日中值定理是本节的重点.

罗尔定理常用于证明导函数的零点问题，构造合适的辅助函数是难点．通常需要对证明的等式作恒等变形，将等式右端变为零，再两端同时乘以非零因子或加、减相同项，以便将其看作某导函数的零点，得到辅助函数．如要证明$f'(\xi)=-\frac{f(\xi)}{\xi}$，移项即证$f'(\xi)+\frac{f(\xi)}{\xi}=0$，再乘以非零因子$\xi$变形为：$\xi f'(\xi)+f(\xi)=0$，则问题转化为要证$[xf(x)]'|_{x=\xi}=0$，可看作证明辅助函数$F(x)=xf(x)$的导函数的零点问题．再如要证明$\frac{f(\xi)}{g(\xi)}=\frac{f''(\xi)}{g''(\xi)}$，变形为$[f(x)g''(x)-f''(x)g(x)]|_{x=\xi}=0$，进一步看作$[f(x)g'(x)-f'(x)g(x)]'|_{x=\xi}=0$，即化为证明辅助函数$F(x)=f(x)g'(x)-f'(x)g(x)$的导函数的零点问题．

讨论高阶导函数的零点问题，往往需要连续使用罗尔定理．

拉格朗日中值定理建立了函数在一个区间上的增量与该函数在此区间内某点处的导数的关系，是导数应用的理论基础，可用于证明等式及不等式，其推论可用于证明恒等式．其中利用拉格朗日中值定理证明不等式是难点，可通过估计导数的范围将等式化为不等式．

柯西中值定理有重要的理论意义，后续用于证明洛必达法则和泰勒公式．柯西中值定理是用罗尔定理证明的，因此能用柯西中值定理证明的等式用罗尔定理也能证明，详见后面的典型例题．

**三、典型例题**

**例 1**　设函数$f(x)$在$[0,1]$上连续，在$(0,1)$内可导，且$f(1)=0$，证明：至少存在一点$\xi\in(0,1)$，使$f'(\xi)=-\frac{f(\xi)}{\xi}$．

**证明**　令$F(x)=xf(x)$，由题意可知$F(x)$在$[0,1]$上连续，在$(0,1)$内可导，又$F(0)=0=F(1)$，因此$F(x)$在$[0,1]$上满足罗尔定理的条件，故存在$\xi\in(0,1)$，使得$F'(\xi)=0$，即$\xi f'(\xi)+f(\xi)=0$，也即$f'(\xi)=-\frac{f(\xi)}{\xi}$．

**例 2**　设函数$f(x)$，$g(x)$在$[a,b]$上具有二阶导数，且$g''(x)\neq0$，$f(a)=f(b)=g(a)=g(b)=0$，证明：

（1）$\forall x\in(a,b)$，$g(x)\neq0$；

（2）存在$\xi\in(a,b)$，使$\frac{f(\xi)}{g(\xi)}=\frac{f''(\xi)}{g''(\xi)}$．

**【分析】**　若在$(a,b)$内存在点$c$，使$g(c)=0$，则函数$g(x)$至少有三个零点，其导函数至少有两个零点，其二阶导函数必有零点，从而(1)可以用反证法证明．将$\frac{f(\xi)}{g(\xi)}=\frac{f''(\xi)}{g''(\xi)}$变形为$[f(x)g''(x)-f''(x)g(x)]|_{x=\xi}=0$，进一步看作

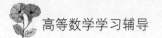

$[f(x)g'(x)-f'(x)g(x)]'|_{x=\xi}=0$,可以作辅助函数：$F(x)=f(x)g'(x)-f'(x)g(x)$,用罗尔定理证明(2).

**证明** (1) 反证法. 由已知函数 $g(x)$ 在 $[a, b]$ 上具有二阶导数，$g(a)=g(b)=0$,若在 $(a, b)$ 内存在点 $c$ 使 $g(c)=0$，则 $g(x)$ 在 $[a, c]$ 和 $[c, b]$ 上满足罗尔定理的条件，故存在 $\xi_1\in(a, c)$，$\xi_2\in(c, b)$ 使得 $g'(\xi_1)=g'(\xi_2)=0$. 而 $g'(x)$ 在 $[\xi_1, \xi_2]$ 上满足罗尔定理的条件，故存在 $\xi_0\in(\xi_1, \xi_2)\subset(a, b)$，使 $g''(\xi_0)=0$,矛盾. 故 $\forall x\in(a, b)$，$g(x)\neq 0$.

(2) 作辅助函数 $F(x)=f(x)g'(x)-f'(x)g(x)$，由已知 $F(a)=F(b)=0$，且 $F(x)$ 在 $[a, b]$ 上满足罗尔定理的条件，故存在 $\xi\in(a, b)$，使得 $F'(\xi)=0$，即 $f(\xi)g''(\xi)-f''(\xi)g(\xi)=0$，由(1)和已知得 $g(\xi)\neq 0$，$g''(\xi)\neq 0$，变形即得 $\dfrac{f(\xi)}{g(\xi)}=\dfrac{f''(\xi)}{g''(\xi)}$.

**例 3** 设函数 $f(x)$ 在闭区间 $[a, b]$ 上连续，在开区间 $(a, b)$ 内可导，且 $f(a)\cdot f(b)>0$, $f(a)\cdot f\left(\dfrac{a+b}{2}\right)<0$，试证明至少存在一点 $\xi\in(a, b)$，使得 $f'(\xi)=f(\xi)$.

**证明** 由 $f(a)\cdot f(b)>0$，$f(a)\cdot f\left(\dfrac{a+b}{2}\right)<0$ 得

$$f(a)\cdot f\left(\frac{a+b}{2}\right)<0,\ f\left(\frac{a+b}{2}\right)\cdot f(b)<0,$$

又 $f(x)$ 在 $\left[a, \dfrac{a+b}{2}\right]$，$\left[\dfrac{a+b}{2}, b\right]$ 上连续，由零点定理，

存在 $\xi_1\in\left(a, \dfrac{a+b}{2}\right)$，$\xi_2\in\left(\dfrac{a+b}{2}, b\right)$，使 $f(\xi_1)=f(\xi_2)=0$.

作辅助函数 $F(x)=e^{-x}f(x)$，则 $F(x)$ 在 $[\xi_1, \xi_2]$ 上连续，在 $(\xi_1, \xi_2)$ 内可导，且 $F(\xi_1)=F(\xi_2)=0$，由罗尔定理，至少存在一点 $\xi\in(\xi_1, \xi_2)$，使得 $F'(\xi)=0$,即 $e^{-\xi}[f'(\xi)-f(\xi)]=0$，亦即 $f'(\xi)=f(\xi)$.

**例 4** 设函数 $f(x)$ 在 $[0, 1]$ 上连续，在 $(0, 1)$ 内可导，且 $f(0)=f(1)=0$，$f\left(\dfrac{1}{2}\right)=1$，试证：

(1) 存在 $\eta\in\left(\dfrac{1}{2}, 1\right)$，使 $f(\eta)=\eta$;

(2) 对于任意实数 $\lambda$，存在 $\xi\in(0, \eta)$，使 $f'(\xi)-\lambda[f(\xi)-\xi]=1$.

**证明** (1)令 $F(x)=f(x)-x$，显然，$F(x)$ 在 $[0, 1]$ 上连续，在 $(0, 1)$ 内可导，又

$$F(1)=f(1)-1=-1<0,$$

$$F\left(\frac{1}{2}\right)=f\left(\frac{1}{2}\right)-\frac{1}{2}=\frac{1}{2}>0,$$

由零点存在定理可知，存在 $\eta\in\left(\frac{1}{2},\ 1\right)$，使得 $F(\eta)=0$，即 $f(\eta)=\eta$.

(2) 设 $F(x)=\mathrm{e}^{-\lambda x}[f(x)-x]$，则 $F(x)$ 在 $[0,\ \eta]$ 上连续，在 $(0,\ \eta)$ 内可导，且 $F(0)=0$，$F(\eta)=\mathrm{e}^{-\lambda\eta}[f(\eta)-\eta]=0$，于是 $F(x)$ 在 $[0,\ \eta]$ 满足罗尔定理条件，故存在 $\xi\in(0,\ \eta)$，使得 $F'(\xi)=0$，即 $\mathrm{e}^{-\lambda\xi}\{f'(\xi)-\lambda[f(\xi)-\xi]-1\}=0$，从而 $f'(\xi)-\lambda[f(\xi)-\xi]=1$.

**例 5**　已知 $f(x)$ 在 $[a,\ b]$ 上连续，在 $(a,\ b)$ 内 $f''(x)$ 存在，又连接 $A(a,\ f(a))$，$B(b,\ f(b))$ 两点的直线与曲线 $y=f(x)$ 相交于 $C(c,\ f(c))$，且 $a<c<b$，试证至少存在一点 $\xi\in(a,\ b)$，使 $f''(\xi)=0$.

**证明**　由题意，可对 $f(x)$ 在 $[a,\ c]$，$[c,\ b]$ 上分别应用拉格朗日中值定理，于是有

$$f'(\xi_1)=\frac{f(c)-f(a)}{c-a},\ \xi_1\in(a,\ c);\ f'(\xi_2)=\frac{f(b)-f(c)}{b-c},\ \xi_2\in(c,\ b).$$

由于 $A$，$B$，$C$ 三点在同一直线上，则

$$\frac{f(c)-f(a)}{c-a}=\frac{f(b)-f(c)}{b-c}=\frac{f(b)-f(a)}{b-a},$$

故 $f'(\xi_1)=f'(\xi_2)$. 因而 $f'(x)$ 在 $[\xi_1,\ \xi_2]$ 上满足罗尔定理，于是存在一个 $\xi\in(\xi_1,\ \xi_2)\subset(a,\ b)$，使得 $f''(\xi)=0$.

**例 6**　设 $f(x)$ 在区间 $[a,\ b]$ 上连续，在 $(a,\ b)$ 内可导，证明：在 $(a,\ b)$ 内至少存在一点 $\xi$，使

$$\frac{bf(b)-af(a)}{b-a}=f(\xi)+\xi f'(\xi).$$

**【分析】**　作辅助函数 $F(x)=xf(x)$，则上式右边 $=[xf(x)]'|_{x=\xi}=F'(\xi)$，左边 $=\dfrac{F(b)-F(a)}{b-a}$，只要验证 $F(x)$ 在 $[a,\ b]$ 上满足拉格朗日中值定理的条件.

**证明**　作辅助函数 $F(x)=xf(x)$，由题意 $F(x)$ 在 $[a,\ b]$ 上满足拉格朗日中值定理的条件，故存在 $\xi\in(a,\ b)$，使得

$$\frac{F(b)-F(a)}{b-a}=F'(\xi),$$

即　$$\frac{bf(b)-af(a)}{b-a}=f(\xi)+f'(\xi).$$

**例 7** 证明不等式：$\dfrac{\alpha-\beta}{\cos^2\beta}\leqslant\tan\alpha-\tan\beta\leqslant\dfrac{\alpha-\beta}{\cos^2\alpha}\left(0<\beta\leqslant\alpha<\dfrac{\pi}{2}\right)$.

**证明** (1) 当 $\beta=\alpha$ 时，不等式显然成立.

(2) 设 $0<\beta<\alpha<\dfrac{\pi}{2}$，令 $f(x)=\tan x$，由于 $f(x)=\tan x$ 在区间 $[\beta,\alpha]$ 上满足拉格朗日中值定理的条件，故存在 $\xi\in(\beta,\alpha)$，使得

$$\tan\alpha-\tan\beta=\sec^2\xi\cdot(\alpha-\beta)=\frac{1}{\cos^2\xi}(\alpha-\beta).$$

由于 $\beta<\xi<\alpha$，则有 $\dfrac{1}{\cos^2\beta}<\dfrac{1}{\cos^2\xi}<\dfrac{1}{\cos^2\alpha}$ 成立，即有 $\dfrac{\alpha-\beta}{\cos^2\beta}<\dfrac{\alpha-\beta}{\cos^2\xi}<\dfrac{\alpha-\beta}{\cos^2\alpha}$，从而 $\dfrac{\alpha-\beta}{\cos^2\beta}<\tan\alpha-\tan\beta<\dfrac{\alpha-\beta}{\cos^2\alpha}$.

**例 8** 设 $f(x)$ 在 $[0,+\infty)$ 上连续，在 $(0,+\infty)$ 内存在二阶导数，且 $f''(x)>0$. 若 $f(0)=0$，证明：对于任意 $x_1>0$，$x_2>0$，恒有 $f(x_1+x_2)>f(x_1)+f(x_2)$

**证明** 注意到 $f(0)=0$，要证明的不等式可以改写为

$$[f(x_1+x_2)-f(x_1)]-[f(x_2)-f(0)]>0.$$

不妨设 $x_2\leqslant x_1$，则由拉格朗日中值定理：

$$f(x_1+x_2)-f(x_1)=f'(\xi_1)x_2,\ x_1<\xi_1<x_1+x_2,$$

$$f(x_2)-f(0)=f'(\xi_2)x_2,\ 0<\xi_2<x_2\leqslant x_1.$$

再对导函数 $f'(x)$ 在区间 $[\xi_2,\xi_1]$ 上使用拉格朗日中值定理，并注意到 $f''(x)>0$,即得

$$\begin{aligned}[f(x_1+x_2)-f(x_1)]-[f(x_2)-f(0)]&=[f'(\xi_1)-f'(\xi_2)]x_2\\&=f''(\xi)(\xi_1-\xi_2)x_2>0(\xi_2<\xi<\xi_1).\end{aligned}$$

**例 9** 证明不等式：(1) $\ln(1+x)-\ln(1-x)>x(-1<x<1)$；

(2) $x\ln\dfrac{1+x}{1-x}+\cos x\geqslant1+\dfrac{x^2}{2}\quad(-1<x<1)$.

**证明** (1) 设 $x\in(-1,1)$，对函数 $\ln(1+t)$ 在 $(-x,x)$（或 $(x,-x)$）上利用拉格朗日中值定理得

$$\ln(1+x)-\ln(1-x)=\frac{1}{1+\xi}\cdot(2x),\ \xi\in(-x,x)(\text{或}\ \xi\in(x,-x)),$$

由 $-1<\xi<1$ 可知 $\dfrac{1}{1+\xi}>\dfrac{1}{2}$，于是 $\ln(1+x)-\ln(1-x)>x\quad(-1<x<1)$；

(2) 当 $-1<x<1$ 时，$1-\cos x=2\sin^2\dfrac{x}{2}\leqslant\dfrac{x^2}{2}$，即 $\cos x\geqslant1-\dfrac{x^2}{2}$.

又由(1)知 $\ln(1+x)-\ln(1-x)>x\quad(-1<x<1)$，

即 $\ln\dfrac{1+x}{1-x}\geqslant x$，$x\ln\dfrac{1+x}{1-x}\geqslant x^2$，

所以 $x\ln\dfrac{1+x}{1-x}+\cos x\geqslant 1+\dfrac{x^2}{2}$.

**例 10**　设 $f(x)$ 在 $[0,1]$ 上连续，在 $(0,1)$ 内可导，且 $f(0)=0$，$f(1)=1$，试证：在 $(0,1)$ 内存在不同的 $\xi$、$\eta$，使 $\dfrac{1}{f'(\xi)}+\dfrac{1}{f'(\eta)}=2$.

**证明**　因为 $f(x)$ 在 $[0,1]$ 上连续，且 $f(0)=0$，$f(1)=1$，由介值定理存在 $\tau\in(0,1)$，使得 $f(\tau)=\dfrac{1}{2}$，对 $f(x)$ 在 $[0,\tau]$，$[\tau,1]$ 上分别用拉格朗日中值定理，有

$$f(\tau)-f(0)=(\tau-0)f'(\xi),\ \xi\in(0,\tau),$$

$$f(1)-f(\tau)=(1-\tau)f'(\eta),\ \eta\in(\tau,1),$$

注意到 $f(0)=0$，$f(1)=1$，由上面两式得

$$\tau=\frac{f(\tau)}{f'(\xi)}=\frac{\frac{1}{2}}{f'(\xi)},\ 1-\tau=\frac{1-f(\tau)}{f'(\eta)}=\frac{\frac{1}{2}}{f'(\eta)},$$

上面两式相加得 $\dfrac{1}{f'(\xi)}+\dfrac{1}{f'(\eta)}=2$.

**例 11**　设 $f(x)$ 在 $[a,b]$ 上连续，在 $(a,b)$ 内可导，$0<a<b$，试证：存在一点 $\xi\in(a,b)$，使得

$$f(b)-f(a)=\xi\left(\ln\frac{b}{a}\right)f'(\xi).$$

**【分析】**　上式变形为 $\dfrac{f(b)-f(a)}{\ln b-\ln a}=\dfrac{f'(\xi)}{\frac{1}{\xi}}$，则问题为在 $[a,b]$ 上对函数 $f(x)$ 和 $\ln x$ 应用柯西中值定理. 若变形为：$\left\{[f(b)-f(a)]\ln x-\left(\ln\dfrac{b}{a}\right)f(x)\right\}'\Big|_{\xi}=0$，可以用罗尔定理证明.

**证明　方法一**　由题意，函数 $f(x)$，$\ln x$ 在 $[a,b]$ 上连续，在 $(a,b)$ 内可导，且 $(\ln x)'=\dfrac{1}{x}\neq 0$，$x\in(a,b)$. 由柯西中值定理

$$\frac{f(b)-f(a)}{\ln b-\ln a}=\frac{f'(\xi)}{\frac{1}{\xi}},$$

即$f(b)-f(a)=\xi\left(\ln\frac{b}{a}\right)f'(\xi)$.

**方法二** 令$F(x)=[f(b)-f(a)]\ln x-\left(\ln\frac{b}{a}\right)f(x)$，由题意可知$F(x)$在$[a,b]$上连续，在$(a,b)$内可导，又$F(a)=F(b)=f(b)\ln a-\ln bf(a)$，因此$F(x)$在$[a,b]$上满足罗尔定理的条件，故存在$\xi\in(a,b)$，使得$F'(\xi)=0$，即$\frac{1}{\xi}[f(b)-f(a)]-\left(\ln\frac{b}{a}\right)f'(\xi)=0$，也即$f(b)-f(a)=\xi\left(\ln\frac{b}{a}\right)f'(\xi)$.

## 第二节　洛必达法则与泰勒公式

### 一、内容提要

1. 洛必达法则1$\left(\frac{0}{0}\text{型}\right)$

设函数$f(x)$，$F(x)$在点$a$的某个去心邻域$\mathring{U}(a,\delta)$内有定义，而且满足条件：

（1）$\lim\limits_{x\to a}f(x)=0$，$\lim\limits_{x\to a}F(x)=0$；

（2）在$\mathring{U}(a,\delta)$内，$f'(x)$和$F'(x)$均存在，且$F'(x)\neq0$；

（3）$\lim\limits_{x\to a}\frac{f'(x)}{F'(x)}=k$（或$\infty$）；

则$\lim\limits_{x\to a}\frac{f(x)}{F(x)}=\lim\limits_{x\to a}\frac{f'(x)}{F'(x)}=k$（或$\infty$），其中$k$为常数.

上述法则中的极限过程可以是$x\to\infty$，$x\to a^+$，$x\to a^-$，$x\to+\infty$，$x\to-\infty$.

2. 洛必达法则2$\left(\frac{\infty}{\infty}\text{型}\right)$

设函数$f(x)$，$F(x)$在点$a$的某个去心邻域$\mathring{U}(a,\delta)$内有定义，而且满足条件：

（1）$\lim\limits_{x\to a}f(x)=\infty$，$\lim\limits_{x\to a}F(x)=\infty$；

（2）在$\mathring{U}(a,\delta)$内，$f'(x)$和$F'(x)$均存在，且$F'(x)\neq0$；

(3) $\lim\limits_{x \to a} \dfrac{f'(x)}{F'(x)} = k$(或$\infty$);

则$\lim\limits_{x \to a} \dfrac{f(x)}{F(x)} = \lim\limits_{x \to a} \dfrac{f'(x)}{F'(x)} = k$(或$\infty$),其中 $k$ 为常数.

上述法则中的极限过程可以是 $x \to \infty$,$x \to a^+$,$x \to a^-$,$x \to +\infty$,$x \to -\infty$.

直接用洛必达法则只适用于$\dfrac{0}{0}$型和$\dfrac{\infty}{\infty}$型极限的求法,其他类型的未定式:$0 \cdot \infty$,$\infty - \infty$,$0^0$,$1^\infty$及$\infty^0$,这五种必须化成$\dfrac{0}{0}$型或$\dfrac{\infty}{\infty}$型极限才能应用洛必达法则.

3. 泰勒定理(带皮亚诺余项)

设函数$f(x)$在点 $x_0$ 存在 $n$ 阶导数,则

$$f(x) = f(x_0) + \frac{f'(x_0)}{1!}(x - x_0) + \frac{f''(x_0)}{2!}(x - x_0)^2 + \cdots + \frac{f^{(n)}(x_0)}{n!}(x - x_0)^n + R_n(x),$$

其中 $R_n(x) = o[(x - x_0)^n]$ $(x \to x_0)$.

4. 泰勒定理(带拉格朗日余项)

如果函数$f(x)$在含有点 $x_0$ 的某个开区间$(a, b)$内有直到 $n+1$ 的导数,则当$x \in (a, b)$时,有

$$f(x) = f(x_0) + \frac{f'(x_0)}{1!}(x - x_0) + \frac{f''(x_0)}{2!}(x - x_0)^2 + \cdots + \frac{f^{(n)}(x_0)}{n!}(x - x_0)^n + R_n(x),$$

其中 $R_n(x) = \dfrac{f^{(n+1)}(\xi)}{(n+1)!}(x - x_0)^{n+1}$,这里 $\xi$ 在 $x_0$ 与 $x$ 之间.

**二、重点、难点分析**

洛必达法则是求未定式极限的一个有效的方法,掌握这个法则没有什么困难,但正确应用洛必达法则求极限,需要注意以下问题:

1. 只有未定式极限才能够运用洛必达法则,非未定式极限要用四则运算或其他方法. 对于未定式极限,若干次运用洛必达法则以后,如果已经不是未定式极限,就不能继续运用洛必达法则,否则就会出现错误.

2. 未定式极限问题共有七种形式:$\dfrac{0}{0}$,$\dfrac{\infty}{\infty}$,$0 \cdot \infty$,$\infty - \infty$,$0^0$,$1^\infty$,$\infty^0$. 只有$\dfrac{0}{0}$,$\dfrac{\infty}{\infty}$才能直接用洛必达法则,其他任何一种未定式极限必须化为$\dfrac{0}{0}$或$\dfrac{\infty}{\infty}$型未定式极限,才能应用洛必达法则.

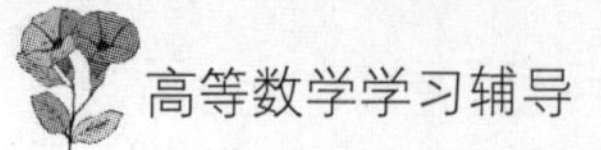


3. 极限运算用洛必达法则之前要尽可能地运用等价无穷小代换的方法，有些时候能够使问题得到明显的简化.

例如：求$\lim\limits_{x\to0}\dfrac{(e^{2x}-1)\tan x^2}{\ln(1-\sin^2x)\cdot\sin x}$ $\left(\dfrac{0}{0}\right)$型．如果直接运用洛必达法则，求导数是非常复杂的．但若应用等价无穷小代换方法，则十分简单：注意到当$x\to0$时，$\sin x\sim x$，$e^{2x}-1\sim2x$，$\tan x^2\sim x^2$，$\ln(1-\sin^2x)\sim-\sin^2x\sim-x^2$，则

$$\lim_{x\to0}\frac{(e^{2x}-1)\tan x^2}{\ln(1-\sin^2x)\cdot\sin x}=\lim_{x\to0}\frac{2x\cdot x^2}{-x^2\cdot x}=-2.$$

4. 有些未定式，运用洛必达法则不能得到结果，但这不能说明未定式的极限不存在，因为洛必达法则要求每一步的极限存在或为无穷大.

例如：$\lim\limits_{x\to+\infty}\dfrac{x+\sin x}{x-\cos x}$是$\left(\dfrac{\infty}{\infty}\right)$型，若运用洛必达法则，

$$\lim_{x\to+\infty}\frac{(x+\sin x)'}{(x-\cos x)'}=\lim_{x\to+\infty}\frac{1+\cos x}{1+\sin x}$$

极限不存在，也不为无穷大，无法得出结果.

直接计算：$\lim\limits_{x\to+\infty}\dfrac{x+\sin x}{x-\cos x}=\lim\limits_{x\to+\infty}\dfrac{1+\dfrac{\sin x}{x}}{1-\dfrac{\cos x}{x}}=\dfrac{1+0}{1-0}=1\quad\left(\dfrac{\infty}{\infty}\right).$

因此，有效应用洛必达法则求极限，往往需要结合恒等变形、极限运算法则、等价无穷小和重要极限等方法，简化后再对其中$\dfrac{0}{0}$型或$\dfrac{\infty}{\infty}$型极限应用洛必达法则，比较灵活.

泰勒公式是应用高阶导数研究函数性态如极值、凹凸性等的重要工具，也是泰勒级数的基础. 泰勒公式在求未定式极限，估计无穷小的阶等问题中也有重要的应用. 当泰勒公式用于求$\dfrac{0}{0}$型未定式极限时，余项一般采用皮亚诺余项. 当泰勒公式用于证明不等式时，余项一般采用拉格朗日余项. 要熟记并会应用五个重要函数的泰勒公式.

**三、典型例题**

**例 1** 求极限$\lim\limits_{x\to0}\dfrac{\sqrt{1+\tan x}-\sqrt{1+\sin x}}{x\sin^2x}\left(\dfrac{0}{0}型\right)$.

**【分析】** 这是$\dfrac{0}{0}$型未定式，可以直接用洛必达法则，但很复杂. 故先将分母中$\sin^2 x$用等价无穷小量替代，然后将分子有理化，再把不为零的因子$\dfrac{1}{\sqrt{1+\tan x}+\sqrt{1+\sin x}}$分离出来，可使计算大大简化.

**解** 
$$\begin{aligned}\lim_{x\to 0}\frac{\sqrt{1+\tan x}-\sqrt{1+\sin x}}{x\sin^2 x}&=\lim_{x\to 0}\frac{\sqrt{1+\tan x}-\sqrt{1+\sin x}}{x\cdot x^2}\\&=\lim_{x\to 0}\frac{(1+\tan x)-(1+\sin x)}{(\sqrt{1+\tan x}+\sqrt{1+\sin x})x^3}\\&=\lim_{x\to 0}\frac{1}{\sqrt{1+\tan x}+\sqrt{1+\sin x}}\cdot\lim_{x\to 0}\frac{\tan x-\sin x}{x^3}\\&=\frac{1}{2}\lim_{x\to 0}\frac{\tan x-\sin x}{x^3}\\&=\frac{1}{2}\lim_{x\to 0}\frac{\tan x(1-\cos x)}{x^3}\\&=\frac{1}{2}\lim_{x\to 0}\frac{x\cdot\frac{1}{2}x^2}{x^3}\\&=\frac{1}{4}.\end{aligned}$$

**例 2** 求极限$\lim\limits_{x\to 0}\left(\dfrac{1}{x^2}-\cot^2 x\right)$（$\infty-\infty$型）.

**【分析】** 这是$\infty-\infty$型未定式，需要先通分化成$\dfrac{0}{0}$型未定式，再用洛必达法则. 还可以进一步作初等变形，化为两个极限的乘积，简化后再运用洛必达法则.

**解** $\lim\limits_{x\to 0}\left(\dfrac{1}{x^2}-\cot^2 x\right)=\lim\limits_{x\to 0}\dfrac{\sin^2 x-x^2\cos^2 x}{x^2\sin^2 x}=\lim\limits_{x\to 0}\dfrac{\sin x+x\cos x}{\sin x}\cdot\lim\limits_{x\to 0}\dfrac{\sin x-x\cos x}{x^2\sin x}$，

其中$\lim\limits_{x\to 0}\dfrac{\sin x+x\cos x}{\sin x}=2$，于是

$$\lim_{x\to 0}\frac{\sin^2 x-x^2\cos^2 x}{x^2\sin^2 x}=2\lim_{x\to 0}\frac{\sin x-x\cos x}{x^2\sin x}=2\lim_{x\to 0}\frac{\sin x-x\cos x}{x^3}$$

$$=2\lim_{x\to0}\frac{\cos x-\cos x+x\sin x}{3x^2}=2\lim_{x\to0}\frac{\sin x}{3x}=\frac{2}{3}.$$

**例 3**　求极限 $\lim\limits_{x\to+\infty}((x^2-x)e^{\frac{1}{x}}-\sqrt{x^4+x^2})$（$\infty-\infty$型）.

**【分析】**　这是$\infty-\infty$型未定式，先令 $t=\frac{1}{x}$化成$\frac{0}{0}$型未定式，再用洛必达法则.

**解**　$$\lim_{x\to+\infty}((x^2-x)e^{\frac{1}{x}}-\sqrt{x^4+x^2})=\lim_{t\to0^+}\frac{(1-t)e^t-\sqrt{1+t^2}}{t^2}$$

$$=\lim_{t\to0^+}\frac{-e^t+(1-t)e^t-t(1+t^2)^{-\frac{1}{2}}}{2t}$$

$$=\lim_{t\to0^+}\frac{-e^t-(1+t^2)^{-\frac{1}{2}}}{2}$$

$$=-1.$$

**例 4**　$\lim\limits_{x\to0}\left(\frac{\sin x}{x}\right)^{\frac{1}{1-\cos x}}$　（$1^\infty$型）.

**【分析】**　这是$1^\infty$型未定式，需先利用对数恒等式转化为$\frac{0}{0}$型未定式，再对分子分母作等价无穷小代换，将 $\ln\left(\frac{\sin x}{x}\right)$换为$\frac{\sin x}{x}-1$，$1-\cos x$ 换为$\frac{1}{2}x^2$，进一步通分整理后才用洛必达法则.

**解**　$$\lim_{x\to0}\left(\frac{\sin x}{x}\right)^{\frac{1}{1-\cos x}}=\lim_{x\to0}e^{\ln\left(\frac{\sin x}{x}\right)\frac{1}{1-\cos x}}=e^{\lim\limits_{x\to0}\frac{\ln\left(\frac{\sin x}{x}\right)}{1-\cos x}}=e^{\lim\limits_{x\to0}\frac{\ln\left(1+\frac{\sin x}{x}-1\right)}{\frac{1}{2}x^2}}=e^{2\lim\limits_{x\to0}\frac{\frac{\sin x}{x}-1}{x^2}}$$

$$=e^{2\lim\limits_{x\to0}\frac{\sin x-x}{x^3}},$$

而　$$\lim_{x\to0}\frac{\sin x-x}{x^3}=\lim_{x\to0}\frac{\cos x-1}{3x^2}=\lim_{x\to0}\frac{-\frac{1}{2}x^2}{3x^2}=-\frac{1}{6},$$

故　$$\lim_{x\to0}\left(\frac{\sin x}{x}\right)^{\frac{1}{1-\cos x}}=e^{-\frac{1}{3}}.$$

**例 5**　求$\lim\limits_{n\to\infty}\left[n\tan\frac{1}{n}\right]^{n^2}$　（$1^\infty$型）.

【分析】 这是求数列的极限．虽然为 $1^{\infty}$ 型不定式，但不能直接应用洛必达法则，因为 $n$ 是离散变量，$f(n)$ 不存在导数，但若能求得 $\lim\limits_{x\to+\infty}f(x)=A$，则 $\lim\limits_{n\to\infty}f(n)=A$.

**解** 令 $f(x)=\left(x\tan\dfrac{1}{x}\right)^{x^2}$，令 $x=\dfrac{1}{t}$，

$$\lim_{x\to+\infty}\left(x\tan\frac{1}{x}\right)^{x^2}=\lim_{t\to0^+}\left(\frac{\tan t}{t}\right)^{\frac{1}{t^2}}=\lim_{t\to0^+}e^{\frac{1}{t^2}\ln\frac{\tan t}{t}}=e^{\lim\limits_{t\to0^+}\frac{\ln\frac{\tan t}{t}}{t^2}}$$

而 $$\lim_{t\to0^+}\frac{\ln\frac{\tan t}{t}}{t^2}=\lim_{t\to0^+}\frac{\frac{t}{\tan t}\cdot\frac{t\sec^2t-\tan t}{t^2}}{2t}=\frac{1}{2}\lim_{t\to0^+}\frac{t\sec^2t-\tan t}{t^2\tan t}=\frac{1}{2}\lim_{t\to0^+}\frac{t\sec^2t-\tan t}{t^3}$$

$$=\frac{1}{2}\lim_{t\to0^+}\frac{\sec^2t+2t\sec^2t\cdot\tan t-\sec^2t}{3t^2}=\frac{1}{2}\lim_{t\to0^+}\frac{2t\sec^2t\cdot\tan t}{3t^2}$$

$$=\frac{1}{3}\lim_{t\to0^+}\frac{t^2}{t^2}\sec^2t=\frac{1}{3},$$

所以 $\lim\limits_{x\to+\infty}\left(x\tan\dfrac{1}{x}\right)^{x^2}=e^{\frac{1}{3}}$，从而 $\lim\limits_{n\to\infty}\left(n\tan\dfrac{1}{n}\right)^{n^2}=e^{\frac{1}{3}}$.

**例 6** 求极限 $\lim\limits_{n\to\infty}n\left[\left(1+\dfrac{1}{n}\right)^n-e\right]$.

【分析】 这是求数列的极限，为 $0\cdot\infty$ 型未定式，可以转化为函数极限用洛必达法则，但比较复杂，直接用泰勒公式更好.

**解** 利用 $\ln\left(1+\dfrac{1}{n}\right)=\dfrac{1}{n}-\dfrac{1}{2n^2}+o\left(\dfrac{1}{n^2}\right)$，$e^x=1+x+o(x)$ 得

$$\left(1+\frac{1}{n}\right)^n-e=e\left(e^{n\ln\left(1+\frac{1}{n}\right)-1}-1\right)=e\left(e^{-\frac{1}{2n}+o\left(\frac{1}{n}\right)}-1\right)=e\left(-\frac{1}{2n}+o\left(\frac{1}{n}\right)\right),$$

故 $\lim\limits_{n\to\infty}n\left(\left(1+\dfrac{1}{n}\right)^n-e\right)=-\dfrac{e}{2}$.

**例 7** 求极限 $\lim\limits_{x\to0}\dfrac{e^x-\sin x-1}{1-\sqrt{1-x^2}}$.

【分析】 这是 $\dfrac{0}{0}$ 型未定式极限问题，如果直接运用洛必达法则，将会比较复杂．注意到表达式里出现的是常用函数，其麦克劳林公式已知，所以宜采用泰勒公式.

**解**
$$\sqrt{1-x^2}=(1-x^2)^{\frac{1}{2}}=1-\frac{1}{2}x^2+o(x^2)$$

$$e^x=1+x+\frac{1}{2}x^2+o(x^2)$$

$$\sin x=x+o(x^2),$$

于是

$$\lim_{x\to0}\frac{e^x-\sin x-1}{1-\sqrt{1-x^2}}=\lim_{x\to0}\frac{1+x+\frac{1}{2}x^2+o(x^2)-(x+o(x^2))-1}{1-\left(1-\frac{1}{2}x^2+o(x^2)\right)}$$

$$=\lim_{x\to0}\frac{\frac{1}{2}x^2+o(x^2)}{\frac{1}{2}x^2+o(x^2)}$$

$$=1.$$

**例 8** 当 $x\to0$ 时，$1-\cos x\cdot\cos2x\cdot\cos3x$ 与 $ax^n$ 为等价无穷小，求 $n$ 与 $a$ 的值.

**解** 因为，$\cos x=1-\frac{1}{2}x^2+o(x^3)$；

$$\cos2x=1-\frac{1}{2}(2x)^2+o(x^3)=1-2x^2+o(x^3);$$

$$\cos3x=1-\frac{1}{2}(3x)^2+o(x^3)=1-\frac{9}{2}x^2+o(x^3);$$

所以 $\lim\limits_{x\to0}\frac{1-\cos x\cdot\cos2x\cdot\cos3x}{ax^n}=\lim\limits_{x\to0}\frac{7x^2+o(x^3)}{ax^n}=\frac{7}{a}(n=2)$，

由题设知 $\frac{7}{a}=1$，故 $a=7$，所以 $a=7$，$n=2$.

**例 9** 设 $f(x)$ 在 $[0,1]$ 上有二阶导数，且 $|f(x)|\leqslant a$，$|f''(x)|\leqslant b$，其中 $a$，$b$ 是非负数，$c\in(0,1)$，求证：$|f'(c)|\leqslant2a+\frac{1}{2}b$.

**【分析】** 当问题中出现函数及高阶导数时，需要通过泰勒公式建立函数与其各阶导数之间的关系.

**证明** 函数 $f(x)$ 在 $x=c$ 处的一阶泰勒展开式为

$$f(x)=f(c)+f'(c)(x-c)+\frac{f''(\xi)}{2!}(x-c)^2，其中\xi=\theta(x-c)+c 且 0<\theta<1，$$

得

$$f(0)=f(c)+f'(c)(0-c)+\frac{f''(\xi_1)}{2!}(0-c)^2，\ 0<\xi_1<c<1，$$

$$f(1)=f(c)+f'(c)(1-c)+\frac{f''(\xi_2)}{2!}(1-c)^2，\ 0<c<\xi_2<1，$$

两式相减得 $f(1)-f(0)=f'(c)+\frac{1}{2!}[f''(\xi_2)(1-c)^2-f''(\xi_1)c^2]$，

由不等式 $(1-c)^2+c^2\leqslant 1$，其中 $0<c<1$，得

$$\begin{aligned}|f'(c)|&=\left|f(1)-f(0)-\frac{1}{2!}[f''(\xi_2)(1-c)^2-f''(\xi_1)c^2]\right|\\&\leqslant|f(1)|+|f(0)|+\frac{1}{2}|f''(\xi_2)|(1-c)^2+\frac{1}{2}|f''(\xi_1)|c^2\\&\leqslant a+a+\frac{1}{2}b[(1-c)^2+c^2]\\&\leqslant 2a+\frac{1}{2}b.\end{aligned}$$

**例 10**　设函数 $f(x)$ 在闭区间 $[-1,1]$ 上具有三阶连续导数，且 $f(-1)=0$，$f(1)=1$，$f'(0)=0$，证明：在开区间 $(-1,1)$ 内至少存在一点 $\xi$，使 $f'''(\xi)=3$.

**证明**　由麦克劳林公式得

$$f(x)=f(0)+f'(0)x+\frac{1}{2!}f''(0)x^2+\frac{1}{3!}f'''(\eta)x^3（\eta 介于 0 与 x 之间，x\in[-1,1]），$$

分别令 $x=-1$ 和 $x=1$，并结合已知条件得

$$0=f(-1)=f(0)+\frac{1}{2}f''(0)-\frac{1}{6}f'''(\eta_1)，\ -1<\eta_1<0，$$

$$1=f(1)=f(0)+\frac{1}{2}f''(0)+\frac{1}{6}f'''(\eta_2)，\ 0<\eta_2<1.$$

两式相减可得，$f'''(\eta_1)+f'''(\eta_2)=6$，由 $f'''(x)$ 的连续性，$f'''(x)$ 在闭区间 $[\eta_1,\eta_2]$ 上有最大值 $M$ 与最小值 $m$，则 $m\leqslant f'''(\eta_1)\leqslant M$ 及 $m\leqslant f'''(\eta_2)\leqslant M$，两式相加

$$m\leqslant\frac{1}{2}[f'''(\eta_1)+f'''(\eta_2)]\leqslant M,$$

再由连续函数的介值性定理，至少存在一点 $\xi\in[\eta_1,\ \eta_2]\subset(-1,\ 1)$使

$$f'''(\xi)=\frac{1}{2}[f'''(\eta_1)+f'''(\eta_2)]=3.$$

## 第三节　函数的单调性、极值和凸性

### 一、内容提要

本节主要讨论了函数的单调性，极值和最值；曲线的凹凸性及拐点，曲线的渐近性；函数图象的描绘；曲率.

1. 函数单调的充分条件

设函数 $f(x)$在闭区间$[a,\ b]$上连续，在开区间$(a,\ b)$内可微.

(1) 若在$(a,\ b)$内 $f'(x)>0$，则函数 $y=f(x)$在$[a,\ b]$上是单调增加的；

(2) 若在$(a,\ b)$内 $f'(x)<0$，则函数 $y=f(x)$在$[a,\ b]$上是单调减少的.

2. 极值的定义

设函数 $f(x)$在点 $x_0$ 的某邻域 $U(x_0,\ \delta)$内有定义，且对去心邻域 $\mathring{U}(x_0,\ \delta)$内任一点 $x$，恒有不等式

$$f(x)>f(x_0)\ \ (f(x)<f(x_0))$$

成立，则称函数 $f(x)$在点 $x_0$ 处取得极小(大)值. 点 $x_0$ 称为函数 $f(x)$的极小(大)值点.

3. 极值存在的必要条件

设函数 $f(x)$在点 $x_0$ 处可微，且在点 $x_0$ 取得极值，则必有 $f'(x)=0$.

4. 极值存在的第一充分条件

设函数 $f(x)$在点 $x_0$ 处连续，在点 $x_0$ 的某个去心邻域内可导，如果在这一邻域内

(1) 当 $x<x_0$ 时 $f'(x)>0$，而当 $x>x_0$ 时 $f'(x)<0$，则 $f(x)$在点 $x_0$ 取得极大值 $f(x_0)$；

(2) 当 $x<x_0$ 时 $f'(x)<0$，而当 $x>x_0$ 时 $f'(x)>0$，则 $f(x)$在点 $x_0$ 取得极小值 $f(x_0)$；

(3) 当 $x<x_0$ 与 $x>x_0$ 时 $f'(x)$不变号，则 $f(x)$在点 $x_0$ 不取极值.

**注**　$f(x)$在点 $x_0$ 处不一定可导.

5. 极值存在的第二充分条件

设函数 $f(x)$在点 $x_0$ 处具有二阶导数，且 $f'(x_0)=0$，$f''(x_0)\neq0$. 那么

(1) 当 $f''(x_0)<0$ 时，$f(x)$在点 $x_0$ 处取得极大值 $f(x_0)$；

（2）当$f''(x_0)>0$时，$f(x)$在点$x_0$处取得极小值$f(x_0)$.

6. 凹凸性的定义

设函数$f(x)$在$(a, b)$内连续，如果对$(a, b)$内任意两点$x_1$，$x_2$，恒有不等式

$$f\left(\frac{x_1+x_2}{2}\right)<\frac{f(x_1)+f(x_2)}{2}$$

成立，则称曲线$y=f(x)$在$(a, b)$内是向下凸的. 如果恒有$f\left(\frac{x_1+x_2}{2}\right)>\frac{f(x_1)+f(x_2)}{2}$成立，则称曲线$y=f(x)$在$(a, b)$内是向下凹的.

7. 凹凸性的判别法

设函数$f(x)$在$[a, b]$上连续，在$(a, b)$内具有二阶导数$f''(x)$，那么，

（1）如果在$(a, b)$内$f''(x)>0$，则曲线$y=f(x)$在$[a, b]$上是向下凸的；

（2）如果在$(a, b)$内$f''(x)<0$，则曲线$y=f(x)$在$[a, b]$上是向下凹的.

8. 拐点的定义

连续曲线$y=f(x)$上，凹弧与凸弧的分界点，称为曲线$y=f(x)$的拐点.

9. 拐点的判别法

设函数$f(x)$在点$x_0$的某个邻域$U(x_0, \delta)$内有二阶导数，$f''(x_0)=0$. 如果在点$x_0$的邻近两侧，$f''(x)$异号，则点$(x_0, f(x_0))$是曲线$y=f(x)$的一个拐点.

由此可见，若函数$f(x)$在$(a, b)$内具有二阶导数，则求曲线$y=f(x)$的拐点时，应先求出$f(x)$的二阶导数$f''(x)$；然后解出方程$f''(x)=0$在区间$(a, b)$内的实根；最后考查$f''(x)$在这些点的邻域两侧是否异号. 另外，若函数$f(x)$在点$x_0$处连续，但$f''(x)$不存在，点$(x_0, f(x_0))$仍有可能是曲线的拐点.

10. 渐近线的定义

设有曲线$C$及定直线$L$，当动点$M$沿曲线$C$趋于无穷远时，动点$M$与定直线$L$的距离趋于零，则称直线$L$为曲线$C$的渐近线.

（1）垂直渐近线：对于曲线$y=f(x)$，如果有$\lim\limits_{x\to x_0^+}f(x)=\infty$或$\lim\limits_{x\to x_0^-}f(x)=\infty$，则直线$x=x_0$是曲线$y=f(x)$的一条垂直渐近线.

（2）水平渐近线：对于曲线$y=f(x)$，如果有$\lim\limits_{x\to+\infty}f(x)=b$或$\lim\limits_{x\to-\infty}f(x)=b$，则直线$y=b$是曲线$y=f(x)$的一条水平渐近线.

（3）斜渐近线：若直线$y=kx+b$是曲线$y=f(x)$当$x\to+\infty$时的一条斜渐近线，则有$\lim\limits_{x\to+\infty}\frac{f(x)}{x}=k$；$\lim\limits_{x\to+\infty}[f(x)-kx]=b$.

11. 曲率的定义

当点 $N$ 沿着曲线 $C$ 趋向于点 $M$ 时，即 $\Delta s\to 0$ 时，弧 $\widehat{MN}$ 的平均曲率 $\bar{\kappa}$ 的极限若存在，便称该极限值为曲线 $C$ 在点 $M$ 处的曲率，记作 $\kappa$，即

$$\kappa=\lim_{\Delta s\to 0}\left|\frac{\Delta\alpha}{\Delta s}\right|=\left|\frac{\mathrm{d}\alpha}{\mathrm{d}s}\right|.$$

12. 曲率计算公式

当曲线 $C$ 的直角坐标方程为 $y=f(x)$，则

$$\kappa=\lim_{\Delta s\to 0}\left|\frac{\Delta\alpha}{\Delta s}\right|=\left|\frac{\mathrm{d}\alpha}{\mathrm{d}s}\right|=\frac{|y''|}{(1+y'^2)^{\frac{3}{2}}}.$$

当曲线 $C$ 的参数方程为 $\begin{cases}x=x(t)\\y=y(t)\end{cases}$ 时，$\kappa=\left|\dfrac{y''x'-x''y'}{(x'^2+y'^2)^{\frac{3}{2}}}\right|$.

**二、重点、难点分析**

本节知识点比较多，有些概念容易混淆，如极值点、最值点和拐点. 极值点、最值点是是 $x$ 轴上的点，是函数取得极值、最值时的 $x$ 坐标值，而拐点是曲线上凹凸性改变的点，拐点在曲线上. 我们可以说 $x_0$ 是曲线的极值点，但不能说 $x_0$ 是曲线的拐点，而只能说 $(x_0, f(x_0))$ 是曲线的拐点.

本节重点为函数单调性的判别；极值，最值的计算；曲线凹凸性及拐点的判别. 利用函数的单调性和极值(最值)证明不等式，以及综合利用函数的性质讨论方程根的个数是本节的难点.

**三、典型例题**

**例 1** 求函数 $y=(x-1)\mathrm{e}^{\frac{\pi}{2}+\arctan x}$ 的单调区间和极值，并求该函数图形的渐近线.

**解** 函数的定义域为 $(-\infty,+\infty)$，$y'=\dfrac{x^2+x}{1+x^2}\mathrm{e}^{\frac{\pi}{2}+\arctan x}$，令 $y'=0$，得驻点 $x_1=0$，$x_2=-1$，列表：

| $x$ | $(-\infty,-1)$ | $-1$ | $(-1,0)$ | $0$ | $(0,+\infty)$ |
|---|---|---|---|---|---|
| $y'$ | $+$ | $0$ | $-$ | $0$ | $+$ |
| $y$ | ↗ | $-2\mathrm{e}^{\frac{\pi}{4}}$ | ↘ | $-\mathrm{e}^{\frac{\pi}{2}}$ | ↗ |

由此表得，函数 $y=(x-1)\mathrm{e}^{\frac{\pi}{2}+\arctan x}$ 在 $(-\infty,-1)$ 和 $(0,+\infty)$ 单调增加，在 $(-1,0)$ 单调减少. 极大值为 $f(-1)=-2\mathrm{e}^{\frac{\pi}{4}}$，极小值为 $f(0)=-\mathrm{e}^{\frac{\pi}{2}}$.

由于 $k_1=\lim\limits_{x\to+\infty}\dfrac{f(x)}{x}=\mathrm{e}^{\pi}$，$b_1=\lim\limits_{x\to+\infty}[f(x)-k_1x]=-2\mathrm{e}^{\pi}$，

$$k_2=\lim_{x\to-\infty}\frac{f(x)}{x}=1,\ b_2=\lim_{x\to-\infty}[f(x)-k_2x]=-2,$$

所以函数图形的渐近线为

$$L_1:\ y=\mathrm{e}^{\pi}x-2\mathrm{e}^{\pi}=\mathrm{e}^{\pi}(x-2),$$

$$L_2:\ y=x-2.$$

**例 2**　设 $b>a>\mathrm{e}$，求证 $a^b>b^a$.

**【分析】**　欲证上述不等式，先将它变形为 $b\ln a>a\ln b$，即 $b\ln a-a\ln b>0$. 此问题可转化为讨论函数 $f(x)=x\ln a-a\ln x$ 在 $[a,\ b]$ 上的单调性 $\left(\text{也可设} f(x)=\dfrac{\ln x}{x}\right)$.

**证明**　设 $f(x)=x\ln a-a\ln x$ 且 $x\geqslant a$，由 $b>a>\mathrm{e}$，得 $\ln b>\ln a>1$，又由 $f'(x)=\ln a-\dfrac{a}{x}>1-\dfrac{a}{x}\geqslant0$，可知 $f(x)$ 当 $x\geqslant a$ 时单调增加，所以 $b>a$ 时 $f(b)>f(a)$，即 $b\ln a-a\ln b>a\ln a-a\ln a=0$，即 $b\ln a>a\ln b$，亦即 $a^b>b^a$.

**例 3**　设 $x\geqslant0$，证明 $\sqrt{x+1}-\sqrt{x}=\dfrac{1}{2\sqrt{x+\theta(x)}}$，其中 $\theta(x)$ 满足不等式 $\dfrac{1}{4}\leqslant\theta(x)<\dfrac{1}{2}$.

**证明**　设 $f(x)=\sqrt{x}$，则 $f(x)$ 在 $[x,\ x+1]$ 上满足拉格朗日中值定理条件，存在 $0\leqslant\theta(x)\leqslant1$，使得

$$\sqrt{x+1}-\sqrt{x}=\frac{1}{2\sqrt{x+\theta(x)}},$$

解得 $\theta(x)=\dfrac{1}{4}+\dfrac{1}{2}[\sqrt{x^2+x}-x]$，

求导得　$$\theta'(x)=\frac{1}{2}\left(\frac{x+\frac{1}{2}}{\sqrt{x^2+x}}-1\right)>0\left(\text{因为}\left(x+\frac{1}{2}\right)^2>x^2+x\right),$$

所以 $\theta(x)$ 单增. 又 $\theta(0)=\dfrac{1}{4}$，$\lim\limits_{x\to+\infty}\theta(x)=\dfrac{1}{2}$，从而 $\dfrac{1}{4}\leqslant\theta(x)<\dfrac{1}{2}$.

**例 4**　证明不等式：$x\ln\dfrac{1+x}{1-x}+\cos x\geqslant1+\dfrac{x^2}{2}\quad(-1<x<1)$.

【分析】 使用单调性和拉格朗日中值定理是证明不等式的两种常用方法.该题在第三章中值定理的典型例题的例 9 中用拉格朗日中值定理证明过，下面我们利用单调性证明，大家可以比较一下这两种方法.

**证明** 记 $f(x)=x\ln\dfrac{1+x}{1-x}+\cos x-1-\dfrac{x^2}{2}\quad(-1<x<1)$. 则

$$f'(x)=\ln\frac{1+x}{1-x}+\frac{2x}{1-x^2}-\sin x-x,$$

$$f''(x)=\frac{4}{(1-x^2)^2}-1-\cos x.$$

当 $-1<x<1$ 时，由于 $\dfrac{4}{(1-x^2)^2}\geqslant 4$，$1+\cos x\leqslant 2$，所以 $f''(x)\geqslant 2>0$，从而 $f'(x)$ 单调增加.

又因为 $f'(0)=0$，所以，当 $-1<x<0$ 时，$f'(x)<0$；当 $0<x<1$ 时，$f'(x)>0$，于是 $f(0)=0$ 是函数 $f(x)$ 在 $(-1,1)$ 内的最小值.

从而当 $-1<x<1$ 时，$f(x)\geqslant f(0)=0$，即 $x\ln\dfrac{1+x}{1-x}+\cos x\geqslant 1+\dfrac{x^2}{2}$.

**例 5** 证明：若 $a^2-3b<0$，则实系数方程 $x^3+ax^2+bx+c=0$ 只有唯一的实根.

**证明** (1) 由于 $x^3+ax^2+bx+c=0$ 是一元三次方程，而虚根成对出现，故此方程至少有一个实根.

(2) 设 $f(x)=x^3+ax^2+bx+c$，$f'(x)=3x^2+2ax+b$，

令 $f'(x)=3x^2+2ax+b=0$，由 $\Delta=4a^2-12b=4(a^2-3b)<0$ 可知 $f'(x)=0$ 无实根，因此对任意的 $x$，总有 $f'(x)>0$，即 $f(x)$ 是单调增加的，所以方程 $f(x)=0$ 至多只有一个实根.

由(1)(2)得，方程 $x^3+ax^2+bx+c=0$ 只有一个实根.

**例 6** 求方程 $k\arctan x-x=0$ 不同实根的个数，其中 $k$ 为参数.

**解** 令 $f(x)=k\arctan x-x$，则 $f(x)$ 是 $(-\infty,+\infty)$ 上的奇函数，且

$$f(0)=0,\ f'(x)=\frac{k-1-x^2}{1+x^2}.$$

当 $k-1\leqslant 0$ 即 $k\leqslant 1$ 时，$f'(x)<0\ (x\neq 0)$，$f(x)$ 在 $(-\infty,+\infty)$ 内单调减少，方程 $f(x)=0$ 只有一个实根 $x=0$.

当 $k-1>0$ 即 $k>1$ 时，在 $(0,\sqrt{k-1})$ 内，$f'(x)>0$，$f(x)$ 单调增加；在 $(\sqrt{k-1},+\infty)$ 内，$f'(x)<0$，$f(x)$ 单调减少，所以 $f(\sqrt{k-1})$ 是 $f(x)$ 在 $(0,+\infty)$ 内的最大值.

由于$f(0)=0$，所以$f(\sqrt{k-1})>0$.

又因为 $\lim\limits_{x\to+\infty}f(x)=\lim\limits_{x\to+\infty}x\left(\dfrac{k\arctan x}{x}-1\right)=-\infty$，所以存在$\xi\in(\sqrt{k-1},+\infty)$，使得$f(\xi)=0$，即方程$f(x)=0$在$(0,+\infty)$内有且仅有一个实根$x=\xi$.

由于$f(x)$是奇函数，故方程$f(x)=0$在$(-\infty,0)$内有且仅有一个实根$x=-\xi$.

综合得：当$k>1$时，方程$f(x)=0$有且仅有三个不同实根$x=-\xi$，$x=0$，$x=\xi$.

**例7**　设$f(x)$在$[a,+\infty)$上二阶可导，且$f(a)>0$，$f'(a)<0$，而当$x>a$时，$f''(x)\leqslant0$，证明在$(a,+\infty)$内，方程$f(x)=0$有且仅有一个实根.

**【分析】**　方程根的唯一性可以由单调性保证，证明方程根的存在性可以利用介值定理，从而要先证明存在$b>a$，使得$f(b)<0$.

**证明**　由于当$x>a$时$f''(x)\leqslant0$，故$f'(x)$单调减，从而$f'(x)\leqslant f'(a)<0$，于是又得$f(x)$严格单调减. 再由$f(a)>0$知，$f(x)$最多只有一个实根.

下面证明$f(x)=0$必有一实根.

当$x>a$时，$f(x)-f(a)=f'(\xi)(x-a)\leqslant f'(a)(x-a)$，　即　$f(x)\leqslant f(a)+f'(a)(x-a)$.

上式右端当$x\to+\infty$时，趋于$-\infty$，因此当$x$充分大时，$f(x)<0$，于是存在$b>a$，使得$f(b)<0$，由介值定理知存在$\eta(a<\eta<b)$，使得$f(\eta)=0$.

综上所述，可得$f(x)=0$在$(a,+\infty)$内有而且只有一个实根.

**例8**　作半径为$r$的球的外切正圆锥，问此圆锥的高为何值时，其体积$V$最小，并求出$V$的最小值.

**【分析】**　画出草图(如图3-1所示)，用$r$表示球的半径，$R$和$h$分别表示圆锥的底半径和高，分析它们的关系求出外切正圆锥的体积$V$与其高$h$之间的关系式.

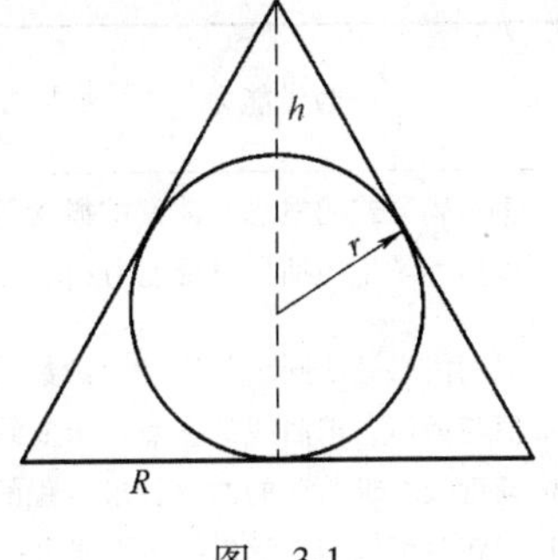

图　3-1

**解**　由图容易看出$r$，$R$和$h$之间的关系式为

$\dfrac{R}{h}=\dfrac{r}{\sqrt{(h-r)^2-r^2}}$，从而$R=\dfrac{rh}{\sqrt{h^2-2hr}}$，因此正圆锥的体积为

$$V=\frac{\pi}{3}R^2h=\frac{\pi r^2}{3}\frac{h^2}{h-2r}\quad(2r<h<+\infty),$$

$\dfrac{\mathrm{d}V}{\mathrm{d}h}=\dfrac{\pi r^2}{3}\dfrac{h^2-4rh}{(h-2r)^2}$，　令$\dfrac{\mathrm{d}V}{\mathrm{d}h}=0$得$h=4r$，$h=0$(舍去).

由于圆锥的最小体积一定存在，且 $h=4r$ 是 $V(h)$ 在 $(2r,\ +\infty)$ 内唯一驻点，所以 $h=4r$ 时，圆锥的体积 $V$ 取得最小值.

$$V_{最小}=V(4r)=\frac{8}{3}\pi r^3.$$

**例 9** 求摆线 $x=a(t-\sin t)$，$y=a(1-\cos t)$ 的一拱 $(0\leqslant t\leqslant 2\pi)$ 上曲率最小的点.

**解** $x'=a(1-\cos t)$，$x''=a\sin t$，$y'=a\sin t$，$y''=a\cos t$，

$$\kappa=\frac{|x'y''-x''y'|}{(x'^2+y'^2)^{\frac{3}{2}}}=\frac{1}{2\sqrt{2}a}(1-\cos t)^{-\frac{1}{2}},\ t\in(0,\ 2\pi)$$

$$\kappa'=-\frac{\sin t}{4\sqrt{2}a}(1-\cos t)^{-\frac{3}{2}}，由\ \kappa'=0\ 得\ t=\pi,$$

且

$t\in(0,\ \pi)$，$\kappa'<0$，$\kappa$ 单调减少；

$t\in(\pi,\ 2\pi)$，$\kappa'>0$，$\kappa$ 单调增加.

所以 $\kappa$ 在 $t=\pi$ 取得极小值，又 $\kappa$ 在 $(0,\ 2\pi)$ 内有唯一的驻点 $t=\pi$，则此极小值就是最小值，从而当 $t=\pi$ 时，曲率最小，也就是点 $(\pi a,\ 2a)$ 为摆线一拱上曲率最小的点.

**中值定理与导数应用能力矩阵**

| 数学能力 | 后续数学课程学习能力 | 专业课程学习能力（应用创新能力） |
|---|---|---|
| ①泰勒公式的概念，曲率的概念等可以培养学生的抽象思维能力；<br>②用洛必达法则求极限、求函数的极值与最值，求曲线的拐点，求曲线的渐近线，求曲线的曲率，求方程的近似解等可以培养学生的运算能力；<br>③微分中值定理的几何解释，泰勒中值定理的几何解释，判断函数的增减性，曲线的凹凸性，函数图形的描绘等可以培养学生的几何直观能力；<br>④利用微分中值定理证明等式与不等式可以培养学生的逻辑推理能力；<br>⑤泰勒公式的应用可以培养学生的综合分析能力. | ①在高等数学课程下学期内容中，多元函数微分学是一元函数微分学的推广，学好一元微分学对学习多元微分学有很大的帮助；<br>②在工程数学课程中，复变函数的导数与微分概念是一元函数导数与微分概念的形式推广，所以学好了这部分知识，将有助于学习复变函数的导数，进一步有利于学习复变函数的解析性；<br>③在概率统计课程中，一元连续随机变量（例如：服从指数分布、正态分布的随机变量）的概率密度函数的图形可以用函数图形的描绘方法画出来，这有助于对这些随机变量的直观理解. | ①在经济学中，求解最优问题要用到函数的最值的求法；<br>②图像分割中，用水平集做时用到曲率. 在图像修复中有曲率驱动模型；<br>③量子力学的粒子统计和量子统计是泰勒公式在近似计算中的应用. |

## 自测题（一）

**一、填空题**（每题 4 分，共 20 分）

**1.** 函数 $f(x)=x^3-2x^2+x+2$ 极大值为________.

**2.** 函数 $f(x)=|x|(x-1)$ 的单调增加区间为________________________.

**3.** 函数 $y=\sqrt[3]{(x^2-2x)^2}$ $(0\leqslant x\leqslant 3)$ 的最大值________.

**4.** 设 $f(x)$ 在 $(-\infty,+\infty)$ 内存在二阶导数，且满足方程 $xf''(x)+3x[f'(x)]^2=1$. 若 $f(x)$ 在 $x=c$ 处取得极值，则当 $c>0$ 时 $x=c$ 是 $f(x)$ 的极________值点.

**5.** 方程 $x^3-x^2+2x-5=0$ 有________个实根.

**二、单项选择题**（每题 4 分，共 20 分）

**1.** 设 $f(x)$ 在 $(-\infty,+\infty)$ 内可导，且对任意 $x_1$，$x_2\in(-\infty,+\infty)$，当 $x_1>x_2$ 时，$f(x_1)<f(x_2)$，则（　　）.

A. 对任意 $x\in(-\infty,+\infty)$，总有 $f'(x)<0$

B. 对任意 $x\in(-\infty,+\infty)$，总有 $f'(-x)\geqslant 0$

C. $f(-x)$ 单调增

D. $f^2(x)$ 单调减

**2.** 设函数 $f(x)$，$g(x)$ 均为 $[a,b]$ 上的可导函数，且 $f(x)>0$，$g(x)<0$. 若 $f'(x)g(x)+f(x)g'(x)<0$，则在 $x\in(a,b)$ 时，下列不等式中成立的是（　　）.

A. $f(x)g(x)>f(a)g(a)$　　B. $f(x)g(x)>f(b)g(b)$

C. $\dfrac{f(x)}{g(x)}>\dfrac{f(a)}{g(a)}$　　D. $\dfrac{f(x)}{g(x)}>\dfrac{f(b)}{g(b)}$

**3.** 设 $f(x)$ 在 $x=0$ 连续，且 $\lim\limits_{x\to 0}\dfrac{f(x)}{1-\cos x}=-2$，则（　　）.

A. $f'(0)$ 不存在　　B. $f'(0)$ 存在但非零

C. $f(0)$ 为极大值　　D. $f(0)$ 为极小值

**4.** 设函数 $\varphi(x)$ 在 $(-\infty,+\infty)$ 内一阶可导，且 $\varphi'(x)>0$，而函数 $f(x)$ 在 $(-\infty,+\infty)$ 内二阶可导，且 $f'(x)=[\varphi(x)]^3$，则函数 $f(x)$ 在 $(-\infty,+\infty)$ 内（　　）.

A. 是单调增加的函数　　B. 是单调减少的函数

C. 函数的图像为下凹曲线　　D. 函数的图像为下凸曲线

**5.** 设函数 $f(x)=ax^3-6ax^2+b$ 在区间 $[-1,2]$ 上的最大值为 8，最小值为

$-24$，且知 $a>0$，则系数 $a$，$b$ 的值是(　　).

A. $a=2$，$b=-24$　　B. $a=8$，$b=2$

C. $a=8$，$b=-24$　　D. $a=2$，$b=8$

**三、计算题**(每题 5 分，共 20 分)

**1.** $\lim\limits_{x\to 0}\dfrac{e^x(x-2)+x+2}{\sin^3 x}$　　**2.** $\lim\limits_{x\to\infty}\left[x+x^2\ln\left(1-\dfrac{1}{x}\right)\right]$

**3.** $\lim\limits_{n\to\infty}\tan^n\left(\dfrac{\pi}{4}+\dfrac{2}{n}\right)$　　**4.** $\lim\limits_{x\to 0}\left(\dfrac{e^x+e^{2x}+\cdots+e^{nx}}{n}\right)^{\frac{1}{x}}$

**四、**讨论方程 $e^x=bx$ 的实根的个数.（10 分）

**五、**过曲线 $\dfrac{x^2}{4}+y^2=1(x\geqslant 0,\ y\geqslant 0)$ 上任意点作该曲线的切线，切线夹在两坐标轴之间的部分为 $L$. 求 $L$ 的最小长度，以及 $L$ 的长度达到最小时的切点坐标.(10 分)

**六、证明题**(每题 10 分，共 20 分)

**1.** 设 $f(x)$ 在 $[0,\ 1]$ 上连续，在 $(0,\ 1)$ 上可导，证明：存在一点 $\xi\in(0,\ 1)$，使得 $f(1)=2\xi f(\xi)+\xi^2 f'(\xi)$.

**2.** 设 $f(x)$ 在 $[a,\ b]$ 上有二阶导数，且 $f(a)=f(b)=0$，$f'(a)f'(b)>0$. 求证：在 $(a,\ b)$ 内存在两点 $\xi$，$\eta$，使 $f(\xi)=0$，$f''(\eta)=0$.

## 自测题（二）

**一、填空题**(每题 4 分，共 20 分)

**1.** 若点 $(0,\ 1)$ 是曲线 $y=ax^3+bx+c$ 的拐点，则系数 $a$，$b$ 和 $c$ 应满足的条件是________.

**2.** 函数曲线 $y=xe^{2x}$ 的下凸区间为________.

**3.** 曲线 $y=\dfrac{1+e^{-x^2}}{1-e^{-x^2}}$ 的渐近线为________.

**4.** 函数 $f(x)=\arctan\sqrt{x^2-1}+\arcsin\dfrac{1}{x}$ 在区间________上恒为常数.

**5.** 对于实数 $x$，要使 $x^4+4p^3x+1>0$，$p$ 的取值范围是________.

**二、单项选择题**(每题 4 分，共 20 分)

**1.** 已知函数 $f(x)$ 在区间 $(1-\delta,\ 1+\delta)$ 内具有二阶导数，$f'''(x)>0$ 并且 $f'(1)=0$，$f''(1)=0$，则下列结论正确的是(　　)

A. $f(1)$是$f(x)$的极小值，并且$(1, f(1))$是曲线$y=f(x)$的拐点.

B. $f(1)$是$f(x)$的极大值，并且$(1, f(1))$是曲线$y=f(x)$的拐点.

C. $f(1)$是$f(x)$的极值，并且$(1, f(1))$不是曲线$y=f(x)$的拐点.

D. $f(1)$不是$f(x)$的极值，并且$(1, f(1))$是曲线$y=f(x)$的拐点.

**2.** 设函数$f(x)$在$[0, +\infty)$内有一阶连续导数，$f(0)=0$，$f'(0)<0$，$f''(x)\geqslant a>0$，则$f(x)$在$(0, +\infty)$内的零点个数是(　　)

A. 0　　B. 1　　C. 2　　D. 不能确定

**3.** 设$\lim\limits_{x\to a}\dfrac{f(x)-f(a)}{(x-a)^2}=-1$，则$f(x)$在$x=a$处(　　)

A. 不可导　　B. 可导且$f'(a)\neq 0$

C. 有极大值　　D. 有极小值

**4.** $\lim\limits_{x\to 0}\dfrac{a\tan x+b(1-\cos x)}{c\ln(1-2x)+d(1-\mathrm{e}^{-x^2})}=2(a^2+c^2\neq 0)$，则(　　)

A. $b=4d$　　B. $b=-4d$　　C. $a=4c$　　D. $a=-4c$

**5.** 曲线$y=\dfrac{1+\mathrm{e}^{-x^2}}{1-\mathrm{e}^{-x^2}}$(　　)

A. 没有渐近线　　B. 仅有水平渐近线

C. 仅有铅直渐近线　　D. 没有水平渐近线，也没有铅直渐近线

**三、计算题**(每题5分，共20分)

**1.** $\lim\limits_{x\to 0}\dfrac{\mathrm{e}^x-\mathrm{e}^{\sin x}}{x-\sin x}$　　**2.** $\lim\limits_{x\to 0}\cot x\left(\dfrac{1}{\sin x}-\dfrac{1}{x}\right)$

**3.** $\lim\limits_{x\to 0}\left(\dfrac{\sin x}{x}\right)^{\frac{1}{1-\cos x}}$　　**4.** $\lim\limits_{x\to 0}\dfrac{\mathrm{e}^x-\mathrm{e}^{-x}}{\mathrm{e}^x-\mathrm{e}^{-x}}$

**四、**(10分)设$f(x)$在$x=1$附近有定义，且在$x=1$点可导，$f(1)=0$，$f'(1)=2$. 求极限$\lim\limits_{x\to 0}\dfrac{f(\sin x^2+\cos x)}{x^2+x\tan x}$.(第一届全国大学生数学竞赛非数学专业组决赛).

**五、**(10分)设$x>0$时，方程$kx+\dfrac{1}{x^2}=1$仅有一个解，求$k$的取值范围.

**六、证明题**(每题10分，共20分)

**1.** 设奇函数$f(x)$在$[-1, 1]$上具有2阶导数，且$f(1)=1$. 证明

(1) 存在$\xi\in(0, 1)$，使得$f'(\xi)=1$；

（2）存在 $\eta\in(-1, 1)$，使得 $f''(\eta)+f'(\eta)=1$.（2013 年考研题数学一）

**2.** 某人由甲地开汽车出发，沿直线行驶，经过 2h 达到乙地停止，一路畅通. 若开车的最大速度为 100km/h，求证：该汽车在行驶途中加速度的变化率的最小值不大于 $-200$km/h.（第八届江苏省高等数学竞赛本科一年级）

# 自测题答案

**自测题(一)**

一、**1.** $f\left(\frac{1}{3}\right)=\frac{58}{27}$，**2.** $\left(\frac{1}{2}, +\infty\right)$，$(-\infty, 0)$，**3.** $\sqrt[3]{9}$，**4.** 极小值点，**5.** 一个

二、**1.** C；**2.** B；**3.** C；**4.** C；**5.** D

三、**1.** $\frac{1}{6}$；**2.** $-\frac{1}{2}$；**3.** $e^4$；**4.** $e^{\frac{1}{2}(n+1)}$

四、当 $b<0$ 及 $b=e$ 时，方程 $f(x)=0$ 有唯一实根；当 $0<b<e$ 时，方程 $f(x)=0$ 无实根；当 $b>e$ 时，方程 $f(x)=0$ 有两个不同的实根.

五、切点为 $\left(\frac{2}{3}\sqrt{6}, \frac{\sqrt{3}}{3}\right)$，$L_{最小}=3$.

六、

**1.** 提示：对函数 $F(x)=x^2f(x)$ 在 $[0, 1]$ 上应用拉格朗日中值定理.

**2.** 提示：第一步利用 $f'(a)$ 和 $f'(b)$ 的定义及零点存在定理；第二步利用第一步结果连续两次应用罗尔定理.

**自测题(二)**

一、**1.** $a\neq 0$，$b$ 任意，$c=1$；**2.** $(-\infty, -1)$；**3.** $y=1$，$x=0$；**4.** $[1, +\infty)$；**5.** $|p|<\left(\frac{1}{3}\right)^{\frac{1}{4}}$.

二、**1.** D；**2.** B；**3.** C；**4.** D；**5.** A

三、**1.** 1，**2.** $\frac{1}{6}$，**3.** $e^{-\frac{1}{3}}$，**4.** 不存在

四、$\frac{1}{2}$

五、提示：$k \leqslant 0$ 和 $k=\left(\dfrac{1}{\sqrt[3]{2}+\dfrac{1}{\sqrt[3]{4}}}\right)^{\frac{3}{2}}$ 时，方程有唯一解.

六、**1.** 提示：(1) 作辅助函数 $G(x)=f(x)-x$，用罗尔定理；(2) 作辅助函数 $F(x)=[f'(x)-1]\mathrm{e}^{x}$，用罗尔定理. 或作辅助函数 $F(x)=f'(x)+f(x)-x$，用罗尔定理.

**2.** 提示：将速度函数 $v(t)$ 在速度取最大值点 $t_0$ 处进行一阶泰勒展开.

# 第四章　不 定 积 分

## 第一节　原函数与不定积分的概念

### 一、内容提要

1. 原函数

若在区间 $I$ 上，可导函数 $F(x)$ 的导数为 $f(x)$，即 $F'(x)=f(x)\ (\forall x\in I)$，则函数 $F(x)$ 称为 $f(x)$ 在区间 $I$ 上的原函数.

2. 不定积分

若 $F(x)$ 是 $f(x)$ 在区间 $I$ 上的一个原函数，则 $f(x)$ 在区间 $I$ 上的原函数的全体 $F(x)+C$ 称为 $f(x)$ 在区间 $I$ 上的不定积分，即 $\int f(x)\,\mathrm{d}x = F(x)+C$.

3. 基本积分表

(1) $\int k\,\mathrm{d}x = kx + C$　（$k$ 为常数）；

(2) $\int x^{\mu}\,\mathrm{d}x = \dfrac{x^{\mu+1}}{\mu+1} + C$　$(\mu \neq -1)$；

(3) $\int \dfrac{\mathrm{d}x}{x} = \ln|x| + C$；

(4) $\int \mathrm{e}^{x}\,\mathrm{d}x = \mathrm{e}^{x} + C$；

(5) $\int a^{x}\,\mathrm{d}x = \dfrac{a^{x}}{\ln a} + C$；

(6) $\int \cos x\,\mathrm{d}x = \sin x + C$；

(7) $\int \sin x\,\mathrm{d}x = -\cos x + C$；

(8) $\int \dfrac{\mathrm{d}x}{\cos^{2}x} = \int \sec^{2}x\,\mathrm{d}x = \tan x + C$；

(9) $\int \dfrac{\mathrm{d}x}{\sin^{2}x} = \int \csc^{2}x\,\mathrm{d}x = -\cot x + C$；

(10) $\int \sec x \tan x \mathrm{d}x = \sec x + C$;

(11) $\int \csc x \cot x \mathrm{d}x = -\csc x + C$;

(12) $\int \frac{1}{1+x^2}\mathrm{d}x = \arctan x + C$;

(13) $\int \frac{1}{\sqrt{1-x^2}}\mathrm{d}x = \arcsin x + C$.

4. 不定积分的线性运算法则

(1) $\int [f(x) \pm g(x)]\mathrm{d}x = \int f(x)\mathrm{d}x \pm \int g(x)\mathrm{d}x$;

(2) $\int kf(x)\mathrm{d}x = k\int f(x)\mathrm{d}x$（$k \neq 0$ 为常数）.

**二、重点、难点分析**

1. 原函数和不定积分

在区间 $I$ 上，若函数 $f(x)$ 有一个原函数 $F(x)$，则 $F(x)+C$ 都是其原函数；$f(x)$ 的原函数的全体 $F(x)+C$ 是 $f(x)$ 的不定积分，因此原函数和不定积分的关系是个体与整体的关系.

由于 $f(x)$ 的不定积分中的 $F(x)$ 可以是 $f(x)$ 的任意一个原函数，因此不定积分的表示形式不唯一，但是可以相互转化. 如：通过求导可以验证，不定积分 $\int \frac{\cos x - \sin x}{\cos x + \sin x}\mathrm{d}x$ 可以表示为

$$\int \frac{\cos x - \sin x}{\cos x + \sin x}\mathrm{d}x = \ln|\cos x + \sin x| + C,$$

$$\int \frac{\cos x - \sin x}{\cos x + \sin x}\mathrm{d}x = \frac{1}{2}\ln|1 + \sin 2x| + C,$$

$$\int \frac{\cos x - \sin x}{\cos x + \sin x}\mathrm{d}x = \ln\left|\sec\left(x + \frac{\pi}{4}\right) + \tan\left(x + \frac{\pi}{4}\right)\right| + C,$$

等等.

区间 $I$ 上的连续函数 $f(x)$ 一定有原函数，且 $f(x)$ 的原函数在区间 $I$ 上可微，从而必连续. 在计算连续的分段函数的原函数时，需要用到这个性质.

2. 不定积分的基本积分表及线性运算法则

根据不定积分的概念，由常用初等函数的求导公式，可以对应写出基本不定积分公式. 如果不定积分的被积函数能够用基本积分表里的被积函数的线性运算表示，则这类简单函数的不定积分可以利用不定积分的线性运算法则和基本积分

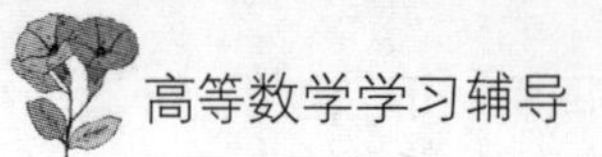


表计算.

## 三、典型例题

**例 1** 设$f'(\cos^2x)=\sin^2x+(1+\cos^2x)^2$，求$f(x)$.

**解** 令$\cos^2x=u$，则$f'(u)=1-u+(1+u)^2=2+u+u^2$，

积分得 $f(u)=\int(2+u+u^2)\mathrm{d}u=2u+\dfrac{1}{2}u^2+\dfrac{1}{3}u^3+C$,

所以 $f(x)=2x+\dfrac{1}{2}x^2+\dfrac{1}{3}x^3+C$.

**例 2** 已知$f'(x)=\begin{cases}x^2 & x\leqslant 0\\ \sin x & x>0\end{cases}$，求$f(x)$.

**解** 当$x\leqslant 0$时，$f(x)=\dfrac{1}{3}x^3+C_1$，

当$x>0$时，$f(x)=-\cos x+C_2$，

由于$f(x)$在$(-\infty,+\infty)$连续，所以，$f(0+0)=f(0)$，$f(0-0)=f(0)$，得$C_1=-1+C_2$，

所以$f'(x)$的一个原函数为：$F(x)=\begin{cases}\dfrac{1}{3}x^3 & x\leqslant 0,\\ -\cos x+1 & x>0,\end{cases}$

故 $$f(x)=F(x)+C=\begin{cases}\dfrac{1}{3}x^3+C & x\leqslant 0,\\ -\cos x+1+C & x>0.\end{cases}$$

**例 3** 设$f(x)=\mathrm{e}^{|x|}$，求$\int f(x)\mathrm{d}x$.

**解** $f(x)=\mathrm{e}^{|x|}=\begin{cases}\mathrm{e}^x & x\geqslant 0\\ \mathrm{e}^{-x} & x<0\end{cases}$，所以当$x<0$时，$f(x)$的不定积分是$-\mathrm{e}^{-x}+C_1$，当$x\geqslant 0$时，$f(x)$的不定积分是$\mathrm{e}^x+C_2$，根据原函数的连续性，得到$C_1=2+C_2$,所以在区间$(-\infty,+\infty)$上，$\mathrm{e}^{|x|}$的一个原函数是

$$F(x)=\begin{cases}\mathrm{e}^x & x\geqslant 0,\\ -\mathrm{e}^{-x}+2 & x<0,\end{cases}$$

故 $\int f(x)\mathrm{d}x=F(x)+C$.

**例 4** 计算不定积分$\int\dfrac{1+\sin x+\cos^2x}{1-\sin x}\mathrm{d}x$.

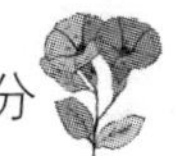

**解**
$$\int\frac{1+\sin x+\cos^2 x}{1-\sin x}dx$$
$$=\int\frac{1+\sin x}{1-\sin x}dx+\int(1+\sin x)dx$$
$$=\int\frac{(1+\sin x)^2}{\cos^2 x}dx+x-\cos x$$
$$=\int(\sec x+\tan x)^2dx+x-\cos x$$
$$=\int(\sec^2 x+2\sec x\tan x+\sec^2 x-1)dx+x-\cos x$$
$$=2(\tan x+\sec x)-\cos x+C.$$

## 第二节 利用凑微分法求不定积分

### 一、内容提要

第一类换元积分法又称为凑微分法，即如果 $\int f(u)du=F(u)+C$，且 $u=\varphi(x)$ 可导，则 $\int f(\varphi(x))\varphi'(x)dx=F(\varphi(x))+C.$

### 二、重点、难点分析

凑微分法是利用复合函数的求导法则导出的，用于计算复合函数的不定积分. 通过适当的变量代换，把被积函数化成基本积分表中的被积函数的形式，再写出不定积分. 因此，凑微分法必须熟悉常见函数的积分或微分公式.

通过不同的变量代换，同一个被积函数可以看成不同的复合函数，因此凑微分法技巧性强，灵活，解题时可以对被积函数尝试不同的组合方式，并要注意总结、积累凑微分技巧. 对被积函数先做初等变形常常可以化简一个积分，常见的初等变形有代数恒等变形(例如：加减项，分子分母同乘一个因子，有理化，配方法等)和三角恒等变换等. 如可以采用不同的变形、不同的变量代换计算不定积分 $\int\frac{dx}{1+e^{2x}}$：

$$\int\frac{dx}{1+e^{2x}}=\int\frac{1+e^{2x}-e^{2x}}{1+e^{2x}}dx=\int\left(1-\frac{e^{2x}}{1+e^{2x}}\right)dx=\int dx-\frac{1}{2}\int\frac{1}{1+e^{2x}}d(1+e^{2x})$$
$$=x-\frac{1}{2}\ln(1+e^{2x})+C$$

$$\int\frac{dx}{1+e^{2x}}=\int\frac{e^{2x}}{e^{2x}(1+e^{2x})}dx=\frac{1}{2}\int\left(\frac{1}{e^{2x}}-\frac{1}{(1+e^{2x})}\right)d(e^{2x})$$

$$= \frac{1}{2}(\ln e^{2x} - \ln(1 + e^{2x})) + C$$

$$\int \frac{dx}{1 + e^{2x}} = \int \frac{e^{-2x}}{(e^{-2x} + 1)}dx = -\frac{1}{2}\int \frac{1}{(1 + e^{-2x})}d(e^{-2x} + 1)$$

$$= -\frac{1}{2}\ln(e^{-2x} + 1) + C,$$

熟记及灵活应用常用的凑微分公式是本节的重点和难点.

## 三、典型例题

**例 1** 求不定积分 $\int \frac{x}{\sqrt[5]{(3x+1)^4}}dx$.

**【分析】** 把分子进行拆项凑微分

**解**

$$\int \frac{x}{\sqrt[5]{(3x+1)^4}}dx = \frac{1}{3}\int \frac{3x+1-1}{\sqrt[5]{(3x+1)^4}}dx$$

$$= \frac{1}{3}\int \frac{3x+1}{\sqrt[5]{(3x+1)^4}}dx - \frac{1}{3}\int \frac{1}{\sqrt[5]{(3x+1)^4}}dx$$

$$= \frac{1}{3}\int (3x+1)^{\frac{1}{5}}dx - \frac{1}{3}\int (3x+1)^{-\frac{4}{5}}dx$$

$$= \frac{1}{9}\int (3x+1)^{\frac{1}{5}}d(3x+1) - \frac{1}{9}\int (3x+1)^{-\frac{4}{5}}d(3x+1)$$

$$= \frac{5}{54}(3x+1)^{\frac{6}{5}} - \frac{5}{9}(3x+1)^{\frac{1}{5}} + C.$$

**例 2** 求不定积分 $\int \frac{x+5}{x^2-6x+13}dx$.

**【分析】** 分子的一次项配成分母的导数，再利用凑微分法.

**解** $\int \frac{x+5}{x^2-6x+13}dx = \int \frac{\frac{1}{2}(2x-6)+8}{x^2-6x+13}dx$

$$= \frac{1}{2}\int \frac{d(x^2-6x+13)}{x^2-6x+13} + 8\int \frac{1}{(x-3)^2+4}dx$$

$$= \frac{1}{2}\ln(x^2-6x+13) + 4\arctan\frac{x-3}{2} + C.$$

**例 3**　求不定积分 $\int \frac{dx}{\sin 2x\cos x}dx$.

**【分析】**　三角恒等变形，然后分子分母同乘 $\sin x$，再利用凑微分法．

**解**　$$\int \frac{dx}{\sin 2x\cos x}=\int \frac{dx}{2\sin x\cos^2 x}=\frac{1}{2}\int \frac{\sin x dx}{\sin^2 x\cos^2 x}=-\frac{1}{2}\int \frac{d\cos x}{(1-\cos^2 x)\cos^2 x}$$
$$=-\frac{1}{2}\int \frac{d\cos x}{1-\cos^2 x}-\frac{1}{2}\int \frac{1}{\cos^2 x}d\cos x$$
$$=-\frac{1}{2}\ln\left|\frac{1+\cos x}{1-\cos x}\right|+\frac{1}{2}\frac{1}{\cos x}+C.$$

**例 4**　求不定积分 $\int \frac{dx}{\sin 2x+2\sin x}$.

**【分析】**　先利用三角恒等变形，然后再利用凑微分法.

**解**　$$\int \frac{dx}{\sin 2x+2\sin x}=\int \frac{dx}{2\sin x(\cos x+1)}=\frac{dx}{4\sin\frac{x}{2}\cos\frac{x}{2}\cdot 2\cos^2\frac{x}{2}}$$
$$=\int \frac{\frac{1}{\cos^2\frac{x}{2}}}{4\tan\frac{x}{2}\cdot 2\cos^2\frac{x}{2}}dx=\int \frac{\sec^2\frac{x}{2}dx}{8\tan\frac{x}{2}\cos^2\frac{x}{2}}=\frac{1}{4}\int \frac{d\tan\frac{x}{2}}{\tan\frac{x}{2}\cos^2\frac{x}{2}}$$
$$=\frac{1}{4}\int \frac{\sec^2\frac{x}{2}d\tan\frac{x}{2}}{\tan\frac{x}{2}}=\frac{1}{4}\int \frac{1+\tan^2\frac{x}{2}}{\tan\frac{x}{2}}d\tan\frac{x}{2}$$
$$=\frac{1}{4}\int \frac{1}{\tan\frac{x}{2}}d\tan\frac{x}{2}+\frac{1}{4}\int \tan\frac{x}{2}d\tan\frac{x}{2}$$
$$=\frac{1}{4}\ln\left|\tan\frac{x}{2}\right|+\frac{1}{8}\tan^2\frac{x}{2}+C.$$

**例 5**　求不定积分 $\int x^3\sqrt{1+x^2}dx$.

**解**　$$\int x^3\sqrt{1+x^2}dx=\int (x^3+x-x)\sqrt{1+x^2}dx$$

$$= \int (x^3 + x)\sqrt{1 + x^2}\mathrm{d}x - \int x\sqrt{1 + x^2}\mathrm{d}x$$

$$= \int x(1 + x^2)^{\frac{3}{2}}\mathrm{d}x - \int x\sqrt{1 + x^2}\mathrm{d}x$$

$$= \frac{1}{2}\int (1 + x^2)^{\frac{3}{2}}\mathrm{d}(1 + x^2) - \frac{1}{2}\int (1 + x^2)^{\frac{1}{2}}\mathrm{d}(1 + x^2)$$

$$= \frac{1}{5}(1 + x^2)^{\frac{5}{2}} - \frac{1}{3}(1 + x^2)^{\frac{3}{2}} + C.$$

**例 6**　求不定积分$\int \frac{\mathrm{e}^{3x} + 1}{\mathrm{e}^x + 1}\mathrm{d}x$.

**解**　$\int \frac{\mathrm{e}^{3x} + 1}{\mathrm{e}^x + 1}\mathrm{d}x = \int (\mathrm{e}^{2x} - \mathrm{e}^x + 1)\mathrm{d}x = \frac{1}{2}\mathrm{e}^{2x} - \mathrm{e}^x + x + C.$

**例 7**　求不定积分$\int \frac{\mathrm{d}x}{\sqrt{3 + 2x - x^2}}$.

**解**　$\int \frac{\mathrm{d}x}{\sqrt{3 + 2x - x^2}} = \int \frac{\mathrm{d}x}{\sqrt{4 - (x-1)^2}}$

$$= \frac{1}{2}\int \frac{\mathrm{d}x}{\sqrt{1 - \left(\frac{x-1}{2}\right)^2}} = \int \frac{\mathrm{d}\left(\frac{x-1}{2}\right)}{\sqrt{1 - \left(\frac{x-1}{2}\right)^2}} = \arcsin\frac{x-1}{2} + C.$$

**例 8**　求不定积分$\int \frac{1 - \sin x - \cos x}{1 + \sin^2 x}\mathrm{d}x$.

**解**　$\int \frac{1 - \sin x - \cos x}{1 + \sin^2 x}\mathrm{d}x = \int \frac{1}{1 + \sin^2 x}\mathrm{d}x - \int \frac{\sin x}{1 + \sin^2 x}\mathrm{d}x - \int \frac{\cos x}{1 + \sin^2 x}\mathrm{d}x$,

因为$1 + \sin^2 x = 2 - \cos^2 x$，故

$$\int \frac{1}{1 + \sin^2 x}\mathrm{d}x = \int \frac{1}{2 - \cos^2 x}\mathrm{d}x = \int \frac{1}{2\sec^2 x - 1}\cdot\frac{1}{\cos^2 x}\mathrm{d}x$$

$$= \int \frac{1}{1 + 2\tan^2 x}\mathrm{d}\tan x = \frac{1}{\sqrt{2}}\int \frac{1}{1 + (\sqrt{2}\tan x)^2}\mathrm{d}\sqrt{2}\tan x$$

$$= \frac{1}{\sqrt{2}}\arctan(\sqrt{2}\tan x) + C_1.$$

而

$$\int \frac{\sin x}{1+\sin^2 x}dx = -\int \frac{1}{2-\cos^2 x}d\cos x$$

$$= -\frac{1}{2\sqrt{2}}\int\left(\frac{1}{\sqrt{2}+\cos x}+\frac{1}{\sqrt{2}-\cos x}\right)d\cos x$$

$$= -\frac{1}{2\sqrt{2}}\ln\left|\frac{\sqrt{2}+\cos x}{\sqrt{2}-\cos x}\right| + C_2,$$

又
$$\int \frac{\cos x}{1+\sin^2 x}dx = \int \frac{1}{1+\sin^2 x}d\sin x = \arctan(\sin x) + C_3,$$

所以　原式 $=\frac{1}{\sqrt{2}}\arctan(\sqrt{2}\tan x)+\frac{1}{2\sqrt{2}}\ln\left|\frac{\sqrt{2}+\cos x}{\sqrt{2}-\cos x}\right|-\arctan(\sin x)+C.$

**例 9**　求不定积分 $\int \frac{\sin x\cos x}{\sin x+\cos x}dx.$

$$\int \frac{\sin x\cos x}{\sin x+\cos x}dx = \frac{1}{\sqrt{2}}\int \frac{\sin x\cos x}{\sin\left(x+\frac{\pi}{4}\right)}dx = \frac{1}{2\sqrt{2}}\int \frac{\sin 2x}{\sin\left(x+\frac{\pi}{4}\right)}dx$$

$$= \frac{-1}{2\sqrt{2}}\int \frac{\cos 2\left(x+\frac{\pi}{4}\right)}{\sin\left(x+\frac{\pi}{4}\right)}dx = -\frac{1}{2\sqrt{2}}\int \frac{1-2\sin^2\left(x+\frac{\pi}{4}\right)}{\sin\left(x+\frac{\pi}{4}\right)}dx$$

$$= -\frac{1}{2\sqrt{2}}\int \csc\left(x+\frac{\pi}{4}\right)d\left(x+\frac{\pi}{4}\right)+\frac{1}{\sqrt{2}}\int \sin\left(x+\frac{\pi}{4}\right)d\left(x+\frac{\pi}{4}\right)$$

$$= -\frac{1}{2\sqrt{2}}\ln\left|\csc\left(x+\frac{\pi}{4}\right)-\cot\left(x+\frac{\pi}{4}\right)\right|-\frac{1}{\sqrt{2}}\cos\left(x+\frac{\pi}{4}\right)+C.$$

## 第三节　第二类换元积分法与分部积分法

### 一、内容提要

1. 第二类换元积分法

设(1) $x=\varphi(t)$是单调的可微函数，且 $\varphi'(t)\neq 0$；(2) $f(\varphi(t))\varphi'(t)$具有原函数，则有 $\int f(x)dx = \int f(\varphi(t))\varphi'(t)dt\,|_{t=\psi(x)}$，其中 $t=\psi(x)$是 $x=\varphi(t)$的反函

数.

2. 分部积分公式

$$\int u\mathrm{d}v = uv - \int v\mathrm{d}u.$$

**二、重点、难点分析**

1. 第二类换元积分法

第二类换元积分法常用于计算简单无理函数的积分，以“去根号”为目的，选择代数代换或三角代换，将简单无理函数的不定积分化为可以利用凑微分方法或直接积分的不定积分. 与凑微分法不同的是，用第二类换元积分法计算出不定积分后，一定要记住将原函数换回原来的变量. 第二类换元积分法的重点是掌握常用“去根号”的变量代换方法. 一些特殊的无理函数的积分，既可以用三角代换也可以用代数代换求解. 如计算不定积分 $\int \frac{x^3}{\sqrt{4+x^2}}\mathrm{d}x$，可以用三角变换：为去掉根号，令 $x=2\tan t$，则 $\mathrm{d}x=2\sec^2 t\mathrm{d}t$，$4+x^2=4(1+\tan^2 t)=4\sec^2 t$.

$$\begin{aligned}\text{原式} &= \int \frac{x^3}{\sqrt{4+x^2}}\mathrm{d}x = \int \frac{8\tan^3 t}{2\sec t}\cdot 2\sec^2 t\mathrm{d}t \\ &= 8\int \tan^3 t\sec t\mathrm{d}t = 8\int(\sec^2-1)\mathrm{d}\sec t \\ &= \frac{8}{3}\sec^3 t - 8\sec t + C \\ &= \frac{1}{3}(4+x^2)^{\frac{3}{2}} - 4\sqrt{4+x^2} + C;\end{aligned}$$

也可以用代数代换：直接令 $\sqrt{4+x^2}=t$，则 $2x\mathrm{d}x=2t\mathrm{d}t$，即 $x\mathrm{d}x=t\mathrm{d}t$，

$$\begin{aligned}\text{原式} &= \int \frac{x^3}{\sqrt{4+x^2}}\mathrm{d}x = \int \frac{x^2}{\sqrt{4+x^2}}x\mathrm{d}x = \int \frac{t^2-4}{t}t\mathrm{d}t \\ &= \int(t^2-4)\mathrm{d}t = \frac{1}{3}t^3 - 4t + C \\ &= \frac{1}{3}(4+x^2)^{\frac{3}{2}} - 4(4+x^2)^{\frac{1}{2}} + C.\end{aligned}$$

**注意**

(1) 在用代数代换中，必须注意到 $x^3\mathrm{d}x = x^2\cdot x\mathrm{d}x = x^2\mathrm{d}x^2$. 一般情况下，这种代换去掉根号，却会带来新的根号，只在一些特殊的题目可以这样做.

(2) 我们常利用三角函数代换，变根式积分为三角有理式积分，为便于记

忆，列表如下

| 被积分函数根式 | 所作代换 | 三角形示意图 |
| --- | --- | --- |
| $\sqrt{a^2-x^2}$ | $x=a\sin t$ | $a$　$x$　$t$　$\sqrt{a^2-x^2}$ |
| $\sqrt{a^2+x^2}$ | $x=a\tan t$ | $\sqrt{a^2+x^2}$　$x$　$t$　$a$ |
| $\sqrt{x^2-a^2}$ | $x=a\sec t$ | $x$　$\sqrt{x^2-a^2}$　$t$　$a$ |

记住三角形示意图可为变量还原提供方便.

当被积函数的分母次数高于分子次数一次以上时，还可以考虑使用倒代换.

如计算不定积分 $\int \frac{x+1}{x^2\sqrt{x^2-1}}dx$，利用倒代换法：令 $x=\frac{1}{t}$，则 $dx=-\frac{1}{t^2}dt$.

$$\int \frac{x+1}{x^2\sqrt{x^2-1}}dx=\int \frac{\frac{1}{t}+1}{\frac{1}{t^2}\sqrt{\left(\frac{1}{t}\right)^2-1}}\left(-\frac{1}{t^2}\right)dt$$

$$=-\int \frac{1+t}{\sqrt{1-t^2}}dt=-\int \frac{1}{\sqrt{1-t^2}}dt+\int \frac{d(1-t^2)}{2\sqrt{1-t^2}}$$

$$=-\arcsin t+\sqrt{1-t^2}+C$$

$$=\frac{\sqrt{x^2-1}}{x}-\arcsin\frac{1}{x}+C.$$

2. 分部积分法

如何把被积分函数分成两部分，如何选取 $u$ 和 $dv$ 是分部积分的难点和重点.

设 $u=u(x)$，$v=v(x)$ 具有连续的导数，则公式 $\int udv=uv-\int vdu$ 称为分部积分公式.

**关键**：如何把被积分函数分成两部分，如何选取 $u$ 和 $dv$.

选取原则：积分容易者选为 $dv$，且右侧的积分 $\int vdu$ 比左侧积分 $\int udv$ 容易

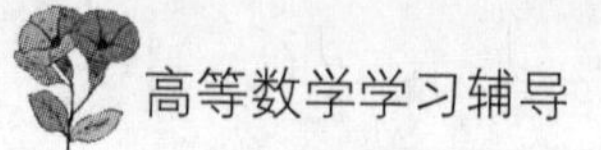


求.

可用分部积分方法求积分的类型：

(1) $\int p_n(x)\mathrm{e}^{kx}\mathrm{d}x, \int p_n(x)\sin ax\mathrm{d}x, \int p_n(x)\cos ax\mathrm{d}x$，其中 $a$，$k$ 为常数，$p_n(x)$ 为 $n$ 次多项式.

选取 $u(x)=p_n(x)$，$\mathrm{d}v=\mathrm{e}^{kx}\mathrm{d}x$（或 $\sin ax\mathrm{d}x$，$\cos ax\mathrm{d}x$）.

(2) $\int p_n(x)\ln x\mathrm{d}x, \int p_n(x)\arcsin x\mathrm{d}x, \int p_n(x)\arctan t\mathrm{d}x$.

选取 $u(x)=\ln x$（或 $\arcsin x$，$\arctan x$），$\mathrm{d}v=p_n(x)\mathrm{d}x$.

(3) $\int \mathrm{e}^{kx}\sin(ax+b)\mathrm{d}x, \int \mathrm{e}^{kx}\cos(ax+b)\mathrm{d}x$，其中 $k$，$a$，$b$ 均为常数.

$u(x)$，$\mathrm{d}v(x)$ 可任意选择.

(4) 递推公式

不定积分中递推公式的推导，一般多用分部积分法.

3. 综合使用换元法和分部积分法

有的不定积分计算既要使用换元法也要使用分部积分法，有的不定积分计算既可以使用换元法也可以使用分部积分法.

**三、典型例题**

**例 1** 求不定积分 $\int \frac{\sqrt[3]{x}}{x(\sqrt{x}+\sqrt[3]{x})}\mathrm{d}x$.

**解** 令 $\sqrt[6]{x}=t$，则 $x=t^6$，$\mathrm{d}x=6t^5\mathrm{d}t$，

$$\begin{aligned}\text{原式} &= \int \frac{t^2}{t^6(t^3+t^2)}6\cdot t^5\mathrm{d}t = 6\int \frac{1}{t(t+1)}\mathrm{d}t = 6\int\left(\frac{1}{t}-\frac{1}{t+1}\right)\mathrm{d}t \\ &= 6\int \frac{1}{t}\mathrm{d}t - 6\int \frac{1}{t+1}\mathrm{d}(t+1) = 6\ln|t| - 6\ln|t+1| + C \\ &= 6\ln\sqrt[6]{x} - 6\ln|\sqrt[6]{x}+1| + C = \ln x - 6\ln(\sqrt[6]{x}+1) + C.\end{aligned}$$

**例 2** 求不定积分 $\int \frac{1}{x+\sqrt{1-x^2}}\mathrm{d}x$.

**解** 令 $x=\sin t\left(-\frac{\pi}{2}<t<\frac{\pi}{2}\right)$，可得

$$\begin{aligned}\int \frac{1}{x+\sqrt{1-x^2}}\mathrm{d}x &= \int \frac{\cos t}{\sin t+\cos t}\mathrm{d}t = \frac{1}{2}\int \frac{(\sin t+\cos t)+(\cos t-\sin t)}{\sin t+\cos t}\mathrm{d}t \\ &= \frac{1}{2}\int \mathrm{d}t + \frac{1}{2}\int \frac{\mathrm{d}(\sin t+\cos t)}{\sin t+\cos t} = \frac{1}{2}t + \frac{1}{2}\ln|\sin t+\cos t| + C\end{aligned}$$

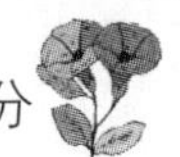

$$= \frac{1}{2}\arcsin x + \frac{1}{2}\ln|x + \sqrt{1 - x^2}| + C.$$

**例 3**　求不定积分 $\int \frac{dx}{\sqrt{4x^2 - 4x - 3}}$.

**解**　原式 $= \int \frac{1}{\sqrt{4x^2 - 4x + 1 - 4}}dx = \int \frac{1}{\sqrt{(2x-1)^2 - 2^2}}dx$

令 $2x - 1 = 2\sec t$，则 $dx = \sec t\tan t dt$

原式 $= \int \frac{1}{2\tan t}\sec t\tan t dt = \frac{1}{2}\int \sec t dt = \frac{1}{2}\ln|\sec t + \tan t| + C$

又　　$\sec t = \frac{2x-1}{2}, \tan t = \sqrt{\sec^2 t - 1} = \frac{\sqrt{4x^2 - 4x - 3}}{2},$

故　原式 $= \frac{1}{2}\ln|\sqrt{4x^2 - 4x - 3} + 2x - 1| + C.$

**例 4**　求不定积分 $\int x\frac{\tan x}{\cos^4 x}dx$.

**解**　原式 $= \int x\tan x\sec^4 x dx = \int x\tan x(1 + \tan^2 x)d\tan x$

$$= \int x d\left[\frac{1}{4}(1 + \tan^2 x)^2\right]$$

$$= \frac{1}{4}x(1 + \tan^2 x)^2 - \frac{1}{4}\int (1 + \tan^2 x)^2 dx$$

$$= \frac{1}{4}x(1 + \tan^2 x)^2 - \frac{1}{4}\int (1 + \tan^2 x)d\tan x$$

$$= \frac{1}{4}x(1 + \tan^2 x)^2 - \frac{1}{4}\tan x - \frac{1}{12}\tan^3 x + C.$$

**例 5**　求下列不定积分

(1) $\int (x^2 + 1)e^{2x}dx$;　　　　(2) $\int x\sin^2 x dx$.

**解**　(1) 原式 $= \int (x^2 + 1)d\frac{1}{2}e^{2x} = \frac{1}{2}(x^2 + 1)e^{2x} - \int xe^{2x}dx$

$$= \frac{1}{2}(x^2 + 1)e^{2x} - \int x d\frac{1}{2}e^{2x}$$

$$= \frac{1}{2}(x^2 + 1)e^{2x} - \frac{1}{2}xe^{2x} + \frac{1}{2}\int e^{2x}dx$$

$$= \frac{1}{2}(x^2+1)e^{2x} - \frac{1}{2}xe^{2x} + \frac{1}{4}e^{2x} + C.$$

(2) 原式 $= \int x\left(\frac{1-\cos 2x}{2}\right)dx = \frac{1}{2}\int x dx - \frac{1}{2}\int x\cos 2x dx$

$$= \frac{1}{4}x^2 - \frac{1}{2}\int x d\frac{1}{2}\sin 2x$$

$$= \frac{1}{4}x^2 - \frac{1}{4}x\sin 2x + \frac{1}{4}\int \sin 2x dx$$

$$= \frac{1}{4}x^2 - \frac{1}{4}x\sin 2x - \frac{1}{8}\cos 2x + C.$$

**例 6** 求不定积分 $\int \arctan\sqrt{x}dx$.

**解** 选取 $u = \arctan\sqrt{x}$，$dv = dx$，则

$$\int \arctan\sqrt{x}dx = x\arctan\sqrt{x} - \int x \cdot \frac{1}{1+x} \cdot \frac{1}{2\sqrt{x}}dx$$

$$= x\arctan\sqrt{x} - \frac{1}{2}\int \frac{x+1-1}{\sqrt{x}(x+1)}dx$$

$$= x\arctan x - \frac{1}{2}\int \frac{1}{\sqrt{x}}dx + \frac{1}{2}\int \frac{1}{\sqrt{x}(1+x)}dx$$

$$= x\arctan x - \frac{1}{2}\int x^{-\frac{1}{2}}dx + \int \frac{d\sqrt{x}}{1+(\sqrt{x})^2}$$

$$= x\arctan x - \sqrt{x} + \arctan\sqrt{x} + C.$$

**例 7** 求不定积分 $\int e^{kx}\sin(ax+b)dx$.

**解** $\int e^{kx}\sin(ax+b)dx$

$$= \int \sin(ax+b)d\frac{1}{k}e^{kx}$$

$$= \frac{1}{k}e^{kx}\sin(ax+b) - \frac{a}{k}\int e^{kx}\cos(ax+b)dx$$

$$= \frac{1}{k}e^{kx}\sin(ax+b) - \frac{a}{k}\int \cos(ax+b)d\frac{1}{k}e^{kx}$$

$$= \frac{1}{k}e^{kx}\sin(ax+b) - \frac{a}{k^2}e^{kx}\cos(ax+b) - \frac{a^2}{k^2}\int e^{kx}\sin(ax+b)dx$$

$$\Rightarrow \frac{a^2+k^2}{k^2}\int e^{kx}\sin(ax+b)\,dx=\frac{1}{k}e^{kx}\sin(ax+b)-\frac{a}{k^2}e^{kx}\cos(ax+b)+C,$$

所以
$$\int e^{kx}\sin(ax+b)\,dx=\frac{k\sin(ax+b)-a\cos(ax+b)}{k^2+a^2}e^{kx}+C.$$

**例 8**　求不定积分 $\int \sin(\ln x)\,dx$.

**解**
$$\begin{aligned}\int \sin(\ln x)\,dx &= x\sin(\ln x)-\int x\cos(\ln x)\cdot\frac{1}{x}dx\\ &= x\sin(\ln x)-\int \cos(\ln x)\,dx\\ &= x\sin(\ln x)-x\cos(\ln x)-\int x\sin(\ln x)\cdot\frac{1}{x}dx\\ &= x\sin(\ln x)-x\cos(\ln x)-\int \sin(\ln x)\,dx,\end{aligned}$$

所以
$$\int \sin(\ln x)\,dx=\frac{x}{2}[\sin(\ln x)-\cos(\ln x)]+C.$$

**例 9**　求不定积分 $\int \frac{(1+\sin x)e^x}{2\cos^2\frac{x}{2}}dx$.

**解**
$$\begin{aligned}\text{原式} &= \int \frac{1+\sin x}{2\cos^2\frac{x}{2}}e^x dx=\frac{1}{2}\int \frac{e^x}{\cos^2\frac{x}{2}}dx+\int e^x\tan\frac{x}{2}dx\\ &= \frac{1}{2}\int e^x\sec^2\frac{x}{2}dx+\int \tan\frac{x}{2}de^x\\ &= \frac{1}{2}\int e^x\sec^2\frac{x}{2}dx+e^x\tan\frac{x}{2}-\frac{1}{2}\int e^x\sec^2\frac{x}{2}dx\\ &= e^x\tan\frac{x}{2}+C.\end{aligned}$$

**例 10**　求不定积分 $\int \frac{xe^x}{\sqrt{1+e^x}}dx$.

**解**　原式 $=\int x\,d2\sqrt{1+e^x}=2x\sqrt{1+e^x}-2\int\sqrt{1+e^x}\,dx$,

令 $\sqrt{1+e^x}=t$,

$$\int\sqrt{1+e^x}\,dx=\int t\cdot\frac{2t}{t^2-1}dt=2\int\frac{t^2-1+1}{t^2-1}dt=2t-2\int\frac{1}{t^2-1}dt$$

$$= 2t + \ln\left|\frac{1+t}{1-t}\right| + C = 2\sqrt{1+e^x} + \ln\frac{\sqrt{1+e^x}+1}{\sqrt{1+e^x}-1} + C,$$

原式 $= 2(x-2)\sqrt{1+e^x} - 2\ln\dfrac{\sqrt{1+e^x}-1}{\sqrt{1+e^x}+1} + C.$

**例 11** 求不定积分 $\displaystyle\int\frac{\arctan x}{x^2(1+x^2)}dx.$

**解** 
$$\int\frac{\arctan x}{x^2(1+x^2)}dx = \int\left(\frac{1}{x^2}-\frac{1}{1+x^2}\right)\arctan x dx$$
$$= \int\frac{1}{x^2}\arctan x dx - \int\frac{1}{1+x^2}\arctan x dx$$
$$= \int\arctan x d\left(-\frac{1}{x}\right) - \int\arctan x d\arctan x$$
$$= -\frac{1}{x}\arctan x + \int\frac{1}{x(1+x^2)}dx - \frac{1}{2}(\arctan x^2)$$
$$= -\frac{1}{x}\arctan x + \int\left(\frac{1}{x}-\frac{x}{1+x^2}\right)dx - \frac{1}{2}(\arctan x)^2$$
$$= -\frac{\arctan x}{x} + \ln|x| - \frac{1}{2}\ln(1+x^2) - \frac{1}{2}(\arctan x)^2 + C.$$

**例 12** 建立不定积分 $I_n = \displaystyle\int\frac{dx}{x^n\sqrt{1+x^2}}(n \geqslant 2)$ 的递推公式.

**解** 
$$I_n = \int\frac{dx}{x^n\sqrt{1+x^2}} = \int\frac{x}{x^{n+1}\sqrt{1+x^2}}dx$$
$$= \int\frac{1}{x^{n+1}}\frac{x}{\sqrt{1+x^2}}dx = \int\frac{1}{x^{n+1}}d\sqrt{1+x^2}$$
$$= \frac{\sqrt{1+x^2}}{x^{n+1}} + \int\sqrt{1+x^2}(n+1)x^{-n-2}dx$$
$$= \frac{\sqrt{1+x^2}}{x^{n+1}} + (n+1)\int\frac{1+x^2}{x^{n+2}\sqrt{1+x^2}}dx$$
$$= \frac{\sqrt{1+x^2}}{x^{n+1}} + (n+1)\int\frac{1}{x^{n+2}\sqrt{1+x^2}}dx + (n+1)\int\frac{1}{x^n\sqrt{1+x^2}}dx$$

$$= \frac{\sqrt{1+x^2}}{x^{n+1}} + (n+1)I_{n+2} + (n+1)I_n,$$

则
$$I_{n+2} = \frac{-1}{n+1}\frac{\sqrt{1+x^2}}{x^{n+1}} - \frac{n}{n+1}I_n,$$

故
$$I_n = \frac{1}{1-n}\frac{\sqrt{1+x^2}}{x^{n-1}} - \frac{n-2}{n-1}I_{n-2},$$

**例 13** 设 $f(\ln x) = \frac{\ln(1+x)}{x}$，求 $\int f(x)\mathrm{d}x$.

**解** 令 $\ln x = t$，则 $x = \mathrm{e}^t$

$$f(\ln x) = f(t) = \frac{\ln(1+\mathrm{e}^t)}{\mathrm{e}^t},$$

$$\begin{aligned}\int f(x)\mathrm{d}x &= \int \frac{\ln(1+\mathrm{e}^x)}{\mathrm{e}^x}\mathrm{d}x = \int \ln(1+\mathrm{e}^x)\mathrm{d}(-\mathrm{e}^{-x}) \\ &= -\mathrm{e}^{-x}\ln(1+\mathrm{e}^x) + \int \mathrm{e}^{-x}\frac{\mathrm{e}^x}{1+\mathrm{e}^x}\mathrm{d}x \\ &= -\mathrm{e}^{-x}\ln(1+\mathrm{e}^x) + \int\left(1 - \frac{\mathrm{e}^x}{1+\mathrm{e}^x}\right)\mathrm{d}x \\ &= -\mathrm{e}^{-x}\ln(1+\mathrm{e}^x) + x - \int \frac{\mathrm{d}(1+\mathrm{e}^x)}{1+\mathrm{e}^x} \\ &= -\mathrm{e}^{-x}\ln(1+\mathrm{e}^x) + x - \ln(1+\mathrm{e}^x) + C.\end{aligned}$$

**例 14** 已知 $f'(\sin x) = \cos x + \tan x + x$，$-\frac{\pi}{2} \leqslant x \leqslant \frac{\pi}{2}$，且 $f(0) = 1$，求 $f(x)$.

**解** 令 $t = \sin x\left(-\frac{\pi}{2} < x < \frac{\pi}{2}\right)$，则 $f'(t) = \sqrt{1-t^2} + \frac{t}{\sqrt{1-t^2}} + \arcsin t$，即

$$\begin{aligned}f(x) &= \int\left(\sqrt{1-x^2} + \frac{x}{\sqrt{1-x^2}} + \arcsin x\right)\mathrm{d}x, \\ &= \int \sqrt{1-x^2}\mathrm{d}x + \int\left(\frac{x}{\sqrt{1-x^2}} + \arcsin x\right)\mathrm{d}x,\end{aligned}$$

其中不定积分 $\int \sqrt{1-x^2}\mathrm{d}x$ 的计算既可以使用换元法也可以使用分部积分法. 若使用换元积分法，令 $x = \sin u\left(-\frac{\pi}{2} < u < \frac{\pi}{2}\right)$，可得

$$\int \sqrt{1-x^2}\mathrm{d}x = \int \cos^2 u\mathrm{d}u = \int \frac{1+\cos 2u}{2}\mathrm{d}u = \frac{1}{2}u + \frac{1}{4}\sin 2u + C_1$$

$$=\frac{1}{2}(\arcsin x+x\sqrt{1-x^2})+C_1,$$

若使用分部积分法，$\int\sqrt{1-x^2}\mathrm{d}x=x\sqrt{1-x^2}+\int\frac{x^2}{\sqrt{1-x^2}}\mathrm{d}x$

$$=x\sqrt{1-x^2}-\int\sqrt{1-x^2}\mathrm{d}x+\int\frac{1}{\sqrt{1-x^2}}\mathrm{d}x$$

$$=x\sqrt{1-x^2}-\int\sqrt{1-x^2}\mathrm{d}x+\arcsin x,$$

移项即得 $$\int\sqrt{1-x^2}\mathrm{d}x=\frac{1}{2}(\arcsin x+x\sqrt{1-x^2})+C_1,$$

而 $$\int\left(\frac{x}{\sqrt{1-x^2}}+\arcsin x\right)\mathrm{d}x=\int\frac{x}{\sqrt{1-x^2}}\mathrm{d}x+\int\arcsin x\mathrm{d}x$$

$$=\int x\mathrm{d}\arcsin x+\int\arcsin x\mathrm{d}x$$

$$=x\arcsin x+C_2,$$

所以$f(x)=\frac{1}{2}(\arcsin x+x\sqrt{1-x^2})+x\arcsin x+C$. 由$f(0)=1$，得$C=1$，故

$f(x)=\frac{1}{2}(\arcsin x+x\sqrt{1-x^2})+x\arcsin x+1.$

## 第四节　几种特殊类型函数的积分

### 一、内容提要

1. 有理函数的积分

通过把有理函数分解成多项式和最简分式之和，可以将有理函数的积分转化为多项式的积分和如下四种最简分式的积分：

(1) $\int\frac{\mathrm{d}x}{x-a}=\ln|x-a|+C$;

(2) $\int\frac{\mathrm{d}x}{(x-a)^k}=\frac{1}{1-k}\frac{1}{(x-a)^{k-1}}+C(k>1)$;

(3) $\int\frac{Mx+N}{x^2+px+q}\mathrm{d}x$

$$=\int\frac{Mx+\frac{pM}{2}-\frac{pM}{2}+N}{x^2+px+q}\mathrm{d}x$$

$$= \frac{M}{2}\int \frac{\mathrm{d}(x^2 + px + q)}{x^2 + px + q} + \left(N - \frac{pM}{2}\right)\int \frac{\mathrm{d}\left(x + \frac{p}{2}\right)}{\left(x + \frac{p}{2}\right)^2 + \left(q - \frac{p^2}{4}\right)}$$

$$= \frac{M}{2}\ln(x^2 + px + q) + \frac{N - \frac{pM}{2}}{\sqrt{q - \frac{p^2}{4}}}\arctan \frac{x + \frac{p}{2}}{\sqrt{q - \frac{p^2}{4}}} + C \quad (p^2 - 4q < 0);$$

(4) $\displaystyle\int \frac{Mx + N}{(x^2 + px + q)^k}\mathrm{d}x$

$$= \int \frac{Mx + \frac{pM}{2} - \frac{pM}{2} + N}{(x^2 + px + q)^k}\mathrm{d}x$$

$$= \frac{M}{2}\int \frac{\mathrm{d}(x^2 + px + q)}{(x^2 + px + q)^k} + \left(N - \frac{pM}{2}\right)\int \frac{\mathrm{d}\left(x + \frac{p}{2}\right)}{\left[\left(x + \frac{p}{2}\right)^2 + \left(q - \frac{p^2}{4}\right)\right]^k}$$

$$= \frac{M}{2(1 - k)\,(x^2 + px + q)^{k-1}} + \left(N - \frac{pM}{2}\right)J_k,$$

其中 $J_k = \displaystyle\int \frac{\mathrm{d}\left(x + \frac{p}{2}\right)}{\left[\left(x + \frac{p}{2}\right)^2 + \left(q - \frac{p^2}{4}\right)\right]^k}$ 可以用书上的递推公式计算.

2. 三角函数有理式的积分

三角函数有理式 $\int R(\sin x, \cos x)\,\mathrm{d}x$ 的积分，用万能代换可以转化为有理函数的积分.

万能代换：令 $u = \tan \frac{x}{2}$，则

$$\int R(\sin x, \cos x)\,\mathrm{d}x = \int R\left(\frac{2u}{1 + u^2}, \frac{1 - u^2}{1 + u^2}\right)\frac{2}{1 + u^2}\mathrm{d}u.$$

其他代换方法：

若 $R(\sin x, -\cos x) = -R(\sin x, \cos x)$，可令 $t = \sin x$;

若 $R(-\sin x, \cos x) = -R(\sin x, \cos x)$，可令 $t = \cos x$;

若 $R(-\sin x, -\cos x)=R(\sin x, \cos x)$，可令 $t=\tan x$.

3. 简单无理式的积分

形如 $\int R(x, \sqrt[n]{ax+b})\mathrm{d}x$ 的不定积分，令 $\sqrt[n]{ax+b}=t$，则

$$\int R(x, \sqrt[n]{ax+b})\mathrm{d}x=\frac{n}{a}\int R\left(\frac{t^n-b}{a},t\right)t^{n-1}\mathrm{d}t;$$

形如 $\int R\left(x,\sqrt[n]{\frac{ax+b}{cx+d}}\right)\mathrm{d}x$ 的不定积分，令 $\sqrt[n]{\frac{ax+b}{cx+d}}=t$，则 $x=\frac{dt^n-b}{a-ct^n}$，代入被积表达式可以去根式，转化为有理函数的积分；

形如 $\int R(x, \sqrt{ax^2+bx+c})\mathrm{d}x$ 的不定积分，将二次三项式 $ax^2+bx+c$ 配方后，用三角代换"去根号"，再计算.

**二、重点、难点分析**

有理函数的原函数都是初等函数，理论上讲有理函数的不定积分都能积出来. 通过把有理函数分解成多项式和最简分式之和，可以将有理函数的积分转化为多项式的积分和四种最简分式的积分. 因此，要熟练掌握四种最简分式的积分方法.

三角函数有理式 $\int R(\sin x,\cos x)\mathrm{d}x$ 的积分比较灵活，可以一题多解，而方法的繁简程度差别很大. 三角函数有理式的积分，主要是用三角函数恒等式将被积函数化简积分，或用万能代换转化为有理函数的积分. 万能代换不一定简单，三角恒等式和三角代换方法往往可以简化运算.

简单无理式的积分，主要是通过变量代换"去根号"，转化为有理函数的积分. 对常见的三类简单无理式的积分，都有相应的"去根号"方法. 只不过简单无理式的积分往往计算量大，比较繁琐.

**三、典型例题**

**例 1** 求不定积分 $\int\frac{2x}{(1+x)(1+x^2)^2}\mathrm{d}x$.

**解** 分解部分分式 $\frac{2x}{(1+x)(1+x^2)^2}=\frac{A}{1+x}+\frac{Bx+C}{1+x^2}+\frac{Dx+E}{(1+x^2)^2}$

$$=\frac{-1}{1+x}+\frac{1}{2}\frac{x}{1+x^2}-\frac{1}{2}\frac{1}{1+x^2}+\frac{x+1}{(1+x^2)^2},$$

$$\text{原式}=\frac{1}{2}\int\frac{-1}{1+x}\mathrm{d}x+\frac{1}{2}\int\frac{x}{1+x^2}\mathrm{d}x-\frac{1}{2}\int\frac{1}{1+x^2}\mathrm{d}x+\int\frac{x+1}{(1+x^2)^2}\mathrm{d}x$$

$$= -\frac{1}{2}\ln|1+x| + \frac{1}{4}\ln(1+x^2) - \frac{1}{2}\arctan x + \frac{1}{2}\left(\frac{x}{1+x^2} + \arctan x\right) + C$$

$$= \frac{1}{4}\ln\frac{1+x^2}{(1+x)^2} + \frac{1}{2}\frac{x-1}{1+x^2} + C.$$

**例 2**　求不定积分 $\int \frac{1}{x(x^{10}+1)^2}dx$.

**解**　$\int \frac{1}{x(x^{10}+1)^2}dx = \int \frac{x^9}{x^{10}(x^{10}+1)^2}dx$

$$= \int \frac{\frac{1}{10}dx^{10}}{x^{10}(x^{10}+1)^2}$$

$$= \frac{1}{10}\int \frac{1+x^{10}-x^{10}}{x^{10}(x^{10}+1)^2}dx^{10}$$

$$= \frac{1}{10}\int \frac{1}{x^{10}}dx^{10} - \frac{1}{10}\int \frac{1}{x^{10}+1}dx^{10} - \frac{1}{10}\int \frac{1}{(x^{10}+1)^2}dx^{10}$$

$$= +\ln|x| - \frac{1}{10}\ln(x^{10}+1) + \frac{1}{10}\frac{1}{(x^{10}+1)} + C.$$

**例 3**　求不定积分 $\int \frac{\sin(2x)}{\sin^4x+\cos^4x}dx$.

**解**　$\int \frac{\sin(2x)}{\sin^4x+\cos^4x}dx = \int \frac{2\sin x\cos x}{\sin^4x+\cos^4x}dx = \int \frac{2\tan x\sec^2x dx}{1+(\tan^2x)^2}$

$$= \int \frac{d\tan^2x}{1+(\tan^2x)^2} = \arctan(\tan^2x) + C$$

**例 4**　求不定积分 $\int \frac{1}{\sin x\cdot\cos^4x}dx$

**解**　$\int \frac{1}{\sin x\cdot\cos^4x}dx = \int \frac{\sin^2x+\cos^2x}{\sin x\cdot\cos^4x}dx$

$$= \int \frac{\sin x}{\cos^4x}dx + \int \frac{1}{\sin x\cdot\cos^2x}dx$$

$$= \int \frac{\sin x}{\cos^4x}dx + \int \frac{\sin^2x+\cos^2x}{\sin x\cdot\cos^2x}dx$$

$$= \int \frac{\sin x}{\cos^4 x} dx + \int \frac{\sin x}{\cos^2 x} dx + \int \frac{1}{\sin x} dx$$

$$= \int \frac{1}{\cos^4 x} d(-\cos x) + \int \frac{1}{\cos^2 x} d(-\cos x) + \int \csc x dx$$

$$= \frac{1}{3\cos^3 x} + \frac{1}{\cos x} + \ln|\csc x - \cot x| + C.$$

**例 5** 求不定积分 $\int \frac{1 + \sin x}{\sin x(1 + \cos x)} dx.$

**解** 令 $t = \tan \frac{x}{2}$，则 $\sin x = \frac{2t}{1+t^2}$，$\cos x = \frac{1-t^2}{1+t^2}$，$dx = \frac{2}{1+t^2} dt$，

$$\int \frac{1 + \sin x}{\sin x(1 + \cos x)} dx = \int \frac{1 + \frac{2t}{1+t^2}}{\frac{2t}{1+t^2}\left(1 + \frac{1-t^2}{1+t^2}\right)} \cdot \frac{2}{1+t^2} dt$$

$$= \frac{1}{2} \int \left(t + 2 + \frac{1}{t}\right) dt$$

$$= \frac{1}{2}\left(\frac{1}{2}t^2 + 2t + \ln|t|\right) + C$$

$$= \frac{1}{4}\tan^2 \frac{x}{2} + \tan \frac{x}{2} + \frac{1}{2}\ln\left|\tan \frac{x}{2}\right| + C.$$

**例 6** 求不定积分 $\int \frac{1}{x^2}\sqrt{\frac{1-x}{1+x}} dx.$

**解法一** 利用换元法去掉根号

令 $\sqrt{\frac{1-x}{1+x}} = t$，则 $x = \frac{1-t^2}{1+t^2}$，$dx = -\frac{4t}{(1+t^2)^2} dt$ 于是有

$$\int \frac{1}{x^2}\sqrt{\frac{1-x}{1+x}} dx = -\int \frac{4t^2}{(1-t^2)^2} dt = -2\int \frac{t dt^2}{(1-t^2)^2} = -2\int t d \frac{1}{1-t^2}$$

$$= -\frac{2t}{1-t^2} + 2\int \frac{1}{1-t^2} dt = -\frac{2t}{1-t^2} + \ln\left|\frac{1+t}{1-t}\right| + C$$

$$= -\frac{\sqrt{1-x^2}}{x} + \ln\left|\frac{\sqrt{1+x}+\sqrt{1-x}}{\sqrt{1+x}-\sqrt{1-x}}\right| + C.$$

**解法二** 利用倒代换法

令 $x=\frac{1}{u}$，则 $\mathrm{d}x = -\frac{1}{u^2}\mathrm{d}u$，

$$原式 = -\int\sqrt{\frac{u-1}{u+1}}\mathrm{d}u,$$

再令 $\sqrt{\frac{u-1}{u+1}}=t$，则 $u=\frac{1+t^2}{1-t^2}$，$\mathrm{d}u=\frac{4t}{(1-t^2)^2}\mathrm{d}t$，

代入上式得 $原式 = -\int\frac{4t^2}{(1-t^2)^2}\mathrm{d}t.$

以下同解法一.

**例 7** 求不定积分 $I=\int\frac{\mathrm{d}x}{x\sqrt{x^2-2x-3}}$.

**解法一** 把根号下配方，利用三角变换

$$I=\int\frac{\mathrm{d}x}{x\sqrt{(x-1)^2-4}},$$

令 $x-1=2\sec t$

$$I=\int\frac{2\sec t\tan t\mathrm{d}t}{(2\sec t+1)\cdot 2\tan t}=\int\frac{\sec t}{2\sec t+1}\mathrm{d}t=\int\frac{1}{2+\cos t}\mathrm{d}t,$$

再令 $u=\tan\frac{t}{2}$，

$$I=\int\frac{\frac{2}{1+u^2}}{2+\frac{1-u^2}{1+u^2}}\mathrm{d}u=\int\frac{2}{u^2+3}\mathrm{d}u=\frac{2}{\sqrt{3}}\arctan\frac{u}{\sqrt{3}}+C,$$

由于 $$\tan\frac{t}{2}=\frac{\sin t}{1+\cos t}=\frac{\tan t}{\sec t+1}=\frac{\sqrt{x^2-2x-3}}{x+1},$$

因此 $$I=\frac{2}{\sqrt{3}}\arctan\frac{\sqrt{x^2-2x+3}}{\sqrt{3}(x+1)}+C.$$

**解法二** 令 $\sqrt{x^2-2x-3}=x-t$ 则 $x=\frac{t^2+3}{2(t-1)}$，$\mathrm{d}x=\frac{t^2-2t-3}{2(t-1)^2}\mathrm{d}t$，

$$\sqrt{x^2-2x-3}=\frac{t^2+3}{2(t-1)}-t=\frac{-t^2+2t+3}{2(t-1)},$$

于是 $$I=\int\frac{2(t-1)}{t^2+3}\cdot\frac{2(t-1)}{-t^2+2t+3}\cdot\frac{t^2-2t-3}{2(t-1)^2}\mathrm{d}t$$

$$=-\int\frac{2}{t^2+3}\mathrm{d}t=-\frac{2}{\sqrt{3}}\arctan\frac{t}{\sqrt{3}}+C$$

$$=\frac{2}{\sqrt{3}}\arctan\frac{\sqrt{x^2-2x-3}-x}{\sqrt{3}}+C.$$

**注意** 相比之下，解法二优于解法一. 这是因为它所选择的变换能直接化为有理形式(而解法一通过三次换元才化为有理形式). 如果改令 $\sqrt{x^2-2x-3}=x+t$ 有相同的效果.

一般情况下，二次三项式 $ax^2+bx+c$ 中若 $a>0$，则可令

$$\sqrt{ax^2+bx+c}=\sqrt{a}x\pm t,$$

若 $c>0$，还可令

$$\sqrt{ax^2+bx+c}=xt\pm\sqrt{c},$$

这类变换称为欧拉变换.

**不定积分能力矩阵**

| 数学能力 | 后续数学课程学习能力 | 专业课程学习能力<br>(应用创新能力) |
|---|---|---|
| ①不定积分相关概念的理解可以培养学生的抽象思维能力；<br>②不定积分的计算可以培养学生的运算能力；<br>③不定积分的几何意义的理解可以培养学生的几何直观能力；<br>④不定积分的性质学习和应用可以培养学生的逻辑推理能力. | ①"高等数学"中多元函数的积分学的学习和理解需要一元积分学的基础；<br>②"高等数学-常微分方程"中方程的可分离变量等解法需要用到一元积分学的不定积分等知识；<br>③"工程数学-复变函数"中复变函数积分学的学习和理解需要一元积分学的基础；<br>④"概率论与数理统计"中密度函数与分布函数等概念的学习和理解需要一元积分学的知识. | ①"大学物理"中压力，速度与加速度，力作的功以及引力等概念需要一元积分学的知识；<br>②"信号与系统"中连续信号分析的学习和理解需要一元积分学的知识；<br>③"随机信号处理"中随机信号分析与信号检验的学习和理解需要一元积分学的知识；<br>④"机械制造"中螺旋齿圆柱铣刀中刀齿的切削层面积的计算需要一元积分学的知识；<br>⑤"工程电磁场"与"电机学"中全电流定律的学习和理解需要一元积分学的知识. |

## 自测题（一）

**一、填空题**（每题 4 分，共 20 分）

**1.** 已知 $f(x)$ 的一个原函数为 2，则 $\int f(x)\,dx =$ ________.

**2.** 若 $e^{-x}$ 是 $f(x)$ 的一个原函数，则 $\int xf(x)\,dx =$ ________.

**3.** 若 $f(x)=e^{-x}$，则 $\int \frac{f'(\ln x)}{x}dx =$ ________.

**4.** 若 $\int f(x)\,dx = x^2 + C$，则 $\int xf(1-x^2)\,dx =$ ________.

**5.** 已知 $\int f'(x^3)\,dx = x^4 - x + C$，则 $f(x) =$ ________.

**二、单项选择题**（每题 4 分，共 20 分）

**1.** 设导数 $g'(x)=f'(x)$，则下列各式中正确的是（　　）.

A. $g(x)=f(x)$　　B. $g(x)=f(x)+C$

C. $\int g(x)\,dx = \int f(x)\,dx$　　D. $\int g(x)\,dx = \int f(x)\,dx + C$

**2.** 设 $\int f(x)\,dx = F(x)+C$ 在 $[a,b]$ 上成立，则（　　）.

A. $f(x)$ 在 $[a, b]$ 上必连续，但不一定可导

B. $f(x)$ 在 $[a, b]$ 上必可导

C. $F(x)$ 在 $[a, b]$ 上必连续，但不一定可导

D. $F(x)$ 在 $[a, b]$ 上必可导

**3.** 下列函数中，（　　）是 $e^{|x|}$ 的原函数.

A. $F(x)=\begin{cases} e^x & x\geqslant 0 \\ -e^{-x} & x<0 \end{cases}$　　B. $F(x)=\begin{cases} e^x & x\geqslant 0 \\ 1-e^{-x} & x<0 \end{cases}$

C. $F(x)=\begin{cases} e^x & x\geqslant 0 \\ 2-e^{-x} & x<0 \end{cases}$　　D. $F(x)=\begin{cases} e^x & x\geqslant 0 \\ 3-e^{-x} & x<0 \end{cases}$

**4.** 若 $\int f(x)\sin x\,dx = f(x)+C$，则 $f(x)=$（　　）.

A. $Ce^{\sin x}$　　B. $Ce^{-\sin x}$　　C. $Ce^{\cos x}$　　D. $Ce^{-\cos x}$

**5.** 设 $\left(\frac{x}{2}+\frac{\sin 2x}{4}\right)'' = f(x)$，则 $\int f(x)\,dx =$（　　）.

A. $\frac{1}{2}+\frac{\cos 2x}{2}+C$　　B. $\frac{x}{2}+\frac{\sin 2x}{4}+C$

C. $\frac{x^2}{4}-\frac{\cos 2x}{8}+C$　　　　D. $\frac{x^2}{4}-\frac{\cos 2x}{4}+C$

**三、计算题**(每题 8 分，共 56 分)

**1.** $\int 2^x 3^{2x} 5^{3x}\mathrm{d}x$；　　　　**2.** $\int \mathrm{e}^{\sin x}\sin 2x\mathrm{d}x$；

**3.** $\int \frac{2x-3}{x^2+3x-10}\mathrm{d}x$；　　　　**4.** $\int \frac{\mathrm{d}x}{x\sqrt{-x^2-2x}}$；

**5.** $\int \frac{\arccos x}{(1-x^2)^{\frac{3}{2}}}\mathrm{d}x$；　　　　**6.** $\int \frac{\sin^2 x}{\cos^3 x}\mathrm{d}x$；

**7.** 设 $f(\sin^2 x)=\frac{x}{\sin x}$，求 $\int \frac{\sqrt{x}}{\sqrt{1-x}}f(x)\mathrm{d}x$.

**四、证明题**(本题 4 分)

设 $f(x)=\operatorname{sgn}x=\begin{cases}1 & x>0\\ 0 & x=0\\ -1 & x<0\end{cases}$，证明：$y=\sqrt[2]{x^2}\operatorname{sgn}x$ 是 $y=|x|$ 的原函数.

## 自测题（二）

**一、填空题**(每题 4 分，共 20 分)

**1.** $\frac{\mathrm{d}}{\mathrm{d}x}\int \mathrm{d}\int \mathrm{d}\int \mathrm{d}[f(x^2)]=$ ________.

**2.** 设 $F(x)$ 是 $f(x)$ 的一个原函数，且 $F(x)=\frac{f(x)}{\tan x}$，则 $F(x)=$ ________.

**3.** 设 $\int \sin f(x)\mathrm{d}x=x\sin f(x)-\int \cos f(x)\mathrm{d}x$，则 $f(x)=$ ________.

**4.** 设 $\int x^2 f(x^2)\mathrm{d}x=\arcsin x+C$，则 $\int \frac{1}{f(x)}\mathrm{d}x=$ ________.

**5.** 若函数 $f(x^2-1)=\ln\frac{x^2}{x^2-2}$，且 $f[\varphi(x)]=\ln x$，则 $\int \varphi(x)\mathrm{d}x=$ ________.

**二、单项选择题**(每题 4 分，共 20 分)

**1.** $\int \frac{1}{\sqrt{x(1-x)}}\mathrm{d}x=$ (　　).

A. $\frac{1}{2}\arcsin\sqrt{x}+C$　　　　B. $\arcsin\sqrt{x}+C$

C. $2\arcsin(2x-1)+C$　　D. $\arcsin(2x-1)+C$

**2.** 若$f'(x)=\sin x$，则$f(x)$的原函数之一是(　　).

A. $1+\sin x$　　B. $1-\sin x$　　C. $1+\cos x$　　D. $1-\cos x$

**3.** 设$f(x)=e^{-x}$，则$\int\frac{f'(\ln x)}{x}dx=$(　　).

A. $-\frac{1}{x}+C$　　B. $\frac{1}{x}+C$　　C. $\ln x+C$　　D. $-\ln x+C$

**4.** $\int x^2\left(\frac{e^x}{x}\right)'dx=$(　　).

A. $xe^x-2e^x+C$　　B. $xe^x-e^x+C$

C. $xe^x+2e^x+C$　　D. $xe^x+e^x+C$

**5.** $\int f(x)dx=x^2+C$,则$\int xf(1-x^2)dx=$(　　).

A. $2(1-x^2)^2+C$　　B. $-2(1-x^2)^2+C$

C. $-\frac{1}{2}(1-x^2)^2+C$　　D. $\frac{1}{2}(1-x^2)^2+C$

**三、计算题**(每题6分，共42分)

**1.** $\int(x-1)e^{x^2-2x-1}dx$;　　**2.** $\int\frac{dx}{1+\cos x}$;

**3.** $\int\frac{dx}{\sqrt{x+1}+\sqrt[3]{x+1}}$;　　**4.** $\int\frac{x+3}{\sqrt{-4x-x^2}}dx$;

**5.** $\int\left(\ln\ln x+\frac{1}{\ln x}\right)dx$;　　**6.** $\int\frac{3\sin x+\cos x}{\sin x+2\cos x}dx$;

**7.** $\int\frac{\tan x}{1+\tan x+\tan^2 x}dx$.

**四、**(6分)计算不定积分$\int\frac{\arcsin\sqrt{x}+\ln x}{\sqrt{x}}dx$.(2011年考研题数学三)

**五、**(6分)计算不定积分$\int\frac{x+\sin x\cos x}{(\cos x-x\sin x)^2}dx$.(第七届江苏省高等数学竞赛本科一年级)

**六、**(6分)计算不定积分$\int x\arctan x\cdot\ln(1+x^2)dx$.(第四届全国大学生数学

竞赛非数学专业组决赛）

# 自测题答案

## 自测题(一)

一、1. $C$ 或常数；2. $xe^{-x}+e^{-x}+C$ 3. $x^{-1}+C$ 4. $-\frac{1}{2}(1-x^2)^2+C$

5. $2x^2-x+C$

二、1. B，2. D，3. C，4. D，5. A

三、1. $\frac{2250^x}{\ln 2250}+C$ 2. $2(\sin x-1)e^{\sin x}+C$

3. $\ln|x^2+3x-10|-\frac{6}{7}\ln\left|\frac{x-2}{x+5}\right|+C$ 4. $\sqrt{-1-\frac{2}{x}}+C$

5. $\arccos x\frac{x}{\sqrt{1-x^2}}-\ln|\sqrt{1-x^2}|+C$

6. $\frac{1}{2}\sin x\tan^2 x+\frac{1}{2}\sin x-\frac{1}{2}\ln|\sec x+\tan x|+C$

7. $-2\sqrt{1-x}\arcsin\sqrt{x}+2\sqrt{x}+C$

## 自测题(二)

一、1. $2xf'(x^2)$ 2. $\frac{C}{\cos x}$ 3. $\ln|x|+C$ 4. $\frac{2}{5}(1-x)^{\frac{5}{2}}-\frac{2}{3}(1-x)^{\frac{3}{2}}+C$

5. $x+2\ln|x-1|+C$

二、1. A 2. B 3. B 4. A 5. C

三、1. $\frac{1}{2}e^{x^2-2x-1}+C.$ 2. $-\cot x+\csc x+C.$

3. $2(x+1)^{\frac{1}{2}}-3(x+1)^{\frac{1}{3}}+6(x+1)^{\frac{1}{6}}-6\ln[(x+1)^{\frac{1}{6}}+1]+C.$

4. $-\sqrt{-4x-x^2}+\arcsin\frac{x+2}{2}+C.$ 5. $x\ln\ln x+C.$

6. $x-\ln|\sin x+2\cos x|+C$(提示：拆项凑微分).

7. $x-\frac{2}{\sqrt{3}}\arctan\left(\frac{2\tan x+1}{\sqrt{3}}\right)+C$(提示：令 $\tan x=t$).

四、$2\sqrt{x}(\arcsin\sqrt{x}+\ln x)+2\sqrt{1-x}-4\sqrt{x}+C$（提示：分部积分）.

五、$\dfrac{1}{1-x\tan x}+C$（提示：分子分母同时除以$\cos^2 x$，再凑微分）.

六、$\dfrac{1}{2}\arctan x((1+x^2)(\ln(1+x^2)-1))-\dfrac{1}{2}x\ln(1+x^2)-\arctan x+\dfrac{3}{2}x+C$

（提示：先凑微分 $x\ln(1+x^2)\mathrm{d}x=\dfrac{1}{2}\mathrm{d}[(1+x^2)(\ln(1+x^2)-1)]$，再分部积分）.

# 第五章 定 积 分

## 第一节 定积分的概念与性质

### 一、内容提要

1. 定积分的定义

$f(x)$在$[a, b]$上有界，将$[a, b]$任意分成$n$个小区间$[x_{i-1}, x_i]$($i=1, 2, \cdots, n$; $x_0=a$, $x_n=b$)，$\forall \xi_i \in [x_{i-1}, x_i]$，若$\lim\limits_{\lambda\to 0}\sum\limits_{i=1}^{n} f(\xi_i)\Delta x_i$存在，其中$\Delta x_i = x_i - x_{i-1}$；$\lambda = \max\limits_{1\leqslant i\leqslant n}\{\Delta x_i\}$，则$\int_a^b f(x)\mathrm{d}x = \lim\limits_{\lambda\to 0}\sum\limits_{i=1}^{n} f(\xi_i)\cdot\Delta x_i$.

2. 可积的充分条件

a) $f(x)$在$[a, b]$上连续$\Rightarrow f(x)$在$[a, b]$可积.

b) $f(x)$在$[a, b]$上有界，且只有有限个第一类间断点$\Rightarrow f(x)$在$[a, b]$上可积.

3. 几何意义

$\int_a^b f(x)\mathrm{d}x$表示曲线$y=f(x)$、$x$轴及两条直线$x=a$, $x=b$所围成的曲边梯形面积的代数和.

4. 基本性质

(1) 当$a=b$时，$\int_a^b f(x)\mathrm{d}x = 0$；

(2) 当$a>b$时，$\int_a^b f(x)\mathrm{d}x = -\int_b^a f(x)\mathrm{d}x$；

(3) $\int_a^b [f(x) \pm g(x)]\mathrm{d}x = \int_a^b f(x)\mathrm{d}x \pm \int_a^b g(x)\mathrm{d}x$；

(4) $\int_a^b kf(x)\mathrm{d}x = k\int_a^b f(x)\mathrm{d}x$；

(5) $\int_a^b f(x)\mathrm{d}x = \int_a^c f(x)\mathrm{d}x + \int_c^b f(x)\mathrm{d}x$；

(6) $\int_a^b 1\cdot\mathrm{d}x = b-a$；

(7) $f(x) \geqslant 0 \Rightarrow \int_a^b f(x)\mathrm{d}x \geqslant 0 \quad (a < b)$;

(8) $f(x) \geqslant g(x) \Rightarrow \int_a^b f(x)\mathrm{d}x \geqslant \int_a^b g(x)\mathrm{d}x \quad (a < b)$;

(9) $\left|\int_a^b f(x)\mathrm{d}x\right| \leqslant \int_a^b |f(x)|\mathrm{d}x \quad (a < b)$;

(10) 估值性质：$m \leqslant f(x) \leqslant M,\ x \in [a, b] \Rightarrow m(b-a) \leqslant \int_a^b f(x)\mathrm{d}x \leqslant M(b-a)$;

(11) 积分中值定理：$f(x)$ 在 $[a, b]$ 上连续 $\Rightarrow$ 在 $[a, b]$ 内至少存在一点 $\xi$，使得 $\int_a^b f(x)\mathrm{d}x = f(\xi)\cdot(b-a)$.

## 二、重点、难点分析

对于定积分的定义，需注意以下几点：

(1) 定积分定义中和式极限存在时，其极限 $I$ 仅与被积函数 $f(x)$ 和积分区间 $[a, b]$ 有关，而与对 $[a, b]$ 的分法及 $\xi_i$ 在 $[x_{i-1}, x_i]$ 上的取法无关，即定积分是一个数，它取决于被积函数和积分区间，这也是定积分与不定积分的根本区别.

例如：$\frac{\mathrm{d}}{\mathrm{d}x}\int_a^b \arctan x\mathrm{d}x = 0$.

(2) 注意定义中使用 $\lambda = \max\limits_{1\leqslant i\leqslant n}\{\Delta x_i\} \to 0$，而未使用 $n\to\infty$，原因是二者并不等价. 前者成立，则后者成立，但反之不一定成立，因为 $n\to\infty$ 不能保证使整个区间无限细分.

(3) 定积分与积分变量用什么字母表示无关. 如 $\int_a^b f(x)\mathrm{d}x = \int_a^b f(t)\mathrm{d}t$. 这一点在有关定积分的证明中会经常用到.

(4) 由定积分的定义易知，若被积函数无界，则和式的极限一定不存在，即函数不可积. 因此 $f(x)$ 在 $[a, b]$ 上有界是 $f(x)$ 在 $[a, b]$ 上可积的必要条件，而不是充分条件. 即函数 $f(x)$ 在 $[a, b]$ 上有界，$f(x)$ 在 $[a, b]$ 上不一定可积.

例如：Dirichlet 函数

$$D(x) = \begin{cases} 1 & x \text{ 为}[0,1]\text{中的有理数} \\ 0 & x \text{ 为}[0,1]\text{中的无理数} \end{cases}$$

是 $[0, 1]$ 上的有界函数. 则对 $[0, 1]$ 作任意分割，和式

$$\sum_{i=1}^{n} D(\xi_i)\cdot\Delta x_i = \begin{cases} \sum\limits_{i=1}^{n}\Delta x_i = 1 & \xi_i \text{ 取为}[x_{i-1}, x_i]\text{中有理点}, \\ 0 & \xi_i \text{ 取为}[x_{i-1}, x_i]\text{中无理点}, \end{cases}$$

由定积分定义，$D(x)$ 在 $[0, 1]$ 上不可积.

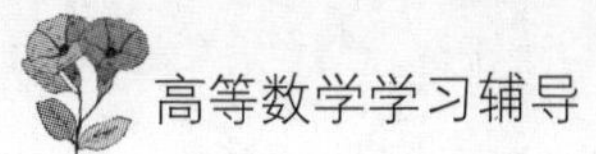


**三、典型例题**

**例 1** 计算$\lim\limits_{n\to\infty}\dfrac{1^p+2^p+\cdots+n^p}{n^{p+1}}$，$(p>0)$.

**【分析】** 此类极限可直接利用定积分定义求.

**解** 原式 $=\lim\limits_{n\to\infty}\dfrac{1}{n}\cdot\sum\limits_{i=1}^{n}\left(\dfrac{i}{n}\right)^p=\int_0^1 x^p\mathrm{d}x=\dfrac{1}{p+1}$.

**例 2** 计算$\lim\limits_{n\to\infty}\dfrac{\sqrt[n]{n!}}{n}$.

**【分析】** 本题用一般求极限的方法不好做，可利用对数性质将乘积化为和式，进而将所求极限化成定积分定义形式求解.

**解** 原式 $=\mathrm{e}^{\lim\limits_{n\to\infty}\ln\frac{\sqrt[n]{n!}}{n}}=\mathrm{e}^{\lim\limits_{n\to\infty}\frac{1}{n}\ln\frac{n!}{n^n}}=\mathrm{e}^{\lim\limits_{n\to\infty}\frac{1}{n}\sum\limits_{i=1}^{n}\ln\frac{i}{n}}=\mathrm{e}^{\int_0^1\ln x\mathrm{d}x}=\mathrm{e}^{-1}$.

**【总结】** 利用定积分定义是求极限的一种方法，一般若能将所求和式的极限化成$\lim\limits_{n\to\infty}\dfrac{1}{n}\sum\limits_{i=1}^{n}f\left(\dfrac{i}{n}\right)$形式，则可利用定积分定义直接求得，即$\lim\limits_{n\to\infty}\dfrac{1}{n}\sum\limits_{i=1}^{n}f\left(\dfrac{i}{n}\right)=\int_0^1 f(x)\mathrm{d}x$.

**例 3** 若$f(x)=x^2-x\int_0^2 f(x)\mathrm{d}x$，求$f(x)$.

**【分析】** 定积分$\int_0^2 f(x)\mathrm{d}x$为常数.（设$f(x)$已知）.

**解** 设$\int_0^2 f(x)\mathrm{d}x=a$，则有$f(x)=x^2-ax$. 则

$$a=\int_0^2 f(x)\mathrm{d}x=\int_0^2(x^2-ax)\mathrm{d}x=\frac{8}{3}-2a,$$

故 $a=\dfrac{8}{9}$，可得$f(x)=x^2-\dfrac{8}{9}x$.

**【总结】** 本题利用了定积分的定义，当函数已知，且定积分上下限均为常数时，则此定积分的值即为一常数.

## 第二节 定积分的计算方法

**一、内容提要**

1. 积分上限函数

(1) 定义：积分上限函数$\Phi(x)=\int_a^x f(t)\mathrm{d}t$，$x\in[a,b]$，其中$f(x)$在$[a,b]$上可积.

(2) 求导公式：$f(x)$在$[a,b]$上连续则$\Phi(x)=\int_a^x f(t)\mathrm{d}t$是$f(x)$在$[a,b]$上

的一个原函数，即 $\Phi'(x)=f(x)$，$x\in[a,b]$.

2. 基本计算方法

(1) 牛顿 — 莱布尼兹公式：$f(x)$ 在 $[a,b]$ 上连续，且 $F'(x)=f(x)$ 则 $\int_a^b f(x)\mathrm{d}x=F(b)-F(a)$.

(2) 换元法：$f(x)$ 在 $[a,b]$ 上连续，$\varphi'(t)$ 在 $[\alpha,\beta]$ 或 $[\beta,\alpha]$ 上连续，则

$$\int_a^b f(x)\mathrm{d}x \xlongequal{x=\varphi(t)} \int_\alpha^\beta f[\varphi(t)]\cdot\varphi'(t)\mathrm{d}t$$

其中 $a=\varphi(\alpha)$，$b=\varphi(\beta)$.

(3) 分部积分法：$u=u(x)$，$v=v(x)$ 有连续导数则 $\int_a^b u\mathrm{d}v=[uv]_a^b-\int_a^b v\mathrm{d}u$.

3. 特殊类型的定积分

(1) $f(x)$ 在 $[-a,a]$ 上连续则 $\int_{-a}^a f(x)\mathrm{d}x=\begin{cases}2\int_0^a f(x)\mathrm{d}x & f(x)\text{ 为偶函数}\\ 0 & f(x)\text{ 为奇函数}\end{cases}$.

(2) $f(x)$ 是以 $T$ 为周期的连续函数，则 $\int_a^{a+T} f(x)\mathrm{d}x=\int_0^T f(x)\mathrm{d}x$，$a$ 是任意常数.

(3) $f(x)$ 在 $[0,1]$ 上连续，则

$$\int_0^{\frac{\pi}{2}} f(\sin x)\mathrm{d}x=\int_0^{\frac{\pi}{2}} f(\cos x)\mathrm{d}x,$$

$$\int_0^{\pi} f(\sin x)\mathrm{d}x=2\int_0^{\frac{\pi}{2}} f(\sin x)\mathrm{d}x,$$

$$\int_0^{\pi} xf(\sin x)\mathrm{d}x=\frac{\pi}{2}\int_0^{\pi} f(\sin x)\mathrm{d}x.$$

(4) $\int_0^{\frac{\pi}{2}}\sin^n x\mathrm{d}x=\int_0^{\frac{\pi}{2}}\cos^n x\mathrm{d}x=\begin{cases}\frac{n-1}{n}\cdot\frac{n-3}{n-2}\cdot\cdots\cdot\frac{3}{4}\cdot\frac{1}{2}\cdot\frac{\pi}{2} & n\text{ 为偶数,}\\ \frac{n-1}{n}\cdot\frac{n-3}{n-2}\cdot\cdots\cdot\frac{4}{5}\cdot\frac{2}{3}\cdot 1 & n\text{ 为奇数.}\end{cases}$

**二、重点、难点分析**

1. 定积分的定义

2. 定积分换元法与不定积分换元法的主要差别

定积分的换元法与不定积分的换元法都是建立在寻找被积函数的原函数基础上的积分方法. 主要区别如下：

(1) 定积分换元法的目的是求出积分值；不定积分换元法的目的是求出被积函数的原函数的一般表达式.

（2）对定积分使用换元法时，要相应地变换积分的上、下限，将原积分变换成一个积分值相等的新积分，进而求出的积分值即为原积分的值；而不定积分的第二类换元法是把原积分换成新变量积分并求出新变量积分的原函数后，再将新变量换回到原来的变量，即求出原变量积分的原函数.

**三、典型例题**

1. 利用定积分的换元法解题

**例 1**　计算下列定积分：

① $\int_0^{\frac{\pi}{2}} \frac{e^{\sin x}}{e^{\cos x}+e^{\sin x}}dx$；② $\int_a^{2a} \frac{\sqrt{x^2-a^2}}{x^4}dx\quad (a>0)$；

③ $\int_0^{2a} x\sqrt{2ax-x^2}dx\quad (a>0)$；④ $\int_0^1 (1-x^2)^n dx$（$n$ 为正整数）.

**解**　①令 $x=\frac{\pi}{2}-t$，则

$$\int_0^{\frac{\pi}{2}} \frac{e^{\sin x}}{e^{\cos x}+e^{\sin x}}dx = \int_0^{\frac{\pi}{2}} \frac{e^{\cos x}}{e^{\cos x}+e^{\sin x}}dx,$$

所以

$$\int_0^{\frac{\pi}{2}} \frac{e^{\sin x}}{e^{\cos x}+e^{\sin x}}dx = \frac{1}{2}\int_0^{\frac{\pi}{2}} \frac{e^{\sin x}+e^{\cos x}}{e^{\cos x}+e^{\sin x}}dx = \frac{\pi}{4}.$$

②令 $x=\frac{1}{u}$，$dx=-\frac{du}{u^2}$　（倒代换），则

$$原式 = \int_{\frac{1}{a}}^{\frac{1}{2a}} \sqrt{\frac{1}{u^2}-a^2}\cdot u^4\cdot\left(-\frac{1}{u^2}du\right) = \int_{\frac{1}{2a}}^{\frac{1}{a}} \sqrt{1-a^2u^2}\,u\,du$$

$$= -\frac{1}{2a}\int_{\frac{1}{2a}}^{\frac{1}{a}} \sqrt{1-a^2u^2}\,d(1-a^2u^2) = \frac{\sqrt{3}}{8a^2},$$

或者采用三角代换：令 $x=a\sec t$，则

$$原式 = \int_0^{\frac{\pi}{3}} \frac{a\tan t}{a^4(\sec t)^4}\cdot a\sec t\,\tan t dt = \frac{1}{a^2}\int_0^{\frac{\pi}{3}} (\sin t)^2 d(\sin t) = \frac{\sqrt{3}}{8a^2}.$$

③ $原式 = \int_0^{2a} x\cdot\sqrt{a^2-(x-a)^2}dx$

$$\xlongequal{令\ x-a=a\sin t} \int_{-\frac{\pi}{2}}^{\frac{\pi}{2}} (a+a\sin t)\cdot a\cdot\sqrt{1-\sin^2 t}\cdot a\cos t dt$$

$$=a^3\int_{-\frac{\pi}{2}}^{\frac{\pi}{2}} (1+\sin t)\cos^2 t dt = a^3\int_{-\frac{\pi}{2}}^{\frac{\pi}{2}} \cos^2 t dt = \frac{\pi}{2}a^3.$$

**注**　在本题中利用了奇、偶函数在对称区间上积分的特性，即 $\int_{-\frac{\pi}{2}}^{\frac{\pi}{2}} \sin t\cos^2 t dt = 0$（其中 $\sin t\cos^2 t$ 是奇函数）.

④原式 $\xlongequal{令 x = \sin t} \int_0^{\frac{\pi}{2}} \cos^{2n} t \cdot \cos t \mathrm{d}t = \int_0^{\frac{\pi}{2}} \cos^{2n+1} t \mathrm{d}t$

$$= \frac{2n}{2n+1} \cdot \frac{2(n-1)}{2n-1} \cdot \cdots \cdot \frac{4}{5} \cdot \frac{2}{3} = \frac{2^n \cdot n!}{(2n+1)!!}.$$

**注** 本题中利用了 $\int_0^{\frac{\pi}{2}} \sin^n x \mathrm{d}x$、$\int_0^{\frac{\pi}{2}} \cos^n x \mathrm{d}x$ 的特殊类型积分. 其中双阶乘 $n!!$ 表示一个连乘积. 第一个因子为 $n$，以后的因子逐次减 2，直到出现最小的正整数为止. 例如：$7!! = 7 \cdot 5 \cdot 3 \cdot 1$，$8!! = 8 \cdot 6 \cdot 4 \cdot 2$，规定 $0!! = 1$.

**【总结】** ①换元的同时，一定要更换积分上下限.

②通常变量代换 $x = \varphi(t)$ 取单调函数，且具有连续导数.

例如 $\int_{-1}^{1} \frac{\mathrm{d}x}{1+x^2} = \arctan x \Big|_{-1}^{1} = \frac{\pi}{2}$，但若令 $x = \frac{1}{t}$，则会产生 $\int_{-1}^{1} \frac{\mathrm{d}x}{1+x^2} = -\int_{-1}^{1} \frac{\mathrm{d}t}{1+t^2} = 0$ 的错误，原因是 $x = \frac{1}{t}$ 在 $x = 0$ 处间断.

③定积分的换元法多属于第二类换元法，包括三角代换、倒代换及一些无理式代换.

**例 2** 设 $f(x) = \begin{cases} \mathrm{e}^{-x} & x \geqslant 0 \\ 1 + x^2 & x < 0 \end{cases}$，求 $\int_{\frac{1}{2}}^{2} f(x-1) \mathrm{d}x$.

**【分析】** 此定积分的原函数不易求出，可采用换元法.

**解** 令 $t = x - 1$，则

$$\int_{\frac{1}{2}}^{2} f(x-1) \mathrm{d}x = \int_{-\frac{1}{2}}^{1} f(t) \mathrm{d}t = \int_{-\frac{1}{2}}^{0} f(t) \mathrm{d}t + \int_0^1 f(t) \mathrm{d}t$$

$$= \int_{-\frac{1}{2}}^{0} (1 + t^2) \mathrm{d}t + \int_0^1 \mathrm{e}^{-t} \mathrm{d}t = \frac{37}{24} - \mathrm{e}^{-1}.$$

**【总结】** ①当被积函数是给定函数的简单复合函数时，可考虑使用换元法化为给定函数的形式.

②计算分段函数定积分时，要按段积分求和.

**例 3** 计算 $\int_0^{\frac{\pi}{2}} \sqrt{1 - \sin 2x} \mathrm{d}x$.

**解** 原式 $= \int_0^{\frac{\pi}{2}} \sqrt{(\sin x - \cos x)^2} \mathrm{d}x = \int_0^{\frac{\pi}{2}} |\sin x - \cos x| \mathrm{d}x$

$$= \int_0^{\frac{\pi}{4}} (\cos x - \sin x) \mathrm{d}x + \int_{\frac{\pi}{4}}^{\frac{\pi}{2}} (\sin x - \cos x) \mathrm{d}x$$

$$= [\sin x + \cos x] \Big|_0^{\frac{\pi}{4}} + [-\cos x - \sin x] \Big|_{\frac{\pi}{4}}^{\frac{\pi}{2}} = 2(\sqrt{2} - 1).$$

**【总结】** 被积函数带有绝对值的定积分应该用函数的零点划分积分区间，

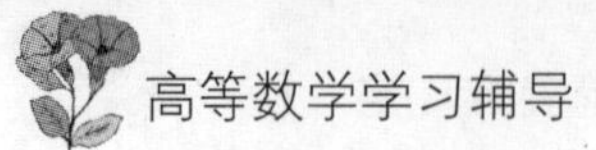


去掉绝对值符号按分段函数来计算.

**例 4** 设函数 $f(x)$ 在 $(-\infty, +\infty)$ 内满足 $f(x)=f(x-\pi)+\sin x$，且 $f(x)=x$，$x\in[0, \pi)$，计算 $\int_{\pi}^{3\pi} f(x)\mathrm{d}x$.（1991 年考研题）

**解**

**方法一:** 
$$\int_{\pi}^{3\pi} f(x)\mathrm{d}x = \int_{\pi}^{3\pi}[f(x-\pi)+\sin x]\mathrm{d}x$$
$$=\int_{\pi}^{3\pi} f(x-\pi)\mathrm{d}x \xlongequal{\text{令 } t=x-\pi} \int_0^{2\pi} f(t)\mathrm{d}t$$
$$=\int_0^{\pi} f(t)\mathrm{d}t+\int_{\pi}^{2\pi} f(t)\mathrm{d}t=\int_0^{\pi} t\mathrm{d}t+\int_{\pi}^{2\pi}[f(t-\pi)+\sin t]\mathrm{d}t$$
$$=\frac{\pi^2}{2}-2+\int_{\pi}^{2\pi} f(t-\pi)\mathrm{d}t \xlongequal{u=t-\pi} \frac{\pi^2}{2}-2+\int_0^{\pi} f(u)\mathrm{d}u$$
$$=\pi^2-2.$$

**【总结】** 此解法的基本思想就是换元，通过两次换元，利用 $f(x)$ 在 $[0, \pi)$ 上的表达式最后求解.

**方法二:** $x$ 在 $[\pi, 3\pi]$ 中有 $f(x)=\begin{cases} x-\pi+\sin x & x\in[\pi, 2\pi) \\ x-2\pi & x\in[2\pi, 3\pi) \end{cases}$，所以
$$\int_{\pi}^{3\pi} f(x)\mathrm{d}x=\int_{\pi}^{2\pi}(x-\pi+\sin x)\mathrm{d}x+\int_{2\pi}^{3\pi}(x-2\pi)\mathrm{d}x=\pi^2-2.$$

**例 5** 证明: $\int_x^1 \frac{\mathrm{d}x}{1+x^2}=\int_1^{\frac{1}{x}} \frac{\mathrm{d}x}{1+x^2}\quad (x>0)$.

**【分析】** 两端的被积表达式相同，但积分限不同，可从积分限考虑换元.

**证明** 令 $x=\frac{1}{t}$，则
$$\int_x^1 \frac{\mathrm{d}x}{1+x^2}=\int_{\frac{1}{x}}^1 \frac{1}{1+\frac{1}{t^2}}\left(-\frac{1}{t^2}\mathrm{d}t\right)=\int_1^{\frac{1}{x}} \frac{\mathrm{d}t}{t^2+1}=\int_1^{\frac{1}{x}} \frac{\mathrm{d}x}{1+x^2}.$$

**【总结】** 定积分的换元法除了可计算定积分外，还可以用来证明一些问题（如本例）.

**例 6** 设函数 $S(x)=\int_0^x |\cos t|\mathrm{d}t$.

①当 $n$ 为正整数，且 $n\pi\leqslant x<(n+1)\pi$ 时，证明: $2n\leqslant S(x)<2(n+1)$；

②求 $\lim\limits_{x\to+\infty}\frac{S(x)}{x}$.

**证明** ①因为 $|\cos x|\geqslant 0$ 且 $n\pi\leqslant x<(n+1)\pi$，所以
$$\int_0^{n\pi} |\cos x|\mathrm{d}x\leqslant S(x)<\int_0^{(n+1)\pi} |\cos x|\mathrm{d}x,$$

又 $|\cos x|$ 是以 $\pi$ 为周期的函数，根据周期函数定积分的性质有

$$\int_0^{n\pi}|\cos x|\,dx = n\int_0^{\pi}|\cos x|\,dx = 2n,\ \int_0^{(n+1)\pi}|\cos x|\,dx = 2(n+1),$$

所以当 $n\pi \leqslant x < (n+1)\pi$ 时有 $2n \leqslant S(x) < 2(n+1)$.

②由①的结论即可得到

$$\frac{2n}{(n+1)\pi} < \frac{S(x)}{x} < \frac{2(n+1)}{n\pi},\ n\pi \leqslant x < (n+1)\pi,$$

由夹逼准则有：$\lim\limits_{x\to+\infty}\frac{S(x)}{x} = \frac{2}{\pi}$.

**注**　此题第①部分证明的关键是利用周期函数定积分的特殊性. 在本章关于积分计算的内容中对特殊类型的定积分进行了总结，这些特殊类型的定积分在有关定积分的计算证明的问题中经常用到，而且通常与其他方法如换元法、分部积分法等结合使用，因此涉及这种特殊类型的定积分问题不单独举例，而是放在其他方法中.

2. 利用定积分分部积分法解题

**例 1**　计算下列定积分

①$\int_0^1 x\arctan x\,dx$;　　②$\int_0^{\frac{\pi}{2}} e^{2x}\cos x\,dx$;　　③$\int_0^{\pi}\sin^{n-1}x\cos(n+1)x\,dx$.

**解**

① 原式 $= \frac{1}{2}\int_0^1 \arctan x\,d(x^2)$

$$= \left[\frac{1}{2}x^2\arctan x\right]_0^1 - \frac{1}{2}\int_0^1\frac{x^2}{1+x^2}dx = \frac{\pi}{8} - \frac{1}{2}[x - \arctan x]_0^1$$

$$= \frac{\pi}{4} - \frac{1}{2}.$$

**注**　此例的分部积分运算中利用 $x$ 的阶次升高来计算，此法称为升阶法.

② 原式 $= \frac{1}{2}\int_0^{\frac{\pi}{2}}\cos x\,d(e^{2x})$

$$= \frac{1}{2}[e^{2x}\cos x]_0^{\frac{\pi}{2}} + \frac{1}{2}\int_0^{\frac{\pi}{2}} e^{2x}\cdot\sin x\,dx$$

$$= -\frac{1}{2} + \frac{1}{4}\int_0^{\frac{\pi}{2}}\sin x\,d(e^{2x})$$

$$= -\frac{1}{2} + \frac{1}{4}[e^{2x}\cdot\sin x]_0^{\frac{\pi}{2}} - \frac{1}{4}\int_0^{\frac{\pi}{2}} e^{2x}\cdot\cos x\,dx,$$

因此有 $\int_0^{\frac{\pi}{2}} e^{2x}\cos x\,dx = \frac{1}{5}(e^{\pi} - 2)$.

**注** 此例经过两次分部积分之后产生与所求定积分相同的项，通过移项之后求出定积分，称此法为还原法.

③ 原式 $=\int_0^{\pi}\sin^{n-1}x(\cos nx\cos x-\sin nx\sin x)\mathrm{d}x$

$$=\int_0^{\pi}\sin^{n-1}x\cdot\cos x\cos nx\mathrm{d}x-\int_0^{\pi}\sin^n x\sin nx\mathrm{d}x$$

$$=\int_0^{\pi}\cos nx\mathrm{d}\frac{\sin^n x}{n}-\int_0^{\pi}\sin^n x\sin nx\mathrm{d}x$$

$$=\cos nx\frac{\sin^n x}{n}\Bigg|_0^{\pi}-\int_0^{\pi}\frac{\sin^n x}{n}(-\sin nx)n\mathrm{d}x-\int_0^{\pi}\sin^n x\sin nx\mathrm{d}x$$

$$=0.$$

**注** 此例对一个定积分进行分部积分后，出现了与另一个定积分相同的项，因而可以互相抵消，称此法为消去法.

**例 2** 设 $f''(x)$ 连续，$f(\pi)=1$，且 $f(x)$ 满足 $\int_0^{\pi}[f(x)+f''(x)]\sin x\mathrm{d}x=3$，求 $f(0)$.

**解** $\int_0^{\pi}f(x)\sin x\mathrm{d}x=-f(x)\cos x\Big|_0^{\pi}+\int_0^{\pi}f'(x)\cos x\mathrm{d}x$

$$=f(\pi)+f(0)+\int_0^{\pi}f'(x)\mathrm{d}(\sin x)$$

$$=f(\pi)+f(0)+\left(f'(x)\sin x\Big|_0^{\pi}-\int_0^{\pi}f''(x)\sin x\mathrm{d}x\right),$$

所以

$$\int_0^{\pi}[f(x)+f''(x)]\sin x\mathrm{d}x=f(\pi)+f(0),$$

由题设可知 $f(\pi)+f(0)=3$，故 $f(0)=3-f(\pi)=2$.

**【总结】** 定积分的分部积分法的基本原则类似于不定积分的分部积分法，但定积分的分部积分法的应用较为灵活(如例 2).

3. 与变上(下)限积分相关的问题

**例 1** 已知 $f(x)=\int_1^{x^2}\frac{\sin t}{t}\mathrm{d}t$，求 $I=\int_0^1 xf(x)\mathrm{d}x$.

**【分析】** 所求定积分的被积函数是变上限积分，一般采用分部积分法计算.

**解** $I=\frac{1}{2}\int_0^1 f(x)\mathrm{d}(x^2)=\frac{1}{2}x^2\cdot f(x)\Big|_0^1-\frac{1}{2}\int_0^1 x^2f'(x)\mathrm{d}x$

$$=-\frac{1}{2}\int_0^1 x^2\cdot\frac{\sin x^2}{x^2}\cdot 2x\mathrm{d}x=-\frac{1}{2}\int_0^1\sin x^2\mathrm{d}(x^2)$$

$$=\frac{1}{2}(\cos 1-1).$$

**例 2** 求$f(x)=\int_0^{x^2}(1-t^2)\arctan t\mathrm{d}t$的极值点.

**【分析】** $f(x)$是一个变上限积分，且可导，所以采用求函数极值的办法来求.

**解** 先求驻点，由$f'(x)=[1-(x^2)^2]\cdot\arctan x^2\cdot 2x$，令$f'(x)=0$，得驻点，$x_1=1$，$x_2=-1$，$x_3=0$.

当$x\in(-\infty,-1)$时，$f'(x)>0$；

当$x\in(-1,0)$时，$f'(x)<0$；

当$x\in(0,1)$时，$f'(x)>0$；

当$x\in(1,+\infty)$时，$f'(x)<0$；

故$x=\pm1$是极大值点，$x=0$是极小值点.

**例 3** 求极限$\lim\limits_{x\to0}\dfrac{\int_0^x t(\mathrm{e}^t-1)\mathrm{d}t}{x^2\sin x}$.

**【分析】** 带有变限积分的$\dfrac{0}{0}$型或$\dfrac{\infty}{\infty}$型的极限问题一般利用洛必达法则求，其中要用到变上(下)限求导公式

$$\frac{\mathrm{d}}{\mathrm{d}x}\int_{\psi(x)}^{\varphi(x)}f(t)\mathrm{d}t=f[\varphi(x)]\varphi'(x)-f[\psi(x)]\psi'(x),$$

当然，解题过程中仍要根据题目结合等价无穷小等方法.

**解**

$$\text{原式}=\lim_{x\to0}\frac{\int_0^x t(\mathrm{e}^t-1)\mathrm{d}t}{x^3}\overset{\frac{0}{0}}{=}\lim_{x\to0}\frac{x(\mathrm{e}^x-1)}{3x^2}=\frac{1}{3}.$$

**【总结】** 变上(下)限积分可视为一类可导函数，同样可以研究其连续、可导、极值、单调性、拐点、积分等问题. 一般涉及变限积分的这些问题均是利用其是导数的计算公式.

**例 4** 设$f(x)$为连续函数，求$\dfrac{\mathrm{d}}{\mathrm{d}x}\int_0^x f(x-t)\mathrm{d}t$.

**【分析】** 本题仍为变上限积分求导问题，与例 3 不同的是$f(x-t)$为抽象函数，且被积函数含有变上限$x$，一般利用换元法将$x$从$f(x-t)$中分离出来.

**解** 令$u=x-t$，则$t=0$时，$u=x$；$t=x$时，$u=0$；$\mathrm{d}t=-\mathrm{d}u$.

$$\text{原式}=\frac{\mathrm{d}}{\mathrm{d}x}\left[\int_x^0 f(u)(-\mathrm{d}u)\right]=\frac{\mathrm{d}}{\mathrm{d}x}\int_0^x f(u)\mathrm{d}u=f(x).$$

**【总结】** 一般涉及变限积分$F(x)=\int_{\varphi(x)}^{\psi(x)}f(t,x)\mathrm{d}t$的求导问题，由于对$F(x)$来说，它与积分变量$t$无关，只是$x$的函数，因此应用换元法将$t$与$x$分离，然后求导.

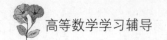

# 第三节 反常积分

## 一、内容提要

1. 无穷区间的反常积分(无穷积分)

(1) $\int_a^{+\infty} f(x)\mathrm{d}x = \lim\limits_{b\to+\infty}\int_a^b f(x)\mathrm{d}x$.

(2) $\int_{-\infty}^b f(x)\mathrm{d}x = \lim\limits_{a\to-\infty}\int_a^b f(x)\mathrm{d}x$.

(3) $\int_{-\infty}^{+\infty} f(x)\mathrm{d}x = \lim\limits_{a\to-\infty}\int_a^c f(x)\mathrm{d}x + \lim\limits_{b\to+\infty}\int_c^b f(x)\mathrm{d}x$. $a < c < b$, 特别可取 $c = 0$.

若上述各式右端的极限存在, 则对应的反常积分收敛, 否则该反常积分发散.

2. 无界函数的广义积分(瑕积分)

(1) $\int_a^b f(x)\mathrm{d}x = \lim\limits_{\varepsilon\to0^+}\int_{a+\varepsilon}^b f(x)\mathrm{d}x$ (当 $x\to a^+$ 时, $f(x)\to\infty$).

(2) $\int_a^b f(x)\mathrm{d}x = \lim\limits_{\varepsilon\to0^+}\int_a^{b-\varepsilon} f(x)\mathrm{d}x$ (当 $x\to b^-$ 时, $f(x)\to\infty$).

(3) $\int_a^b f(x)\mathrm{d}x = \lim\limits_{\varepsilon_1\to0^+}\int_a^{c-\varepsilon_1} f(x)\mathrm{d}x + \lim\limits_{\varepsilon_2\to0^+}\int_{c+\varepsilon_2}^b f(x)\mathrm{d}x$ (当 $x\to c$ 时, $f(x)\to\infty$).

## 二、重点、难点分析

定积分与反常积分, 在使用变量代换计算反常积分时, 该反常积分化成了定积分, 此时只能说明该反常积分的值等于化成的那个定积分的值, 而不能认为原来的那个反常积分就是定积分.

## 三、典型例题

**例 1** 计算下列反常积分:

① $\int_0^3 \frac{\mathrm{d}x}{\sqrt[3]{3x-1}}$; ② $\int_0^{+\infty} \frac{\mathrm{d}x}{x^2-4x+3}$.

**解** ①注意到 $x=\frac{1}{3}$ 为瑕点, 所以此积分为反常积分.

$$\begin{aligned}\text{原式} &= \int_0^{\frac{1}{3}}(3x-1)^{-\frac{1}{3}}\mathrm{d}x + \int_{\frac{1}{3}}^3(3x-1)^{-\frac{1}{3}}\mathrm{d}x \\ &= \frac{1}{2}(3x-1)^{\frac{2}{3}}\Big|_0^{\frac{1}{3}} + \frac{1}{2}(3x-1)^{\frac{2}{3}}\Big|_{\frac{1}{3}}^3 = \frac{3}{2}.\end{aligned}$$

②此积分显然是无穷区间上的反常积分, 同时注意到 $x=1$ 和 $x=3$ 均是被积函数的无穷间断点, 因此也是无界函数的反常积分.

$$\text{原式} = \int_0^1 \frac{1}{x^2-4x+3}\mathrm{d}x + \int_1^3 \frac{1}{x^2-4x+3}\mathrm{d}x + \int_3^{+\infty} \frac{1}{x^2-4x+3}\mathrm{d}x,$$

而注意到 $\int_0^1 \frac{1}{x^2-4x+3}\mathrm{d}x = \left[\frac{1}{2}\ln\left|\frac{x-3}{x-1}\right|\right]_0^1 = \infty$, 所以原积分发散.

【总结】 ①无穷区间上的反常积分容易识别，但无界函数的反常积分却容易被当作定积分计算，应注意瑕点.（如本例①）

②无界函数的反常积分在计算时必须以瑕点为分界点，将反常积分分开来计算，只有所有极限均存在，反常积分才收敛.（如本例②）

## 第四节　与定积分相关的综合性问题

**例1**　已知$f(x)$在$[-5,5]$上连续，求证

$$\int_0^{2\pi} f(3\sin x+4\cos x)\mathrm{d}x=\int_0^{2\pi} f(5\sin x)\mathrm{d}x.$$

**证明**　左端 $=\int_0^{2\pi} f\left[5\left(\frac{3}{5}\sin x+\frac{4}{5}\cos x\right)\right]\mathrm{d}x$

$$=\int_0^{2\pi} f[5\sin(x+\varphi)]\mathrm{d}x \qquad \left(\tan\varphi=\frac{4}{3}\right)$$

$$\xlongequal{\text{令 } x+\varphi=t} \int_{\varphi}^{\varphi+2\pi} f(5\sin t)\mathrm{d}t=\int_0^{2\pi} f(5\sin t)\mathrm{d}t=\text{右端}.$$

【总结】 本例利用了定积分的换元法和周期函数的定积分性质.

**例2**　设$1\leqslant x<+\infty$，$f'(x)$连续，且$0<f'(x)<\frac{1}{x^3}$，求证：数列$x_n=f(n)$有极限.

**证明**　(1) 单调性　因为$f'(x)>0$，所以函数$f(x)$单调递增，故$x_n=f(n)$单调递增.

(2) 有界性　因为$f'(x)<\frac{1}{x^3}$，所以当$n>1$时有

$$\int_1^n f'(x)\mathrm{d}x<\int_1^n \frac{1}{x^3}\mathrm{d}x,$$

即

$$f(n)-f(1)<-\frac{1}{2}\cdot\frac{1}{x^2}\Big|_1^n=-\frac{1}{2n^2}+\frac{1}{2},$$

故

$$f(n)<f(1)+\frac{1}{2}-\frac{1}{2n^2}<f(1)+\frac{1}{2},$$

所以$f(n)$有上界. 故$x_n=f(n)$有极限.

【总结】 本例综合运用了定积分的性质和极限的单调有界准则.

**例3**　设$f(x)$在$[0,1]$上可导，且满足$f(1)-2\int_0^{\frac{1}{2}} xf(x)\mathrm{d}x=0$. 证明：在$(0,1)$内至少存在一点$\xi$，使$f'(\xi)=-\frac{f(\xi)}{\xi}$.

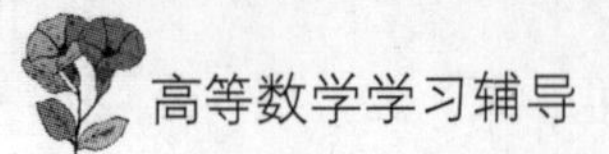


**证明** 构造辅助函数 $F(x)=xf(x)$，则易知 $F(x)$ 在 $[0,1]$ 上连续，在 $(0,1)$ 内可导，又 $F(1)=f(1)=2\int_0^{\frac{1}{2}}xf(x)\mathrm{d}x$.

由积分中值定理知，至少存在一点 $\eta\in\left[0,\frac{1}{2}\right]$，使得

$$2\int_0^{\frac{1}{2}}xf(x)\mathrm{d}x=2\cdot\eta\cdot f(\eta)\cdot\frac{1}{2}=\eta\cdot f(\eta)=F(\eta),$$

所以 $F(x)$ 在 $[\eta,1]$ 上满足 Rolle 定理的条件，故至少存在一点 $\xi\in(\eta,1)\subset(0,1)$，使得 $F'(\xi)=0$，即 $f'(\xi)=-\frac{f(\xi)}{\xi}$.

**【总结】** 这是一道积分中值定理和微分中值定理综合使用的证明题.

**例 4** 设 $f(x)$ 连续，$\varphi(x)=\int_0^1 f(xt)\mathrm{d}t$，且 $\lim\limits_{x\to0}\frac{f(x)}{x}=A$（$A$ 为常数），求 $\varphi'(x)$，并讨论 $\varphi'(x)$ 在 $x=0$ 处的连续性.（1997 年数学一考研题）

**解** 由题设知 $f(0)=0$，$\varphi(0)=0$，令 $u=tx$，得

$$\varphi(x)=\frac{\int_0^x f(u)\mathrm{d}u}{x}\ (x\neq0),$$

从而

$$\varphi'(x)=\frac{xf(x)-\int_0^x f(u)\mathrm{d}u}{x^2}\quad(x\neq0),$$

由导数定义

$$\varphi'(0)=\lim_{x\to0}\frac{\int_0^x f(u)\mathrm{d}u}{x^2}=\lim_{x\to0}\frac{f(x)}{2x}=\frac{A}{2},$$

由于

$$\lim_{x\to0}\varphi'(x)=\lim_{x\to0}\frac{xf(x)-\int_0^x f(u)\mathrm{d}u}{x^2}=\lim_{x\to0}\frac{f(x)}{x}-\lim_{x\to0}\frac{\int_0^x f(u)\mathrm{d}u}{x^2}=\frac{A}{2}=\varphi'(0),$$

故知 $\varphi'(x)$ 在 $x=0$ 处连续.

**【总结】** 本题将变上限积分与连续、导数的定义联系在一起，考查基本概念和基本方法.

上述与定积分相关的题目具有较强的综合性，涉及的知识点多，方法灵活.上面给的几个例子充分说明了这一点，但却不能涵盖所有类型.

**定积分能力矩阵**

| 数学能力 | 后续数学课程学习能力 | 专业课程学习能力<br>（应用创新能力） |
|---|---|---|
| ①定积分相关概念的理解可以培养学生的抽象思维能力；<br>②定积分的计算可以培养学生的运算能力；<br>③定积分的几何意义的学习和理解可以培养学生的几何直观能力. | ①“高等数学”中多元函数的积分学的学习和理解需要一元积分学的基础；<br>②“高等数学—常微分方程”中方程的可分离变量等解法需要用到一元积分学的定积分等知识. | ①“信号与系统”中连续信号分析的学习和理解需要一元积分学的知识；<br>②“随机信号处理”中随机信号分析与信号检验的学习和理解需要一元积分学的知识；<br>③“机械制造”中螺旋齿圆柱铣刀中刀齿的切削层面积的计算需要一元积分学的定积分的知识. |

## 自测题（一）

**一、填空题**（每题 4 分，共 16 分）

**1.** $\lim\limits_{n\to\infty}\left(\dfrac{n}{n^2+1^2}+\dfrac{n}{n^2+2^2}+\cdots+\dfrac{n}{n^2+n^2}\right)=$ ________.

**2.** 设 $F(x)=\int_{x^2}^{x^3}\dfrac{\sin t}{\sqrt{1+\cos^2 t}}\mathrm{d}t$，则 $F'(x)=$ ________.

**3.** $\int_{-1}^{1}x^2\sqrt{1-x^2}\,\mathrm{d}x=$ ________.

**4.** $\int_{1}^{+\infty}\dfrac{1}{x\sqrt{x-1}}\mathrm{d}x=$ ________.

**二、选择题**（每题 4 分，共 16 分）

**1.** 设 $f(x)$ 在 $[a,b]$ 上连续，则 $\dfrac{d}{\mathrm{d}x}\int_a^x xf(t)\,\mathrm{d}t=$（　　）.

A. $xf(x)$　　B. $tf(t)$

C. $\int_a^x f(t)\,\mathrm{d}t+xf(x)$　　D. $\int_a^x f(t)\,\mathrm{d}t-xf(x)$

**2.** 若连续曲线 $y=f_1(x)$ 与 $y=f_2(x)$ 在 $[a,b]$ 上关于 $x$ 轴对称，则 $\int_a^b f_1(x)\,\mathrm{d}x+\int_a^b f_2(x)\,\mathrm{d}x=$（　　）.

A. $2\int_a^b f_1(x)\,\mathrm{d}x$　　B. $2\int_a^b f_2(x)\,\mathrm{d}x$

C. 0　　　　　　　　　　D. $2\int_a^b[f_1(x)-f_2(x)]\mathrm{d}x$

**3.** 定积分 $\int_{-2}^{2}(|x|+x)\mathrm{e}^{|x|}\mathrm{d}x=(\quad)$.

A. 0　　B. 2　　C. $2\mathrm{e}^2+2$　　D. $\frac{6}{\mathrm{e}^2}$

**4.** 设 $f(x)=\int_0^{\sin x}\sin(t^2)\mathrm{d}t$, $g(x)=x^3+x^4$, 则当 $x\to 0$ 时, $f(x)$ 是 $g(x)$ 的(　　)

A. 等价　　B. 同阶但非等价　　C. 高阶　　D. 低阶

**三、计算题**(每题9分,共36分)

**1.** 设 $f(x)=3-|x-1|$, 求 $\int_{-2}^{2}f(x)\mathrm{d}x$.　　**2.** 求 $\int_0^{\frac{\pi}{2}}\frac{x+\sin x}{1+\cos x}\mathrm{d}x$.

**3.** 求 $\int_0^a\frac{\mathrm{d}x}{x+\sqrt{a^2-x^2}}$.　　**4.** 求 $\int_0^1 x^5\ln^3 x\mathrm{d}x$.

四、(10分)证明: $\int_0^1 x^n(1-x)^m\mathrm{d}x=\int_0^1 x^m(1-x)^n\mathrm{d}x$, 并利用此结果计算 $\int_0^1 x^2(1-x)^7\mathrm{d}x$.

五、(10分)设函数 $f(x)$ 在 $[0,1]$ 上连续, 在 $(0,1)$ 内可导, 且 $2\int_0^{\frac{1}{2}}xf(x)\mathrm{d}x=f(1)$, 证明: 在 $(0,1)$ 内至少存在一点 $\xi$, 使 $\xi f'(\xi)=-f(\xi)$.

六、(12分)设 $f(x)$ 在 $[a,b]$ 上连续且单调递增, 证明: $\int_a^b xf(x)\mathrm{d}x\geqslant\frac{a+b}{2}\int_a^b f(x)\mathrm{d}x$.

## 自测题(二)

**一、填空题**(每题5分,共20分)

**1.** $\frac{\mathrm{d}}{\mathrm{d}x}\int_{x^2}^{0}x\cos t^2\mathrm{d}t=$ ________.

**2.** $\frac{\mathrm{d}}{\mathrm{d}x}\int_0^x\sin(x-t)^2\mathrm{d}t=$ ________.

**3.** $\int_0^{\pi}\frac{x\sin x}{1+\cos^2 x}\mathrm{d}x=$ ________.

4. $\int_{-2}^{2}\left(x^3\cos\frac{x}{2}+\frac{1}{2}\right)\sqrt{4-x^2}\,dx=$ ________.

二、选择题(每题5分，共20分)

1. 设$f(x)$在$[a,\ b]$上连续，且$\int_a^b f(x)\,dx=0$，则(　　).

A. 在$(a,\ b)$内不一定有$x$，使$f(x)=0$

B. 对于$[a,\ b]$上的一切$x$，都有$f(x)=0$

C. 在$[a,\ b]$上的某个小区间上有$f(x)=0$

D. 在$(a,\ b)$内至少有一点使$f(x)=0$

2. $F(x)=\begin{cases}\dfrac{\int_0^x tf(t)\,dt}{x^2}, & x\neq 0\\ C, & x=0\end{cases}$，其中$f(x)$是连续函数，且$f(0)=0$，若$F(x)$在$x=0$连续，则$C$的值为(　　).

A. 0　　B. $\frac{1}{2}$　　C. 不存在　　D. $-1$.

3. 下列一些计算中正确的是(　　).

A. 因为$\frac{x}{1+x^2}$是奇函数，所以$\int_{-\infty}^{+\infty}\frac{x}{1+x^2}dx=0$.

B. $\int_0^{\pi}\frac{1}{1+\cos^2x}dx=\int_0^{\pi}\frac{1}{\sec x^2+1}\cdot\frac{1}{\cos^2x}dx=\int_0^{\pi}\frac{1}{\tan^2x+2}d\tan x$

$$=\frac{1}{\sqrt{2}}\arctan(\tan x)\Big|_0^{\pi}=0-0=0$$

C. $\int_{-1}^{1}\frac{1}{x}dx=\ln|x|\Big|_{-1}^{1}=0-0=0$

D. 设$f(x)=\begin{cases}x^2\sin\dfrac{1}{x}, & x\neq 0\\ 0, & x=0\end{cases}$，$f(x)$是奇函数，所以$\int_{-1}^{1}f(x)\,dx=0$

4. 设$f(x)$连续，$I=t\int_0^{\frac{s}{t}}f(tx)\,dx$，其中$t>0$，$s>0$，则$I$的值(　　).

A. 依赖于$s$和$t$，　　B. 依赖于$s$，$t$，$x$

C. 依赖于$t$和$x$，不依赖于$s$　　D. 依赖于$s$，不依赖于$t$

三、**计算题**(每题10分，共40分)

**1.** $\int_{\frac{1}{2}}^{2}\left(1+x-\frac{1}{x}\right)e^{x+\frac{1}{x}}dx.$　　**2.** $\int_{-\frac{\pi}{4}}^{\frac{\pi}{4}}\frac{dx}{1-\sin x}.$

**3.** $\int_{0}^{\pi}\sqrt{1-\sin x}dx.$　　**4.** $\int_{0}^{1}x\arcsin(2\sqrt{x(1-x)})dx.$

四、(8分)求连续函数$f(x)$，使其满足$\int_{0}^{1}f(tx)dt=f(x)+x\arctan x.$

五、(12分)设函数$f(x)$在$[0,1]$上二次连续可导，$f(0)=f(1)=0$，$f(x)\neq 0$,证明：$\int_{0}^{1}|f''(x)|dx\geqslant 4\max\limits_{x\in[0,1]}|f(x)|.$

## 自测题答案

**自测题(一)**

一、**1.** $\frac{\pi}{4}$　**2.** $\frac{3x^2\cdot\sin x^3}{\sqrt{1+\cos^2x^3}}-\frac{2x\cdot\sin x^2}{\sqrt{1+\cos^2x^2}}$　**3.** $\frac{\pi}{8}$　**4.** $\pi$(1是瑕点).

二、**1.** C　**2.** C　**3.** C　**4.** B

三、**1.** 7　**2.** $\frac{\pi}{2}$(拆项，分部积分)　**3.** $\frac{\pi}{4}$　**4.** $-\frac{1}{216}$(0为瑕点)

四、$\frac{1}{360}$

五、令$F(x)=xf(x)$，利用积分中值定理和罗尔定理可证.

六、令$F(t)=\int_{a}^{t}xf(x)dx-\frac{a+t}{2}\int_{a}^{t}f(x)dx,a\leqslant t\leqslant b$,则

$$F'(t)=tf(t)-\frac{1}{2}\int_{a}^{t}f(x)dx-\frac{a+t}{2}f(t)=\frac{t-a}{2}f(t)-\frac{t-a}{2}f(\xi)$$

$$=\frac{t-a}{2}[f(t)-f(\xi)]\geqslant 0$$

所以$F(t)$单调递增，又$F(a)=0$，所以$F(b)\geqslant F(a)=0$，
故原式成立.

**自测题(二)**

一、**1.** $\int_{x^2}^{0}\cos t^2dt-2x^2\cos x^4$　**2.** $\sin x^2$(令$x-t=a$)

**3.** $\frac{\pi^2}{4}$(令$x=\pi-t$)　**4.** $\pi$

二、**1.** D　**2.** A　**3.** D　**4.** D

三、1. $\frac{3}{2}e^{\frac{5}{2}}$ $\left(\text{拆项，凑微分，消项} \int_{\frac{1}{2}}^{2} e^{x+\frac{1}{x}}\mathrm{d}x\right)$

2. 2（换元 $x=-t$）　　3. $4(\sqrt{2}-1)$

4. $\frac{1}{2}\left(\text{令 } x=1-t\text{，再令 } x=\sin^2\frac{t}{2}\text{，并且注意到 } \arcsin(\sin t)=\begin{cases} t, & 0\leqslant t\leqslant\frac{\pi}{2} \\ \pi-t, & \frac{\pi}{2}<t\leqslant\pi \end{cases}\right)$.

四、令 $tx=u$，则 $\int_0^1 f(tx)\mathrm{d}t=\frac{1}{x}\int_0^x f(u)\mathrm{d}u$，原式化为

$$\int_0^x f(u)\mathrm{d}u=xf(x)+x^2\arctan x,$$

两边求导，得

$$f(x)=f(x)+xf'(x)+2x\arctan x+\frac{x^2}{1+x^2},$$

化简得

$$f'(x)=-2\arctan x-\frac{x}{1+x^2},$$

积分得

$$\begin{aligned} f(x)&=-2\int\arctan x\mathrm{d}x-\int\frac{x}{1+x^2}\mathrm{d}x \\ &=-2x\arctan x+2\int\frac{x}{1+x^2}\mathrm{d}x-\int\frac{x}{1+x^2}\mathrm{d}x \\ &=-2x\arctan x+\frac{1}{2}\ln(1+x^2)+C. \end{aligned}$$

五、证明：因为 $|f(x)|$ 在 $[0,1]$ 上连续，$|f(0)|=|f(1)|=0$，故存在 $x_0\in(0,1)$，使 $|f(x)|$ 在 $x_0$ 处取得最大值 $|f(x_0)|$，即 $|f(x_0)|=\max\limits_{x\in[0,1]}|f(x)|$，对 $f(x)$ 在区间 $[0,x_0]$ 与 $[x_0,1]$ 上分别运用拉格朗日中值定理，存在 $\alpha\in(0,x_0)$，$\beta\in(x_0,1)$，使得 $f(x_0)-f(0)=f'(\alpha)x_0$，$f(1)-f(x_0)=f'(\beta)(1-x_0)$，即 $f(x_0)=f'(\alpha)x_0$，$f(x_0)=f'(\beta)(x_0-1)$，于是

$$\begin{aligned} \int_0^1|f''(x)|\mathrm{d}x&\geqslant\int_\alpha^\beta|f''(x)|\mathrm{d}x\geqslant\left|\int_\alpha^\beta f''(x)\mathrm{d}x\right| \\ &=|f'(\beta)-f'(\alpha)|=\left|\frac{f(x_0)}{x_0-1}-\frac{f(x_0)}{x_0}\right| \end{aligned}$$

$$= |f(x_0)| \cdot \left|\frac{1}{x_0(x_0-1)}\right|$$

$$= |f(x_0)| \cdot \frac{1}{x_0(1-x_0)}, \alpha < x_0 < \beta,$$

令 $g(x)=x(1-x)$，则 $g(x)$ 在 $x=\dfrac{1}{2}$ 处取最大值 $g\left(\dfrac{1}{2}\right)=\dfrac{1}{4}$，则 $\dfrac{1}{g(x)}(0<x<1)$ 在 $x=\dfrac{1}{2}$ 处取最小值 4，因此 $\dfrac{1}{x_0(1-x_0)} \geqslant 4$，于是 $\int_0^1 |f''(x)|\mathrm{d}x \geqslant 4|f(x_0)| = 4\max\limits_{x\in[0,1]}|f(x)|$.

# 第六章　定积分的应用

## 第一节　极坐标简介

### 一、极坐标

在平面直角坐标系中，是用一对实数表示两个长度来确定平面内点的位置的. 除了这种方法，我们还可以用一个长度和一个角度来确定平面内点的位置. 例如，炮兵射击目标时，就是根据目标的距离和方位角来确定它的位置的.

1. 极坐标系

在平面内取一定点 $O$，由 $O$ 点出发引一条射线 $Ox$，再选定一个长度单位以及计算角度的一个正方向(通常取逆时针方向为正方向)，这样就组成一个极坐标系. 平面内任意一点 $P$ 的位置可以由 $OP$ 的长度 $\rho$ 和 $Ox$ 到 $OP$ 的角度 $\varphi$ 来确定. 这个实数对$(\rho, \varphi)$称为点 $P$ 在这极坐标系下的坐标，记作 $P(\rho, \varphi)$(如图 6-1 所示) $O$ 点称为极坐标的极点，$Ox$ 称为极轴，$\rho$ 称为极径，$\varphi$ 称为极角.

若 $\rho=0$，则不论 $\varphi$ 取何值，$(0, \varphi)$都表示极点.

**例 1**　在极坐标系中画点 $A\left(3, \dfrac{\pi}{6}\right)$如图 6-2 所示，作射线 $OA$，使 $\angle xOA=\dfrac{\pi}{6}$，在射线 $OA$ 上取 $|OA|=3$，就得到 $A$ 点.

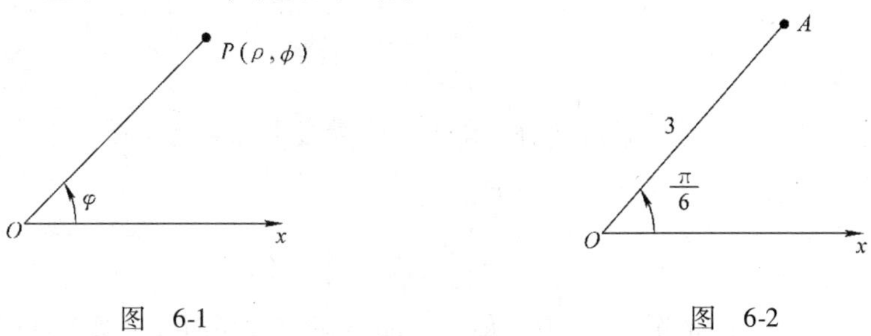


图　6-1　　　　图　6-2

为了研究方便，还允许极径 $\rho$ 取负值，当 $\rho<0$ 时，点 $P(\rho, \varphi)$的位置可以按下列规则来确定：作射线 $OM$，使 $\angle xOM=\varphi$，在 $OM$ 的反向延长线上取 $P$ 点使 $|OP|=|\rho|$，那么点 $P$ 就是当 $\rho<0$ 时，极坐标为$(\rho, \varphi)$的点(如图 6-3 所示).

因此，在极坐标系中，每一个极坐标$(\rho,\varphi)$都可以在平面内确定一个点 $P(\rho,\varphi)$；

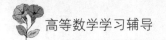

但是反过来，由于对于极角来说，终边相同的角有无穷多个，对于极径来说，可以取正值，也可以取负值，所以平面内任意一个点可以对应无穷多个极坐标. 例如图 6-2 中点 $A$ 的极坐标可以是 $\left(3,\ \frac{\pi}{6}+2n\pi\right)$ 和 $\left(-3,\ \frac{\pi}{6}+(2n+1)\pi\right)$，其中 $n$ 为整数.

一般来说，若一点的极坐标为 $(\rho,\ \varphi)$，则 $(\rho,\ \varphi+2n\pi)$ 和 $(-\rho,\ \varphi+(2n+1)\pi)$ 都是它的极坐标.

如果规定 $\rho>0$，$0\leqslant\varphi<2\pi$（或 $-\pi\leqslant\varphi<\pi$），则平面上的点（除极点外）与极坐标 $(\rho,\ \varphi)$ 之间是一一对应关系.

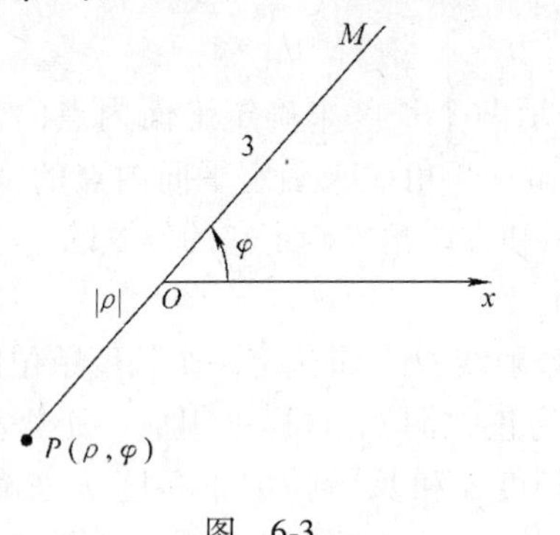

图　6-3

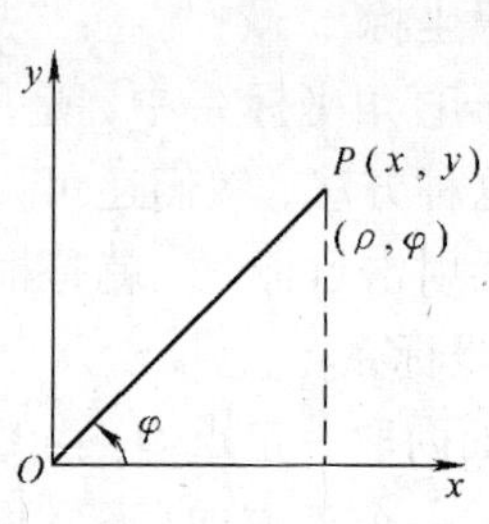

图　6-4

2. 极坐标与直角坐标之间的关系

取极点作为直角坐标系的原点，极轴作为 $x$ 轴的正半轴（如图 6-4 所示），设平面内任一点 $P$ 的坐标为 $(x,\ y)$，极坐标为 $(\rho,\ \varphi)$，则可得由极坐标化为直角坐标的公式

$$\begin{aligned}x&=\rho\cos\varphi,\\ y&=\rho\sin\varphi.\end{aligned}\tag{1}$$

反过来，从公式(1)可以得到由直角坐标化为极坐标的公式

$$\begin{aligned}\rho^2&=x^2+y^2,\\ \tan\varphi&=\frac{y}{x}.\end{aligned}\tag{2}$$

公式(2)中，一般情况下，$\rho$ 取正值，由 $\tan\varphi$ 确定 $\varphi$ 角时，根据点 $P$ 所在的象限取最小正角.

**例 2**　把直角坐标方程 $x^2+y^2-ax=0$ 化为极坐标方程.

**解**　将 $x=\rho\cos\varphi$，$y=\rho\sin\varphi$ 代入方程可得

$$\rho(\rho-a\cos\varphi)=0,$$

因此 $\rho=0$，$\rho=a\cos\varphi$，这里 $\rho=0$ 表示极点，而极点坐标也满足方程 $\rho=$

$a\cos\theta$，故得到的极坐标方程为 $\rho = a\cos\varphi$.

**例 3**　将极坐标方程 $\rho = a\sin\varphi$ 化为直角坐标方程.

**解**　由 $y=\rho\sin\varphi$ 得 $\sin\varphi=\dfrac{y}{\rho}$，代入方程有：$\rho^2=ay$. 又 $\rho^2=x^2+y^2$，故得到的直角坐标方程为 $x^2+y^2-ay=0$.

# 第二节　定积分的应用

## 一、内容提要

（一）定积分的微元法（元素法）

元素法的主要步骤是：(1) 选取适当的积分变量（如 $x$）并确定其变化区间 $[a, b]$；

(2) 在 $[a, b]$ 的任意一个小区间 $[x, x+\mathrm{d}x]$ 上求出待求量 $A$ 的增量的近似值 $\mathrm{d}A=f(x)\,\mathrm{d}x$；

(3) 在 $[a, b]$ 上做定积分即得：$A=\int_a^b f(x)\,\mathrm{d}x$.

（二）定积分在几何上的应用

1. 平面图形的面积

(1) 直角坐标情形：由平面曲线 $y_1=f(x)$，$y_2=g(x)\ (f(x)\geqslant g(x))$ 及直线 $x=a$，$x=b\ (a<b)$ 所围图形的面积为：$A=\int_a^b [f(x)-g(x)]\,\mathrm{d}x$.

(2) 极坐标情形：由曲线 $\rho=\rho(\varphi)$ 及射线 $\varphi=\alpha$，$\varphi=\beta\ (\alpha<\beta)$ 所围成的曲边扇形的面积为：$A=\dfrac{1}{2}\int_\alpha^\beta \rho^2(\varphi)\,\mathrm{d}\varphi$.

2. 平面曲线的弧长

(1) 直角坐标情形：设曲线 $y=f(x)$，$x\in[a, b]$，则其弧长

$$s=\int_a^b \sqrt{1+(f'(x))^2}\,\mathrm{d}x;$$

(2) 参数方程情形：设曲线 $\begin{cases} x=x(t) \\ y=y(t) \end{cases}\ (\alpha\leqslant t\leqslant\beta)$，则其弧长

$$s=\int_\alpha^\beta \sqrt{(x'(t))^2+(y'(t))^2}\,\mathrm{d}t;$$

(3) 极坐标情形：设曲线 $\rho=\rho(\varphi)$，$\alpha\leqslant\varphi\leqslant\beta$，则其弧长

$$s=\int_\alpha^\beta \sqrt{(\rho(\varphi))^2+(\rho'(\varphi))^2}\,\mathrm{d}\varphi.$$

3. 立体的体积

(1) 旋转体的体积

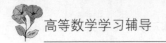

1）由曲线 $y=f(x)$，直线 $x=a$，$x=b(a<b)$ 及 $x$ 轴所围曲边梯形绕 $x$ 轴旋转一周而成的立体体积为

$$V=\pi\int_a^b f^2(x)\,\mathrm{d}x;$$

2）由曲线 $x=\varphi(y)$，及直线 $y=c$，$y=d(c<d)$ $y$ 轴所围曲边梯形绕 $y$ 轴旋转一周而成的立体体积为

$$V=\pi\int_c^d \varphi^2(y)\,\mathrm{d}y.$$

(2) 平行截面面积已知的立体的体积：设立体位于平面 $x=a$ 与 $x=b(a<b)$ 之间，且垂直于 $x$ 轴的平面截立体所得截面面积为 $A(x)(a\leqslant x\leqslant b)$ 则该立体体积为

$$V=\int_a^b A(x)\,\mathrm{d}x.$$

（三）定积分在物理中的应用

1. 水压力

设由曲线 $y_1=f(x)$，$y_2=g(x)(f(x)\geqslant g(x))$ 及直线 $x=a$，$x=b(a<b)$（$x$ 轴铅直向下）所围平板铅垂没入液体中，液面与 $y$ 轴齐，则平板一侧所受压力为

$$F=\rho\int_a^b x[f(x)-g(x)]\,\mathrm{d}x,$$

其中 $\rho$ 为水的密度.

2. 变力沿直线做功

设变力 $F(x)$（方向平行 $x$ 轴）将物体沿 $x$ 轴从 $x=a$ 移到 $x=b$，其所作的功为

$$W=\int_a^b F(x)\,\mathrm{d}x.$$

3. 引力

可利用万有引力定律及微元法求出引力.

（四）函数平均值

连续函数 $f(x)$ 在 $[a,b]$ 上的平均值

$$\bar{y}=\frac{1}{b-a}\int_a^b f(x)\,\mathrm{d}x.$$

**二、重点、难点分析**

1. 利用微元法解决实际问题的关键

微元法也称元素法，它是化实际问题为定积分问题的一种简便方法，也是物理学、力学、工程技术上普遍采用的方法. 利用微元法解决实际问题时，待求量 $A$ 有以下两个特点：

(1) 对区间具有可加性. 这一点在解决实际问题时容易看出来.

（2）能找出部分量的近似表达式. 即任一部分量 $\Delta A$ 都满足表达式：$\Delta A = f(x)\cdot\Delta x + o(\Delta x)$. 此时 $dA = f(x)\cdot\Delta x = f(x)dx$ 即为待求量 $A$ 的微元，它是量 $A$ 的线性主部. 因此在利用微元法解决实际问题时，求出 $A$ 的微元是关键. 从实际问题看，量 $A$ 的微元就是在一定条件下（$dx\to 0$），将变量视为常量而得到的与 $dx$ 成正比的 $\Delta A$ 的近似值，一般实际问题的微元比较易求，因此微元法应用较为普遍.

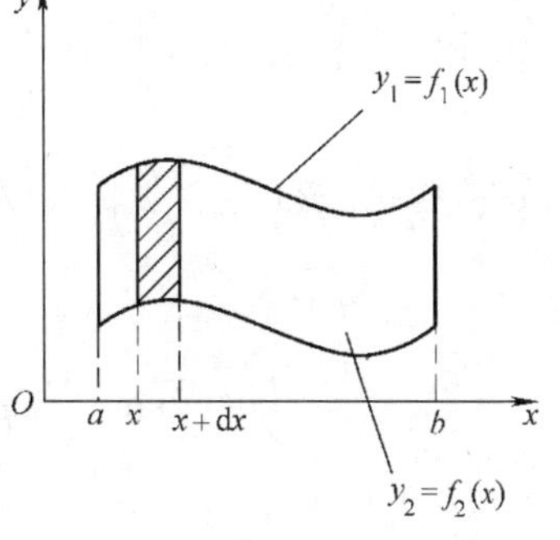


图　6-5

2. 旋转体体积

求由连续曲线 $y_1 = f_1(x)$，$y_2 = f_2(x)$（$f_1(x) > f_2(x)$），与直线 $x = a$，$x = b$ 所围的平面图形绕 $y$ 轴旋转所得的旋转体体积（如图 6-5 所示）

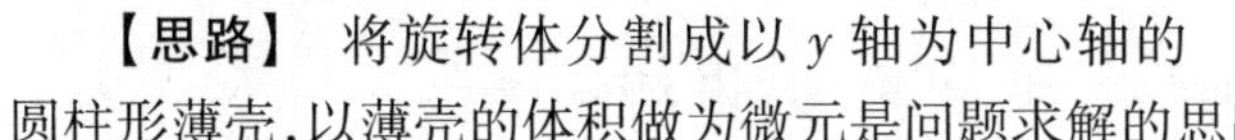

**【思路】** 将旋转体分割成以 $y$ 轴为中心轴的圆柱形薄壳，以薄壳的体积做为微元是问题求解的思路.

**解** 选 $x$ 做为积分变量，则 $x\in[a, b]$；在 $[a, b]$ 上任取一小区间 $[x, x+dx]$，相应于该小区间的平面图形（图 6-5 中阴影部分）绕 $y$ 轴旋转所得的圆柱形薄壳的体积的近似值即为该旋转体的体积微元 $dV$. 当 $dx$ 很小时，可以认为柱壳的高不变，为 $f_1(x) - f_2(x)$. 柱壳的内表面积为 $2\pi x[f_1(x) - f_2(x)]$，将此柱壳沿母线剪开并展平，得到一个高为 $dx$，矩形面积为 $2\pi x[f_1(x) - f_2(x)]$ 的长方体薄板，故此体积即为 $dV = 2\pi[f_1(x) - f_2(x)]x dx$. 所以所求旋转体体积为

$$V = \int_a^b dV = 2\pi\int_a^b [f_1(x) - f_2(x)]x dx.$$

**三、典型例题**

（一）求平面图形的面积

**例 1** 由曲线 $y = \ln x$，$y$ 轴与直线 $y = \ln a$，$y = \ln b$（$b > a > 0$）所围平面图形的面积.

**【分析】** 如图 6-6 所示，若以 $x$ 为积分变量，则需计算两块图形面积之和. 因此选择 $y$ 为积分变量.

**解** $A = \int_{\ln a}^{\ln b} e^y dy = b - a.$

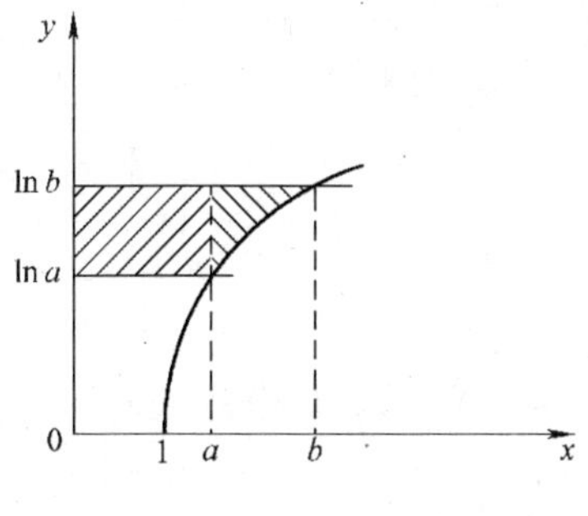


图　6-6

**【总结】** 利用直角坐标系计算平面图形的面积时，积分变量的选择直接影响计算的繁简，因此选择积分变量力求做到所求面积尽量不分块或尽量少分块，而且被积函数简单.

**例 2** 求曲线 $\rho = \sqrt{2}\sin\varphi$ 及 $\rho^2 = \cos 2\varphi$ 所围图形的公共部分的面积.

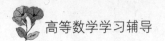

【分析】 如图 6-7 所示，公共部分由圆周和双纽线围成，应先找出交点，并注意到图形的对称性.

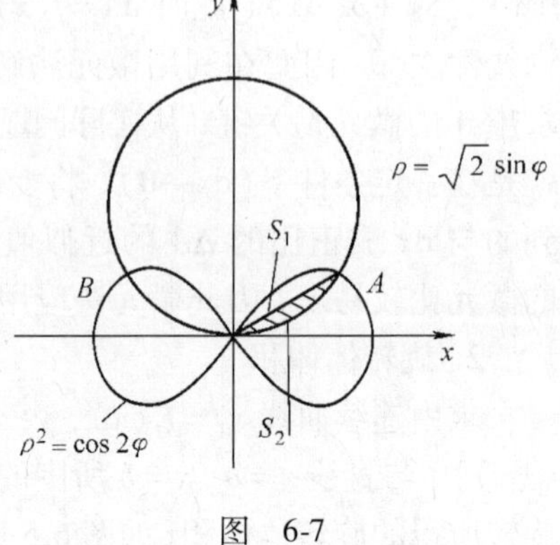

图 6-7

**解** 解方程组 $\begin{cases}\rho=\sqrt{2}\sin\varphi \\ \rho^2=\cos2\varphi\end{cases}$ 则可得交点 $A\left(\dfrac{\sqrt{2}}{2},\dfrac{\pi}{6}\right)$，$B\left(\dfrac{\sqrt{2}}{2},\dfrac{5\pi}{6}\right)$. 由对称性知

$$
\begin{aligned}
S &= 2(S_1+S_2)\\
&=2\cdot\frac{1}{2}\left[\int_0^{\frac{\pi}{6}}(\sqrt{2}\sin\varphi)^2\mathrm{d}\varphi+\int_{\frac{\pi}{6}}^{\frac{\pi}{4}}\cos2\varphi\mathrm{d}\varphi\right]\\
&=\frac{\pi}{6}+\frac{1-\sqrt{3}}{2}.
\end{aligned}
$$

**注**：由双纽线方程 $\rho^2=\cos2\varphi$ 易知，在第一象限，$0\leqslant\varphi\leqslant\dfrac{\pi}{4}$.

【总结】 在利用极坐标求平面图形面积时，应注意图形的对称性可使得运算简化，同时注意分块计算的问题.

**例 3** 在第一象限内求曲线 $y=-x^2+1$ 上的点，使该点处的切线与所给曲线及两坐标轴所围成的图形面积最小，并求此最小面积.（1987 年考研题）

【分析】 应先设出所求点的坐标，并以此为变量算出图形的面积，进而求出最小值.

**解** 设所求点为$(x_0, y_0)$，由题设知

$$y'|_{x=x_0}=-2x_0,$$

所以过$(x_0, y_0)$的切线方程为

$$y-y_0=-2x_0(x-x_0),$$

令 $x=0$，得切线在 $y$ 轴上的截距

$$b=x_0^2+1,$$

令 $y=0$，得切线在 $x$ 轴上的截距

$$a=\frac{x_0^2+1}{2x_0},$$

于是所求面积为

$$
\begin{aligned}
S(x_0) &= \frac{1}{2}ab-\int_0^1(-x^2+1)\mathrm{d}x\\
&=\frac{1}{4}\left(x_0^3+2x_0+\frac{1}{x_0}\right)-\frac{2}{3}.
\end{aligned}
$$

令 $S'(x_0)=0$，则得驻点 $x_0=\dfrac{1}{\sqrt{3}}$. 又 $S''(x_0)\Big|_{x_0=\frac{1}{\sqrt{3}}}=\dfrac{1}{4}\left(6x_0+\dfrac{2}{x_0^3}\right)\Big|_{x_0=\frac{1}{\sqrt{3}}}>0$. 即知点$\left(\dfrac{1}{\sqrt{3}}, \dfrac{2}{3}\right)$为所求，此时 $S\left(\dfrac{1}{\sqrt{3}}\right)=\dfrac{2}{9}(2\sqrt{3}-3)$.

【总结】 这是有关求平面面积的综合题，一般涉及极值，最值等.

（二）求空间立体的体积

**例 1** 设 $A_1$ 是由抛物线 $y=4x^2$ 和三条直线 $x=a$，$x=1$，$y=0$ 所围成的平面区域的面积，$A_2$ 是由抛物线 $y=4x^2$ 和直线 $x=a$，$y=0$ 所围成的平面区域的面积，其中 $0<a<1$. 求：

①$A_1$ 绕 $x$ 轴旋转而成的旋转体的体积 $V_1$；

②$A_2$ 绕 $y$ 轴旋转而成的旋转体的体积 $V_2$；

③求使得 $V_1+V_2$ 最大的 $a$ 的值.

【分析】 本题主要涉及旋转体体积的求法，并与最值问题结合起来.

**解** ① $V_1=\int_a^1 \pi y^2 \mathrm{d}x=\frac{16\pi}{5}(1-a^5)$；

② $V_2=\int_0^a 2\pi x f(x)\mathrm{d}x=\int_0^a 2\pi x 4x^2\mathrm{d}x=2\pi a^4$；

③ 令 $V(a)=V_1+V_2=-\frac{16}{5}\pi a^5+2\pi a^4+\frac{16}{5}\pi$，且令 $V'(a)=0$，解得 $a_1=0$（舍），$a_2=\frac{1}{2}$. 又 $V''\left(\frac{1}{2}\right)=-2\pi<0$，故 $a=\frac{1}{2}$时，$V_1+V_2$ 最大.

【总结】 这是一道有关旋转体体积的综合题，要求学生对旋转体体积的两种问题(即绕 $x$ 轴旋转和绕 $y$ 轴旋转)非常熟悉，并与最值问题相联系.

**例 2** 在曲线 $y=x^2(x\geqslant 0)$ 上某点 $A$ 处作一切线，使之与曲线及 $x$ 轴所围成的面积为$\frac{1}{12}$.

求：①切点 $A$ 的坐标及该点处的切线方程；

②该平面图形绕 $x$ 轴旋转一周所得旋转体的体积.

【分析】 应先设切点坐标，再借助于面积得到切线方程，最后求出旋转体体积.

**解** ①设切点 $A$ 的坐标为$(a, a^2)$，则过点 $A$ 的切线斜率为 $y'|_{x=a}=2a$，故该点处的切线方程为 $y=2ax-a^2$. 可求得切线与 $x$ 轴的交点为$\left(\frac{a}{2}, 0\right)$，故由平面图形面积公式有

$$S=\int_0^a x^2\mathrm{d}x-\frac{a^3}{4}=\frac{1}{12},$$

解得 $a=1$，即切点 $A$ 为$(1, 1)$，$A$ 点的切线方程为 $y=2x-1$.

②所求的旋转体体积

$$V=\pi\int_0^1 (x^2)^2\mathrm{d}x-\pi\int_{\frac{1}{2}}^1 (2x-1)^2\mathrm{d}x=\frac{\pi}{30}.$$

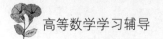

**【总结】** 这是一道将面积，体积综合起来的问题，不过是借助切点和切线方程来求解，有一定的综合性.

**例 3** 设函数$f(x)$在闭区间$[0,1]$上连续，在开区间$(0,1)$内大于零，并且满足$xf'(x)=f(x)+\frac{3a}{2}x^2$（$a$ 常数），又曲线$y=f(x)$与$x=1$，$y=0$所围的图形$S$的面积值为2，求函数$y=f(x)$；并问$a$为何值时，图形$S$绕$x$轴旋转一周所得的旋转体的体积最小（1997年考研题）

**【分析】** 应先求出$f(x)$的表达式，然后求$a$的值

**解** 当$x\neq 0$时，由题设$xf'(x)=f(x)+\frac{3a}{2}x^2$得$\frac{xf'(x)-f(x)}{x^2}=\frac{3a}{2}$，即$\left[\frac{f(x)}{x}\right]'=\frac{3a}{2}$. 据此并由$f(x)$在$x=0$处连续得

$$f(x)=\frac{3a}{2}x^2+cx,\ x\in[0,1],$$

又由已知条件

$$\int_0^1 f(x)\,\mathrm{d}x=\int_0^1\left(\frac{3a}{2}x^2+cx\right)\mathrm{d}x=2,$$

解得$c=4-a$，从而$f(x)=\frac{3}{2}ax^2+(4-a)x$，故旋转体的体积为

$$V(a)=\pi\int_0^1[f(x)]^2\mathrm{d}x=\left(\frac{1}{30}a^2+\frac{1}{3}a+\frac{16}{3}\right)\pi,$$

令$V'(a)=0$，得$a=-5$，又$V''(a)|_{a=-5}=\frac{1}{15}>0$. 故当$a=-5$时，旋转体体积最小.

**【总结】** 本题同样是求面积与求体积综合起来的一个问题.

**例 4** 求曲线$y=x^2$绕直线$y=1$旋转一周所得旋转体封闭部分的体积.

**【分析】** 本题的旋转轴不是坐标轴，因此不能用公式. 此时可采用微元法求出体积微元，再求解.

**解** 如图6-8所示，联立两曲线方程$\begin{cases}y=x^2\\y=1\end{cases}$可得交点为$(-1,1)$和$(1,1)$，故$x\in[-1,1]$. 由微元法知

$$\mathrm{d}V=\pi(1-y)^2\mathrm{d}x=\pi(1-x^2)^2\mathrm{d}x,$$

故旋转体封闭部分的体积为

$$V=\int_{-1}^1\mathrm{d}V=\int_{-1}^1\pi(1-x^2)^2\mathrm{d}x=\frac{16}{15}\pi.$$

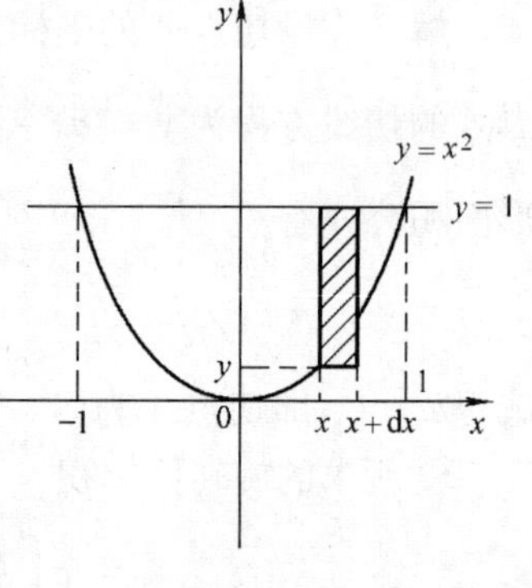


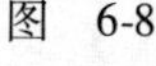
图 6-8

【总结】 当旋转轴不是坐标轴时，不能再直接使用旋转体的体积公式，而应利用微元法的思想求解，在确定体积微元 $dV$ 时，旋转半径是曲边到直线 $y=1$ 的距离.

（三）求平面曲线的弧长

**例 1** 计算曲线 $y=\ln(1-x^2)$ 上相应于 $0\leqslant x\leqslant\frac{1}{2}$ 的一段弧的长度.（1992 年考研题）

【分析】 直接使用直角坐标系下的弧长公式

**解**
$$S=\int_0^{\frac{1}{2}}\sqrt{1+[y'(x)]^2}\mathrm{d}x$$
$$=\int_0^{\frac{1}{2}}\frac{1+x^2}{1-x^2}\mathrm{d}x=\ln 3-\frac{1}{2}.$$

**例 2** 求心形线 $\rho=a(1+\cos\varphi)$ 的全长，其中 $a>0$ 是常数.（1996 年考研题）

【分析】 可直接使用极坐标系下的弧长公式.

**解** 注意到此心形线关于极轴对称，故
$$S=\int_0^{2\pi}\sqrt{\rho^2(\varphi)+[\rho'(\varphi)]^2}\mathrm{d}\varphi=2a\int_0^{\pi}\sqrt{2(1+\cos\varphi)}\mathrm{d}\varphi$$
$$=4a\int_0^{\pi}\cos\frac{\varphi}{2}\mathrm{d}\varphi=8a.$$

**例 3** 在摆线 $x=a(t-\sin t)$，$y=a(1-\cos t)$ 上求分摆线第一拱的弧长成 1∶3 的点的坐标.

【分析】 应利用参数方程所表示的弧长公式.

**解** 设点 $M(x_0,y_0)$ 分摆线第一拱的弧长为 1∶3，该点对应的参数为 $t_0$，则
$$S(t_0)=\int_0^{t_0}\sqrt{[a(1-\cos t)]^2+(a\sin t)^2}\mathrm{d}t$$
$$=2a\int_0^{t_0}\left|\sin\frac{t}{2}\right|\mathrm{d}t=4a\int_0^{t_0}\sin\frac{t}{2}\mathrm{d}\left(\frac{t}{2}\right)=4a\left(1-\cos\frac{t_0}{2}\right),$$
当 $t_0=2\pi$ 时可得摆线第一拱的全长 $S(2\pi)=8a$. 则依题意 $OM=2a$，令 $S(t_0)=2a$，则 $\cos\frac{t_0}{2}=\frac{1}{2}$，于是 $t_0=\frac{2}{3}\pi$ 代入参数方程即可得 $x_0=a\left(\frac{2\pi}{3}-\frac{\sqrt{3}}{2}\right)$，$y_0=a\left(1+\frac{1}{2}\right)=\frac{3}{2}a$. 故点 $M\left(a\left(\frac{2\pi}{3}-\frac{\sqrt{3}}{2}\right),\frac{3}{2}a\right)$即为所求.

【总结】 对弧长的计算方法，应熟练掌握其直角坐标系下，极坐标系下的弧长公式，包括参数方程形式的公式.

（四）物理应用

**例 1** 有一等腰梯形闸门，它的两条底边各长 10m 和 6m，高为 20m，较长的

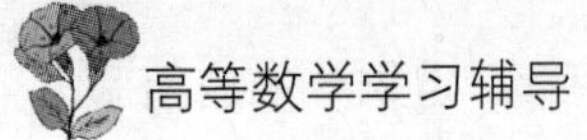


底边与水面相齐，计算闸门的一侧所受的水压力.（水的密度为$\rho$，重力速度为$g$）

【分析】 使用微元法求出压力微元，再积分可得.

**解** 如图6-9建立直角坐标系. 过$A$，$B$两点的直线方程为$y=-\dfrac{x}{10}+5$. 位于区间$[x, x+\mathrm{d}x]$上的压力微元

$$\mathrm{d}F=\rho gx|2y|\mathrm{d}x=2\rho gx\left(5-\frac{x}{10}\right)\mathrm{d}x,$$

则

$$F=\int_0^{20}2\rho gx\left(5-\frac{x}{10}\right)\mathrm{d}x$$

$$=\rho g\left(5x^2-\frac{x^3}{15}\right)\Big|_0^{20}=4400/3\rho g(\mathrm{N}).$$

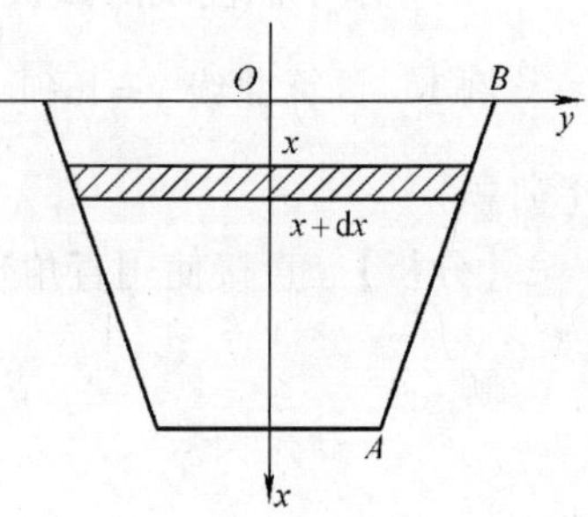


图 6-9

**例2** 为清除井底的污泥，用缆绳将抓斗放入井底，抓起污泥后提出井口（如图6-10所示），已知井深30m，抓斗自重400N，缆绳每米重50N，抓斗抓起的污泥重2000N，提升速度为3m/s，在提升过程中，污泥以20N/s的速率从抓斗缝隙中漏掉，现将抓起污泥的抓斗提升至井口，问克服重力需做多少功？（1999年考研题）

【分析】 这是一个做功问题，需要全面考虑，其中也要用到微元法来求解.

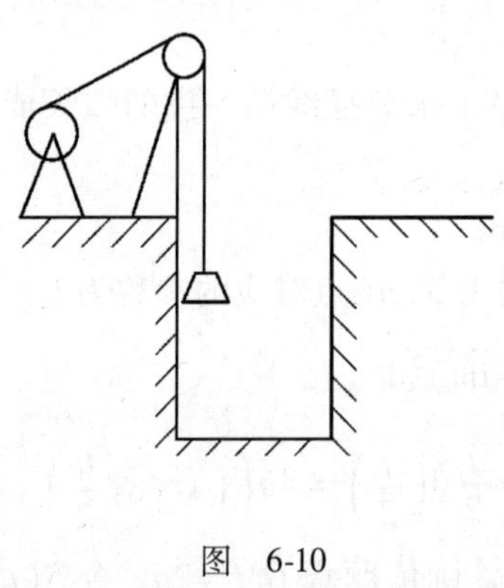

图 6-10

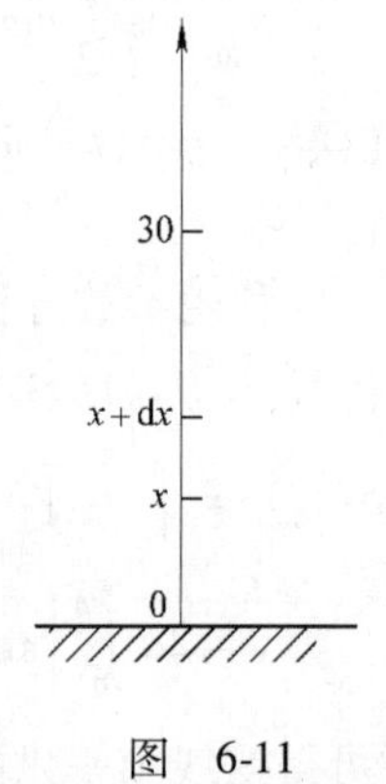


图 6-11

**解** 作$x$轴如图6-11所示. 将抓起污泥的抓斗提升至井口需做功

$$W=W_1+W_2+W_3,$$

其中$W_1$是克服抓斗自重所做的功；$W_2$是克服缆绳重力所做的功；$W_3$为提出污泥所做的功. 由题意知

$$W_1=400\times 30=12000(\mathrm{J}),$$

将抓斗由$x$提升至$x+\mathrm{d}x$处，克服缆绳重力所做的功为

$$\mathrm{d}W_2=50(30-x)\mathrm{d}x,$$

故

$$W_2 = \int_0^{30} 50(30 - x)\,\mathrm{d}x = 22500(\mathrm{J}),$$

在时间间隔$[t, t+\mathrm{d}t]$内提升污泥所做的功为

$$\mathrm{d}W_3 = 3(2000 - 20t)\,\mathrm{d}t,$$

将污泥从井底提升到井口共需时间$\frac{30}{3} = 10$，所以

$$W_3 = \int_0^{10} 3(2000 - 20t)\,\mathrm{d}t = 57000(\mathrm{J}),$$

因此共需做功　$W = W_1 + W_2 + W_3 = 91500(\mathrm{J})$.

**定积分的应用能力矩阵**

| 数学能力 | 后续数学课程学习能力 | 专业课程学习能力<br>（应用创新能力） |
|---|---|---|
| ①定积分的性质学习和应用可以培养学生的逻辑推理能力；<br>②定积分的应用的学习和理解可以培养学生的分析问题和数学建模能力. | ①“工程数学—复变函数”中复变函数积分学的学习和理解需要一元积分学应用作为基础；<br>②“概率论与数理统计”中密度函数与分布函数等概念的学习和理解需要一元积分学应用的知识. | ①“大学物理”中压力,速度与加速度,力作的功以及引力等概念需要一元积分学的知识；<br>②“工程电磁场”与“电机学”中全电流定律的学习和理解需要一元积分学的知识. |

## 自测题（一）

**一、填空题**（每题5分，共20分）

**1.** 由曲线$y = x + \frac{1}{x}$，$x = 2$，$y = 2$所围成的图形的面积$A =$__________.

**2.** 设曲线的极坐标方程为$\rho = \mathrm{e}^{a\theta}\ (a > 0)$，则该曲线上相应于$\theta$从0到$2\pi$的一段弧与极轴所围成的图形的面积为__________.

**3.** 摆线$\begin{cases} x = a(t - \sin t) \\ y = a(1 - \cos t) \end{cases}$第一拱$(0 \leqslant t \leqslant 2\pi)$的弧长为__________.

**4.** 由抛物线$y = \frac{1}{4}x^2$，直线$x = 2$及$x$轴所围成的平面区域绕$y$轴旋转所得的旋转体体积为__________.

**二、选择题**（每题5分，共20分）

**1.** 曲线$y = x^2 - 2x$，直线$x = 1$，$x = 3$，$y = 0$所围成的平面图形的面积$S$为（　　）.

A. $\frac{2}{3}$　　　　B. $\frac{3}{2}$

C. 2　　　　D. 1

**2.** 曲线 $y=\ln(1-x^2)\left(0\leqslant x\leqslant\frac{1}{2}\right)$的弧长为(　　).

A. $\ln3$　　　　B. $\ln3-\frac{1}{2}$

C. $\frac{1}{2}$　　　　D. $\ln3+\frac{1}{2}$

**3.** 设平面图形 $A$ 由 $x^2+y^2\leqslant 2x$ 与 $y\geqslant x$ 所确定，则图形 $A$ 绕直线 $x=2$ 旋转一周所得旋转体的体积为(　　).

A. $\int_0^2\pi[(1-(x-1)^2-x^2]\mathrm{d}x$　　B. $\int_0^2 2\pi[\sqrt{1-y^2}-(1-y)^2]\mathrm{d}y$

C. $\int_0^1\pi[1-(x-1)^2-x^2]\mathrm{d}x$　　D. $\int_0^1 2\pi[\sqrt{1-y^2}-(1-y)^2]\mathrm{d}y$

**4.** 一块底为4m，高为3m的等腰三角形薄板铅直地放置于水中，其底边平行于水面并距离水平面1m，则薄板一面所受到的水的静压力为(　　)(设水的比重为$\rho=1$).

A. $12g$N　　　　B. $10g$N

C. $8g$N　　　　D. $9g$N

三、(14分)求曲线 $y=x^2-2x$，$y=0$，$x=1$，$x=3$ 所围成的平面图形的面积 $A$，并求该平面图形绕 $y$ 轴旋转一周所得旋转体体积 $V$.

四、(14分)在抛物线 $y=-x^2+1$ 上求一点，使得过该点的切线与抛物线及两坐标轴所围成的图形面积最小.

五、(10分)求心形线 $\rho=a(1+\cos\theta)$ 的全长，其中 $a>0$ 是常数.

六、(12分)已知一抛物线通过 $x$ 轴上的两点 $A(1,0)$，$B(3,0)$.

(1)求证：两坐标轴与该抛物线所围图形的面积等于 $x$ 轴与该抛物线所围图形的面积.

(2)计算上诉两平面图形绕 $x$ 轴旋转一周所产生的两个旋转体体积之比.

七、(10分)设一容器由 $y=x^3$(0cm$\leqslant x\leqslant$80cm)绕 $y$ 轴旋转而成，今以8cm/s的速率向容器中倒水，求水面上升到64cm时，水面上升的速率和液面面积扩大的速率.

## 自测题（二）

**一、填空题**(每题4分，共16分)

**1.** 曲线 $y=-x^3+x^2+2x$ 与 $x$ 轴所围图形的面积为__________.

**2.** 曲线 $x=\frac{1}{4}y^2-\frac{1}{2}\ln y$ 相应于 $1\leqslant y\leqslant \mathrm{e}$ 的一段弧的长度为__________.

**3.** 平面图形 $A$ 由 $x^2+y^2\leqslant 2x$ 与 $y\geqslant x$ 所确定，则图形 $A$ 绕直线 $x=2$ 旋转一周所得旋转体的体积为__________.

**4.** 一物体按规律 $x=ct^2$ 直线运动，所受的阻力与速度的平方成正比，则物体从 $x=0$ 运动到 $x=a$ 时，物体克服阻力所做的功为（设比例系数为 $k$）__________.

**二、选择题**（每题 4 分，共 16 分）

**1.** 由曲线 $y=\sin^{\frac{3}{2}}x(0\leqslant x\leqslant \pi)$ 与 $x$ 轴所围成的平面图形绕 $x$ 轴旋转所成的旋转体的体积为（　　）.

A. $\frac{4}{3}$　　B. $\frac{4}{3}\pi$

C. $\frac{2}{3}\pi^2$　　D. $\frac{2}{3}\pi$.

**2.** 心形线 $\rho=4(1+\cos\theta)$ 的全长为（　　）.

A. 8　　B. 16

C. 24　　D. 32

**3.** 由曲线 $(x^2+y^2)^2=a^2(x^2-y^2)$ 所围成的区域在圆 $x^2+y^2=\frac{a^2}{2}$ 的外部分的面积为（　　）.

A. $a^2\left(\frac{1}{2}-\frac{\pi}{3}\right)$　　B. $a^2\left(\frac{\sqrt{3}}{2}-\frac{\pi}{6}\right)$

C. $2a^2\left(\frac{1}{2}-\frac{\pi}{3}\right)$　　D. $2a^2\left(\frac{\sqrt{3}}{2}-\frac{\pi}{6}\right)$

**4.** 曲线 $x=\sqrt{4-2y}$ 的长度为（　　）.

A. $\frac{\sqrt{5}}{2}+\frac{1}{4}\ln(2+\sqrt{5})$　　B. $\sqrt{5}+\frac{1}{2}\ln(2+\sqrt{5})$

C. $\frac{\sqrt{5}}{2}-\frac{1}{4}\ln(2+\sqrt{5})$　　D. $\sqrt{5}-\frac{1}{2}\ln(2+\sqrt{5})$

**三、**（12 分）已知曲线 $\Gamma$: $y=1-|x^2-1|$，试求：

（1）$\Gamma$ 与 $x$ 轴所围图形 $D$ 的面积；

（2）求上述图形 $D$ 绕 $x$ 轴旋转一周的体积；

（3）求上述图形 $D$ 绕 $y=1$ 旋转一周的体积.

**四、**（10 分）求 $x^3+y^3=3axy(a>0)$ 围成的区域在第一象限的部分的面积.

五、(10 分)在摆线$\begin{cases}x=a(t-\sin t)\\ y=a(1-\cos t)\end{cases}$上，求分摆线第一拱成 1:3 的点的坐标.

六、(12 分)设 $y=f(x)$是区间[0, 1]上的任一非连续函数.

(1) 试证：存在 $x_0\in(0,1)$，使得在区间$[0,x_0]$上以$f(x_0)$为高的矩形面积等于在区间$[x_0,1]$上以 $y=f(x)$为曲边的梯形面积.

(2) 又设$f(x)$在区间(0, 1)内可导，且$f'(x)>-\dfrac{2f(x)}{x}$，证明：(1)中的 $x_0$ 是唯一的.

七、(14 分)过坐标原点作曲线 $y=\ln x$ 的切线，该切线与曲线 $y=\ln x$ 及 $x$ 轴围成平面图形 $D$.

(1) 求 $D$ 的面积 $A$;

(2) 求 $D$ 绕直线 $x=\mathrm{e}$ 旋转一周所得旋转体的体积 $V$.

八、(10 分)某建筑工地打地基时，需用汽锤将桩打进土层，汽锤每次打击，都将克服土层对桩的阻力而做功，设土层对桩的阻力的大小与桩被打进地下的深度成正比(比例系数为 $k$, $k>0$)，汽锤第一次击打将桩打进地下 $a$m，根据设计方案，要求汽锤每次击打桩时所做的功与前一次击打时所做的功之比为常数 $r(0<r<1)$(桩的重力不计)，问汽锤打桩 3 次后，可将桩打进地下多深?

# 自测题答案

**自测题（一）**

一、**1.** $\dfrac{3}{2}+\ln 2$　　**2.** $\dfrac{1}{4a}(\mathrm{e}^{4\pi a}-1)$　　**3.** $8a$　　**4.** $2\pi$

二、**1.** C　　**2.** B　　**3.** D　　**4.** A

三、图形面积 
$$A=-\int_1^2(x^2-2x)\,\mathrm{d}x+\int_2^3(x^2-2x)\,\mathrm{d}x$$
$$=-\left[\left(\frac{x^3}{3}-x^2\right)\Big|_1^2\right]+\left[\left(\frac{x^3}{3}-x^2\right)\Big|_2^3\right]$$
$$=2.$$

体积
$$V=\pi\left[\int_{-1}^0(1+\sqrt{y+1})^2\mathrm{d}y-\int_{-1}^0 1^2\mathrm{d}y\right]+\pi\left[\int_0^3 3^2\mathrm{d}y-\int_0^3(1+\sqrt{y+1})^2\mathrm{d}y\right]$$
$$=\pi\int_{-1}^0[2\sqrt{y+1}-(y+1)]\mathrm{d}y+\pi\int_0^3(7-2\sqrt{y+1}-y)\mathrm{d}y$$
$$=\pi\left[\frac{4}{3}(y+1)^{\frac{3}{2}}-\frac{1}{2}(y+1)^2\right]\Big|_{-1}^0+\pi\left[7y-\frac{4}{3}(y+1)^{\frac{3}{2}}-\frac{y^2}{2}\right]\Big|_0^3$$
$$=8\pi.$$

**四**、设切点为$(x_0, y_0)=(x_0, 1-x_0^2)$，则抛物线的切线可表示为$Y-y_0=-2x_0(X-x_0)$，此处$y_0=1-x_0^2$，切线在$x$轴的截距$X=\frac{1}{2x_0}+\frac{x_0}{2}$，在$y$轴上的截距$Y=1+x_0^2$. 切线与两坐标轴及抛物线所围图形的面积

$$A=\frac{1}{2}XY-\int_0^1(1-x^2)\mathrm{d}x=\frac{1}{2}\left(\frac{1}{2x_0}+\frac{x_0}{2}\right)(1+x_0^2)-\left(1-\frac{x^3}{3}\bigg|_0^1\right)$$

$$=\frac{1}{4x_0^2}+\frac{x_0}{2}+\frac{x_0^3}{4}-\frac{2}{3},$$

$\frac{\mathrm{d}A}{\mathrm{d}x_0}=-\frac{1}{4x_0^2}+\frac{1}{2}+\frac{3}{4}x_0^2$，令$\frac{\mathrm{d}A}{\mathrm{d}x_0}=0$得$x_0=\pm\frac{1}{\sqrt{3}}$，$y_0=\frac{2}{3}$，实际问题有解，点$\left(\frac{1}{\sqrt{3}}, \frac{2}{3}\right)$及$\left(-\frac{1}{\sqrt{3}}, \frac{2}{3}\right)$即为所求.

**五**、心形线$\rho=a(1+\cos\theta)$是一条关于$x$轴对称的曲线，当$\theta$从0增至$\pi$时，对应于曲线的上一半，$\mathrm{d}l=\sqrt{\rho^2+[\rho'(\theta)]^2}\mathrm{d}\theta=a\sqrt{(1+\cos\theta)^2+(-\sin\theta)^2}\mathrm{d}\theta=2a\left|\cos\frac{\theta}{2}\right|\mathrm{d}\theta$,所求心形线全长$l=2\int_0^{\pi}2a\cos\frac{\theta}{2}\mathrm{d}\theta=8a\sin\frac{\theta}{2}\bigg|_0^{\pi}=8a$.

**六**、(1) 设过$A$，$B$两点的抛物线方程为$y=a(x-1)(x-3)$，则抛物线与两坐标轴所围图形的面积为

$$A_1=\int_0^1|a(x-1)(x-3)|\mathrm{d}x=|a|\int_0^1(x^2-4x+3)\mathrm{d}x=\frac{4}{3}|a|,$$

抛物线与$x$轴所围图形的面积为

$$A_2=\int_1^3|a(x-1)(x-3)|\mathrm{d}x=|a|\int_1^3(4x-x^2-3)\mathrm{d}x=\frac{4}{3}|a|,$$

所以$A_1=A_2$.

(2) 抛物线与两坐标轴所围图形绕$x$轴旋转所得旋转体的体积为

$$V_1=\pi\int_0^1 a^2[(x-2)(x-3)]^2\mathrm{d}x$$

$$=\pi a^2\int_0^1[(x-1)^4-4(x-1)^3+4(x-1)^2]\mathrm{d}x=\frac{38}{15}\pi a^2$$

抛物线与$x$轴所围图形绕$x$轴旋转所得旋转体体积为

$$V_2=\pi\int_1^3 a^2[(x-1)(x-3)]^2\mathrm{d}x$$

$$=\pi a^2\int_1^3[(x-1)^4-4(x-1)^3+4(x-1)^2]\mathrm{d}x=\frac{16}{15}\pi a^2$$

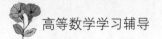

所以有$\dfrac{V_1}{V_2}=\dfrac{19}{8}$.

七、设时刻$t$(s)时液面的高度为$y$(cm)，则由题意，有$\pi\int_0^y x^2\mathrm{d}y=\pi\int_0^y y^{\frac{2}{3}}\mathrm{d}y=8t$，上式对$t$求导，得$\pi\dfrac{\mathrm{d}y}{\mathrm{d}t}y^{\frac{2}{3}}=8$，令$y=64$(cm)，代入上式，解得$\dfrac{\mathrm{d}y}{\mathrm{d}t}=\dfrac{1}{2\pi}$(cm/s)，即液面上升到64cm时，水面上升的速率为$\dfrac{1}{2\pi}$cm/s. 因为液面面积$A=\pi x^2=\pi y^{\frac{2}{3}}$，所以，$\left.\dfrac{\mathrm{d}A}{\mathrm{d}t}\right|_{y=64}=\pi\cdot\dfrac{2}{3}y^{-\frac{1}{3}}\cdot\left.\dfrac{\mathrm{d}y}{\mathrm{d}t}\right|_{y=64}=\dfrac{1}{12}$(cm/s)，即为液面扩大的速率.

**自测题（二）**

一、**1.** $\dfrac{11}{12}$　**2.** $\dfrac{1}{4}(\mathrm{e}^2+1)$　**3.** $\dfrac{\pi^2}{2}-\dfrac{2\pi}{3}$　**4.** $2a^2kc$

二、**1.** B　**2.** D　**3.** B　**4.** D

三、

(1) 曲线$\Gamma$的方程为

$$y=f(x)=\begin{cases}x^2, & |x|\leqslant 1\\ 2-x^2, & |x|>1\end{cases}$$

令$f(x)=0$，则$x=0$，$\pm\sqrt{2}$，由于函数$f(x)$为偶函数，所以图形$D$关于$y$轴对称，其面积为

$$S=2\int_0^1 x^2\mathrm{d}x+2\int_1^{\sqrt{2}}(2-x^2)\mathrm{d}x=\frac{8}{3}(\sqrt{2}-1)$$

(2) 图形$D$绕$x$轴旋转一周的体积为

$$V_1=2\pi\int_0^1(x^2)^2\mathrm{d}x+2\pi\int_1^{\sqrt{2}}(2-x^2)^2\mathrm{d}x=\frac{16}{15}(4\sqrt{2}-5)\pi$$

(3) 图形$D$绕$y$轴旋转一周的体积为

$$\begin{aligned}V_2&=2\pi\int_0^1[1^2-(1-x^2)^2]\mathrm{d}x+2\pi\int_1^{\sqrt{2}}[1^2-(1-(2-x^2))^2]\mathrm{d}x\\&=2\pi\int_0^1 x^2(2-x^2)\mathrm{d}x+2\pi\int_1^{\sqrt{2}}x^2(2-x^2)\mathrm{d}x\\&=\frac{16}{15}\sqrt{2}\pi.\end{aligned}$$

四、采用极坐标，曲线方程化为$\rho=\dfrac{3a\sin\theta\cos\theta}{\sin^3\theta+\cos^3\theta}$，当$\theta=0$，$\dfrac{\pi}{2}$时，$\rho=0$；当

$0<\theta<\dfrac{\pi}{2}$时，$\rho>0$，于是所求区域的面积为

$$S=\frac{1}{2}\int_0^{\frac{\pi}{2}}\rho^2\mathrm{d}\theta=\frac{1}{2}\int_0^{\frac{\pi}{2}}\frac{9a^2\sin^2\theta\cos^2\theta}{(\sin^3\theta+\cos^3\theta)^2}\mathrm{d}\theta,$$

令 $\tan\theta=u$，得

$$S=\frac{9}{2}a^2\int_0^{+\infty}\frac{u^2}{(1+u^3)^2}\mathrm{d}u=\frac{9}{2}a^2\left(-\frac{1}{3(1+u^3)}\right)\Bigg|_0^{+\infty}=\frac{3}{2}a^2.$$

**五、**因 $\mathrm{d}x=a(1-\cos t)\mathrm{d}t$，$\mathrm{d}y=a\sin t\mathrm{d}t$，$\mathrm{d}s=\sqrt{\mathrm{d}^2x+\mathrm{d}^2y}=2a\sin\dfrac{t}{2}\mathrm{d}t$ 故第一拱弧长 $s=\displaystyle\int_0^{2\pi}2a\sin\frac{t}{2}\mathrm{d}t=8a$，设 $A$ 点满足要求，此时 $t=c$，即$\displaystyle\int_0^c\mathrm{d}s=\int_0^c2a\sin\frac{t}{2}\mathrm{d}t=2a$，故 $c=\dfrac{2}{3}\pi$，所以点 $A$ 的坐标为$\left[\left(\dfrac{2}{3}\pi-\dfrac{\sqrt{3}}{2}\right)a,\dfrac{3}{2}a\right]$.

**六、证明：**(1) 令 $\varphi(x)=-x\displaystyle\int_x^1f(t)\mathrm{d}t$，则 $\varphi(x)$ 在闭区间$[0,1]$上连续，在开区间$(0,1)$内可导，又 $\varphi(0)=\varphi(1)=0$，由罗尔定理知，存在 $x_0\in(0,1)$，使 $\varphi'(x_0)=0$，即 $\varphi'(x_0)=x_0f(x_0)-\displaystyle\int_{x_0}^1f(t)\mathrm{d}t=0$，即 $x_0f(x_0)=\displaystyle\int_{x_0}^1f(t)\mathrm{d}t$.

(2) 令 $F(x)=xf(x)-\displaystyle\int_x^1f(t)\mathrm{d}t$，则

$$F'(x)=f(x)+xf'(x)+f(x)=2f(x)+xf'(x)>0,$$

即 $F(x)$在$(0,1)$内严格单调增加，从而 $F(x)=0$ 的点 $x=x_0$ 必唯一，故(1)中的点 $x_0$ 是唯一的.

**七、**(1) 设切点横坐标为 $x_0$，从而 $x_0=\mathrm{e}$，所以该切线的方程为 $y=\dfrac{1}{\mathrm{e}}x$，则平面图形 $D$ 的面积 $A=\displaystyle\int_0^1(\mathrm{e}^y-\mathrm{e}y)\mathrm{d}y=\frac{1}{2}\mathrm{e}-1$.

(2) 切线 $y=\dfrac{1}{\mathrm{e}}x$ 与 $x$ 轴及直线 $x=\mathrm{e}$ 所围成的三角形绕直线 $x=\mathrm{e}$ 旋转，所得的圆锥体的体积为 $V_1=\dfrac{1}{3}\pi\mathrm{e}^2$，曲线 $y=\ln x$ 与 $x$ 轴及直线 $x=\mathrm{e}$ 所围成的图形绕直线 $x=e$ 旋转所得的旋转体的体积为 $V_2=\displaystyle\int_0^1\pi(\mathrm{e}-\mathrm{e}^y)^2\mathrm{d}y$，因此，所求旋转体的体积为

$$V=V_1-V_2=\frac{1}{3}\pi\mathrm{e}^2-\int_0^1\pi(\mathrm{e}-\mathrm{e}^y)^2\mathrm{d}y=\frac{\pi}{6}(5\mathrm{e}^2-12\mathrm{e}+3).$$

八、设第 $n$ 次击打后，桩被打进地下 $x_n$，第 $n$ 次击打时，汽锤所做的功为 $\omega_n(n=1,2,3)$，由题设，当桩被打进地下的深度为 $x$ 时，土层对桩的阻力的大小为 $kx$. 所以 $\omega_1=\int_0^{x_1}kx\mathrm{d}x=\frac{k}{2}x_1^2=\frac{k}{2}a^2$，$\omega_2=\int_{x_1}^{x_2}kx\mathrm{d}x=\frac{k}{2}(x_2^2-x_1^2)=\frac{k}{2}(x_2^2-a^2)$，由 $\omega_2=r\omega_1$，可得 $x_2^2-a^2=ra^2$，即 $x_2^2=(1+r)a^2$，$\omega_3=\int_{x_2}^{x_3}kx\mathrm{d}x=\frac{k}{2}(x_3^2-x_2^2)=\frac{k}{2}[x_3^2-(1+r)a^2]$. 由 $\omega_3=r\omega_2=r^2\omega_1$ 可得 $x_3^2-(1+r)a^2=r^2a^2$ 从而 $x_3=\sqrt{1+r+r^2}a$，即汽锤击打 3 次后，可将桩打进地下 $\sqrt{1+r+r^2}a$m.

# 第七章　向量代数与空间解析几何

## 第一节　向量代数

### 一、内容提要

**预备知识：行列式**

**定义 1**　设 $a_{ij}(i,j=1,2)$ 是 4 个数，定义 2 阶行列式

$$D_2=\begin{vmatrix} a_{11} & a_{12} \\ a_{21} & a_{22} \end{vmatrix}=a_{11}a_{22}-a_{12}a_{21}.$$

**定义 2**　设 $a_{ij}(i,j=1,2,3)$ 是 9 个数，定义 3 阶行列式

$$D_3=\begin{vmatrix} a_{11} & a_{12} & a_{13} \\ a_{21} & a_{22} & a_{23} \\ a_{31} & a_{32} & a_{33} \end{vmatrix}=a_{11}a_{22}a_{33}+a_{13}a_{21}a_{32}+$$

$$a_{12}a_{23}a_{31}-a_{13}a_{22}a_{31}-a_{11}a_{23}a_{32}-a_{12}a_{21}a_{33}.$$

**性质 1**　互换行列式的两行(或列)，行列式改变符号.

**性质 2**　行列式某行(或列)元素的公因子可提到行列式符号的外面.

1. 向量的概念

向量是既有大小又有方向的量，而数量只有大小. 数量可正可负，例温度是数量；两个向量不能比较大小.

2. 向量的线性运算

加法：三角形法则、平行四边形法则和首尾相接法则；

数乘：向量 $\boldsymbol{a}$ 与数 $\lambda$ 的乘积 $\lambda\boldsymbol{a}$ 是一个向量，模 $|\lambda\boldsymbol{a}|=|\lambda||\boldsymbol{a}|$，方向规定如下：

当 $\lambda>0$ 时，$\lambda\boldsymbol{a}$ 与 $\boldsymbol{a}$ 同向；

当 $\lambda=0$ 时，方向任意；

当 $\lambda<0$ 时，$\lambda\boldsymbol{a}$ 与 $\boldsymbol{a}$ 反向.

3. 两个向量 $\boldsymbol{a}$ 与 $\boldsymbol{b}$ 的夹角

把向量 $\boldsymbol{a}$ 与 $\boldsymbol{b}$ 的起点移到同一点 $O$，在向量 $\boldsymbol{a}$ 与 $\boldsymbol{b}$ 决定的平面内，把其中一个向量绕 $O$ 点旋转，使两向量的正向重合时，所转过的 0 到 $\pi$ 之间的角度称为 $\boldsymbol{a}$

与 $\boldsymbol{b}$ 的夹角(如图 7-1 所示)，记作：$\angle(\boldsymbol{a}, \boldsymbol{b})$. 特别当 $\boldsymbol{a}$ 与 $\boldsymbol{b}$ 共线时，若 $\boldsymbol{a}$ 与 $\boldsymbol{b}$ 同向，规定 $\angle(\boldsymbol{a}, \boldsymbol{b})=0$；若 $\boldsymbol{a}$ 与 $\boldsymbol{b}$ 反向，规定 $\angle(\boldsymbol{a}, \boldsymbol{b})=\pi$.

4. 向量 $\overrightarrow{AB}$ 在轴 $u$ 上的投影　设给定轴 $u$ 及向量 $\overrightarrow{AB}$，分别过 $A$, $B$ 作与轴 $u$ 垂直的平面交 $u$ 于 $A'$, $B'$，有向线段 $A'B'$ 的值称为向量 $\overrightarrow{AB}$ 在轴 $u$ 上的投影(如图 7-2 所示)，记为：$\mathrm{Prj}_u\,\overrightarrow{AB}$.

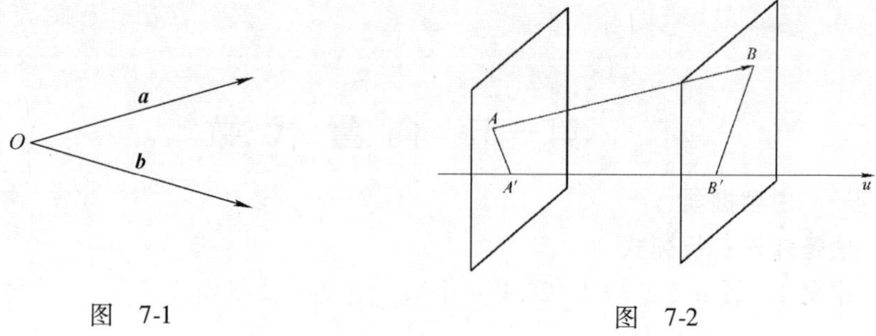


图　7-1　　　　图　7-2

(投影定理)设向量 $\overrightarrow{AB}$ 与轴 $u$ 的夹角为 $\theta$，则 $\mathrm{Prj}_u\,\overrightarrow{AB}=|\overrightarrow{AB}|\cos\theta$.

5. 空间直角坐标系中共有八个卦限(如图 7-3 所示)

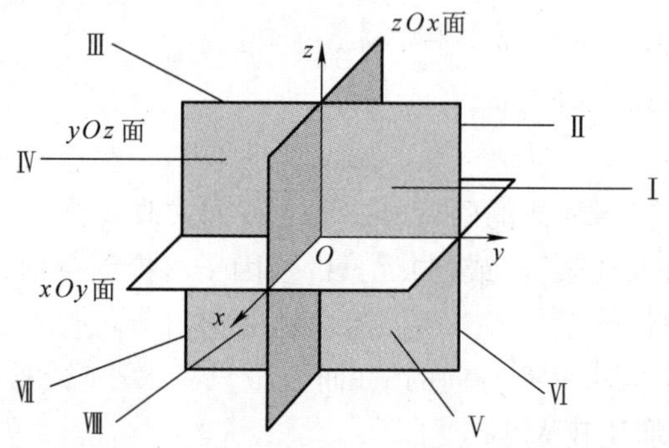


图　7-3

八个卦限中点的坐标的符号如下表所示

| 卦限 | 卦限中点的坐标的符号 | 卦限 | 卦限中点的坐标的符号 |
|---|---|---|---|
| Ⅰ | (+, +, +) | Ⅴ | (+, +, −) |
| Ⅱ | (−, +, +) | Ⅵ | (−, +, −) |
| Ⅲ | (−, −, +) | Ⅶ | (−, −, −) |
| Ⅳ | (+, −, +) | Ⅷ | (+, −, −) |

特殊点的坐标

(1) 坐标轴上点的坐标

$x$ 轴　$(x, 0, 0)$

$y$ 轴　$(0, y, 0)$

$z$ 轴　$(0, 0, z)$

(2) 坐标面上点的坐标

$xOy$ 面　$(x, y, 0)$

$yOz$ 面　$(0, y, z)$

$xOz$ 面　$(x, 0, z)$

6. 向量的模与方向余弦

设向量 $\boldsymbol{a}=(x, y, z)$，则

(1) 向量 $\boldsymbol{a}$ 的模　$|\boldsymbol{a}|=\sqrt{x^2+y^2+z^2}$.

(2) 向量 $\boldsymbol{a}$ 的方向余弦

$$\cos\alpha=\frac{x}{|\boldsymbol{a}|},\quad \cos\beta=\frac{y}{|\boldsymbol{a}|},\quad \cos\gamma=\frac{z}{|\boldsymbol{a}|},$$

其中 $\alpha$、$\beta$、$\gamma$ 为向量 $\boldsymbol{a}$ 的方向角.

显然有 $$\cos^2\alpha+\cos^2\beta+\cos^2\gamma=1.$$

(3) 与非零向量 $\boldsymbol{a}$ 同方向的单位向量 $\boldsymbol{a}^0$

$$\boldsymbol{a}^0=\frac{\boldsymbol{a}}{|\boldsymbol{a}|}=(\cos\alpha, \cos\beta, \cos\gamma).$$

(4) 两非零向量 $\boldsymbol{a}$, $\boldsymbol{b}$ 共线的充要条件是存在常数 $\lambda$，使得 $\boldsymbol{a}=\lambda\boldsymbol{b}$.

7. 两个向量 $\boldsymbol{a}$ 与 $\boldsymbol{b}$ 的数量积(内积或点积)

$$\boldsymbol{a}\cdot\boldsymbol{b}=|\boldsymbol{a}|\,|\boldsymbol{b}|\cos\angle(\boldsymbol{a}, \boldsymbol{b}).$$

数量积的坐标表示：设 $\boldsymbol{a}=(x_1, y_1, z_1)$，$\boldsymbol{b}=(x_2, y_2, z_2)$，则

$$\boldsymbol{a}\cdot\boldsymbol{b}=x_1x_2+y_1y_2+z_1z_2.$$

8. 两个向量 $\boldsymbol{a}$ 与 $\boldsymbol{b}$ 的向量积(叉积或外积)

$\boldsymbol{c}=\boldsymbol{a}\times\boldsymbol{b}$ 是一个向量，$\boldsymbol{c}\perp\boldsymbol{a}$，$\boldsymbol{c}\perp\boldsymbol{b}$，且按 $\boldsymbol{a}$, $\boldsymbol{b}$, $\boldsymbol{a}\times\boldsymbol{b}$ 顺序成右手系，且

$$|\boldsymbol{c}|=|\boldsymbol{a}\times\boldsymbol{b}|=|\boldsymbol{a}|\,|\boldsymbol{b}|\sin\angle(\boldsymbol{a}, \boldsymbol{b}).$$

向量积的几何意义：$\boldsymbol{a}\times\boldsymbol{b}$ 的模等于以 $\boldsymbol{a}$, $\boldsymbol{b}$ 为邻边的平行四边形的面积.

向量积的坐标表示：设 $\boldsymbol{a}=(x_1, y_1, z_1)$，$\boldsymbol{b}=(x_2, y_2, z_2)$，则

$$\boldsymbol{a}\times\boldsymbol{b}=\begin{vmatrix}\boldsymbol{i} & \boldsymbol{j} & \boldsymbol{k}\\ x_1 & y_1 & z_1\\ x_2 & y_2 & z_2\end{vmatrix}.$$

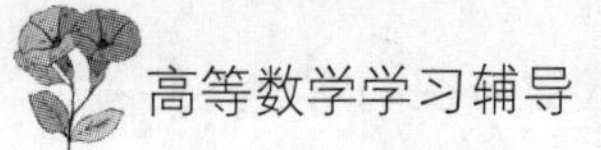


9. 混合积$[\boldsymbol{a}, \boldsymbol{b}, \boldsymbol{c}]=\boldsymbol{a}\cdot(\boldsymbol{b}\times\boldsymbol{c})$

混合积的坐标表示：设$\boldsymbol{a}=(x_1, y_1, z_1)$，$\boldsymbol{b}=(x_2, y_2, z_2)$，$\boldsymbol{c}=(x_3, y_3, z_3)$，则

$$[\boldsymbol{a}, \boldsymbol{b}, \boldsymbol{c}]=\boldsymbol{a}\cdot(\boldsymbol{b}\times\boldsymbol{c})=\begin{vmatrix} x_1 & y_1 & z_1 \\ x_2 & y_2 & z_2 \\ x_3 & y_3 & z_3 \end{vmatrix}$$

混合积$[\boldsymbol{a}, \boldsymbol{b}, \boldsymbol{c}]=\boldsymbol{a}\cdot(\boldsymbol{b}\times\boldsymbol{c})$，其绝对值等于以$\boldsymbol{a}$，$\boldsymbol{b}$，$\boldsymbol{c}$为棱的平行六面体的体积.

**二、重点、难点分析**

1. 向量的概念

数学上通常研究的是自由向量，自由向量具有大小与方向两要素，且与起点无关.

向量的两种表示：(1)坐标表示：$\boldsymbol{a}=(x, y, z)$；(2)模和方向余弦：

$$\boldsymbol{a}=(x, y, z)=(r\cos\alpha, r\cos\beta, r\cos\gamma).$$

2. 利用数量积

(1) 可以求两向量的夹角

$$\cos\angle(\boldsymbol{a}, \boldsymbol{b})=\frac{\boldsymbol{a}\cdot\boldsymbol{b}}{|\boldsymbol{a}||\boldsymbol{b}|};$$

(2) 判别两向量是否垂直:

$$\boldsymbol{a}\perp\boldsymbol{b}\Leftrightarrow\boldsymbol{a}\cdot\boldsymbol{b}=0;$$

(3) 求向量的模:

$$|\boldsymbol{a}|=\sqrt{\boldsymbol{a}\cdot\boldsymbol{a}}.$$

3. 向量积是一个向量，不满足交换律，而满足反交换律，即

$$\boldsymbol{a}\times\boldsymbol{b}=-\boldsymbol{b}\times\boldsymbol{a}$$

(1) 利用向量积求三角形和平行四边形的面积；

(2) 判别两向量是否平行或共线

$$\boldsymbol{a}, \boldsymbol{b}\text{ 共线}\Leftrightarrow\boldsymbol{a}\times\boldsymbol{b}=\boldsymbol{0};$$

(3) 求与已知两向量都垂直的向量；

(4) 空间三点$M_i(x_i, y_i, z_i)(i=1, 2, 3)$共线的充要条件是$\overrightarrow{M_1M_2}$和$\overrightarrow{M_1M_3}$共线，即$M_1$，$M_2$，$M_3$共线$\Leftrightarrow\dfrac{x_2-x_1}{x_3-x_1}=\dfrac{y_2-y_1}{y_3-y_1}=\dfrac{z_2-z_1}{z_3-z_1}$.

空间不共线三点$M_i(x_i, y_i, z_i)(i=1, 2, 3)$构成的三角形面积为

$$S=\frac{1}{2}|\overrightarrow{M_1M_2}\times\overrightarrow{M_1M_3}|.$$

4. 混合积$[\boldsymbol{a}, \boldsymbol{b}, \boldsymbol{c}]=\boldsymbol{a}\cdot(\boldsymbol{b}\times\boldsymbol{c})$,

(1) 混合积满足轮换性和反交换；

(2) 求平行六面体和四面体的的体积；

(3) 利用混合积判别三向量是否共面

$$\boldsymbol{a},\ \boldsymbol{b},\ \boldsymbol{c}\text{ 三向量共面}\Leftrightarrow[\boldsymbol{a},\ \boldsymbol{b},\ \boldsymbol{c}]=0.$$

**三、典型例题**

**例 1**　判断下列各命题是否正确.

(1) 两单位向量的数量积是 1.

(2) 两单位向量的向量积是单位向量.

(3) $\boldsymbol{a}\cdot\boldsymbol{b}=0$，则 $\boldsymbol{a}\times\boldsymbol{b}=\boldsymbol{0}$.

(4) $\boldsymbol{a}\cdot\boldsymbol{b}=0$，则 $\boldsymbol{a}=\boldsymbol{0}$ 或 $\boldsymbol{b}=\boldsymbol{0}$.

**解**　(1) 不正确.

(2) 不正确.

(3) 不正确.

(4) 不正确. 此题说明，数量积中消去律不成立.

**例 2**　已知两点 $A(1,\ -1,\ 2)$，$B(3,\ 1,\ 1)$，求向量$\overrightarrow{AB}$的模和方向余弦.

**解**　$\overrightarrow{AB}=(2,\ 2,\ -1)$

$$|\overrightarrow{AB}|=\sqrt{2^2+2^2+(-1)^2}=3,$$

$$\cos\alpha=\frac{2}{3},\ \cos\beta=\frac{2}{3},\ \cos\gamma=-\frac{1}{3}.$$

**例 3**　已知 $|\boldsymbol{a}|=1$，$|\boldsymbol{b}|=\sqrt{3}$，且 $\boldsymbol{a}\perp\boldsymbol{b}$，求 $\boldsymbol{s}=\boldsymbol{a}+\boldsymbol{b}$ 的模及 $\boldsymbol{s}$ 与 $\boldsymbol{a}$ 的夹角.

**【分析】**　在求向量的模与夹角时，一般用数量积求解.

**解**

$$\begin{aligned}|\boldsymbol{s}|&=\sqrt{\boldsymbol{s}\cdot\boldsymbol{s}}=\sqrt{(\boldsymbol{a}+\boldsymbol{b})\cdot(\boldsymbol{a}+\boldsymbol{b})}\\&=\sqrt{\boldsymbol{a}^2+2\boldsymbol{a}\cdot\boldsymbol{b}+\boldsymbol{b}^2}=\sqrt{\boldsymbol{a}^2+\boldsymbol{b}^2}=2,\end{aligned}$$

$$\cos\angle(\boldsymbol{s},\ \boldsymbol{a})=\frac{\boldsymbol{s}\cdot\boldsymbol{a}}{|\boldsymbol{s}|\ |\boldsymbol{a}|}=\frac{(\boldsymbol{a}+\boldsymbol{b})\cdot\boldsymbol{a}}{|\boldsymbol{s}|\ |\boldsymbol{a}|}=\frac{|\boldsymbol{a}|}{|\boldsymbol{s}|}=\frac{1}{2},$$

故

$$\angle(\boldsymbol{s},\ \boldsymbol{a})=\frac{\pi}{3}.$$

**例 4**　已知 $\boldsymbol{a}=(3,\ 2,\ 1)$，$\boldsymbol{b}=\left(2,\ \dfrac{4}{3},\ \lambda\right)$，试分别求 $\lambda$，使得 $\boldsymbol{a}\perp\boldsymbol{b}$ 与 $\boldsymbol{a}/\!/\boldsymbol{b}$.

**解**　$\boldsymbol{a}\perp\boldsymbol{b}\Leftrightarrow\boldsymbol{a}\cdot\boldsymbol{b}=0$，

$$\boldsymbol{a}\cdot\boldsymbol{b}=3\cdot2+2\cdot\frac{4}{3}+\lambda=0,\text{ 得 }\lambda=-\frac{26}{3},$$

$$\boldsymbol{a}/\!/\boldsymbol{b}\Leftrightarrow\frac{3}{2}=\frac{2}{\frac{4}{3}}=\frac{1}{\lambda},\text{ 得 }\lambda=\frac{2}{3}.$$

**例 5** 已知 $\boldsymbol{a}=(2,\ -3,1)$，$\boldsymbol{b}=(1,\ -2,0)$，计算 $(3\boldsymbol{a}-\boldsymbol{b})\times(\boldsymbol{a}-2\boldsymbol{b})$.

**【分析】** 向量积满足反交换律和 $\boldsymbol{a}\times\boldsymbol{a}=0$

**解**

$$\begin{aligned}&(3\boldsymbol{a}-\boldsymbol{b})\times(\boldsymbol{a}-2\boldsymbol{b})\\=&3\boldsymbol{a}\times\boldsymbol{a}-\boldsymbol{b}\times\boldsymbol{a}-3\boldsymbol{a}\times2\boldsymbol{b}+\boldsymbol{b}\times2\boldsymbol{b}\\=&-5\boldsymbol{a}\times\boldsymbol{b},\end{aligned}$$

$$\boldsymbol{a}\times\boldsymbol{b}=\begin{vmatrix}\boldsymbol{i}&\boldsymbol{j}&\boldsymbol{k}\\2&-3&1\\1&-2&0\end{vmatrix}=(2,1,\ -1),$$

$$原式=-5(2,1,\ -1)=(-10,\ -5,5).$$

**例 6** 已知 $\boldsymbol{a}=(1,1,1)$，$\boldsymbol{b}=(0,\ -2,1)$，

(1) 求与 $\boldsymbol{a}$，$\boldsymbol{b}$ 均垂直的单位向量 $\boldsymbol{r}$；

(2) 求 $\mathrm{Prj}_{\boldsymbol{a}}\boldsymbol{b}$.

**【分析】** 求与两向量同时垂直的向量时用向量积，$\boldsymbol{a}\times\boldsymbol{b}$ 与所求向量共线，故 $\boldsymbol{r}=\lambda(\boldsymbol{a}\times\boldsymbol{b})$，由模确定具体向量.

**解** (1) $\boldsymbol{a}\times\boldsymbol{b}=\begin{vmatrix}\boldsymbol{i}&\boldsymbol{j}&\boldsymbol{k}\\1&1&1\\0&-2&1\end{vmatrix}=(3,\ -1,\ -2)$，

$$|\boldsymbol{a}\times\boldsymbol{b}|=\sqrt{14},$$

$$\boldsymbol{r}=\pm\frac{1}{\sqrt{14}}(3,\ -1,\ -2).$$

(2) $\mathrm{Prj}_{\boldsymbol{a}}\boldsymbol{b}=|\boldsymbol{b}|\cos\angle(\boldsymbol{a},\boldsymbol{b})=|\boldsymbol{b}|\dfrac{\boldsymbol{a}\cdot\boldsymbol{b}}{|\boldsymbol{a}|\ |\boldsymbol{b}|}=\dfrac{\boldsymbol{a}\cdot\boldsymbol{b}}{|\boldsymbol{a}|}=-\dfrac{1}{\sqrt{3}}$.

**例 7** 已知三角形 $ABC$ 的两个顶点 $A(1,\ -1,2)$，$B(5,\ -6,2)$ 及一条边的向量 $\overrightarrow{AC}=(0,4,\ -3)$，求

(1) 顶点 $C$ 的坐标；

(2) 三角形 $ABC$ 的面积；

(3) $AC$ 边上的高 $h$.

**【分析】** 利用向量积求三角形的面积，面积相等求高.

**解** (1) 设 $C(x,y,z)$，则

$$\overrightarrow{AC}=(x-1,y+1,z-2)=(0,4,\ -3),$$

得

$$x=1,y=3,z=-1\qquad 故\ C=(1,3,\ -1).$$

(2) $\overrightarrow{AB}=(4,\ -5,0)$，

$$\overrightarrow{AB}\times\overrightarrow{AC}=\begin{vmatrix} \boldsymbol{i} & \boldsymbol{j} & \boldsymbol{k} \\ 4 & -5 & 0 \\ 0 & 4 & -3 \end{vmatrix}=(15,12,16),$$

$$S_{\triangle}=\frac{1}{2}|\overrightarrow{AB}\times\overrightarrow{AC}|=\frac{25}{2}.$$

(3) $|\overrightarrow{AC}|=5$,

$$h=\frac{2S_{\triangle}}{|\overrightarrow{AC}|}=\frac{25}{5}=5.$$

**例 8**　已知 $\boldsymbol{c}$ 在 $\boldsymbol{a}=(-1,0,0)$，$\boldsymbol{b}=(-1,2,-2)$ 的角平分线上，且 $|\boldsymbol{c}|=\sqrt{6}$，求 $\boldsymbol{c}$.

**解**　$\boldsymbol{c}=\lambda\left(\frac{\boldsymbol{a}}{|\boldsymbol{a}|}+\frac{\boldsymbol{b}}{|\boldsymbol{b}|}\right)=\lambda\left(-\frac{4}{3},\frac{2}{3},-\frac{2}{3}\right)$,

$$|\boldsymbol{c}|=\sqrt{6}=\frac{2}{3}\sqrt{6}|\lambda|,\ \lambda=\pm\frac{3}{2},\ \boldsymbol{c}=\pm(-2,1,-1).$$

**例 9**　设 $\boldsymbol{a}=(2,-3,1)$，$\boldsymbol{b}=(1,-2,3)$，$\boldsymbol{c}=(2,1,2)$，求同时垂直于向量 $\boldsymbol{a}$，$\boldsymbol{b}$，且在向量 $\boldsymbol{c}$ 上的投影是 14 的向量 $\boldsymbol{r}$.

**【分析】**　先确定向量的方向，再确定向量的模.

**解**　由题意，可设 $\boldsymbol{r}=\lambda(\boldsymbol{a}\times\boldsymbol{b})$，而

$$\boldsymbol{a}\times\boldsymbol{b}=(2,-3,1)\times(1,-2,3)=(-7,-5,-1),$$

$$\mathrm{Prj}_{\boldsymbol{c}}\boldsymbol{r}=|\boldsymbol{r}|\cos\angle(\boldsymbol{r},\boldsymbol{c})=\frac{\boldsymbol{r}\cdot\boldsymbol{c}}{|\boldsymbol{c}|}=-7\lambda=14,$$

得 $\lambda=-2$，故 $\boldsymbol{r}=(14,10,2)$.

## 第二节　空间曲面与空间曲线

### 一、内容提要

1. 空间曲面的概念

设曲面 $S$ 与方程 $F(x,y,z)=0$ 若有如下关系

(1) 任取一点 $M(x_0,y_0,z_0)\in S$，则有

$$F(x_0,y_0,z_0)=0,$$

(2) 任取一点 $M(x_0,y_0,z_0)\notin S$，则有

$$F(x_0,y_0,z_0)\neq 0,$$

则称 $F(x,y,z)=0$ 为曲面 $S$ 的方程，而曲面 $S$ 称为该方程的图形.

2. 几种常见的曲面(球面、柱面、锥面和旋转曲面)

(1) 以 $(a,b,c)$ 为球心，$R$ 为半径的**球面**方程：

$$(x-a)^2+(y-b)^2+(z-c)^2=R^2.$$

（2）如果动直线 $l$ 沿定曲线 $L$ 移动，且始终保持与给定的直线平行，这种由动直线 $l$ 所形成的曲面称为柱面，动直线 $l$ 称为柱面的母线，定曲线 $L$ 称为柱面的准线. 当母线平行于坐标轴时，柱面方程就成为一个二元方程. 例 $f(x, y)=0$ 表示母线平行于 $z$ 轴的**柱面**方程.

（3）如果动直线 $l$ 沿定曲线 $L$ 移动，且始终过定点 $P$，这种由动直线 $l$ 所形成的曲面称为**锥面**，动直线 $l$ 称为锥面的母线，定点 $P$ 称为锥面的顶点，定曲线 $L$ 称为锥面的准线.

（4）一条平面曲线 $L$，绕同平面内的一条直线 $l$ 旋转一周所形成的曲面称为**旋转曲面**，定直线 $l$ 称为旋转曲面的轴.

3. 绕坐标轴旋转得到的旋转曲面的方程的求法

坐标面上的曲线 $L$ 绕坐标轴旋转，只要将曲线 $L$ 在坐标面里的方程保留和旋转轴同名的坐标，而以其他两个坐标平方和的平方根来代替方程中的另一坐标.

例，曲线 $L$：$\begin{cases} F(x, y)=0 \\ z=0 \end{cases}$ 绕 $y$ 轴旋转得到旋转曲面的方程为

$$F(\pm\sqrt{x^2+z^2}, y)=0.$$

4. 空间曲线的概念

设曲线 $L$ 与方程组 $\begin{cases} F(x, y, z)=0 \\ G(x, y, z)=0 \end{cases}$ 若有如下关系

（1）任取一点 $M(x_0, y_0, z_0)\in L$，则有

$$\begin{cases} F(x_0, y_0, z_0)=0 \\ G(x_0, y_0, z_0)=0 \end{cases},$$

（2）任取一点 $M(x_0, y_0, z_0)\notin L$，则有

$$F(x_0, y_0, z_0)\neq 0 \text{ 或 } G(x_0, y_0, z_0)\neq 0,$$

则称方程组 $\begin{cases} F(x, y, z)=0 \\ G(x, y, z)=0 \end{cases}$ 为空间曲线 $L$ 的方程，而空间曲线 $L$ 称为该方程的图形.

5. 投影曲线与投影柱面

设有空间曲线 $C$，过 $C$ 作母线平行于 $z$ 轴的柱面，该柱面与 $xOy$ 面的交线 $C'$ 称为 $C$ 在 $xOy$ 面的投影曲线，该柱面称为 $C$ 在 $xOy$ 面的投影柱面.

空间曲线 $L$：$\begin{cases} F(x, y, z)=0 \\ G(x, y, z)=0 \end{cases}$（消去 $z$）得到 $f(x, y)=0$ 是 $L$ 在 $xOy$ 面的投影柱面，而 $\begin{cases} f(x, y)=0 \\ z=0 \end{cases}$ 是 $L$ 在 $xOy$ 面的投影曲线. 同理可得 $L$ 在 $xOz$，$yOz$ 面的投影曲线与投影柱面.

**二、重点、难点分析**

1. 空间曲面

空间一点若要落在一张曲面上，它的坐标 $x$、$y$、$z$ 就要受到某种制约，而曲面的制约在代数上就表示为一个三元方程 $F(x, y, z)=0$（或 $z=f(x, y)$），反之满足一个方程的点的全体在空间的几何图形就是曲面，所以求曲面的方程就是将其点的制约关系用代数方程加以表示.

2. 空间曲线.

空间曲线理解为两张曲面的交线，因此其一般式为

$$\begin{cases}F(x, y, z)=0\\G(x, y, z)=0\end{cases}$$

若将空间曲线理解为动点的轨迹，动点依赖于参数 $t$，其参数式为

$$\begin{cases}x=x(t)\\y=y(t).\\z=z(t)\end{cases}$$

3. 区分投影曲线与投影柱面.

4. 区分锥面 $z=\sqrt{x^2+y^2}$ 与抛物面 $z=x^2+y^2$.

**三、典型例题**

**例 1**　指出下列方程在空间直角坐标系下所表示的曲面.

(1) $x^2+y^2+\dfrac{z^2}{4}=1$;

(2) $x^2+y^2=4x$;

(3) $x^2-y^2=0$;

(4) $y^2+z^2=4x^2$;

(5) $\dfrac{x^2}{2}+\dfrac{y^2}{2}-z=0$;

(6) $x^2-4y=0$.

**解**　(1) 椭球面.

(2) 曲面方程可化为：$(x-2)^2+y^2=4$，因此该曲面为圆柱面.

(3) 曲面方程可化为：$y=\pm x$，因此该曲面为两平面.

(4) 圆锥面.

(5) 抛物面.

(6) 抛物柱面.

**例 2**　求曲线 $L$：$\begin{cases}x^2-y^2=2\\z=0\end{cases}$ 分别绕 $x$ 轴和 $y$ 轴旋转所形成的旋转曲面的方程.

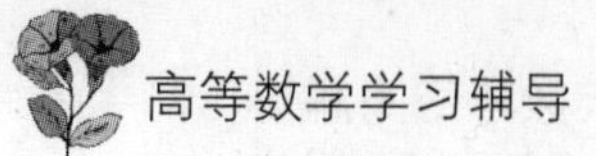


**解** 曲线 $L$ 绕 $x$ 轴旋转所得旋转曲面的方程为

$$x^2-(y^2+z^2)=2.$$

曲线 $L$ 绕 $y$ 轴旋转所得旋转曲面的方程为

$$x^2-y^2+z^2=2.$$

**例 3** 空间曲线 $L$：$\begin{cases}z=\sqrt{x^2+y^2}\\ z^2=2x\end{cases}$ 在 $xOy$ 面的投影曲线与投影柱面.

**解** $L$ 在 $xOy$ 面的投影柱面方程为

$$x^2+y^2=2x,$$

$L$ 在 $xOy$ 面的投影曲线方程为

$$\begin{cases}x^2+y^2=2x\\ z=0\end{cases}.$$

**例 4** 过空间曲线 $L$：$\begin{cases}x^2+2y^2+z^2=8\\ x+y-z=0\end{cases}$ 做一张柱面 $S$，使得 $S$ 的母线垂直于 $xOz$ 面，求柱面 $S$ 的方程.

**解** 把 $y=z-x$ 代入 $x^2+2y^2+z^2=8$，得

$$x^2+2(z-x)^2+z^2=8,$$

即

$$3x^2-4xz+3z^2=8.$$

**例 5** 旋转曲面 $\frac{x^2}{4}+\frac{y^2}{9}+\frac{z^2}{4}=1$ 是由__________绕 $y$ 轴旋转而成的.

**解** $\begin{cases}\frac{x^2}{4}+\frac{y^2}{9}=1\\ z=0\end{cases}$ 或 $\begin{cases}\frac{y^2}{9}+\frac{z^2}{4}=1\\ x=0\end{cases}$.

**例 6** 求椭圆 $\begin{cases}x^2+y^2=9\\ x+y+z=0\end{cases}$ 的两个半轴的长度及椭圆面积.

**解** 椭圆中心 $O(0,0,0)$，

柱面与 $xOy$ 面的交线：$\begin{cases}x^2+y^2=9\\ z=0\end{cases}$，

$x+y+z=0$ 与 $xOy$ 面的夹角：$\cos\theta=\frac{1}{\sqrt{3}}$，

$OA=3$ 为半短轴，半长轴：$OB=\frac{OA}{\cos\theta}=3\sqrt{3}$，

椭圆面积：$S=\pi\cdot OA\cdot OB=9\sqrt{3}\pi$.

**例 7** 求以直线 $l$：$\frac{x-1}{2}=\frac{y}{-1}=\frac{z+1}{1}$ 为对称轴，半径等于 3 的圆柱面方程.

**解**　$A(1, 0, -1)$，$\boldsymbol{s}=(2, -1, 1)$，
在圆柱面上任取一点 $P(x, y, z)$，所求圆柱面就是到直线 $l$ 的距离等于3的点的集合，于是

$$d=\frac{|\overrightarrow{AP}\times\boldsymbol{s}|}{|\boldsymbol{s}|}=\frac{|(x-1, y, z+1)\times(2, -1, 1)|}{\sqrt{6}}=3,$$

于是所求柱面方程为

$$(y+z+1)^2+(2z-x+3)^2+(x+2y-1)^2=54.$$

# 第三节　平面与直线方程

## 一、内容提要

1. 平面方程的各种形式

（1）点法式：$A(x-x_0)+B(y-y_0)+C(z-z_0)=0$，
其中$(A, B, C)$是平面的法向量 $\boldsymbol{n}$，$(x_0, y_0, z_0)$是平面上一点.

（2）一般式：$Ax+By+Cz+D=0$

具有特殊位置的平面：

①过原点的平面　$Ax+By+Cz=0$.

②平行于坐标轴的平面

平行于 $x$ 轴的平面　$By+Cz+D=0$，

平行于 $y$ 轴的平面　$Ax+Cz+D=0$，

平行于 $z$ 轴的平面　$Ax+By+D=0$.

③过坐标轴的平面

过 $x$ 轴的平面　$By+Cz=0$，

过 $y$ 轴的平面　$Ax+Cz=0$，

过 $z$ 轴的平面　$Ax+By=0$.

④平行于坐标面的平面

平行于 $xOy$ 面的平面　$Cz+D=0$，

平行于 $yOz$ 面的平面　$Ax+D=0$，

平行于 $xOz$ 面的平面　$By+D=0$.

（3）截距式：$\dfrac{x}{a}+\dfrac{y}{b}+\dfrac{z}{c}=1$

已知在三坐标轴的截距时用截距式，但过原点或在某一坐标轴上截距为0的不能用截距式.

（4）三点式

2. 点面距离

点 $P(x_0, y_0, z_0)$到平面 $\pi$：$Ax+By+Cz+D=0$ 的距离为

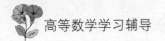

$$d=\frac{|Ax_0+By_0+Cz_0+D|}{\sqrt{A^2+B^2+C^2}}.$$

3. 直线方程的各种形式

（1）标准式：$\dfrac{x-x_0}{m}=\dfrac{y-y_0}{n}=\dfrac{z-z_0}{p}$，

其中$(m, n, p)$是直线的方向向量，$(x_0, y_0, z_0)$是直线上一点；

（2）参数式：$\begin{cases}x=x_0+tm\\ y=y_0+tn,\\ z=z_0+tp\end{cases}$

参数式常用于求直线与平面的交点；

（3）一般式：$\begin{cases}A_1x+B_1y+C_1z+D_1=0\\ A_2x+B_2y+C_2z+D_2=0\end{cases}$，

从两平面的交线可得到直线方程的一般式，一般式中两平面法向量的向量积即是直线的方向向量.

（4）两点式

4. 平面间的位置关系

设$\pi_1$：$A_1x+B_1y+C_1z+D_1=0$，

$\pi_2$：$A_2x+B_2y+C_2z+D_2=0$，

法向量分别为：$\boldsymbol{n}_1=(A_1, B_1, C_1)$，$\boldsymbol{n}_2=(A_2, B_2, C_2)$.

规定两平面间的交角$\theta$是指法向量的夹角中的锐角，

$$\cos\theta=\frac{|\boldsymbol{n}_1\cdot\boldsymbol{n}_2|}{|\boldsymbol{n}_1||\boldsymbol{n}_2|}.$$

$$\pi_1\perp\pi_2\Leftrightarrow\boldsymbol{n}_1\cdot\boldsymbol{n}_2=0;$$

$$\pi_1/\!/\pi_2\Leftrightarrow\frac{A_1}{A_2}=\frac{B_1}{B_2}=\frac{C_1}{C_2}\neq\frac{D_1}{D_2};$$

$$\pi_1\text{ 与 }\pi_2\text{ 重合}\Leftrightarrow\frac{A_1}{A_2}=\frac{B_1}{B_2}=\frac{C_1}{C_2}=\frac{D_1}{D_2}.$$

5. 直线间的位置关系

设直线$l_1$：$\dfrac{x-x_1}{m_1}=\dfrac{y-y_1}{n_1}=\dfrac{z-z_1}{p_1}$，和直线$l_2$：$\dfrac{x-x_2}{m_2}=\dfrac{y-y_2}{n_2}=\dfrac{z-z_2}{p_2}$，其方向向量分别为$\boldsymbol{s}_1=(m_1, n_1, p_1)$，$\boldsymbol{s}_2=(m_2, n_2, p_2)$.

规定直线间的交角$\theta$是指方向向量的夹角中的锐角，

$$\cos\theta = \frac{|\boldsymbol{s}_1 \cdot \boldsymbol{s}_2|}{|\boldsymbol{s}_1||\boldsymbol{s}_2|}.$$

则有　$l_1 \perp l_2 \Leftrightarrow \boldsymbol{s}_1 \cdot \boldsymbol{s}_2 = 0$；

$$l_1 /\!/ l_2 \Leftrightarrow m_1 : n_1 : p_1 = m_2 : n_2 : p_2 \neq (x_2 - x_1) : (y_2 - y_1) : (z_2 - z_1);$$

$l_1$ 与 $l_2$ 重合

$$\Leftrightarrow m_1 : n_1 : p_1 = m_2 : n_2 : p_2 = (x_2 - x_1) : (y_2 - y_1) : (z_2 - z_1)$$

6. 平面与直线间的位置关系

设直线 $l$：$\frac{x - x_0}{m} = \frac{y - y_0}{n} = \frac{z - z_0}{p}$，和平面 $\pi$：$Ax + By + Cz + D = 0$，

直线 $l$ 的方向向量为 $\boldsymbol{s} = (m, n, p)$，平面 $\pi$ 的法向量为：$\boldsymbol{n} = (A, B, C)$.

直线 $l$ 与平面 $\pi$ 的夹角 $\varphi$ 是指直线 $l$ 与它在平面 $\pi$ 上的投影直线之间的夹角中的锐角，

$$\sin\varphi = \frac{|\boldsymbol{n} \cdot \boldsymbol{s}|}{|\boldsymbol{n}||\boldsymbol{s}|}.$$

$l /\!/ \pi \Leftrightarrow Am + Bn + Cp = 0$，且 $Ax_0 + By_0 + Cz_0 + D \neq 0$；

$l \perp \pi \Leftrightarrow \frac{A}{m} = \frac{B}{n} = \frac{C}{p}$；

$l$ 在 $\pi$ 上 $\Leftrightarrow Am + Bn + Cp = 0$ 且 $Ax_0 + By_0 + Cz_0 + D = 0$.

7. 平面束

（1）空间中过同一直线的所有平面的集合叫有轴平面束，这条直线叫平面束的轴.

以 $l$：$\begin{cases} A_1x + B_1y + C_1z + D_1 = 0 \\ A_2x + B_2y + C_2z + D_2 = 0 \end{cases}$ 为轴的有轴平面束的方程为

$$A_1x + B_1y + C_1z + D_1 + \lambda(A_2x + B_2y + C_2z + D_2) = 0.$$

（2）空间中平行于同一平面的所有平面的集合叫平行平面束，以平面 $Ax + By + Cz + D = 0$ 平行的平行平面束的方程为 $Ax + By + Cz + \lambda = 0$.

**二、重点、难点分析**

1. 平面方程

在平面方程的各种形式中，点法式是求解平面问题的基础，其中求出平面的法向量是非常关键的，线面的垂直、平行等条件，或求经过不共线三点的平面都可转化为对平面法向量的求解.

2. 直线方程

在求解直线方程时点与方向向量的确定是关键，直线的标准式、两点式和参数式都可以从确定直线的点与方向着手. 已知点与方向向量时用标准式，参数式常用于求直线与平面的交点.

3. 平面直线间的夹角及相互位置关系

4. 利用平面束解决问题

**三、典型例题**

**例 1** 设一平面过 $x$ 轴及点 $M(4, -3, -1)$，求该平面的方程.

**解** 因为平面过 $x$ 轴，故可设平面的方程为

$$By + Cz = 0,$$

又该平面过 $M(4, -3, -1)$，把 $M$ 的坐标代入，得

$$C = -3B,$$

因此，该平面的方程为
$$y - 3z = 0.$$

**例 2** 平面 $\pi$ 过点 $P(2, 1, 1)$，且在 $x$ 轴和 $y$ 轴上的截距为 2 和 1，求平面 $\pi$ 的方程.

**解** 设平面 $\pi$ 在 $z$ 轴的截距为 $c$，由截距式方程，有

$$\frac{x}{2} + \frac{y}{1} + \frac{z}{c} = 1,$$

又平面 $\pi$ 过 $P(2, 1, 1)$，代入上式，得 $c = -1$，

故平面 $\pi$ 的方程为
$$\frac{x}{2} + \frac{y}{1} + \frac{z}{-1} = 1,$$

或
$$x + 2y - 2z - 2 = 0.$$

**例 3** 求过点 $P(0, 1, 2)$ 且与平面 $x + y - 3z + 1 = 0$ 垂直的直线方程.

**解** 直线的方向向量 $\boldsymbol{s} = \boldsymbol{n} = (1, 1, -3)$，故所求直线方程为

$$\frac{x}{1} = \frac{y-1}{1} = \frac{z-2}{-3}.$$

**例 4** 求过点 $P(1, 2, -1)$ 且与直线 $L$：$\begin{cases} 2x - 3y + z = 5 \\ 3x + y - 2z = 4 \end{cases}$ 垂直的平面方程.

**解** 直线的方向向量为 $\boldsymbol{s} = (2, -3, 1) \times (3, 1, -2) = (5, 7, 11)$，即所求平面的法向量 $\boldsymbol{n} = (5, 7, 11)$，由平面方程的点法式，

$$5(x-1) + 7(y-2) + 11(z+1) = 0,$$

即
$$5x + 7y + 11z = 8.$$

**例 5** 求两平行平面 $\pi_1$：$x - 2y + z = 3$ 与 $\pi_2$：$x - 2y + z = -2$ 的距离.

**解** 在 $\pi_1$ 上任取点 $P(0, 0, 3)$，则 $P$ 到 $\pi_2$ 的距离为

$$d=\frac{3+2}{\sqrt{1+(-2)^2+1}}=\frac{5}{\sqrt{6}},$$

故两平行平面的距离为$\frac{5}{\sqrt{6}}$.

**例 6**　求原点 $O$ 关于平面 $3x+y-2z=-7$ 对称点 $P$ 的坐标.

**【分析】**　由题意，$\overrightarrow{OP}$与该平面的法向量 $\boldsymbol{n}=(3,\ 1,\ -2)$共线，因此它们可以线性表示，且$\overrightarrow{OP}$的中点 $Q$ 在该平面上.

**解**　设 $P(x,\ y,\ z)$，由题意，$\overrightarrow{OP}=\lambda\boldsymbol{n}$，即

$$(x,\ y,\ z)=\lambda(3,\ 1,\ -2).$$

得

$$x=3\lambda,\ y=\lambda,\ z=-2\lambda,$$

$\overrightarrow{OP}$的中点 $Q$ 的坐标为

$$x_0=\frac{3}{2}\lambda,\ y_0=\frac{\lambda}{2},\ z_0=-\lambda,$$

代入平面方程，

$$\frac{9}{2}\lambda+\frac{\lambda}{2}+2\lambda=-7,$$

得

$$\lambda=-1,$$

因此 $P$ 的坐标为$(-3,\ -1,\ 2)$.

**例 7**　判断直线与平面的相关位置，若相交求其交点和交角.

(1) $\frac{x-3}{-2}=\frac{y+4}{-7}=\frac{z}{3}$和 $2x-y-z=0$;

(2) $\frac{x}{-1}=\frac{y-1}{1}=\frac{z-1}{2}$ 和 $2x+y-z-3=0$.

**解**　(1) $\boldsymbol{s}=(-2,\ -7,\ 3)$，$\boldsymbol{n}=(2,\ -1,\ -1)$，

$\boldsymbol{n}\cdot\boldsymbol{s}=0$，且点$(3,\ -4,\ 0)$不在平面上，故直线平行于平面.

(2) $\boldsymbol{s}=(-1,\ 1,\ 2)$，$\boldsymbol{n}=(2,\ 1,\ -1)$，

$\boldsymbol{n}\cdot\boldsymbol{s}\neq 0$，故直线和平面相交，且 $\sin\varphi=\frac{1}{2}$，$\varphi=\frac{\pi}{6}$，

把直线方程写成参数式为$\begin{cases}x=-t\\ y=1+t\\ z=1+2t\end{cases}$代入平面方程，得：$t=-1$，交点为$(1,\ 0,\ -1)$.

**例 8**　已知直线 $l_1$：$\frac{x-1}{1}=\frac{y+1}{2}=\frac{z}{-1}$和 $l_2$：$\frac{x+1}{2}=\frac{y-3}{-1}=\frac{z-4}{-2}$.

(1) 求过直线 $l_1$ 且与 $l_2$ 平行的平面方程；

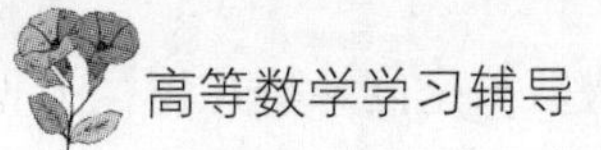


(2) 证明：$l_1$，$l_2$ 异面.

(1) 解　$l_1$：$A(1, -1, 0)$，$s_1=(1, 2, -1)$，$s_2=(2, -1, -2)$，

$$n=s_1\times s_2=(-5, 0, -5)=-5(1, 0, 1),$$

平面方程为：

$$x-1+z=0.$$

(2) 证明 $l_1$：$A(1, -1, 0)$，$s_1=(1, 2, -1)$，

$l_2$：$B(-1, 3, 4)$，$s_2=(2, -1, -2)$，$\overrightarrow{AB}=(-2, 4, 4)$，

$$(s_1, s_2, \overrightarrow{AB})=\begin{vmatrix}1 & 2 & -1\\ 2 & -1 & -2\\ -2 & 4 & 4\end{vmatrix}=-10\neq 0,\text{ 故 } l_1,\ l_2 \text{ 异面.}$$

**例 9**　设 $M_0$ 是直线 $L_0$ 外一点，$M$ 为直线 $L_0$ 上一点，试证：点 $M_0$ 到直线 $L_0$ 的距离为：$d=\dfrac{|\overrightarrow{M_0M}\times s|}{|s|}$（$s$ 为直线 $L_0$ 的方向向量）.

**解**　以 $M$ 为平行四边形的一顶点，$\overrightarrow{M_0M}$为一边，作$\overrightarrow{M_0P}=s$ 为邻边作平行四边形，则点 $M_0$ 到直线 $L_0$ 的距离 $d$ 就是 $s$ 边上的高，

$$S=d\times|s|=|\overrightarrow{M_0M}\times s|,$$

移项即得.

**例 10**　已知点 $M(2, 1, -5)$，直线 $l_0$：$\dfrac{x+1}{3}=\dfrac{y-1}{2}=\dfrac{z}{-1}$.

(1) 求过点 $M$ 且与直线 $l_0$ 垂直相交的直线方程；

(2) 求点 $M$ 到直线 $l_0$ 的距离；

(3) 求点 $M$ 关于直线 $l_0$ 的对称点的坐标.

**解**　(1) 过点 $M$ 且与直线 $l_0$ 垂直的平面 $\pi$ 的方程为

$$3(x-2)+2(y-1)-(z+5)=0,$$

即 $3x+2y-z=13$，

已知直线 $l_0$ 的参数方程：$x=-1+3t$，$y=1+2t$，$z=-t$，

代入平面方程，得 $t=1$，直线和平面的交点，即垂足 $N(2, 3, -1)$

所求直线的方向向量$\overrightarrow{MN}=(0, 2, 4)$，

所求直线方程 $$\frac{x-2}{0}=\frac{y-1}{1}=\frac{z+5}{2}.$$

(2) 解法一　$d=|\overrightarrow{MN}|=2\sqrt{5}$.

解法二　利用例 9 的结论，在直线 $l_0$ 上取一点 $M_0(-1, 1, 0)$，

$$\overrightarrow{M_0M}=(3, 0, -5),\ s=(3, 2, -1),\ |s|=\sqrt{14},$$

$$\overrightarrow{M_0M}\times s=(10, -12, 6),$$

$$d=\frac{|\overrightarrow{M_0M}\times \boldsymbol{s}|}{|\boldsymbol{s}|}=\frac{\sqrt{280}}{\sqrt{14}}=2\sqrt{5}.$$

（3）点 $M$ 关于直线 $l_0$ 的对称点的坐标 $M'(2,5,3)$.

**例 11**　求过直线 $l$：$\begin{cases}2x+y+z=6\\x-y-z=0\end{cases}$ 且与球面 $x^2+y^2+z^2=4$ 相切的平面方程.

**【分析】**　在过直线的所有平面中找一个与球心距离为 2 的平面.

**解**　过直线 $l$ 的平面束方程为

$$2x+y+z-6+\lambda(x-y-z)=0,$$

即

$$(2+\lambda)x+(1-\lambda)y+(1-\lambda)z-6=0,$$

此平面与球面相切，故球心到该平面的距离为 2，即

$$d=\frac{6}{\sqrt{(2+\lambda)^2+(1-\lambda)^2+(1-\lambda)^2}}=2,$$

解之，得

$$\lambda=\pm 1,$$

故所求平面方程为

$$x=2 \text{ 或 } x+2y+2z=6$$

**例 12**　已知入射光线的方程为 $l$：$\frac{x-1}{4}=\frac{y-1}{3}=\frac{z-2}{1}$，求该光线经平面 $\pi$：$x+2y+5z+17=0$ 反射后的反射光线的方程.

**【分析】**　求直线关于平面的对称直线，需先确定已知直线上不同的两点，然后求出这两点关于平面的对称点，过这两对称点的直线即为所求直线.

**解**　将直线 $l$ 的方程化为参数式，得

$$x=4t+1,\ y=3t+1,\ z=t+2,$$

代入平面 $\pi$ 的方程得　$t=-2$,

直线 $l$ 与平面 $\pi$ 的交点 $P$ 为 $(-7,-5,0)$，

取 $Q(1,1,2)\in l$，过 $Q$ 且垂直于平面 $\pi$ 的直线 $l_1$ 的方程为

$$\frac{x-1}{1}=\frac{y-1}{2}=\frac{z-2}{5},$$

直线 $l_1$ 与平面 $\pi$ 的交点 $M$ 为 $(0,-1,-3)$.

设 $Q$ 关于平面 $\pi$ 的对称点 $N(x,y,z)$，由坐标的中点公式，得

$$\frac{x+1}{2}=0,\ \frac{y+1}{2}=-1,\ \frac{z+2}{2}=-3,$$

解得 $N(-1,-3,-8)$，$\overrightarrow{PN}=(6,2,-8)=2(3,1,-4)$，

过 $P$，$N$ 的直线方程(即所求反射线)为　$\frac{x+7}{3}=\frac{y+5}{1}=\frac{z}{-4}$.

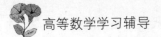

**例 13** 求过点 $A(-1, 0, 4)$，且平行于平面 $\pi$：$3x-4y+z=10$，且与直线 $l_0$：$\dfrac{x+1}{1}=\dfrac{y-3}{1}=\dfrac{z}{2}$ 相交的直线方程.

解法一　设所求直线的方向向量 $\boldsymbol{s}=(m, n, p)$，已知直线 $l_0$ 上一点 $B(-1, 3, 0)$，方向向量 $\boldsymbol{s}_1=(1, 1, 2)$，平面 $\pi$ 的法向量 $\boldsymbol{n}=(3, -4, 1)$，由题意：

$$\boldsymbol{s}\cdot\boldsymbol{n}=3m-4n+p=0,$$

$$(\boldsymbol{s}, \overrightarrow{AB}, \boldsymbol{s}_0)=\begin{vmatrix} m & n & p \\ 0 & 3 & -4 \\ 1 & 1 & 2 \end{vmatrix}=10m-4n-3p=0,$$

解得
$$m=\frac{4}{7}p,\ n=\frac{19}{28}p,\qquad \boldsymbol{s}=(16, 19, 28),$$

所求直线方程为
$$\frac{x+1}{16}=\frac{y}{19}=\frac{z-4}{28}.$$

解法二　设 $C=(x_0, y_0, z_0)$ 为两直线交点，则 $\dfrac{x_0+1}{1}=\dfrac{y_0-3}{1}=\dfrac{z_0}{2}=t$,

$$x_0=-1+t,\ y_0=3+t,\ z=2t,$$

$$\boldsymbol{s}=\overrightarrow{AC}=(x_0+1, y_0, z_0-4)=(t, 3+t, 2t-4),$$

$$\boldsymbol{s}\cdot\boldsymbol{n}=t-16=0,\ t=16,\ \boldsymbol{s}=(16, 19, 28),$$

所求直线方程为
$$\frac{x+1}{16}=\frac{y}{19}=\frac{z-4}{28}.$$

**例 14** 求过两平面 $x+5y+z=0$，$x-z+4=0$ 的交线，且与平面 $x-4y-8z+12=0$ 的夹角为 $\dfrac{\pi}{4}$ 的平面方程.

**解**　过两平面交线的平面束：$(x+5y+z)+\lambda(x-z+4)=0$，

即
$$(1+\lambda)x+5y+(1-\lambda)z+4\lambda=0,$$

法向量
$$\boldsymbol{n}=(1+\lambda, 5, 1-\lambda),\ \boldsymbol{n}_0=(1, -4, -8),$$

$$\cos\frac{\pi}{4}=\frac{|\boldsymbol{n}\cdot\boldsymbol{n}_0|}{|\boldsymbol{n}||\boldsymbol{n}_0|}=\frac{|1+\lambda-20-8+8\lambda|}{9\sqrt{(1+\lambda)^2+25+(1-\lambda)^2}},$$

$$\frac{1}{\sqrt{2}}=\frac{|\lambda-3|}{\sqrt{2\lambda^2+27}},\ 2\lambda^2+27=2(\lambda^2-6\lambda+9),\ \lambda=-\frac{3}{4},$$

注意，$x-z+4=0$ 也满足要求，所求平面方程为：

$$x+20y+7z=12，或者\ x-z+4=0.$$

**向量代数与空间解析几何能力矩阵**

| 数学能力 | 后续数学课程学习能力 | 专业课程学习能力<br>（应用创新能力） |
| --- | --- | --- |
| ①空间直角坐标系，向量在轴上的投影，向量的混合积，球面，柱面，锥面，旋转曲面，投影曲线，投影柱面，二次曲面的截痕法等培养学生的空间想象能力；<br>②用坐标进行向量的线性运算，方向余弦，两向量的夹角，向量在轴上的投影，向量的数量积，向量的向量积，向量的混合积，平面方程，点到平面的距离，直线方程，平面与平面的夹角，直线与直线的夹角，直线与平面间的夹角，直线与平面间的交点等培养学生的运算能力；<br>③向量的概念及线性运算，向量的向量积，平面与平面，直线与直线，直线与平面间的位置关系，投影曲线，投影柱面，二次曲面的截痕法等培养学生的几何直观能力；<br>④向量的线性运算，平面方程，直线方程，平面与直线间的位置关系，旋转曲面等培养学生的逻辑推理能力；<br>⑤向量的坐标，向量的数量积，向量的向量积，向量的混合积等培养学生的抽象思维能力；<br>⑥向量的向量积，向量的混合积，平面方程的各种形式，直线方程的各种形式，平面与平面，直线与直线，直线与平面间的各种位置关系等培养学生的综合分析能力. | ①梯度；工程数学中矢性函数的极限与连续，导数与微分，导矢的几何意义；线性代数中的行(列)向量等都用到了向量的概念.<br>②线性代数中向量空间、线性空间、欧式空间源于几何空间.<br>③线性代数中向量组的线性相关线性无关性源于两向量共线、三向量共面.<br>④柱坐标系，球坐标系；工程数学中的曲线坐标，正交曲线坐标；线性空间的基坐标源于仿射坐标系、坐标；正交变换源于直角坐标变换；标准正交基源于直角坐标系；向量组的秩源于空间的维数.<br>⑤线性代数中线性变换源于坐标旋转.<br>⑥线性代数中的范数、夹角源于向量的模、夹角.<br>⑦第二类曲线曲面积分的定义；计算通量与散度；线性代数中两 $n$ 维向量的点积都用到了数量积的概念.<br>⑧计算环量与旋度用到了向量积的概念.<br>⑨空间曲面的切平面与法线；空间曲线的切线与法平面；工程数学的复平面，平面向量场，平面流速场，等值线，等值面都用到了平面与直线；线性代数中子空间源于过原点的直线平面.<br>⑩多元函数的定义域，几何意义；偏导数的几何意义；空间曲面的切平面与法线；空间曲线的切线与法平面；多元积分学中二重、三重积分，曲面积分曲线积分的积分区域，曲面面积，立体体积；Gauss 公式、Stokes 公式；工程数学的复球面；向量场的矢量面、矢量线等都用到了空间曲面与空间曲线；线性代数中 $n$ 元二次型源于二次曲线、二次曲面. | ①向量：物理学中质点的位移、速度、加速度；力学中质点受力；计算流体力学中速度、旋度等都用到了向量的概念.<br>②物理学中直角坐标系、平面极坐标系、球坐标系、柱坐标系，参照系的选择，伽利略坐标变换等都用到了空间坐标系.<br>③力学中质点系动量矩定理；工程制图中的射影法等都用到了投影.<br>④力学中力做功，动能定理，虚位移原理；物理学中麦克斯韦方程组的积分形式；模式识别中的核方法；计算机图形学常用来进行方向性判断，如两向量点积大于 0，则它们的方向朝向相近；如果小于 0，则方向相反等都用到了数量积.<br>⑤力学中求力矩；流体力学中计算单元面积；光学和计算机图形学中求物体光照相关问题；物理学中角动量为到原点的位移和动量的叉积；变化的电场产生磁场 $\boldsymbol{\nabla}\times\boldsymbol{H}=\boldsymbol{\delta}+\frac{\partial\boldsymbol{D}}{\partial t}$；变化的磁场产生电场 $\boldsymbol{S}=\boldsymbol{E}\times\boldsymbol{H}$；安培定律：$\int_L L\mathrm{d}\boldsymbol{l}\times\boldsymbol{B}$，满足右手法则；真空电磁波的辐射强度，坡印廷矢量：$\boldsymbol{S}=\boldsymbol{E}\times\boldsymbol{H}$；等都用到了向量积.<br>⑥物理学中的电动势 $\int_b^a(\boldsymbol{\upsilon}\times\boldsymbol{B})\cdot\mathrm{d}l$；流体力学中计算单元的体积等都用到混合积.<br>⑦物理学中理想气体的等温线；建筑设计中房屋道路桥梁隧道；工程制图中的二次曲面，不规则曲面，齿廓：渐开线，非圆曲线，都是一些空间曲面及空间曲线. |

## 自测题（一）

一、填空题(每题5分，共30分)

**1.** 设$|\boldsymbol{a}|=1$，$|\boldsymbol{b}|=2$，$\angle(\boldsymbol{a},\boldsymbol{b})=\frac{\pi}{3}$，$\boldsymbol{p}=2\boldsymbol{a}+\boldsymbol{b}$，$\boldsymbol{q}=\boldsymbol{a}-\boldsymbol{b}$，则$\boldsymbol{p}\cdot\boldsymbol{q}=$__________.

**2.** 已知$|\boldsymbol{a}|=4$，$|\boldsymbol{b}|=2$，$|\boldsymbol{a}-\boldsymbol{b}|=2\sqrt{7}$，则$\angle(\boldsymbol{a},\boldsymbol{b})=$__________.

**3.** 一向量的终点坐标是(2，1，6)，它在$x$，$y$，$z$轴的投影依次为4，$-4$，7，该向量起点的坐标是__________.

**4.** 点(7，2，$-1$)到平面$2x-3y-6z+7=0$的距离为__________.

**5.** 两平面$x+y-11=0$，$3x+8=0$的交角为__________.

**6.** 空间曲线$L$：$\begin{cases}z=x^2+2y^2\\z=2-x^2\end{cases}$在$yOz$面的投影曲线为__________.

二、(10分)设$|\boldsymbol{a}|=5$，$|\boldsymbol{b}|=2$，$\angle(\boldsymbol{a},\boldsymbol{b})=\frac{\pi}{3}$，求

(1) $|(2\boldsymbol{a}-3\boldsymbol{b})\times(\boldsymbol{a}+2\boldsymbol{b})|$；

(2) $|2\boldsymbol{a}-3\boldsymbol{b}|$.

三、(10分)求过原点且平行于两平面$x+y+z=10$，$x+2y+4z=3$的直线方程.

四、(10分)求过$P(1，0，2)$，$Q(-1，3，1)$，且平行于直线$L$：$\begin{cases}x-3y-5=0\\2y-z+3=0\end{cases}$的平面方程.

五、(10分)设直线$l$过点($-1$，2，3)，且垂直于直线$\frac{x}{4}=\frac{y}{5}=\frac{z}{6}$且平行于平面$7x+8y+9z+10=0$，求直线$l$的方程.

六、(10分)求平行于平面$3x-6y+2z=1$且与三坐标面所围四面体体积为1的平面方程.

七、(10分)求过点$A(3，1，-2)$且通过直线$\frac{x-4}{5}=\frac{y+3}{2}=\frac{z}{1}$的平面方程.

八、(10分)求$\begin{cases}x^2-3y=0\\z=0\end{cases}$绕$x$轴旋转的旋转曲面方程；绕$y$轴旋转的旋转曲面方程.

# 自测题（二）

**一、填空题**(每题 5 分，共 30 分)

**1.** 设 $\boldsymbol{a}$，$\boldsymbol{b}$，$\boldsymbol{c}$ 是三个单位向量，且 $\angle(\boldsymbol{a},\boldsymbol{b})=\frac{\pi}{2}$，$\angle(\boldsymbol{b},\boldsymbol{c})=\angle(\boldsymbol{a},\boldsymbol{c})=\frac{\pi}{3}$，则 $|\boldsymbol{a}+\boldsymbol{b}+\boldsymbol{c}|=$__________.

**2.** $\begin{cases}x-3y-8=0\\4y+z+5=0\end{cases}$ 和平面 $x+y+z=3$ 的位置关系是__________.

**3.** 已知四面体 $ABCD$ 的顶点坐标为 $A(0,0,0)$，$B(6,0,6)$，$C(4,3,0)$，$D(2,-1,3)$，则该四面体的体积 $V_{ABCD}=$__________.

**4.** 点 $A(3,-1,2)$ 到直线 $\begin{cases}x+y-z+1=0\\2x-y+z-4=0\end{cases}$ 的距离为__________.

**5.** 若点 $P(2,-1,-1)$ 关于平面 $\pi$ 的对称点为 $Q(-2,3,11)$，则平面 $\pi$ 的方程为__________.

**6.** 设 $\boldsymbol{a}$，$\boldsymbol{b}$ 为非零向量，$|\boldsymbol{b}|=2$，$\angle(\boldsymbol{a},\boldsymbol{b})=\frac{\pi}{3}$，则 $\lim\limits_{x\to 0}\frac{|\boldsymbol{a}+x\boldsymbol{b}|-|\boldsymbol{a}|}{x}=$__________.

**二、**(10 分)求过直线 $\frac{x-1}{2}=\frac{y+2}{3}=\frac{z+3}{4}$，且平行于直线 $\frac{x}{1}=\frac{y}{1}=\frac{z}{1}$ 的平面方程.

**三、**(10 分)直线 $l$ 过平面 $\pi$：$3x-4y+z+7=0$ 和直线 $l_1$：$\begin{cases}x-3y+12=0\\2y-z-6=0\end{cases}$ 的交点 $M$，且 $l$ 在已知平面 $\pi$ 上，又垂直于直线 $l_1$，求 $l$ 的方程.

**四、**(10 分)在 $xOy$ 面内求过原点，且与直线 $\frac{x-2}{3}=\frac{y+1}{-2}=\frac{z-5}{1}$ 垂直的直线方程.

**五、**(10 分)已知球面过点 $(0,-3,1)$，且与 $xOy$ 面交于圆周 $\begin{cases}x^2+y^2=16\\z=0\end{cases}$，试求该球面的方程.

**六、**(10 分)设一平面垂直于 $z=0$，且过点 $P(1,-1,1)$ 到直线 $l$：$\begin{cases}x=0\\y-z+1=0\end{cases}$ 的垂线，求它的方程.

**七、**(10 分)求直线 $l_0$：$\frac{x-1}{1}=\frac{y}{1}=\frac{z-1}{-1}$ 在平面 $\pi_0$：$x-y+2z=1$ 上的投影直

线 $l$ 的方程，并求 $l$ 绕 $y$ 轴旋转一周所成曲面的方程.

八、(10 分)计算两直线 $\frac{x+3}{4}=\frac{y-6}{-3}=\frac{z-3}{2}$，$\frac{x-4}{8}=\frac{y+1}{-3}=\frac{z+7}{3}$ 的距离.

# 自测题答案

**自测题（一）**

**一、填空题**

**1.** $-3$；　**2.** $\frac{2}{3}\pi$；　**3.** $(-2, 5, -1)$；

**4.** $3$；　**5.** $\frac{\pi}{4}$；　**6.** $\begin{cases} z=1+y^2 \\ x=0 \end{cases}$.

二、(1) $35\sqrt{3}$，(2) $76$

三、$\frac{x}{2}=\frac{y}{-3}=\frac{z}{1}$.

四、$7x+y-11z+15=0$.

五、$\frac{x+1}{1}=\frac{y-2}{-2}=\frac{z-3}{1}$.

六、$3x-6y+2z\pm 6=0$.

七、$8x-9y-22z=59$.

八、绕 $x$ 轴　$x^2\pm 3\sqrt{y^2+z^2}=0$，绕 $y$ 轴　$x^2+z^2=3y$.

**自测题(二)**

**一、填空题**

**1.** $\sqrt{5}$；　**2.** 直线在平面上；　**3.** $1$；

**4.** $\frac{3}{\sqrt{2}}$；　**5.** $x-y-3z+16=0$；　**6.** $1$.

二、$x-2y+z=2$.

三、$\frac{x-3}{3}=\frac{y-5}{1}=\frac{z-4}{-5}$.

四、$\frac{x}{2}=\frac{y}{3}=\frac{z}{0}$.

五、$x^2+y^2+(z+3)^2=25$.

六、解：由题意设平面方程为 $Ax+By+D=0$，垂足 $Q$ 的坐标为 $(x, y, z)$，直线 $l$ 的方向向量为 $(1, 0, 0)\times(0, 1, -1)=(0, 1, 1)$，

$$\overrightarrow{PQ}=(x-1,\ y+1,\ z-1),\ 由\overrightarrow{PQ}\perp l,\ 得\ y+z=0,$$

$Q$ 又在直线 $l$ 上，得垂足 $Q\left(0,\ -\frac{1}{2},\ \frac{1}{2}\right)$，$P$，$Q$ 在平面上，得平面方程为 $x+2y+1=0$

**七、解**：$l_0$ 的一般式：$\begin{cases}x-y-1=0\\ y+z-1=0\end{cases}$，过 $l_0$ 的平面束方程为

$$x-y-1+\lambda(y+z-1)=0,\ 即\ x+(\lambda-1)y+\lambda z-(\lambda+1)=0,$$

投影直线在与平面 $\pi_0$ 垂直的平面上，故两法向量垂直，

$$\boldsymbol{n}_0\cdot\boldsymbol{n}=(1,\ \lambda-1,\ \lambda)\cdot(1,\ -1,\ 2)=0,\ \lambda=-2,\ x-3y-2z+1=0,$$

投影直线的方程：$\begin{cases}x-3y-2z+1=0\\ x-y+2z-1=0\end{cases}$.

在旋转曲面上任取一点 $P(x,\ y,\ z)$，过 $P$ 作平面 $\pi$ 垂直于 $y$ 轴，$\pi$ 与 $y$ 轴交于 $Q(0,\ y,\ 0)$，$\pi$ 与 $l$ 交于 $P_0(x_0,\ y,\ z_0)$，则 $|PQ|=|P_0Q|$，即 $x^2+z^2=x_0^2+z_0^2$，又 $P_0$ 在投影直线 $l$ 上，即：$x_0=2y$，$z_0=\frac{1-y}{2}$，代入得旋转曲面方程

$$4x^2-17y^2+4z^2+2y=1$$

**八、解**：因为 $\boldsymbol{s}_1=\{4,\ -3,\ 2\}$，$\boldsymbol{s}_2=\{8,\ -3,\ 3\}$，所以 $\boldsymbol{s}_1$ 不平行 $\boldsymbol{s}_2$，两直线上已知点 $M_0(-3,\ 6,\ 3)$，$M_1(4,\ -1,\ -7)$，$\overrightarrow{M_0M_1}=\{7,\ -7,\ -10\}$，由于 $[\boldsymbol{s}_1,\ \boldsymbol{s}_2,\ \overrightarrow{M_0M_1}]=\begin{vmatrix}4&-3&2\\8&-3&3\\7&-7&-10\end{vmatrix}=-169\neq0$，所以两直线异面. 过点 $M_0$，$M_1$ 作以 $\boldsymbol{s}_1$，$\boldsymbol{s}_2$ 为边的平行四边形，连接对应顶点得平行六面体，所求异面直线的距离 $d$ 即为此平行六面体之高.

因为 $\boldsymbol{s}_1\times\boldsymbol{s}_2=\begin{vmatrix}\boldsymbol{i}&\boldsymbol{j}&\boldsymbol{k}\\4&-3&2\\8&-3&3\end{vmatrix}=\{-3,\ 4,\ 12\}$ 所以 $d=\frac{|(\boldsymbol{s}_1\times\boldsymbol{s}_2)\cdot\overrightarrow{M_0M_1}|}{|\boldsymbol{s}_1\times\boldsymbol{s}_2|}=\frac{|-169|}{\sqrt{3^2+4^2+12^2}}=13.$

# 第八章　多元函数微分法及应用

## 第一节　多元函数的概念

### 一、内容提要

1. 多元函数的概念

设 $D$ 是一个非空二元有序实数组的集合，如果对于每个点 $P(x, y) \in D$，按照对应法则 $f$，总有确定的 $z$ 和它对应，则称 $z$ 是变量 $x$，$y$ 的二元函数，记为 $z=f(x, y)$，其图形是一张空间曲面 $\Sigma$，其定义域 $D$ 是这张曲面 $\Sigma$ 在 $xOy$ 面的投影区域.

2. 多元函数极限的概念

设二元函数 $z=f(x, y)$ 在区域 $D$ 内有定义，点 $P_0(x_0, y_0)$ 为 $D$ 的聚点，若对 $\forall \varepsilon>0$，$\exists \delta>0$，使得对满足不等式 $0<|P_0P|=\sqrt{(x-x_0)^2+(y-y_0)^2}<\delta$ 的一切点 $P(x, y) \in D$，均有

$$|f(x, y)-A|<\varepsilon,$$

则称 $A$ 为 $f(x, y)$ 当 $x \to x_0$，$y \to y_0$ 时的极限，记为

$$\lim_{\substack{x \to x_0 \\ y \to y_0}} f(x, y)=A.$$

多元函数的极限 $\lim\limits_{P \to P_0} f(P)$（主要是二元函数的极限）

（1）同一元函数一样，$f$ 在 $P_0$ 可以无定义；

（2）与一元函数有很大的区别：$P \to P_0$ 的方式是任意的，当 $P$ 沿某特殊方式趋向 $P_0$ 时，$f(P)$ 的极限不存在；或 $P$ 沿两种特殊方式趋向 $P_0$ 时，$f(P)$ 的极限存在但不相等，则可断定此二重极限不存在.

3. 关于二元函数求极限的方法

（1）利用变量替换把二元函数极限转换成一元函数极限；

（2）可以用四则运算、夹逼准则、等价无穷小及重要极限求二元函数极限；

（3）利用二元函数的连续性求极限；

（4）利用有界函数与无穷小乘积仍为无穷小的性质求二元函数极限；

（5）不能直接用洛必达法则求二元函数的极限.

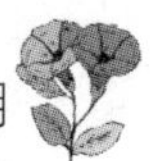

4. 多元函数连续的概念

设 $n(n\geqslant2)$ 元函数 $f(P)$ 的定义域 $D$，$P_0$ 为 $D$ 的聚点，且 $P_0\in D$，如果 $\lim\limits_{P\to P_0}f(P)=f(P_0)$，则称 $n(n\geqslant2)$ 元函数 $f(P)$ 在点 $P_0$ 连续.

若记 $\Delta u=f(P)-f(P_0)$，$f(P)$ 在点 $P_0$ 连续的定义也可表示为

$$\lim_{P\to P_0}[f(P)-f(P_0)]=\lim_{P\to P_0}\Delta u=0,$$

或

$$\lim_{\rho\to0}\Delta u=0,\text{其中 }\rho=|P_0P|.$$

5. 连续与极限的关系

若二元函数 $z=f(x,y)$ 在点 $P_0(x_0,y_0)$ 连续，则二重极限 $\lim\limits_{\substack{x\to x_0\\y\to y_0}}f(x,y)$ 存在；反之，不一定成立.

6. 有界闭区域上连续函数的性质

最大最小值定理：在有界闭区域上连续的多元函数，在该区域上必能取得最大值和最小值.

介值性定理：在有界闭区域上连续的多元函数，如果取得两个不同的函数值，则必能取得介于这两个函数值之间的任何值.

**二、重点、难点分析**

二元函数的极限与连续和一元函数的极限与连续有类似的地方，学习时要注意和一元函数极限的区别.

1. 如何判别二重极限不存在.

2. 二元函数求极限的方法，注意千万不能用洛必达法则.

3. 多元函数的连续性主要是考虑函数的极限是否存在，当极限存在且极限值等于该点函数值(即 $\lim\limits_{P\to P_0}f(P)=f(P_0)$)时，函数在该点连续. 注意分段函数在分段点的连续性要用连续定义来判别.

**三、典型例题**

**例1**　设 $f\left(x+y,\dfrac{y}{x}\right)=x^2-y^2$，求 $f(x,y)$.

**解**　令 $x+y=u$，$\dfrac{y}{x}=v$，则有：$x=\dfrac{u}{1+v}$，$y=\dfrac{uv}{1+v}$，所以

$$f(u,v)=\left(\frac{u}{1+v}\right)^2-\left(\frac{uv}{1+v}\right)^2=\frac{u^2(1-v)}{1+v},$$

即

$$f(x,y)=\frac{x^2(1-y)}{1+y}.$$

**例2**　用 $\varepsilon$-$\delta$ 定义证明：$\lim\limits_{\substack{x\to0\\y\to0}}\dfrac{xy}{\sqrt{x^2+y^2}}=0$.

**证明** 对$\forall\varepsilon>0$，取$\delta=2\varepsilon$，当$0<\sqrt{x^2+y^2}<\delta$时，

$$\left|\frac{xy}{\sqrt{x^2+y^2}}-0\right|\leqslant\frac{x^2+y^2}{2\sqrt{x^2+y^2}}=\frac{\sqrt{x^2+y^2}}{2}<\frac{\delta}{2}=\varepsilon,$$

所以
$$\lim_{\substack{x\to0\\y\to0}}\frac{xy}{\sqrt{x^2+y^2}}=0.$$

**例 3** 求极限$\lim\limits_{\substack{x\to0\\y\to1}}\dfrac{2-xy}{\sqrt{x^2+y^3}}$.

**解** $\lim\limits_{\substack{x\to0\\y\to1}}\dfrac{2-xy}{\sqrt{x^2+y^3}}=\dfrac{2-0\times1}{\sqrt{0+1^3}}=2.$

**例 4** 求极限$\lim\limits_{\substack{x\to0\\y\to0}}(1+\sin xy)^{\frac{2}{xy}}$.

**解** 令$xy=u$，则$u\to0$，

$$\lim_{\substack{x\to0\\y\to0}}(1+\sin xy)^{\frac{2}{xy}}=\lim_{u\to0}(1+\sin u)^{\frac{2}{u}}=\lim_{u\to0}(1+\sin u)^{\frac{1}{\sin u}\frac{2\sin u}{u}}=\mathrm{e}^2.$$

**例 5** 求极限$\lim\limits_{\substack{x\to0\\y\to0}}(x^2+y)\sin\dfrac{1}{x}$.

**解** 因为 $x^2+y$ 是无穷小，而$\sin\dfrac{1}{x}$为有界变量，故原式$=0$.

**例 6** 求极限$\lim\limits_{\substack{x\to+\infty\\y\to+\infty}}\dfrac{x+y}{x^2+y^2}$.

**解** $$0<\left|\frac{x+y}{x^2+y^2}\right|\leqslant\frac{|x|+|y|}{x^2+y^2}=\frac{|x|}{x^2+y^2}+\frac{|y|}{x^2+y^2}$$
$$\leqslant\frac{|x|}{x^2}+\frac{|y|}{y^2}=\frac{1}{|x|}+\frac{1}{|y|}\to0,$$

故原式$=0$.

**例 7** 求极限$\lim\limits_{\substack{x\to0\\y\to0}}\dfrac{x(y-x)}{\sqrt{x^2+y^2}}$.

**解** 令$x=\rho\cos\phi$，$y=\rho\sin\phi$，由于$x\to0$，$y\to0$，知

$$\rho=\sqrt{x^2+y^2}\to0,$$

故 原式$=\lim\limits_{\rho\to0}\rho(\sin\varphi-\cos\varphi)\cos\varphi=0$.

**例 8** 证明：极限$\lim\limits_{\substack{x\to0\\y\to0}}\dfrac{2x-y}{x+3y}$不存在.

**证明**：(1) 若点$P(x,y)$沿$x$轴趋向于$(0,0)$，则$\lim\limits_{\substack{x\to0\\y=0}}\dfrac{2x-y}{x+3y}=\lim\limits_{x\to0}\dfrac{2x}{x}=2$，

(2) 若点 $P(x, y)$ 沿 $y=x$ 趋向于 $(0, 0)$，则 $\lim\limits_{\substack{x\to 0\\ y=x}}\frac{2x-y}{x+3y}=\lim\limits_{x\to 0}\frac{x}{4x}=\frac{1}{4}$，

故极限 $\lim\limits_{\substack{x\to 0\\ y\to 0}}\frac{2x-y}{x+3y}$ 不存在.

**例 9**　证明极限 $\lim\limits_{\substack{x\to 0\\ y\to 0}}\frac{xy}{x+y}$ 不存在.

**证明**　(1) 若点 $P(x, y)$ 沿 $x$ 轴趋向于 $(0, 0)$，则 $\lim\limits_{\substack{x\to 0\\ y=0}}\frac{xy}{x+y}=0$，

(2) 若点 $P(x, y)$ 沿 $y=-x+x^2$ 趋向于 $(0, 0)$，则

$$\lim_{\substack{x\to 0\\ y=-x+x^2}}\frac{xy}{x+y}=\lim_{x\to 0}\frac{-x^2+x^3}{x^2}=-1,$$

故极限 $\lim\limits_{\substack{x\to 0\\ y\to 0}}\frac{xy}{x+y}$ 不存在.

**例 10**　讨论函数 $f(x, y)=\begin{cases} x\sin\frac{1}{y}, & y\neq 0 \\ 0, & y=0 \end{cases}$ 在点 $(0, 0)$ 和 $(1, 0)$ 处的连续性.

**解**　(1) 由定义 $f(0, 0)=0$，因为

$$\lim_{\substack{x\to 0\\ y\to 0}}f(x, y)=\lim_{\substack{x\to 0\\ y\to 0}}x\sin\frac{1}{y}=0=f(0, 0),$$

所以 $f(x, y)$ 在 $(0, 0)$ 点连续.

(2) 由定义 $f(1, 0)=0$，因为 $\lim\limits_{\substack{x\to 1\\ y\to 0}}f(x, y)=\lim\limits_{\substack{x\to 1\\ y\to 0}}x\sin\frac{1}{y}$ 不存在，所以 $f(x, y)$ 在 $(1, 0)$ 点不连续.

## 第二节　多元函数微分法

### 一、内容提要

1. 偏导数的概念

设函数 $z=f(x, y)$ 在点 $P(x_0, y_0)$ 某邻域内有定义，当 $y$ 固定在 $y_0$，而给 $x_0$ 以增量 $\Delta x(\Delta x\neq 0$，且点 $(x_0+\Delta x, y_0)$ 在该邻域内)，相应地函数有改变量 $f(x_0+\Delta x, y_0)-f(x_0, y_0)$，若极限

$$\lim_{\Delta x\to 0}\frac{f(x_0+\Delta x, y_0)-f(x_0, y_0)}{\Delta x}$$

存在，则称该极限值为函数 $z=f(x, y)$ 在点 $P(x_0, y_0)$ 对 $x$ 的偏导数，记为

$f_x(x_0, y_0)$，即

$$f_x(x_0, y_0) = \lim_{\Delta x \to 0} \frac{f(x_0 + \Delta x, y_0) - f(x_0, y_0)}{\Delta x}.$$

函数 $z = f(x, y)$ 在点 $P(x_0, y_0)$ 对 $y$ 的偏导数定义为

$$f_y(x_0, y_0) = \lim_{\Delta y \to 0} \frac{f(x_0, y_0 + \Delta y) - f(x_0, y_0)}{\Delta y}.$$

函数 $z = f(x, y)$ 对 $x$ 的偏导函数定义为

$$f_x(x, y) = \lim_{\Delta x \to 0} \frac{f(x + \Delta x, y) - f(x, y)}{\Delta x}.$$

三元函数 $u = f(x, y, z)$ 对 $x$ 的偏导函数定义为

$$f_x(x, y, z) = \lim_{\Delta x \to 0} \frac{f(x + \Delta x, y, z) - f(x, y, z)}{\Delta x}.$$

2. 函数求偏导

(1) 多元函数求偏导与一元函数求导类似，关于一个变量求偏导，只要将其它变量看作常数，对这个变量求导，所以一元函数的求导公式和求导法则对偏导数都适用.

(2) 某一点的偏导数等于偏导函数在这一点的函数值.

(3) 分段函数在分段点的偏导数必须用定义求.

3. 全微分的概念

设函数 $z = f(x, y)$ 在点 $P(x, y)$ 某邻域内有定义，给自变量 $x$，$y$ 一个增量 $\Delta x$，$\Delta y$，使得 $(x + \Delta x, y + \Delta y)$ 仍在这个邻域内，相应地，函数 $z = f(x, y)$ 有全增量 $\Delta z = f(x + \Delta x, y + \Delta y) - f(x, y)$，若全增量 $\Delta z$ 可表示为，

$$\Delta z = A(x, y)\Delta x + B(x, y)\Delta y + \alpha\rho,$$

其中 $A(x, y)$，$B(x, y)$ 与 $\Delta x$，$\Delta y$ 无关，$\rho = \sqrt{\Delta x^2 + \Delta y^2}$，且当 $\rho \to 0$ 时，$\alpha \to 0$，则称函数 $z = f(x, y)$ 在点 $P(x, y)$ 是可微的，称

$$A(x, y)\Delta x + B(x, y)\Delta y,$$

为二元函数 $f(x, y)$ 在点 $(x, y)$ 的全微分，记为 $\mathrm{d}z$ 或 $\mathrm{d}f$，即

$$\mathrm{d}z = A(x, y)\Delta x + B(x, y)\Delta y.$$

全微分 $\mathrm{d}z$ 与全增量 $\Delta z$ 的关系为

$$\Delta z = \mathrm{d}z + \alpha\rho.$$

以二元函数 $z = f(x, y)$ 为例，判别某一点的可微性首先应看该点的偏导数是否存在，若偏导存在，还必须验证极限

$$\lim_{\rho \to 0} \frac{\Delta z - (f_x'(x_0, y_0)\Delta x + f_y'(x_0, y_0)\Delta y)}{\rho}$$

是否为 0（当 $\rho \to 0$ 时），其中 $\Delta z = f(x_0+\Delta x, y_0+\Delta y) - f(x_0, y_0)$，$\rho = \sqrt{\Delta x^2 + \Delta y^2}$，若极限为 0 则函数在该点可微，否则函数在该点不可微.

4. 求微分

首先求偏导，然后代入公式，

（1）二元函数 $z=f(x, y)$ 的微分　$dz = f_x dx + f_y dy$；

（2）三元函数 $u=f(x, y, z)$ 的微分　$du = f_x dx + f_y dy + f_z dz$；

（3）二元函数 $z=f(x, y)$ 在点 $P_0(x_0, y_0)$ 的微分

$$dz\Big|_{(x_0,y_0)} = f_x(x_0, y_0)dx + f_y(x_0, y_0)dy.$$

5. 全微分形式的不变性

设 $u$，$v$ 为自变量，$z=f(u, v)$ 有连续偏导，则全微分 $dz = \frac{\partial f}{\partial u}du + \frac{\partial f}{\partial v}dv$. 若 $u=u(x, y)$，$v=v(x, y)$（即 $u$，$v$ 为中间变量），且它们也有连续偏导时，复合函数 $z=f(u(x, y), v(x, y))$ 的全微分为 $dz = \frac{\partial z}{\partial x}dx + \frac{\partial z}{\partial y}dy$，将复合函数的偏导公式代入上式，则有

$$\begin{aligned} dz &= \left(\frac{\partial f}{\partial u}\frac{\partial u}{\partial x} + \frac{\partial f}{\partial v}\frac{\partial v}{\partial x}\right)dx + \left(\frac{\partial f}{\partial u}\frac{\partial u}{\partial y} + \frac{\partial f}{\partial v}\frac{\partial v}{\partial y}\right)dy \\ &= \frac{\partial f}{\partial u}\left(\frac{\partial u}{\partial x}dx + \frac{\partial u}{\partial y}dy\right) + \frac{\partial f}{\partial v}\left(\frac{\partial v}{\partial x}dx + \frac{\partial v}{\partial y}dy\right) \\ &= \frac{\partial f}{\partial u}du + \frac{\partial f}{\partial v}dv. \end{aligned}$$

无论 $u$，$v$ 是自变量还是中间变量，函数 $z$ 的全微分形式是一样的，称为全微分形式的不变性.

6. 多元复合函数的求导法则：链式法则

（1）链式法则的三种基本类型

①多元函数与多元函数的复合（外层函数和内层函数都是多元函数）

若 $z=f(u, v)$ 和 $\begin{cases} u=\varphi(x, y) \\ v=\psi(x, y) \end{cases}$ 复合成 $z=f[\varphi(x, y), \psi(x, y)]$，则

$$\frac{\partial z}{\partial x} = \frac{\partial z}{\partial u}\frac{\partial u}{\partial x} + \frac{\partial z}{\partial v}\frac{\partial v}{\partial x},$$

$$\frac{\partial z}{\partial y} = \frac{\partial z}{\partial u}\frac{\partial u}{\partial y} + \frac{\partial z}{\partial v}\frac{\partial v}{\partial y}.$$

示意图如下

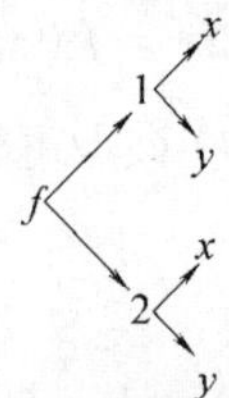


②多元函数与一元函数的复合(外层函数是多元函数，内层函数是一元函数)

若 $z=f(u,\ v)$ 和 $\begin{cases} u=\varphi(x) \\ v=\psi(x) \end{cases}$ 复合成 $z=f[\varphi(x),\ \psi(x)]$，则

$$\frac{\mathrm{d}z}{\mathrm{d}x}=\frac{\partial z}{\partial u}\frac{\mathrm{d}u}{\mathrm{d}x}+\frac{\partial z}{\partial v}\frac{\mathrm{d}v}{\mathrm{d}x}$$

示意图如下

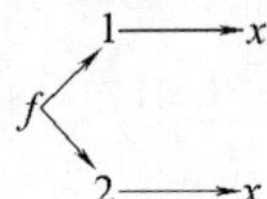


③一元函数与多元函数的复合(外层函数是一元函数，内层函数是多元函数)

若 $z=f(u)$ 和 $u=\varphi(x,y)$ 复合成 $z=f[\varphi(x,\ y)]$，则

$$\frac{\partial z}{\partial x}=\frac{\mathrm{d}z}{\mathrm{d}u}\frac{\partial u}{\partial x},\ \frac{\partial z}{\partial y}=\frac{\mathrm{d}z}{\mathrm{d}u}\frac{\partial u}{\partial y}.$$

示意图如下

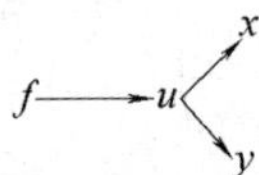


(2) 求多元复合函数的偏导时要注意

①搞清楚函数的复合关系，画出函数、中间变量、自变量之间的复合关系连线图；

②根据上述连线图，在求某个自变量的偏导数时，要找出一切与该自变量有关系的中间变量，同一条路径相乘，不同路径相加；

③在求高阶偏导时注意，求出的偏导数仍保持原来函数的复合关系.

7. 一个方程确定的隐函数的偏导数的求法

设方程

$$F(x,\ y,\ z)=0 \qquad (*)$$

确定了隐函数 $z=z(x,\ y)$，求 $\frac{\partial z}{\partial x}$, $\frac{\partial z}{\partial y}$.

(1) 公式法：设 $F_z\neq 0$，则

$$\frac{\partial z}{\partial x}=-\frac{F_x}{F_z},\qquad \frac{\partial z}{\partial y}=-\frac{F_y}{F_z}.$$

(2) 解方程法：在方程( * )中，视 $z=z(x, y)$，利用复合函数求导法则，两边对 $x$(或 $y$)求导，得

$$F_x+F_z\frac{\partial z}{\partial x}=0\left(或 F_y+F_z\frac{\partial z}{\partial y}=0\right),$$

解出$\frac{\partial z}{\partial x}\left(或\frac{\partial z}{\partial y}\right)$.

(3) 利用全微分的不变性：在式( * )两边取微分，有

$$F_x\mathrm{d}x+F_y\mathrm{d}y+F_z\mathrm{d}z=0,$$

解出 d$z$，用 d$x$ 及 d$y$ 表达，这时 d$x$ 的系数即$\frac{\partial z}{\partial x}$，d$y$ 的系数即$\frac{\partial z}{\partial y}$.

8. 方程组确定的隐函数组的(偏)导数

设方程组$\begin{cases}F(x, y, u, v)=0\\G(x, y, u, v)=0\end{cases}$，确定了两个单值连续且有连续偏导数的二元函数 $u=u(x, y)$，$v=v(x, y)$，如何求$\frac{\partial u}{\partial x}$，$\frac{\partial u}{\partial y}$，$\frac{\partial v}{\partial x}$，$\frac{\partial v}{\partial y}$?

方法一　将方程组中的 $u$，$v$ 看作 $x$，$y$ 的函数，两端分别对 $x$，$y$ 求偏导数，解出$\frac{\partial u}{\partial x}$，$\frac{\partial u}{\partial y}$，$\frac{\partial v}{\partial x}$，$\frac{\partial v}{\partial y}$.

方法二　将方程组中的 $u$，$v$ 看作 $x$，$y$ 的函数，两端分别求全微分，解出 d$u$，d$v$.

$$\begin{aligned}\mathrm{d}u&=f(x, y)\mathrm{d}x+g(x, y)\mathrm{d}y\\\mathrm{d}v&=h(x, y)\mathrm{d}x+t(x, y)\mathrm{d}y\end{aligned},$$

则　$\frac{\partial u}{\partial x}=f(x, y)$，$\frac{\partial u}{\partial y}=g(x, y)$，$\frac{\partial v}{\partial x}=h(x, y)$，$\frac{\partial v}{\partial y}=t(x, y)$.

**二、重点、难点分析**

1. 偏导数的概念

多元函数的偏导数是函数对其中一个变量的变化率.

例：对二元函数 $z=f(x, y)$

$$f_x(x_0, y_0)=\lim_{\Delta x\to 0}\frac{f(x_0+\Delta x, y_0)-f(x_0, y_0)}{\Delta x},$$

这里的极限依赖于 $y_0$，因而一般随 $y_0$ 改变，但极限过程($\Delta x\to 0$)却与 $y_0$ 无关.

2. 连续和可导的关系

在一元函数中，导数连续⇒可导⇔可微⇒连续⇒极限存在；

在多元函数中，

(1) 偏导存在，不一定连续；

(2) 偏导连续⇒可微$\begin{cases}\Rightarrow \text{连续} \\ \Rightarrow \text{偏导存在}\end{cases}$，反之不一定成立.

①多元函数在一点的偏导数存在不能保证函数在该点可微.

例：函数$f(x,\ y)=\sqrt{|xy|}$在$(0,\ 0)$点偏导数存在但在该点不可微.（详见《高等数学》(下)80页例9).

②设$f(x,\ y)$在点$(x,\ y)$的某邻域内偏导数存在且连续，则$f(x,\ y)$在点$(x,\ y)$处可微. 反之，只能得到偏导数存在，但偏导函数不一定连续.

例：函数

$$f(x,\ y)=\begin{cases}(x^2+y^2)\sin\dfrac{1}{x^2+y^2}, & (x,\ y)\neq(0,\ 0)\\ 0, & (x,\ y)=(0,\ 0)\end{cases}$$

在原点可微，但偏导$f_x(x,\ y)$，$f_y(x,\ y)$在原点不连续.（详见《高等数学》(下)79页例8).

③多元函数在一点的偏导数存在不能保证函数在该点连续或有极限.

例：函数

$$f(x,\ y)=\begin{cases}\dfrac{xy}{x^2+y^2}, & (x,\ y)\neq(0,\ 0),\\ 0, & (x,\ y)=(0,\ 0)\end{cases}$$

在原点的两个偏导数存在：$f_x(0,\ 0)=0$，$f_y(0,\ 0)=0$. 但是函数$f(x,\ y)$在原点的极限$\lim\limits_{\substack{x\to 0\\ y\to 0}}f(x,\ y)$不存在，从而$f(x,\ y)$在原点不连续.

3. 复合函数求导(偏导)时注意

①四则运算和复合运算分开做，不要混在一起；②求出的导数(偏导数)仍保持原来的复合关系.

4. 区分隐函数确定的方程和隐函数组确定的函数组.

5. 全微分形式不变性的熟练应用.

**三、典型例题**

**例1** 讨论$f(x,\ y)=\begin{cases}\dfrac{x^2y}{x^2+y^2}, & (x,\ y)\neq(0,\ 0)\\ 0, & (x,\ y)=(0,\ 0)\end{cases}$在$(0,\ 0)$点的连续性、可导性及可微性.

**解** 由定义，$f(0,\ 0)=0$，因为

$$0\leqslant\left|\frac{x^2y}{x^2+y^2}\right|=\left|\frac{x^2}{x^2+y^2}\right||y|\leqslant|y|\to 0,$$

所以
$$\lim_{\substack{x\to 0\\ y\to 0}} f(x,\ y) = \lim_{\substack{x\to 0\\ y\to 0}} \frac{x^2 y}{x^2+y^2} = 0 = f(0,\ 0),$$
故　$f(x,\ y)$在$(0,\ 0)$点的连续.
$$f_x(0,\ 0) = \lim_{\Delta x\to 0}\frac{f(\Delta x,\ 0)-f(0,\ 0)}{\Delta x} = 0,$$
同理
$$f_y(0,\ 0) = 0$$
$$\Delta z = f(\Delta x,\ \Delta y) - f(0,\ 0) = \frac{\Delta x^2 \Delta y}{\Delta x^2 + \Delta y^2},$$
而极限
$$\lim_{\rho\to 0}\frac{\Delta z - f_x'(0,\ 0)\Delta x - f_y'(0,\ 0)\Delta y}{\sqrt{\Delta x^2+\Delta y^2}} = \lim_{\rho\to 0}\frac{\Delta x^2\Delta y}{(\Delta x^2+\Delta y^2)^{\frac{3}{2}}},$$
不存在(当$\rho = \sqrt{\Delta x^2 + \Delta y^2}\to 0$时)，更不会为0，故$f(x,\ y)$在$(0,\ 0)$点不可微.

**例 2**　已知$z = \ln(x^2+y^2)$，求$z_x$，$z_y$及$z_x(1,\ 1)$.

**解**　$z_x = \dfrac{2x}{x^2+y^2}$，　　$z_y = \dfrac{2y}{x^2+y^2}$，
$$z_x(1,\ 1) = \frac{2\times 1}{1+1} = 1.$$

**例 3**　设$u = x^{y^z}$，求$u_x$，$u_y$，$u_z$.

**解**　$u_x = y^z x^{y^z-1}$，

$u_y = zy^{z-1}x^{y^z}\ln x$，

$u_z = x^{y^z}\cdot \ln x \cdot y^z \ln y$.

**例 4**　设$f(x,y) = \int_0^{xy} \mathrm{e}^{-t^2}\mathrm{d}t$，求$f_x$，$f_{xy}$.

**解**　$f_x = ye^{-x^2y^2}$，

$f_{xy} = (1-2x^2y^2)\mathrm{e}^{-x^2y^2}$.

**例 5**　设$z = \arctan\dfrac{x}{y}$，求$\mathrm{d}z$，$\mathrm{d}z\big|_{(1,1)}$.

**解**　$z_x = \dfrac{y}{x^2+y^2}$，$z_y = -\dfrac{x}{x^2+y^2}$，

$$\mathrm{d}z = z_x\mathrm{d}x + z_y\mathrm{d}y = \frac{y\mathrm{d}x - x\mathrm{d}y}{x^2+y^2},$$

$$\mathrm{d}z\big|_{(1,1)} = z_x(1,\ 1)\mathrm{d}x + z_y(1,\ 1)\mathrm{d}y = \frac{\mathrm{d}x-\mathrm{d}y}{2}.$$

**例 6**　设$u = \left(\dfrac{x}{y}\right)^z$，求$\mathrm{d}u\big|_{(1,1,1)}$.

**解** $u_x(1,\ 1,\ 1)=\dfrac{z}{y}\left(\dfrac{x}{y}\right)^{z-1}\Bigg|_{(1,1,1)}=1,$

$u_y(1,\ 1,\ 1)=-\dfrac{xz}{y^2}\left(\dfrac{x}{y}\right)^{z-1}\Bigg|_{(1,1,1)}=-1,$

$u_z(1,\ 1,\ 1)=\left(\dfrac{x}{y}\right)^{z}\ln\dfrac{x}{y}\Bigg|_{(1,1,1)}=0,$

故

$$\mathrm{d}u\,\big|_{(1,1,1)}=\mathrm{d}x-\mathrm{d}y.$$

**例 7** 设 $z=f(2x+y,\ xy)$，其中 $f$ 有二阶连续偏导，求 $z_{xy}$.

**解** 复合函数关系表示为

$$z_x=2f_1(2x+y,\ xy)+yf_2(2x+y,\ xy),$$
$$\begin{aligned}z_{xy}&=2f_{11}+2xf_{12}+f_2+yf_{21}+xyf_{22}\\&=2f_{11}+(2x+y)f_{12}+f_2+xyf_{22}.\end{aligned}$$

**例 8** 设 $z=\dfrac{1}{x}f(xy)+yg(x+y)$，其中 $f$、$g$ 有二阶连续导数，求 $z_{xy}$.

**解** $z_x=-\dfrac{1}{x^2}f(xy)+\dfrac{1}{x}f'(xy)y+yg'(x+y),$

$$\begin{aligned}z_{xy}&=-\frac{1}{x^2}f'(xy)x+\frac{1}{x}f''(xy)xy+\frac{1}{x}f'(xy)+g'(x+y)+yg''(x+y)\\&=yf''(xy)+g'(x+y)+yg''(x+y).\end{aligned}$$

**例 9** 设 $u=f\left(xy,\ \dfrac{y}{z}\right)+g\left(\dfrac{z}{x}\right)$，其中 $f$ 有二阶连续偏导，$g$ 有二阶连续导数，求 $u_{xy}$，$u_{xz}$.

**解**

$$u_x=yf_1\left(xy,\ \frac{y}{z}\right)-\frac{z}{x^2}g'\left(\frac{z}{x}\right),$$

$$u_{xy}=f_1+xyf_{11}+\frac{y}{z}f_{12},$$

$$u_{xz}=-\frac{y^2}{z^2}f_{12}-\frac{1}{x^2}g'\left(\frac{z}{x}\right)-\frac{z}{x^3}g''\left(\frac{z}{x}\right).$$

**例 10** 函数 $f(u,\ v)$ 由关系式 $f[xg(y),\ y]=x+g(y)$ 确定，其中函数 $g(y)$ 可微，且 $g(y)\neq0$，求 $\dfrac{\partial^2 f}{\partial u\partial v}$.

**解** 令 $u=xg(y)$，$v=y$，则

$$y=v,\ x=\frac{u}{g(v)},$$

因此

$$f(u,\ v)=\frac{u}{g(v)}+g(v),$$

故

$$\frac{\partial f}{\partial u}=\frac{1}{g(v)},$$

$$\frac{\partial^2 f}{\partial u\partial v}=-\frac{g'(v)}{[g(v)]^2}.$$

**例 11**　设方程 $x^2+y^2+z^2-4z=0$ 确定了隐函数 $z=z(x,\ y)$，求$\frac{\partial z}{\partial x}$，$\frac{\partial z}{\partial y}$，$\mathrm{d}z$，$\frac{\partial^2 z}{\partial x\partial y}$.

**解**　方法一　公式法

令　$F(x,\ y,\ z)=x^2+y^2+z^2-4z$,则

$F_x=2x,\ F_y=2y,\ F_z=2z-4$

$$\frac{\partial z}{\partial x}=-\frac{F_x}{F_z}=-\frac{x}{z-2},$$

$$\frac{\partial z}{\partial y}=-\frac{F_y}{F_z}=-\frac{y}{z-2},$$

$$\mathrm{d}z=\frac{\partial z}{\partial x}\mathrm{d}x+\frac{\partial z}{\partial y}\mathrm{d}y=-\frac{x}{z-2}\mathrm{d}x-\frac{y}{z-2}\mathrm{d}y.$$

方法二　方程两边求微分，

$$2x\mathrm{d}x+2y\mathrm{d}y+2z\mathrm{d}z-4\mathrm{d}z=0.$$

解得

$$\mathrm{d}z=-\frac{x}{z-2}\mathrm{d}x-\frac{y}{z-2}\mathrm{d}y,$$

故

$$\frac{\partial z}{\partial x}=-\frac{x}{z-2},\qquad \frac{\partial z}{\partial y}=-\frac{y}{z-2},$$

$$\frac{\partial^2 z}{\partial x\partial y}=-\left(\frac{x}{z-2}\right)'_y=\frac{xz_y}{(z-2)^2}=-\frac{xy}{(z-2)^3}.$$

**例 12**　设函数 $z=z(x,\ y)$ 由方程 $f\left(\frac{y}{x},\ \frac{z}{x}\right)=0$ 确定，其中 $f$ 为可微函数，且

$f_2\neq 0$，则 $x\dfrac{\partial z}{\partial x}+y\dfrac{\partial z}{\partial y}=$ ________.

**解** 令 $F(x,y,z)=f\left(\dfrac{y}{x},\dfrac{z}{x}\right)$，则

$$F_x=-\frac{y}{x^2}f_1-\frac{z}{x^2}f_2,F_y=\frac{1}{x}f_1,F_z=\frac{1}{x}f_2,$$

$$x\frac{\partial z}{\partial x}+y\frac{\partial z}{\partial y}=-\frac{xF_x+yF_y}{F_z}=z.$$

**例 13** 设 $z=z(x,\ y)$ 是由方程 $f(xz,\ y+z)=0$ 所确定的隐函数，求 $\mathrm{d}z$.

**解** 利用一阶微分形式的不变性来求.

在 $f(xz,\ y+z)=0$ 两边求微分，则

$$\begin{aligned}\mathrm{d}f&=f_1\mathrm{d}(xz)+f_2\mathrm{d}(y+z)\\&=f_1z\mathrm{d}x+f_1x\mathrm{d}z+f_2\mathrm{d}y+f_2\mathrm{d}z\\&=f_1z\mathrm{d}x+f_2\mathrm{d}y+(xf_1+f_2)\mathrm{d}z=0,\end{aligned}$$

因此

$$\mathrm{d}z=-\frac{f_1z\mathrm{d}x+f_2\mathrm{d}y}{xf_1+f_2}.$$

**例 14** 求方程组 $\begin{cases}z=x^2+y^2\\x^2+2y^2+3z^2=20\end{cases}$ 确定的函数 $y=y(x)$，$z=z(x)$ 的导数 $\dfrac{\mathrm{d}y}{\mathrm{d}x}$，$\dfrac{\mathrm{d}z}{\mathrm{d}x}$.

**解** 方法一 方程组两边同时对 $x$ 求导，得

$$\begin{cases}\dfrac{\mathrm{d}z}{\mathrm{d}x}=2x+2y\dfrac{\mathrm{d}y}{\mathrm{d}x}\\2x+4y\dfrac{\mathrm{d}y}{\mathrm{d}x}+6z\dfrac{\mathrm{d}z}{\mathrm{d}x}=0\end{cases},$$

解得

$$\frac{\mathrm{d}y}{\mathrm{d}x}=-\frac{x(1+6z)}{2y(1+3z)},\qquad\frac{\mathrm{d}z}{\mathrm{d}x}=\frac{x}{1+3z}.$$

方法二 方程组两边同时求微分，得

$$\begin{cases}\mathrm{d}z=2x\mathrm{d}x+2y\mathrm{d}y\\2x\mathrm{d}x+4y\mathrm{d}y+6z\mathrm{d}z=0\end{cases},$$

解得

$$\frac{\mathrm{d}y}{\mathrm{d}x}=-\frac{x(1+6z)}{2y(1+3z)},$$

类似，得

$$\frac{\mathrm{d}z}{\mathrm{d}x}=\frac{x}{1+3z}.$$

**例 15**　设 $z$ 是由方程组 $\begin{cases}x=(t+1)\cos z\\ y=t\sin z\end{cases}$ 确定的隐函数，求 $\frac{\partial z}{\partial x}$.

**解**　在方程组中将 $x$，$y$ 视为自变量，$z$，$t$ 视为隐函数，方程组两边同时对 $x$ 求偏导，有

$$\begin{cases}\cos z\cdot\frac{\partial t}{\partial x}-(t+1)\sin z\cdot\frac{\partial z}{\partial x}=1\\ \sin z\cdot\frac{\partial t}{\partial x}+t\cos z\cdot\frac{\partial z}{\partial x}=0\end{cases},$$

解得
$$\frac{\partial z}{\partial x}=-\frac{\sin z}{(1+t)\sin^2 z+t\cos^2 z}=-\frac{\tan^2 z}{y+x\tan^3 z}.$$

**例 16**　设 $z=f(x,y)$ 在 $(1,1)$ 处可微，且 $f(1,1)=1$，$\left.\frac{\partial f}{\partial x}\right|_{(1,1)}=2$，$\left.\frac{\partial f}{\partial y}\right|_{(1,1)}=3$，$\varphi(x)=f(x,f(x,x))$，求 $\left.\frac{\mathrm{d}\varphi^3(x)}{\mathrm{d}x}\right|_{x=1}$.

**解**　关系图为

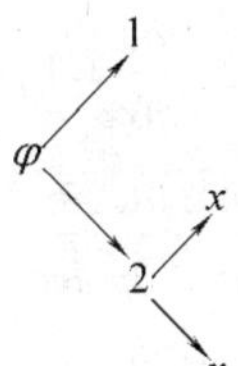


$$\left.\frac{\mathrm{d}\varphi^3(x)}{\mathrm{d}x}\right|_{x=1}=\left.\left[3\varphi^2(x)\frac{\mathrm{d}\varphi(x)}{\mathrm{d}x}\right]\right|_{x=1},$$

$$\varphi(1)=f(1,f(1,1))=f(1,1)=1,$$

$$\begin{aligned}\left.\frac{\mathrm{d}\varphi}{\mathrm{d}x}\right|_{x=1}&=f_1(x,f(x,x))+f_2(x,f(x,x))[f_1(x,x)+f_2(x,x)]\big|_{x=1}\\&=f_1(1,1)+f_2(1,1)[f_1(1,1)+f_2(1,1)]=2+3(2+3)=17,\end{aligned}$$

故
$$\left.\frac{\mathrm{d}\varphi^3(x)}{\mathrm{d}x}\right|_{x=1}=3\times1\times17=51.$$

**例 17**　设 $u=u(x,y)$ 有二阶连续偏导，且满足方程 $\frac{\partial^2 u}{\partial x^2}-\frac{\partial^2 u}{\partial y^2}=0$，及 $u(x,2x)=x$，$u_x(x,2x)=x^2$. 求 $u_{xx}(x,2x)$，$u_{xy}(x,2x)$.

**解**　将 $u(x,2x)=x$ 的两边对 $x$ 求导，得

$$u_x(x,2x)+2u_y(x,2x)=1,$$

故
$$u_y(x,\ 2x)=\frac{1}{2}(1-x^2),$$
将 $u_x(x,\ 2x)=x^2$ 的两边对 $x$ 求导，得
$$u_{xx}(x,\ 2x)+2u_{xy}(x,\ 2x)=2x, \qquad ①$$
将 $u_y(x,\ 2x)=\frac{1}{2}(1-x^2)$ 的两边对 $x$ 求导，得
$$u_{yx}(x,\ 2x)+2u_{yy}(x,\ 2x)=-x, \qquad ②$$
由 $u_{xx}=u_{yy}$，结合式①和式②，得
$$u_{xx}(x,\ 2x)=-\frac{4}{3}x,\ u_{xy}(x,\ 2x)=\frac{5}{3}x.$$

**例 18** 设变换 $\begin{cases}u=x-2y\\ v=x+ay\end{cases}$ 可以把方程 $6\frac{\partial^2 z}{\partial x^2}+\frac{\partial^2 z}{\partial x\partial y}-\frac{\partial^2 z}{\partial y^2}=0$ 化为 $\frac{\partial^2 z}{\partial u\partial v}=0$，求常数 $a$.

**【分析】** 将 $u$, $v$ 看成中间变量，求出 $\frac{\partial^2 z}{\partial x^2}$, $\frac{\partial^2 z}{\partial x\partial y}$, $\frac{\partial^2 z}{\partial y^2}$，代入给定方程，再找出化简为 $\frac{\partial^2 z}{\partial u\partial v}=0$ 的条件.

**解** 由条件知，$\frac{\partial u}{\partial x}=1$，$\frac{\partial u}{\partial y}=-2$，$\frac{\partial v}{\partial x}=1$，$\frac{\partial v}{\partial y}=a$，则
$$\frac{\partial z}{\partial x}=\frac{\partial z}{\partial u}\frac{\partial u}{\partial x}+\frac{\partial z}{\partial v}\frac{\partial v}{\partial x}=\frac{\partial z}{\partial u}+\frac{\partial z}{\partial v},$$
$$\frac{\partial z}{\partial y}=\frac{\partial z}{\partial u}\frac{\partial u}{\partial y}+\frac{\partial z}{\partial v}\frac{\partial v}{\partial y}=-2\frac{\partial z}{\partial u}+a\frac{\partial z}{\partial v},$$
$$\frac{\partial^2 z}{\partial x^2}=\frac{\partial^2 z}{\partial u^2}+2\frac{\partial^2 z}{\partial u\partial v}+\frac{\partial^2 z}{\partial v^2}, \qquad ①$$
$$\frac{\partial^2 z}{\partial y^2}=4\frac{\partial^2 z}{\partial u^2}-4a\frac{\partial^2 z}{\partial u\partial v}+a^2\frac{\partial^2 z}{\partial v^2}, \qquad ②$$
$$\frac{\partial^2 z}{\partial x\partial y}=-2\frac{\partial^2 z}{\partial u^2}+(a-2)\frac{\partial^2 z}{\partial u\partial v}+a\frac{\partial^2 z}{\partial v^2}, \qquad ③$$
将式①式②式③代入方程 $6\frac{\partial^2 z}{\partial x^2}+\frac{\partial^2 z}{\partial x\partial y}-\frac{\partial^2 z}{\partial y^2}=0$，得
$$(6+a-a^2)\frac{\partial^2 z}{\partial v^2}+(10+5a)\frac{\partial^2 z}{\partial u\partial v}=0.$$

因此 $6+a-a^2=0$，$10+5a\neq0$，故 $a=3$.

# 第三节　多元函数微分法的应用

## 一、内容提要

1. 空间曲线的切线与法平面

（1）空间曲线 $L$：$\begin{cases}x=x(t)\\y=y(t)\\z=z(t)\end{cases}$ 在 $P_0(x_0, y_0, z_0)$（此时 $t=t_0$）的

切线方程：$\dfrac{x-x_0}{x'(t_0)}=\dfrac{y-y_0}{y'(t_0)}=\dfrac{z-z_0}{z'(t_0)}$，

法平面方程：$x'(t_0)(x-x_0)+y'(t_0)(y-y_0)+z'(t_0)(z-z_0)=0$.

（2）空间曲线 $L$：$\begin{cases}F(x, y, z)=0\\G(x, y, z)=0\end{cases}$ 在 $P_0(x_0, y_0, z_0)$ 的

切线方程：$\dfrac{x-x_0}{1}=\dfrac{y-y_0}{y'(x_0)}=\dfrac{z-z_0}{z'(x_0)}$，

法平面方程：$(x-x_0)+y'(x_0)(y-y_0)+z'(x_0)(z-z_0)=0$.

2. 空间曲面的切平面与法线

（1）设空间曲面 $\Sigma$：$F(x, y, z)=0$，点 $P_0(x_0, y_0, z_0)\in\Sigma$，$\Sigma$ 在 $P_0$ 的切平面的法向量：

$$\boldsymbol{n}=(F_x'(x_0, y_0, z_0), F_y'(x_0, y_0, z_0), F_z'(x_0, y_0, z_0)),$$

$\Sigma$ 在 $P_0$ 的切平面方程：

$$F_x'(x_0, y_0, z_0)(x-x_0)+F_y'(x_0, y_0, z_0)(y-y_0)+F_z'(x_0, y_0, z_0)(z-z_0)=0,$$

$\Sigma$ 在 $P_0$ 的法线方程：

$$\frac{x-x_0}{F_x'(x_0, y_0, z_0)}=\frac{y-y_0}{F_y'(x_0, y_0, z_0)}=\frac{z-z_0}{F_z'(x_0, y_0, z_0)}.$$

（2）设空间曲面 $\Sigma$：$z=f(x, y)$，点 $P_0(x_0, y_0, z_0)\in\Sigma$，$\Sigma$ 在 $P_0$ 的切平面的法向量

$$\boldsymbol{n}=\pm(f_x'(x_0, y_0), f_y'(x_0, y_0), -1) \qquad (*)$$

式（*）中的正负号由法线方向决定，当法线与 $z$ 轴正向夹角 $\gamma$ 为锐角（即法向量向上）时 $\cos\gamma>0$，取负号.

$\Sigma$ 在 $P_0$ 的切平面方程：

$$f_x'(x_0, y_0)(x-x_0)+f_y'(x_0, y_0)(y-y_0)=z-z_0,$$

$\Sigma$ 在 $P_0$ 的法线方程：$\dfrac{x-x_0}{f_x'(x_0, y_0)}=\dfrac{y-y_0}{f_y'(x_0, y_0)}=\dfrac{z-z_0}{-1}$.

3. 方向导数与梯度的概念

设 $u=f(x, y)$ 在点 $P_0(x_0, y_0)$ 某邻域内有定义，由 $P_0$ 引与 $x$ 轴正向之间夹

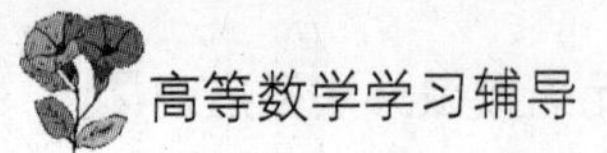


角为 $\alpha$ 的射线 $l$，取射线 $l$ 上点 $P_0$ 的邻近点 $P(x_0+\Delta x, y_0+\Delta y)$，令 $\rho=|P_0P|=\sqrt{\Delta x^2+\Delta y^2}$，若极限

$$\lim_{P\to P_0}\frac{f(P)-f(P_0)}{|P_0P|}=\lim_{\rho\to 0}\frac{f(x_0+\rho\cos\alpha, y_0+\rho\sin\alpha)-f(x_0, y_0)}{\rho}$$

存在，则称该极限为 $f(x, y)$ 在 $P_0(x_0, y_0)$ 沿 $l$ 方向的方向导数，记为 $\left.\frac{\partial f}{\partial l}\right|_{(x_0, y_0)}$，即

$$\left.\frac{\partial f}{\partial l}\right|_{(x_0, y_0)}=\lim_{\rho\to 0}\frac{f(x_0+\rho\cos\alpha, y_0+\rho\sin\alpha)-f(x_0, y_0)}{\rho}.$$

若 $u=f(x, y)$ 在 $P_0(x_0, y_0)$ 可微，则 $f(x, y)$ 在 $P_0(x_0, y_0)$ 沿 $l=(\cos\alpha, \cos\beta)$ 方向的方向导数存在，且

$$\frac{\partial u}{\partial l}=u_x(x_0, y_0)\cos\alpha+u_y(x_0, y_0)\cos\beta.$$

若 $u=f(x, y, z)$ 在 $P_0(x_0, y_0, z_0)$ 可微，则 $f(x, y, z)$ 在 $P_0(x_0, y_0, z_0)$ 沿 $l=(\cos\alpha, \cos\beta, \cos\gamma)$ 方向的方向导数存在，且

$$\frac{\partial u}{\partial l}=u_x(x_0, y_0, z_0)\cos\alpha+u_y(x_0, y_0, z_0)\cos\beta+u_z(x_0, y_0, z_0)\cos\gamma.$$

若在数量场 $u(M)$ 中一点 $M$ 处，存在这样的向量 $\boldsymbol{G}$，其方向为 $u(M)$ 在点 $M$ 处变化率最大的方向，其模恰好是这个最大变率的数值，则称向量 $\boldsymbol{G}$ 为 $u(M)$ 在点 $M$ 的梯度，记为 $\mathrm{grad}u(M)$.

若 $u=f(x, y)$ 在平面区域 $D$ 内有一阶连续偏导，则 $f(x, y)$ 在 $P_0(x_0, y_0)$ 的梯度为

$$\mathrm{grad}u\,\big|_{P_0}=(u_x(x_0, y_0), u_y(x_0, y_0)).$$

若 $u=f(x, y, z)$ 在空间区域 $\Omega$ 内有一阶连续偏导，则 $f(x, y, z)$ 在 $P_0(x_0, y_0, z_0)$ 的梯度为

$$\mathrm{grad}u\,\big|_{P_0}=(u_x(x_0, y_0, z_0), u_y(x_0, y_0, z_0), u_z(x_0, y_0, z_0)).$$

4. 多元函数的极值

二元函数极值存在的必要条件：设函数 $f(x, y)$ 在点 $P_0(x_0, y_0)$ 具有偏导数，且点 $P_0$ 为极值点，则 $f(x, y)$ 在点 $P_0(x_0, y_0)$ 的偏导数必为零，即

$$f_x(x_0, y_0)=0, f_y(x_0, y_0)=0.$$

二元函数极值存在的充分条件：设 $f(x, y)$ 在 $(x_0, y_0)$ 的某邻域内有二阶连续偏导，且 $f_x(x_0, y_0)=0$, $f_y(x_0, y_0)=0$. 若令 $f_{xx}(x_0, y_0)=A$, $f_{xy}(x_0, y_0)=B$, $f_{yy}(x_0, y_0)=C$. 则

(1) 当 $B^2-AC<0$ 时，$f(x, y)$ 在 $(x_0, y_0)$ 处取极值，且 $A>0$ 时，$f(x_0,$

$y_0$)为极小值；$A<0$ 时，$f(x_0, y_0)$为极大值.

(2) 当 $B^2-AC>0$ 时，$f(x, y)$在$(x_0, y_0)$处不取极值.

(3) 当 $B^2-AC=0$ 时，$f(x, y)$在$(x_0, y_0)$处可能有极值，也可能无极值，需另作讨论.

5. 利用条件极值求解应用题的步骤

(1) 根据实际问题，建立极值函数，找出约束条件；

(2) 作 Lagrange 函数，求出驻点；

(3) 若驻点唯一，即可判定驻点值就是最大或最小值；否则，比较这些点的函数值，找出问题所需的解.

6. 多元函数求最值的步骤

(1) 找出区域 $D$ 内的极值点(驻点或偏导不存在的点)；

(2) 求出区域 $D$ 的边界上的最值(条件极值)；

(3) 比较这些值，最大的即为最大值，最小的即为最小值.

**二、重点、难点分析**

1. 空间曲线的切线与法平面及空间曲面的切平面与法线问题，关键是要抓住确定平面与直线的两个要素：点与方向. 对曲线来说就是要找出点，求曲线切线的方向向量，要看曲线是一般式还是参数式. 对曲面来说就是要找出点，求曲面切平面的法向量.

2. 偏导数反映的是函数沿坐标轴方向的变化率，而方向导数反映的是函数沿某一指定方向的变化率问题.

设 $z=f(x, y)$，看 $f_x(0, 0)$与 $f$ 在原点沿平行于 $x$ 轴方向的方向导数之间的区别：对偏导数

$$f_x(0, 0)=\lim_{\Delta x\to 0}\frac{f(\Delta x, 0)-f(0, 0)}{\Delta x}$$

上述极限 $\Delta x$ 的正负不限，并无方向的概念.

而对方向导数，在原点沿 $x$ 轴正向的方向导数为

$$\lim_{\Delta x\to 0^+}\frac{f(\Delta x, 0)-f(0, 0)}{\sqrt{\Delta x^2+0^2}}=\lim_{\Delta x\to 0^+}\frac{f(\Delta x, 0)-f(0, 0)}{\Delta x}=f_x(0, 0),$$

在原点沿 $x$ 轴负向的方向导数为

$$\lim_{\Delta x\to 0^-}\frac{f(\Delta x, 0)-f(0, 0)}{\sqrt{\Delta x^2+0^2}}=\lim_{\Delta x\to 0^-}\frac{f(\Delta x, 0)-f(0, 0)}{-\Delta x}=-f_x(0, 0).$$

与偏导数不同，方向导数是沿射线方向定义的，所以对平行反向的两个方向求出的方向导数相差一个符号.

3. 函数在某一点的梯度是一个向量，函数在这一点沿梯度方向的变化率最

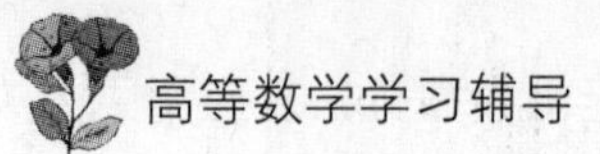


大(即方向导数最大)，且方向导数的最大值就是梯度的模.

4. 多元函数的极值中要注意一下关系：

(1) 驻点不一定是极值点；例如 $z=xy$ 在$(0,0)$点不取极值.

(2) 极值点不一定是驻点；例如$(0,0)$点不是 $z=\sqrt{x^2+y^2}$的驻点.

(3) 驻点或偏导不存在的点可能为极值点.

(4) 可微函数的极值点一定是驻点.

**三、典型例题**

**例 1** 求曲线 $x=(t+1)^2$，$y=t^3$，$z=\sqrt{1+t^2}$在点$(1,0,1)$处的切线与法平面.

**解** 点$(1,0,1)$对应于 $t=0$，切线的方向向量为

$$\left(\frac{\mathrm{d}x}{\mathrm{d}t},\frac{\mathrm{d}y}{\mathrm{d}t},\frac{\mathrm{d}z}{\mathrm{d}t}\right)\bigg|_{t=0}=\left(2(t+1),3t^2,\frac{t}{\sqrt{1+t^2}}\right)\bigg|_{t=0}=(2,0,0)=2(1,0,0),$$

故切线方程为

$$\frac{x-1}{1}=\frac{y}{0}=\frac{z-1}{0},$$

法平面方程为

$$1(x-1)+0(y-0)+0(z-1)=0,$$

即

$$x=1.$$

**例 2** 求曲线$\begin{cases}e^{z^2}+xy=2\\z=x^2-y^2\end{cases}$在点$(1,1,0)$处的切线与法平面.

**解** 两边同时对 $x$ 求导

$$2ze^{z^2}\frac{\mathrm{d}z}{\mathrm{d}x}+y+x\frac{\mathrm{d}y}{\mathrm{d}x}=0, \quad ①$$

$$\frac{\mathrm{d}z}{\mathrm{d}x}=2x-2y\frac{\mathrm{d}y}{\mathrm{d}x}, \quad ②$$

把点$(1,1,0)$代入方程①、②，解得

$$\frac{\mathrm{d}y}{\mathrm{d}x}=-1,\quad \frac{\mathrm{d}z}{\mathrm{d}x}=4.$$

故切线方程为

$$\frac{x-1}{1}=\frac{y-1}{-1}=\frac{z}{4},$$

法平面方程为

$$1(x-1)-(y-1)+4z=0,$$

即

$$x-y+4z=0.$$

**例 3** 求旋转抛物面 $z=x^2+y^2-1$ 在点 $M(2,1,4)$处的切平面和法线方程.

**解** $z_x=2x$，$z_y=2y$

曲面在 $M(2,1,4)$点的法向量为

$$\boldsymbol{n}=(z_x,z_y,-1)\big|_M=(2x,2y,-1)\big|_{(2,1)}=(4,2,-1),$$

切平面方程为 $$4(x-2)+2(y-1)-(z-4)=0,$$

即 $$4x+2y-z=6,$$

法线方程为 $$\frac{x-2}{4}=\frac{y-1}{2}=\frac{z-4}{-1}.$$

**例 4**　函数 $u=\ln(x+\sqrt{y^2+z^2})$ 在点 $A(1,\ 0,\ 1)$ 处沿点 $A$ 指向点 $B(3,\ -2,\ 2)$ 方向的方向导数及在点 $A$ 的梯度.

**解**　$\overrightarrow{AB}=(2,\ -2,\ 1)$，$|\overrightarrow{AB}|=3$，

$$\cos\alpha=\frac{2}{3},\ \cos\beta=-\frac{2}{3},\ \cos\gamma=\frac{1}{3},$$

$$u_x(1,\ 0,\ 1)=\frac{1}{2},\ u_y(1,\ 0,\ 1)=0,\ u_z(1,\ 0,\ 1)=\frac{1}{2},$$

$$\left.\frac{\partial u}{\partial l}\right|_A=\frac{1}{2}\times\frac{2}{3}+0\times\left(-\frac{2}{3}\right)+\frac{1}{2}\times\frac{1}{3}=\frac{1}{2},$$

$$\text{grad}u\,|_A=(u_x,u_y,u_z)\Big|_A=\left(\frac{1}{2},0,\frac{1}{2}\right).$$

**例 5**　设在 $xOy$ 面上,各点的温度 $T$ 与点$(x,y)$的位置关系为 $T=x^2+2y^2$,试求:

(1) 在点 $P(2,1)$处沿方向角为 210°的方向 $\boldsymbol{l}$ 的温度变化率.

(2) 在什么方向上,点 $P(2,1)$处的温度变化率取得最大值？并求此最大值.

**解**　(1) $\boldsymbol{l}=(\cos210°,\sin210°)=\left(-\frac{\sqrt{3}}{2},-\frac{1}{2}\right)$,

$$\left.\frac{\partial T}{\partial x}\right|_P=4,\left.\frac{\partial T}{\partial y}\right|_P=4,$$

$$\left.\frac{\partial T}{\partial l}\right|_P=\left.\frac{\partial T}{\partial x}\right|_P\cos\alpha+\left.\frac{\partial T}{\partial y}\right|_P\sin\alpha=-2\sqrt{3}-2.$$

(2) 在梯度方向上,点 $P(2,1)$处的温度变化率取得最大值,且最大值为梯度的模

$$\text{grad}T\,|_P=\left(\frac{\partial T}{\partial x}\ \frac{\partial T}{\partial y}\right)\Big|_P=(4,4),$$

$$|\text{grad}T|_P=4\sqrt{2}.$$

**例 6**　求函数 $z=x^3-4x^2+2xy-y^2$ 的极值.

**解**　由 $\begin{cases}z_x=3x^2-8x+2y=0\\ z_y=2x-2y=0\end{cases}$，得驻点$(0,\ 0)$，$(2,\ 2)$，

$$z_{xx}=6x-8,\ z_{xy}=2,\ z_{yy}=-2,$$

对点$(0,\ 0)$，$A=z_{xx}=-8$，$B=z_{xy}=2$，$C=z_{yy}=-2$，

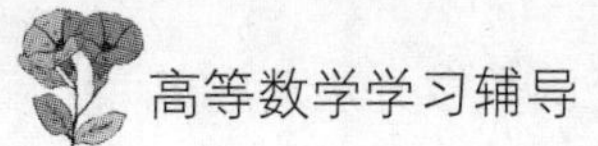


$$B^2-AC=-12<0，且 A<0,$$

故函数 $z$ 在 $(0,\ 0)$ 点取极大值 $z(0,\ 0)=0$.

对点 $(2,\ 2)$ $A=z_{xx}=4$，$B=z_{xy}=2$，$C=z_{yy}=-2$.

$B^2-AC=12>0$，故函数 $z$ 在 $(1,\ 1)$ 点不取极值.

**例 7** 在椭圆 $x^2+4y^2=4$ 上求一点，使其到直线 $2x+3y-6=0$ 的距离最短.

**【分析】** 转化为条件极值：求到直线 $2x+3y-6=0$ 的距离最短的点，该点的坐标满足椭圆方程 $x^2+4y^2=4$.

**解** 设 $P(x,\ y)$ 为椭圆 $x^2+4y^2=4$ 上任意一点，则 $P$ 到直线的距离为

$$d=\frac{|2x+3y-6|}{\sqrt{3}},$$

求 $d$ 的最小值即求 $d^2$ 的最小值.

作 Lagrange 函数

$$F(x,\ y,\ \lambda)=\frac{1}{3}(2x+3y-6)^2+\lambda(x^2+4y^2-4),$$

由 $\begin{cases} F_x=\dfrac{4}{3}(2x+3y-6)+2\lambda x=0 \\ F_y=2(2x+3y-6)+8\lambda y=0 \\ F_\lambda=x^2+4y^2-4=0 \end{cases}$ 得驻点 $A\left(\dfrac{8}{5},\ \dfrac{3}{5}\right)$，$B\left(-\dfrac{8}{5},\ -\dfrac{3}{5}\right)$，

$$d\big|_A=\frac{1}{\sqrt{3}},\ d\big|_B=\frac{11}{\sqrt{3}},$$

由题意，$A\left(\dfrac{8}{5},\ \dfrac{3}{5}\right)$ 即为所求.

**例 8** 在第一卦限内作椭球面 $\dfrac{x^2}{25}+\dfrac{y^2}{9}+\dfrac{z^2}{4}=1$ 的切平面，使得该切平面与三坐标面所围成的四面体体积最小，求切点坐标.

**解** 设 $M_0(x_0,\ y_0,\ z_0)$ 为第一卦限内椭球面上一点，则过 $M_0$ 的切平面

$$\frac{x_0x}{25}+\frac{y_0y}{9}+\frac{z_0z}{4}=1,$$

该切平面与三坐标面所围成的四面体体积

$$V=\frac{1}{6}\times\frac{25}{x_0}\times\frac{9}{y_0}\times\frac{4}{z_0}=\frac{150}{x_0y_0z_0},$$

求 $V$ 的最小值即求 $u=x_0y_0z_0$ 的最大值.

作 Lagrange 函数，令

$$F(x,\ y,\ z,\ \lambda)=xyz+\lambda\left(\frac{x^2}{25}+\frac{y^2}{9}+\frac{z^2}{4}-1\right),$$

由

$$\begin{cases} F_x = yz + \dfrac{2}{25}\lambda x = 0 \\ F_y = xz + \dfrac{2}{9}\lambda y = 0 \\ F_z = xy + \dfrac{1}{2}\lambda z = 0 \\ F_\lambda = \dfrac{x^2}{25} + \dfrac{y^2}{9} + \dfrac{z^2}{4} = 0 \end{cases} \quad (x,\ y,\ z > 0)$$

得驻点$\left(\dfrac{5}{\sqrt{3}},\ \sqrt{3},\ \dfrac{2}{\sqrt{3}}\right)$即为所求.

**例 9**　求椭圆$\begin{cases} x^2 + y^2 = 9 \\ x + y + z = 0 \end{cases}$的两个半轴的长度及椭圆面积.

**解**　椭圆中心 $O(0,\ 0,\ 0)$，两个半轴为原点与 $P(x,\ y,\ z)$ 的距离在条件 $\begin{cases} x^2 + y^2 = 9 \\ x + y + z = 0 \end{cases}$下的最大最小值.

令 $F(x,\ y,\ z,\ \lambda,\ \mu) = x^2 + y^2 + z^2 + \lambda(x^2 + y^2 - 9) + \mu(x + y + z)$，

$$\begin{cases} F_x = 2x + 2\lambda x + \mu = 0 \\ F_y = 2y + 2\lambda y + \mu = 0 \\ F_z = 2z + \mu = 0 \\ F_\lambda = x^2 + y^2 - 9 = 0 \\ F_\mu = x + y + z = 0 \end{cases}$$

，解方程组，得驻点 $\pm\left(\dfrac{3}{\sqrt{2}},\ \dfrac{3}{\sqrt{2}},\ -3\sqrt{2}\right)$，$\pm\left(\dfrac{3}{\sqrt{2}},\ \dfrac{3}{\sqrt{2}},\ 0\right)$，

故最大值 $3\sqrt{3}$，最小值 3，椭圆面积 $9\sqrt{3}\pi$.

**例 10**　设有一小山，取它的底部所在的平面为 $xOy$ 坐标面，其底部所占的区域为

$D = \{(x,\ y) \mid x^2 + y^2 - xy \leqslant 75\}$，小山的高度函数为 $h(x,\ y) = 75 - x^2 - y^2 + xy$.

(1) 设 $M(x_0,\ y_0)$ 为区域 $D$ 上的一个点，问 $h(x,\ y)$ 在该点沿平面上什么方向的方向导数最大？若记此方向导数的最大值为 $g(x_0,\ y_0)$，试写出 $g(x_0,\ y_0)$ 的表达式.

(2) 现欲利用此小山开展攀岩活动，为此需要在山脚寻找一上山坡度最大的点作为攀登的起点，也就是说，要在 $D$ 的边界曲线 $x^2 + y^2 - xy = 75$ 上找出使(1)中的 $g(x,\ y)$ 达到最大值的点. 试确定攀登起点的位置.

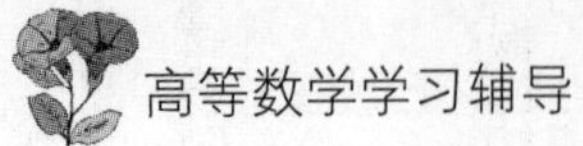


**解** (1) 由梯度的几何意义知，$h(x, y)$在$M(x_0, y_0)$处沿梯度

$$\text{grad}h(x, y)\big|_{(x_0,y_0)}=(y_0-2x_0, x_0-2y_0),$$

方向的方向导数最大，方向导数的最大值为梯度的模，所以

$$g(x_0, y_0)=\sqrt{(y_0-2x_0)^2+(x_0-2y_0)^2}=\sqrt{5x_0^2+5y_0^2-8x_0y_0}.$$

(2) 令$f(x, y)=g^2(x, y)=5x^2+5y^2-8xy$,

由题意，只需求$f(x, y)$在约束条件$75-x^2-y^2+xy=0$下的最大值点.

令$F(x, y, \lambda)=5x^2+5y^2-8xy+\lambda(75-x^2-y^2+xy)$,

由

$$\begin{cases}F_x=10x-8y+\lambda(y-2x)=0\\F_y=10y-8x+\lambda(x-2y)=0\\F_\lambda=75-x^2-y^2+xy=0\end{cases}$$

得驻点$M_1(5, -5)$，$M_2(-5, 5)$，$M_3(5\sqrt{3}, 5\sqrt{3})$，$M_4(-5\sqrt{3}, -5\sqrt{3})$，

由于 $$f(M_1)=f(M_2)=450, f(M_3)=f(M_4)=150,$$

故$M_1(5, -5)$或$M_2(-5, 5)$可作为攀登的起点.

**例 11** 求函数$f(x, y)=x^2+\sqrt{2}xy+2y^2$在区域$x^2+2y^2\leqslant 4$上的最大最小值.

**解** 先求函数区域$x^2+2y^2<4$内的驻点

$$\begin{cases}f_x=2x+\sqrt{2}y=0\\f_y=\sqrt{2}x+4y=0\end{cases}，得唯一驻点(0, 0),$$

再求函数在边界上的极值.

令$F(x, y, \lambda)=x^2+\sqrt{2}xy+2y^2+\lambda(x^2+2y^2-4)$,

$$\begin{cases}F_x=2x+\sqrt{2}y+2\lambda x=0\\F_y=\sqrt{2}x+4y+4\lambda y=0\\F_\lambda=x^2+2y^2-4=0\end{cases}$$

解得$(\sqrt{2}, 1)$，$(-\sqrt{2}, 1)$，$(\sqrt{2}, -1)$，$(-\sqrt{2}, -1)$，由

$f(0, 0)=0$，$f(\sqrt{2}, 1)=f(-\sqrt{2}, -1)=6$，$f(-\sqrt{2}, 1)=f(\sqrt{2}, -1)=2$，

故最大值 6，最小值 0.

**多元函数微分法及应用能力矩阵**

| 数学能力 | 后续数学课程学习能力 | 专业课程学习能力（应用创新能力） |
|---|---|---|
| ①计算多元函数的偏导数；利用全微分作近似计算；复合函数的偏导数计算；隐函数求导；计算函数的方向导数与梯度；多元函数的极值及最值的计算培养学生的运算能力.<br>②借助 Mathematica 软件在作图上的功能，将抽象多元函数的图形直观地呈现出来，借助图形研究函数的性质，培养学生的空间想象能力；能够从几何的角度理解偏导数的几何意义；全微分的概念及几何解释；从几何角度看待向量、切线、法平面、切平面与法线；方向导数与梯度在物理及工程等领域的几何背景；与几何有关的极值问题等培养学生的空间想象能力.<br>③判断函数的极限存在和连续性问题；连续、偏导数、可微、方向导数之间的关系图；多元复合函数微分法的锁链法则；利用全微分求隐函数导数；拉格朗日乘数法思想的推导与证明过程培养学生的逻辑推理及抽象思维能力. | ①强调多元函数的有关概念时，以理论为主，以直觉为辅，适当补充与多元函数有关的概念，增加后续课程《概率论与数理统计》中与多元函数相关的内容，如研究二元正态分布、活猪的体重是胸围与体长的二元函数等.<br>给出数学物理方程中一些波动方程、双曲方程、拉普拉斯方程等偏导数计算的实例.<br>②掌握全微分在近似计算中的应用，这有助于进一步在计算数学中学习相关知识.<br>③复合函数微分法为工程数学中复变量函数的复合函数微分法提供基础.<br>④微分法在几何上的应用为工程数学中复平面上曲线的切向量打下基础.<br>⑤方向导数与梯度为工程数学中场论部分提供基础.<br>⑥优化设计、数学建模及经济管理中最优问题等都用到多元函数的极值及最值问题的计算. | ①在经济与管理等领域中用到偏导数概念，如直接价格偏弹性与交叉价格偏弹性问题用到偏导数.<br>②掌握全微分在近似计算中的应用，这有助于进一步在计算机编程、工程领域如电磁场、化工计算中学习相关知识.<br>③微分法在几何上的应用为工科学生在大学物理课程中，普遍采用的是向量函数记法，引入向量函数可以使学生更容易建立起这两门课程之间的联系.<br>④方向导数与梯度的基本概念为进一步学习电磁场理论，流体力学及光学提供一定数学基础.<br>⑤应用领域中一些实际问题常常通过数学建模可转化为多元函数的极值及最值的计算. 如经济学中最佳广告策略、成本固定时产出最大化问题、产出固定时成本最小化问题及获取最大利益问题、工业设计中材料最省问题、几何中经典问题、及最小二乘法问题等. |

## 自测题（一）

**一、填空题**（每题 5 分，共 30 分）

**1.** $\lim\limits_{\substack{x\to k\\ y\to\infty}}\left(1+\dfrac{x}{y}\right)^{y}=$__________.

**2.** 设 $u=\left(\dfrac{x}{y}\right)^{z}$，则 $\mathrm{d}u\big|_{(1,1,1)}=$__________.

**3.** 函数 $z=2x^2+y^2$ 在点(1，1)处的梯度为__________.

**4.** 曲面 $z=x^2+y^2$ 与平面 $2x+4y-z=0$ 平行的切平面方程是__________.

**5.** 函数 $z=x^2-xy+y^2-2x+y$ 在(1，0)点取得极__________值.

**6.** 设 $z=xf\left(\dfrac{y}{x}\right)$，$f(u)$ 可导，则 $x\dfrac{\partial z}{\partial x}+y\dfrac{\partial z}{\partial y}=$__________.

二、(10 分)设 $u=(1+xy)^x$，求 $z_x$，$z_y$.

三、(10 分)设 $z=f(\mathrm{e}^x\sin y,\ x-2y)$，其中 $f$ 有二阶连续偏导，求 $z_{xy}$.

四、(10 分)设 $z=f(x^2+y^2)$，求 $z_{xy}$.

五、(10 分)由方程 $x^2+y^2+z^2=3xyz$ 所确定的隐函数 $z=z(x,\ y)$ 在(1，1，1)的全微分.

六、(10 分)求 $u=x+y+z$ 沿球面 $x^2+y^2+z^2=1$ 上 $P(x_0,\ y_0,\ z_0)$ 点处外法线方向的方向导数及 $\mathrm{grad}u\,|_P$.

七、(10 分)求函数 $f(x,\ y)=\mathrm{e}^{2x}(x+y^2+2y)$ 的极值.

八、(10 分)求内接于半径为 $a$ 的球的最大长方体的体积.

## 自测题(二)

**一、选择题**(每题 5 分，共 30 分)

**1.** $\lim\limits_{\substack{x\to 0\\ y\to 0}}\dfrac{\sin(x+y)}{x-y}=$__________.

A. 等于 1　　B. 等于 0　　C. 等于 −1　　D. 不存在

**2.** 二元函数 $f(x,\ y)=\begin{cases}\dfrac{xy}{x^2+y^2} & (x,\ y)\neq(0,\ 0)\\ 0 & (x,\ y)=(0,\ 0)\end{cases}$ 在点(0，0)处__________.

A. 连续，偏导数存在　　B. 连续，偏导数不存在

C. 不连续，偏导数存在　　D. 不连续，偏导数不存在.

**3.** 考虑二元函数的 4 条性质：

①$f(x,\ y)$ 在点 $(x_0,\ y_0)$ 处连续；

②$f(x,\ y)$ 在点 $(x_0,\ y_0)$ 处的两个偏导连续；

③$f(x,\ y)$ 在点 $(x_0,\ y_0)$ 处可微；

④$f(x,\ y)$ 在点 $(x_0,\ y_0)$ 处的两个偏导数存在.

若用“$P\Rightarrow Q$”表示可由性质 $P$ 推出性质 $Q$，则有__________.

A. ②⇒③⇒①　　B. ③⇒②⇒①

C. ③⇒④⇒①　　D. ③⇒①⇒④

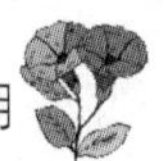

**4.** 设函数$f(x, y)$在点$(0, 0)$附近有定义，且$f_x(0, 0)=3$，$f_y(0, 0)=1$，则________.

A. $dz|_{(0,0)}=3dx+dy$

B. 曲面$f(x, y)$在点$(0, 0, f(0, 0))$的法向量为$(3, 1, 1)$

C. 曲线$\begin{cases}z=f(x, y)\\ y=0\end{cases}$在点$(0, 0, f(0, 0))$的切向量为$(1, 0, 3)$

D. 曲线$\begin{cases}z=f(x, y)\\ y=0\end{cases}$在点$(0, 0, f(0, 0))$的切向量为$(3, 0, 1)$

**5.** 已知函数$f(x, y)$在点$(0, 0)$的某个邻域内连续，且$\lim\limits_{\substack{x\to 0\\ y\to 0}}\dfrac{f(x, y)-xy}{(x^2+y^2)^2}=1$，则________.

A. 点$(0, 0)$不是$f(x, y)$的极值点

B. 点$(0, 0)$是$f(x, y)$的极大值点

C. 点$(0, 0)$是$f(x, y)$的极小值点

D. 根据所给条件无法判断点$(0, 0)$是否为$f(x, y)$的极值点

**6.** 设函数$u(x, y)$在平面有界闭区域$D$上有二阶连续偏导数，且满足$u_{xy}\neq 0$，$u_{xx}+u_{yy}=0$，则______________.

A. 最大值和最小值在$D$的内部取得

B. 最大值和最小值在$D$的边界取得

C. 最大值在$D$的内部取得，最小值在$D$的边界取得

D. 最小值在$D$的内部取得，最大值在$D$的边界取得

二、(10分)设$z=f(t)$，$t=\varphi(xy, x^2+y^2)$，其中$f$有二阶连续导数，$\varphi$有二阶连续偏导数，求$z_{xy}$.

三、(10分)设$z=\dfrac{2x}{x^2-y^2}$，求$\left.\dfrac{\partial^n z}{\partial y^n}\right|_{(2,1)}$.

四、(10分)求曲线$\begin{cases}x^2+y^2+z^2=a^2\\ x^2+y^2=ax\end{cases}$在点$(0, 0, a)$处的切线与法平面.

五、(10分)已知$z=f(x, y)$的全微分$dz=2xdx-2ydy$，且$f(1, 1)=2$，求$f(x, y)$在$D$：$x^2+\dfrac{y^2}{4}\leqslant 1$上的最大和最小值.

六、(10分)已知三角形周长为$p$，求出这样的三角形，当它绕着自己一边旋转时，所得立体体积最大.

七、(10分)设$f(x, y, z)$可微，并对一切$t\neq 0$，适合

$f(tx, ty, tz)=t^n f(x, y, z)$　(称$f(x, y, z)$为$n$次齐次函数)，

证明：$xf_x+yf_y+zf_z=nf(x, y, z)$.

八、(10 分)已知函数 $u(x,y)$ 具有连续的二阶偏导数，算子 $A$ 定义为 $A(u)=x\dfrac{\partial u}{\partial x}+y\dfrac{\partial u}{\partial y}$.

(1) 求 $A(u-A(u))$；

(2) 利用(1)的结论，以 $\xi=\dfrac{y}{x}$，$\eta=x-y$ 为新的变量，改变方程 $x^2\dfrac{\partial^2 u}{\partial x^2}+2xy\dfrac{\partial^2 u}{\partial x\partial y}+y^2\dfrac{\partial^2 u}{\partial y^2}=0$ 的形式.

# 自测题答案

**自测题（一）**

一、**1.** $e^k$　**2.** $dx-dy$　**3.** (4, 2)

**4.** $2x+4y-z=5$，　**5.** 小　**6.** $z$.

二、$z_x=(1+xy)^x\left[\ln(1+xy)+\dfrac{xy}{1+xy}\right]$，$z_y=x^2(1+xy)^{x-1}$.

三、$z_{xy}=e^x\cos yf_1+e^{2x}\sin y\cos yf_{11}+e^x(\cos y-2\sin y)f_{12}-2f_{22}$.

四、$z_{xy}=4xyf''(x^2+y^2)$.

五、$-dx-dy$.

六、方向导数为 $x_0+y_0+z_0$，梯度为(1, 1, 1).

七、$f$ 在$\left(\dfrac{1}{2},-1\right)$处取极小值 $-\dfrac{e}{2}$.

八、当长、宽、高都是$\dfrac{2a}{\sqrt{3}}$时，体积最大，最大为$\dfrac{8a^3}{3\sqrt{3}}$.

**自测题（二）**

一、**1.** D　**2.** C　**3.** A　**4.** C　**5.** A　**6.** B.

二、$\dfrac{\partial z}{\partial x}=f'(t)(y\varphi_1+2x\varphi_2)$

$\dfrac{\partial^2 z}{\partial x\partial y}=f''(t)(x\varphi_1+2y\varphi_2)(y\varphi_1+2x\varphi_2)+f'(t)[\varphi_1+xy\varphi_{11}+2(x^2+y^2)\varphi_{12}+4xy\varphi_{22}]$.

三、$\left.\dfrac{\partial^n z}{\partial y^n}\right|_{(2,1)}=n!+\dfrac{(-1)^n n!}{3^{n+1}}$.

四、切线方程为:$\dfrac{x-0}{0}=\dfrac{y-0}{1}=\dfrac{z-a}{0}$ 或 $\begin{cases}x=0\\z=a\end{cases}$,法平面方程为:$y=0$.

五、3，-2.

六、三角形三边长分别为$\frac{p}{4}$，$\frac{3}{8}p$，$\frac{3}{8}p$，且绕边长为$\frac{p}{4}$的边旋转时体积最大.

七、提示：将 $n$ 次齐次函数两边同时对 $t$ 求导.

八、(1) $A(u-A(u))=-\left(x^2\frac{\partial^2 u}{\partial x^2}+2xy\frac{\partial^2 u}{\partial x\partial y}+y^2\frac{\partial^2 u}{\partial y^2}\right)$；

(2) $\frac{\partial^2 u}{\partial \eta^2}=0$.

# 第九章　重　积　分

## 第一节　二重积分的概念

### 一、内容提要

和定积分定义类似，我们采用分割、近似、求和取极限等手段，对平面有界闭区域上的函数定义二重积分．如果没有特别声明，积分区域是有界平面闭区域，函数是可积函数．和定积分类似，二重积分的性质如下：

1. 线性性质

$$\iint\limits_D [kf(x,y)+mg(x,y)]\,\mathrm{d}x\mathrm{d}y = k\iint\limits_D f(x,y)\,\mathrm{d}x\mathrm{d}y + m\iint\limits_D g(x,y)\,\mathrm{d}x\mathrm{d}y .$$

2. 对区域的可加性　若 $D$ 分成两个区域 $D=D_1+D_2$，则

$$\iint\limits_D f(x,y)\,\mathrm{d}x\mathrm{d}y = \iint\limits_{D_1} f(x,y)\,\mathrm{d}x\mathrm{d}y + \iint\limits_{D_2} f(x,y)\,\mathrm{d}x\mathrm{d}y .$$

3. 若在区域 $D$ 上 $f(x,y)\leqslant g(x,y)$，则

$$\iint\limits_D f(x,y)\,\mathrm{d}x\mathrm{d}y \leqslant \iint\limits_D g(x,y)\,\mathrm{d}x\mathrm{d}y .$$

4. 若在区域 $D$ 上 $f(x,y)$ 可积，则 $|f(x,y)|$ 在区域 $D$ 上也可积，且

$$\left|\iint\limits_D f(x,y)\,\mathrm{d}x\mathrm{d}y\right| \leqslant \iint\limits_D |f(x,y)|\,\mathrm{d}x\mathrm{d}y .$$

5. 介值定理　用 $\sigma$ 表示区域 $D$ 的面积，若 $m\leqslant f(x,y)\leqslant M$，则

$$m\sigma \leqslant \iint\limits_D f(x,y)\,\mathrm{d}\sigma \leqslant M\sigma .$$

6. 积分中值定理　若 $f(x,y)$ 在区域 $D$ 上连续，则存在 $(\xi,\eta)\in D$，使得

$$f(\xi,\eta)\sigma = \iint\limits_D f(x,y)\,\mathrm{d}x\mathrm{d}y .$$

其中 $\sigma$ 表示区域 $D$ 的面积．

### 二、重点、难点分析

二重积分是二元函数在平面区域上的积分，它的定义与定积分的定义有很多类似的地方，学习时要注意和定积分定义的区别，可结合定积分的性质学习二重积分的性质．本节的重点是掌握二重积分的概念，难点利用二重积分的性质解决有关问题．

**三、典型例题**

**例 1**　下列不等式正确的是（　　）.

(a) $\iint\limits_{\substack{|x|\leqslant 1\\|y|\leqslant 1}}(x-1)\mathrm{d}\sigma \geqslant 0$；　　(b) $\iint\limits_{x^2+y^2\leqslant 1}(-x^2-y^2)\mathrm{d}\sigma \geqslant 0$；

(c) $\iint\limits_{\substack{|x|\leqslant 1\\|y|\leqslant 1}}(y-1)\mathrm{d}\sigma \geqslant 0$；　　(d) $\iint\limits_{\substack{|x|\leqslant 1\\|y|\leqslant 1}}(x+1)\mathrm{d}\sigma \geqslant 0$.

**解**　注意　在由 $|x|\leqslant 1, |y|\leqslant 1$ 确定的区域 $D$ 上，$f(x,y)=x+1\geqslant 0$，且不恒为 0，由二重积分的性质，则 $\iint\limits_{D}(x+1)\mathrm{d}x\mathrm{d}y \geqslant 0$. 故选（d）.

**例 2**　估计 $\iint\limits_{D}(x+y+10)\mathrm{d}\sigma$ 的值范围，其中 $D: x^2+y^2\leqslant 4$.

先求被积函数在区域 $D$ 上的最大值和最小值，然后利用积分的性质可估计积分值的范围.

**解**　设 $f(x,y)=x+y+10$，令 $f_x=0, f_y=0$，可得 $f(x,y)$ 在区域 $D$ 内没有驻点，因此 $f(x,y)$ 在 $D$ 上的最大值和最小值只能在 $D$ 的边界上取得，令

$$F(x,y)=x+y+10+\lambda(x^2+y^2-4)$$

于是由

$$\begin{cases}1+2\lambda x=0\\1+2\lambda y=0\\x^2+y^2=4\end{cases}$$

解得驻点为 $(\sqrt{2},\sqrt{2}), (-\sqrt{2},-\sqrt{2})$. 于是 $f(x,y)$ 在 $D$ 上的最大值 $M=10+2\sqrt{2}$，最小值 $m=10-2\sqrt{2}$，又由于区域 $D$ 的面积是 $4\pi$，因此

$$4(10-2\sqrt{2})\pi \leqslant \iint\limits_{D}(x+y+10)\mathrm{d}\sigma \leqslant 4(10+2\sqrt{2})\pi.$$

## 第二节　二重积分的计算

**一、内容提要**

计算二重积分需要将二重积分化成两次积分，本节介绍化二重积分为两次积分的常用方法：直角坐标法和极坐标法.

1. 二重积分化两次积分的直角坐标法

(1) 若平面有界闭区域 $D$ 为

$$\varphi_1(x)\leqslant y\leqslant \varphi_2(x), a\leqslant x\leqslant b,$$

其中 $\varphi_1, \varphi_2 \in C[a,b]$，$f(x,y)$ 是 $D$ 上的连续函数，则

$$\iint\limits_{D}f(x,y)\mathrm{d}x\mathrm{d}y=\int_a^b \mathrm{d}x\int_{\varphi_1(x)}^{\varphi_2(x)}f(x,y)\mathrm{d}y.$$

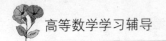

（2）若平面有界闭区域 $D$ 表示为

$$\varphi_1(y) \leqslant x \leqslant \varphi_2(y), c \leqslant y \leqslant d,$$

其中 $\varphi_1, \varphi_2 \in C[c,d]$，$f(x,y)$ 是 $D$ 上的连续函数，则

$$\iint_D f(x,y)\,\mathrm{d}x\mathrm{d}y = \int_c^d \mathrm{d}y \int_{\varphi_1(y)}^{\varphi_2(y)} f(x,y)\,\mathrm{d}x.$$

二重积分化为两次积分的关键是将区域 $D$ 用两种类型的不等式组表示出来．下面介绍将区域 $D$ 用上述不等式表示出来的方法．

区域 $D$ 称为 X(Y) 型区域：若垂直于 $x$ 轴（$y$ 轴）的直线穿过 $D$ 内部，直线与区域边界至多两个交点．X 型区域如图 9-1 所示．

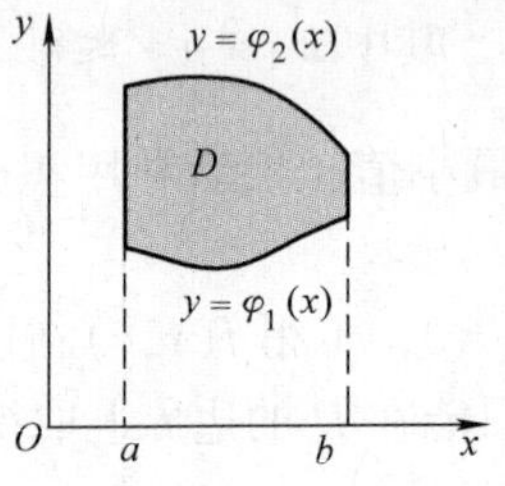


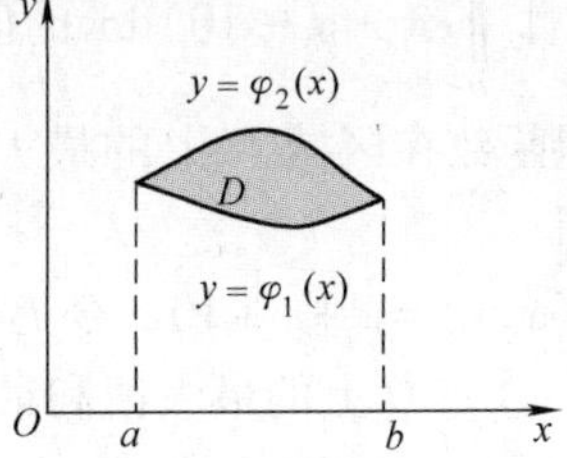


图 9-1

（3）若区域 $D$ 是 X 型区域；$D$ 在 $x$ 轴的投影区间为 $[a,b]$；直线 $x=a$，$x=b$ 将 $D$ 的边界曲线分成上下两部分，上为：$y=\varphi_2(x)$，下为：$y=\varphi_1(x)$，则 $D$ 可表示为

$$\varphi_1(x) \leqslant y \leqslant \varphi_2(x), a \leqslant x \leqslant b.$$

Y 型区域如图 9-2 所示．

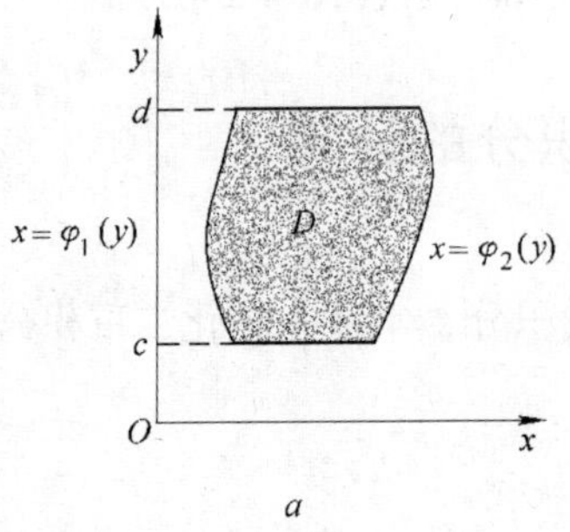


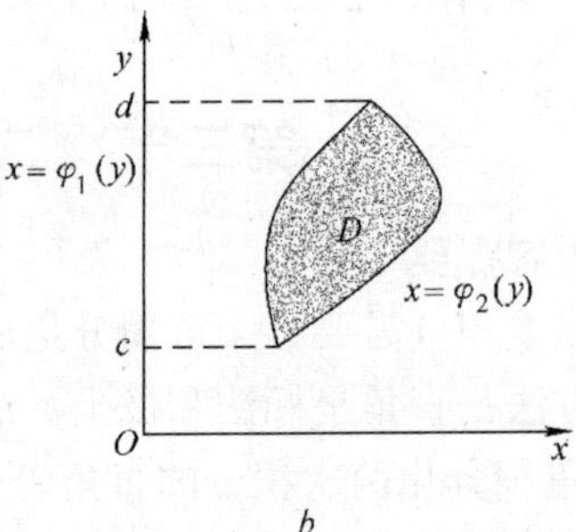


图 9-2

（4）若 $D$ 是 Y 型区域；区域 $D$ 在 $y$ 轴的投影区间为 $[c,d]$；$y=c, y=d$ 直线将 $D$ 的边界曲线分成左右两部分，右为：$x=\varphi_2(y)$，左为：$x=\varphi_1(y)$，则 $D$ 可

表示为

$$\varphi_1(y) \leqslant x \leqslant \varphi_2(y), c \leqslant y \leqslant d$$

（5）其他类型区域：可用平行于坐标轴的直线将 $D$ 分成若干部分，使每一部分是 X 或 Y 型区域．然后每部分计算相加即可．

2. 二重积分计算的极坐标法

直角坐标与极坐标之间的转化公式为：

$$\begin{cases} x = r\cos\theta \\ y = r\sin\theta \end{cases},$$

于是

$$\iint_D f(x,y)\,\mathrm{d}x\mathrm{d}y = \iint_D f(r\cos\theta, r\sin\theta)\,r\mathrm{d}r\mathrm{d}\theta,$$

其中 $r\mathrm{d}r\mathrm{d}\theta$ 是极坐标系下的面积元素．若积分区域 $D$ 表示为

$$\varphi_1(\theta) \leqslant r \leqslant \varphi_2(\theta), \alpha \leqslant \theta \leqslant \beta,$$

则

$$\iint_D f(x,y)\,\mathrm{d}x\mathrm{d}y = \int_\alpha^\beta \mathrm{d}\theta \int_{\varphi_1(\theta)}^{\varphi_2(\theta)} f(r\cos\theta, r\sin\theta)\,r\mathrm{d}r.$$

如何将积分区域 $D$ 用极坐标不等式表示呢？

（1）若以极点为端点的射线穿过 $D$ 的内部时，射线与 $D$ 的边界至多有两个交点．如图 9-3 所示，则 $D$ 可用极坐标不等式表示．设 $D$ 夹在 $\theta=\alpha$，$\theta=\beta$ 两射线之间，且两射线将 $D$ 的边界分成两部分 $r=\varphi_1(\theta), r=\varphi_2(\theta)$，则

$$\varphi_1(\theta) \leqslant r \leqslant \varphi_2(\theta), \alpha \leqslant \theta \leqslant \beta$$

（2）若极点在区域 $D$ 的内部，$r=\varphi(\theta)$ 是 $D$ 的边界方程，如图 9-4 所示，则

$$0 \leqslant r \leqslant \varphi(\theta), 0 \leqslant \theta \leqslant 2\pi$$

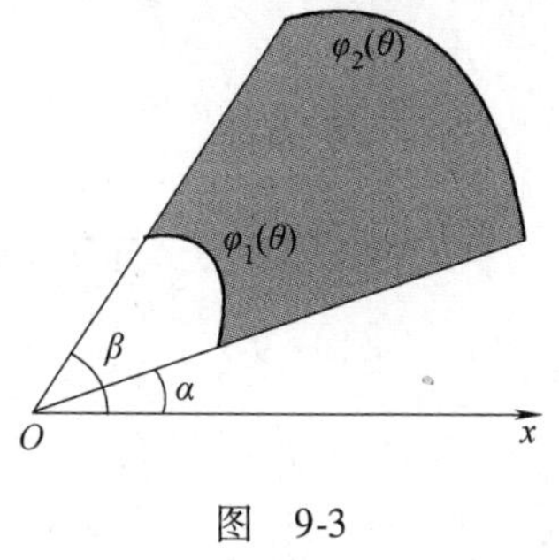


图 9-3

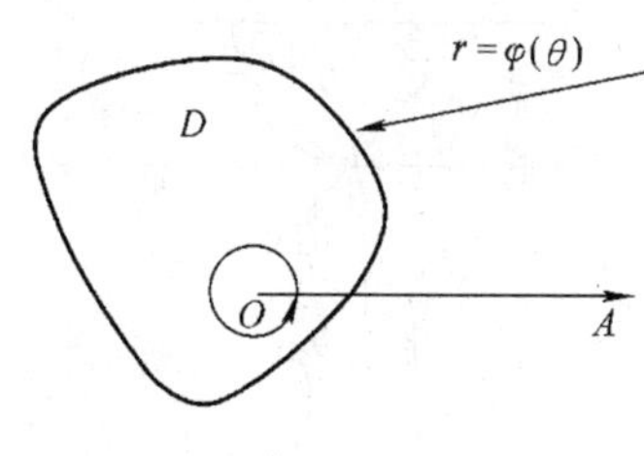


图 9-4

3. 若极点 $O$ 在区域 $D$ 的边界上，且 $D$ 介于两条射线 $\theta=\alpha, \theta=\beta$ 之间，$r=\varphi(\theta)$ 是区域 $D$ 的边界方程，如图 9-5 所示，则

$$0 \leqslant r \leqslant \varphi(\theta), \alpha \leqslant \theta \leqslant \beta,$$

**注意** 当积分区域是圆域或是圆域的一部分，或者被积函是$f(x^2+y^2)$的积分形式时采用极坐标计算往往简便.

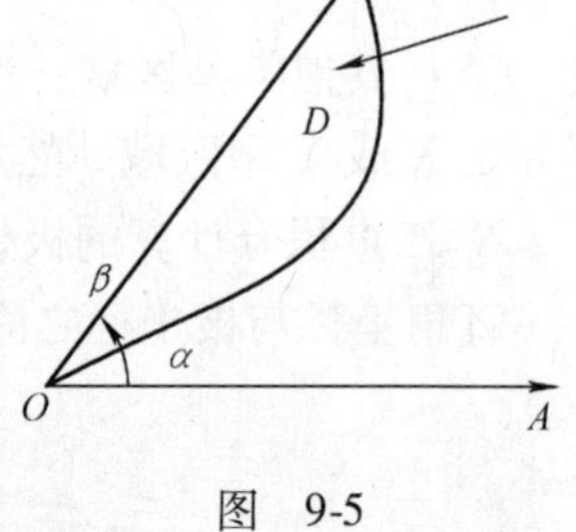

图 9-5

**二、重点、难点分析**

二重积分化成两次积分首先要正确地画出积分的区域，然后根据区域和被积函数确定用直角坐标法还是极坐标等方法，再确定积分的次序，化成两次积分. 本节要熟练掌握二重积分的计算方法（直角坐标法，极坐标法），这既是重点也是难点.

**三、典型例题**

**例1** 计算$\iint\limits_D (x-1)y\mathrm{d}x\mathrm{d}y$,其中区域$D$是由$y=(x-1)^2$, $y=1-x$, $y=1$所围的区域.

如图9-6所示，区域$D$是图中的阴影部分. 分析被积函数和积分域，可将原积分化为先对$x$后对$y$的二次积分比较方便.

**解** 原式 $=\int_0^1\mathrm{d}y\int_{1-y}^{1+\sqrt{y}}(x-1)y\mathrm{d}x=\frac{1}{2}\int_0^1(y^2-y^3)\mathrm{d}y=\frac{1}{24}$.

**注意** 一般情况下，后积分的变量，积分上下限均为常数，而先积分的变量的积分上下限或者为常数，或者是后积分变量的函数.

**例2** 计算二重积分$\iint\limits_D \mathrm{e}^{-y^2}\mathrm{d}x\mathrm{d}y$其中$D$是由$x=0$，$y=x$，$y=1$所围的三角形区域，如图9-7所示.

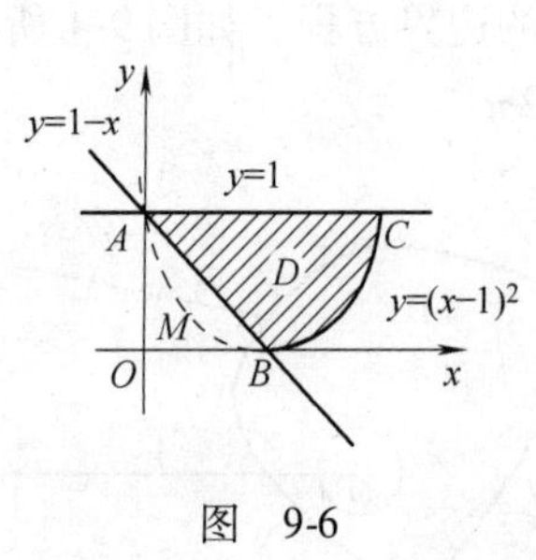

图 9-6

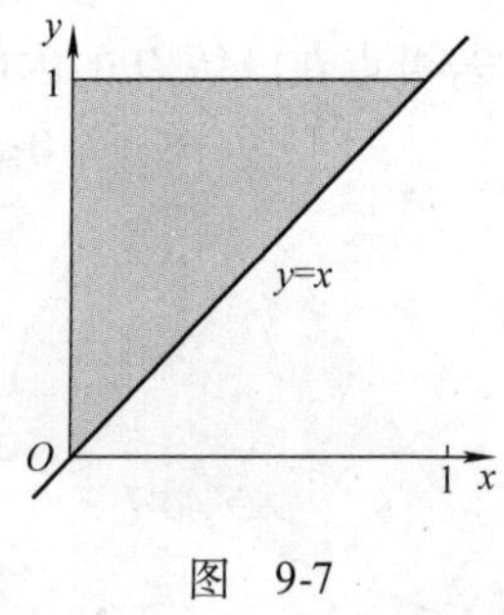

图 9-7

**解** 区域$D$是Y型区域 $0\leqslant y\leqslant 1$，$0\leqslant x\leqslant y$，则

$$\iint\limits_D \mathrm{e}^{-y^2}\mathrm{d}x\mathrm{d}y=\int_0^1\mathrm{d}y\int_0^y\mathrm{e}^{-y^2}\mathrm{d}x=\frac{1}{2}\left(1-\frac{1}{\mathrm{e}}\right).$$

**注** 此二重积分区域既是X型的又是Y型区域，化两次积分可以先对$y$，也可以先对$x$积分，但是若先对$y$进行积分，则积不出来，原因在于$\mathrm{e}^{-y^2}$的原函数

不是初等函数．这时要特别注意积分次序的选择．

**例 3**　计算二重积分 $\iint\limits_D y^2\,\mathrm{d}x\mathrm{d}y$，其中 $D$ 为曲线 $y^2=2x, x-y-4=0$ 所围的区域．

**解**　如图 9-8 所示，直线 $x-y-4=0$ 与抛物线 $y^2=2x$ 的交点是 $A(2,-2)$，$B(8,4)$．

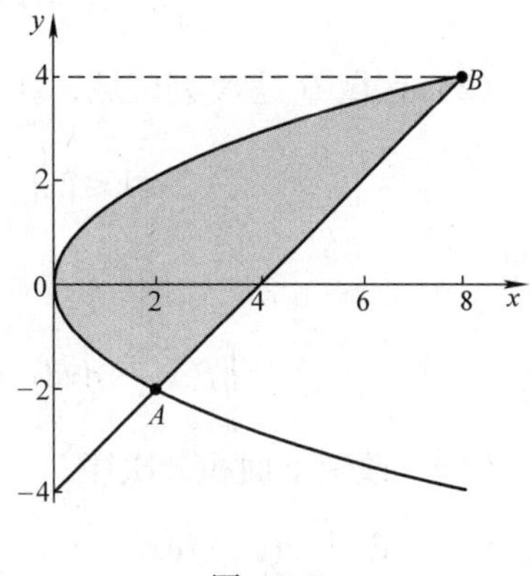


图　9-8

**解法 1**　若先对 $x$ 进行积分，区域 $D$ 表示为

$$\frac{y^2}{2}\leqslant x\leqslant y+4,\ -2\leqslant y\leqslant 4.$$

于是

$$\iint\limits_D y^2\,\mathrm{d}x\mathrm{d}y=\int_{-2}^{4}\mathrm{d}y\int_{y^2/2}^{y+4}y^2\,\mathrm{d}x=\frac{252}{5}.$$

**解法 2**　若先对于 $y$ 进行积分，区域 $D$ 表示为

$$0\leqslant x\leqslant 2,\ -\sqrt{2x}\leqslant y\leqslant\sqrt{2x},$$
$$2\leqslant x\leqslant 8, x-4\leqslant y\leqslant\sqrt{2x},$$

于是

$$\iint\limits_D y^2\,\mathrm{d}x\mathrm{d}y=\int_0^2\mathrm{d}x\int_{-\sqrt{2x}}^{\sqrt{2x}}y^2\,\mathrm{d}y+\int_2^8\mathrm{d}x\int_{x-4}^{\sqrt{2x}}y^2\,\mathrm{d}y=\frac{252}{5}.$$

**注意**　虽然有些二重积分可按照不同的顺序化成累次积分计算，但之后的计算其难易程度不一样，因此在计算时，选择适当的积分顺序是很重要的．有些问题积分次序选择不当时，问题可能无法计算出结果．

**例 4**　化下面二重积分 $\iint\limits_D f(x,y)\,\mathrm{d}x\mathrm{d}y$ 为两次积分，其中

（1）区域 $D$ 是由 $y=x^2$，$y=2$ 所围的平面区域．

（2）区域 $D$ 是由椭圆 $\frac{x^2}{4}+\frac{y^2}{9}=1$ 所围区域．

**解**　（1）**解法一**　如图 9-9 所示，区域 $D$ 是 X 型区域，$D$ 可表示为

$$-\sqrt{2}\leqslant x\leqslant\sqrt{2}, x^2\leqslant y\leqslant 2.$$

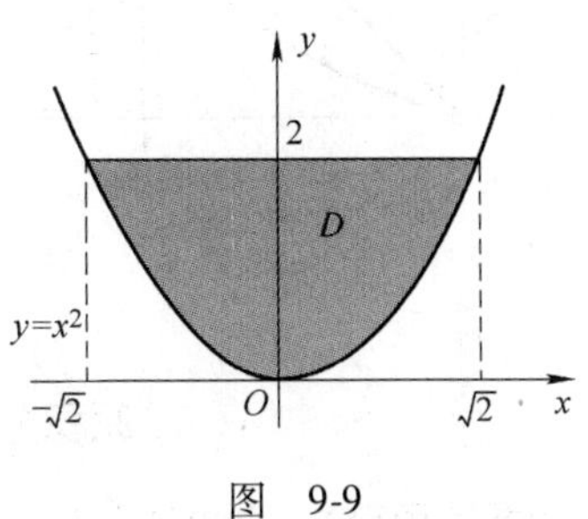


图　9-9

于是

$$\iint\limits_D f(x,y)\,\mathrm{d}x\mathrm{d}y=\int_{-\sqrt{2}}^{\sqrt{2}}\mathrm{d}x\int_{x^2}^{2}f(x,y)\,\mathrm{d}y.$$

**解法二** 区域 $D$ 是 Y 型区域，$D$ 可表示为

$$0\leqslant y\leqslant 2, -\sqrt{y}\leqslant x\leqslant\sqrt{y}.$$

于是

$$\iint_D f(x,y)\,\mathrm{d}x\mathrm{d}y = \int_0^2 \mathrm{d}y\int_{-\sqrt{y}}^{\sqrt{y}} f(x,y)\,\mathrm{d}x.$$

（2）区域 $D$ 是 X 型区域，$D$ 可表示为

$$-2\leqslant x\leqslant 2,\ -3\sqrt{1-\frac{x^2}{4}}\leqslant y\leqslant 3\sqrt{1-\frac{x^2}{4}}.$$

于是

$$\iint_D f(x,y)\,\mathrm{d}x\mathrm{d}y = \int_{-2}^2 \mathrm{d}x\int_{-3\sqrt{1-\frac{x^2}{4}}}^{3\sqrt{1-\frac{x^2}{4}}} f(x,y)\,\mathrm{d}y.$$

**例 5** 改变下面积分次序

（1）$\int_0^1 \mathrm{d}y\int_y^{\sqrt{y}} f(x,y)\,\mathrm{d}x$；

（2）$\int_0^{\frac{\sqrt{2}}{2}} \mathrm{d}x\int_0^x f(x,y)\,\mathrm{d}y + \int_{\frac{\sqrt{2}}{2}}^1 \mathrm{d}x\int_0^{\sqrt{1-x^2}} f(x,y)\,\mathrm{d}y$.

**解** （1）二次积分化为二重积分，积分区域 $D$ 为 $y\leqslant x\leqslant\sqrt{y}$，$0\leqslant y\leqslant 1$，如图 9-10 所示；区域 $D$ 又可表示为 $x^2\leqslant y\leqslant x$，$0\leqslant x\leqslant 1$，于是

$$\int_0^1 \mathrm{d}y\int_y^{\sqrt{y}} f(x,y)\,\mathrm{d}x = \int_0^1 \mathrm{d}x\int_{x^2}^x f(x,y)\,\mathrm{d}y.$$

（2）二次积分化为二重积分，如图 9-11 所示，积分区域 $D$ 可表示为

$$y\leqslant x\leqslant\sqrt{1-y^2}, 0\leqslant y\leqslant\frac{\sqrt{2}}{2}.$$

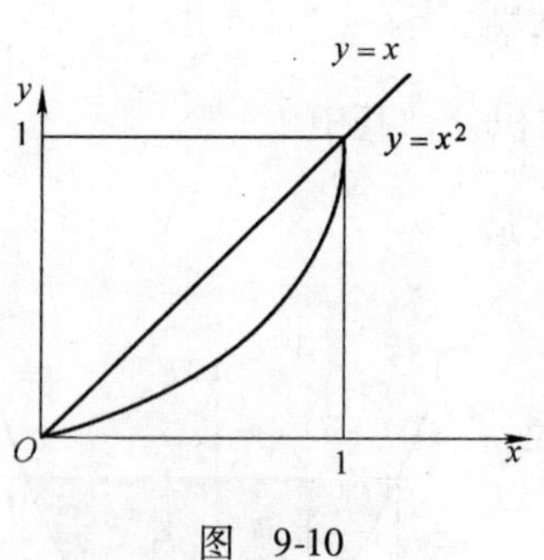


图 9-10

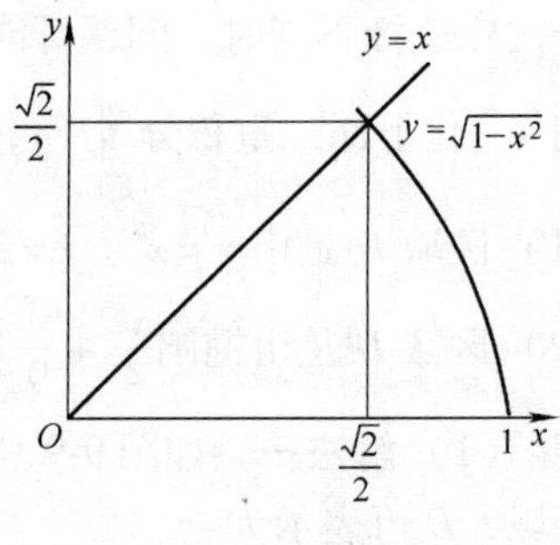


图 9-11

$$原积分 = \int_0^{\sqrt{2}/2} \mathrm{d}y\int_y^{\sqrt{1-y^2}} f(x,y)\,\mathrm{d}x.$$

更换积分次序的方法为：

（1）由所给的累次积分的上下限写出表示积分区域 $D$ 的不等式组；

（2）依据不等式组画出区域 $D$ 的草图；

（3）写出新的不等式组，写出新的累次积分．

**例 6**　计算　$I = \int_0^1 \mathrm{d}x \int_{x^2}^1 \dfrac{xy}{\sqrt{1+y^3}}\mathrm{d}y$．

**解**　二重积分积分区域

$$D: x^2 \leqslant y \leqslant 1, 0 \leqslant x \leqslant 1,$$

区域 $D$ 又可表示为

$$0 \leqslant x \leqslant \sqrt{y}, 0 \leqslant y \leqslant 1,$$

于是

$$I = \int_0^1 \mathrm{d}y \int_0^{\sqrt{y}} \frac{xy}{\sqrt{1+y^3}}\mathrm{d}x = \frac{1}{3}(\sqrt{2}-1).$$

**说明**　对于某种积分次序的二次积分，若内层的积分不容易求出，则可考虑交换积分次序，使得积分容易求出来．

**例 7**　计算二重积分 $I = \iint\limits_D |y - x^2|\,\mathrm{d}x\mathrm{d}y$．其中 $D = \{(x,y) \mid -1 \leqslant x \leqslant 1, 0 \leqslant y \leqslant 1\}$．

**解**　如图 9-12 所示，曲线 $y = x^2$ 将区域 $D$ 分成上下两部分 $D_1$，$D_2$，则

$$\iint\limits_D |y - x^2|\,\mathrm{d}x\mathrm{d}y$$

$$= \iint\limits_{D_1}(y - x^2)\,\mathrm{d}x\mathrm{d}y + \iint\limits_{D_2}(x^2 - y)\,\mathrm{d}x\mathrm{d}y.$$

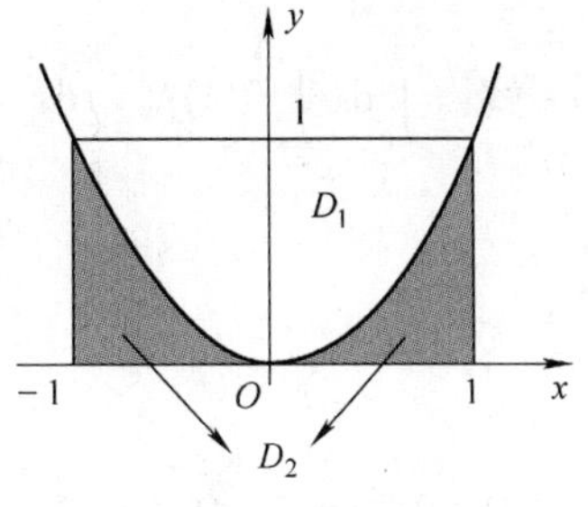


图　9-12

其中

$$D_1: -1 \leqslant x \leqslant 1, x^2 \leqslant y \leqslant 1,$$

$$D_2: 1 \leqslant x \leqslant 1, 0 \leqslant y \leqslant x^2,$$

所以

$$I = \int_{-1}^1 \mathrm{d}x \int_{x^2}^1 (y - x^2)\,\mathrm{d}y + \int_{-1}^1 \mathrm{d}x \int_0^{x^2} (x^2 - y)\,\mathrm{d}y = \frac{11}{15}.$$

当被积函数带有绝对值符号时，先将积分区域进行适当的分块，从而可去掉绝对值符号，然后分别将二重积分化成累次积分．

**例 8**　设积分区域 $D$ 是环域 $x^2 + y^2 \leqslant 4$，计算 $\iint\limits_D (x^3 + x^2 y - \sin xy + 5)\,\mathrm{d}x\mathrm{d}y$.

**解**　由于积分区域 $x^2 + y^2 \leqslant 4$，关于 $x$ 轴对称（也关于 $y$ 轴对称），因此若被积函数关于 $y$（$x$）是奇函数，则积分值为 0，因此

$$\iint_D (x^3 + x^2 y - \sin xy + 5)\mathrm{d}x\mathrm{d}y$$

$$= \iint_D x^3 \mathrm{d}x\mathrm{d}y + \iint_D x^2 y\mathrm{d}x\mathrm{d}y - \iint_D \sin xy\mathrm{d}x\mathrm{d}y + \iint_D 5\mathrm{d}x\mathrm{d}y$$

$$= 0 + 0 - 0 + \iint_D 5\mathrm{d}x\mathrm{d}y = 20\pi.$$

**注** 利用对称性计算二重积分也是经常使用的方法. 结论如下:

(1) 如果积分区域 $D$ 关于 $y$ 轴对称, $D_1 = \{(x, y) \mid (x, y) \in D, x \geqslant 0\}$ 则

$$\iint_D f(x,y)\mathrm{d}\sigma = \begin{cases} 0, & \text{当} f(-x,y) = -f(x,y) \text{时;} \\ 2\iint_{D_1} f(x,y)\mathrm{d}\sigma, & \text{当} f(-x,y) = f(x,y) \text{时.} \end{cases}$$

(2) 如果积分区域 $D$ 关于 $x$ 轴对称, $D_1 = \{(x, y) \mid (x, y) \in D, y \geqslant 0\}$ 则

$$\iint_D f(x,y)\mathrm{d}\sigma = \begin{cases} 0, & \text{当} f(x,-y) = -f(x,y) \text{时;} \\ 2\iint_{D_1} f(x,y)\mathrm{d}\sigma, & \text{当} f(x,-y) = f(x,y) \text{时.} \end{cases}$$

**例 9** 设 $f(x)$ 在区间 $[0,1]$ 上连续, 且 $\int_0^1 f(x)\mathrm{d}x = A$, 求 $\int_0^1 \mathrm{d}x \int_x^1 f(x)f(y)\mathrm{d}y$.

**解** $\int_0^1 \mathrm{d}x \int_x^1 f(x)f(y)\mathrm{d}y = \int_0^1 \mathrm{d}y \int_y^1 f(x)f(y)\mathrm{d}x$

$$= \frac{1}{2}\left(\int_0^1 \mathrm{d}x \int_x^1 f(x)f(y)\mathrm{d}y + \int_0^1 \mathrm{d}y \int_y^1 f(x)f(y)\mathrm{d}x\right)$$

$$= \frac{1}{2}\iint_D f(x)f(y)\mathrm{d}x\mathrm{d}y.$$

其中 $D$: $0 \leqslant x \leqslant 1$, $0 \leqslant y \leqslant 1$, 于是

$$\int_0^1 \mathrm{d}x \int_x^1 f(x)f(y)\mathrm{d}y = \frac{1}{2}\int_0^1 \mathrm{d}x \int_0^1 f(x)f(y)\mathrm{d}y$$

$$= \frac{1}{2}\int_0^1 f(x)\mathrm{d}x \int_0^1 f(y)\mathrm{d}y = \frac{A^2}{2}.$$

**例 10** 设 $f(x)$ 在区间 $[0, 1]$ 上连续, 证明 $\int_0^1 \mathrm{e}^{f(x)}\mathrm{d}x \int_0^1 \mathrm{e}^{-f(y)}\mathrm{d}y \geqslant 1$.

**证明** 设 $D: 0 \leqslant x \leqslant 1, 0 \leqslant y \leqslant 1$, 则

$$\int_0^1 \mathrm{e}^{f(x)}\mathrm{d}x \int_0^1 \mathrm{e}^{-f(y)}\mathrm{d}y = \iint_D \mathrm{e}^{f(x)-f(y)}\mathrm{d}x\mathrm{d}y = \iint_D \mathrm{e}^{f(y)-f(x)}\mathrm{d}x\mathrm{d}y$$

$$= \frac{1}{2}\iint_D (\mathrm{e}^{f(x)-f(y)} + \mathrm{e}^{f(y)-f(x)})\mathrm{d}x\mathrm{d}y$$

$$\geqslant \iint\limits_{D} \sqrt{e^{f(x)-f(y)} e^{f(y)-f(x)}} dxdy$$

$$= \iint\limits_{D} dxdy = 1 .$$

**例 11** 利用极坐标法计算二重积分

(1) $\iint\limits_{D} \ln(1+x^2+y^2)d\sigma$，其中 $D$ 由 $x^2+y^2\leqslant 1$，$x\geqslant 0$，$y\geqslant 0$ 围成的部分；

(2) $\iint\limits_{D} \left(\frac{x^2}{a^2}+\frac{y^2}{b^2}\right)dxdy$，其中 $D$：$x^2+y^2\leqslant R^2$；

(3) $\iint\limits_{D} |x^2+y^2-4|\, dxdy$，其中 $D$：$x^2+y^2\leqslant 16$.

**解** (1) 区域 $D$ 可表示为

$$0\leqslant r\leqslant 1,\ 0\leqslant \theta\leqslant \frac{\pi}{2},$$

于是

$$\iint\limits_{D} \ln(1+x^2+y^2)d\sigma = \int_0^{\pi/2} d\theta \int_0^1 r\ln(1+r^2)dr = \frac{\pi}{4}(2\ln 2-1) .$$

(2) 区域 $D$ 可表示为 $0\leqslant r\leqslant R$，$0\leqslant \theta\leqslant 2\pi$，于是

$$\iint\limits_{D} \frac{x^2}{a^2}+\frac{y^2}{b^2}dxdy$$

$$= \int_0^{2\pi} d\theta \int_0^R \left(\frac{\cos^2\theta}{a^2}+\frac{\sin^2\theta}{b^2}\right)r^3 dr$$

$$= \frac{\pi R^4}{4}\left(\frac{1}{a^2}+\frac{1}{b^2}\right).$$

(3) 为了去掉被积函数中的绝对值，将 $D$ 分成两部分

$$D_1: x^2+y^2\leqslant 4, D_2: 4\leqslant x^2+y^2\leqslant 16.$$

于是

$$\iint\limits_{D} |x^2+y^2-4|\, dxdy$$

$$= \iint\limits_{D_1} (4-x^2-y^2)dxdy + \iint\limits_{D_2} (x^2+y^2-4)dxdy$$

$$= \int_0^{2\pi} d\theta \int_0^2 (4-r^2)rdr + \int_0^{2\pi} d\theta \int_2^4 (r^2-4)rdr$$

$$= 80\pi.$$

**例 12** 将 $\iint\limits_{D} f(x,y)d\sigma$ 化为极坐标下二次积分，其中

(1) $D$ 由 $1\leqslant x^2+y^2\leqslant 4$，直线 $y=0$ 及 $y=x$ 所围第一象限部分；

（2）$D$ 由 $y=x$ 及 $x=1$ 和 $x$ 轴所围区域．

**解**　（1）$\iint\limits_D f(x,y)\,\mathrm{d}\sigma=\int_0^{\frac{\pi}{4}}\mathrm{d}\theta\int_1^2 f(r\cos\theta,r\sin\theta)r\mathrm{d}r$．

（2）$\iint\limits_D f(x,y)\,\mathrm{d}\sigma=\int_0^{\frac{\pi}{4}}\mathrm{d}\theta\int_0^{\frac{1}{\cos\theta}} f(r\cos\theta,r\sin\theta)r\mathrm{d}r$．

**例 13**　将积分 $\int_0^a\mathrm{d}y\int_0^{\sqrt{a^2-y^2}}(x^2+y^2)\mathrm{d}x$ 化成极坐标形式并计算.

**解**　二重积分的区域 $D$ 用极坐标不等式表示为：

$$0\leqslant\theta\leqslant\frac{\pi}{2},0\leqslant r\leqslant a,$$

于是

$$\int_0^a\mathrm{d}y\int_0^{\sqrt{a^2-y^2}}(x^2+y^2)\mathrm{d}x=\int_0^{\frac{\pi}{2}}\mathrm{d}\theta\int_0^a r^3\mathrm{d}r=\frac{\pi}{6}a^3.$$

**例 14**　将累次积分 $I=\int_0^1\mathrm{d}x\int_{1-x}^{\sqrt{1-x^2}}f(x^2+y^2)\mathrm{d}y$ 化成极坐标中的累次积分．

**解**　二重积分的区域 $D$ 如图 9-13 所示，用极坐标表示为

$$0\leqslant\theta\leqslant\frac{\pi}{2},\frac{1}{\cos\theta+\sin\theta}\leqslant r\leqslant 1,$$

于是

$$I=\int_0^{\frac{\pi}{2}}\mathrm{d}\theta\int_{\frac{1}{\cos\theta+\sin\theta}}^1 f(r^2)r\mathrm{d}r.$$

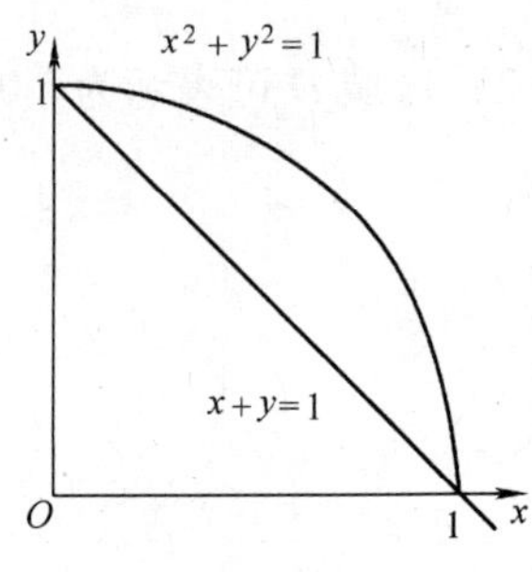


图　9-13

**例 15**　求空间曲面 $x^2+y^2=R^2$ 和 $x^2+z^2=R^2$ 所围区域体积.

**解**　区域第一卦限部分如图 9-14 所示，由对称性，设第一卦限的体积为 $V_1$，所围区域体积 $V$，则

$$V=8V_1=8\iint\limits_D\sqrt{R^2-x^2}\mathrm{d}x\mathrm{d}y,$$

其中 $D$ 为 $0\leqslant\theta\leqslant\frac{\pi}{2}$，$0\leqslant r\leqslant R$.

$$V=8\int_0^{\pi/2}\mathrm{d}\theta\int_0^R r\sqrt{R^2-r^2\cos^2\theta}\mathrm{d}r=\frac{16}{3}R^3.$$

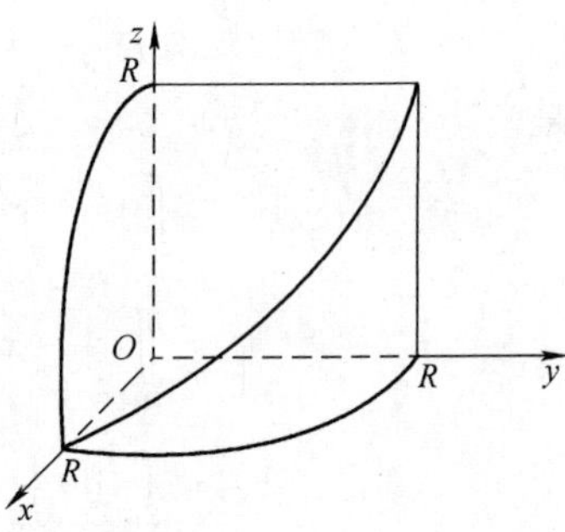


图　9-14

**例 16**　计算 $\iint\limits_D(x^2+y^2)\mathrm{d}\sigma$，其中 $D$ 为 $2ay\leqslant x^2+y^2\leqslant 2by$　$(0<a<b)$.

**解**　区域 $D$ 用极坐标不等式描述为

$$0\leqslant\theta\leqslant\pi,\ 2a\sin\theta\leqslant r\leqslant 2b\sin\theta$$

于是

$$\iint_D (x^2+y^2)\,\mathrm{d}\sigma = \int_0^{\pi}\mathrm{d}\theta\int_{2a\sin\theta}^{2b\sin\theta} r^3\,\mathrm{d}r = \frac{3\pi}{2}(b^4-a^4)$$

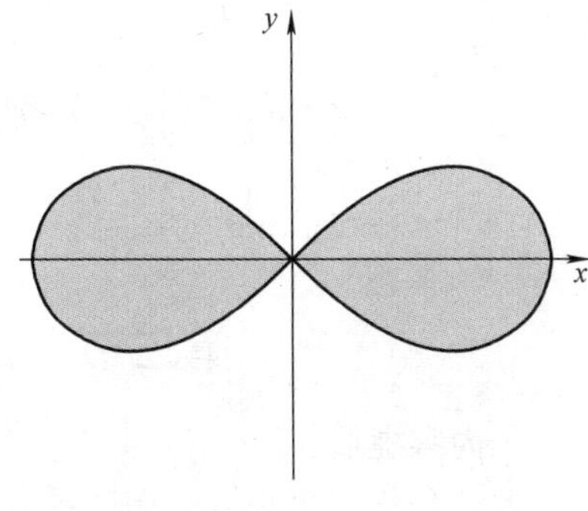

图　9-15

**例 17**　计算 Bernoulli 双纽线 $(x^2+y^2)^2=2a^2(x^2-y^2)$ 围成的区域 $D$ 的面积.

**解**　如图 9-15 所示，双纽线的极坐标方程为:

$$r^2=2a^2\cos 2\theta,$$

由 $\cos 2\theta\geqslant 0$ 知

$$-\frac{\pi}{4}\leqslant\theta\leqslant\frac{\pi}{4},\frac{3\pi}{4}\leqslant\theta\leqslant\frac{5\pi}{4},$$

注意到图形的对称性，区域 $D$ 的面积为

$$S=\iint_D \mathrm{d}x\mathrm{d}y = 4\int_0^{\frac{\pi}{4}}\mathrm{d}\theta\int_0^{a\sqrt{2\cos 2\theta}} r\mathrm{d}r = 2a^2 .$$

**例 18**　求由不等式 $x^2+y^2+z^2\leqslant 4a^2$ 与 $x^2+y^2\leqslant 2ax$ 所确定的空间区域的体积.

**解**　如图 9-16 所示，由二重积分的几何意义所围立体的体积

$$V=2\iint_D \sqrt{4a^2-x^2-y^2}\,\mathrm{d}x\mathrm{d}y.$$

其中 $D$ 是由平面曲线 $x^2+y^2=2ax$ 所围区域，区域 $D$ 用极坐标不等式描述为

$$-\frac{\pi}{2}\leqslant\theta\leqslant\frac{\pi}{2},0\leqslant r\leqslant 2a\cos\theta,$$

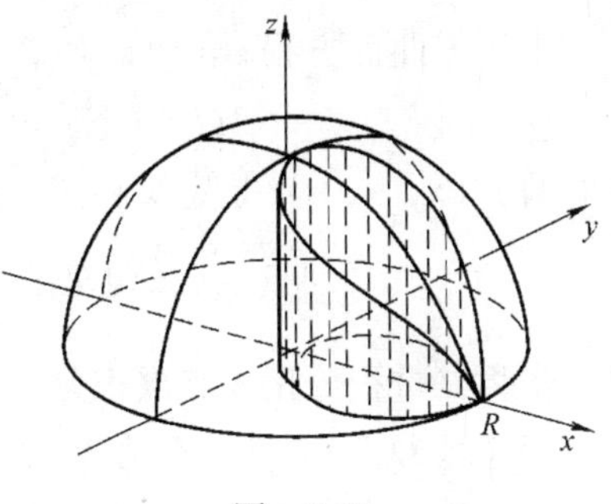

图　9-16

因此

$$V=2\int_{-\frac{\pi}{2}}^{\frac{\pi}{2}}\mathrm{d}\theta\int_0^{2a\cos\theta}\sqrt{4a^2-r^2}\,r\mathrm{d}r = \frac{32a^3}{3}\left(\frac{\pi}{2}-\frac{2}{3}\right).$$

**例 19**　设 $f$ 可微且 $f(0)=0$，求 $\lim\limits_{t\to 0}\dfrac{1}{t^3}\iint\limits_{D_t} f(\sqrt{x^2+y^2})\,\mathrm{d}x\mathrm{d}y$，其中 $D_t$ 为 $x^2+y^2\leqslant t^2$.

**解**　用极坐标法将二重积分化成二次积分，于是

$$\lim_{t\to 0}\frac{1}{t^3}\iint\limits_{D_t}f(\sqrt{x^2+y^2})\,\mathrm{d}x\mathrm{d}y=\lim_{t\to 0}\frac{1}{t^3}\int_0^{2\pi}\mathrm{d}\theta\int_0^t f(r)r\mathrm{d}r$$

$$=2\pi\lim_{t\to 0}\frac{1}{t^3}\int_0^t f(r)r\mathrm{d}r=2\pi\lim_{t\to 0}\frac{f(t)t}{3t^2}$$

$$=2\pi\lim_{t\to 0}\frac{f(t)-f(0)}{3t}=\frac{2\pi}{3}f'(0).$$

# 第三节　三重积分的计算

## 一、内容提要

三重积分化三次积分常用三种方法：直角坐标法、柱坐标法和球坐标法.

1. 三重积分直角坐标法：

(1) 先单后重法

称空间区域 $\Omega$ 为 Z 型区域：如果平行于 $z$ 轴直线穿过 $\Omega$ 内部时直线与 $\Omega$ 的边界曲面至多只有两个交点；类似有 X 型区域，Y 型区域的定义.

若有界闭区域 $\Omega$ 为 Z 型区域，$D$ 是区域 $\Omega$ 在 $xOy$ 平面投影，以 $D$ 的边界为准线，母线平行于 $z$ 轴的柱面将 $\Omega$ 的边界曲面分成上下两部分，如图 9-17 所示.

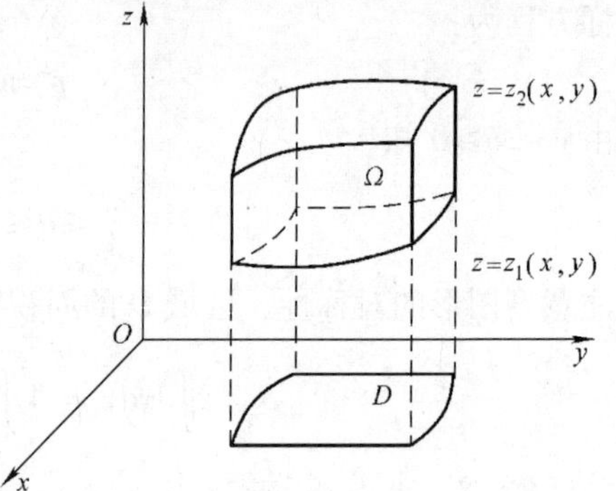

图　9-17

上边界曲面方程 $z=z_2(x,y)$，下边界曲面方程为 $z=z_1(x,y)$，这时

$$\Omega: z_1(x,y)\leqslant z\leqslant z_2(x,y),(x,y)\in D,$$

这时若 $f(x,y,z)$ 是定义在 $\Omega$ 上的连续函数，则

$$\iiint\limits_{\Omega}f(x,y,z)\,\mathrm{d}x\mathrm{d}y\mathrm{d}z=\iint\limits_{D}\mathrm{d}x\mathrm{d}y\int_{z_1(x,y)}^{z_2(x,y)}f(x,y,z)\,\mathrm{d}z,$$

进一步将二重积分化成二次积分，这样可将三重积分化成累次积分.

当区域 $\Omega$ 为 X 型或 $\Omega$ 为 Y 型区域时将三重积分化成三次积分的方法与上面类似. 这种化三重积分为三次积分的方法称为先单后重法.

(2) 先重后单法

若空间区域 $\Omega$ 在 $z$ 轴的投影为 $c\leqslant z\leqslant d$，$D_z$ 表示过点 $(0,0,z)$ 且垂直于 $z$ 轴平面与 $\Omega$ 的截面区域；函数 $f(x,y,z)$ 是 $\Omega$ 上连续；则

$$\iiint\limits_{\Omega}f(x,y,z)\,\mathrm{d}x\mathrm{d}y\mathrm{d}z=\int_c^d\mathrm{d}z\iint\limits_{D_z}f(x,y,z)\,\mathrm{d}x\mathrm{d}y.$$

2. 三重积分的柱面坐标法

柱坐标系与直角坐标关系为：

$$\begin{cases} x = r\cos\theta \\ y = r\sin\theta, \\ z = z \end{cases}$$

其中,$r \geqslant 0, 0 \leqslant \theta \leqslant 2\pi, -\infty < z < +\infty$.

设 $\Omega$ 是 Z 型区域，$\Omega$ 在 $xOy$ 平面投影为 $D_{xy}$，以 $D_{xy}$ 边界为准线的母线，平行与 $z$ 轴的柱面，将 $\Omega$ 的边界曲面分成上下两部分．其方程分别为

$$z = z_2(r\cos\theta, r\sin\theta); z = z_1(r\cos\theta, r\sin\theta),$$

则

$$\iiint\limits_{\Omega} f(x,y,z)\,\mathrm{d}v = \iint\limits_{D_{xy}} r\mathrm{d}r\mathrm{d}\theta \int_{z_1(r\cos\theta, r\sin\theta)}^{z_2(r\cos\theta, r\sin\theta)} f(r\cos\theta, r\sin\theta, z)\,\mathrm{d}z.$$

在柱坐标系下的体积元素 $\mathrm{d}v = r\mathrm{d}r\mathrm{d}\theta\mathrm{d}z$，再将二重积分用极坐标方法表示成二次积分，因此柱面坐标法实质是局部的极坐标法.

当积分的区域在 $xOy$ 平面的投影是圆，且被积函数是 $f(x^2+y^2)$ 时一般用柱坐标法计算该三重积分较简单.

3. 三重积分的球坐标法

球坐标与直角坐标关系

$$\begin{cases} x = r\sin\theta\cos\varphi \\ y = r\sin\theta\sin\varphi \\ z = r\cos\theta \end{cases}$$

若 $\Omega$ 可表示为 $r_1(\theta,\varphi) \leqslant r \leqslant r_2(\theta,\varphi), \theta_1(\varphi) \leqslant \theta \leqslant \theta_2(\varphi), \alpha \leqslant \varphi \leqslant \beta$, 又 $F(r,\theta,\varphi) = f(r\sin\theta\cos\varphi, r\sin\theta\sin\varphi, r\cos\theta)$，则

$$\iiint\limits_{\Omega} f(x,y,z)\,\mathrm{d}v = \int_{\alpha}^{\beta}\mathrm{d}\varphi \int_{\theta_1(\varphi)}^{\theta_2(\varphi)}\mathrm{d}\theta \int_{r_1(\theta,\varphi)}^{r_2(\theta,\varphi)} F(r,\theta,\varphi) r^2\sin\theta\,\mathrm{d}r,$$

其中球坐标系下的体积元素 $\mathrm{d}v = r^2\sin\theta\mathrm{d}r\mathrm{d}\theta\mathrm{d}\varphi$.

当坐标系原点为 $\Omega$ 内点，且 $\Omega$ 边界曲面 $r = r(\theta,\varphi)$，则

$$I = \int_0^{2\pi}\mathrm{d}\varphi \int_0^{\pi}\mathrm{d}\theta \int_0^{r(\theta,\varphi)} F(r,\theta,\varphi) r^2\sin\theta\,\mathrm{d}r,$$

特别当 $\Omega$ 是 $x^2+y^2+z^2 \leqslant R^2$ 时，如图 9-18 所示，则

$$I = \int_0^{2\pi}\mathrm{d}\varphi \int_0^{\pi}\mathrm{d}\theta \int_0^{R} F(r,\theta,\varphi) r^2\sin\theta\,\mathrm{d}r.$$

当积分的区域是球或者球的一部分，且被积函数是 $f(x^2+y^2+z^2)$ 时一般用球坐标法计算该三重积分较简单.

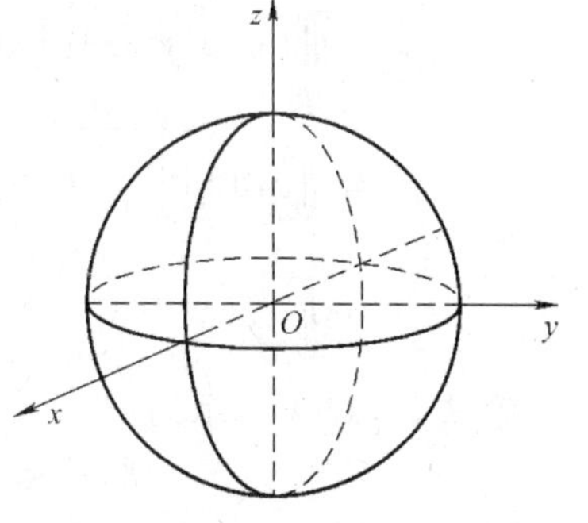

图　9-18

**二、重点、难点分析**

三重积分化三次积分是本节的重点，三重

积分的计算难点是正确地在坐标系中画出积分区域．首先根据区域的类型和被积函数确定积分所采用的方法和积分的次序，然后用不等式将区域表示出来，最后将三重积分化成三次积分．

## 三、典型例题

**例1**（2015 数学一） 设$\Omega$是由平面$x+y+z=1$和三个坐标面围成的空间区域，则$\iiint\limits_{\Omega}(x+2y+2z)\mathrm{d}x\mathrm{d}y\mathrm{d}z=$ ________.

**解** 注意在积分区域内，三个变量$x$，$y$，$z$具有轮换对称性，也就是

$$\iiint\limits_{\Omega}x\mathrm{d}x\mathrm{d}y\mathrm{d}z=\iiint\limits_{\Omega}y\mathrm{d}x\mathrm{d}y\mathrm{d}z=\iiint\limits_{\Omega}z\mathrm{d}x\mathrm{d}y\mathrm{d}z,$$

$$\begin{aligned}&\iiint\limits_{\Omega}(x+2y+3z)\mathrm{d}x\mathrm{d}y\mathrm{d}z\\&=6\iiint\limits_{\Omega}x\mathrm{d}x\mathrm{d}y\mathrm{d}z=6\int_0^1x\mathrm{d}x\int_0^{1-x}\mathrm{d}y\int_0^{1-x-y}\mathrm{d}z\\&=6\int_0^1x\mathrm{d}x\int_0^{1-x}(1-x-y)\mathrm{d}y=\frac{1}{4}.\end{aligned}$$

**例2** 计算三重积分$I=\iiint\limits_{\Omega}(x^2+y^2)z\mathrm{d}x\mathrm{d}y\mathrm{d}z$，其中$\Omega$是由锥面$z=\sqrt{x^2+y^2}$与柱面$x^2+y^2=1$及平面$z=0$所围成的空间区域．

**解** 区域$\Omega$如图9-19所示，$\Omega$是由锥面$z=\sqrt{x^2+y^2}$与柱面$x^2+y^2=1$及平面$z=0$所围成空间区域．

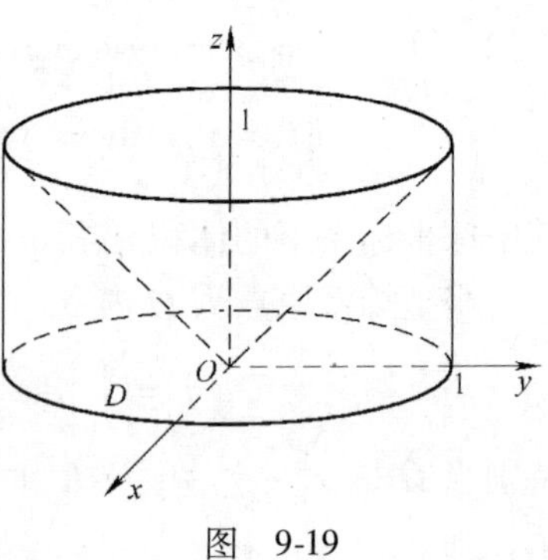

图 9-19

**解法1** $\Omega$为Z型区域，可表示为

$$0\leqslant z\leqslant\sqrt{x^2+y^2},(x,y)\in D:x^2+y^2\leqslant1,$$

于是

$$\begin{aligned}&\iiint\limits_{\Omega}(x^2+y^2)z\mathrm{d}x\mathrm{d}y\mathrm{d}z\\&=\iint\limits_{D}\mathrm{d}x\mathrm{d}y\int_0^{\sqrt{x^2+y^2}}(x^2+y^2)z\mathrm{d}z\\&=\iint\limits_{D}\frac{1}{2}(x^2+y^2)^2\mathrm{d}x\mathrm{d}y=\int_0^{2\pi}\mathrm{d}\theta\int_0^1\frac{1}{2}r^4r\mathrm{d}r=\frac{\pi}{6}.\end{aligned}$$

**解法2** $\Omega$可表示为：

$$D_z:z^2\leqslant x^2+y^2\leqslant1;0\leqslant z\leqslant1,$$

于是

$$I = \iiint_{\Omega}(x^2 + y^2)z\mathrm{d}x\mathrm{d}y\mathrm{d}z = \int_0^1 \mathrm{d}z\iint_{D_z}(x^2 + y^2)z\mathrm{d}x\mathrm{d}y.$$

计算 $\iint_{D_z}(x^2 + y^2)z\mathrm{d}x\mathrm{d}y$ 积分时可采用极坐标法，从而

$$I = \int_0^1 \mathrm{d}z\int_0^{2\pi}\mathrm{d}\theta\int_z^1 r^2 zr\mathrm{d}r = \frac{\pi}{6}.$$

本题目两种方法的难易程度差别不大，但是其他情况则不尽然，这需要根据具体的情况选择适当的方法和积分次序，从而降低运算的复杂性.

**例 3**　把三重积分 $I = \iiint_{\Omega} f(x,y,z)\,\mathrm{d}x\mathrm{d}y\mathrm{d}z$ 用直角坐标法化成三次积分，其中

（1）$\Omega$ 是由 $z = x^2 + y^2$，抛物柱面 $y = x^2$，及平面 $y = 1$，$z = 0$ 所围成的空间区域；

（2）$\Omega$ 为 $z = \sqrt{x^2 + y^2}$，$z = 1$ 所围的区域；

（3）$\Omega$ 为球面 $x^2 + y^2 + z^2 = a^2$ 所围区域.

**解**　（1）如图 9-20 所示，$\Omega$ 在 $xOy$ 平面的投影区域 $D$ 是平面上 $y = x^2$，$y = 1$ 所围的区域，$\Omega$ 是以 $D$ 为底，以 $z = x^2 + y^2$ 为顶的曲顶柱体，因此区域 $\Omega$ 为 Z 型区域，

$\Omega: 0 \leqslant z \leqslant x^2 + y^2, (x,y) \in D: -1 \leqslant x \leqslant 1, x^2 \leqslant y \leqslant 1$，

于是

$$I = \int_{-1}^1 \mathrm{d}x\int_{x^2}^1 \mathrm{d}y\int_0^{x^2+y^2} f(x,y,z)\,\mathrm{d}z.$$

图　9-20

（2）区域 $\Omega$ 为 Z 型区域，如图 9-21，$\Omega$ 在 $xOy$ 平面的投影区域 $D$：$x^2 + y^2 \leqslant 1$，于是

$$\Omega: \sqrt{x^2 + y^2} \leqslant z \leqslant 1, (x,y) \in D$$

从而

$$\begin{aligned} I &= \iint_D \mathrm{d}x\mathrm{d}y\int_{\sqrt{x^2+y^2}}^1 f(x,y,z)\,\mathrm{d}z \\ &= \int_{-1}^1 \mathrm{d}x\int_{-\sqrt{1-x^2}}^{\sqrt{1-x^2}}\mathrm{d}y\int_{\sqrt{x^2+y^2}}^1 f(x,y,z)\,\mathrm{d}z. \end{aligned}$$

（3）$\Omega$ 为 Z 型区域，$\Omega$ 在 $xOy$ 平面的投影区域 $D$：$x^2 + y^2 \leqslant a^2$，于是

$$\Omega: -\sqrt{a^2 - x^2 - y^2} \leqslant z \leqslant \sqrt{a^2 - x^2 - y^2}, (x,y) \in D,$$

从而

$$I = \iint_D \mathrm{d}x\mathrm{d}y\int_{-\sqrt{a^2-x^2-y^2}}^{\sqrt{a^2-x^2-y^2}} f(x,y,z)\,\mathrm{d}z = \int_{-a}^a \mathrm{d}x\int_{-\sqrt{a-x^2}}^{\sqrt{a-x^2}}\mathrm{d}y\int_{-\sqrt{a^2-x^2-y^2}}^{\sqrt{a^2-x^2-y^2}} f(x,y,z)\,\mathrm{d}z.$$

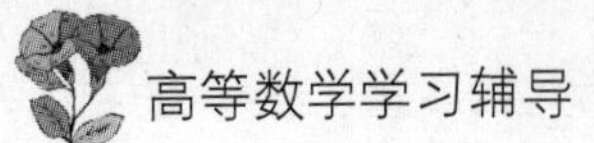


**例 4** 计算三重积分 $\iiint\limits_{\Omega} z^2\mathrm{d}x\mathrm{d}y\mathrm{d}z$，其中 $\Omega$ 为 $\frac{x^2}{a^2}+\frac{y^2}{b^2}+\frac{z^2}{c^2}=1$ 所围区域，如图 9-22 所示.

**解** 用先重后单法计算三重积分.

$$D_z:\frac{x^2}{a^2\left(1-\frac{z^2}{c^2}\right)}+\frac{y^2}{b^2\left(1-\frac{z^2}{c^2}\right)}\leqslant 1,$$

注意到 $D_z$ 是椭圆，它的面积 $S=\pi ab\left(1-\frac{z^2}{c^2}\right)$，由积分的几何意义得

$$\iiint\limits_{\Omega} z^2\mathrm{d}x\mathrm{d}y=\int_{-c}^{c}z^2\mathrm{d}z\iint\limits_{D_z}\mathrm{d}x\mathrm{d}y$$

$$=\int_{-c}^{c}\pi abz^2\left(1-\frac{z^2}{c^2}\right)\mathrm{d}z=\frac{4}{15}\pi abc^3.$$

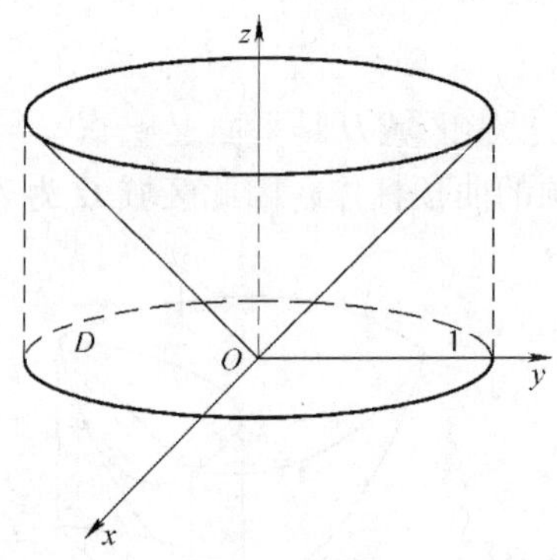

图 9-21

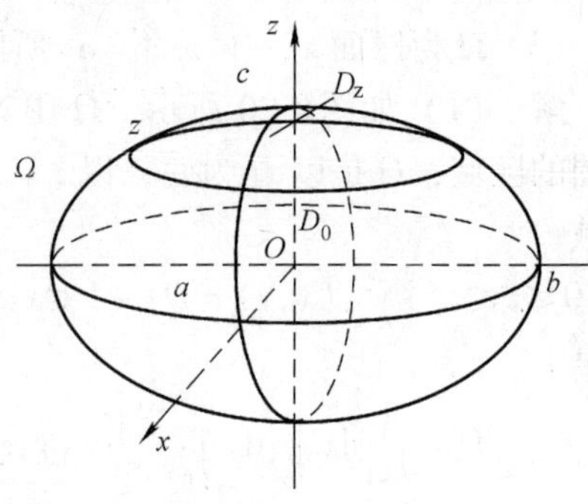

图 9-22

**例 5** 求由 $2(x^2+y^2)=z$，$z=4$ 围成的立体 $\Omega$ 的体积 $V$.

**解** 如图 9-23 所示，区域的体积 $V=\iiint\limits_{\Omega}\mathrm{d}v$，用先重后单法计算三重积分．几何表示为

$$D_z:x^2+y^2\leqslant\frac{z}{2},0\leqslant z\leqslant 4,$$

于是

$$V=\int_0^4\mathrm{d}z\iint\limits_{D_z}\mathrm{d}x\mathrm{d}y=\int_0^4\pi\frac{z}{2}\mathrm{d}z=4\pi.$$

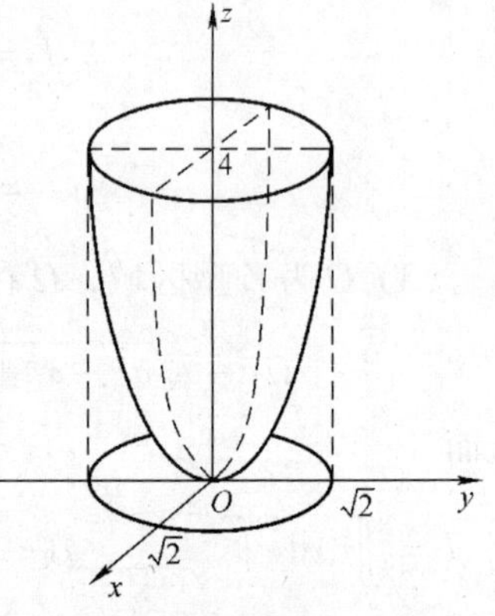

图 9-23

**例 6** 利用柱面坐标计算 $\iiint\limits_{\Omega} z\mathrm{d}x\mathrm{d}y\mathrm{d}z$，其中

(1) $\Omega$ 是上半球面 $x^2+y^2+z^2=4$ 与抛物面

$3z=x^2+y^2$ 所围的部分，如图 9-24 所示；

（2）$\Omega$ 是半球 $x^2+y^2+z^2\leqslant 1$，$z\geqslant 0$.

**解**　（1）如图两个曲面的交线是 $z=1$ 平面上的圆 $x^2+y^2=3$，如图 9-25 所示，$\Omega$ 在 $xOy$ 平面的投影区域 $D$ 为

$$0\leqslant\theta\leqslant 2\pi, 0\leqslant r\leqslant\sqrt{3},$$

于是

$$\Omega: \frac{r^2}{3}\leqslant z\leqslant\sqrt{4-r^2}, (r,\theta)\in D.$$

从而

$$\iiint_{\Omega} z\mathrm{d}x\mathrm{d}y\mathrm{d}z = \int_0^{2\pi}\mathrm{d}\theta\int_0^{\sqrt{3}} r\mathrm{d}r\int_{\frac{r^2}{3}}^{\sqrt{4-r^2}} z\mathrm{d}z = \frac{13\pi}{4}.$$

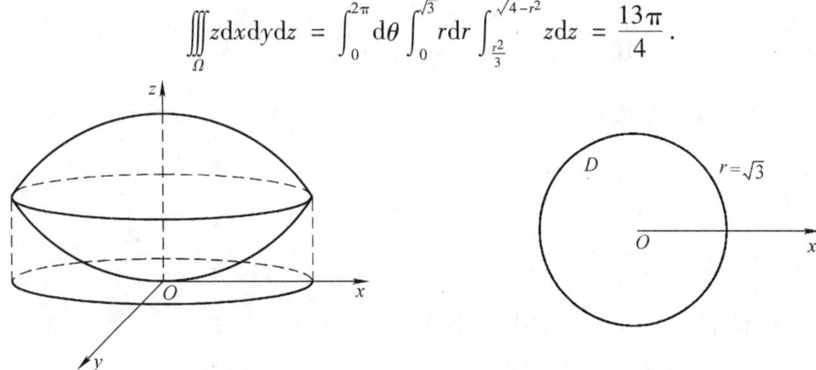


图　9-24　　　　图　9-25

（2）区域 $\Omega$ 为 Z 型区域，$\Omega$ 在 $xOy$ 平面的投影区域

$$D: 0\leqslant\theta\leqslant 2\pi, 0\leqslant r\leqslant 1,$$

于是

$$\Omega: 0\leqslant z\leqslant\sqrt{1-r^2}, (r,\theta)\in D,$$

从而

$$\iiint_{\Omega} z\mathrm{d}x\mathrm{d}y\mathrm{d}z = \int_0^{2\pi}\mathrm{d}\theta\int_0^{1} r\mathrm{d}r\int_0^{\sqrt{1-r^2}} z\mathrm{d}z = \frac{\pi}{4}.$$

**注意**　当积分区域在 $xOy$ 平面上的投影为圆形、环形、扇形区域，而被积函数为 $f(x^2+y^2, z)$ 等形式，一般易采用柱坐标法，特别当积分区域是圆柱、环柱或者扇形柱面时用柱坐标法较简单.

**例 7**　将 $\iiint_{\Omega}\mathrm{e}^z\mathrm{d}x\mathrm{d}y\mathrm{d}z$ 用柱面坐标法化成三次积分，其中 $\Omega$ 为 $z=\sqrt{x^2+y^2}$ 及 $z=2-x^2-y^2$ 所围区域.

**解**　区域 $\Omega$ 为 Z 型区域，$\Omega$ 在 $xOy$ 平面的投影区域

$$D: 0\leqslant\theta\leqslant 2\pi, 0\leqslant r\leqslant 1,$$

则

$$\Omega: r \leqslant z \leqslant 2 - r^2, (r, \theta) \in D,$$

从而

$$\iiint_{\Omega} z \mathrm{d}x \mathrm{d}y \mathrm{d}z = \int_0^{2\pi} \mathrm{d}\theta \int_0^1 r \mathrm{d}r \int_r^{2-r^2} \mathrm{e}^z \mathrm{d}z = \pi(\mathrm{e}^2 - \mathrm{e} - 2).$$

**例 8** 计算 $\iiint_{\Omega}(x^2+y^2)\mathrm{d}v$，其中 $\Omega$ 为平面曲线 $\begin{cases} y^2 = 2z \\ x = 0 \end{cases}$ 绕 $z$ 轴形成的曲面与平面 $z=8$ 所围成的区域，如图 9-26 所示.

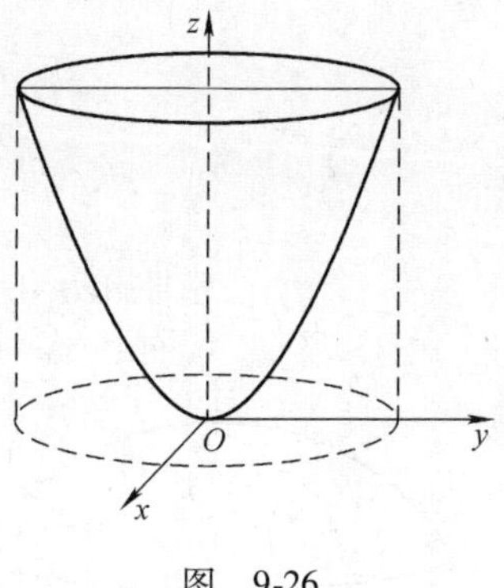


图 9-26

**解** 平面曲线 $\begin{cases} y^2 = 2z \\ x = 0 \end{cases}$ 绕 $z$ 轴旋转形成的曲面方程为 $x^2+y^2=2z$，于是

$$\Omega: 0 \leqslant x^2 + y^2 \leqslant 16, \frac{x^2+y^2}{2} \leqslant z \leqslant 8,$$

用柱坐标法将三重积分化成三次积分

$$\iiint_{\Omega}(x^2+y^2)\mathrm{d}v = \int_0^{2\pi} \mathrm{d}\theta \int_0^4 r \mathrm{d}r \int_{\frac{r^2}{2}}^8 r^2 \mathrm{d}z = \frac{1024}{3}\pi.$$

**例 9** 计算 $\iiint_{\Omega} \sqrt{x^2+y^2+z^2}\mathrm{d}v$，其中

(1) $\Omega$ 是空间区域 $x^2+y^2+z^2 \leqslant R^2$；

(2) $\Omega$ 是空间区域 $x^2+y^2+z^2 \leqslant R^2$，$z \geqslant 0$.

**解** (1) 用球坐标法

$$\iiint_{\Omega} \sqrt{x^2+y^2+z^2}\mathrm{d}v = \int_0^{2\pi} \mathrm{d}\varphi \int_0^{\pi} \mathrm{d}\theta \int_0^R r^3 \sin\theta \mathrm{d}r = \pi R^4.$$

(2) 用球坐标法

$$\iiint_{\Omega} \sqrt{x^2+y^2+z^2}\mathrm{d}v = \int_0^{2\pi} \mathrm{d}\varphi \int_0^{\pi/2} \mathrm{d}\theta \int_0^R r^3 \sin\theta \mathrm{d}r = \frac{\pi}{2} R^4.$$

**例 10** 求上半球面 $z = \sqrt{a^2 - x^2 - y^2}$ 与圆锥面 $z = \sqrt{x^2+y^2}$ 围成的立体 $\Omega$ 的体积.

**解** 如图 9-27 所示，所围区域 $\Omega$ 为：

$$0 \leqslant \varphi \leqslant 2\pi, 0 \leqslant \theta \leqslant \frac{\pi}{4}, 0 \leqslant r \leqslant a\ ,$$

于是

$$V = \iiint\limits_{\Omega} \mathrm{d}v = \int_0^{2\pi} \mathrm{d}\varphi \int_0^{\pi/4} \mathrm{d}\theta \int_0^a r^2 \sin\theta \mathrm{d}r$$

$$= \frac{2\pi}{3}\left(1 - \frac{\sqrt{2}}{2}\right)a^3 .$$

**例 11** 求曲面 $(x^2+y^2+z^2)^2 = a^3 z$ 围成的立体的体积.

**注意** 此曲面类似于球面 $x^2+y^2+z^2 = az$ 的封闭曲面，用球坐标表示此曲域也类似球的表示.

**解** 设所围区域为 $\Omega$，则 $\Omega$ 的边界曲面的球坐标方程为 $r = a\sqrt[3]{\cos\theta}$，于是

$$\Omega: 0 \leqslant \varphi \leqslant 2\pi, 0 \leqslant \theta \leqslant \frac{\pi}{2}, 0 \leqslant r \leqslant a\sqrt[3]{\cos\theta}\ ,$$

由三重积分的意义有

$$V = \iiint\limits_{\Omega} \mathrm{d}v = \int_0^{2\pi} \mathrm{d}\varphi \int_0^{\pi/2} \mathrm{d}\theta \int_0^{a\sqrt[3]{\cos\theta}} r^2 \sin\theta \mathrm{d}r$$

$$= \frac{\pi}{3}a^3.$$

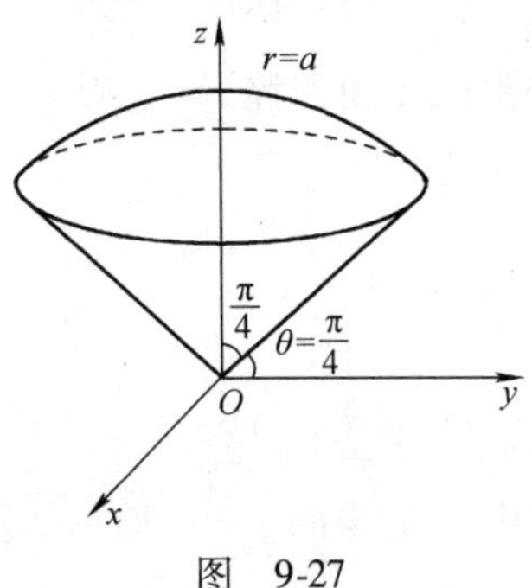


图 9-27

## 第四节 重积分的应用

### 一、内容提要

1. 利用二重积分计算空间曲面的面积

利用重积分几何意义可以求平面区域面积和空间区域的体积，不仅如此，利用二重积分还可求某些空间曲面的面积.

（1）设 $\Sigma: z = f(x,y)$，$D$ 是 $\Sigma$ 在 $xOy$ 平面的投影，且 $f(x,y)$ 有连续一阶偏导，则

$$S_\Sigma = \iint\limits_D \sqrt{1 + z_x^2 + z_y^2}\mathrm{d}x\mathrm{d}y\ ,$$

其中 $\mathrm{d}A = \sqrt{1 + z_x^2(x,y) + z_y^2(x,y)}\mathrm{d}x\mathrm{d}y$，$\mathrm{d}A$ 称为面积元素 .

（2）若空间曲面 $\Sigma$：$y = g(x,z)$，$\Sigma$ 在 $xOz$ 平面投影区域 $D$，则

$$S_\Sigma = \iint\limits_D \sqrt{1 + g_x^2 + g_z^2}\mathrm{d}x\mathrm{d}z.$$

（3）若 $\Sigma: x = h(y,z)$，$\Sigma$ 在 $yOz$ 平面投影区域 $D$，则

$$S_\Sigma = \iint\limits_D \sqrt{1 + h_y^2 + h_z^2}\mathrm{d}y\mathrm{d}z.$$

2. 求质量、质心及转动惯量及物体间的引力

教材中用微元法给出了求质量、质心、转动惯量及物体间的引力的计算公式，在解决实际问题时要按照微元法的思想将问题化成重积分然后计算，不必死记公式.

**二、重点、难点分析**

二重积分在几何上的应用主要有计算曲顶柱体的体积，求平面区域的面积和空间曲面的面积. 而三重积分几何应用主要是求空间区域的体积，要注意使用用微元法解决几何和物理上的应用问题，不要死记硬背公式.

**三、典型例题**

**例 1** 求球面 $x^2+y^2+z^2=R^2$ 被柱面 $x^2+y^2=Rx(R>0)$ 所截去部分面积.

**解** 由对称性，设第一卦限内面积 $A_1$，所求曲面面积 $A$，则 $A=4A_1$，第一卦限内球面方程 $z=\sqrt{R^2-x^2-y^2}$，于是面积元素

$$\mathrm{d}A=\frac{R\mathrm{d}x\mathrm{d}y}{\sqrt{R^2-x^2-y^2}},$$

所以

$$A=4\iint_D \frac{R\mathrm{d}x\mathrm{d}y}{\sqrt{R^2-x^2-y^2}},$$

其中 $D$ 为半圆 $y=\sqrt{Rx-x^2}$ 及 $x$ 轴所围区域.

$$A=4\int_0^{\frac{\pi}{2}}\mathrm{d}\theta\int_0^{R\cos\theta}\frac{Rr}{\sqrt{R^2-r^2}}\mathrm{d}r=2(\pi-2)R^2.$$

**例 2** 求柱面 $x^2+z^2=a^2$ 含在柱面 $x^2+y^2=a^2(a>0)$ 内的部分面积 $A$.

**解** 设第一卦限面积为 $A_1$，则 $A=8A_1$. 如图 9-28 所示，第一卦限内曲面方程 $z=\sqrt{a^2-x^2}$，则

$$\mathrm{d}A=\frac{a}{\sqrt{a^2-x^2}}\mathrm{d}x\mathrm{d}y.$$

第一卦限内曲面在 $xOy$ 平面投影区域 $D$ 为：$x^2+y^2\leqslant a^2(x\geqslant 0,y\geqslant 0)$，则

$$A=8\iint_D\frac{a}{\sqrt{a^2-x^2}}\mathrm{d}x\mathrm{d}y$$

$$=8\int_0^{\pi/2}\mathrm{d}\theta\int_0^a\frac{ar}{\sqrt{a^2-r^2\cos^2\theta}}\mathrm{d}r=8a^2.$$

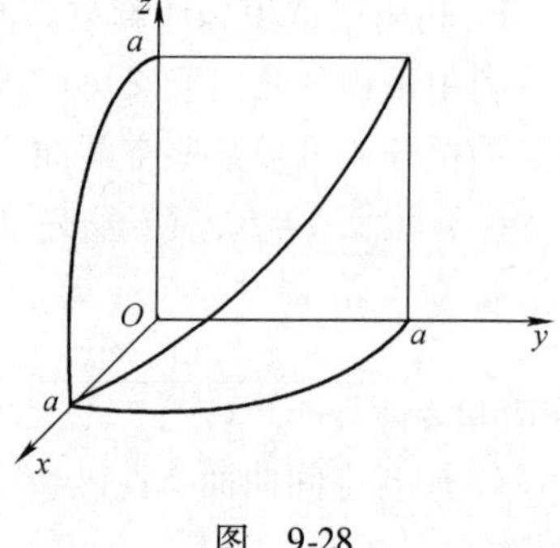

图 9-28

**例 3** 物体 $\Omega$ 为 $x^2+y^2+z^2\leqslant a^2,z\geqslant 0$，其中 $\rho(x,y,z)=\sqrt{x^2+y^2+z^2}$，求物体质心.

**解** 由三重积分的意义 $\mathrm{d}M=\rho(x,y,z)\mathrm{d}v=\sqrt{x^2+y^2+z^2}\mathrm{d}v$，物体的质量为

$$M = \iiint_{\Omega} \sqrt{x^2 + y^2 + z^2}\mathrm{d}v$$

$$= \int_0^{2\pi}\mathrm{d}\varphi\int_0^{\pi/2}\mathrm{d}\theta\int_0^a r^3\sin\theta\mathrm{d}r = \frac{\pi}{2}a^4 .$$

设物体的质心为$(\bar{x}, \bar{y}, \bar{z})$，根据球对称及密度对称，则物体质心在$z$轴上所以$\bar{x} = \bar{y} = 0$. 而

$$\iiint_{\Omega} z\sqrt{x^2 + y^2 + z^2}\mathrm{d}v$$

$$= \int_0^{2\pi}\mathrm{d}\varphi\int_0^{\pi/2}\mathrm{d}\theta\int_0^a r^4\sin\theta\cos\theta\mathrm{d}r = \frac{\pi}{5}a^5 .$$

于是$\bar{z} = \frac{2}{5}a$，故物体的质心坐标为$\left(0, 0, \frac{2}{5}a\right)$.

**例 4** 求由$z=0$，$z=h$，$x^2+y^2=R^2$围成的密度均匀的圆柱体$\Omega$对于$z$轴的转动惯量.

**解** 用微元法，设$\mathrm{d}v$是圆柱体的任意小区域，$(x,y,z)$为$\mathrm{d}v$上任意一点，则小区域对$z$轴的转动惯量为:

$$\mathrm{d}J = (\sqrt{x^2+y^2})^2\rho\mathrm{d}v = (x^2+y^2)\rho\mathrm{d}v,$$

其中$\rho\mathrm{d}v$为小区域的质量，$(\sqrt{x^2+y^2})^2$为点$(x,y,z)$到$z$轴距离的平方. 于是对$z$轴的转动惯量

$$J = \iiint_{\Omega}(x^2 + y^2)\rho\mathrm{d}v$$

$$= \rho\int_0^{2\pi}\mathrm{d}\theta\int_0^R r\mathrm{d}r\int_0^h r^2\mathrm{d}z = \frac{\pi}{2}\rho hR^4 .$$

**例 5** 半径为$R$，密度为$\rho$的均匀球体$\Omega$为$x^2+y^2+z^2\leqslant R^2$，位于点$M_0(0,0,a)(a>R)$有一个单位质量的质点，求球对质点的引力.

**解** 由对称性$\boldsymbol{F}=\{F_x,F_y,F_z\}$，则$F_x=F_y=0$. 设$\mathrm{d}v$是圆柱体的任意小区域，$(x,y,z)$为$\mathrm{d}v$上任意一点，则小区域对质点的引力在$z$轴上的分量为

$$\mathrm{d}F_z = k\frac{\rho(z-a)}{r^3}\mathrm{d}v,$$

于是

$$F_z = \iiint_{\Omega}\frac{k\rho(z-a)\mathrm{d}v}{[x^2+y^2+(z-a)^2]^{\frac{3}{2}}}$$

$$= \int_0^R\mathrm{d}r\int_0^{2\pi}\mathrm{d}\varphi\int_0^{\pi}\frac{k\rho(r\cos\theta - a)r^2\sin\theta\mathrm{d}\theta}{(a^2+r^2-2ar\cos\theta)^{3/2}}$$

$$= -2\pi k\rho\int_0^R\mathrm{d}r\int_0^{\pi}\frac{(a-r\cos\theta)r^2\sin\theta\mathrm{d}\theta}{(a^2+r^2-2ar\cos\theta)^{3/2}}.$$

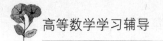

计算里层积分，令 $t^2=a^2+r^2-2ar\cos\theta,2t\mathrm{d}t=2ar\sin\theta\mathrm{d}\theta$，于是

$$F_z=-2\pi k\rho\int_0^R\mathrm{d}r\int_{a-r}^{a+r}\left(\frac{r}{t^2}-\frac{a^2r+r^3-rt^2}{2a^2t^2}\right)\mathrm{d}t$$

$$=\frac{-\pi k\rho}{a^2}\int_0^R\mathrm{d}r\int_{a-r}^{a+r}\left(\frac{a^2r-r^3+rt^2}{t^2}\right)\mathrm{d}t$$

$$=\frac{-\pi k\rho}{a^2}\int_0^R4r^2\mathrm{d}r=-k\frac{M}{a^2}.$$

其中 $M=\dfrac{4}{3}\pi R^3\rho$ 为球质量.

**例 6** 如图 9-29 所示，一个形状为旋转抛物面 $z=x^2+y^2$ 的容器内，已经盛有 $8\pi\ \mathrm{cm}^3$ 的溶液，现又倒进 $120\pi\ \mathrm{cm}^3$ 的溶液，问液面比原来的液面升高多少？

**解** 首先确定液面的高度与所盛液体体积之间的关系．设液面高度为 $h$，则由平面 $z=h$ 与抛物面 $z=x^2+y^2$ 所围立体体积为

$$V=\iint_D[h-(x^2+y^2)]\mathrm{d}x\mathrm{d}y.$$

其中区域 $D$ 为圆 $D$：$x^2+y^2\leqslant h$，用极坐标法化成两次积分为

$$V=\iint_D[h-(x^2+y^2)]\mathrm{d}x\mathrm{d}y$$

$$=\iint_D[h-r^2]r\mathrm{d}r\mathrm{d}\theta=\int_0^{2\pi}\mathrm{d}\theta\int_0^{\sqrt{h}}[h-r^2]r\mathrm{d}r$$

$$=2\pi\left(\frac{1}{2}hr^2-\frac{1}{4}r^4\right)\Big|_0^{\sqrt{h}}=\frac{1}{2}\pi h^2.$$

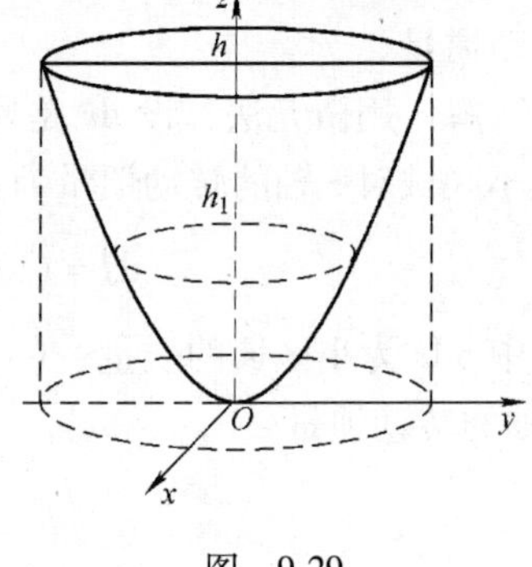

图 9-29

把 $V_1=8\pi,V_2=120\pi$ 分别代入上式，得 $h_1=4$，$h_2=16$. 因此液面比原来升高 $h_2-h_1=12\mathrm{cm}$.

**重积分的应用能力矩阵**

①二重积分的定义，性质；三重积分定义；重积分的微元法；曲面面积公式；平面及空间物体质心，转动惯量，引力的公式；通过对这些知识的讲解可以培养学生的抽象思维能力；

②估计二重积分值的大小；在直角坐标系和极坐标系下计算二重积分；在直角坐标系，柱坐标系和球坐标系下计算三重积分；计算曲面面积，质心，转动惯量，引力；可以培养学生的运算能力；

③二重积分的两个实例，几何意义，二重积分在直角坐标系和极坐标系下的计算公式的推导；三重积分在直角坐标系，柱坐标系和球坐标系下的计算公式的推导；柱坐标系和球坐标系的概念；曲面面积公式；质心，转动惯量，引力的公式；

④二重积分等式和不等式的证明；可以锻炼学生的逻辑推理能力；

⑤选择适当的坐标系计算二重积分；求平面图形的面积，立体的体积；选择适当的坐标系计算三重积分；可锻炼学生的分析综合能力.

## 自测题（一）

**一、填空题**（每题5分，共25分）

**1.** 交换 $\int_0^1 \mathrm{d}y \int_{1-\sqrt{1-y^2}}^{1+\sqrt{1-y^2}} f(x,y)\,\mathrm{d}x$ 的积分次序为________.

**2.** $\iint\limits_D \frac{\sin y}{y}\mathrm{d}\sigma =$____，其中 $D$ 是由 $y=x$，$y=\sqrt{x}$所围的区域.

**3.** $\iint\limits_{x^2+y^2\leqslant 2x} f\left(x^2+y^2, \arctan\frac{y}{x}\right)\mathrm{d}x\mathrm{d}y$ 化为极坐标系下的二次积分为________.

**4.** 设 $\Omega$ 是由 $z=x^2+y^2$ 与平面 $z=1$ 围成的闭区域，把 $I=\iiint\limits_\Omega f(x,y,z)\,\mathrm{d}v$ 化为直角坐标系下的三次积分为____________.

**5.** 设 $\Omega$ 是由 $z=\sqrt{2-x^2-y^2}$ 与 $z=\sqrt{x^2+y^2}$ 围成的闭区域，试将 $I=\iiint\limits_\Omega z^2\,\mathrm{d}v$ 化为三次积分. 在柱坐标下：$I=$________，在球面坐标下：$I=$________.

**二、选用适当方法计算**（每题6分，共24分）

**1.** 设区域 $D=\{(x,y)\mid x^2+y^2\leqslant 1, x\geqslant 0\}$，计算 $\iint\limits_D \frac{1+xy}{1+x^2+y^2}\mathrm{d}x\mathrm{d}y$.（2006数学一）.

**2.** 计算 $\iint\limits_D \frac{x+y}{x^2+y^2}\mathrm{d}x\mathrm{d}y$，其中 $D$ 为 $x^2+y^2\leqslant 1, x+y\geqslant 1$.

**3.** 计算 $\iiint\limits_{x^2+y^2+z^2\leqslant z} \sqrt{x^2+y^2+z^2}\,\mathrm{d}v$.

**4.** 计算 $\iiint\limits_\Omega (x^2+y^2+z^2)\,\mathrm{d}v$，$\Omega$ 是由 $x^2+y^2=1$ 和 $z=0$，$z=1$ 所围成的区域.

三、(10分) 求平面 $x=0$，$y=0$，$z=0$，$3x+2y=6$ 及曲面 $z=3-x^2$ 所围立体的体积.

四、(10分) 有一半径为 $R$，密度为1的球体，求它对它的一条切线的转动惯量.

五、(10分) 已知密度函数 $\mu=1$，计算位于两圆：$r=2\sin\theta$，$r=4\sin\theta$ 之间均匀薄片的质心.

六、(10分) 设 $\Omega$ 是由 $z=2$，$z^2=x^2+y^2$ 所围区域，计算 $\iiint\limits_\Omega z\,\mathrm{d}v$.

七、(11分) 设 $f(x,y)$ 在 $x^2+y^2\leqslant 1$ 上连续，求证 $\lim\limits_{R\to 0}\frac{1}{R^2}\iint\limits_{x^2+y^2\leqslant R^2} f(x,y)\,\mathrm{d}\sigma =$

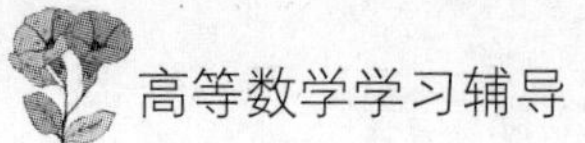


$\pi f(0,0)$.

## 自测题（二）

**一、填空式选择题**（每小题4分，共16分）

**1.** 交换积分次序 $\int_{-2}^{0}\mathrm{d}y\int_{0}^{y+2}f(x,y)\mathrm{d}x+\int_{0}^{4}\mathrm{d}y\int_{0}^{\sqrt{4-y}}f(x,y)\mathrm{d}x=$______.

**2.** 设 $D$ 是第一象限中由曲线 $2xy=1$，$4xy=1$ 与直线 $y=x$，$y=\sqrt{3}x$ 所围成的平面区域，函数 $f(x,y)$ 在 $D$ 上连续，则 $\iint\limits_{D}f(x,y)\mathrm{d}x\mathrm{d}y=$（　　）.（2015 数学一）

A. $\int_{\frac{\pi}{4}}^{\frac{\pi}{3}}\mathrm{d}\theta\int_{\frac{1}{2\sin2\theta}}^{\frac{1}{\sin2\theta}}f(r\cos\theta,r\sin\theta)r\mathrm{d}r$　　B. $\int_{\frac{\pi}{4}}^{\frac{\pi}{3}}\mathrm{d}\theta\int_{\frac{1}{\sqrt{2\sin2\theta}}}^{\frac{1}{\sqrt{\sin2\theta}}}f(r\cos\theta,r\sin\theta)r\mathrm{d}r$

C. $\int_{\frac{\pi}{4}}^{\frac{\pi}{3}}\mathrm{d}\theta\int_{\frac{1}{2\sin2\theta}}^{\frac{1}{\sin2\theta}}f(r\cos\theta,r\sin\theta)\mathrm{d}r$　　D. $\int_{\frac{\pi}{4}}^{\frac{\pi}{3}}\mathrm{d}\theta\int_{\frac{1}{\sqrt{2\sin2\theta}}}^{\frac{1}{\sqrt{\sin2\theta}}}f(r\cos\theta,r\sin\theta)\mathrm{d}r$

**3.** 设 $\Omega$ 是由平面 $x+2y+z=1$ 和三个坐标面围成的空间区域，则 $\iiint\limits_{\Omega}4x\mathrm{d}x\mathrm{d}y\mathrm{d}z=$______.

**4.** 设 $\Omega$ 为 $x^2+y^2+z^2\leqslant z$，则 $\iiint\limits_{\Omega}(x+y+z)^2\mathrm{d}v=$______.

**二、选用适当方法计算**（每题7分，共28分）

**1.** 计算 $\iint\limits_{D}xy\mathrm{d}\sigma$，$D$ 是由 $y=x-2$，$y^2=x$ 所围的区域.

**2.** 计算 $\iiint\limits_{\Omega}z\sqrt{x^2+y^2}\mathrm{d}v$，$\Omega$ 由 $y=\sqrt{2x-x^2}$ 和平面 $z=0$，$z=1$，$y=0$ 围成.

**3.** 计算 $\iiint\limits_{D}\sqrt{x^2+y^2+z^2}\mathrm{d}v$，其中 $\Omega$ 为球：$x^2+y^2+z^2\leqslant1$.

**4.** 计算 $\iiint\limits_{\Omega}xyz\mathrm{d}v$，$\Omega$ 由平面 $z=0$，$z=y$，$y=1$ 与柱面 $y=x^2$ 围成.

三、（10分）曲面 $z=x^2+y^2$ 与锥面 $z=2-\sqrt{x^2+y^2}$ 围成一立体，求两曲面交线下那部分的面积.

四、（10分）设直线 $L$ 过 $A$（1，1，0），$B$（0，1，1）两点，将 $L$ 绕 $z$ 轴旋转一周得曲面 $\Sigma$，$\Sigma$ 与平面 $z=0$，$z=2$ 所围成的立体为 $\Omega$.

（1）求曲面 $\Sigma$ 的方程；

（2）求 $\Omega$ 的形心坐标.（2013 数学一）

五、（12 分）将三次积分 $I=\int_0^1 dx\int_x^1 dy\int_x^y f(x,y,z)dz$ 改换积分次序，按 $x$，$y$，$z$ 的次序积分．

六、（12 分）计算 $\iiint\limits_{\Omega} z^2 dV$；其中，$\Omega=\{(x,y,z)\mid x^2+y^2+z^2\leqslant R^2, x^2+y^2+(z-R)^2\leqslant R^2\}$．

七、（12 分）求证：$\int_0^a dy\int_0^y f(x)g'(y)dx=\int_0^a f(x)[g(a)-g(x)]dx$

## 自测题答案

**自测题（一）**

一、**1.** $\int_0^2 dx\int_0^{\sqrt{2x-x^2}} f(x,y)dy$　**2.** $1-\sin 1$　**3.** $\int_{-\pi/2}^{\pi/2} d\theta\int_0^{2\cos\theta} f(r^2,\theta)rdr$

**4.** $\int_0^1 dz\int_{-\sqrt{z}}^{\sqrt{z}} dx\int_{-\sqrt{z-x^2}}^{\sqrt{z-x^2}} f(x,y,z)dy$

**5.** $\int_0^{2\pi} d\theta\int_0^1 rdr\int_r^{\sqrt{2-r^2}} z^2dz, \int_0^{2\pi} d\varphi\int_0^{\pi/4} d\theta\int_0^{\sqrt{2}} r^4\cos^2\theta\sin\theta dr$

二、**1.** $\frac{\pi}{2}\ln 2$　**2.** $2-\frac{\pi}{2}$　**3.** $\frac{\pi}{10}$　**4.** $\frac{\pi}{6}$

三、8　四、$\frac{28}{15}\pi R^5$　五、$\left(0,\ \frac{7}{3}\right)$　六、$\frac{\pi}{4}$

七、提示：用重积分积分中值定理

**自测题（二）**

一、**1.** $\int_0^2 dx\int_{x-2}^{4-x^2} f(x,y)dy$　**2.** B　**3.** $\frac{1}{12}$　**4.** $\frac{\pi}{15}$

二、**1.** $\frac{45}{8}$　**2.** $\frac{8}{9}$　**3.** $6\pi$　**4.** 0

三、$\frac{\pi}{6}(5\sqrt{5}-1)$

四、(1) 旋转曲面的方程为 $x^2+y^2=2z^2-2z+1$，(2) $\left(0,0,\frac{7}{5}\right)$

五、$I=\int_0^1 dz\int_z^1 dy\int_0^y f(x,y,z)dz$

六、$\frac{59}{480}\pi R^5$　七、交换积分次序可证

# 第十章　曲线积分与曲面积分

## 第一节　对弧长的曲线积分

### 一、内容提要

本节介绍对弧长的曲线积分计算方法.

**定理 1**　设 $f(x,y)$ 在平面光滑曲线 $L$ 上连续，$L$ 的参数方程为

$$\begin{cases} x=\varphi(t) \\ y=\psi(t) \end{cases},\ \alpha\leqslant t\leqslant\beta,$$

且 $\varphi'^2(t)+\psi'^2(t)\neq 0$，则

$$\int_L f(x,y)\mathrm{d}s=\int_\alpha^\beta f(\varphi(t),\psi(t))\sqrt{\varphi'^2(t)+\psi'^2(t)}\mathrm{d}t.$$

其中 $\alpha,\beta$ 对应 $L$ 端点处参数，这里 $\mathrm{d}s=\sqrt{\varphi'^2(t)+\psi'^2(t)}\mathrm{d}t$ 是 $L$ 的弧微分.

**注**　1. 若 $L$ 的方程为　$y=y(x)$，$a\leqslant x\leqslant b$，则 $\mathrm{d}s=\sqrt{1+y_x'^2}\mathrm{d}x$，从而

$$\int_L f(x,y)\mathrm{d}s=\int_a^b f(x,y(x))\sqrt{1+y_x'^2}\mathrm{d}x.$$

2. 若 $L$ 的方程为 $x=x(y)$，$c\leqslant y\leqslant d$，则 $\mathrm{d}s=\sqrt{1+x_y'^2}\mathrm{d}y$，从而

$$\int_L f(x,y)\mathrm{d}s=\int_c^d f(x(y),y)\sqrt{1+x_y'^2}\mathrm{d}y.$$

3. 若 $L$ 的极坐标为 $\rho=\rho(\theta)$，$a\leqslant\theta\leqslant b$，则 $\mathrm{d}s=\sqrt{\rho^2+\rho'^2}\mathrm{d}\theta$，从而

$$\int_L f(x,y)\mathrm{d}s=\int_a^b f(\rho\cos\theta,\rho\sin\theta)\sqrt{\rho^2+\rho'^2}\mathrm{d}\theta.$$

**定理 2**　设 $f(x,y,z)$ 在空间光滑曲线 $\Gamma$ 上连续，$\Gamma$ 的参数方程为

$$\begin{cases} x=\varphi(t) \\ y=\psi(t),\ \alpha\leqslant t\leqslant\beta, \\ z=r(t) \end{cases}$$

且 $\varphi'^2(t)+\psi'^2(t)+r'^2(t)\neq 0$，则

$$\int_\Gamma f(x,y,z)\mathrm{d}s=\int_\alpha^\beta f(\varphi,\psi,r)\sqrt{\varphi'^2+\psi'^2+r'^2}\mathrm{d}t.$$

**注意**　定积分上下限是端点处对应参数，且下限小于上限. 化曲线积分为定积分的方法实质是代入法，这与重积分化累次积分的方法不同. 特别若曲线方程为 $\Gamma\begin{cases}y=y(x)\\z=z(x)\end{cases}$，$a\leqslant x\leqslant b$，则看成$\begin{cases}x=x\\y=y(x)\\z=z(x)\end{cases}$，$a\leqslant x\leqslant b$，将 $x$ 看作参数计算，依次还有类似其他两种情况.

**二、重点、难点分析**

本节的重点是对弧长的曲线积分的计算，要将曲线用适当的参数方程表示出来，确定端点处的参数值，然后利用公式将其化成定积分. 和定积分及重积分应用类似，对弧长的曲线积分应用也有相似的计算公式.

**三、典型例题**

**例 1**　计算曲线积分 $\int_L\sqrt{x^2+y^2}\,\mathrm{d}s$，其中 $L$ 是曲线 $x^2+y^2=-2y$.

**解**　方法 1　$L$ 的极坐标方程为 $r=-2\sin\theta$，$-\pi\leqslant\theta\leqslant 0$，从而 $L$ 的参数方程为

$$\begin{cases}x=r\cos\theta=-\sin 2\theta\\y=r\sin\theta=-2\sin^2\theta\end{cases}.$$

于是 $\mathrm{d}s=\sqrt{x_\theta'^2+y_\theta'^2}\,\mathrm{d}\theta=2\mathrm{d}\theta$，故

$$\int_L\sqrt{x^2+y^2}\,\mathrm{d}s=\int_{-\pi}^{0}2\sqrt{\sin^2 2\theta+4\sin^2\theta}\,\mathrm{d}\theta=8.$$

方法 2　$L$ 的参数方程为

$$\begin{cases}x=\cos\theta,\\y=-1+\sin\theta\end{cases},\ 0\leqslant\theta\leqslant 2\pi,$$

于是 $\mathrm{d}s=\sqrt{x_\theta'^2+y_\theta'^2}\,\mathrm{d}\theta=\mathrm{d}\theta$，故

$$\int_L\sqrt{x^2+y^2}\,\mathrm{d}s=\int_0^{2\pi}\sqrt{\cos^2\theta+(\sin\theta-1)^2}\,\mathrm{d}\theta=8.$$

方法 1 的实质是利用极坐标法.

**例 2**　计算 $\int_L\sqrt{y}\,\mathrm{d}s$，其中 $L$ 是 $y=x^2$，$O(0,0)$，$B(1,1)$之间的一段.

**解**　曲线 $L$ 可看作以 $x$ 为参数的方程，其中 $0\leqslant x\leqslant 1$，则

$$\mathrm{d}s=\sqrt{1+y'^2}\,\mathrm{d}x=\sqrt{1+4x^2}\,\mathrm{d}x,$$

从而

$$\int_L\sqrt{y}\,\mathrm{d}s=\int_0^1 x\sqrt{1+4x^2}\,\mathrm{d}x=\frac{1}{12}(5\sqrt{5}-1).$$

**例 3**　计算 $\int_L z\,\mathrm{d}s$，其中，曲线 $L$ 为$\begin{cases}x=a\sin t\\y=a\cos t,0\leqslant t\leqslant 2\pi.\\z=at\end{cases}$

**解** $L$ 的弧微分为 $\mathrm{d}s=\sqrt{2}a\mathrm{d}t$，于是

$$\int_L z\mathrm{d}s=\int_0^{2\pi} at\sqrt{2}a\mathrm{d}t=2\sqrt{2}\pi^2a^2.$$

**例 4** 计算 $\int_L \mathrm{e}^{\sqrt{x^2+y^2}}\mathrm{d}s$，其中 $L$ 是由 $x^2+y^2=a^2$，$y=x$ 及 $y=0$ 在第一象限内所围区域的边界.

**解** $\int_L \mathrm{e}^{\sqrt{x^2+y^2}}\mathrm{d}s=\int_{\overline{OA}}+\int_{\widehat{AB}}+\int_{\overline{OB}}=I_1+I_2+I_3.$

$\overline{OA}$：$y=0$ $0\leqslant x\leqslant a$，这时 $\mathrm{d}s=\mathrm{d}x$，从而

$$I_1=\int_0^a \mathrm{e}^x\mathrm{d}x=\mathrm{e}^a-1.$$

$\widehat{AB}$: $r=a$，$0\leqslant\theta\leqslant\frac{\pi}{4}$，$\mathrm{d}s=a\mathrm{d}\theta$，从而

$$I_2=\int_0^{\pi/4}\mathrm{e}^a a\mathrm{d}\theta=\mathrm{e}^a\frac{\pi}{4}a.$$

$\overline{OB}$：$y=x$，$0\leqslant x\leqslant\frac{\sqrt{2}}{2}a$，$\mathrm{d}s=\sqrt{2}\mathrm{d}x$ 从而

$$I_3=\int_0^{\frac{\sqrt{2}}{2}a}\mathrm{e}^{\sqrt{2}x}\sqrt{2}\mathrm{d}x=\mathrm{e}^a-1.$$

于是

$$I=2\mathrm{e}^a+\frac{\pi}{4}a\mathrm{e}^a-2.$$

**例 5** 设 $L$ 的方程是 $\begin{cases}x^2+y^2+z^2=a^2\\x+y+z=0\end{cases}$，求 $\int_L x^2\mathrm{d}s$

**解** 由对称性得

$$\int_L x^2\mathrm{d}s=\int_L y^2\mathrm{d}s=\int_L z^2\mathrm{d}s=\frac{1}{3}\int_L(x^2+y^2+z^2)\mathrm{d}s$$

$$=\frac{1}{3}a^2\int_L\mathrm{d}s=\frac{2}{3}\pi a^3.$$

**注意** 这里用到第一类曲线积分的几何意义，$\int_L\mathrm{d}s$ 表示曲线 $L$ 的弧长，而 $L$ 是球面上圆心在原点的大圆.

**例 6** 求 $\int_L x^2\mathrm{d}s$，其中 $L$ 是圆周 $\begin{cases}x^2+y^2+z^2=1\\x=y\end{cases}$.

**解** 因为单位球面的参数方程为

$$x=\cos\varphi\sin\theta,y=\sin\varphi\sin\theta,z=\cos\theta,0\leqslant\theta\leqslant\pi,0\leqslant\varphi\leqslant2\pi.$$

所以 $L$ 的参数方程为：

$$\begin{cases}x=\dfrac{1}{\sqrt{2}}\sin\theta\\ y=\dfrac{1}{\sqrt{2}}\sin\theta(0\leqslant\theta\leqslant\pi)\\ z=\cos\theta\end{cases}\text{与}\begin{cases}x=-\dfrac{1}{\sqrt{2}}\sin\theta\\ y=-\dfrac{1}{\sqrt{2}}\sin\theta(0\leqslant\theta\leqslant\pi)\\ z=\cos\theta\end{cases},$$

于是

$$\int_L x^2\mathrm{d}s=\int_0^\pi\frac{1}{2}\sin^2\theta\mathrm{d}\theta+\int_0^\pi\frac{1}{2}\sin^2\theta\mathrm{d}\theta=\frac{\pi}{2}.$$

**例 7**　求 $\int_L\sqrt{z}\mathrm{d}s$，其中 $L$ 为曲线 $\begin{cases}z=x^2+y^2\\ x=y\end{cases}\quad 0\leqslant x\leqslant 1.$

**解**　$L$ 的参数方程是：

$$\begin{cases}x=x\\ y=x\\ z=2x^2\end{cases},\ 0\leqslant x\leqslant 1,$$

故

$$\int_L\sqrt{z}\mathrm{d}s=\int_0^1\sqrt{2x^2}\ \sqrt{1+1+16x^2}\mathrm{d}x=\sqrt{2}\int_0^1 x\ \sqrt{2+16x^2}\mathrm{d}x=\frac{13}{6}.$$

**例 8**　求均匀摆线的一段弧 $L$：$\begin{cases}x=a(t-\sin t)\\ y=a(1-\cos t)\end{cases}$，$(0\leqslant t\leqslant\pi)$ 的质心.

**解**　设密度为 1，则其质量为

$$M=\int_L\mathrm{d}s=\int_0^\pi\sqrt{a^2(1-\cos t)^2+a^2\sin^2 t}\mathrm{d}t=4a,$$

$$\int_L x\mathrm{d}s=\int_0^\pi a(t-\sin t)\ \sqrt{a^2(1-\cos t)^2+a^2\sin^2 t}\mathrm{d}t=\frac{16}{3}a^2,$$

$$\int_L y\mathrm{d}s=\int_0^\pi a(1-\cos t)\ \sqrt{a^2(1-\cos t)^2+a^2\sin^2 t}\mathrm{d}t=\frac{16}{3}a^2.$$

设质心坐标为 $(\bar{x},\bar{y})$，则

$$\begin{cases}\bar{x}=\int_L x\mathrm{d}s/M=\dfrac{4}{3}a,\\ \bar{y}=\int_L y\mathrm{d}s/M=\dfrac{4}{3}a.\end{cases}$$

这里第一类曲线积分应用的计算公式与重积分应用中的计算公式类似.

## 第二节　对坐标的曲线积分

### 一、内容提要

**定理 1**　设 $L$ 是平面有向光滑曲线，$P(x,y)$ 在 $L$ 上连续，$L$ 的参数方程为

$\begin{cases}x=\varphi(t)\\y=\psi(t)\end{cases}$，且参数 $t$ 由 $\alpha$ 变至 $\beta$ 时 $M(\varphi(t),\psi(t))$，沿曲线 $L$ 从起点 $A$ 运动至终点 $B$，$\varphi'^2(t)+\psi'^2(t)\neq 0$，则

$$\int_L P(x,y)\,\mathrm{d}x=\int_\alpha^\beta P(\varphi(t),\psi(t))\varphi'(t)\,\mathrm{d}t,$$

$$\int_L Q(x,y)\,\mathrm{d}y=\int_\alpha^\beta Q(\varphi(t),\psi(t))\psi'(t)\,\mathrm{d}t.$$

**说明** （1）若平面曲线方程是 $y=y(x)$，可看作是以 $x$ 作为参数的曲线；

（2）若曲线方程是 $x=\varphi(y)$，可看作是以 $y$ 作为参数的曲线；

（3）若曲线 $L$ 是垂直于 $x$ 轴的线段时，$L$ 为 $x=c_1,c\leqslant y\leqslant d$ 于是 $\int_L P(x,y)\,\mathrm{d}x=0$；若积分曲线 $L$ 是垂直于 $y$ 轴的线段时，$\int_L Q(x,y)\,\mathrm{d}x=0$.

**定理 2** 设 $\Gamma$ 是空间有向光滑曲线，其参数方程为 $\begin{cases}x=\varphi(t)\\y=\psi(t)\\z=\omega(t)\end{cases}$，起点对应 $t=\alpha$，终点对应 $t=\beta$，且 $\varphi'^2(t)+\psi'^2(t)+\omega'^2(t)\neq 0$，$P,Q,R$ 在 $\Gamma$ 上连续，则

$$\int_\Gamma P(x,y,z)\,\mathrm{d}x=\int_\alpha^\beta P(\varphi(t),\psi(t),\omega(t))\varphi'(t)\,\mathrm{d}t,$$

$$\int_\Gamma Q(x,y,z)\,\mathrm{d}y=\int_\alpha^\beta Q(\varphi(t),\psi(t),\omega(t))\psi'(t)\,\mathrm{d}t,$$

$$\int_\Gamma R(x,y,z)\,\mathrm{d}z=\int_\alpha^\beta R(\varphi(t),\psi(t),\omega(t))\omega'(t)\,\mathrm{d}t.$$

**注意** （1）第二类曲线积分计算也是用的代入法；

（2）上限是终点对应的参数，下限是起点对应的参数，因此化成一元积分时下限不一定小于上限.

两类曲线积分之间的关系

第一类与第二类曲线积分的定义是不同的，由于都是沿曲线积分，两者之间又有密切的联系，下面给出两类积分之间的转化关系.

设 $\Gamma$ 是光滑曲线，设 $\boldsymbol{A}=\{P(x,y,z),\ Q(x,y,z),\ R(x,y,z)\}$ 在 $\Gamma$ 上是连续向量值函数，$\boldsymbol{t}(x,y,z)$ 是 $\Gamma$ 在 $(x,y,z)$ 处的单位切向量，且方向与有向曲线一致，设 $\boldsymbol{t}=\{\cos\alpha(x,y,z),\ \cos\beta(x,y,z),\ \cos\gamma(x,y,z)\}$，则

$$\int_L \boldsymbol{A}\,\mathrm{d}\boldsymbol{s}=\int_L \boldsymbol{A}\boldsymbol{t}\,\mathrm{d}s,$$

即

$$\int_\Gamma P\mathrm{d}x+Q\mathrm{d}y+R\mathrm{d}z=\int_\Gamma(P\cos\alpha+Q\cos\beta+R\cos\gamma)\,\mathrm{d}s.$$

对于平面的情况也类似.

$$\int_L P\mathrm{d}x + Q\mathrm{d}y = \int_L (P\cos\alpha + Q\cos\beta)\,\mathrm{d}s$$

这里 $\{\cos\alpha, \cos\beta\}$ 为曲线 $L$ 切向量的方向余弦，其指向与 $L$ 的方向一致，$\cos\beta = \sin\alpha$.

**二、重点、难点分析**

本节要掌握对坐标的曲线积分的定义，会计算对坐标的曲线积分，了解两类曲线积分之间的关系. 而计算第二类曲线积分时要注意曲线的方向，用适当的参数将曲线表示出来，确定起点对应的参数和终点所对应的参数，然后用公式将其化成定积分.

**三、典型例题**

**例 1**　计算 $I = \int_L y\mathrm{d}x - x\mathrm{d}y$，其中

(1) $L$ 沿 $x^2 + y^2 = 1$ 逆时针从 $A(1, 0)$ 到 $B(0, 1)$；

(2) $L$ 沿坐标轴 $A(1, 0) \to O(0, 0) \to B(0, 1)$.

**解**　(1) $L$ 的参数方程

$$\begin{cases} x = \cos\theta \\ y = \sin\theta \end{cases}, \quad 0 \leqslant \theta \leqslant \frac{\pi}{2},$$

起点参数为 0，终点参数为 $\frac{\pi}{2}$，于是

$$\int_L y\mathrm{d}x - x\mathrm{d}y = \int_0^{\pi/2} -\sin^2\theta - \cos^2\theta\mathrm{d}\theta = -\frac{\pi}{2}.$$

(2) $\overrightarrow{AO}$：$y = 0$，$0 \leqslant x \leqslant 1$，起点参数为 1，终点参数为 0，于是

$$\int_{\overline{AO}} y\mathrm{d}x - x\mathrm{d}y = \int_1^0 (0 - 0)\,\mathrm{d}x = 0.$$

$\overrightarrow{OB}$：$x = 0, 0 \leqslant y \leqslant 1$，起点参数为 0，终点参数为 1，于是

$$\int_{\overline{OB}} x\mathrm{d}y - y\mathrm{d}x = \int_0^1 (0 - 0)\,\mathrm{d}y = 0.$$

故

$$\int_L y\mathrm{d}x - x\mathrm{d}y = 0.$$

**例 2**　计算 $I = \int_L 2xy\mathrm{d}x + x^2\mathrm{d}y$，其中

$L$ 沿 $y = x^2$ 从 $A(1, 1)$ 至 $O(0, 0)$；

$L$ 沿折线 $A(1, 1) \to B(1, 0) \to O(0, 0)$；

沿 $x = y^3$ 从 $(1, 1) \to (0, 0)$.

**解** (1) $L$: $y=x^2$，起点对应 $x=1$，终点对应 $x=0$，则

$$I=\int_1^0 (2xx^2)\mathrm{d}x+x^2 2x\mathrm{d}x=-1.$$

(2) $\overrightarrow{AB}$: $x=1$, $y$ 从 1 变至 0 这时 $\mathrm{d}x=0$，于是

$$\int_{AB} 2xy\mathrm{d}x+x^2\mathrm{d}y=\int_1^0 1\mathrm{d}y=-1.$$

$\overrightarrow{BO}$: $y=0$, 参数 $x$ 由 1 变至 0，$\mathrm{d}y=0\mathrm{d}x$，于是

$$\int_{BO} 2xy\mathrm{d}x+x^2\mathrm{d}y=\int_1^0 0\mathrm{d}x=0.$$

从而

$$\int_L 2xy\mathrm{d}x+x^2\mathrm{d}y=-1.$$

(3) $L$: $x=y^3$ 参数 $y$ 从 1 变至 0，于是

$$I=\int_1^0 (2y^3y3y^2+y^6)\mathrm{d}y=\int_1^0 (7y^6)\mathrm{d}y=-1.$$

例 2 表明某些曲线积分仅与曲线的起点和终点的位置有关而与中间的路径无关. 探求积分与路径无关的条件是很重要的.

**例 3** 计算 $I=\int_\Gamma y\mathrm{d}x-x\mathrm{d}y+(x+y+z)\mathrm{d}z$，其中 $\Gamma$ 是由 $A(0,0,0)$ 到 $B(3,2,1)$ 的直线段.

**解** $\Gamma$ 的参数方程为 $x=3t, y=2t, z=t$，起点对应参数 $t=0$，终点对应参数 $t=1$，则

$$I=\int_0^1 6t\mathrm{d}t-3t2\mathrm{d}t+6t\mathrm{d}t=3.$$

**例 4** 计算 $I=\int_L \dfrac{(x+y)\mathrm{d}x-(x-y)\mathrm{d}y}{x^2+y^2}$，其中 $L$: $x^2+y^2=a^2$ 按逆时针方向.

**解** $L$ 的参数方程 $\begin{cases}x=a\cos\theta\\ y=a\sin\theta\end{cases}$, $0\leqslant\theta\leqslant 2\pi$，起点 $\theta=0$，终点 $\theta=2\pi$.

$$\begin{aligned}I&=\frac{1}{a^2}\int_L (x+y)\mathrm{d}x-(x-y)\mathrm{d}y\\&=\frac{1}{a^2}\int_0^{2\pi}[(a\cos\theta+a\sin\theta)(-a\sin\theta)-(a\cos\theta-a\sin\theta)(a\cos\theta)]\mathrm{d}\theta\\&=-2\pi.\end{aligned}$$

可用第二类曲线积分表示变力做功问题，若某物体在力 $\boldsymbol{F}=\{P(x,y,z),Q(x,y,z),R(x,y,z)\}$ 作用下沿着光滑曲线 $\Gamma$ 从 $A$ 点运动到 $B$ 点，则力所做的功

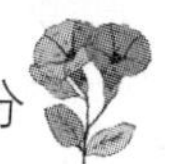

$$W = \int_{\Gamma} P\mathrm{d}x + Q\mathrm{d}y + R\mathrm{d}z.$$

**例 5**　质量为 $m$ 的质点沿着空间光滑曲线 $\Gamma$ 从 $A$ 点运动到 $B$ 点，求重力所做的功.

**解**　设 $\Gamma$ 的方程为 $x=\varphi(t), y=\psi(t), z=\omega(t)$，起点参数 $t=\alpha$，终点参数 $t=\beta$，于是

$$\begin{aligned}W &= \int_{\Gamma} P\mathrm{d}x + Q\mathrm{d}y + R\mathrm{d}z = \int_{\Gamma} mg\mathrm{d}z \\ &= \int_{\alpha}^{\beta} mg\omega'(t)\mathrm{d}t = mg\omega(\beta) - mg\omega(\alpha).\end{aligned}$$

计算结果表明质点从 $A$ 点运动到 $B$ 点，重力所做的功只与 $A$、$B$ 的位置有关，而运动的路径无关，这种力场在物理学中称为保守场.

# 第三节　格 林 公 式

## 一、内容提要

1. 格林公式

**定理 1**　若平面区域 $D$ 由分段光滑的闭曲线 $L$ 所围，且 $L$ 取正向，$P,Q$ 在区域 $D$ 上的一阶偏导连续，则

$$\int_{L} P\mathrm{d}x + Q\mathrm{d}y = \iint_{D}\left(\frac{\partial Q}{\partial x} - \frac{\partial P}{\partial y}\right)\mathrm{d}x\mathrm{d}y.$$

**说明**　（1）当 $L$ 取反向时

$$\int_{L} P\mathrm{d}x + Q\mathrm{d}y = \iint_{D}\left(\frac{\partial P}{\partial y} - \frac{\partial Q}{\partial x}\right)\mathrm{d}x\mathrm{d}y.$$

（2）区域 $D$ 的面积

$$S_D = \frac{1}{2}\int_{L} x\mathrm{d}y - y\mathrm{d}x.$$

2. 平面曲线积分与路径无关条件

探求积分与路径无关的条件，不仅在数学上是重要的，在物理中还涉及到研究场的性质.

**定理 2**　设 $D$ 是单连通区域，$P,Q$ 在区域 $D$ 上一阶偏导是连续的，则下面四个条件等价：

（1）在 $D$ 内每一点 $\dfrac{\partial Q}{\partial x} = \dfrac{\partial P}{\partial y}$；

（2）对 $D$ 内任意一条封闭曲线 $L$，则 $\int_{L} P\mathrm{d}x + Q\mathrm{d}y = 0$；

(3) 在 $D$ 内 $\int_L P\mathrm{d}x + Q\mathrm{d}y$ 积分与路径无关;

(4) 存在函数 $u(x,y)$ 使得, $\mathrm{d}u = P\mathrm{d}x + Q\mathrm{d}y$.

**注意** 这里的区域 $D$ 是单连通的, 这一条件不可削弱, 下面例 4 就是一个具体的例子, 在例 4 中 $P,Q$ 在区域 $M = D\{(0,0)\}$ 上一阶偏导是连续的, 且在 $M$ 上满足定理 2 的条件 1, 但是结论 2 显然不成立.

**推论 1** 若 $D$ 是单连通区域, $P,Q$ 在区域 $D$ 上一阶偏导是连续的, 若 $P\mathrm{d}x + Q\mathrm{d}y$ 是某个函数全微分, 则 $u(x,y) = \int_{(x_0,y_0)}^{(x,y)} P\mathrm{d}x + Q\mathrm{d}y$ 是 $P\mathrm{d}x + Q\mathrm{d}y$ 原函数, 其中 $(x_0,y_0) \in D$. 这时求原函数 $u(x,y) = \int_{(x_0,y_0)}^{(x,y)} P\mathrm{d}x + Q\mathrm{d}y$ 有如下两种常用的方法

$$u(x,y) = \int_{x_0}^{x} P(x,y_0)\mathrm{d}x + \int_{y_0}^{y} Q(x,y)\mathrm{d}y.$$

$$u(x,y) = \int_{x_0}^{x} P(x,y)\mathrm{d}x + \int_{y_0}^{y} Q(x_0,y)\mathrm{d}y.$$

## 二、重点、难点分析

格林公式建立了平面上对坐标的曲线积分与二重积分之间的关系, 是一个非常重要的公式, 使用时一定要注意条件. 当条件满足时, 闭曲线上第二类曲线积分可用格林公式化成二重积分. 对于非闭曲线上的第二类曲线积分, 可采用添加较简单的曲线变成闭曲线上的积分,然后使用格林公式计算. 利用格林公式一定要注意是否满足定理的条件, 否则计算的结果可能会出错. 利用积分与路径无关的条件可使得复杂路径上的积分变成简单路径上的积分,从而使对坐标的曲线积分计算方便简单.

## 三、典型例子

**例 1** 计算 $I = \int_L (x^2 - 2y)\mathrm{d}x + (3x + ye^y)\mathrm{d}y$, 其中 $L$ 由 $y=0$, $x+2y=2$ 及第二象限的圆弧 $x^2+y^2=1$ 所围区域 $D$ 的边界取正向.

**解** 由于 $P(x,y) = x^2 - 2y, Q(x,y) = 3x + ye^y$ 在 $D$ 上一阶偏导连续, 由格林公式得

$$I = \iint_D (3+2)\mathrm{d}x\mathrm{d}y = 5\left(\frac{\pi}{4} + 1\right) = \frac{5\pi}{4} + 5.$$

**例 2** 计算 $I = \int_L xy^2\mathrm{d}y - yx^2\mathrm{d}x$, 其中 $L$ 由 $A(R,0)$ 沿圆周 $y = \sqrt{R^2 - x^2}$ 至 $B(-R,0)$.

**解** 设 $L_1 = L + \overrightarrow{BA}$, $L_1$ 所围区域 $D$ 取正向, $P(x,y) = -yx^2, Q(x,y) = xy^2$ 在区域 $D$ 上一阶偏导连续, 则

$$I = \int_{L_1} P\mathrm{d}x + Q\mathrm{d}y - \int_{\overline{BA}} P\mathrm{d}x + Q\mathrm{d}y.$$

由格林公式

$$\int_{L+\overline{BA}} P\mathrm{d}x + Q\mathrm{d}y = \iint_D (x^2 + y^2)\mathrm{d}x\mathrm{d}y = \int_0^{\pi}\mathrm{d}\theta\int_0^R r^3\mathrm{d}r = \frac{\pi}{4}R^4.$$

而

$$\int_{\overline{BA}} P\mathrm{d}x + Q\mathrm{d}y = \int_{-R}^{R} 0\mathrm{d}x = 0.$$

从而 $I = \dfrac{\pi}{4}R^4$.

**例 3**　求星形线 $x = a\cos^3 t, y = a\sin^3 t(0 \leqslant t \leqslant 2\pi)$ 所围区域的面积.

**解**　由面积计算公式得

$$\begin{aligned} A &= \frac{1}{2}\int x\mathrm{d}y - y\mathrm{d}x \\ &= \frac{1}{2}\int_0^{2\pi}(3a^2\cos^4 t\sin^2 t + 3a^2\cos^2 t\sin^4 t)\mathrm{d}t \\ &= \frac{3}{8}a^2\int_0^{2\pi}\sin^2 2t\mathrm{d}t = \frac{3}{8}\pi a^2. \end{aligned}$$

**例 4**　计算 $I = \int_L \dfrac{x\mathrm{d}y - y\mathrm{d}x}{4x^2 + y^2}$，其中 $L$ 是不过原点的闭曲线取正向.

**解**　设 $P(x,y) = \dfrac{-y}{4x^2 + y^2}, Q(x,y) = \dfrac{x}{4x^2 + y^2}$，则

$$\frac{\partial P}{\partial y} = \frac{y^2 - 4x^2}{(4x^2 + y^2)^2} = \frac{\partial Q}{\partial x},\ 4x^2 + y^2 \neq 0.$$

1. 若 $L$ 所围区域 $D$ 内不含原点，如图 10-1 所示 $P,Q$ 在 $L$ 所围区域内一阶偏导数是连续的，则由格林公式有

$$\begin{aligned} \int_L P\mathrm{d}x + Q\mathrm{d}y &= \iint_D \left(\frac{\partial Q}{\partial x} - \frac{\partial P}{\partial y}\right)\mathrm{d}x\mathrm{d}y \\ &= \iint_D 0\mathrm{d}x\mathrm{d}y = 0. \end{aligned}$$

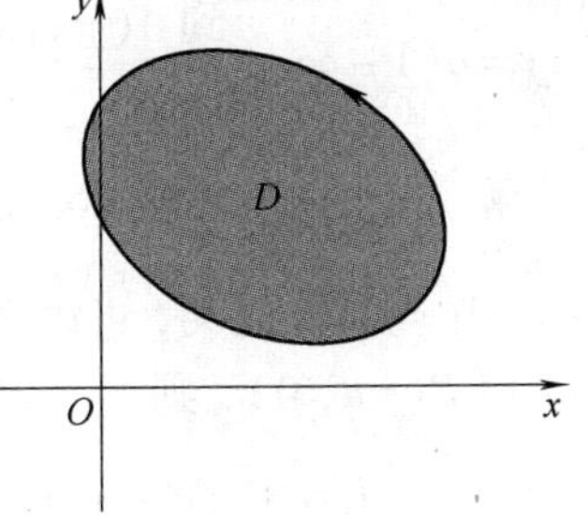

图　10-1

2. 若 $(0,0) \in D$ 时，如图 10-2 所示（$P,Q$ 在 $L$ 所围区域内一阶偏导数不是连续的，因此不能直接使用格林公式）选取适当小 $r$，使 $C_r$：$4x^2 + y^2 = r^2$ 位于 $D$ 内，（请思考这里为什么取的曲线是这种特殊的椭圆，取圆是否可以）用 $C_r^-$ 表示顺时针方向，设 $D_1$ 边界曲线为 $L$ 和 $C_r^-$，则 $(0,0) \notin D_1$，由格林公式可得

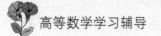

$$\int_{L+C_r^-} P\mathrm{d}x + Q\mathrm{d}y = \iint_{D_1}\left(\frac{\partial Q}{\partial x} - \frac{\partial P}{\partial y}\right)\mathrm{d}x\mathrm{d}y = \iint_{D_1} 0\mathrm{d}x\mathrm{d}y = 0.$$

用 $D_r$ 表示 $C_r$ 所围成的区域，则

$$I = \int_L \frac{x\mathrm{d}y - y\mathrm{d}x}{4x^2 + y^2} = \int_{C_r} \frac{x\mathrm{d}y - y\mathrm{d}x}{4x^2 + y^2} = \frac{1}{r^2}\int_{C_r} x\mathrm{d}y - y\mathrm{d}x = \frac{2}{r^2}\iint_{D_r}\mathrm{d}x\mathrm{d}y = \pi.$$

**注意** 本题目还要注意曲线 $C_r$ 选取的技巧，这样选取可使得分母在此曲线上是一个常数，从而将复杂路径上的积分，转化成一个可用格林公式计算的积分.

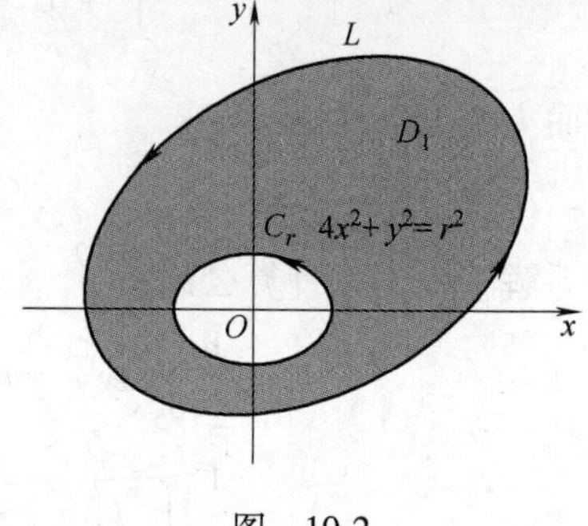


图 10-2

**例 5** 二维情形的分部积分公式

设有界闭区域 $D$ 的边界是分段光滑的曲线 $L$，它的方向是正方向，设 $f,g$ 在 $D$ 上一阶偏导连续，利用格林公式可得

$$\begin{aligned}\iint_D f\frac{\partial g}{\partial x}\mathrm{d}x\mathrm{d}y &= \iint_D\left(\frac{\partial}{\partial x}(fg) - \frac{\partial f}{\partial x}g\right)\mathrm{d}x\mathrm{d}y \\ &= \int_L fg\mathrm{d}y - \iint_D \frac{\partial f}{\partial x}g\mathrm{d}x\mathrm{d}y,\end{aligned}$$

这就是分部积分公式在二维推广，由此可计算

$$\begin{aligned}\iint_{x^2+y^2\leqslant\pi} 2x\cos(x^2+y^2)\mathrm{d}x\mathrm{d}y &= \iint_{x^2+y^2\leqslant\pi}\frac{\partial}{\partial x}\sin(x^2+y^2)\mathrm{d}x\mathrm{d}y \\ &= \int_{x^2+y^2=\pi}\sin(x^2+y^2)\mathrm{d}y = 0.\end{aligned}$$

**例 6** 计算 $I = \int_L \mathrm{e}^x\sin y\mathrm{d}x + \mathrm{e}^x\cos y\mathrm{d}y$，其中 $L$ 是自 $O(0,0)$ 沿着曲线 $\begin{cases}x = a(t-\sin t)\\ y = a(1-\cos t)\end{cases}$ 到 $A(\pi a, 2a)$.

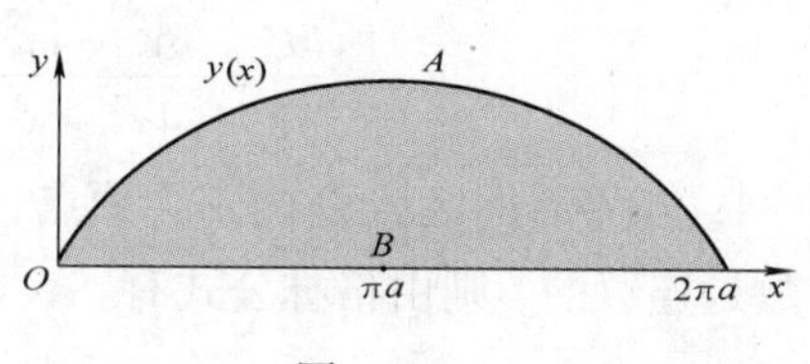


图 10-3

**解** 如图 10-3 所示，由于 $\dfrac{\partial Q}{\partial y} = \dfrac{\partial P}{\partial x} = \mathrm{e}^x\cos y$，所以积分 $I = \int_L \mathrm{e}^x\sin y\mathrm{d}x + \mathrm{e}^x\cos y\mathrm{d}y$ 与路径无关，可以选择任意的路径计算.

设 $B(\pi a, 0)$，则

$$\begin{aligned}I &= \int_{\overline{OBA}} \mathrm{e}^x\sin y\mathrm{d}x + \mathrm{e}^x\cos y\mathrm{d}y \\ &= \int_{OB} \mathrm{e}^x\sin y\mathrm{d}x + \mathrm{e}^x\cos y\mathrm{d}y + \int_{BA} \mathrm{e}^x\sin y\mathrm{d}x + \mathrm{e}^x\cos y\mathrm{d}y \\ &= 0 + \int_0^{2a} \mathrm{e}^{\pi a}\cos y\mathrm{d}y = \mathrm{e}^{\pi a}\sin 2a.\end{aligned}$$

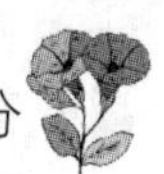

**例 7**　验证在 $xOy$ 在平面内 $xy^2\mathrm{d}x+x^2y\mathrm{d}y$ 是某个函数全微分,并求原函数.

**解**　设 $P=xy^2$, $Q=x^2y$, 则$\dfrac{\partial P}{\partial y}=\dfrac{\partial Q}{\partial x}=2xy$, 于是 $xOy$ 在平面内 $xy^2\mathrm{d}x+x^2y\mathrm{d}y$ 是某个函数全微分.

$$u(x,y)=\int_{(0,0)}^{(x,y)}xy^2\mathrm{d}x+x^2y\mathrm{d}y=\int_0^x 0\mathrm{d}x+\int_0^y x^2y\mathrm{d}y=x^2y^2/2.$$

从而 $U(x,y)=x^2y^2/2+C$ 是原函数.

**例 8**　验证$\dfrac{x\mathrm{d}y-y\mathrm{d}x}{x^2+y^2}$在右半平面$(x>0)$是某个函数的全微分, 并求原函数.

**解**　设 $P=\dfrac{-y}{x^2+y^2}$, $Q=\dfrac{x}{x^2+y^2}$, 则

$$\frac{\partial P}{\partial y}=\frac{y^2-x^2}{(x^2+y^2)^2}=\frac{\partial Q}{\partial x}.$$

于是在右半平面 $D$ 内$\dfrac{x\mathrm{d}y-y\mathrm{d}x}{x^2+y^2}$是某个函数的全微分. 在右半平面内 $P$, $Q$ 一阶偏导连续,取 $A(1,0)\in D$, $B(x,0)$, $C(x,y)$, 则

$$\begin{aligned}u(x,y)&=\int_{(1,0)}^{(x,y)}P\mathrm{d}x+Q\mathrm{d}y=\int_{\overline{AB}}P\mathrm{d}x+\int_{\overline{BC}}Q\mathrm{d}y\\&=\int_1^x 0\mathrm{d}x+\int_0^y\frac{x}{x^2+y^2}\mathrm{d}y=\arctan\frac{y}{x}.\end{aligned}$$

从而 $U(x,y)=\arctan\dfrac{y}{x}+C$ 是原函数.

**例 9**　计算 $I=\int_L(y^3-\mathrm{e}^x)\mathrm{d}x+3xy^2\mathrm{d}y$, 其中 $L$ 从 $A(-1,0)$沿 $x^{\frac{2}{3}}+y^{\frac{2}{3}}=1$ $(y\geqslant 0)$到 $B(1,0)$.

**解**　设 $P=y^3-\mathrm{e}^x$,$Q=3xy^2$,则

$$\frac{\partial Q}{\partial x}=\frac{\partial P}{\partial y}=3y^2,$$

于是积分与路径无关, 因此

$$I=\int_{\overline{AB}}P\mathrm{d}x+Q\mathrm{d}y=\int_{-1}^1-\mathrm{e}^x\mathrm{d}x=\mathrm{e}^{-1}-\mathrm{e}.$$

**例 10**　求积分$\int_L[x\cos(\boldsymbol{n},x)+y\cos(\boldsymbol{n},y)]\mathrm{d}s$, 其中 $L$ 是有界区域 $D$ 的边界曲线, $\boldsymbol{n}$ 为 $L$ 的外法向量.

**解**　设 $\alpha$ 表示切向量与 $x$ 轴的夹角, 则$(\boldsymbol{n},x)=\alpha-\dfrac{\pi}{2}$, 注意到 $\cos(\boldsymbol{n},y)=$

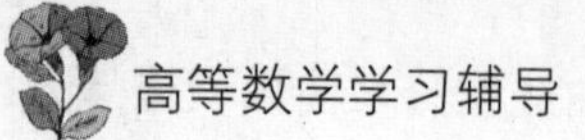


$\sin(\boldsymbol{n}, x)$，则

$$\int_L [x\cos(\boldsymbol{n}, x) + y\cos(\boldsymbol{n}, y)]\mathrm{d}s = \int_L \left[x\cos\left(\alpha - \frac{\pi}{2}\right) + y\sin\left(\alpha - \frac{\pi}{2}\right)\right]\mathrm{d}s$$

$$= \int_L (x\sin\alpha - y\cos\alpha)\mathrm{d}s = \int_L x\mathrm{d}y - y\mathrm{d}x$$

$$= 2\iint_D \mathrm{d}x\mathrm{d}y = 2S_D.$$

这里 $S_D$ 表示区域 $D$ 的面积.

本题用到了两类曲线积分之间的关系及格林公式，注意切向量与外法向量之间的关系.

**例 11**　设 $u(x,y)$，$v(x,y)$ 是具有二阶连续偏导数的函数，且设 $\Delta u = \dfrac{\partial^2 u}{\partial x^2} + \dfrac{\partial^2 u}{\partial y^2}$.

**证明**　(1) $\iint_D \Delta u\mathrm{d}x\mathrm{d}y = \int_L \dfrac{\partial u}{\partial n}\mathrm{d}s$；

(2) $\iint_D v\Delta u\mathrm{d}x\mathrm{d}y = \int_L v\dfrac{\partial u}{\partial n}\mathrm{d}s - \iint_D \left(\dfrac{\partial u}{\partial x}\dfrac{\partial v}{\partial x} + \dfrac{\partial u}{\partial y}\dfrac{\partial v}{\partial y}\right)\mathrm{d}x\mathrm{d}y$；

(3) $\iint_D u\Delta v - v\Delta u\mathrm{d}x\mathrm{d}y = -\int_L v\dfrac{\partial u}{\partial n} - u\dfrac{\partial v}{\partial n}\mathrm{d}s.$

这里 $L$ 是区域 $D$ 的边界曲线，取正向，$n$ 是边界曲线的单位外法线方向.

**证明**　(1) 由上题的结论

$$\int_L \frac{\partial u}{\partial n}\mathrm{d}s = \int_L \left(\frac{\partial u}{\partial x}\cos(n, x) + \frac{\partial u}{\partial y}\cos(n, y)\right)\mathrm{d}s = \int_L \frac{\partial u}{\partial x}\mathrm{d}y - \frac{\partial u}{\partial y}\mathrm{d}x$$

$$= \iint_D \left(\frac{\partial^2 u}{\partial x^2} + \frac{\partial^2 u}{\partial y^2}\right)\mathrm{d}x\mathrm{d}y = \iint_D \Delta u\mathrm{d}x\mathrm{d}y.$$

再证明(2)

$$\int_L v\frac{\partial u}{\partial n}\mathrm{d}s = \int_L \left(\frac{\partial u}{\partial x}v\cos(n,x) + \frac{\partial u}{\partial y}v\cos(n,y)\right)\mathrm{d}s = \int_L \frac{\partial u}{\partial x}v\mathrm{d}y - \frac{\partial u}{\partial y}v\mathrm{d}x.$$

再利用格林公式整理可得.

(3) 可由(2) 直接推出.

## 第四节　对面积的曲面积分

### 一、内容提要

计算第一类曲面积分一般是先化为投影区域上的二重积分，然后计算二重积分.

设$f(x,y,z)$在空间光滑曲面$\Sigma$上连续：

(1)若$\Sigma$为$z=z(x,y)$，$\Sigma$在$xOy$平面投影$D_{xy}$，则

$$\iint_{\Sigma} f(x,y,z)\,\mathrm{d}S = \iint_{D_{xy}} f(x,y,z(x,y))\sqrt{1+z_x'^2+z_y'^2}\,\mathrm{d}x\mathrm{d}y.$$

注意一个曲面$\Sigma$可用$z=z(x,y)$表示是有条件的，即平行于$z$轴的直线与曲面相交只有一个交点. 当交点多于一个的时候，可以将$\Sigma$分成若干部分使得每一片仅有一个交点. 下面两种情况是类似的.

(2) 若$\Sigma$为$x=x(y,z)$，$\Sigma$在$yOz$平面投影为$D_{yz}$，则

$$\iint_{\Sigma} f(x,y,z)\,\mathrm{d}S = \iint_{D_{yz}} f(x(y,z),y,z)\sqrt{1+x_y'^2+x_z'^2}\,\mathrm{d}y\mathrm{d}z.$$

(3) 若$\Sigma$为$y=y(x,z)$，$\Sigma$在$xOz$平面投影为$D_{xz}$，则

$$\iint_{\Sigma} f(x,y,z)\,\mathrm{d}S = \iint_{D_{xz}} f(x,y(x,z),z)\sqrt{1+y_x'^2+y_z'^2}\,\mathrm{d}x\mathrm{d}y.$$

**二、重点、难点分析**

有些题目中给出了若干个曲面的方程，做题时一定要注意积分曲面是哪一部分曲面，不同的曲面方程，其面积元素是不同的. 首先给出面积元素的表达式，其次要考虑向哪个坐标平面投影，利用投影给出曲面的方程及变量取值的区域，然后利用公式将对面积的曲面积分化成二重积分. 当曲面由若干部分组成时，要先对每一部分进行积分计算，最后相加.

**三、典型例子**

**例1**　计算$\iint\limits_{\Sigma}\dfrac{\mathrm{d}S}{z}$，$\Sigma$是$x^2+y^2+z^2=a^2$被平面$z=h(0<h<a)$截出的部分.

**解**　曲面$\Sigma$的方程是$z=\sqrt{a^2-(x^2+y^2)}$，于是

$$\frac{\partial z}{\partial x}=\frac{-x}{\sqrt{a^2-(x^2+y^2)}},\quad \frac{\partial z}{\partial y}=\frac{-y}{\sqrt{a^2-(x^2+y^2)}},$$

从而

$$\mathrm{d}S=\frac{a\mathrm{d}x\mathrm{d}y}{\sqrt{a^2-x^2-y^2}}.$$

$\Sigma$在$xOy$平面投影$D$为$x^2+y^2\leqslant a^2-h^2$，于是

$$\iint_{\Sigma}\frac{\mathrm{d}S}{z}=\iint_{D}\frac{a\mathrm{d}x\mathrm{d}y}{a^2-x^2-y^2}=\int_0^{2\pi}\mathrm{d}\theta\int_0^{\sqrt{a^2-h^2}}\frac{ar\mathrm{d}r}{a^2-r^2}=2\pi a\ln\frac{a}{h}.$$

**例2**　计算$\iint\limits_{\Sigma}\sqrt{x^2+y^2}\,\mathrm{d}S$，其中$\Sigma$为圆锥面$\dfrac{x^2}{a^2}+\dfrac{y^2}{a^2}-\dfrac{z^2}{b^2}=0\quad(0\leqslant z\leqslant b)$.

**解** 锥面$\Sigma$的方程为$z=\frac{b}{a}\sqrt{x^2+y^2}(0\leqslant z\leqslant b)$，于是

$$\frac{\partial z}{\partial x}=\frac{bx}{a\sqrt{x^2+y^2}},\frac{\partial z}{\partial y}=\frac{by}{a\sqrt{x^2+y^2}}.$$

$D$为$xOy$平面的圆域$x^2+y^2\leqslant a^2$，则

$$\iint_\Sigma\sqrt{x^2+y^2}\mathrm{d}S=\iint_D\sqrt{x^2+y^2}\sqrt{1+\frac{b^2}{a^2}}\mathrm{d}x\mathrm{d}y=\frac{\sqrt{a^2+b^2}}{a}\iint_D\sqrt{x^2+y^2}\mathrm{d}x\mathrm{d}y$$

$$=\frac{\sqrt{a^2+b^2}}{a}\int_0^{2\pi}\mathrm{d}\theta\int_0^a r^2\mathrm{d}r=\frac{2\pi a^2\sqrt{a^2+b^2}}{3}.$$

**例 3** 计算$\iint_\Sigma\frac{\mathrm{d}S}{x^2+y^2+z^2}$，其中$\Sigma$为$x^2+y^2=a^2$位于$z=0$与$z=1$之间的部分.

**解** 将$\Sigma$分成$\Sigma_1$，$\Sigma_2$左右两部分$\Sigma_1$为$y=\sqrt{a^2-x^2}$，$\Sigma_2$为$y=-\sqrt{a^2-x^2}$，于是

$$\mathrm{d}S=\frac{a\mathrm{d}x\mathrm{d}z}{\sqrt{a^2-x^2}}.$$

而$\Sigma_1,\Sigma_2$在$xOz$平面投影$D$为$-a\leqslant x\leqslant a,0\leqslant z\leqslant 1$，

$$\iint_\Sigma\frac{\mathrm{d}S}{x^2+y^2+z^2}=\iint_{\Sigma_1}\frac{\mathrm{d}S}{x^2+y^2+z^2}+\iint_{\Sigma_2}\frac{\mathrm{d}S}{x^2+y^2+z^2}$$

$$=2\iint_D\frac{1}{a^2+z^2}\frac{a}{\sqrt{a^2-x^2}}\mathrm{d}x\mathrm{d}z=2\pi\arctan\frac{1}{a}.$$

**例 4** 求密度为$u$的均匀半球壳$x^2+y^2+z^2=a^2$，$z\geqslant 0$的质心及绕$z$轴的转动惯量.

**解** 上半球面的方程$z=\sqrt{a^2-(x^2+y^2)}$，于是

$$\frac{\partial z}{\partial x}=\frac{-x}{\sqrt{a^2-(x^2+y^2)}},\frac{\partial z}{\partial y}=\frac{-y}{\sqrt{a^2-(x^2+y^2)}}.$$

于是

$$\mathrm{d}S=\frac{a\mathrm{d}x\mathrm{d}y}{\sqrt{a^2-x^2-y^2}}.$$

$\Sigma$在$xOy$平面的投影$D$为$x^2+y^2\leqslant a^2$，则对$z$轴的转动惯量是

$$I_z=\iint_\Sigma u(x^2+y^2)\mathrm{d}S=\iint_D u(x^2+y^2)\frac{a\mathrm{d}x\mathrm{d}y}{\sqrt{a^2-x^2-y^2}}$$

$$=\int_0^{2\pi}\mathrm{d}\theta\int_0^a ur^2\frac{ar}{\sqrt{a^2-r^2}}\mathrm{d}r=\frac{4}{3}\pi ua^4.$$

设质心坐标为$(\bar{x},\ \bar{y},\ \bar{z})$，则由区域的对称性可得$\bar{x}=\bar{y}=0$

半球壳的质量为$m=2\pi a^2u$,则

$$\iint\limits_{\Sigma} uz\mathrm{d}S=\iint\limits_{D} u(\sqrt{a^2-x^2-y^2})\frac{a\mathrm{d}x\mathrm{d}y}{\sqrt{a^2-x^2-y^2}}$$

$$=ua\iint\limits_{D}\mathrm{d}x\mathrm{d}y=\pi ua^3.$$

于是

$$\bar{z}=\iint\limits_{\Sigma}\frac{uz\mathrm{d}S}{m}=\frac{a}{2}.$$

即质心坐标为$\left(0,\ 0,\ \dfrac{a}{2}\right)$.

## 第五节　对坐标的曲面积分

### 一、内容提要

本节给出了对坐标的曲面积分的定义，给出了对坐标曲面积分的计算方法

设$\Sigma$是光滑的空间有向曲面，$P$，$Q$，$R$在$\Sigma$上连续

1. 若$\Sigma$为$z=z(x,y)$，$(x,y)\in D_{xy}$，$D_{xy}$是$\Sigma$在$xOy$平面投影，则

$$\iint\limits_{\Sigma} R(x,y,z)\mathrm{d}x\mathrm{d}y=\pm\iint\limits_{D_{xy}} R(x,y,z(x,\ y))\mathrm{d}x\mathrm{d}y.$$

当$\Sigma$取上侧时取“+”号，取下侧时取“-”，若$\Sigma$在$xOy$平面投影区域面积为0，则

$$\iint\limits_{\Sigma} R(x,y,z)\mathrm{d}x\mathrm{d}y=0.$$

2. 若$\Sigma$为$x=x(y,z)$，$(y,z)\in D_{yz}$，$D_{yz}$是$\Sigma$在$yOz$平面的投影，则

$$\iint\limits_{\Sigma} P(x,y,z)\mathrm{d}y\mathrm{d}z=\pm\iint\limits_{D_{yz}} P(x(y,z),y,z)\mathrm{d}y\mathrm{d}z.$$

当$\Sigma$取前侧时取“+”号，取后侧时取“-”. 若$\Sigma$在$yOz$平面投影区域面积为0，则

$$\iint\limits_{\Sigma} P(x,y,z)\mathrm{d}y\mathrm{d}z=0.$$

3. 若$\Sigma$为$y=y(x,z)$，$(x,z)\in D_{xz}$，$D_{xz}$是$\Sigma$在$xOz$平面的投影，则

$$\iint\limits_{\Sigma} Q(x,y,z)\mathrm{d}x\mathrm{d}z=\pm\iint\limits_{D_{xz}} Q(x,y(x,z),z)\mathrm{d}x\mathrm{d}z.$$

当$\Sigma$取右侧时取“+”号，取左侧时取“-”. 若$\Sigma$在$xOz$平面投影区域面积为0，则

$$\iint_{\Sigma} Q(x,y,z)\,\mathrm{d}x\mathrm{d}z = 0.$$

两类曲面积分之间的关系

$\boldsymbol{n}(x,y,z)=\{\cos\alpha,\cos\beta,\cos r\}$ 表示 $\Sigma$ 指定了侧的法向量，则

$$\iint_{\Sigma} P\mathrm{d}y\mathrm{d}z + Q\mathrm{d}x\mathrm{d}z + R\mathrm{d}x\mathrm{d}y = \iint_{\Sigma}(P\cos\alpha + Q\cos\beta + R\cos\gamma)\,\mathrm{d}S.$$

这就是两类曲面积分之间的关系.

**二、重点、难点分析**

本节要熟悉对坐标的曲面积分的概念，重点掌握其计算方法，了解两类曲面积分之间的关系. 有向曲面实际上是对双侧曲面上的每一点指定了法向量的指向的曲面. 对坐标的曲面积分与曲面的侧有关. 直接计算此类积分时要注意向哪个坐标平面投影以及将投影的区域用不等式表示出来，化成二重积分前边的正负号的确定. 当曲面由若干部分组成时，可分成若干个积分进行计算.

**三、典型例题**

**例 1** 计算 $\iint_{\Sigma} xyz\mathrm{d}x\mathrm{d}y$，其中 $\Sigma$ 是球面 $x^2+y^2+z^2=1$ 外侧在 $x\geqslant 0$，$y\geqslant 0$ 部分.

**解** $\Sigma$ 分为 $\Sigma_1$ 和 $\Sigma_2$ 两部分，$\Sigma_1$ 为 $z=-\sqrt{1-x^2-y^2}$ 取下侧，$\Sigma_2$ 为 $z=\sqrt{1-x^2-y^2}$ 取上侧. 于是

$$\begin{aligned}\iint_{\Sigma} xyz\mathrm{d}x\mathrm{d}y &= \iint_{\Sigma_1} xyz\mathrm{d}x\mathrm{d}y + \iint_{\Sigma_2} xyz\mathrm{d}x\mathrm{d}y \\ &= -\iint_{D_{xy}} -xy\sqrt{1-x^2-y^2}\,\mathrm{d}x\mathrm{d}y + \iint_{D_{xy}} xy\sqrt{1-x^2-y^2}\,\mathrm{d}x\mathrm{d}y \\ &= 2\iint_{D_{xy}} xy\sqrt{1-x^2-y^2}\,\mathrm{d}x\mathrm{d}y \\ &= 2\int_0^{\frac{\pi}{2}}\mathrm{d}\theta\int_0^1 \cos\theta\sin\theta\sqrt{1-r^2}\,r^3\mathrm{d}r = \frac{2}{15}.\end{aligned}$$

**例 2** 计算 $I=\iint_{\Sigma} x^2\mathrm{d}y\mathrm{d}z + y^2\mathrm{d}z\mathrm{d}x + z^2\mathrm{d}x\mathrm{d}y$，其中 $\Sigma$ 是长方体 $\Omega$ 的整个表面的外侧，$\Omega$ 为 $0\leqslant x\leqslant a, 0\leqslant y\leqslant b, 0\leqslant z\leqslant c$.

**解** $\Sigma$ 由六个面组成

$\Sigma_1$：$z=0$，$0\leqslant x\leqslant a$，$0\leqslant y\leqslant b$，（下侧），

$\Sigma_2$：$z=c$，$0\leqslant x\leqslant a$，$0\leqslant y\leqslant b$，（上侧），

$\Sigma_3$：$x=0$，$0\leqslant z\leqslant c$，$0\leqslant y\leqslant b$，（后侧），

$\Sigma_4$：$x=a$，$0\leqslant z\leqslant c$，$0\leqslant y\leqslant b$，（前侧），

$\Sigma_5$：$y=0$，$0\leqslant x\leqslant a$，$0\leqslant z\leqslant c$，（左侧），

$\Sigma_6$：$y=b$，$0\leqslant x\leqslant a$，$0\leqslant z\leqslant c$，（右侧）.

由于 $\Sigma_1$，$\Sigma_2$，$\Sigma_5$，$\Sigma_6$ 分别在 $yOz$ 平面投影区域面积为 0，于是

$$\iint_{\Sigma_1} x^2\mathrm{d}y\mathrm{d}z = \iint_{\Sigma_2} x^2\mathrm{d}y\mathrm{d}z = \iint_{\Sigma_5} x^2\mathrm{d}y\mathrm{d}z = \iint_{\Sigma_6} x^2\mathrm{d}y\mathrm{d}z = 0.$$

从而

$$\iint_{\Sigma} x^2\mathrm{d}y\mathrm{d}z = \iint_{\Sigma_3} x^2\mathrm{d}y\mathrm{d}z + \iint_{\Sigma_4} x^2\mathrm{d}y\mathrm{d}z = \iint_{D_{yz}} a^2\mathrm{d}y\mathrm{d}z - \iint_{D_{yz}} 0\mathrm{d}y\mathrm{d}z = a^2bc.$$

类似有 $\iint\limits_{\Sigma} y^2\mathrm{d}z\mathrm{d}x = b^2ac$，$\iint\limits_{\Sigma} z^2\mathrm{d}x\mathrm{d}y = abc^2$．于是 $I=abc(a+b+c)$.

**例 3**　计算 $I = \iint\limits_{\Sigma}[2f(x,y,z)-x]\mathrm{d}y\mathrm{d}z + [3f(x,y,z)-y]\mathrm{d}x\mathrm{d}z + [f(x,y,z)-z]\mathrm{d}x\mathrm{d}y$，其中 $f(x,y,z)$ 是 $\Sigma$ 上的连续函数，$\Sigma$ 是平面 $x-y+z=1$ 的第四卦限部分的上侧.

注意本题直接计算有一定的困难，用两类曲面积分的关系计算较简便.

**解**　$\Sigma$ 为 $x-y+z=1$（上侧），其法向量 $\boldsymbol{n}=\{1,-1,1\}$（取 $\boldsymbol{n}=\{-1,1,-1\}$ 行吗?）与其同向的单位向量是 $\{1/\sqrt{3},-1/\sqrt{3},1/\sqrt{3}\}$，于是

$$I = \iint_{\Sigma}\left\{[2f(x,y,z)-x]\frac{1}{\sqrt{3}} - [3f(x,y,z)-y]\frac{1}{\sqrt{3}} + [f(x,y,z)-z]\frac{1}{\sqrt{3}}\right\}\mathrm{d}S$$

$$= \iint_{\Sigma}(-x+y-z)\frac{1}{\sqrt{3}}\mathrm{d}S = \iint_{\Sigma} -\frac{1}{\sqrt{3}}\mathrm{d}S = -\frac{1}{2}.$$

## 第六节　高斯公式和 Stokes 公式

### 一、内容提要

1. 高斯公式

**定理 1**　设 $\Sigma$ 是分片光滑的封闭曲面且 $\Sigma$ 取外侧；$P$，$Q$，$R$ 在 $\Sigma$ 所围有界闭区域 $\Omega$ 上的一阶偏导连续，则

$$\iint_{\Sigma} P\mathrm{d}y\mathrm{d}z + Q\mathrm{d}x\mathrm{d}z + R\mathrm{d}x\mathrm{d}y = \iiint_{\Omega}\left(\frac{\partial P}{\partial x} + \frac{\partial Q}{\partial y} + \frac{\partial R}{\partial z}\right)\mathrm{d}x\mathrm{d}y\mathrm{d}z.$$

**说明**　（1）高斯公式将第二类曲面积分化成三重积分.

（2）若 $\Sigma$ 取内侧则三重积分前面要加负号.

（3）$\Sigma$ 取外侧，则

$$V_{\Omega} = \iint_{\Sigma} x\mathrm{d}y\mathrm{d}z = \iint_{\Sigma} y\mathrm{d}x\mathrm{d}z = \iint_{\Sigma} z\mathrm{d}x\mathrm{d}y = \frac{1}{3}\iint_{\Sigma} x\mathrm{d}y\mathrm{d}z + y\mathrm{d}x\mathrm{d}z + z\mathrm{d}x\mathrm{d}y.$$

2. Stokes 公式

**定理 2**　设 $L$ 是空间分段光滑有向闭曲线，$\Sigma$ 是以 $L$ 为边界的空间曲面，且 $L$

的方向与 $\Sigma$ 的法向量指向成右手系. $P$, $Q$, $R$ 在包含曲面 $\Sigma$ 在内的某个空间区域内一阶偏导连续，则

$$\int_L P\mathrm{d}x + Q\mathrm{d}y + R\mathrm{d}z = \iint_\Sigma \begin{vmatrix} \mathrm{d}y\mathrm{d}z & \mathrm{d}x\mathrm{d}z & \mathrm{d}x\mathrm{d}y \\ \dfrac{\partial}{\partial x} & \dfrac{\partial}{\partial y} & \dfrac{\partial}{\partial z} \\ P & Q & R \end{vmatrix}.$$

3. 通量与散度、环流量与旋度

设 $\boldsymbol{A} = P\boldsymbol{i} + Q\boldsymbol{j} + R\boldsymbol{k}$ 是一向量场，$\Sigma$ 是有向曲面，称 $\Phi = \iint_\Sigma P\mathrm{d}y\mathrm{d}z + Q\mathrm{d}z\mathrm{d}x + R\mathrm{d}x\mathrm{d}y$ 为 $\boldsymbol{A}$ 沿 $\Sigma$ 的通量；$L$ 是空间有向闭曲线，称 $\int_L P\mathrm{d}x + Q\mathrm{d}y + R\mathrm{d}z$ 为 $\boldsymbol{A}$ 沿 $L$ 的环流量. 若 $P$, $Q$, $R$ 具有一阶连续偏导，则向量 $\boldsymbol{A}$ 在 $M$ 点的散度为

$$\mathrm{div}\boldsymbol{A}\Big|_M = \left(\frac{\partial P}{\partial x} + \frac{\partial Q}{\partial y} + \frac{\partial R}{\partial z}\right)\Big|_M,$$

向量 $\boldsymbol{A}$ 的旋度可表示为

$$\mathbf{rot}\boldsymbol{A} = \begin{vmatrix} \boldsymbol{i} & \boldsymbol{j} & \boldsymbol{k} \\ \dfrac{\partial}{\partial x} & \dfrac{\partial}{\partial y} & \dfrac{\partial}{\partial z} \\ P & Q & R \end{vmatrix}.$$

## 二、重点、难点分析

高斯公式揭示了封闭曲面上对坐标的曲面积分与三重积分之间的关系，使用时要注意曲面是外侧还是内侧，要注意公式成立的条件，例如若第二类曲面积分三个函数若在曲面所围区域内偏导不连续，不能直接使用高斯公式. 对于非封闭曲面，可采用添加适当的曲面的方法以便使用高斯公式. 添加的曲面要注意与原曲面围成闭区域，或取外侧或取内侧.

Stokes 公式将封闭去向上的对坐标曲线积分化成对坐标的曲面积分，它是 Green 公式的推广. 要注意曲线方向与积分曲面侧成右手系.

## 三、典型例题

**例 1** 计算 $I = \iint_\Sigma (x - y)\mathrm{d}x\mathrm{d}y + x(y - z)\mathrm{d}y\mathrm{d}z$，其中 $\Sigma$ 为 $x^2 + y^2 = 1$ 及 $z = 0$，$z = 3$ 所围成区域 $\Omega$ 的边界曲面外侧.

**解** 注意 $P = x(y - z)$，$Q = 0$，$R = x - y$ 在 $\Sigma$ 所围有界闭区域 $\Omega$ 上一阶偏导连续，由高斯公式得

$$\iint_\Sigma (x - y)\mathrm{d}x\mathrm{d}y + x(y - z)\mathrm{d}y\mathrm{d}z = \iiint_\Omega (y - z)\mathrm{d}x\mathrm{d}y\mathrm{d}z$$

$$= \int_0^{2\pi} \mathrm{d}\theta \int_0^1 r\mathrm{d}r \int_0^3 (r\sin\theta - z)\,\mathrm{d}z$$

$$= -\frac{9}{2}\pi.$$

**例 2**　$I = \iint\limits_{\Sigma} x\cos\alpha + y\cos\beta + z\cos\gamma \mathrm{d}S$，其中 $\Sigma$ 为球面 $z = \sqrt{R^2 - x^2 - y^2}$ 取上侧，$\cos\alpha$，$\cos\beta$，$\cos\gamma$ 是 $\Sigma$ 在 $(x,y,z)$ 处法向量的方向余弦.

**解**　由两类曲面积分之间的关系

$$I = \iint\limits_{\Sigma} x\mathrm{d}y\mathrm{d}z + y\mathrm{d}x\mathrm{d}z + z\mathrm{d}x\mathrm{d}y.$$

$\Sigma$ 不是封闭曲面. 添加曲面 $\Sigma_1$ 为 $z=0$（下侧），使得 $\Sigma_1 + \Sigma$ 是封闭曲面取外侧，则

$$I = \iint\limits_{\Sigma+\Sigma_1} x\mathrm{d}y\mathrm{d}z + y\mathrm{d}x\mathrm{d}z + z\mathrm{d}x\mathrm{d}y - \iint\limits_{\Sigma_1} x\mathrm{d}y\mathrm{d}z + y\mathrm{d}x\mathrm{d}z + z\mathrm{d}x\mathrm{d}y.$$

而

$$\iint\limits_{\Sigma+\Sigma_1} x\mathrm{d}y\mathrm{d}z + y\mathrm{d}x\mathrm{d}z + z\mathrm{d}x\mathrm{d}y = \iiint\limits_{\Omega} (1+1+1)\,\mathrm{d}v = 2\pi R^3.$$

注意到 $\Sigma_1$ 为 $z=0$，于是

$$\iint\limits_{\Sigma_1} x\mathrm{d}y\mathrm{d}z + y\mathrm{d}x\mathrm{d}z + z\mathrm{d}x\mathrm{d}y = 0.$$

从而　$I = 2\pi R^3$.

**注意**　对于非封闭曲面，可采用添加适当的曲面的方法使用高斯公式.

**例 3**　计算 $I = \iint\limits_{\Sigma} \dfrac{x\mathrm{d}y\mathrm{d}z + y^2\mathrm{d}x\mathrm{d}z + (z+1)^2\mathrm{d}x\mathrm{d}y}{x^2+y^2+z^2}$，其中 $\Sigma$ 是下半球面 $z = -\sqrt{a^2 - x^2 - y^2}$ 取上侧.

**解**　先将原式化简为

$$I = \frac{1}{a^2}\iint\limits_{\Sigma} x\mathrm{d}y\mathrm{d}z + y^2\mathrm{d}x\mathrm{d}z + (z+1)^2\mathrm{d}x\mathrm{d}y.$$

$\Sigma_1$ 为 $z=0(x^2+y^2 \leqslant a^2)$ 取下侧，则由高斯公式得

$$\frac{1}{a^2}\iint\limits_{\Sigma+\Sigma_1} x\mathrm{d}y\mathrm{d}z + y^2\mathrm{d}x\mathrm{d}z + (z+1)^2\mathrm{d}x\mathrm{d}y$$

$$= -\frac{1}{a^2}\iiint\limits_{D} (3+2y+2z)\,\mathrm{d}v$$

$$= -\frac{1}{a^2}\int_0^{2\pi} \mathrm{d}\varphi \int_{\pi/2}^{\pi} \mathrm{d}\theta \int_0^a (3 + 2r\sin\theta\sin\varphi + 2r\cos\theta)\,r^2\sin\theta\mathrm{d}r$$

$$= -2a\pi + \frac{\pi}{2}a^2.$$

而

$$\frac{1}{a^2}\iint_{\Sigma_1} x\mathrm{d}y\mathrm{d}z + y^2\mathrm{d}x\mathrm{d}z + (z+1)^2\mathrm{d}x\mathrm{d}y = -\frac{1}{a^2}\iint_{\Sigma_1} 1\mathrm{d}x\mathrm{d}y = -\pi.$$

因此 $I = \pi\left(1 - 2a + \frac{1}{2}a^2\right)$.

**注意** 本题若不化简，积分中的三个函数在原点的偏导不连续，因此不能使用高斯公式，对于曲面积分可以用曲面方程化简被积函数，化简原积分的同时也可使用高斯公式.

**例 4** 关于积分 $\iint_{\Sigma} x^3\mathrm{d}y\mathrm{d}z + y^3\mathrm{d}x\mathrm{d}z + z^3\mathrm{d}x\mathrm{d}y$，其中 $\Sigma$ 为 $x^2+y^2+z^2=R^2$ 的外侧，下列解法是否正确?

$$\begin{aligned}\iint_{\Sigma} x^3\mathrm{d}y\mathrm{d}z + y^3\mathrm{d}x\mathrm{d}z + z^3\mathrm{d}x\mathrm{d}y &= 3\iiint_{\Omega}(x^2+y^2+z^2)\mathrm{d}x\mathrm{d}y\mathrm{d}z \\ &= 3R^2\iiint_{\Omega}\mathrm{d}x\mathrm{d}y\mathrm{d}z = 4\pi R^5,\end{aligned}$$

这里 $\Omega$ 为 $x^2+y^2+z^2 \leqslant R^2$.

**答** 此解法是错误的，错在三重积分的计算. $\Sigma$ 上点的坐标满足 $x^2+y^2+z^2=R^2$，但是使用高斯公式之后曲面积分已经变成三重积分，这时其积分区域 $\Omega$ 为 $x^2+y^2+z^2 \leqslant R^2$，是用不等式表示的，其平方和的最大值才是 $R^2$，这样代换会使得积分值变大，三重积分的计算不是使用代入法. 故

$$3\iiint_{\Omega}(x^2+y^2+z^2)\mathrm{d}x\mathrm{d}y\mathrm{d}z = 3\int_0^{2\pi}\mathrm{d}\varphi\int_0^{\pi}\mathrm{d}\theta\int_0^R r^4\sin\theta\mathrm{d}r = \frac{12}{5}\pi R^5.$$

**例 5** 计算 $I = \int_L (z-y)\mathrm{d}x + (x-z)\mathrm{d}y + (y-x)\mathrm{d}z$，其中 $L$ 为平面 $x+y+z=1$ 被三个坐标平面截得的三角形的边界，方向从 $z$ 轴正向看是逆时针方向.

**解** 设 $A$, $B$, $C$ 是 $x+y+z=1$ 分别与 $x$ 轴，$y$ 轴，$z$ 轴的交点，$\Sigma$ 是三角形 $ABC$ 且取上侧，则 $L$ 与 $\Sigma$ 构成右手系，则由 Stokes 公式有

$$I = \iint_{\Sigma}\begin{vmatrix}\mathrm{d}y\mathrm{d}z & \mathrm{d}x\mathrm{d}z & \mathrm{d}x\mathrm{d}y \\ \frac{\partial}{\partial x} & \frac{\partial}{\partial y} & \frac{\partial}{\partial z} \\ z-y & x-z & y-x\end{vmatrix} = 2\iint_{\Sigma}\mathrm{d}x\mathrm{d}y + \mathrm{d}y\mathrm{d}z + \mathrm{d}x\mathrm{d}z,$$

而

$$\iint_{\Sigma}\mathrm{d}x\mathrm{d}y = \iint_{\triangle AOB}\mathrm{d}x\mathrm{d}y = \frac{1}{2}a^2.$$

于是　$I=2\times\frac{3}{2}a^2=3a^2$.

**例 6**　设 $u(x,y,z)$ 有二阶连续偏导，求 $\mathrm{div}\,\mathbf{grad}u$.

**解**　$\mathbf{grad}u=\left\{\frac{\partial u}{\partial x},\frac{\partial u}{\partial y},\frac{\partial u}{\partial z}\right\}$，$\mathrm{div}\,\mathbf{grad}u=\frac{\partial^2 u}{\partial x^2}+\frac{\partial^2 u}{\partial y^2}+\frac{\partial^2 u}{\partial z^2}$.

**例 7**　设向量值函数 $\boldsymbol{A}=yz\boldsymbol{i}+xz\boldsymbol{j}+xy\boldsymbol{k}$，$\Sigma$ 为柱面 $x^2+y^2\leqslant a^2$，$0\leqslant z\leqslant h$ 的全表面及外侧. 求 $\boldsymbol{A}$ 沿 $\Sigma$ 的通量.

**解**　由通量的定义，及高斯公式得

$$\Phi=\iint_{\Sigma}yz\mathrm{d}y\mathrm{d}z+xz\mathrm{d}x\mathrm{d}z+xy\mathrm{d}x\mathrm{d}y=\iiint_{\Omega}0\mathrm{d}v=0.$$

**例 8**　求向量值函数 $\boldsymbol{A}=(x^2+yz)\boldsymbol{i}+(y^2+xz)\boldsymbol{j}+(z^2+xy)\boldsymbol{k}$ 的散度与旋度.

**解**　$\mathrm{div}\boldsymbol{A}=2x+2y+2z$

$$\mathbf{rot}\boldsymbol{A}=\begin{vmatrix}\boldsymbol{i} & \boldsymbol{j} & \boldsymbol{k}\\ \frac{\partial}{\partial x} & \frac{\partial}{\partial y} & \frac{\partial}{\partial z}\\ x^2+yz & y^2+xz & z^2+xy\end{vmatrix}$$

$$=(x-x)\boldsymbol{i}+(y-y)\boldsymbol{j}+(z-z)\boldsymbol{k}=\mathbf{0}.$$

**曲线积分与曲面积分的应用能力矩阵**

①对弧长曲线积分的定义，性质；对坐标曲线积分的定义，性质；全微分的原函数概念；对面积的曲面积分的定义，性质；对坐标的曲面积分的定义，性质；积分统一定义；通量和散度的概念；环量与旋度的概念等，通过对这些知识的讲解可以培养学生的抽象思维能力；

②计算对弧长曲线积分；计算对坐标曲线积分；求全微分的原函数；计算对面积的曲面积分；计算对坐标的曲面积分；计算通量和散度；环量与旋度等可以培养学生的运算能力；

③曲线弧的质量；变力沿曲线所做的功；曲面的面积；流量等，通过对这些知识的讲解可培养学生的几何直观能力；

④对弧长曲线积分公式的证明；对坐标曲线积分公式的证明；两类曲线积分之间关系的证明；格林公式的证明；平面上曲线积分与路径无关的条件的证明；全微分的原函数存在定理的证明；利用原函数来计算与路径无关的曲线积分的证明；对面积的曲面积分公式的证明；对坐标的曲面积分公式的证明；两类曲面积分之间关系的证明；高斯公式的证明；散度计算公式及运算法则的证明；斯托克斯公式的证明等可以锻炼学生的逻辑推理能力；

⑤利用两类曲线积分之间的关系或格林公式或全微分的原函数计算对坐标的曲线积分；利用两类曲面积分之间的关系或高斯公式计算对坐标的曲面积分；斯托克斯公式的应用等，可锻炼学生的分析综合能力.

## 自测题（一）

**一、计算曲线积分**(每题 8 分,共 40 分)

**1.** 计算 $\int_L (ye^x\sin y - xe^x\cos y)\,ds$，其中 $L$ 为圆周 $x^2+y^2=1$ 第一象限部分.

**2.** 计算 $\int_L \frac{z^2}{x^2+y^2}ds$，其中 $L$ 为 $\begin{cases}x=a\cos t\\ y=a\sin t\ (0\leqslant t\leqslant 2\pi).\\ z=bt\end{cases}$

**3.** 设 $f$ 可微，$L$ 是光滑有向闭曲线取正向，求 $\oint_L f(x^2+y^2)(x\mathrm{d}x+y\mathrm{d}y)$.

**4.** 计算 $\int_L y^2\mathrm{d}x + x^2\mathrm{d}y$，其中 $L$ 从 $A(-a,0)$ 沿着上半椭圆 $\frac{x^2}{a^2}+\frac{y^2}{b^2}=1$ 到 $B(a,0)$.

**5.** 计算 $\oint_L 3x^2y\mathrm{d}x + (x^3-3x)\mathrm{d}y$，设 $L$ 是圆周 $x^2+y^2=9$ 的正向.

**二、计算曲面积分**(每题 8 分,共 32 分)

**1.** 计算 $\iint_\Sigma (x+y+z)\mathrm{d}S$，其中 $\Sigma$ 为球面 $x^2+y^2+z^2=R^2$ 上 $(z\geqslant 0)$ 的部分.

**2.** 计算 $\iint_\Sigma (x^2+y^2+z)\mathrm{d}S$，其中 $\Sigma$ 是圆锥面 $z=\sqrt{x^2+y^2}\,(0\leqslant z\leqslant 1)$ 部分.

**3.** 计算 $\iint_\Sigma xz^2\mathrm{d}x\mathrm{d}y$，其中 $\Sigma$ 为球面 $x^2+y^2+z^2=1$ 第一卦限部分外侧.

**4.** 设 $\Sigma$ 为球面 $x^2+y^2+z^2=R^2$ 的外侧，求

$$\iint_\Sigma \frac{1}{(x^2+y^2+z^2)^{\frac{3}{2}}}(x\mathrm{d}y\mathrm{d}z + y\mathrm{d}z\mathrm{d}x + z\mathrm{d}x\mathrm{d}y).$$

**三、计算积分**(第 1 小题 8 分,第 2、3 题 10 分,共 28 分)

**1.** 计算 $\oint_L (x^2+y^2)\mathrm{d}x + (x+2)\mathrm{d}y$，其中 $L$ 是 $O(0,0)$，$A(1,0)$，$B(0,1)$ 为顶点的三角形的正向边界.

**2.** 计算 $\int_{\widehat{AB}} (x^4+4xy^3)\mathrm{d}x + (6x^2y^2-5y^4)\mathrm{d}y$，其中 $A(-2,-1)$，$B(3,0)$，$\widehat{AB}$ 为 $e^{3-x}+(e^5-1)\sin\frac{\pi y}{2}=1$.（提示:利用积分与路径无关条件）

**3.** 计算 $\iint_\Sigma x(8y+1)\mathrm{d}y\mathrm{d}z + 2(1-y^2)\mathrm{d}z\mathrm{d}x - 4yz\mathrm{d}x\mathrm{d}y$，其中 $\Sigma$ 是由曲线

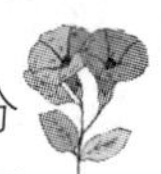

$\begin{cases} z=\sqrt{y-1} \\ x=0 \end{cases}$ $(1\leqslant y\leqslant 3)$绕 $y$ 轴旋转一周所得的曲面，它的法向量与 $y$ 轴正向夹角恒大于$\frac{\pi}{2}$.

## 自测题（二）

**一、计算曲线积分**(每题 10 分,共 40 分)

**1.** 计算 $\int_L (xy+yz+xz)\mathrm{d}s$，其中 $L$ 为$\begin{cases} x^2+y^2+z^2=a^2 \\ x+y+z=0 \end{cases}$.

**2.** 计算 $\int_L y^2\mathrm{d}x - x^2\mathrm{d}y$，其中 $L$ 是 $y=x^2$ 上从 $x=-1$ 到 $x=1$ 的一段弧.

**3.** 计算 $\int_L (y^2-z^2)\mathrm{d}x + 2yz\mathrm{d}y - x^2\mathrm{d}z$，$L$ 是$\begin{cases} x=t \\ y=t^2 \\ z=t^3 \end{cases}$ $(0\leqslant t\leqslant 1)$依 $t$ 增加的方向.

**4.** 计算 $\int_L x\mathrm{d}x + (y+x^2)\mathrm{d}y$，$L$ 为上半圆周 $x^2+y^2=a^2(a>0)$取顺时针方向.

**二、计算曲面积分**(每题 10 分,共 40 分)

**1.** 计算 $\iint\limits_{\Sigma} \frac{1}{(1+x+y)^2}\mathrm{d}S$，其中 $\Sigma$ 是平面 $x+y+z=1$ 第一卦限部分.

**2.** 计算 $\iint\limits_{\Sigma} (x^2+y^2+z^2)\mathrm{d}S$，其中 $\Sigma$ 是球面 $x^2+y^2+z^2=2az$.

**3.** 计算 $\iint\limits_{\Sigma} x\mathrm{d}y\mathrm{d}z$，其中 $\Sigma$ 为 $x^2+y^2=z^2\quad(0\leqslant z\leqslant 1)$取下侧.

**4.** 求 $\iint\limits_{\Sigma} (x^2+y^2)\mathrm{d}x\mathrm{d}y$，其中 $\Sigma$ 为 $z=0(x^2+y^2\leqslant R^2)$的上侧.

**三、计算积分**(每小题 10 分,共 30 分)

**1.** 计算 $\int_L 2x\mathrm{e}^y\mathrm{d}x + (x^2+x)\mathrm{e}^y\mathrm{d}y$，其中 $L$ 是 $A(-1,0)$到 $O(0,0)$到 $B(1,1)$的折线段.

**2.** 计算 $\iint\limits_{\Sigma} x^2\mathrm{d}y\mathrm{d}z + y^2\mathrm{d}x\mathrm{d}z + z^2\mathrm{d}x\mathrm{d}y$，其中 $\Sigma$ 为 $x=0,x=1,y=0,y=1,z=0,z=1$所围正方体的边界曲面外侧.

**3.** 设曲面 $\Sigma$: $z=x^2+y^2(z\leqslant 1)$的上侧,计算曲面积分:

$$\iint_{\Sigma}(x-1)^3\mathrm{d}y\mathrm{d}z+(y-1)^3\mathrm{d}z\mathrm{d}x+(z-1)\mathrm{d}x\mathrm{d}y.$$ (2014 数学一)

# 自测题答案

**自测题（一）**

一、**1.** $-\sin 1$； **2.** $\frac{8b^2\sqrt{a^2+b^2}}{3a^2}\pi^3$； **3.** 0； **4.** $\frac{4}{3}ab^2$； **5.** $-27\pi$.

二、**1.** $\pi a^3$； **2.** $\frac{7}{6}\sqrt{2}\pi$； **3.** $\frac{2}{15}$； **4.** $4\pi$.

三、**1.** 1/6； **2.** 62； **3.** $34\pi$.

**自测题(二)**

一、**1.** $-\pi a^3$； **2.** $\frac{2}{5}$； **3.** $\frac{1}{35}$； **4.** 0.

二、**1.** $\frac{\sqrt{3}}{2}(2\ln 2-1)$； **2.** $8\pi a^4$； **3.** $\frac{8}{3}\pi$； **4.** $\frac{\pi R^4}{2}$.

三、**1.** e； **2.** 3； **3.** 提示：利用高斯公式需要添加辅助面. $-4\pi$.

# 第十一章　无 穷 级 数

## 第一节　常数项级数及其性质

### 一、内容提要

1. 无穷级数收敛、发散及其和的概念

如果给定一个数列$\{a_n\}$，称$a_1+a_2+\cdots+a_n+\cdots$为(常数项)无穷级数，简称级数，记作$\sum\limits_{n=1}^{\infty}a_n$. 作常数项级数的前$n$项和$s_n=a_1+a_2+\cdots+a_n$，如果$\lim\limits_{n\to\infty}s_n=s$，则称级数$\sum\limits_{n=1}^{\infty}a_n$收敛，并称$s$为级数$\sum\limits_{n=1}^{\infty}a_n$的和；如果$\lim\limits_{n\to\infty}s_n$不存在，则称级数$\sum\limits_{n=1}^{\infty}a_n$发散.

2. 收敛级数的基本性质

**性质1**　若级数$\sum\limits_{n=1}^{\infty}a_n$与级数$\sum\limits_{n=1}^{\infty}b_n$皆收敛，$\alpha$，$\beta$为常数，则级数$\sum\limits_{n=1}^{\infty}(\alpha a_n+\beta b_n)$也收敛，且$\sum\limits_{n=1}^{\infty}(\alpha a_n+\beta b_n)=\alpha\sum\limits_{n=1}^{\infty}a_n+\beta\sum\limits_{n=1}^{\infty}b_n$.

**性质2**　在级数的前面部分添上、去掉或改变有限项，不影响级数的收敛性或发散性.

**性质3**　收敛级数加括号所成的级数仍然收敛于原来的和.

**性质4**（级数收敛的必要条件）　若级数$\sum\limits_{n=1}^{\infty}a_n$收敛，则$\lim\limits_{n\to\infty}a_n=0$.

3. 等比级数敛散性判断

当$|q|<1$时几何级数(又称等比级数)$\sum\limits_{n=0}^{\infty}aq^n$收敛，其和为$\dfrac{a}{1-q}$；当$|q|\geqslant 1$时几何级数$\sum\limits_{n=0}^{\infty}aq^n$发散.

### 二、重点、难点分析

1. 级数的敛散性

级数的敛散性是由部分和数列的敛散性来定义的，因此将数列极限的理论移

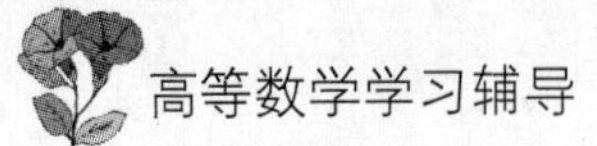


植过来，就建立了级数的一般理论．因而在研究无穷级数时，不可避免地要用到极限理论的许多结果．如，收敛数列必有界、单调有界数列必有极限等等．

需要注意的是，无穷级数是有限和的极限，即无限和．由于有极限运算，所以它兼有有限和与极限运算的许多性质，同时它也失去了有限和的一些运算性质，因此有限项相加的运算法则不能随意套用到无穷级数中．

2. 敛散性的判定

收敛级数的基本性质被广泛的应用到判别级数敛散性中．从基本性质 1 可以得到：

**推论 1** 若级数 $\sum_{n=1}^{\infty} a_n$ 收敛，$\sum_{n=1}^{\infty} b_n$ 发散，则 $\sum_{n=1}^{\infty}(a_n+b_n)$ 必定发散．

值得指出的是，两个发散级数逐项相加并不一定发散．如级数 $1+2+3+\cdots$ 和级数 $-1-2-3-\cdots$ 都是发送散的，但它们逐项相加后的级数 $(1-1)+(2-2)+(3-3)+\cdots$ 却是收敛的．由性质 2 可得，一个级数的敛散性和前面的有限项无关．由基本性质 4 可得：

**推论 2** （级数发散的充分条件） 若 $\lim\limits_{n\to\infty} a_n \neq 0$，则级数 $\sum_{n=1}^{\infty} a_n$ 发散．

因此可以利用上面的推论判断级数的发散性．另外，只有收敛的级数求和时可以任意的添加括号、提取公因子或从等号的一端移到另一端；对于发散级数来说，这些运算都是没有意义的．

**三、典型例题**

**例 1** 判别级数 $\frac{1}{2}-\frac{2}{3}+\frac{3}{4}-\cdots+(-1)^{n+1}\frac{n}{n+1}+\cdots$ 的敛散性．

**解** 级数的一般项为 $a_n=(-1)^{n+1}\frac{n}{n+1}$，由于 $\lim\limits_{h\to+\infty} a_n \neq 0$，故由推论 2 可得级数 $\sum_{n=1}^{\infty}(-1)^{n+1}\frac{n}{n+1}$ 发散．

**例 2** 判别下列级数的敛散性

(1) $1-1+1-1+\cdots+(-1)^{n+1}+\cdots$;

(2) $\frac{1}{2}+\frac{1}{\sqrt{2}}+\frac{1}{\sqrt[3]{2}}+\cdots+\frac{1}{\sqrt[n]{2}}$;

(3) $\sum_{n=1}^{\infty}\frac{3^n+4^n}{5^n}$;

(4) $\left(\frac{1}{2}-\frac{1}{3}\right)+\left(\frac{1}{4}-\frac{1}{5}\right)+\left(\frac{1}{8}-\frac{1}{7}\right)+\cdots+\left(\frac{1}{2^n}-\frac{1}{2n+1}\right)+\cdots$.

**解** (1) 级数的一般项为 $a_n=(-1)^{n+1}$，由于 $\lim\limits_{h\to+\infty} a_n \neq 0$，故由推论 2 该级

数发散.

(2) 级数的一般项为 $a_n=\frac{1}{\sqrt[n]{2}}$. 由于 $\lim\limits_{n\to\infty}a_n=\lim\limits_{n\to\infty}\frac{1}{\sqrt[n]{2}}=1\neq 0$，故该级数发散.

(3) 由于级数 $\sum\limits_{n=1}^{\infty}\left(\frac{3}{5}\right)^n$ 和 $\sum\limits_{n=1}^{\infty}\left(\frac{4}{5}\right)^n$ 均为等比级数，且公比分别为 $\frac{3}{5}$ 和 $\frac{4}{5}$. 由于公比的绝对值小于1，由等比数列的敛散性可得级数 $\sum\limits_{n=1}^{\infty}\left(\frac{3}{5}\right)^n$ 与 $\sum\limits_{n=1}^{\infty}\left(\frac{4}{5}\right)^n$ 皆收敛. 由性质 1 得级数 $\sum\limits_{n=1}^{\infty}\left(\frac{3}{5}\right)^n+\sum\limits_{n=1}^{\infty}\left(\frac{3}{5}\right)^n=\sum\limits_{n=1}^{\infty}\frac{3^n+4^n}{5^n}$ 也收敛，从而级数 $\sum\limits_{n=1}^{\infty}\frac{3^n+4^n}{5^n}$ 收敛.

(4) 由于级数 $\sum\limits_{n=1}^{\infty}\frac{1}{2^n}$ 是等比级数且公比的绝对值小于1，故级数 $\sum\limits_{n=1}^{\infty}\frac{1}{2^n}$ 收敛. 由于级数 $\sum\limits_{n=1}^{\infty}\frac{1}{2n+1}$ 是发散的，故由推论 1 可得级数 $\sum\limits_{n=1}^{\infty}\left(\frac{1}{2^n}-\frac{1}{2n+1}\right)$ 发散.

**例 3**　判别下列级数的敛散性，如果收敛，求出它的和.

(1) $\sum\limits_{n=1}^{\infty}\frac{n}{(n+1)!}$;

(2) $\sum\limits_{n=1}^{\infty}\left[\left(\frac{a}{a+b}\right)^n+\left(\frac{b}{a+b}\right)^n\right]$, $a,\ b\in\mathbf{R}^+$;

(3) $\sum\limits_{n=1}^{\infty}(\sqrt{n+2}-2\sqrt{n+1}+\sqrt{n})$;

(4) $\sum\limits_{n=2}^{\infty}\frac{1}{\sqrt[n]{\ln n}}$.

**解**　(1) 因为

$$\sum_{n=1}^{\infty}\frac{n}{(n+1)!}=\sum_{n=1}^{\infty}\frac{n+1-1}{(n+1)!}=\sum_{n=1}^{\infty}\left[\frac{1}{n!}-\frac{1}{(n+1)!}\right],$$

所以级数的前 $n$ 项部分和为

$$S_n=\left(1-\frac{1}{2!}\right)+\left(\frac{1}{2!}-\frac{1}{3!}\right)+\left(\frac{1}{3!}-\frac{1}{4!}\right)+\cdots+\left(\frac{1}{n!}-\frac{1}{(n+1)!}\right)=1-\frac{1}{(n+1)!},$$

显然有 $\lim\limits_{n\to+\infty}S_n=\lim\limits_{n\to+\infty}\left[1-\frac{1}{(n+1)!}\right]=1$，故由级数收敛的定义可得级数 $\sum\limits_{n=1}^{\infty}\frac{n}{(n+1)!}$ 收敛，且 $\sum\limits_{n=1}^{\infty}\frac{n}{(n+1)!}=1$.

(2) 因为$a$，$b\in\mathbf{R}^+$，$0<\dfrac{a}{a+b}<1$，$0<\dfrac{b}{a+b}<1$，所以由等比级数的收敛性可得级数$\sum\limits_{n=1}^{\infty}\left(\dfrac{a}{a+b}\right)^n$和$\sum\limits_{n=1}^{\infty}\left(\dfrac{b}{a+b}\right)^n$均收敛，且$\sum\limits_{n=1}^{\infty}\left(\dfrac{a}{a+b}\right)^n=\dfrac{a}{b}$，$\sum\limits_{n=1}^{\infty}\left(\dfrac{b}{a+b}\right)^n=\dfrac{b}{a}$. 根据收敛级数的性质1可得级数$\sum\limits_{n=1}^{\infty}\left[\left(\dfrac{a}{a+b}\right)^n+\left(\dfrac{b}{a+b}\right)^n\right]$收敛，且其和为$\dfrac{a}{b}+\dfrac{b}{a}$.

(3) 因为

$$a_n=\sqrt{n+2}-2\sqrt{n+1}+\sqrt{n}=(\sqrt{n+2}-\sqrt{n+1})-(\sqrt{n+1}-\sqrt{n}),$$

所以该级数的前$n$项部分和为

$$\begin{aligned}S_n&=(\sqrt{3}-\sqrt{2})-(\sqrt{2}-1)+(\sqrt{4}-\sqrt{3})-(\sqrt{3}-\sqrt{2})+\cdots+\\&\quad(\sqrt{n+2}-\sqrt{n+1})-(\sqrt{n+1}-\sqrt{n})\\&=1-\sqrt{2}+\sqrt{n+2}-\sqrt{n+1}=1-\sqrt{2}+\frac{1}{\sqrt{n+2}+\sqrt{n+1}}.\end{aligned}$$

显然有$\lim\limits_{n\to\infty}S_n=1-\sqrt{2}$. 故级数$\sum\limits_{n=1}^{\infty}(\sqrt{n+2}-2\sqrt{n+1}+\sqrt{n})$收敛，且其和为$1-\sqrt{2}$.

(4) 现记$a_n=\dfrac{1}{\sqrt[n]{\ln n}}=\mathrm{e}^{-\frac{\ln(\ln n)}{n}}$. 因为$\lim\limits_{x\to+\infty}\dfrac{\ln(\ln x)}{x}=\lim\limits_{x\to+\infty}\dfrac{1}{x\ln x}=0$，所以$\lim\limits_{n\to+\infty}\dfrac{\ln(\ln n)}{n}=0$. 因而$\lim\limits_{n\to\infty}a_n=\lim\limits_{n\to\infty}\mathrm{e}^{-\frac{\ln(\ln n)}{n}}=\mathrm{e}^0=1$. 故由推论1级数$\sum\limits_{n=2}^{\infty}\dfrac{1}{\sqrt[n]{\ln n}}$发散.

**例4** 设数列$\{na_n\}$收敛，级数$\sum\limits_{n=2}^{\infty}n(a_n-a_{n-1})$收敛，证明：级数$\sum\limits_{n=1}^{\infty}a_n$也收敛.

**证明** 现记级数$\sum\limits_{n=2}^{\infty}n(a_n-a_{n-1})$的前$n$项部分和为$\sigma_n$，级数$\sum\limits_{n=1}^{\infty}a_n$的前$n$项部分和为$\tau_n$，则

$$\begin{aligned}\sigma_n&=\sum_{k=2}^{n+1}k(a_k-a_{k-1})=2a_2-2a_1+3a_3-3a_2+\cdots+na_n-na_{n-1}+\\&\quad(n+1)a_{n+1}-(n+1)a_n\\&=-2a_1-a_2-a_3-\cdots-a_n+(n+1)a_{n+1}\\&=-a_1-\tau_n+(n+1)a_{n+1},\end{aligned}$$

由数列$\{na_n\}$收敛知$\lim\limits_{n\to\infty}(n+1)a_{n+1}$存在，不妨设为$A$. 由级数$\sum\limits_{n=2}^{\infty}n(a_n-a_{n-1})$收

敛知$\lim\limits_{n\to\infty}\sigma_n$存在，不妨设为$\sigma$，故$\lim\limits_{n\to\infty}\tau_n=-a_1-\sigma+A$，从而级数$\sum\limits_{n=1}^{\infty}a_n$也收敛.

## 第二节　常数项级数敛散性判别法

### 一、内容提要

1. 正项级数的概念及其敛散性的判别方法

若$a_n\geqslant 0(n=1,2,\cdots)$，则称级数$\sum\limits_{n=1}^{\infty}a_n$为正项级数. 判别正项级数敛散性的基本定理为：

**基本定理**　正项级数收敛的充要条件是它的部分和数列有界.

由此可以得到以下的判别方法：

**比较判别法**　若$0\leqslant a_n\leqslant b_n(n=1,2,\cdots)$，则

1）当级数$\sum\limits_{n=1}^{\infty}b_n$收敛时，级数$\sum\limits_{n=1}^{\infty}a_n$也收敛；

2）当级数$\sum\limits_{n=1}^{\infty}a_n$发散时，级数$\sum\limits_{n=1}^{\infty}b_n$也发散.

**比较判别法的极限形式**　设$\sum\limits_{n=1}^{\infty}a_n$、$\sum\limits_{n=1}^{\infty}b_n$是两个正项级数，若$\lim\limits_{n\to\infty}\dfrac{a_n}{b_n}=l$，且$0<l<+\infty$，则这两个级数的收敛性相同. 若$\lim\limits_{n\to\infty}\dfrac{a_n}{b_n}=0$，当级数$\sum\limits_{n=1}^{\infty}b_n$收敛时，级数$\sum\limits_{n=1}^{\infty}a_n$也收敛；当级数$\sum\limits_{n=1}^{\infty}a_n$发散时，级数$\sum\limits_{n=1}^{\infty}b_n$也发散.

**比值判别法**　设$\sum\limits_{n=1}^{\infty}a_n$是正项级数，若$\lim\limits_{n\to\infty}\dfrac{a_{n+1}}{a_n}=\rho$，则

1）当$\rho<1$时，级数收敛；

2）当$\rho>1\left(\text{或}\lim\limits_{n\to\infty}\dfrac{a_{n+1}}{a_n}=+\infty\right)$时，级数发散；

3）当$\rho=1$时级数可能收敛，也可能发散.

**根值判别法**　设$\sum\limits_{n=1}^{\infty}a_n$是正项级数. 若$\lim\limits_{n\to\infty}\sqrt[n]{a_n}=\rho$，则

1）当$\rho<1$，级数收敛；

2）当$\rho>1$（或$\lim\limits_{n\to\infty}\sqrt[n]{a_n}=+\infty$）时，级数发散；

3）当$\rho=1$时，级数可能收敛，也可能发散.

2. 交错级数的概念及其敛散性的判别方法

设 $a_n>0$, $n=1, 2, \cdots$, 形如 $\sum\limits_{n=1}^{\infty}(-1)^n a_n$ 或 $\sum\limits_{n=1}^{\infty}(-1)^{n-1}a_n$ 的级数称为交错级数. 它的收敛性有下列的判别方法.

**莱布尼兹判别法** 如果交错级数 $\sum\limits_{n=1}^{\infty}(-1)^{n-1}a_n$ 满足条件: 1) $a_n \geqslant a_{n+1}$ ($n=1, 2, \cdots$); 2) $\lim\limits_{n\to\infty}a_n=0$, 则级数 $\sum\limits_{n=1}^{\infty}(-1)^{n-1}a_n$ 收敛, 且其和 $s\leqslant a_1$.

3. 绝对收敛和条件收敛

若级数 $\sum\limits_{n=1}^{\infty}|a_n|$ 收敛, 则称原级数 $\sum\limits_{n=1}^{\infty}a_n$ 绝对收敛. 若级数 $\sum\limits_{n=1}^{\infty}a_n$ 收敛, 而级数 $\sum\limits_{n=1}^{\infty}|a_n|$ 发散, 则称原级数 $\sum\limits_{n=1}^{\infty}a_n$ 条件收敛.

**二、重点、难点分析**

1. 几类非常重要的正项级数

(1) 几何级数 $\sum\limits_{n=1}^{\infty}ar^n$, 当 $|r|<1$ 时该级数收敛于 $\dfrac{a}{1-r}$; 当 $|r|\geqslant 1$ 时该级数发散.

(2) 调和级数 $\sum\limits_{n=1}^{\infty}\dfrac{1}{n}$ 是发散的.

(3) $p$ - 级数 $\sum\limits_{n=1}^{\infty}\dfrac{1}{n^p}$, 当 $p>1$ 时收敛, 当 $p\leqslant 1$ 时发散.

2. 正项级数的基本问题是判定正项级数的收敛性

判别正项级数的收敛性实质上是比较通项趋于零的速度. 一般的判别正项级数的敛散性可按以下步骤进行考虑:

(1) 检查一般项, 若 $\lim\limits_{n\to\infty}a_n\neq 0$, 可判定该级数发散. 否则

(2) 利用比值判别法(根值判别法)判定. 如果正项级数的通项中含有 $n!$, 通常用比值判别法; 如果正项级数的通项中含有 $n$ 次幂, 常用根值判别法. 若 $\lim\limits_{n\to\infty}\dfrac{a_{n+1}}{a_n}=1$ 或极限不存在, 则

(3) 利用比较判别法或比较判别法的极限形式. 利用比较判别法是要适当的选择一个已知其收敛性的级数作为比较基准, 这是难点之所在, 常选几何级数、调和级数和 $p$ - 级数. 若无法找到适当的比较级数, 则

(4) 检查正项级数的部分和 $S_n$ 是否有界或判别 $S_n$ 是否有极限, 使用此法的困难在于, 计算出 $S_n$ 的简单表达式并估出它是否有上界.

3. 必须是正项级数

值得强调的是比较判别法、根值判别法和比值判别法是判别正项级数敛散性的充分条件，不是正项级数不能应用上述方法．如，在比较判别法中，若不限定在正项级数中该命题不一定成立，即若 $a_n \leqslant b_n (n=1,2,\cdots)$ 且级数 $\sum\limits_{n=1}^{\infty} b_n$ 收敛，但级数 $\sum\limits_{n=1}^{\infty} a_n$ 不一定收敛(自己举例)．

4．交错级数

判别交错级数 $\sum\limits_{n=1}^{\infty} (-1)^{n-1} a_n$ 是否收敛一般可用下面的方法：

(1) 检查一般项，若 $\lim\limits_{n\to\infty} a_n \neq 0$，可判定该级数发散．否则

(2) 用莱布尼兹判别法．判别 $\{a_n\}$ 单调减少是使用莱布尼兹判别法的关键步骤，常用方法有两种：一是考察 $a_{n+1}-a_n$ 的符号，二是利用微分学，若可令 $a_n=f(n)$，且 $f'(x)<0$(当 $x$ 充分大时)，则当 $n$ 足够大后 $\{a_n\}$ 单调减少．若 $\{a_n\}$ 不满足单调减少，则取通项的绝对值所成的级数，若收敛，则原级数绝对收敛．否则用拆项和并项的办法(具体见例 9)．

5．一般级数

**定理**　$\sum\limits_{n=1}^{\infty} a_n$ 为任意项级数，如果正项级数 $\sum\limits_{n=1}^{\infty} |a_n|$ 收敛，则级数 $\sum\limits_{n=1}^{\infty} a_n$ 也收敛．

因此对任意项级数敛散性的判别方法一般从绝对收敛开始考虑，不绝对收敛的级数，则需要利用级数敛散性的定义、级数性质和交错级数的判别法等判定其敛散性．

**三、典型例题**

**例 1**　判别下列正项级数的敛散性

(1) $\sum\limits_{n=1}^{\infty} \dfrac{1}{2^n+3}$；　　(2) $\sum\limits_{n=1}^{\infty} \dfrac{1}{\sqrt{n(n+1)}}$；　　(3) $\sum\limits_{n=4}^{\infty} \dfrac{1}{n^2-2n-3}$．

**解**　(1) 因为 $\dfrac{1}{2^n+3}<\dfrac{1}{2^n}(n\geqslant 1)$，且等比级数 $\sum\limits_{n=1}^{\infty} \dfrac{1}{2^n}$ 收敛，故由比较判别法知级数 $\sum\limits_{n=1}^{\infty} \dfrac{1}{2^n+3}$ 收敛．

(2) 因为 $\dfrac{1}{\sqrt{n(n+1)}}>\dfrac{1}{n+1}(n\geqslant 1)$，且调和级数 $\sum\limits_{n=1}^{\infty} \dfrac{1}{n+1}$ 是发散的，故由比较判别法知级数 $\sum\limits_{n=1}^{\infty} \dfrac{1}{\sqrt{n(n-1)}}$ 发散．

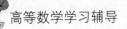

(3) 因为$\frac{1}{n^2-2n-3}=\frac{1}{(n+1)(n-3)}\leqslant\frac{1}{(n-3)^2}(n\geqslant 4)$，且

$$\sum_{n=4}^{\infty}\frac{1}{(n-3)^2}=\frac{1}{1^2}+\frac{1}{2^2}+\frac{1}{3^2}+\cdots=\sum_{n=1}^{\infty}\frac{1}{n^2},$$

故级数$\sum_{n=4}^{\infty}\frac{1}{(n-3)^2}$收敛，由比较判别法知级数$\sum_{n=4}^{\infty}\frac{1}{n^2-2n-3}$收敛.

**例 2** 判别下列级数的敛散性

(1) $\sum_{n=1}^{\infty}\sin\frac{1}{n}$；　(2) $\sum_{n=1}^{\infty}\ln\left(1+\frac{1}{n^2}\right)$；　(3) $\sum_{n=1}^{\infty}\frac{a}{n\sqrt{n+1}}$(常数 $a>0$).

**解** (1) 因为$\lim\limits_{n\to\infty}\frac{\sin\frac{1}{n}}{\frac{1}{n}}=1$，而级数$\sum_{n=1}^{\infty}\frac{1}{n}$发散，所以由正项级数比较判别法的极限形式可得级数$\sum_{n=1}^{\infty}\sin\frac{1}{n}$发散.

(2) 因为$\lim\limits_{n\to\infty}\frac{\ln\left(1+\frac{1}{n^2}\right)}{\frac{1}{n^2}}=1$，而级数$\sum_{n=1}^{\infty}\frac{1}{n^2}$收敛，所以由正项级数比较判别法的极限形式可得级数$\sum_{n=1}^{\infty}\ln\left(1+\frac{1}{n^2}\right)$收敛.

(3) 因为$\lim\limits_{n\to\infty}\frac{\frac{a}{n\sqrt{n+1}}}{\frac{1}{n^{\frac{3}{2}}}}=a(>0)$，且 $p$ - 级数$\sum_{n=1}^{\infty}\frac{1}{n^{\frac{3}{2}}}$收敛，所以由正项级数比较判别法的极限形式可得级数$\sum_{n=1}^{\infty}\frac{a}{n\sqrt{n+1}}$收敛.

**例 3** 判别下列级数的敛散性

(1) $\sum_{n=1}^{\infty}\frac{n^2}{3^n}$；　(2) $\sum_{n=1}^{\infty}\frac{1}{[\ln(n+1)]^n}$；

(3) $\sum_{n=1}^{\infty}\frac{3^n}{n\cdot 2^n}$；　(4) $\sum_{n=1}^{\infty}\left(\frac{b}{a_n}\right)^n$($a_n$, $b$ 均为正数，且当 $n\to\infty$ 时 $a_n\to a$).

**【分析】** 利用正项级数比值判别法和根值判别法判别正项级数的敛散性.

**解** (1) 因为$\lim\limits_{n\to\infty}\frac{(n+1)^2}{3^{n+1}}\Big/\frac{n^2}{3^n}=\lim\limits_{n\to\infty}\frac{1}{3}\left(\frac{n+1}{n}\right)^2=\frac{1}{3}<1$，由比值判别法知，级

数 $\sum_{n=1}^{\infty}\frac{n^2}{3^n}$ 收敛.

（2）因为 $\lim_{n\to\infty}\sqrt[n]{\frac{1}{[\ln(n+1)]^n}}=\lim_{n\to\infty}\frac{1}{\ln(n+1)}=0<1$，由根值判别法知，级数 $\sum_{n=1}^{\infty}\frac{1}{[\ln(n+1)]^n}$ 收敛.

（3）因为 $\lim_{n\to\infty}\frac{3^{n+1}}{(n+1)2^{n+1}}\Big/\frac{3^n}{n\cdot 2^n}=\lim_{n\to\infty}\frac{3}{2}\cdot\frac{n+1}{n}=\frac{3}{2}>1$，由比值判别法知，级数 $\sum_{n=1}^{\infty}\frac{3^n}{n\cdot 2^n}$ 发散.

（4）因为 $\lim_{n\to\infty}\sqrt[n]{\left(\frac{b}{a_n}\right)^n}=\lim_{n\to\infty}\frac{b}{a_n}=\frac{b}{a}$，由根值判别法知，当 $b>a$ 时级数发散；当 $b<a$ 时，级数收敛；当 $b=a$ 时，不能判断.

**例 4**　判别下列级数的敛散性

（1）$\sum_{n=1}^{\infty}\frac{1}{1+a^n}(a>0)$；　　（2）$\sum_{n=1}^{\infty}\frac{2^n\cdot n!}{n^n}$；

（3）$\sum_{n=1}^{\infty}\frac{2+(-1)^n}{2^n}$.

**解**　（1）当 $0<a\leqslant 1$ 时，则有 $a_n=\frac{1}{1+a^n}>\frac{1}{2}$. 由于 $\lim_{n\to\infty}a_b\neq 0$，故由级数发散的充要条件可得级数 $\sum_{n=1}^{\infty}\frac{1}{1+a^n}(a>0)$ 发散. 当 $a>1$ 时，则有

$$\lim_{n\to\infty}\frac{a_{n+1}}{a_n}=\lim_{n\to\infty}\frac{1}{1+a^{n+1}}\Big/\frac{1}{1+a^n}=\lim_{n\to\infty}\frac{1+a^n}{1+a^{n+1}}=\lim_{n\to\infty}\frac{\frac{1}{a^n}+1}{\frac{1}{a^n}+a}=\frac{1}{a}<1,$$

由比值判别法知，级数 $\sum_{n=1}^{\infty}\frac{1}{1+a^n}(a>0)$ 收敛.

（2）因为

$$\lim_{n\to\infty}\frac{a_{n+1}}{a_n}=\lim_{n\to\infty}\frac{2^{n+1}(n+1)!}{(n+1)^{n+1}}\Big/\frac{2^n n!}{n^n}=\lim_{n\to\infty}\frac{2}{\left(\frac{n+1}{n}\right)^n}=\lim_{n\to\infty}\frac{2}{\left(1+\frac{1}{n}\right)^n}=\frac{2}{\mathrm{e}}<1,$$

故由比值判别法知级数 $\sum_{n=1}^{\infty}\frac{2^n\cdot n!}{n^n}$ 收敛.

(3) 因为$1\leqslant 2+(-1)^n\leqslant 3$，故有$\frac{1}{2^n}\leqslant\frac{2+(-1)^n}{2^n}\leqslant\frac{3}{2^n}$. 由于$\lim\limits_{n\to\infty}\sqrt[n]{\frac{1}{2^n}}=\frac{1}{2}$，$\lim\limits_{n\to\infty}=\sqrt[n]{\frac{3}{2^n}}=\frac{1}{2}$. 故由极限的夹逼定理知$\lim\limits_{n\to\infty}\sqrt[n]{a_n}=\lim\limits_{n\to\infty}\sqrt[n]{\frac{2+(-1)^n}{2}}=\frac{1}{2}<1$. 由根值判别法知，级数$\sum\limits_{n=1}^{\infty}\frac{2+(-1)^n}{2^n}$收敛.

**注** 因为$a_{2n-1}=\frac{1}{2^{2n-1}}$，$a_{2n}=\frac{3}{2^{2n}}$，$a_{2n+1}=\frac{1}{2^{2n+1}}$，于是有$\frac{a_{2n}}{a_{2n-1}}=\frac{3}{2}$，$\frac{a_{2n+1}}{a_{2n}}=\frac{1}{6}$. 所以极限$\lim\limits_{n\to\infty}\frac{a_{n+1}}{a_n}$不存在，从而比值判别法对此级数不适用. 但此例可以用比较判别法判断. 因为$0<\frac{2+(-1)^n}{2^n}\leqslant\frac{3}{2^n}$，而等比级数$\sum\limits_{n=1}^{\infty}\frac{3}{2^n}$收敛，故正项级数$\sum\limits_{n=1}^{\infty}\frac{2+(-1)^n}{2^n}$收敛. 此例还可以用级数的性质判断其收敛性. 由等比级数$\sum\limits_{n=1}^{\infty}\frac{2}{2^n}$及等比级数$\sum\limits_{n=1}^{\infty}\frac{(-1)^n}{2^n}=\sum\limits_{n=1}^{\infty}\left(\frac{-1}{2}\right)^n$ $\left(q=-\frac{1}{2},|q|=\frac{1}{2}<1\right)$的收敛性知，级数$\sum\limits_{n=1}^{\infty}\frac{2+(-1)^n}{2^n}=\sum\limits_{n=1}^{\infty}\left(\frac{2}{2^n}+\frac{(-1)^n}{2^n}\right)=\sum\limits_{n=1}^{\infty}\left[\frac{2}{2^n}+\left(-\frac{1}{2}\right)^n\right]$收敛.

**例 5** 判断级数

$$1-\frac{1}{2}+\frac{1}{3}-\cdots+(-1)^{n-1}\frac{1}{n}+\cdots$$

是绝对收敛，条件收敛还是发散?

**解** 级数$\sum\limits_{n=1}^{\infty}\left|(-1)^{n-1}\frac{1}{n}\right|=\sum\limits_{n=1}^{\infty}\frac{1}{n}$是调和级数，故发散，因而原级数不绝对收敛. 级数$\sum\limits_{n=1}^{\infty}(-1)^{n-1}\frac{1}{n}$是交错级数，且满足1) $\frac{1}{n}\geqslant\frac{1}{n+1}(n=1,2,\cdots)$；2) $\lim\limits_{n\to\infty}\frac{1}{n}=0$. 由莱布尼兹定理知，交错级数$\sum\limits_{n=1}^{\infty}(-1)^{n-1}\frac{1}{n}$收敛. 故级数$\sum\limits_{n=1}^{\infty}(-1)^{n}\frac{1}{n}$条件收敛.

**例 6** 判断下列级数是绝对收敛、条件收敛还是发散?

(1) $\sum\limits_{n=1}^{\infty}(-1)^{n-1}\frac{2n-1}{2^{n-1}}$； (2) $\sum\limits_{n=1}^{\infty}(-1)^{n-1}\left(\frac{2n+100}{3n+1}\right)^n$；

(3) $\sum\limits_{n=1}^{\infty}(-1)^{n}\frac{\sqrt{n}}{n+100}$； (4) $\sum\limits_{n=1}^{\infty}(-1)^{n-1}(\sqrt{n+1}-\sqrt{n})$.

**解**　(1) 因为$\lim\limits_{n\to\infty}\dfrac{|a_{n+1}|}{|a_n|}=\lim\limits_{n\to\infty}\dfrac{2n+1}{2^n}\Big/\dfrac{2n-1}{2^{n-1}}=\dfrac{1}{2}<1$，由比值判别法知，该级数绝对收敛.

(2) 因为$\lim\limits_{n\to\infty}\sqrt[n]{|a_n|}=\lim\limits_{n\to\infty}\dfrac{2n+100}{3n+1}=\dfrac{2}{3}<1$，由根值判别法知，该级数绝对收敛.

(3) 因为$\lim\limits_{n\to\infty}|a_n|\Big/\dfrac{1}{\sqrt{n}}=\lim\limits_{n\to\infty}\dfrac{\sqrt{n}}{n+100}\Big/\dfrac{1}{\sqrt{n}}=\lim\limits_{n\to\infty}\dfrac{n}{n+100}=1>0$，而$p$-级数$\sum\limits_{n=1}^{\infty}\dfrac{1}{\sqrt{n}}$发散，由比较判别法的极限形式知$\sum\limits_{n=1}^{\infty}\dfrac{\sqrt{n}}{n+100}$发散，即级数不绝对收敛.

容易看出级数$\sum\limits_{n=1}^{\infty}(-1)^n\dfrac{\sqrt{n}}{n+100}$是交错级数，且有$\lim\limits_{n\to\infty}a_n=\lim\limits_{n\to\infty}\dfrac{\sqrt{n}}{n+100}=0$. 现设$f(x)=\dfrac{\sqrt{x}}{x+100}(x\geqslant0)$，则$f'(x)=\dfrac{\dfrac{1}{2\sqrt{x}}(x+100)-\sqrt{x}}{(x+100)^2}=\dfrac{100-x}{2\sqrt{x}(100+x)^2}$，当$x>100$时，$f'(x)<0$，即$f(x)$单调减少. 因此当$n>100$时有$\dfrac{\sqrt{n}}{n+100}\geqslant\dfrac{\sqrt{n+1}}{(n+1)+100}$. 由莱布尼兹定理知，交错级数$\sum\limits_{n=101}^{\infty}(-1)^{n-1}\dfrac{\sqrt{n}}{n+100}$收敛. 故由级数的性质可得级数$\sum\limits_{n=1}^{\infty}(-1)^{n-1}\dfrac{\sqrt{n}}{n+100}$收敛. 综上所述，级数$\sum\limits_{n=1}^{\infty}(-1)^{n-1}\dfrac{\sqrt{n}}{n+100}$条件收敛.

(4) 因为

$$\lim_{n\to\infty}=\frac{\sqrt{n+1}-\sqrt{n}}{\dfrac{1}{\sqrt{n}}}=\lim_{n\to\infty}\frac{(\sqrt{n+1}+\sqrt{n})(\sqrt{n+1}-\sqrt{n})}{(\sqrt{n+1}+\sqrt{n})\dfrac{1}{\sqrt{n}}}$$

$$=\lim_{n\to\infty}\frac{1}{\sqrt{1+\dfrac{1}{n}}+\sqrt{1}}=\frac{1}{2}>0,$$

而级数$\sum\limits_{n=1}^{\infty}\dfrac{1}{\sqrt{n}}$发散，因而由比较判别法的极限形式可得，级数$\sum\limits_{n=1}^{\infty}(\sqrt{n+1}-\sqrt{n})$发散，即原级数不绝对收敛. 显然原级数是交错级数，且有$\lim\limits_{n\to\infty}(\sqrt{n+1}-\sqrt{n})=$

$\lim\limits_{n\to\infty}\dfrac{1}{\sqrt{n+1}+\sqrt{n}}=0$. 现设$f(x)=\dfrac{1}{\sqrt{x+1}+\sqrt{x}}$，则当$x>0$时$f(x)$单调减少，因此有$f(n)\geqslant f(n-1)$，即$\sqrt{n+1}-\sqrt{n}\geqslant\sqrt{n+2}-\sqrt{n+1}$. 由莱布尼兹判别法知，交错级数$\sum\limits_{n=1}^{\infty}(-1)^{n-1}(\sqrt{n+1}-\sqrt{n})$收敛. 综上所述，级数$\sum\limits_{n=1}^{\infty}(-1)^{n-1}(\sqrt{n+1}-\sqrt{n})$条件收敛.

**例 7** 讨论$\sum\limits_{n=1}^{\infty}\dfrac{(-2)^n}{[2^n+(-1)^n]n}$的敛散性. 若收敛，判断是条件收敛还是绝对收敛，并说明理由.

**解** 因为$\dfrac{2^n}{[2^n+(-1)^n]n}=\dfrac{1}{\left[1+\left(-\dfrac{1}{2}\right)^n\right]n}>\dfrac{1}{2n}$，而级数$\sum\limits_{n=1}^{\infty}\dfrac{1}{2n}$是发散的，故由比较判别法可得级数$\sum\limits_{n=1}^{\infty}\left|\dfrac{(-2)^n}{[2^n+(-1)^n]n}\right|$是发散的. 又由于$\dfrac{(-1)^n2^n}{[2^n+(-1)^n]n}=\dfrac{(-1)^n}{n}-\dfrac{1}{[2^n+(-1)^n]n}$且$\dfrac{1}{[2^n+(-1)^n]n}<\dfrac{1}{2^n-1}$，从而由级数收敛的基本性质可知级数$\sum\limits_{n=1}^{\infty}\dfrac{(-2)^n}{[2^n+(-1)^n]n}$是收敛的. 综上所述，该级数是条件收敛.

**例 8** 设$a_n>0(n=1,2,3,\cdots)$且$x_n=(1+a_1)(1+a_2)\cdots(1+a_n)$，证明$\lim\limits_{n\to+\infty}x_n$存在的充要条件为$\sum\limits_{n=1}^{\infty}a_n$收敛.

**证** 因为$x_n>1$，故$\lim\limits_{n\to+\infty}x_n$存在$\Leftrightarrow\lim\limits_{n\to+\infty}\ln x_n$存在，即

$$\lim_{n\to+\infty}\sum_{k=1}^{n}\ln(1+a_k)\text{ 存在}\Leftrightarrow\text{级数}\sum_{k=1}^{\infty}\ln(1+a_k)\text{ 收敛},$$

又因为$\sum\limits_{k=1}^{\infty}\ln(1+a_k)$为正项级数，且$\lim\limits_{n\to+\infty}\dfrac{\ln(1+a_n)}{a_n}=1$，故由正项级数的比较判别法可得$\sum\limits_{k=1}^{\infty}\ln(1+a_k)$收敛$\Leftrightarrow\sum\limits_{k=1}^{\infty}a_k$收敛，从而命题得证.

**例 9** 已知正项级数$\sum\limits_{n=1}^{\infty}a_n$收敛，证明级数1）$\sum\limits_{n=1}^{\infty}\dfrac{\sqrt{a_n}}{n}$和级数2）$\sum\limits_{n=1}^{\infty}a_n^2$皆收敛.

**证** 1）因为$\dfrac{\sqrt{a_n}}{n}=\sqrt{a_n\cdot\dfrac{1}{n^2}}\leqslant\dfrac{1}{2}\left(a_n+\dfrac{1}{n^2}\right)$，而级数$\sum\limits_{n=1}^{\infty}a_n$及$\sum\limits_{n=1}^{\infty}\dfrac{1}{n^2}$皆收敛，

因而级数$\sum_{n=1}^{\infty}\frac{1}{2}\left(a_n+\frac{1}{n^2}\right)$收敛. 根据比较判别法知，正项级数$\sum_{n=1}^{\infty}\frac{\sqrt{a_n}}{n}$收敛.

2）因为正项级数$\sum_{n=1}^{\infty}a_n$收敛，所以$\lim_{n\to\infty}a_n=0$. 因而对$\varepsilon=1>0$，存在$N>0$，当$n>N$时有$|a_n|<1$，即$0<a_n<1$，于是$a_n^2<a_n$，由比较判别法知，因为级数$\sum_{n=1}^{\infty}a_n$收敛，从而级数$\sum_{n=N+1}^{\infty}a_n^2$收敛.

**例 10**　已知级数$\sum_{n=1}^{\infty}a_n$绝对收敛，级数$\sum_{n=1}^{\infty}b_n$收敛，证明级数$\sum_{n=1}^{\infty}a_nb_n$绝对收敛.

**证**　因为级数$\sum_{n=1}^{\infty}b_n$收敛，所以$\lim_{n\to\infty}b_n=0$. 因为收敛数列必有界，故存在$M>0$，使$|b_n|\leqslant M(n\geqslant 1)$. 于是有$|a_nb_n|=|a_n|\cdot|b_n|\leqslant M|a_n|$（$n\geqslant 1$）. 又因为级数$\sum_{n=1}^{\infty}a_n$绝对收敛，即级数$\sum_{n=1}^{\infty}|a_n|$收敛，由比较判别法知，级数$\sum_{n=1}^{\infty}|a_nb_n|$收敛，即级数$\sum_{n=1}^{\infty}a_nb_n$绝对收敛.

**例 11**　设$a_n>0$，$S_n=\sum_{k=1}^{n}a_k$，证明：（1）当$\alpha>1$时，级数$\sum_{n=1}^{\infty}\frac{a_n}{S_n^{\alpha}}$收敛；（2）当$\alpha\leqslant 1$且$S_n\to\infty$（$n\to\infty$）时，级数$\sum_{n=1}^{\infty}\frac{a_n}{S_n^{\alpha}}$发散.（第二届全国大学生数学竞赛预赛试题）

**解**　（1）因为$a_n>0$，$S_n$单调递增. 当$\sum_{n=1}^{\infty}a_n$收敛时，因为$\frac{a_n}{S_n^{\alpha}}<\frac{a_n}{S_1^{\alpha}}$，而$\frac{a_n}{S_1^{\alpha}}$收敛，所以$\frac{a_n}{S_n^{\alpha}}$收敛；当$\sum_{n=1}^{\infty}a_n$发散时，$\lim_{n\to\infty}S_n=\infty$. 因为$\frac{a_n}{S_n^{\alpha}}=\frac{S_n-S_{n-1}}{S_n^{\alpha}}=\int_{S_{n-1}}^{S_n}\frac{\mathrm{d}x}{S_n^{\alpha}}<\int_{S_{n-1}}^{S_n}\frac{\mathrm{d}x}{x^{\alpha}}$所以，$\sum_{n=1}^{\infty}\frac{a_n}{S_n^{\alpha}}<\frac{a_1}{S_1^{\alpha}}+\sum_{n=2}^{\infty}\int_{S_{n-1}}^{S_n}\frac{\mathrm{d}x}{x^{\alpha}}=\frac{a_1}{S_1^{\alpha}}+\int_{S_1}^{S_n}\frac{\mathrm{d}x}{x^{\alpha}}$. 而$\int_{S_1}^{S_n}\frac{\mathrm{d}x}{x^{\alpha}}=\frac{a_1}{S_1^{\alpha}}+\lim_{n\to\infty}\frac{S_n^{1-\alpha}-S_1^{1-\alpha}}{1-\alpha}=\frac{a_1}{S_1^{\alpha}}+\frac{S_1^{1-\alpha}}{\alpha-1}=k$. 所以级数$\sum_{n=1}^{\infty}\frac{a_n}{S_n^{\alpha}}$收敛.

（2）因为$\lim_{n\to\infty}S_n=\infty$，所以$\sum_{n=1}^{\infty}a_n$发散，故存在$k_1$，使得$\sum_{n=2}^{k_1}a_n\geqslant a_1$. 于是有，$\sum_{n=2}^{k_1}\frac{a_n}{S_n^{\alpha}}\geqslant\sum_{n=2}^{k_1}\frac{a_n}{S_n}\geqslant\frac{\sum_{n=2}^{k_1}a_n}{S_{k_1}}\geqslant\frac{1}{2}$. 依此类推，可得存在$1<k_1<k_2<\cdots$使得

$\sum\limits_{n=k_i}^{k_{i+1}} \frac{a_n}{S_n^\alpha} \geqslant \frac{1}{2}$ 成立，所以 $\sum\limits_{n=1}^{k_N} \frac{a_n}{S_n^\alpha} \geqslant N \cdot \frac{1}{2}$. 当 $n \to \infty$ 时，$N \to \infty$，所以级数 $\sum\limits_{n=1}^{\infty} \frac{a_n}{S_n^\alpha}$ 发散.

**例 12** 设 $\sum\limits_{n=1}^{\infty} a_n$ 与 $\sum\limits_{n=1}^{\infty} b_n$ 为正项级数，证明：(1) 若 $\lim\limits_{n\to\infty}\left(\frac{a_n}{a_{n+1}b_n} - \frac{1}{b_{n+1}}\right) > 0$，则级数 $\sum\limits_{n=1}^{\infty} a_n$ 收敛；(2) 若 $\lim\limits_{n\to\infty}\left(\frac{a_n}{a_{n+1}b_n} - \frac{1}{b_{n+1}}\right) < 0$，且级数 $\sum\limits_{n=1}^{\infty} b_n$ 发散，则级数 $\sum\limits_{n=1}^{\infty} a_n$ 发散.

**证明** (1) 因为 $\lim\limits_{n\to\infty}\left(\frac{a_n}{a_{n+1}b_n} - \frac{1}{b_{n+1}}\right) = 2c > c > 0$，则存在正整数 $N$，对于任意的 $n > N$ 时有 $\frac{a_n}{a_{n+1}b_n} - \frac{1}{b_{n+1}} > c$，$\frac{a_n}{b_n} - \frac{a_{n+1}}{b_{n+1}} > ca_{n+1}$，$a_{n+1} < \frac{1}{c}\left(\frac{a_n}{b_n} - \frac{a_{n+1}}{b_{n+1}}\right)$，$\sum\limits_{k=N}^{n} a_{k+1} < \frac{1}{c}\sum\limits_{k=N}^{n}\left(\frac{a_n}{b_n} - \frac{a_{n+1}}{b_{n+1}}\right) < \frac{1}{c}\left(\frac{a_N}{b_N} - \frac{a_{n+1}}{b_{n+1}}\right) < \frac{1}{c}\frac{a_N}{b_N}$. 因而级数 $\sum\limits_{n=1}^{\infty} a_n$ 的部分和有上界，从而级数 $\sum\limits_{n=1}^{\infty} a_n$ 收敛.

(2) 因为 $\lim\limits_{n\to\infty}\left(\frac{a_n}{a_{n+1}b_n} - \frac{1}{b_{n+1}}\right) < c < 0$，则存在正整数 $N$，对于任意的 $n > N$ 时有 $\frac{a_n}{a_{n+1}} < \frac{b_n}{b_{n+1}}$，所以 $a_{n+1} > \frac{b_{n+1}}{b_n}a_n > \frac{b_{n+1}}{b_n}\frac{b_n}{b_{n-1}}a_{n-1} > \frac{b_{n+1}}{b_n}\frac{b_n}{b_{n-1}}\cdots\frac{b_{N+1}}{b_N}a_N > \frac{a_N}{b_N}b_{n+1}$，于是由级数 $\sum\limits_{n=1}^{\infty} b_n$ 发散得到级数 $\sum\limits_{n=1}^{\infty} a_n$ 发散.

## 第三节 幂 级 数

### 一、内容提要

1. 函数项级数及其收敛域

如果 $u_1(x)$，$u_2(x)$，…，$u_n(x)$，…是定义在区间 $I$ 上的函数列，称 $u_1(x) + u_2(x) + \cdots + u_n(x) + \cdots$ 为定义在区间 $I$ 上的函数项级数. 对 $x_0 \in I$，若 $\sum\limits_{n=1}^{\infty} u_n(x_0)$ 收敛，则称点 $x_0$ 为函数项级数的收敛点；若 $\sum\limits_{n=1}^{\infty} u_n(x_0)$ 发散，则称点 $x_0$ 为函数项级数的发散点. 函数项级数收敛点的全体叫做函数项级数的收敛域. 如果对收敛域内的 $x$ 有 $\sum\limits_{n=1}^{\infty} u_n(x) = s(x)$，则称 $s(x)$ 为函数项级数的和函数.

2. 幂级数及其收敛区间、收敛半径

形如 $\sum_{n=0}^{\infty} a_n x^n = a_0 + a_1 x + a_2 x^2 + \cdots + a_n x^n + \cdots$ 的函数项级数称为 $x$ 的幂级数，$a_n$ 称为幂级数的系数.

**阿贝尔定理**　若幂级数 $\sum_{n=0}^{\infty} a_n x^n$ 在 $x = x_0(x_0 \neq 0)$ 处收敛，则对满足不等式 $|x| < |x_0|$ 的一切 $x$，幂级数 $\sum_{n=0}^{\infty} a_n x^n$ 绝对收敛. 若幂级数 $\sum_{n=0}^{\infty} a_n x^n$ 在 $x = x_0$ 处发散，则对满足不等式 $|x| > |x_0|$ 的一切 $x$，幂级数 $\sum_{n=0}^{\infty} a_n x^n$ 发散.

由阿贝尔定理知，除去仅在 $x = 0$ 处收敛或在整个数轴上皆收敛的幂级数外，存在一个正数 $R$，当 $|x| < R$ 时，幂级数 $\sum_{n=0}^{\infty} a_n x^n$ 收敛；当 $|x| > R$ 时，幂级数 $\sum_{n=0}^{\infty} a_n x^n$ 发散. 当 $x = R$ 或 $x = -R$ 时，幂级数 $\sum_{n=0}^{\infty} a_n x^n$ 可能收敛也可能发散. 正数 $R$ 称为该幂级数的收敛半径. 因此幂级数的收敛域可能是 $(-R, R)$、$(-R, R]$、$[-R, R)$、$[-R, R]$.

3. 幂级数的运算及其和函数的性质

**四则运算**

设幂级数 $\sum_{n=0}^{\infty} a_n x^n$ 及 $\sum_{n=0}^{\infty} b_n x^n$ 的收敛半径分别为 $R_1$，$R_2$，记 $R = \min\{R_1, R_2\}$，当 $x \in (-R, R)$ 有

$$\sum_{n=0}^{\infty} a_n x^n \pm \sum_{n=0}^{\infty} b_n x^n = \sum_{n=0}^{\infty} (a_n \pm b_n) x^n;$$

$$\left(\sum_{n=0}^{\infty} a_n x^n\right) \cdot \left(\sum_{n=0}^{\infty} b_n x^n\right) = \sum_{n=0}^{\infty} c_n x^n \text{（其中 } c_n = a_0 \cdot b_n + a_1 \cdot b_{n-1} + \cdots + a_n \cdot b_0\text{）};$$

$$\frac{\sum_{n=0}^{\infty} a_n x^n}{\sum_{n=0}^{\infty} b_n x^n} = \sum_{n=0}^{\infty} c_n x^n \quad \left(\text{其中 } b_0 \neq 0\text{，系数 } c_n \text{ 由 } \left(\sum_{n=0}^{\infty} b_n x^n\right) \cdot \left(\sum_{n=0}^{\infty} c_n x^n\right) = \sum_{n=0}^{\infty} a_n x^n \text{ 确定，且收敛半径可能比 } R = \min\{R_1, R_2\} \text{ 小得多}\right).$$

**分析运算**

**性质 1**　幂级数 $\sum_{n=0}^{\infty} a_n x^n$ 的和函数 $s(x)$ 在其收敛域上连续.

**性质 2**　幂级数 $\sum_{n=0}^{\infty} a_n x^n$ 的和函数 $s(x)$ 在收敛区间 $(-R, R)$ 内可积，并有逐

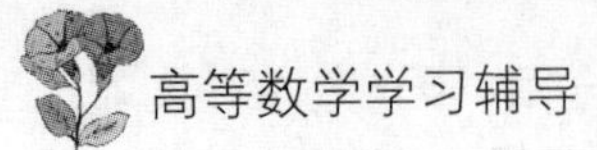


项积分公式

$$\int_0^x s(x)\,\mathrm{d}x = \int_0^x\left[\sum_{n=0}^{\infty}a_nx^n\right]\mathrm{d}x = \sum_{n=0}^{\infty}\int_0^x a_nx^n\,\mathrm{d}x = \sum_{n=0}^{\infty}\frac{a_n}{n+1}x^{n+1}.$$

逐项积分后得到的幂级数和原幂级数具有相同的收敛半径.

性质 2 可简单说成幂级数可逐项积分(交换积分与求和的次序).

**性质 3** 幂级数 $\sum\limits_{n=0}^{\infty}a_nx^n$ 的和函数 $s(x)$ 在收敛区间 $(-R, R)$ 内可导，且有逐项求导公式

$$s'(x) = \left(\sum_{n=0}^{\infty}a_nx^n\right)' = \sum_{n=0}^{\infty}(a_nx^n)' = \sum_{n=0}^{\infty}na_nx^{n-1}.$$

逐项求导后的幂级数与原幂级数有相同的收敛半径.

性质 3 可简单地说成幂级数可逐项求导(或逐项微分). (交换求导与求和的次序.)

**注** 幂级数 $\sum\limits_{n=0}^{\infty}na_nx^{n-1}$, $\sum\limits_{n=0}^{\infty}\frac{a_n}{n+1}x^{n+1}$ 在 $x=\pm R$ 处的收敛性需要另外讨论.

**二、重点、难点分析**

1. 幂级数 $\sum\limits_{n=0}^{\infty}a_nx^n$ 收敛域的求法

(1) 对于“不缺项”的情形，可以用下面的定理判定

**定理** 设 $\lim\limits_{n\to\infty}\left|\frac{a_{n+1}}{a_n}\right|=\rho$ (或 $\lim\limits_{n\to\infty}\sqrt[n]{|a_n|}=\rho$)，则 1) 若 $\rho\neq0$，则 $R=\frac{1}{\rho}$；2) 若 $\rho=0$，则 $R=+\infty$；3) 若 $\rho=+\infty$，则 $R=0$.

在收敛区间 $(-R, R)$ 内级数 $\sum\limits_{n=0}^{\infty}a_nx^n$ 绝对收敛，在端点处必须判别幂级数的敛散性. 对于端点处幂级数的收敛性可以对照标准级数得出，或由数项级数收敛性准则判定. 常见的标准级数有：几何级数、调和级数、$p$-级数和交错级数.

(2) 对于“缺项”情形，需考察后项与前项比值的极限，具体的见例 2(2).

2. 对幂级数的分析运算性质 2 与性质 3 需作一点说明

在微分学与积分学中，和的导数等于导数的和，和的积分等于积分的和. 但是对于有限项的运算性质不能自然地推广到无穷项的运算. 即，并不是所有的函数项级数都可以逐项积分或逐项求导的，但是幂级数具有这种好的性质.

3. 求幂级数的和函数是有关幂级数的一类重要题型

对于幂级数求和通常可以利用下面的步骤进行(具体的例子见例 4)：

（1）先求给定幂级数的收敛域；（2）通过各种四则运算、分析运算性质，如逐项求导、逐项积分、乘以或除以 $x$ 以及变量代换，化为常见的幂级数展开式的形式，便可得到其和函数. 一般常用逐项求导的方法去掉含 $x^n$ 项的系数分母中含 $n$ 的因子，用逐项积分的方法去掉含 $x^n$ 项的系数分子中含 $n$ 的因子.

4. 利用幂级数和函数求常数项级数 $\sum\limits_{n=0}^{\infty} u_n$ 的和是幂级数的一个重要应用

其基本步骤如下(具体的例子见例5)：

（1）找一个幂级数 $\sum\limits_{n=0}^{\infty} a_n x^n$，使得 $a_n x_0^n = u_n$；（2）求 $\sum\limits_{n=0}^{\infty} a_n x^n$ 的收敛域，若 $\sum\limits_{n=0}^{\infty} a_n x_0^n$ 发散，则原数项级数 $\sum\limits_{n=0}^{\infty} u_n$ 发散；（3）求出幂级数 $\sum\limits_{n=0}^{\infty} a_n x^n$ 的和函数 $s(x)$；（4）此时 $\sum\limits_{n=0}^{\infty} u_n = s(x_0)$，其中 $x_0$ 在幂级数的收敛域内.

**三、典型例题**

**例1**　求下列级数收敛区间

（1）$\sum\limits_{n=1}^{\infty} \dfrac{(-1)^n x^n}{\sqrt{n}}$；　　（2）$\sum\limits_{n=1}^{\infty} \dfrac{n!}{a^n} x^n (a > 1)$；

（3）$\sum\limits_{n=1}^{\infty} \dfrac{3^n + (-2)^n}{n} x^n$；　　（4）$\sum\limits_{n=1}^{\infty} \dfrac{x^n}{n^p}$.

求收敛区间首先找到级数的收敛域，然后利用常数项级数收敛性的判定给出级数在端点处的性质，从而给出级数的收敛区间.

**解**　（1）因为 $\lim\limits_{n\to\infty}\left|\dfrac{a_{n+1}}{a_n}\right| = \lim\limits_{n\to\infty}\dfrac{1}{\sqrt{n+1}}\Big/\dfrac{1}{\sqrt{n}} = 1$，所以级数的收敛半径 $R = 1$.

当 $x = -1$ 时，级数 $\sum\limits_{n=1}^{\infty} \dfrac{1}{\sqrt{n}}$ 发散. 当 $x = 1$ 时，级数 $\sum\limits_{n=1}^{\infty} \dfrac{(-1)^n}{\sqrt{n}}$ 为交错级数，且满足莱布尼兹定理的两个条件，因而级数 $\sum\limits_{n=1}^{\infty} \dfrac{(-1)^n}{\sqrt{n}}$ 收敛. 故幂级数 $\sum\limits_{n=1}^{\infty} \dfrac{(-1)^n}{\sqrt{n}} x^n$ 的收敛区间为 $(-1, 1]$.

（2）因为 $\lim\limits_{n\to\infty}\left|\dfrac{a_{n+1}}{a_n}\right| = \lim\limits_{n\to\infty}\dfrac{(n+1)!}{a^{n+1}}\Big/\dfrac{n!}{a^n} = \lim\limits_{n\to\infty}\dfrac{n+1}{a} = +\infty$，所以级数的收敛半径 $R=0$，故级数 $\sum\limits_{n=1}^{\infty} \dfrac{n!}{a^n} x^n$ 仅在 $x=0$ 处收敛.

（3）因为 $\lim\limits_{n\to\infty}\left|\dfrac{a_{n+1}}{a_n}\right| = \lim\limits_{n\to\infty}\left|\dfrac{3^{n+1}+(-2)^{n+1}}{n+1}\Big/\dfrac{3^n+(-2)^n}{n}\right| = \lim\limits_{n\to\infty} 3 \cdot$

$\frac{n\left[1+\left(-\frac{2}{3}\right)^{n+1}\right]}{(n+1)\left[1+\left(-\frac{2}{3}\right)^{n}\right]}=3$，所以级数的收敛半径 $R=\frac{1}{3}$. 当 $x=-\frac{1}{3}$ 时，级数为 $\sum_{n=1}^{\infty}\frac{3^n+(-2)^n}{n}\left(-\frac{1}{3}\right)^n$，即 $\sum_{n=1}^{\infty}\left[\frac{(-1)^n}{n}+\frac{1}{n}\left(\frac{2}{3}\right)^n\right]$. 而交错级数 $\sum_{n=1}^{\infty}\frac{(-1)^2}{n}$ 满足莱布尼兹定理条件，因而收敛. 又因为 $\lim\limits_{n\to\infty}\sqrt[n]{\frac{1}{n}\left(\frac{2}{3}\right)^n}=\frac{2}{3}<1$，根据根值判别法知，正项级数 $\sum_{n=1}^{\infty}\frac{1}{n}\left(\frac{2}{3}\right)^n$ 收敛. 由级数性质知，级数 $\sum_{n=1}^{\infty}\frac{3^n+(-2)^n}{n}\left(-\frac{1}{3}\right)^n$ 收敛. 当 $x=\frac{1}{3}$ 时，级数为 $\sum_{n=1}^{\infty}\frac{3^n+(-2)^n}{n}\left(\frac{1}{3}\right)^n$，即 $\sum_{n=1}^{\infty}\left[\frac{1}{n}+\frac{1}{n}\left(-\frac{2}{3}\right)^n\right]$. 因为级数 $\sum_{n=1}^{\infty}\frac{1}{n}\left(-\frac{2}{3}\right)^n$ 绝对收敛，而调和级数 $\sum_{n=1}^{\infty}\frac{1}{n}$ 发散，故由第一节的推论 1 可得级数 $\sum_{n=1}^{\infty}\frac{3^n+(-2)^n}{n}\left(\frac{1}{3}\right)^n$ 发散. 综上所述，幂级数 $\sum_{n=1}^{\infty}\frac{3^n+(-2)^n}{n}x^n$ 的收敛区间为 $\left[-\frac{1}{3},\frac{1}{3}\right)$.

（4）因为 $\lim\limits_{n\to\infty}\left|\frac{a_{n+1}}{a_n}\right|=\lim\limits_{n\to\infty}\frac{1}{(n+1)^p}\Big/\frac{1}{n^p}=1$，所以幂级数的收敛半径 $R=1$. 当 $x=-1$ 时，级数为 $\sum_{n=1}^{\infty}\frac{(-1)^n}{n^p}$. 若 $p>1$，级数 $\sum_{n=1}^{\infty}\frac{(-1)^n}{n^p}$ 绝对收敛，因而级数 $\sum_{n=1}^{\infty}\frac{(-1)^n}{n^p}$ 收敛. 若 $0<p\leqslant 1$，交错级数 $\sum_{n=1}^{\infty}\frac{(-1)^n}{n^p}$ 满足莱布尼兹定理的两个条件，因而该级数收敛. 当 $p\leqslant 0$，级数的一般项不趋于零，因而级数 $\sum_{n=1}^{\infty}\frac{(-1)^n}{n^p}$ 发散. 当 $x=1$，级数为 $\sum_{n=1}^{\infty}\frac{1}{n^p}$. 当 $p>1$ 时级数 $\sum_{n=1}^{\infty}\frac{1}{n^p}$ 收敛，$p\leqslant 1$ 时级数 $\sum_{n=1}^{\infty}\frac{1}{n^p}$ 发散. 故当 $p>1$ 时，幂级数 $\sum_{n=1}^{\infty}\frac{1}{n^p}x^n$ 的收敛区间为 $[-1,1]$；当 $0<p\leqslant 1$ 时级数 $\sum_{n=1}^{\infty}\frac{1}{n^p}x^n$ 的收敛区间为 $[-1,1)$；当 $p\leqslant 0$ 时级数 $\sum_{n=1}^{\infty}\frac{1}{n^p}x^n$ 的收敛区间为 $(-1,1)$.

**例 2**　求下列幂级数的收敛区间

（1）$\sum_{n=1}^{\infty}\frac{2^n}{n^2}(x-3)^n$；　　（2）$\sum_{n=1}^{\infty}\frac{2}{2n-1}x^{2n-1}$.

**解**　(1) 令 $t=x-3$，该级数化为 $\sum\limits_{n=1}^{\infty}\frac{2^n}{n^2}t^n$. 因为 $\lim\limits_{n\to\infty}\frac{2^{n+1}}{(n+1)^2}\Big/\frac{2^n}{n^2}=2$，故幂级数 $\sum\limits_{n=1}^{\infty}\frac{2^n}{n^2}t^n$ 的收敛半径 $R=\frac{1}{2}$. 当 $t=-\frac{1}{2}$ 时，级数 $\sum\limits_{n=1}^{\infty}\frac{2^n}{n^2}\left(-\frac{1}{2}\right)^n=\sum\limits_{n=1}^{\infty}\frac{(-1)^n}{n^2}$ 绝对收敛. 当 $t=\frac{1}{2}$ 时，级数 $\sum\limits_{n=1}^{\infty}\frac{2^n}{n^2}\left(\frac{1}{2}\right)^n=\sum\limits_{n=1}^{\infty}\frac{1}{n^2}$ 收敛. 故幂级数 $\sum\limits_{n=1}^{\infty}\frac{2^n}{n^2}t^n$ 的收敛区间为 $\left[-\frac{1}{2},\frac{1}{2}\right]$. 由于 $-\frac{1}{2}\leqslant t\leqslant\frac{1}{2}$，即 $-\frac{1}{2}\leqslant x-3\leqslant\frac{1}{2}$，可得 $\frac{5}{2}\leqslant x\leqslant\frac{7}{2}$，于是幂级数 $\sum\limits_{n=1}^{\infty}\frac{2^n}{n^2}(x-3)^n$ 的收敛区间为 $\left[\frac{5}{2},\frac{7}{2}\right]$.

(2) 级数 $\sum\limits_{n=1}^{\infty}\frac{2}{2n-1}x^{2n-1}$ 是一个缺偶数幂项的幂级数，因而不能用相邻两系数比的办法求收敛半径，而是直接应用比值判别法（或根值判别法）求其收敛区间. 因为 $\lim\limits_{n\to\infty}\left|\frac{x^{2n+1}}{2n+1}\Big/\frac{x^{2n-1}}{2n-1}\right|=x^2$，故当 $x^2<1$ 时，即 $-1<x<1$ 时，级数 $\sum\limits_{n=1}^{\infty}\left|\frac{x^{2n-1}}{2n-1}\right|$ 收敛，因而级数 $\sum\limits_{n=1}^{\infty}\frac{x^{2n-1}}{2n-1}$ 收敛；当 $x^2>1$，即 $x<-1$ 或 $x>1$ 时，级数 $\sum\limits_{n=1}^{\infty}\left|\frac{x^{2n-1}}{2n-1}\right|$ 发散，且一般项不趋于零. 因而级数 $\sum\limits_{n=1}^{\infty}\frac{1}{2n-1}x^{2n-1}$ 发散；当 $x=1$ 时，显然级数 $\sum\limits_{n=1}^{\infty}\frac{1}{2n-1}$ 发散；当 $x=-1$ 时，级数 $\sum\limits_{n=1}^{\infty}\frac{(-1)^{2n-1}}{2n-1}$ 发散. 故级数 $\sum\limits_{n=1}^{\infty}\frac{1}{2n-1}x^{2n-1}$ 的收敛区间为 $(-1,1)$.

**注**　本例题中的第(2)小题是一类求“缺项”幂级数的收敛区间. 对于这类“缺项”幂级数的收敛半径不能用相邻两系数比的办法求收敛半径，而是直接应用比值判别法（或根值判别法）求其收敛半径.

**例 3**　求下列函数项级数的收敛域

(1) $\sum\limits_{n=1}^{\infty}\frac{n}{x^n}$；　(2) $\sum\limits_{n=1}^{\infty}\frac{(-1)^n}{2n-1}\left(\frac{1-x}{1+x}\right)^n$；　(3) $\sum\limits_{n=1}^{\infty}\frac{2^n\sin^n x}{n^2}$.

**解**　(1) 令 $t=\frac{1}{x}$. 级数化为 $\sum\limits_{n=1}^{\infty}nt^n$，由于 $\lim\limits_{n\to\infty}\frac{n+1}{n}=1$，可知幂级数 $\sum\limits_{n=1}^{\infty}nt^n$ 的收敛半径为 $R=1$. 当 $t=1$ 及 $t=-1$ 时，级数一般项不趋于零，级数 $\sum\limits_{n=1}^{\infty}(-1)^n n$ 及 $\sum\limits_{n=1}^{\infty}n$ 皆发散. 故幂级数 $\sum\limits_{n=1}^{\infty}nt^n$ 的收敛区间为 $(-1,1)$. 由 $-1<t<1$，即 $-1<$

$\frac{1}{x}<1$，可得$x<-1$及$x>1$. 故函数项级数$\sum\limits_{n=1}^{\infty}\frac{n}{x^n}$的收敛域为$(-\infty,-1)\cup(1,+\infty)$.

（2）令$t=\frac{1-x}{1+x}$，则级数化为$\sum\limits_{n=1}^{\infty}\frac{(-1)^n}{2n-1}t^n$. 由于$\lim\limits_{n\to\infty}\left|\frac{1}{2n+1}\Big/\frac{1}{2n-1}\right|=1$，所以级数$\sum\limits_{n=1}^{\infty}\frac{(-1)^n}{2n-1}t^n$的收敛半径$R=1$. 当$t=1$时，交错级数$\sum\limits_{n=1}^{\infty}\frac{(-1)^n}{2n-1}t^n$收敛；当$t=-1$时，级数$\sum\limits_{n=1}^{\infty}\frac{(-1)^n}{2n-1}(-1)^n=\sum\limits_{n=1}^{\infty}\frac{1}{2n-1}$发散. 故级数$\sum\limits_{n=1}^{\infty}\frac{(-1)^n}{2n-1}t^n$的收敛区间为$(-1,1]$. 又由于$-1<\frac{1-x}{1+x}\leqslant 1$，从而$x\geqslant 0$. 故函数项级数$\sum\limits_{n=1}^{\infty}\frac{(-1)^n}{2n-1}\frac{1-x}{1+x}$的收敛域为$[0,+\infty)$.

（3）现令$u_n(x)=\frac{2^n\sin^n x}{n^2}$. 由于

$$\lim_{n\to\infty}\left|\frac{u_{n+1}(x)}{u_n(x)}\right|=\lim_{n\to\infty}\left|\frac{2^{n+1}\sin^{n+1}x}{(n+1)^2}\Big/\frac{2^n\sin^n x}{n^2}\right|=2|\sin x|$$

从而当$2|\sin x|<1$，即$|\sin x|<\frac{1}{2}$时，级数绝对收敛；当$2|\sin x|>1$，即$|\sin x|>\frac{1}{2}$时，一般项不趋于零，故级数发散. 当$|\sin x|=\frac{1}{2}$时，级数$\sum\limits_{n=1}^{\infty}\frac{1}{n^2}$与$\sum\limits_{n=1}^{\infty}\frac{(-1)^n}{n^2}$皆收敛. 而$|\sin x|\leqslant\frac{1}{2}$等价于$|x-k\pi|\leqslant\frac{\pi}{6}(k=0,\pm1,\pm2,\cdots)$，故级数$\sum\limits_{n=1}^{\infty}\frac{2^n\sin^n x}{n^2}$的收敛域为$\cdots\cup\left[-\frac{7\pi}{6},-\frac{5\pi}{6}\right]\cup\left[-\frac{\pi}{6},\frac{\pi}{6}\right]\cup\left[\frac{5\pi}{6},\frac{7\pi}{6}\right]\cup\cdots$.

**例 4**　求下列幂级数的收敛区间与和函数

（1）$\sum\limits_{n=0}^{\infty}x^n$；　（2）$\sum\limits_{n=1}^{\infty}\frac{(-1)^{n-1}}{n}x^n$；　（3）$\sum\limits_{n=1}^{\infty}nx^{n-1}$.

**解**　（1）显然幂级数$\sum\limits_{n=0}^{\infty}x^n$的收敛半径$R=1$. 而在$x=1$与$x=-1$处一般项不趋于零，级数皆发散，故幂级数$\sum\limits_{n=0}^{\infty}x^n$的收敛区间为$(-1,1)$. 在收敛区间$(-1,1)$内，等比级数的和函数$s(x)=\sum\limits_{n=0}^{\infty}x^n=1+x+x^2+\cdots=\frac{1}{1-x}(-1<x<1)$.

（2）因为$\lim\limits_{n\to\infty}\frac{1}{n+1}\Big/\frac{1}{n}=1$，所以收敛半径$R=1$. 当$x=-1$时，级数$\sum\limits_{n=1}^{\infty}\frac{-1}{n}$

发散，当$x=1$时，交错级数$\sum\limits_{n=1}^{\infty}\frac{(-1)^{n-1}}{n}$收敛，故幂级数$\sum\limits_{n=1}^{\infty}\frac{(-1)^{n-1}}{n}x^n$的收敛区间为$(-1,1]$. 又因为$\left(\frac{x^n}{n}\right)'=x^{n-1}$，所以$\left[\sum\limits_{n=1}^{\infty}\frac{(-1)^{n-1}}{n}x^n\right]'=\sum\limits_{n=1}^{\infty}\left[\frac{(-1)^{n-1}}{n}x^n\right]'$ $=\sum\limits_{n=1}^{\infty}(-1)^{n-1}x^{n-1}$. 令$m=n-1$，得$\sum\limits_{n=1}^{\infty}(-1)^{n-1}x^{n-1}=\sum\limits_{m=0}^{\infty}(-1)^m x^m$. 再将求和指标$m$改写成$n$(或其它字母)，还是原级数而未作改变，于是$\left[\sum\limits_{n=1}^{\infty}\frac{(-1)^{n-1}}{n}x^n\right]'=$ $\sum\limits_{n=0}^{\infty}(-1)^n x^n=\sum\limits_{n=0}^{\infty}(-x)^n$. 易知$\sum\limits_{n=0}^{\infty}(-1)^n x^n$的收敛区间为$(-1,1)$. 令$\sum\limits_{n=1}^{\infty}\frac{(-1)^{n-1}}{n}x^n$的和函数为$s(x)$，则$s'(x)=\sum\limits_{n=0}^{\infty}(-x)^n=\frac{1}{1+x}(-1<x<1)$. 故有

$$\int_0^x s'(t)\mathrm{d}t=\int_0^x\frac{1}{1+t}\mathrm{d}t\qquad(-1<x<1)$$

即$s(x)-s(0)=\ln(1+x)$. 显然$s(0)=0$，于是$s(x)=\ln(1+x)(-1<x<1)$，根据幂级数和函数的连续性知，$\sum\limits_{n=1}^{\infty}\frac{(-1)^{n-1}}{n}x^n$的和函数$s(x)$在$(-1,1]$连续，于是$s(x)=\ln(1+x)(-1<x\leqslant 1)$.

(3) 易知，幂级数$\sum\limits_{n=1}^{\infty}nx^{n-1}$的收敛区间为$(-1,1)$. 设其和函数为$s(x)$，由于$\int_0^x nt^{n-1}\mathrm{d}x=x^n$，现对幂级数$\sum\limits_{n=1}^{\infty}nx^{n-1}$逐项积分，得

$$\int_0^x s(t)\mathrm{d}x=\int_0^x\left(\sum_{n=1}^{\infty}nt^{n-1}\right)\mathrm{d}t=\sum_{n=1}^{\infty}\int_0^x nt^{n-1}\mathrm{d}t=\sum_{n=1}^{\infty}x^n\qquad(-1<x<1),$$

而$\sum\limits_{n=1}^{\infty}x^n=x+x^2+x^3+\cdots=x(1+x+x^2+\cdots)=\frac{x}{1-x}$，于是

$$s(x)=\left[\int_0^x s(t)\mathrm{d}t\right]'=\left(\frac{x}{1-x}\right)'=\frac{(1-x)+x}{(1-x)^2}=\frac{1}{(1-x)^2}\quad(-1<x<1).$$

**注**　利用幂级数的和函数可以求出一些常数项级数的和. 比如，由于$\sum\limits_{n=1}^{\infty}\frac{(-1)^{n-1}}{n}x^n=\ln(1+x)(-1<x\leqslant 1)$，故令$x=1$可得$\sum\limits_{n=1}^{\infty}\frac{(-1)^{n-1}}{n}=\ln 2$，即

$$\ln 2=1-\frac{1}{2}+\frac{1}{3}-\frac{1}{4}+\cdots+\frac{(-1)^n}{n}+\cdots,$$

再由 $\sum_{n=1}^{\infty}\frac{n}{2^{n-1}}=\frac{1}{\left(1-\frac{1}{2}\right)^{2}}$，即

$$4=1+1+\frac{3}{4}+\frac{4}{8}+\frac{5}{16}+\cdots.$$

收敛的常数项级数求和一般是困难的，但当它能和某个幂级数(以及后面要介绍的傅里叶级数)联系起来的时，则较容易解决.

**例 5** 求级数 $\sum_{n=1}^{\infty}\frac{n(n+1)}{2^{n}}$ 的和.

**解** 在幂级数 $\sum_{n=1}^{\infty}n(n+1)x^{n}$ 中，令 $x=\frac{1}{2}$，就得到所给的常数项级数. 由 $\lim_{n\to\infty}\frac{(n+1)(n+2)}{n(n+1)}=1$ 知幂级数 $\sum_{n=1}^{\infty}n(n+1)x^{n}$ 的收敛半径 $R=1$. 当 $x=-1$ 与 $x=1$ 时，由一般项不趋于零可得级数 $\sum_{n=1}^{\infty}n(n+1)x^{n}$ 发散，故幂级数 $\sum_{n=1}^{\infty}n(n+1)x^{n}$ 的收敛区间为 $(-1,1)$. 因为 $\sum_{n=1}^{\infty}n(n+1)x^{n}=x\sum_{n=1}^{\infty}n(n+1)x^{n-1}$，故对幂级数 $x\sum_{n=1}^{\infty}n(n+1)x^{n-1}$ 中 $x$ 后的部分逐步积分可得

$$\begin{aligned}\int_{0}^{x}\left[\sum_{n=1}^{\infty}n(n+1)t^{n-1}\mathrm{d}t\right]&=\sum_{n=1}^{\infty}\int_{0}^{x}n(n+1)t^{n-1}\mathrm{d}t\\&=\sum_{n=1}^{\infty}(n+1)x^{n}\qquad(-1<x<1),\end{aligned}$$

再逐项积分得

$$\int_{0}^{x}\left[\sum_{n=1}^{\infty}(n+1)t^{n}\right]\mathrm{d}t=\sum_{n=1}^{\infty}\int_{0}^{x}(n+1)t^{n}\mathrm{d}t=\sum_{n=1}^{\infty}x^{n+1}(-1<x<1),$$

因为 $\sum_{n=1}^{\infty}x^{n+1}=\frac{x^{2}}{1-x}(-1<x<1)$，故将 $\int_{0}^{x}\left[\sum_{n=1}^{\infty}(n+1)t^{n}\right]\mathrm{d}t=\frac{x^{2}}{1-x}(-1<x<1)$ 的两端对 $x$ 求导可得

$$\begin{aligned}\sum_{n=1}^{\infty}(n+1)x^{n}&=\left(\frac{x^{2}}{1-x}\right)'=\frac{2x(1-x)+x^{2}}{(1-x)^{2}}\\&=\frac{2x-x^{2}}{(1-x)^{2}}\quad(-1<x<1),\end{aligned}$$

即 $\int_{0}^{x}\left[\sum_{n=1}^{\infty}n(n+1)t^{n-1}\right]\mathrm{d}t=\frac{2x-x^{2}}{(1-x)^{2}}(-1<x<1)$. 两端再对 $x$ 求导可得

$$\sum_{n=1}^{\infty} n(n+1)x^{n-1} = \left[\frac{2x-x^2}{(1-x)^2}\right]' = \frac{(2-2x)(1-x)^2+2(1-x)(2x-x)^2}{(1-x)^4}$$
$$= \frac{2}{(1-x)^3} \quad (-1<x<1),$$

于是 $\sum\limits_{n=1}^{\infty} n(n+1)x^n$ 的和函数为 $s(x) = x\sum\limits_{n=1}^{\infty} n(n+1)x^{n-1} = \frac{2x}{(1-x)^3}(-1<x<1)$. 令 $x=-\frac{1}{2}$，可得 $\sum\limits_{n=1}^{\infty} \frac{n(n+1)}{2^n} = \frac{2\cdot\frac{1}{2}}{\left(1-\frac{1}{2}\right)^3} = 8.$

**例 6**　求幂级数 $\sum\limits_{n=0}^{\infty}(n+1)(n+3)x^n$ 的收敛域及和函数(2015 年研究生入学考试数学三).

**解**　由 $\lim\limits_{n\to\infty}\frac{(n+2)(n+4)}{(n+1)(n+3)}=1$，得 $R=1$. 当 $x=1$ 时，$\sum\limits_{n=0}^{\infty}(n+1)(n+3)$ 发散，当 $x=-1$ 时，$\sum\limits_{n=0}^{\infty}(-1)^n(n+1)(n+3)$ 发散，故收敛域为$(-1,1)$. 当 $x\neq0$ 时，可得

$$\sum_{n=0}^{\infty}(n+1)(n+3)x^n = \left(\sum_{n=0}^{\infty}(n+3)\int_0^x(n+1)x^n\mathrm{d}x\right)'$$
$$= \left(\sum_{n=0}^{\infty}(n+3)x^{n+1}\right)' = \left(\frac{1}{x}\sum_{n=0}^{\infty}(n+3)x^{n+2}\right)'$$
$$= \left(\frac{1}{x}\left(\sum_{n=0}^{\infty}\int_0^x(n+3)x^{n+2}\mathrm{d}x\right)'\right)' = \left(\frac{1}{x}\left(\sum_{n=0}^{\infty}x^{n+3}\right)'\right)'$$
$$= \left(\frac{1}{x}\left(\frac{x^3}{1-x}\right)'\right)' = \left(\frac{3x-2x^2}{(1-x)^2}\right)' = \frac{3-x}{(1-x)^3} = s(x),$$

当 $x=0$ 时，$s(x)=3$，故和函数 $s(x)=\frac{3-x}{(1-x)^3}$，$x\in(-1,1)$.

**例 7**　求幂级数 $\sum\limits_{n=1}^{\infty}(-1)^{n-1}\left(1+\frac{1}{n(2n-1)}\right)x^{2n}$ 的收敛区间与和函数 $f(x)$(2005 年研究生入学考试数学一).

**解**　因为 $\lim\limits_{n\to\infty}\frac{(n+1)(2n+1)+1}{(n+1)(2n+1)}\cdot\frac{n(2n-1)}{n(2n-1)+1}=1$，所以当 $x^2<1$ 时，原级数绝对收敛，当 $x^2>1$ 时，原级数发散，因此原级数的收敛半径为 1，收敛区间为$(-1,1)$. 记 $S(x)=\sum\limits_{n=1}^{\infty}\frac{(-1)^{n-1}}{2n(2n-1)}x^{2n}$，$x\in(-1,1)$，则 $S'(x)=$

$\sum_{n=1}^{\infty}\frac{(-1)^{n-1}}{2n-1}x^{2n-1}$，$x\in(-1,1)$，$S''(x)=\sum_{n=1}^{\infty}(-1)^{n-1}x^{2n-2}=\frac{1}{1+x^2}$，$x\in(-1,1)$．由于 $S(0)=0$，$S'(0)=0$，所以 $S'(x)=\int_0^x S''(t)\mathrm{d}t=\int_0^x\frac{1}{1+t^2}\mathrm{d}t=\arctan x$，$S(x)=\int_0^x S'(t)\mathrm{d}t=\int_0^x \arctan t\mathrm{d}t=x\arctan x-\frac{1}{2}\ln(1+x^2)$．又因为 $\sum_{n=1}^{\infty}(-1)^{n-1}x^{2n}=\frac{x^2}{1+x^2}$，$x\in(-1,1)$，从而

$$f(x)=2S(x)+\frac{x^2}{1+x^2}=2x\arctan x-\ln(1+x^2)+\frac{x^2}{1+x^2},\ x\in(-1,1).$$

## 第四节　函数展开成幂级数

### 一、内容提要

1. 如果函数 $f(x)$ 在 $x_0$ 的某一邻域内具有任意阶导数，则幂级数 $\sum_{n=0}^{\infty}\frac{f^{(n)}(x_0)}{n!}\cdot(x-x_0)^n$ 称为 $f(x)$ 在点 $x_0$ 处的泰勒级数，当 $x=0$ 时 $\sum_{n=0}^{\infty}\frac{f^{(n)}(0)}{n!}x^n$ 称为 $f(x)$ 的麦克劳林级数.

2. $f(x)$ 能展开成幂级数的充要条件是它的泰勒公式中的余项 $R_n(x)=\frac{f^{(n+1)}(\xi)}{(n+1)!}(x-x_0)^{n+1}\to 0(n\to\infty)$，其中 $\xi$ 介于 $x$ 与 $x_0$ 之间.

3. 常用的幂级数展开式

$$e^x=1+x+\frac{1}{2!}x^2+\cdots+\frac{1}{n!}x^n+\cdots\quad(-\infty<x<+\infty),$$

$$\sin x=x-\frac{x^3}{3!}+\frac{x^5}{5!}-\cdots+(-1)^{n-1}\frac{x^{2n-1}}{(2n-1)!}+\cdots\quad(-\infty<x<+\infty),$$

$$\cos x=1-\frac{x^2}{2!}+\frac{x^4}{4!}-\cdots+(-1)^n\frac{x^{2n}}{(2n)!}+\cdots\quad(-\infty<x<+\infty),$$

$$\ln(1+x)=x-\frac{x^2}{2}+\frac{x^3}{3}-\cdots+(-1)^n\frac{x^{n+1}}{n+1}+\cdots\quad(-1<x\leqslant 1),$$

$$(1+x)^{\mu}=1+\mu x+\frac{\mu(\mu-1)}{2!}x^2+\cdots+\frac{\mu(\mu-1)\cdots(\mu-n+1)}{n!}x^n+\cdots\quad(-1<x<1).$$

### 二、重点、难点分析

1. 将函数展开为幂级数是幂级数中的基本问题之一，其方法通常有两类：一

是直接法，即利用幂级数的定义及幂级数收敛的充要条件，将函数在某个区间之内展开成指定点的幂级数；二是间接法，即通过一定的运算将函数转化为其他函数，进而利用新函数的幂级数的展开将原来函数展开为幂级数.

2. 值得注意的是，函数$f(x)$的"泰勒级数"与$f(x)$的"泰勒展开式"不是一个概念. 若函数$f(x)$在$x_0$的某一邻域内具有任意阶导数，则幂级数$\sum_{n=0}^{\infty}\frac{f^{(n)}(x_0)}{n!}\cdot(x-x_0)^n$称为$f(x)$在点$x_0$处的泰勒级数，但该级数在$x_0$的某邻域内是否收敛，以及如果收敛是否收敛于函数$f(x)$等都需要检验，只有当级数$\sum_{n=0}^{\infty}\frac{f^{(n)}(x_0)}{n!}(x-x_0)^n$在$x_0$的某一邻域$U(x_0)$内收敛且收敛于$f(x)$时有

$$f(x)=\sum_{n=0}^{\infty}\frac{f^{(n)}(x_0)}{n!}(x-x_0)^n,\ x\in U(x_0),$$

这才是$f(x)$的泰勒展开式.

**三、典型例题**

**例1**　将下列函数展开成$x$的幂级数，并求展开式成立的区间.

(1) $\ln(a+x)$, $a>0$;　　(2) $a^x$;　　(3) $\sin^2x$;

(4) $(1+x)\ln(1+x)$;　　(5) $\frac{x}{\sqrt{1+x^2}}$.

**解**　(1) 因为

$$\begin{aligned}\ln(a+x)&=\ln a+\ln\left(1+\frac{x}{a}\right)\\&=\ln a+\frac{x}{a}-\frac{x^2}{2a^2}+\frac{1}{3}\left(\frac{x}{a}\right)^3-\\&\quad\frac{1}{4}\left(\frac{x}{a}\right)^4+\cdots+(-1)^n\frac{1}{n+1}\left(\frac{x}{a}\right)^{n+1}+\cdots,\end{aligned}$$

所以$\ln(a+x)=\ln a+\sum_{n=0}^{\infty}(-1)^n\frac{1}{n+1}\left(\frac{x}{a}\right)^{n+1}$, $x\in(-a,a]$.

(2) $a^x=e^{x\ln a}=\sum_{n=0}^{\infty}\frac{(x\ln a)^n}{n!}=\sum_{n=0}^{\infty}\frac{(\ln a)^n}{n!}x^n$, $x\in(-\infty,+\infty)$.

(3) 因为$\sin^2x=\frac{1}{2}(1-\cos2x)$，并且

$$\cos2x=\sum_{n=0}^{\infty}(-1)^n\frac{(2x)^{2n}}{(2n)!}=\sum_{n=0}^{\infty}(-1)^n\frac{4^n}{(2n)!}x^{2n},\ x\in(-\infty,+\infty),$$

故$\sin^2x=\frac{1}{2}(1-\cos2x)=\sum_{n=1}^{\infty}(-1)^{n-1}\frac{4^n}{2(2n)!}x^{2n}$, $x\in(-\infty,+\infty)$.

(4) $(1+x)\ln(1+x)=(1+x)\left(x-\dfrac{x^2}{2}+\dfrac{x^3}{3}-\cdots+(-1)^n\dfrac{x^{n+1}}{n+1}+\cdots\right)$

$$=x+\left(1-\frac{1}{2}\right)x^2+\left(-\frac{1}{2}+\frac{1}{3}\right)x^3+\left(\frac{1}{3}-\frac{1}{4}\right)x^4+\cdots$$

$$=x+\frac{1}{2}x^2-\frac{1}{2\cdot 3}x^3+\frac{1}{3\cdot 4}x^4-\cdots,$$

所以有 $(1+x)\ln(1+x)=x+\sum\limits_{n=1}^{\infty}\dfrac{(-1)^{n+1}}{n(n+1)}x^{n+1}$，$x\in(-1,1]$.

(5) 因为

$$\frac{1}{\sqrt{1+x}}=1-\frac{1}{2}x+\frac{1\cdot 3}{2\cdot 4}x^2-\frac{1\cdot 3\cdot 5}{2\cdot 4\cdot 6}x^3+\frac{1\cdot 3\cdot 5\cdot 7}{2\cdot 4\cdot 6\cdot 8}x^4-\cdots,$$

故有

$$\frac{1}{\sqrt{1+x^2}}=1-\frac{1}{2}x^2+\frac{1\cdot 3}{2\cdot 4}x^4-\frac{1\cdot 3\cdot 5}{2\cdot 4\cdot 6}x^6+\frac{1\cdot 3\cdot 5\cdot 7}{2\cdot 4\cdot 6\cdot 8}x^8-\cdots,$$

从而

$$\frac{x}{\sqrt{1+x^2}}=x-\frac{1}{2}x^3+\frac{1\cdot 3}{2\cdot 4}x^5-\frac{1\cdot 3\cdot 5}{2\cdot 4\cdot 6}x^7+\frac{1\cdot 3\cdot 5\cdot 7}{2\cdot 4\cdot 6\cdot 8}x^9-\cdots,\ x\in(-1,1).$$

**例 2** 将 $f(x)=\dfrac{3x-5}{x^2-4x+3}$ 展成 $x$ 的幂级数.

**解** 因为 $x^2-4x+3=(x-1)(x-3)$，故有 $\dfrac{3x-5}{x^2-4x+3}=\dfrac{A}{x-1}+\dfrac{B}{x-3}$，即

$$3x-5=(A+B)x-(3A+B)$$

比较等式两端的系数可得 $\begin{cases}3=A+B\\5=3A+B\end{cases}$，解出 $A=1$，$B=2$，于是

$$\frac{3x-5}{x^2-4x+3}=\frac{1}{x-1}+\frac{2}{x-3},$$

而

$$\frac{1}{x-1}=-\frac{1}{1-x}=-(1+x+x^2+\cdots+x^n+\cdots),\ -1<x<1,$$

$$\frac{2}{x-3}=-\frac{2}{3-x}=-\frac{2}{3}\cdot\frac{1}{1-\dfrac{x}{3}},$$

$$=-\frac{2}{3}\left[1+\frac{x}{3}+\left(\frac{x}{3}\right)^2+\cdots+\left(\frac{x}{3}\right)^n+\cdots\right],\ -1<\frac{x}{3}<1\text{ 即 }-3<x<3,$$

于是

$$\frac{3x+5}{x^2-4x+3}=\sum_{n=0}^{\infty}(-x^n)+\sum_{n=0}^{\infty}\left(-\frac{2}{3^{n+1}}x^n\right)=-\sum_{n=0}^{\infty}\left(1+\frac{2}{3^{n+1}}\right)x^n,\ -1<x<1.$$

**例 3**　将 $f(x)=(1-x)\mathrm{e}^{-x}$ 展成 $x$ 的幂级数.

**解**　因为 $f(x)=\mathrm{e}^{-x}+x\mathrm{e}^{-x}$ 且

$$\mathrm{e}^x=1+x+\frac{x^2}{2!}+\frac{x^3}{3!}+\cdots+\frac{x^n}{n!}+\cdots,\ -\infty<x<+\infty,$$

于是

$$\mathrm{e}^{-x}=1-x+\frac{x^2}{2!}-\frac{x^3}{3!}+\cdots+(-1)\frac{x^n}{n!}+\cdots,\ -\infty<x<+\infty,$$

故有

$$x\mathrm{e}^{-x}=x-x^2+\frac{x^3}{2!}-\cdots+(-1)^{n-1}\frac{x^n}{(n-1)!}+(-1)^n\frac{x^{n+1}}{n!}+\cdots,\ -\infty<x<+\infty,$$

从而

$$\begin{aligned}(1+x)\mathrm{e}^{-x}&=1-\left(1-\frac{1}{2!}\right)x^2+\left(\frac{1}{2!}-\frac{1}{3!}\right)x^3+\cdots+\\&\quad(-1)^{n-1}\left[\frac{1}{(n-1)!}+\frac{1}{n!}\right]x^n+\cdots\\&=1+\sum_{n=2}^{\infty}(-1)^{n-1}\left[\frac{1}{(n-1)!}-\frac{1}{n!}\right]x^n\\&=1+\sum_{n=2}^{\infty}(-1)^{n-1}\frac{n-1}{n!}x^n,\ -\infty<x<+\infty.\end{aligned}$$

**例 4**　将 $f(x)=\dfrac{1}{x^2+4x+3}$ 展开 $(x-1)$ 的幂级数.

**解**　因为 $x^2+4x+3=(x+1)(x+3)$，故有 $\dfrac{1}{x^2+4x+3}=\dfrac{A}{x+1}+\dfrac{B}{x+3}$，并可得

$$1=(A+B)x+(3A+B),$$

比较系数，得 $\begin{cases}0=A+B\\1=3A+B\end{cases}$，于是 $A=\dfrac{1}{2}$，$B=-\dfrac{1}{2}$. 从而

$$\begin{aligned}\frac{1}{x^2+4x+3}&=\frac{1}{2(x+1)}-\frac{1}{2(x+3)}\\&=\frac{1}{2[(x-1)+2]}-\frac{1}{2[(x-1)+4]}\\&=\frac{1}{4\left(1+\frac{x-1}{2}\right)}-\frac{1}{8\left(1+\frac{x-1}{4}\right)},\end{aligned}$$

因为

$$\frac{1}{1+\frac{x-1}{2}}=1-\frac{x-1}{2}+\left(\frac{x-1}{2}\right)^2-\cdots+(-1)^n\frac{(x-1)}{2}+\cdots,$$

这里 $-1<\frac{x-1}{2}<1$，即 $-1<x<3$.

$$\frac{1}{1+\frac{x-1}{4}}=1-\frac{x-1}{4}+\left(\frac{x-1}{4}\right)^2-\cdots+(-1)^n\frac{(x-1)}{4}+\cdots,$$

这里 $-1<\frac{x-1}{4}<1$，即 $-3<x<5$.

故

$$\begin{aligned}\frac{1}{x^2+4x+3}&=\frac{1}{4}\sum_{n=0}^{\infty}(-1)^n\frac{(x-1)^n}{2^n}-\frac{1}{8}\sum_{n=0}^{\infty}(-1)^n\frac{(x-1)^n}{4^n}\\&=\sum_{n=0}^{\infty}(-1)^n\left(\frac{1}{2^{n+2}}-\frac{1}{2^{2n+3}}\right)(x-1)^n,\ -1<x<3.\end{aligned}$$

**例 5** 将 $f(x)=\mathrm{e}^x$ 展成 $(x+2)$ 的幂级数.

**解** $\mathrm{e}^x=\mathrm{e}^{(x+2)-2}=\mathrm{e}^{-2}\cdot\mathrm{e}^{(x+2)}$，而

$$\mathrm{e}^{x+2}=1+(x+2)+\frac{(x+2)^2}{2!}+\cdots+\frac{(n+2)^n}{n!}+\cdots,\ -\infty<x<+\infty,$$

于是

$$\begin{aligned}\mathrm{e}^x=\mathrm{e}^{-2}+\mathrm{e}^{-2}(x+2)+\frac{\mathrm{e}^{-2}}{2!}(x+2)^2+\cdots+\\\frac{\mathrm{e}^{-2}}{n!}(x+2)^n+\cdots,\ -\infty<x<+\infty.\end{aligned}$$

**例 6** 将函数 $f(x)=\frac{x}{2+x-x^2}$ 展成 $x$ 的幂级数(2006 年研究生入学考试数学一).

**解** 因为 $f(x)=\frac{x}{2+x-x^2}=\frac{x}{(2-x)(1+x)}=\frac{A}{2-x}+\frac{B}{1+x}$，比较两边系数可得 $A=\frac{2}{3}$，$B=-\frac{1}{3}$，即 $f(x)=\frac{1}{3}\left(\frac{2}{2-x}-\frac{1}{1+x}\right)=\frac{1}{3}\left(\frac{1}{1-\frac{x}{2}}-\frac{1}{1+x}\right)$.

因为

$$\frac{1}{1+x}=\sum_{n=0}^{\infty}(-1)^n x^n, x\in(-1,1),\ \frac{1}{1-\frac{x}{2}}=\sum_{n=0}^{\infty}\left(\frac{x}{2}\right)^n, x\in(-2,2),$$

故

$$f(x)=\frac{x}{2+x-x^2}=\frac{1}{3}\left(-\sum_{n=0}^{\infty}(-1)^n x^n+\sum_{n=0}^{\infty}\frac{1}{2^n}x^n\right)$$

$$=\frac{1}{3}\sum_{n=0}^{\infty}\left((-1)^{n+1}+\frac{1}{2^n}\right)x^n, x\in(-1,1).$$

## 第五节　傅里叶级数

### 一、内容提要

1. 傅里叶级数的定义

**定义**　设以 $2\pi$ 为周期的函数 $f(x)$ 在区间 $[-\pi, \pi]$ 上是可积分的，设

$$a_n=\frac{1}{\pi}\int_{-\pi}^{\pi}f(x)\cos nx\mathrm{d}x,\ (n=0, 1, 2, \cdots),$$

$$b_n=\frac{1}{\pi}\int_{-\pi}^{\pi}f(x)\sin nx\mathrm{d}x(n=1, 2, \cdots),$$

称级数 $\frac{a_0}{2}+\sum\limits_{n=1}^{\infty}(a_n\cos nx+b_n\sin nx)$ 为函数 $f(x)$ 的傅里叶级数，称 $a_n$，$b_n$ 为傅里叶系数.

2. 傅里叶级数收敛的充分条件

**定理 1**（狄里赫利充分性条件）　设 $f(x)$ 是周期为 $2\pi$ 的周期函数，且满足 1) $f(x)$ 在区间 $[-\pi, \pi]$ 上连续或只有有限个第一类间断点；2) 至多只有有限个点 $x_1$，$x_2$，…，$x_l\in[-\pi, \pi]$，$f'(x)$ 在除这有限个点外连续，$f'_+(x_i)$，$f'_-(x_i)$ $(i=1, 2, \cdots, l)$ 存在，则 $f(x)$ 的傅里叶级数收敛，且在 $f(x)$ 的连续点处收敛于 $f(x)$，而在 $f(x)$ 的间断点处收敛于 $\frac{f(x-0)+f(x+0)}{2}$.

3. 偶函数与奇函数的傅里叶级数

当以 $2\pi$ 为周期的函数 $f(x)$ 是奇函数时，其傅里叶系数为 $a_n=0$　$(n=0, 1, 2, \cdots)$，$b_n=\frac{2}{\pi}\int_0^{\pi}f(x)\sin nx\mathrm{d}x$　$(n=1, 2, \cdots)$，则 $f(x)$ 的傅里叶级数中只含正弦项，称级数 $\sum\limits_{n=1}^{\infty}b_n\sin nx$ 为正弦级数. 当 $f(x)$ 是偶函数时，$f(x)$ 的傅里叶级数 $\frac{a_0}{2}+\sum\limits_{n=1}^{\infty}a_n\cos nx$ 是余弦级数，其中 $a_n=\frac{2}{\pi}\int_0^{\pi}f(x)\cos nx\mathrm{d}x(n=0, 1, 2, \cdots)$.

**任意区间上的傅里叶级数**

**定理 2**　设周期为 $2l$ 的周期函数满足收敛定理条件，则它的傅里叶级数为

$$\frac{a_0}{2}+\sum_{n=1}^{\infty}\left(a_n\cos\frac{n\pi}{l}x+b_n\sin\frac{n\pi}{l}x\right),$$

其中

$$\begin{cases}a_n=\dfrac{1}{l}\displaystyle\int_{-l}^{l}f(x)\cos\dfrac{n\pi}{l}x\mathrm{d}x,\ n=0,1,2,\cdots\\ b_n=\dfrac{1}{l}\displaystyle\int_{-l}^{l}f(x)\sin\dfrac{n\pi}{l}x\mathrm{d}x,\ n=1,2,\cdots\end{cases}.$$

**二、重点、难点分析**

1. 狄里赫利充分性条件告诉我们，当周期函数$f(x)$满足狄里赫利定理的条件时，函数$f(x)$的傅里叶级数处处收敛，即傅里叶级数的和函数$F(x)$在$(-\infty,+\infty)$有定义，但是$F(x)$未必与$f(x)$处处相等. 当$x$为$f(x)$的连续点时，$F(x)=f(x)$；当$x$为$f(x)$的第一类间断点时，$F(x)=\dfrac{f(x-0)+f(x+0)}{2}$. 这是和函数$F(x)$与$f(x)$的关系.

2. 若函数$f(x)$只定义在区间$[-\pi,\pi]$(或$[0,2\pi]$)上，而要求用三角级数表示，这时我们可以将$f(x)$以$2\pi$为周期延拓至整个数轴. 即定义一个新的函数，这个函数以$2\pi$为周期，而在$(-\pi,\pi]$(或$(0,2\pi]$)上就等于$f(x)$. 延拓至整个数轴上的周期函数可以展开成傅里叶级数，这个级数在区间$[-\pi,\pi]$上$f(x)$的连续点处收敛于$f(x)$，而在此区间外，$f(x)$无定义，三角级数的和函数$s(x)$当然谈不上与$f(x)$相等.

3. 有时要将定义在$[0,\pi]$上的函数展开成正弦级数(或展开成余弦级数)，这时我们可以先将$f(x)$延拓至$(-\pi,\pi]$(或$[-\pi,\pi)$)使其在$(-\pi,\pi)$内是奇函数(或偶函数). 即定义一个新函数$F(x)$，使

$$F(x)=\begin{cases}f(x), & \text{当}0\leqslant x\leqslant\pi\text{时}\\ -f(-x), & \text{当}-\pi<x<0\text{时}\end{cases}$$

则$F(x)$为奇函数，我们把这种作法称为$f(x)$的奇延拓. 若定义

$$F(x)=\begin{cases}f(x),\ \text{当}0\leqslant x\leqslant\pi\text{时}\\ f(-x),\ \text{当}-\pi<x<0\text{时}\end{cases}$$

则称为偶延拓. 若对$f(x)$作奇延拓，则可展成正弦级数；若对$f(x)$作偶延拓，则可展成余弦级数. 不论是奇延拓还是偶延拓，所展成的正弦级数与余弦级数在区间$(0,\pi)$内$f(x)$的连续点处收敛于$f(x)$.

4. 通常将函数展开成傅里叶级数的一般步骤为：(1) 画出函数$f(x)$的草图，由图形写出收敛域，可判断出函数的奇偶性，可减少求系数的工作量，并决定使用什么公式；(2) 计算傅里叶系数；(3) 写出傅里叶级数，利用狄氏条件决定收敛区间，注明它在何处收敛于函数$f(x)$.

5. 利用傅里叶级数求级数的和是傅里叶级数的一个重要应用，其通常采用的解决方法为：(1) 若给出函数及其傅里叶级数，求级数在一点的和，先判断函数是否满足狄氏条件，这一点是连续点还是间断点，再根据收敛定理求级数的和；(2) 若未给出傅里叶级数，可先注意函数的奇偶性，写出该函数的傅里叶级数，令 $x$ 取一定的值，通过一些变换，可得相应级数的和.

**三、典型例题**

**例 1** 设 $f(x)$ 是以 $2\pi$ 为周期的周期函数，它在 $[-\pi, \pi]$ 上的定义为

$$f(x)=\begin{cases}0, \text{当} -\pi<x<0 \text{时} \\ x, \text{当} 0 \leqslant x \leqslant \pi \text{时}\end{cases}$$

将函数 $f(x)$ 展开成傅里叶级数，并求其和函数.

**解**

$$a_0=\frac{1}{\pi}\int_{-\pi}^{\pi} f(x)\,\mathrm{d}x=\frac{1}{\pi}\left[\int_{-\pi}^{0} f(x)\,\mathrm{d}x+\int_{\pi}^{0} f(x)\,\mathrm{d}x\right]$$

$$=\frac{1}{\pi}\left(\int_{-\pi}^{0} 0\mathrm{d}x+\int_{\pi}^{0} x\mathrm{d}x\right)=\frac{\pi}{2},$$

$$a_n=\frac{1}{\pi}\int_{-\pi}^{\pi} f(x)\cos nx\mathrm{d}x=\frac{1}{\pi}\left[\int_{-\pi}^{0} 0\cdot\cos nx\mathrm{d}x+\int_{0}^{\pi} x\cos nx\mathrm{d}x\right]$$

$$=\frac{1}{\pi}\left[0+\left(\frac{1}{n}x\sin x\right)\Big|_{0}^{\pi}-\frac{1}{n}\int_{0}^{\pi}\sin nx\mathrm{d}x\right]$$

$$=-\frac{1}{n\pi}\left(-\frac{1}{n}\cos nx\right)\Big|_{0}^{\pi}=\frac{(-1)^n-1}{n^2\pi}$$

$$=\begin{cases}0, \text{当 } n \text{ 为偶数时} \\ \dfrac{-2}{n^2\pi}, \text{当 } n \text{ 为奇数时}\end{cases} \quad (n=1, 2, \cdots),$$

$$b_n=\frac{1}{\pi}\int_{-\pi}^{\pi} f(x)\sin x\mathrm{d}x=\frac{1}{\pi}\left(\int_{-\pi}^{\pi} 0\mathrm{d}x+\int_{0}^{\pi} x\sin nx\mathrm{d}x\right)$$

$$=\frac{1}{\pi}\left[\left(-\frac{1}{n}x\cos nx\right)\Big|_{0}^{\pi}+\frac{1}{n}\int_{0}^{\pi}\cos nx\mathrm{d}x\right]$$

$$=\frac{-1}{n\pi}\cdot\pi\cdot(-1)^n+\frac{1}{n\pi}\left(\frac{1}{n}\sin nx\right)\Big|_{0}^{\pi}$$

$$=(-1)^{n+1}\frac{1}{n} \quad (n=1, 2, \cdots),$$

而 $f(x)$ 在 $[-\pi, \pi]$ 上满足狄里赫利条件，故 $f(x)$ 可展为傅里叶级数

$$f(x)=\frac{\pi}{4}-\frac{2}{\pi}\cos x+\sin x-\frac{\sin 2x}{2}-\frac{2}{9\pi}\cos 3x+\frac{1}{3}\sin 3x-\frac{1}{4}\sin 4x-\cdots$$

$$(-\infty<x<+\infty \text{ 且 } x\neq \pm k\pi).$$

$x=\pi$ 与 $x=-\pi$ 是 $f(x)$ 的第一类间断点，它的傅里叶级数收敛于 $\frac{1}{2}[f(\pi-0)+f(\pi+0)]=\frac{1}{2}[f(\pi-0)+f(\pi-2\pi)+0]=\frac{1}{2}[f(\pi-0)+f(-\pi+0)]=\frac{1}{2}[\pi+0]=\frac{\pi}{2}$. 于是 $f(x)$ 的傅里叶级数的和函数 $s(x)$（以 $2\pi$ 为周期）在 $[-\pi,\pi]$ 上为

$$
\begin{aligned}
s(x) &= \frac{\pi}{4}-\frac{2}{\pi}\cos x+\sin x-\frac{1}{2}\sin 2x \\
&\quad -\frac{2}{9n}\cos 3x+\frac{1}{3}\sin 3x-\frac{1}{4}\sin 4x-\cdots \\
&= \begin{cases} \frac{\pi}{2}, & \text{当 } x=-\pi \text{ 时} \\ 0, & \text{当 } -\pi<x<0 \text{ 时} \\ x, & \text{当 } 0\leqslant x<\pi \text{ 时} \\ \frac{\pi}{2}, & \text{当 } x=\pi \text{ 时} \end{cases}
\end{aligned}
$$

和函数 $s(x)$ 的图象如图 11-1 所示.

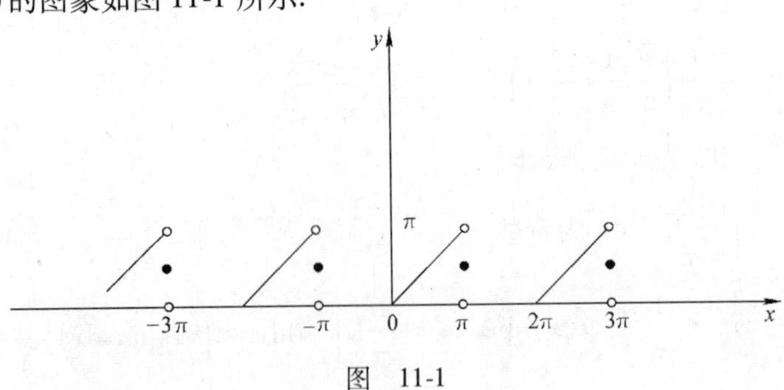


图 11-1

**例 2** 将函数 $f(x)=\begin{cases}-1, \text{当 } -\pi\leqslant x<0 \\ 1, \text{当 } 0\leqslant x\leqslant\pi\end{cases}$ 展成傅里叶级数.

**解** $a_0=\frac{1}{\pi}\int_{-\pi}^{\pi}f(x)\mathrm{d}x=\frac{1}{\pi}\left[\int_{-\pi}^{0}-1\mathrm{d}x+\int_{0}^{\pi}1\cdot\mathrm{d}x\right]=\frac{1}{\pi}[-\pi+\pi]=0$,

$$
\begin{aligned}
a_n &= \frac{1}{\pi}\int_{-\pi}^{\pi}f(x)\cos nx\mathrm{d}x=\frac{1}{\pi}\left[\int_{-\pi}^{0}(-\cos nx)\mathrm{d}x+\int_{0}^{\pi}\cos nx\mathrm{d}x\right] \\
&= \frac{1}{\pi}\left[\left(-\frac{1}{n}\sin nx\right)\Big|_{-\pi}^{0}+\left(\frac{1}{n}\sin nx\right)\Big|_{0}^{\pi}\right]=0 \quad (n=1,2,\cdots),
\end{aligned}
$$

$$b_n = \frac{1}{\pi}\int_{-\pi}^{\pi} f(x)\sin nx\mathrm{d}x = \frac{1}{\pi}\left[\int_{-\pi}^{0}(-\sin nx)\mathrm{d}x + \int_{0}^{\pi}\sin nx\mathrm{d}x\right]$$

$$= \frac{1}{\pi}\left[\left(-\frac{1}{n}\cos nx\right)\Big|_{-\pi}^{0} + \left(-\frac{1}{n}\cos nx\right)\Big|_{0}^{\pi}\right]$$

$$= \frac{1}{n\pi}[1-(-1)^n-(-1)^n+1]$$

$$= \frac{2}{n\pi}[1-(-1)^n] = \begin{cases} 0, & \text{当 } n \text{ 为偶数} \\ \dfrac{4}{n\pi}, & \text{当 } n \text{ 为奇数} \end{cases} \quad (n=1,2,\cdots),$$

故 $f(x)$ 在 $(-\pi, \pi)$ 内展开的傅里叶级数为

$$f(x) = \frac{4}{\pi}\left[\sin x + \frac{1}{3}\sin 3x + \cdots + \frac{1}{2n-1}\sin(2n-1)x + \cdots\right](-\pi < x < \pi \text{ 且 } x \neq 0).$$

**例 3**　将函数 $f(x) = x^2(0 \leqslant x \leqslant \pi)$ 展成正弦级数.

**解**　将 $f(x)$ 奇延拓至 $(-\pi, 0)$，则 $a_n = 0(n=0, 1, 2, \cdots)$. 而

$$b_n = \frac{2}{\pi}\int_{0}^{\pi} f(x)\sin nx\mathrm{d}x = \frac{2}{\pi}\int_{0}^{\pi} x^2\sin nx\mathrm{d}x$$

$$= \frac{2}{\pi}\left[\left(-\frac{1}{n}x^2\cos nx\right)\Big|_{0}^{\pi} + \frac{2}{n}\int_{0}^{\pi} x\cos nx\mathrm{d}x\right]$$

$$= \frac{2}{n\pi}\left[(-1)^{n+1}\pi^2 + 2\left(\frac{1}{n}x\sin nx\right)\Big|_{0}^{\pi} - \frac{2}{n}\int_{0}^{\pi}\sin nx\mathrm{d}x\right]$$

$$= \frac{2}{n\pi}\left[(-1)^{n+1}\pi^2 + 0 + \frac{2}{n^2}(\cos nx)\Big|_{0}^{\pi}\right]$$

$$= \frac{2\pi}{n}(-1)^{n+1} + \frac{4}{n^3\pi}[(-1)^n - 1] \quad (n=1, 2, \cdots),$$

故 $f(x) = \sum\limits_{n=1}^{\infty}\left\{(-1)^{n+1}\dfrac{2\pi}{n} + \dfrac{4}{n^3\pi}[(-1)^n - 1]\right\}\sin nx(0 \leqslant x < \pi)$. 正弦级数的和函数 $s(x)$ 的图像如图 11-2 所示.

**例 4**　将函数 $f(x) = x^2(0 \leqslant x \leqslant \pi)$ 展成余弦级数，并求级数 $\sum\limits_{n=1}^{\infty}\dfrac{1}{n^2}$ 及 $\sum\limits_{n=1}^{\infty}\dfrac{(-1)^{n+1}}{n^2}$ 的和.

**解**　将 $f(x)$ 偶延拓至 $(-\pi, 0)$，则 $b_n = 0 \quad (n=1, 2, \cdots)$. 而

$$a_0 = \frac{2}{\pi}\int_{0}^{\pi} f(x)\mathrm{d}x = \frac{2}{\pi}\int_{0}^{\pi} x^2\mathrm{d}x = \frac{2\pi^2}{3},$$

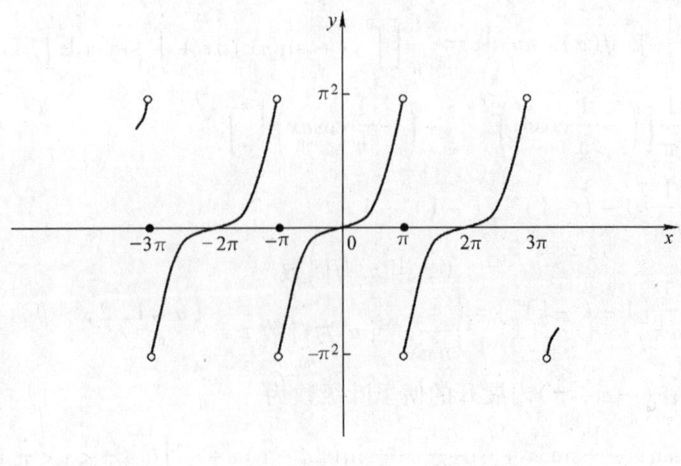


图 11-2

$$
\begin{aligned}
a_n &= \frac{2}{\pi}\int_0^{\pi} f(x)\cos nx\mathrm{d}x = \frac{2}{\pi}\int_0^{\pi} x^2\cos nx\mathrm{d}x \\
&= \frac{2}{n}\left[\left(\frac{1}{n}x^2\sin nx\right)\Big|_0^{\pi} - \frac{2}{n}\int_0^{\pi} x\sin nx\mathrm{d}x\right] \\
&= -\frac{4}{n\pi}\left[\left(-\frac{1}{n}x\cos nx\right)\Big|_0^{\pi} + \frac{1}{n}\int_0^{\pi}\cos nx\mathrm{d}x\right] \\
&= \frac{4}{n^2\pi}\cdot\pi\cdot(-1)^n - \frac{4}{n^2\pi}\left(\frac{1}{n}\sin nx\right)\Big|_0^{\pi} \\
&= (-1)^n\frac{4}{n^2},
\end{aligned}
$$

故 $f(x) = \frac{\pi^2}{3} + \sum_{n=1}^{\infty}(-1)^n\frac{4}{n^2}\cos nx \quad (0\leqslant x\leqslant\pi)$. 余弦级数的和函数 $s(x)$ 的图像如图 11-3.

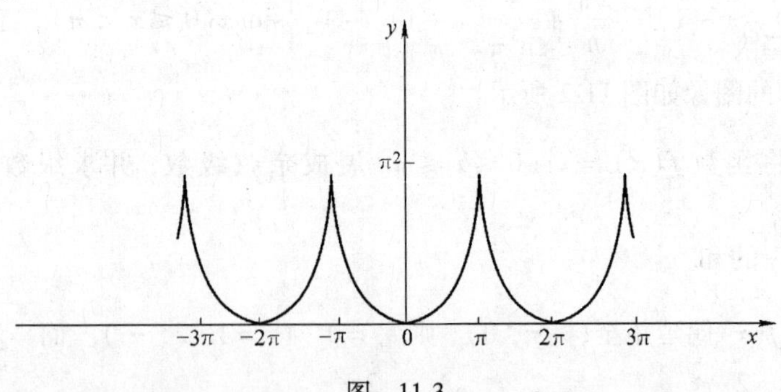


图 11-3

令 $x=\pi$ 得，$\pi^2=\dfrac{\pi^2}{3}+4\sum\limits_{n=1}^{\infty}(-1)^n\cdot\dfrac{1}{n^2}\cdot(-1)^n$，即 $4\sum\limits_{n=1}^{\infty}\dfrac{1}{n^2}=\pi^2-\dfrac{\pi^2}{3}$，于是有 $\sum\limits_{n=1}^{\infty}\dfrac{1}{n^2}=\dfrac{\pi^2}{6}$. 令 $x=0$ 可得，$0=\dfrac{\pi^2}{3}+4\sum\limits_{n=1}^{\infty}(-1)^n\dfrac{1}{n^2}$，即 $\sum\limits_{n=1}^{\infty}\dfrac{(-1)^{n+1}}{n^2}=\dfrac{\pi^2}{12}$.

**注** 作偶延拓时，必然有 $f(-\pi+0)=f(\pi-0)$，因此 $\dfrac{1}{2}[f(-\pi+0)+f(\pi-0)]=f(\pi)$. 这就是例中等式 $f(x)=\dfrac{\pi^2}{3}+\sum\limits_{n=1}^{\infty}(-1)^n\dfrac{4}{n^2}\cos nx$ 在 $x=\pi$ 成立的原因（可从图 11-3 中清楚地看到）. 另外例 3 中的正弦级数与例 4 中的余弦级数在区间 $(0,\pi)$ 内皆收敛于 $x^2$，但在 $(-\pi,0)$ 内，它们的和函数则各不相同.

**例 5** 将函数 $f(x)=|x|\ (-1<x<1)$ 展成傅里叶级数.

**解** $f(x)=|x|$ 为偶函数，故它在 $(-1,1)$ 内的傅里叶级数为余弦级数，即 $b_n=0(n=1,2,\cdots)$，且

$$a_0=\frac{2}{1}\int_0^1 x\mathrm{d}x=1,$$

$$\begin{aligned}a_n&=\frac{2}{1}\int_0^1\cos\frac{n\pi}{1}x\mathrm{d}x=2\left[\left(\frac{1}{n\pi}\sin n\pi x\right)\Big|_0^1-\frac{1}{n}\int_0^1\sin n\pi x\mathrm{d}x\right]\\&=\frac{2}{n^2\pi^2}(\cos n\pi x)\Big|_0^1=\frac{2}{n^2\pi^2}[(-1)^n-1]\\&=\begin{cases}0, & \text{当 } n \text{ 为偶数}\\ \dfrac{-4}{n^2\pi^2}, & \text{当 } n \text{ 为奇数}\end{cases}\quad(n=1,2,\cdots),\end{aligned}$$

故 $f(x)=\dfrac{1}{2}-\dfrac{4}{\pi^2}\sum\limits_{n=1}^{\infty}\dfrac{1}{(2n-1)^2}\cos(2n-1)\pi x\quad(-1<x<1)$.

**例 6** 将函数 $f(x)=x(0<x<l)$ 展成正弦级数.

**解** 将 $f(x)$ 奇延拓至 $(-l,0)$（并定义 $f(0)=0$），则 $f(x)$ 为 $(-1,1)$ 内的奇函数. 于是 $a_n=0(n=0,1,2\cdots)$，且

$$\begin{aligned}b_n&=\frac{2}{l}\int_0^l f(x)\sin\frac{n\pi}{l}x\mathrm{d}x=\frac{2}{l}\int_0^l x\sin\frac{n\pi}{l}x\mathrm{d}x\\&=\frac{2}{l}\left[\left(-\frac{1}{n\pi}x\cos\frac{n\pi}{l}x\right)\Big|_0^l+\frac{1}{n\pi}\int_0^l\cos\frac{n\pi}{l}x\mathrm{d}x\right]\end{aligned}$$

$$=\frac{2l}{n\pi}(-1)^{n+1}+\frac{2l}{n^2\pi^2}\left(\sin\frac{n\pi}{l}x\right)\Big|_0^l$$

$$=(-1)^{n+1}\frac{2l}{n\pi}\quad(n=1,2,\cdots),$$

故$f(x)=\dfrac{2l}{\pi}\cdot\sum\limits_{n=1}^{\infty}\dfrac{(-1)^{n+1}}{n}\sin\dfrac{n\pi}{l}x\quad(0<x<l)$.

**例 7** 将函数$f(x)=1-x^2\ (0\leqslant x\leqslant\pi)$展开成余弦级数，并求级数$\sum\limits_{n=1}^{\infty}\dfrac{(-1)^{n-1}}{n}$的和(2008 年研究生入学考试数学一).

**解** 将$f(x)$作偶周期延拓，则有$b_n=0$，$n=1,2,\cdots$,

$$a_0=\frac{2}{\pi}\int_0^{\pi}(1-x^2)\,\mathrm{d}x=2\left(1-\frac{\pi^2}{3}\right),$$

$$\begin{aligned}a_n&=\frac{2}{\pi}\int_0^{\pi}f(x)\cos nx\,\mathrm{d}x\\&=\frac{2}{\pi}\left[\int_0^{\pi}\cos nx\,\mathrm{d}x-\int_0^{\pi}x^2\cos nx\,\mathrm{d}x\right]\Big|_0^{\pi}\\&=\frac{2}{\pi}\left[0-\int_0^{\pi}x^2\cos nx\,\mathrm{d}x\right]\Big|_0^{\pi}\\&=\frac{-2}{\pi}\left[\frac{x^2\sin nx}{n}\Big|_0^{\pi}-\int_0^{\pi}\frac{2x\sin nx}{n}\mathrm{d}x\right]\\&=\frac{2}{\pi}\,\frac{2\pi(-1)^{n-1}}{n^2}=\frac{4(-1)^{n-1}}{n^2},\end{aligned}$$

所以$f(x)=1-x^2=\dfrac{a_0}{2}+\sum\limits_{n=1}^{\infty}a_n\cos nx=1-\dfrac{\pi^2}{3}+4\sum\limits_{n=1}^{\infty}\dfrac{(-1)^{n-1}}{n^2}\cos nx$，$0\leqslant x\leqslant\pi$.

令$x=0$，有$f(0)=1-\dfrac{\pi^2}{3}+4\sum\limits_{n=1}^{\infty}\dfrac{(-1)^{n-1}}{n^2}$. 又$f(0)=1$，所以$\sum\limits_{n=1}^{\infty}\dfrac{(-1)^{n-1}}{n^2}=\dfrac{\pi^2}{12}$.

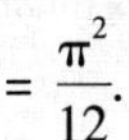

**无穷级数的应用能力矩阵**

| 数学能力 | 后续数学课程学习能力 | 专业课程学习能力（应用创新能力） |
| --- | --- | --- |
| ①常数项级数的概念主要培养抽象概括能力；常数项级数的基本性质能够培养学生的抽象概括能力和逻辑思维能力；掌握正项级数及其判敛法能够提高学生的运算能力、逻辑推理能力、分析问题和解决问题的能力；任意项级数的学习掌握能提高抽象思维能力、逻辑推理能力、分析问题和解决问题的能力；通过数项级数部分内容的学习还能够提高学生的分析建模能力；<br>②函数项级数的一般概念的学习是建立在数项级数内容的基础上的进一步培养学生的抽象概括和逻辑推理能力；幂级数及其收敛区间、幂级数的运算不但能培养学生的逻辑推理能力，还能大大提高学生的运算能力、分析问题并进而解决问题的能力；函数的幂级数展开及其应用一方面培养学生的运算能力，逻辑推理能力；另一方面还能培养学生的综合运用所学知识分析和解决实际问题的能力；<br>③通过对傅里叶级数和函数展开为傅里叶级数的学习能提高学生的运算能力、逻辑推理和抽象概括能力，培养学生的分析问题和解决问题的能力，使得学生能够综合运用自己所学的知识解决一般函数的傅里叶级数的展开问题. | ①数值计算中用到无穷级数的近似计算或近似逼近；<br>②工程数学中的傅里叶分析和傅里叶变换要用到傅里叶级数及和函数的傅里叶级数展开；<br>③复变函数中的留数定理，复变函数的级数展开等要用到函数的级数幂级数和傅里叶级数的展开. | ①“数字电路”中讨论电力系统的静态（小扰动）的稳定性要用到函数的泰勒级数的展开；<br>②“电力系统分析”中求解非线性代数方程的潮流级数-牛顿拉夫逊法会用到泰勒级数展开逐次线性化迭代逼近真值；<br>③“随机信号处理”中信号检测部分（最大后验概率和最小错误概率准则，极大极小准则等等，匹配滤波器）要用到傅里叶变换；<br>④“信号与系统”中的离散时间信号分析要用到函数的幂级数展开. |

## 自测题（一）

**一、选择题**（每题 4 分，共 20 分）

**1.** 若 $\lim\limits_{n\to\infty}u_n=0$，则级数 $\sum\limits_{n=1}^{\infty}u_n$ ________.

A. 收敛　　B. 发散　　C. 不能确定是否收敛或发散

**2.** 若 $\sum\limits_{n=1}^{\infty}(a_n+b_n)$ 收敛，则 $\sum\limits_{n=1}^{\infty}a_n$ 与 $\sum\limits_{n=1}^{\infty}b_n$ ________.

A. 必同时收敛　　B. 必同时发散

C. 可能同时收敛　　D. 不可能同时发散

**3.** 下列级数中，收敛的级数是________.

A. $\sum_{n=1}^{\infty} \frac{-2}{n}$　　B. $\sum_{n=1}^{\infty} \frac{1}{n+100}$

C. $\sum_{n=1}^{\infty} (-1)^{n+1}\left(\frac{1}{n}+\frac{1}{n+1}\right)$　　D. $\sum_{n=1}^{\infty}\left(\frac{1}{n^2}+\frac{1}{n}\right)$

**4.** 设有正项级数(1) $\sum_{n=1}^{\infty} a_n$ 与(2) $\sum_{n=1}^{\infty} a_n^3$，则下列说法中正确的是__________.

A. 若(1)发散，则(2)必发散

B. 若(2)收敛，则(1)必收敛

C. 若(1)发散，则(2)可能发散也可能收敛

D. (1)、(2)敛散性一致

**5.** 下列四个命题正确的是__________.

A. 若级数 $\sum_{n=1}^{\infty} a_n^{2004}$ 发散，则级数 $\sum_{n=1}^{\infty} a_n^{2005}$ 也发散

B. 若级数 $\sum_{n=1}^{\infty} a_n^{2005}$ 发散，则级数 $\sum_{n=1}^{\infty} a_n^{2006}$ 也发散

C. 若级数 $\sum_{n=1}^{\infty} a_n^{2004}$ 收敛，则级数 $\sum_{n=1}^{\infty} a_n^{2005}$ 也收敛

D. 若级数 $\sum_{n=1}^{\infty} a_n^{2005}$ 收敛，则级数 $\sum_{n=1}^{\infty} a_n^{2006}$ 也收敛

**二、填空题**(每题5分，共20分)

**1.** 幂级数 $\sum_{n=0}^{\infty} \frac{x^n}{\sqrt{n+1}}$ 的收敛域是__________.

**2.** 函数 $\sin(x^2)$ 的麦克劳林级数为__________.

**3.** 设 $S_n = \sum_{k=1}^{n} (-1)^{k-1}\frac{2}{k}$，则 $\lim\limits_{n\to\infty} S_n =$__________.

**4.** 设 $f(x)$ 是周期为2的周期函数，它在区间$(-1, 1]$上定义为 $f(x) = \begin{cases} 2, & -1 < x \leqslant 0 \\ x^3, & 0 < x \leqslant 1 \end{cases}$，则 $f(x)$ 的傅里叶级数在 $x=1$ 处收敛于__________.

三、(15分)判别下列级数的敛散性

**1.** $\sum_{n=1}^{\infty} \frac{a^n}{n!}$　　**2.** $\sum_{n=1}^{\infty} \left(\frac{2n-1}{3n+1}\right)^{\frac{n}{2}}$　　**3.** $\sum_{n=1}^{\infty} \frac{2^n-1}{n^n+2}$

四、(15分)求下列幂级数的收敛区间

**1.** $\sum_{n=1}^{\infty} \frac{x^n}{n^n}$　　**2.** $\sum_{n=1}^{\infty} \left(\frac{x}{2}\right)^{2n-1}$　　**3.** $\sum_{n=1}^{\infty} \frac{(x-2)^n}{(2n-1)2^n}$

五、(10 分)将函数 $f(x)=\cos^2 x$ 展成 $x$ 的幂级数，并指出收敛区间.

六、(10 分)将函数 $f(x)=x-\dfrac{x^2}{2}$ $(0<x<2)$ 分别展成 1) 正弦级数，2) 余弦级数.

七、(10 分)级数 $\sum\limits_{n=1}^{\infty}(-1)^n\left(\cos\dfrac{1}{n}-\cos\dfrac{2}{n}\right)$ 是否收敛？是否绝对收敛？证明你的结论.

## 自测题（二）

**一、选择题**(每题 4 分，共 24 分)

**1.** 设 $\sum\limits_{n=1}^{\infty}a_n$ 级数收敛，$\sum\limits_{n=1}^{\infty}b_n$ 发散，则__________.

A. 级数 $\sum\limits_{n=1}^{\infty}a_nb_n$ 必收敛　　B. 级数 $\sum\limits_{n=1}^{\infty}a_nb_n$ 必发散

C. 级数 $\sum\limits_{n=1}^{\infty}(a_n+b_n)$ 必收敛　　D. 级数 $\sum\limits_{n=1}^{\infty}(a_n+b_n)$ 必发散

**2.** 设级数 $\sum\limits_{n=1}^{\infty}u_n$ 收敛，则必收敛的级数是__________.

A. $\sum\limits_{n=1}^{\infty}(-1)^n\dfrac{u_n}{n}$　　B. $\sum\limits_{n=1}^{\infty}u_n^2$

C. $\sum\limits_{n=1}^{\infty}(u_{2n-1}-u_{2n})$　　D. $\sum\limits_{n=1}^{\infty}(u_{2n-1}+u_{2n})$

**3.** 设幂级数 $\sum\limits_{n=0}^{\infty}a_n(x-1)^n$ 在 $x=3$ 处条件收敛，则幂级数 $\sum\limits_{n=0}^{\infty}\dfrac{a_n}{n+1}x^n$ 在 $x=3$ 处__________.

A. 条件收敛　　B. 绝对收敛

C. 发散　　D. 要看具体的 $\{a_n\}$

**4.** 设 $f(x)=\begin{cases}x, & 0\leqslant x\leqslant\dfrac{1}{2}\\ 2-2x, & \dfrac{1}{2}<x<1\end{cases}$，$S(x)=\dfrac{a_0}{2}+\sum\limits_{n=1}^{\infty}a_n\cos n\pi x$，$-\infty<x<+\infty$，$a_n=2\int_0^1 f(x)\cos n\pi x\,\mathrm{d}x\ (n=0,1,2,\cdots)$，则 $S\left(-\dfrac{5}{2}\right)=$____________.

A. $\dfrac{1}{2}$　　B. $-\dfrac{1}{2}$　　C. $\dfrac{3}{4}$　　D. $-\dfrac{3}{4}$

**5**. 设 $\sum_{n=1}^{\infty} a_n$ 与 $\sum_{n=1}^{\infty} b_n$ 都是正项级数，且 $\sum_{n=1}^{\infty} a_n$ 收敛，$\sum_{n=1}^{\infty} b_n$ 发散，则__________.

A. $\sum_{n=1}^{\infty} a_n b_n$ 必收敛　　B. $\sum_{n=1}^{\infty} a_n b_n$ 必发散

C. $\sum_{n=1}^{\infty} a_n^2$ 必收敛　　D. $\sum_{n=1}^{\infty} b_n^2$ 必发散

**6**. 若级数 $\sum_{n=1}^{\infty} a_n$ 收敛，则级数

A. $\sum_{n=1}^{\infty} |a_n|$收敛.　B. $\sum_{n=1}^{\infty} (-1)^n a_n$ 收敛.

C. $\sum_{n=1}^{\infty} a_n a_{n+1}$ 收敛.　D. $\sum_{n=1}^{\infty} \frac{a_n + a_{n+1}}{2}$ 收敛.（2006 年研究生入学考试数学一）

**二、填空题**（每题 4 分，共 16 分）

**1**. 已知级数 $\sum_{n=1}^{\infty} (-1)^{n-1} a_n = 2$，$\sum_{n=1}^{\infty} a_{2n-1} = 5$，则级数$\sum_{n=1}^{\infty} a_n =$ __________.

**2**. 级数 $\sum_{n=1}^{\infty} \frac{(x-2)^{2n}}{n \cdot 4^n}$ 的收敛域为__________.

**3**. 设函数$f(x)$以 $2\pi$ 为周期，$f(x) = x + x^2\ (-\pi < x \leqslant \pi)$，$f(x)$的 Fourier 级数为 $\frac{a_0}{2} + \sum_{n=1}^{\infty} (a_n \cos nx + b_n \sin nx)$，则 $b_3 =$ __________.

**4**. 设函数 $f(x)$ 是以 $2\pi$ 为周期的奇函数，它的 Fourier 级数为 $\frac{a_0}{2} + \sum_{n=1}^{\infty} (a_n \cos nx + b_n \sin nx)$，则级数$\sum_{n=0}^{\infty} a_n =$ __________.

三、（12 分）判别下列级数是绝对收敛、条件收敛还是发散.

**1**. $\sum_{n=1}^{\infty} \frac{(-1)^{n+1}}{\sqrt{2n-1}}$　　**2**. $\sum_{n=1}^{\infty} (-1)^n \frac{\ln n}{n}$　　**3**. $\sum_{n=1}^{\infty} \frac{\cos n\theta}{n\sqrt{n+1}}$（$\theta$ 为常数）

四、（9 分）求下列幂级数的收敛区间

**1**. $\sum_{n=1}^{\infty} \frac{x^n}{n 2^n}$　　**2**. $\sum_{n=1}^{\infty} \frac{3^n x^n}{n^2}$　　**3**. $\sum_{n=1}^{\infty} \frac{\sqrt{n}}{(x-2)^n}$

五、（8 分）将函数$f(x) = \frac{1}{x^2 + 3x + 2}$按$(x+4)$的幂展成幂级数，并指出收敛区间.

六、（8 分）将函数$f(x) = \frac{\pi - x}{4}$　$(0 < x < \pi)$分别展成 1）正弦级数，2）余弦

级数.

七、(8 分)求级数 $x+\frac{x^5}{5}+\frac{x^9}{9}+\cdots+\frac{x^{4n-3}}{4n-3}+\cdots$ 的和函数.

八、(7 分)求幂级数 $\sum_{n=0}^{\infty}\frac{4n^2+4n+3}{2n+1}x^{2n}$ 的收敛域与和函数(2012 年研究生入学考试数学一).

九、(8 分)

**1**. 设 $u_1=1$, $u_2=1$, $u_{n+2}=u_{n+1}+u_n(n=1, 2, 3, \cdots)$, 证明级数 $\sum_{n=1}^{\infty}u_n^{-1}$ 收敛;

**2**. 设级数 $\sum_{n=1}^{\infty}a_n^2$ 收敛, 试证明级数 $\sum_{n=1}^{\infty}\frac{|a_n|}{n}$ 与 $\sum_{n=1}^{\infty}|a_na_{n+1}|$ 都收敛.

# 自测题答案

**自测题(一)**

一、**1**. C　**2**. A　**3**. C　**4**. C　**5**. C

二、**1**. $[-1, 1)$　**2**. $\sum_{n=0}^{\infty}(-1)^n\frac{x^{2(2n+1)}}{(2n+1)!}$　**3**. 2ln2　**4**. $\frac{3}{2}$

三、**1**. 收敛, 因为 $\lim\limits_{n\to\infty}\frac{a_{n+1}}{(n+1)!}\Big/\frac{a^n}{n!}=\lim\limits_{n\to\infty}\frac{a}{n}=0<1$.

**2**. 收敛, 因为 $\lim\limits_{n\to\infty}\sqrt[n]{\left(\frac{2n-1}{3n+1}\right)^{\frac{n}{2}}}=\lim\limits_{n\to\infty}\left(\frac{2n-1}{3n+1}\right)^{\frac{1}{2}}=\sqrt{\frac{2}{3}}<1$.

**3**. 收敛, 因为 $\lim\limits_{n\to\infty}\sqrt[n]{\frac{2^n}{n^n}}=\lim\limits_{n\to\infty}\frac{2}{n}=0<1$, 知级数 $\sum_{n=1}^{\infty}\frac{2^n}{n^n}$ 收敛, 而 $\frac{2^n-1}{n^n+2}<\frac{2^n}{n^n}$, 故 $\sum_{n=1}^{\infty}\frac{2^n-1}{n^n+2}$ 收敛.

四、**1**. $(-\infty, +\infty)$, $\lim\limits_{n\to\infty}\left|\frac{1}{(n+1)^{n+1}}\Big/\frac{1}{n^n}\right|=\lim\limits_{n\to\infty}\frac{1}{\left(\frac{n+1}{n}\right)^n}\cdot\frac{1}{(n+1)}=0$.

**2**. $(-2, 2)$, $\lim\limits_{n\to\infty}\left|\left(\frac{1}{2}\right)^{2n+1}\Big/\left(\frac{1}{2}\right)^{2n-1}\right|=\frac{1}{4}$. $R=\sqrt{4}=2$, $x=\pm2$ 时, 一般项不趋于零.

**3**. $[0, 4)$, $\lim\limits_{n\to\infty}\left|\frac{1}{(2n+1)2^{n+1}}\Big/\frac{1}{(2n-1)2^n}\right|=\frac{1}{2}$, $R=2$, $x=0$ 时, 级数

$\sum\limits_{n=1}^{\infty}\dfrac{(-1)^n}{2n-1}$收敛，$x=4$时，级数$\sum\limits_{n=1}^{\infty}\dfrac{1}{2n-1}$发散.

**五、**$1+\sum\limits_{n=1}^{\infty}\dfrac{(-1)^n 2^{n-1}x^{2n}}{(2n)!}(-\infty<x<+\infty)$，$\cos^2 x=\dfrac{1}{2}+\dfrac{1}{2}\cos 2x$，将$2x$代入$\cos x$的幂级数展开式.

**六、**1）$\dfrac{8}{\pi^3}\sum\limits_{n=1}^{\infty}[1-(-1)^n]\dfrac{\sin\dfrac{n\pi}{2}}{n^3}(0<x<2)$，作奇延拓，$a_n=0(n=0,1,2,\cdots)$，$b_n=\dfrac{2}{2}\int_0^2\left(x-\dfrac{x^2}{2}\right)\sin\dfrac{n\pi}{2}x\mathrm{d}x(n=1,2,\cdots)$.

2）$\dfrac{1}{3}-\dfrac{4}{\pi^2}\sum\limits_{n=1}^{\infty}\dfrac{1+(-1)^n}{n^2}\cos\dfrac{n\pi}{2}x(0<x<2)$，作偶延拓，$b_n=0(n=1,2,\cdots)$，$a_n=\dfrac{2}{2}\int_0^2\left(x-\dfrac{x^2}{2}\right)\cos\dfrac{n\pi}{2}x\mathrm{d}x(n=0,1,2,\cdots)$.

**七、绝对收敛**（提示：$\lim\limits_{n\to\infty}n^2\left|(-1)^n\left(\cos\dfrac{1}{n}-\cos\dfrac{2}{n}\right)\right|=\dfrac{3}{2}$.

**自测题（二）**

**一、1.** D **2.** A **3.** C **4.** C **5.** C **6.** D

**二、1.** 8 **2.** (0, 4) **3.** $\dfrac{2}{3}$ **4.** 0

**三、1.** 条件收敛. 因为1）$\dfrac{1}{\sqrt{2n-1}}>\dfrac{1}{\sqrt{2n+1}}$，2）$\dfrac{1}{\sqrt{2n-1}}\to 0$，故$\sum\limits_{n=1}^{\infty}\dfrac{(-1)^{n-1}}{\sqrt{2n-1}}$收敛. 又$\dfrac{1}{\sqrt{2n-1}}>\dfrac{1}{\sqrt{2n}}=\dfrac{1}{\sqrt{2}}\cdot\dfrac{1}{\sqrt{n}}$，而$\sum\limits_{n=1}^{\infty}\dfrac{1}{\sqrt{n}}$发散，故$\sum\limits_{n=1}^{\infty}\dfrac{1}{\sqrt{2n-1}}$发散.

**2.** 条件收敛，因为1）$n\geqslant 3$时，$\dfrac{\ln n}{n}>\dfrac{\ln(n+1)}{n+1}$$\left(x>\mathrm{e}\text{时，}f(x)=\dfrac{\ln x}{x}\text{单调下降.}\right)$2）$\lim\limits_{n\to\infty}\dfrac{\ln n}{n}=0$，故交错级数$\sum\limits_{n=3}^{\infty}(-1)^n\dfrac{\ln n}{n}$收敛，从而$\sum\limits_{n=1}^{\infty}(-1)^n\dfrac{\ln n}{n}$收敛. 又$\dfrac{\ln n}{n}>\dfrac{1}{n}$，而$\sum\limits_{n=1}^{\infty}\dfrac{1}{n}$发散，故$\sum\limits_{n=1}^{\infty}\dfrac{\ln n}{n}$发散.

**3.** 绝对收敛，因为$\left|\dfrac{\cos n\theta}{n\sqrt{n+1}}\right|<\dfrac{1}{n^{\frac{3}{2}}}$，而$\sum\limits_{n=1}^{\infty}\dfrac{1}{n^{\frac{3}{2}}}$收敛.

**四、1.** $[-2,2)$，因为$\lim\limits_{n\to\infty}\left|\dfrac{1}{(n+1)2^{n+1}}\Big/\dfrac{1}{n\cdot 2n}\right|=\dfrac{1}{2}$，$R=2$，$x=2$时，$\sum\limits_{n=1}^{\infty}\dfrac{1}{n}$

发散；$x=-2$ 时，$\sum\limits_{n=1}^{\infty}\frac{(-1)^n}{n}$ 收敛.

**2.** $\left[-\frac{1}{3},\frac{1}{3}\right]$，$\lim\limits_{n\to\infty}\left|\frac{3^{n+1}}{(n+1)^2}\Big/\frac{3^n}{n^2}\right|=3$. $x=\pm\frac{1}{3}$时，级数皆绝对收敛，而

$\lim\limits_{n\to\infty}\left|\frac{1}{(n+1)^{n+1}}\Big/\frac{1}{n^n}\right|=\lim\limits_{n\to\infty}\frac{1}{\left(\frac{n+1}{n}\right)^n}\cdot\frac{1}{(n+1)}=0$，当 $x\in(-\infty,+\infty)$时，收敛.

**3.** $(-\infty,1)$及$(3,+\infty)$，$\lim\limits_{n\to\infty}\left|\frac{\sqrt{n+1}}{(x-2)^{n+1}}\Big/\frac{\sqrt{n}}{(x-2)^n}\right|=\frac{1}{|x-2|}$.

五、$\sum\limits_{n=0}^{\infty}\left(\frac{1}{2^{n+1}}-\frac{1}{3^{n+1}}\right)(x+4)^n\quad(-6<x<-2)$.

$\frac{1}{x^2+3x+2}=\frac{1}{x+1}-\frac{1}{x+2}=-\frac{1}{3}\frac{1}{1-\frac{x+4}{3}}-\frac{1}{2}\frac{1}{1-\frac{x+4}{2}}$.

六、1）$\sum\limits_{n=1}^{\infty}\frac{\sin 2nx}{2n}(0<x<\pi)$，将$f(x)$奇延拓，$a_n=0$，$n=0,1,2,\cdots$，

$b_n=\frac{2}{\pi}\int_0^{\pi}\left(\frac{\pi}{4}-\frac{x}{2}\right)\sin nx\mathrm{d}x(n=1,2,\cdots)$.

2）$\sum\limits_{n=1}^{\infty}\frac{2\cos(2n-1)x}{(2n-1)^2\pi}(0<x<\pi)$，将$f(x)$偶延拓，$b_n=0$，$n=1,2,\cdots$，

$a_n=\int_0^{\pi}\left(\frac{\pi}{4}-\frac{x}{2}\right)\cos nx\mathrm{d}x(n=0,1,2,\cdots)$.

七、$\frac{1}{2}\left(\arctan x-\frac{1}{2}\ln\frac{1-x}{1+x}\right)(-1<x<1)$. $s'(x)=1+x^4+x^8+\cdots+x^{4n-4}+\cdots$

$=\frac{1}{1-x^4}$，$s(0)=0$，$s(x)=\int_0^x\frac{1}{1-x^4}\mathrm{d}x$.

八、$\lim\limits_{n\to\infty}\sqrt[n]{|u_n(x)|}=\lim\limits_{n\to\infty}\sqrt[n]{\left|\frac{4n^2+4n+3}{2n+1}x^{2n}\right|}=\lim\limits_{n\to\infty}\sqrt[n]{2nx^{2n}}=x^2<1$，可得 $-1<x<1$

当 $x=\pm1$，可得级数 $\sum\limits_{n=0}^{\infty}\frac{4n^2+4n+3}{2n+1}$，显然发散，故收敛域为 $-1<x<1$，且 $s(0)=3$；

$\sum\limits_{n=0}^{\infty}\frac{4n^2+4n+3}{2n+1}x^{2n}=\sum\limits_{n=0}^{\infty}\frac{(2n+1)^2+2}{2n+1}x^{2n}=\sum\limits_{n=0}^{\infty}(2n+1)x^{2n}+\sum\limits_{n=0}^{\infty}x^{2n}+$

$2\sum\limits_{n=0}^{\infty}\dfrac{1}{2n+1}x^{2n}=s_1(x)+s_2(x)$ 因 $s_1(x)=\sum\limits_{n=0}^{\infty}(2n+1)x^{2n}$，可得

$\int_0^x s_1(t)\mathrm{d}t=\sum\limits_{n=0}^{\infty}\int_0^x(2n+1)t^{2n}\mathrm{d}t=\sum\limits_{n=0}^{\infty}t^{2n+1}\Big|_0^x=\sum\limits_{n=0}^{\infty}x^{2n+1}=x\sum\limits_{n=0}^{\infty}(x^2)^n=\dfrac{x}{1-x^2}$，

即 $s_1(x)=\left(\dfrac{x}{1-x^2}\right)'=\dfrac{1+x^2}{(1-x^2)^2}$；$xs_2(x)=2\sum\limits_{n=0}^{\infty}\dfrac{1}{2n+1}x^{2n+1}$，可得

$[xs_2(x)]'=2\sum\limits_{n=0}^{\infty}\left(\dfrac{1}{2n+1}x^{2n+1}\right)'=2\sum\limits_{n=0}^{\infty}x^{2n}=2\sum\limits_{n=0}^{\infty}(x^2)^n=\dfrac{2}{1-x^2}$，

可得 $xs_2(x)=\int_0^x\dfrac{2}{1-t^2}\mathrm{d}t=2\arctan x$，可得当 $x\neq0$ 时，$s_2(x)=\dfrac{2\arctan x}{x}$，

则 $\sum\limits_{n=0}^{\infty}\dfrac{4n^2+4n+3}{2n+1}x^{2n}=\begin{cases}\dfrac{1+x^2}{(1-x^2)^2}+\dfrac{2\arctan x}{x} & x\in(-1,1)\text{且}x\neq0\\ 3 & x=0\end{cases}$.

九、1. 用比值法，令 $b_n=u_n^{-1}$ 求 $\lim\limits_{n\to\infty}\dfrac{b_{n+1}}{b_n}$ 进行判定；

2. 由不等式 $xy\leqslant\dfrac{1}{2}(x^2+y^2)$ 即可得到.

# 第十二章　微 分 方 程

## 第一节　常微分方程的基本概念

### 一、内容提要

含有未知函数导数(或微分)的方程称为微分方程. 如果微分方程中所出现的未知函数只含一个自变量则称为常微分方程.

微分方程中出现的各阶导数中最高的阶数称为微分方程的阶. $n$ 阶微分方程的一般形式为

$$F(x, y, y', \cdots, y^{(n)})=0.$$

如果区间 $I$ 上函数 $y=\varphi(x)$ 满足微分方程，就称该函数为微分方程在区间 $I$ 上的解.

如果微分方程的解含有任意常数，且其相互独立的任意常数的个数与微分方程的阶数相同，则称该解为微分方程的通解.

如果指定通解中的任意常数等于某一组固定的常数，则得到微分方程的一个解，称之为特解. 确定微分方程某一定解的条件称为微分方程的定解条件，常见的定解条件为初值条件. 一般地，$n$ 阶微分方程的初始条件为：$y|_{x=x_0}=y_0$，$y'|_{x=x_0}=y_0'$，$\cdots$，$y^{(n-1)}|_{x=x_0}=y_0^{(n-1)}$，其中 $y_0$，$y_0'$，$\cdots$，$y_0^{(n-1)}$ 为已知数.

### 二、重点、难点分析

1. 微分方程的解通常有下面的三种形式：(1)显式解，即用 $y=f(x)$ 或 $x=g(y)$ 表示的解；(2)隐式解，即由方程 $\Phi(x, y)=0$ 所确定的函数关系；(3)参数方程解，即由参数方程 $x=x(t)$，$y=y(t)$ 所确定的函数关系式.

2. 微分方程的通解并不一定包含微分方程的所有解. 某些微分方程还有这样一种解，它不包含在通解中. 也就是说，在通解中任意常数不论取怎样一组数，都不能得到这种解，这样的解称为方程的奇解. 这种解必须单独求出. 如微分方程 $\dot{y}^2+y^2-1=0$ 的通解是 $y=\sin(x+C)$，但 $y=\pm 1$ 也是方程的解. 无论通解中的 $C$ 取何值，后者都不包含在通解中.

3. 值得指出的是一个微分方程在不同的区间上的解可以是两个不同的函数，它们的表达式不一定相同. 如：容易验证函数 $y=\arccos\dfrac{1}{x}+C$ 是微分方程

$\dot{y}=\dfrac{1}{x\sqrt{x^2-1}}$在区间$I=(1,\ +\infty)$内的通解；而函数$y=\arcsin\dfrac{1}{x}+C$是该微分方程在区间$I=(-\infty,\ -1)$内的通解.

## 第二节　一阶微分方程

### 一、内容提要

1. 可分离变量方程：形如$\dfrac{dy}{dx}=f(x)g(y)$或$M_1(x)M_2(y)dx+N_1(x)N_2(y)dy=0$的方程称为可分离变量方程. 其求解的一般步骤为(1) 变量分离，将原方程化为$\dfrac{M_1(x)}{N_1(x)}dx=-\dfrac{N_2(y)}{M_2(y)}dy$；(2) 两端积分可得通解：$\int\dfrac{M_1(x)}{N_1(x)}dx+\int\dfrac{N_2(y)}{M_2(y)}dy=C$($C$为任意常数).

2. 齐次微分方程：能化为$y'=f\left(\dfrac{y}{x}\right)$的微分方程成为齐次方程. 其求解的一般步骤为：令$u=\dfrac{y}{x}$，则$y'=u+xu'$，可将原方程化为可分离变量的方程$xu'=f(u)-u$，因而能够求得通解. 再用$\dfrac{y}{x}$代替$u$，便得所给齐次微分方程的通解.

3. 一阶线性微分方程：形如$y'+P(x)y=Q(x)$的方程称为一阶线性微分方程. 其求解的一般方法用常数变易法或直接利用通解的公式$y=e^{-\int P(x)dx}\left[\int Q(x)e^{\int P(x)dx}dx+C\right]$.

4. 贝努里方程：形如$y'+P(x)y=Q(x)y^n$的方程($n\neq0,1$)称为贝努里方程. 其求解的一般步骤为：作变量代换$z=y^{1-n}$，$z'=(1-n)y^{-n}y'$，从而将原方程化为一阶线性方程$z'+(1-n)P(x)z=(1-n)Q(x)$求解.

5. 全微分方程：当$P(x,\ y)$，$Q(x,\ y)$满足$\dfrac{\partial Q}{\partial x}=\dfrac{\partial P}{\partial y}$时，方程$P(x,\ y)dx+Q(x,\ y)dy=0$称为全微分方程，其通解为$\int_{x_0}^{x}P(x,y)dx+\int_{y_0}^{y}Q(x,y)dy=C$. 亦可用分项，合并凑微分的方法求出通解.

### 二、重点、难点分析

1. 用变量可分离的方法解微分方程时将$\dfrac{dy}{dx}=f(x)g(x)$变成$\dfrac{dy}{g(y)}=f(x)dx$时，$g(y)$是不能为零的. 若$g(y)=0$有根$y=k$，则$y=k$必是原方程的解. 在用变

量分离法求解的过程中会失去这个特解，因此如果要求出全部解，必须将这些解列出来.

2. 解齐次微分方程时，其关键在于利用变量代换或换元将原方程化为变量可分离的方程来求解. 在应用变量分离法的时候同1需要考虑"失解"现象.

3. 对于一阶非齐次线性方程 $y' + P(x)y = Q(x)$ 通解 $y = e^{-\int P(x)dx}\left[\int Q(x)e^{\int P(x)dx}dx + C\right]$ 是该方程的一个特解 $y = e^{-\int P(x)dx}\left[\int Q(x)e^{\int P(x)dx}dx\right]$ 与其所对应的齐次方程的通解 $y = Ce^{-\int P(x)dx}$ 之和.

4. 常见的一些全微分公式

(1) $dx \pm dy = d(x \pm y)$；　(2) $xdy + ydx = d(xy)$；

(3) $\dfrac{ydx - xdy}{x^2 + y^2} = d\left(\arctan\dfrac{x}{y}\right)$；　(4) $\dfrac{xdx + ydy}{\sqrt{x^2 + y^2}} = d(\sqrt{x^2 + y^2})$；

(5) $\dfrac{xdy - ydx}{xy} = d\left(\ln\dfrac{y}{x}\right)$；　(6) $\dfrac{xdy + ydx}{xy} = d(\ln xy)$；

(7) $\dfrac{ydx + xdy}{x^2 + y^2} = d\left(\dfrac{1}{2}\ln(x^2 + y^2)\right)$；　(8) $\dfrac{ydx - xdy}{y^2} = d\left(\dfrac{x}{y}\right)$；

(9) $xy^2dx + x^2ydy = d\left(\dfrac{x^2y^2}{2}\right)$.

5. 若存在函数 $\mu(x, y)$ 使得 $\mu P(x, y)dx + \mu Q(x, y)dy = 0$ 成为全微分方程，此时称函数 $\mu(x, y)$ 为方程 $P(x, y)dx + Q(x, y)dy = 0$ 的积分因子. 求积分因子的方法常用观察法，特别的在下列几种情形，方程 $P(x, y)dx + Q(x, y)dy = 0$ 的积分因子容易求出：

若 $xP + yQ = 0$，则 $\mu(x, y) = \dfrac{1}{xP - yQ}$；

若 $xP - yQ = 0$，则 $\mu(x, y) = \dfrac{1}{xP + yQ}$；

若 $\dfrac{1}{Q}\left(\dfrac{\partial P}{\partial y} - \dfrac{\partial Q}{\partial x}\right) = F(x)$（这里 $F(x)$ 只是 $x$ 的函数），这里积分因子也只是 $x$ 的函数，且可由式 $\mu(x) = e^{\int F(x)dx}$ 确定；

若 $\dfrac{1}{P}\left(\dfrac{\partial P}{\partial y} - \dfrac{\partial Q}{\partial x}\right) = G(y)$（这里 $G(y)$ 只是 $y$ 的函数），这里积分因子也只是 $y$ 的函数，且可由式 $\mu(y) = e^{-\int G(y)dx}$ 确定.

6. 对于任给一微分方程解题时应注意以下两点：(1) 绝大多数一阶常微分方程无法用初等积分法求出其解，只有少数常见的几类方程能用初等积分法来求

解，因此判断给定方程属于什么类型非常重要.（2）在判断给定的一阶微分方程时，一般考虑以$y$为因变量$x$为自变量，或者将$y$看作自变量$x$取作未知函数，按可分离变量、一阶线性、齐次、贝努里、全微分的顺序判断. 值得注意的是，有些一阶方程不属于上述几类中的任何一类，但经变量代换后可化为其中的一类，因而可解.

**三、典型例题**

**例1** 求微分方程$y'=-\frac{x}{y}$的通解.

**解** 分离变量得 $y\mathrm{d}y=-x\mathrm{d}y$. 两端积分 $\int y\mathrm{d}y=-\int x\mathrm{d}x$，得通解$\frac{1}{2}y^2=-\frac{1}{2}x^2+C_1$（$C_1$为任意常数）或$x^2+y^2=C(C=2C_1)$，显然$C>0$.（当$C=0$时，$x=0$，$y=0$不能代入微分方程，当$C<0$时，在实数范围内通解无意义.）故所给微分方程的通解为$x^2+y^2=C$，其中任意常数$C>0$.

**注** 解微分方程所得结果是否正确，也就是说，所得结果是否为微分方程的解，可以验证. 由$x^2+y^2=C$得$2x\mathrm{d}x+2y\mathrm{d}y=0$，因而$y'=-\frac{x}{y}$，所以$x^2+y^2=C$是原方程的解. 原方程是一阶方程，而$x^2+y^2=C$中含有一个任意常数，故$x^2+y^2=C$是原方程的通解.

**例2** 求微分方程$x(y^2-1)\mathrm{d}x+y(x^2-1)\mathrm{d}y=0$的通解.

**解** 分离变量可得方程$\frac{y}{y^2-1}\mathrm{d}y=-\frac{x}{x^2-1}\mathrm{d}x$. 两端积分$\int\frac{y}{y^2-1}\mathrm{d}y=-\int\frac{x}{x^2-1}\mathrm{d}x$得方程的通解$\frac{1}{2}\ln|y^2-1|=-\frac{1}{2}\ln|x^2-1|+C_1$（$C_1$为任意常数）或$\ln|(x^2-1)(y^2-1)|=C_2(C_2=2C_1)$. 此外，$x^2-1=0$的根$x=1$，$x=-1$及$y^2-1=0$的根$y=1$，$y=-1$皆为原方程的解，但不包含在方程的通解中（对数的真数不能等于零）. 现将$\ln|(x^2-1)(y^2-1)|=C_2$改写成$|(x^2-1)(y^2-1)|=C_3$ $(C_3=\mathrm{e}^{C_2}>0)$. 则$x=1$，$x=-1$及$y=1$，$y=-1$可包含在通解中，但此时须有$C_3=0$. 故微分方程的通解为

$$(x^2-1)(y^2-1)=C(C=\pm C_3),$$

其中$C$为任意常数.

**例3** 求微分方程$(xy^2+x)\mathrm{d}x+(x^2y-y)\mathrm{d}y=0$满足初始条件$y(0)=1$的特解.

**解** 分离变量可得方程$\frac{y}{y^2+1}\mathrm{d}y=-\frac{x}{x^2-1}\mathrm{d}x$，两端积分得$\ln|y^2+1|=$

$-\ln|x^2-1|+C_1$，故通解为$(x^2-1)(y^2+1)=C$. 将$y(0)=1$代入通解，得$C=-2$，于是所求特解为$(x^2-1)(y^2+1)=-2$.

**例 4**　求方程$(x+y)\mathrm{d}x+(x-y)\mathrm{d}y=0$的通解.

**解**　方程可化为$\frac{\mathrm{d}y}{\mathrm{d}x}=\frac{x+y}{y-x}$或$\frac{\mathrm{d}y}{\mathrm{d}x}=\frac{1+\frac{y}{x}}{\frac{y}{x}-1}$. 显然该方程为齐次方程. 现令$y=xu$，则$\frac{\mathrm{d}y}{\mathrm{d}x}=u+x\frac{\mathrm{d}u}{\mathrm{d}x}$，代入方程可得方程$u+x\frac{\mathrm{d}u}{\mathrm{d}x}=\frac{1+u}{u-1}$或$x\frac{\mathrm{d}u}{\mathrm{d}x}=\frac{1+u}{u-1}-u$. 分离变量可得$\frac{u-1}{1+2u-u^2}\mathrm{d}u=\frac{\mathrm{d}x}{x}$. 两端积分得$\ln|(1+2u-u^2)x^2|=C_1$，即$x^2(1+2u-u^2)=C$，其中$C=\pm\mathrm{e}^{C_1}$. 将$u=\frac{y}{x}$代入得$x^2+2xy-y^2=C(C\neq0)$，对方程$x^2+2xy-y^2=0$两端对$x$求导，得$2x+2y+2x\frac{\mathrm{d}y}{\mathrm{d}x}-2y\frac{\mathrm{d}y}{\mathrm{d}x}=0$，即$(x+y)\mathrm{d}x+(x-y)\mathrm{d}y=0$. 因而该方程的通解为$x^2+2xy-y^2=C$，其中$C$为任意常数.

**注**　在解题过程中，用到$y-x\neq0$，$x\neq0$，$1+2u-u^2\neq0$（即$x^2+2xy-y^2\neq0$）. 事实上，很容易验证$y=x$及$x=0$皆不能使原方程成为恒等式，因而不是方程的解.

**例 5**　曲线上任一点处的切线与$x$轴的交点到切点的距离等于该交点到坐标原点的距离，且曲线过点(2，2)，求曲线方程.

**解**　设曲线方程$y=y(x)$，$(x,y)$为曲线上点，则过点$(x,y)$的切线方程为$Y-y=y'(X-x)$，其中$(X,Y)$为切线上动点的坐标. 令$Y=0$得切线与$x$轴交点的横坐标$X=x-\frac{y}{y'}$，由所给条件得微分方程

$$\left[\left(x-\frac{y}{y'}\right)-x\right]^2+(0-y)^2=\left[\left(x-\frac{y}{y'}\right)-0\right]^2+(0-0)^2$$

化简得$y'=\frac{2xy}{x^2-y^2}$，即$\frac{\mathrm{d}y}{\mathrm{d}x}=\frac{2\left(\frac{y}{x}\right)^2}{1-\left(\frac{y}{x}\right)^2}$. 因为初始条件为$y|_{x=2}=2$，现令$y=xu$，则$\frac{\mathrm{d}y}{\mathrm{d}x}=u+x\frac{\mathrm{d}u}{\mathrm{d}x}$，代入方程可得$x\frac{\mathrm{d}u}{\mathrm{d}x}=\frac{u+u^3}{1-u^2}$. 分离变量得$\frac{1-u^2}{u(1+u^2)}\mathrm{d}u=\frac{\mathrm{d}x}{x}$，两端积分得

$$\int\frac{1-u^2}{u(1+u^2)}\mathrm{d}u=\int\frac{\mathrm{d}x}{x},$$

解得 $\ln|u| - \ln|1+u^2| = \ln|x| - \ln|C|$ $(C\neq 0)$，即$\dfrac{x(1+u^2)}{u}=C$. 由于 $u=\dfrac{y}{x}$，所以原方程的通解为$\dfrac{x\left(1+\dfrac{y^2}{x^2}\right)}{\dfrac{y}{x}}=C$，即 $x^2+y^2=Cy$. 将初始条件 $y(2)=2$ 代入通解得 $C=4$，故所求曲线为 $x^2+y^2=4y$，即 $x^2+(y-2)^2=4$.

**注** 本例解题过程中，积分后的任意常数一开始就写成 $-\ln|C|$ $(C\neq 0)$，这是为了在以后的变形中避免使用 $C_1$，$C_2$，…等新字母. 积分后，任意常数究竟写成什么形式，要通过作题慢慢体会. 本例还提醒我们，齐次方程经变量代换后，常会出现有理分式函数的积分，这时应将有理分式函数分解成若干个最简分式之和.

**例 6** 求微分方程 $y'-\dfrac{1}{x}y=x^2$ 的通解.

**解** 此方程为一阶线性微分方程，对应齐次方程为 $y'-\dfrac{1}{x}y=0$，其通解为 $y=Cx$. 现将常数 $C$ 换成待定函数 $u(x)$，即 $y=u(x)\cdot x$，则有 $y'=u+xu'$. 将其代入非齐次方程可得$(u+xu')-\dfrac{1}{x}u\cdot x=x^2$，即$\dfrac{\mathrm{d}u}{\mathrm{d}x}=x$，积分得 $u(x)=\dfrac{1}{2}x^2+C_1$. 故原方程的通解为 $y=\dfrac{1}{2}x^3+C_1x$（$C_1$ 为任意常数）.

**例 7** 求方程 $y^2\mathrm{d}x-(2xy+3)\mathrm{d}y=0$ 的通解.

**【分析】** 观察此题，它不是可分离变量的方程. 而且若取 $x$ 为自变量，$y$ 为未知函数，那么它也不是一阶线性方程. 但是若取 $y$ 为自变量，$x$ 为未知函数，则方程为一阶线性方程.

**解** 将方程化为$\dfrac{\mathrm{d}x}{\mathrm{d}y}-\dfrac{2}{y}x=\dfrac{3}{y^2}$，显然上面的方程是一阶非齐次线性微分方程，其中 $P(y)=-\dfrac{2}{y}$，$Q(y)=\dfrac{3}{y^2}$. 用通解公式 $x=\mathrm{e}^{-\int P(y)\mathrm{d}y}\left[\int Q(y)\mathrm{e}^{\int P(y)\mathrm{d}y}\mathrm{d}y+C\right]$ 得原方程的通解

$$x=\mathrm{e}^{-\int -\frac{2}{y}\mathrm{d}y}\left[\int \frac{3}{y^2}\mathrm{e}^{\int -\frac{2}{y}\mathrm{d}y}\mathrm{d}y+C\right]=-\frac{1}{y}+Cy,$$

其中 $C$ 为任意常数.

**例 8** 求方程 $y'-\dfrac{4}{x}y=x\sqrt{y}$的通解.

**解**　方程为贝努里方程$\left(n=\frac{1}{2}\right)$. 该方程可化为$y^{-\frac{1}{2}}y'-\frac{4}{x}y^{\frac{1}{2}}=x$. 令$z=y^{\frac{1}{2}}$，则$\frac{\mathrm{d}z}{\mathrm{d}x}=\frac{1}{2}y^{-\frac{1}{2}}\frac{\mathrm{d}y}{\mathrm{d}x}$，代入方程$2\frac{\mathrm{d}z}{\mathrm{d}x}-\frac{4}{x}z=x$，即$\frac{\mathrm{d}z}{\mathrm{d}x}-\frac{2}{x}z=\frac{x}{2}$. 故通解为

$$z=\mathrm{e}^{\int\frac{2}{x}\mathrm{d}x}\left[\int\frac{x}{2}\mathrm{e}^{\int-\frac{2}{x}\mathrm{d}x}\mathrm{d}x+C\right]=x^2\left[\int\frac{x}{2}\cdot\frac{1}{x^2}\mathrm{d}x+C\right]=\frac{x^2}{2}\ln x+Cx^2,$$

于是原方程的通解为$y=z^2=x^4\left(\frac{1}{2}\ln x+C\right)^2$（$C$为任意常数）.

**例9**　求方程$y\frac{\mathrm{d}y}{\mathrm{d}x}=y^2-2x$满足初始条件$y(0)=1$的特解.

**【分析】**　此方程既不是可分离变量的微分方程、齐次方程，也不是一阶线性方程. 即取$y$为自变量，$x$为未知函数也不行. 但是方程中有$y^2$和$y\frac{\mathrm{d}y}{\mathrm{d}x}$，而$\frac{\mathrm{d}(y^2)}{\mathrm{d}x}=2y\frac{\mathrm{d}y}{\mathrm{d}x}$，故可作变换$z=y^2$化简方程.

**解**　令$z=y^2$，则$\frac{\mathrm{d}z}{\mathrm{d}x}=2y\frac{\mathrm{d}y}{\mathrm{d}x}$，代入方程得$\frac{1}{2}\frac{\mathrm{d}z}{\mathrm{d}x}=z-2x$，即$\frac{\mathrm{d}z}{\mathrm{d}x}-2z=-4x$，其通解为

$$z=\mathrm{e}^{-\int-2\mathrm{d}x}\left[\int-4x\mathrm{e}^{\int-2\mathrm{d}x}\mathrm{d}x+C\right]=2x+1+C\mathrm{e}^{2x},$$

所以原方程通解为$y=\pm\sqrt{2x+1+C\mathrm{e}^{2x}}$. 将初始条件$y(0)=1$代入可解得$C=0$，故所求特解为$y=\sqrt{2x+1}$.

**例10**　求方程$y^3\mathrm{d}x+2(x^2-xy^2)\mathrm{d}y=0$的通解.

**【分析】**　此题中，若以$y$为自变量，$x$为未知函数，方程化为$\frac{\mathrm{d}x}{\mathrm{d}y}-\frac{2}{y}x=-\frac{2}{y^3}x^2$是贝努里方程，可以解出. 但是根据方程的特点，亦可令$x=u^2$，则$y^3\mathrm{d}x=2y^3u\mathrm{d}u$，而$2(x^2-xy^2)\mathrm{d}y=2(u^4-u^2y^2)\mathrm{d}y$，于是$\mathrm{d}u$与$\mathrm{d}y$的系数关于$u$、$y$的次数和皆为四次，故可化为齐次方程.

**解**　令$x=u^2$，则$\mathrm{d}x=2u\mathrm{d}u$，方程化为$2y^3u\mathrm{d}u+2(u^4-u^2y^2)\mathrm{d}y=0$，整理得$\frac{\mathrm{d}y}{\mathrm{d}u}=\frac{\left(\frac{y}{u}\right)^3}{\left(\frac{y}{u}\right)^2-1}$. 令$\frac{y}{u}=z$，即$y=uz$，则$\frac{\mathrm{d}y}{\mathrm{d}u}=z+u\frac{\mathrm{d}z}{\mathrm{d}u}$，代入方程$z+u\frac{\mathrm{d}z}{\mathrm{d}u}=\frac{z^3}{z^2-1}$，即$u\frac{\mathrm{d}z}{\mathrm{d}u}=\frac{z}{z^2-1}$，分离变量得$\frac{z^2-1}{z}\mathrm{d}z=\frac{1}{u}\mathrm{d}u$，两端积分得$\frac{1}{2}z^2-\ln z=\ln u+\frac{1}{2}\ln C$，

即$\frac{y^2}{u^2}=\ln(Cy^2)$. 故原方程的通解为 $y^2=x\ln(Cy^2)$，其中 $C$ 为任意常数.

**例 11** 求方程$(x^2-y)\mathrm{d}x-x\mathrm{d}y=0$ 的通解.

**解** 令 $P(x, y)=x^2-y$，$Q(x, y)=-x$，则有$\frac{\partial Q}{\partial x}=-1=\frac{\partial P}{\partial y}$. 原方程为全微分方程，将方程化为 $x^2\mathrm{d}x-y\mathrm{d}x-x\mathrm{d}y=0$，即 $\mathrm{d}\left(\frac{1}{3}x^3-xy\right)=0$. 于是方程的通解为$\frac{1}{3}x^3-xy=C$，其中 $C$ 为任意常数.

**例 12** 求微分方程$(x\cos y+\cos x)y'-y\sin x+\sin y=0$ 的通解.

**解** 原方程可化为$(-y\sin x+\sin y)\mathrm{d}x+(x\cos y+\cos x)\mathrm{d}y=0$. 现令 $P(x, y)=-y\sin x+\sin y$，$Q(x, y)=x\cos y+\cos x$，则有$\frac{\partial Q}{\partial x}=\cos y-\sin x=\frac{\partial P}{\partial y}$，故原方程为全微分方程. 整理原方程得 $-y\sin x\mathrm{d}x+\sin y\mathrm{d}x+x\cos y\mathrm{d}y+\cos x\mathrm{d}y=0$，即$(\sin y\mathrm{d}x+x\mathrm{d}\sin y)+(y\mathrm{d}\cos x+\cos x\mathrm{d}y)=0$. 用微分四则运算法则将方程化为 $\mathrm{d}(x\sin y)+\mathrm{d}(y\cos x)=0$，于是方程的通解为 $x\sin y+y\cos x=C$，其中 $C$ 为任意常数.

**例 13** 求微分方程$\frac{2x}{y^3}\mathrm{d}x+\frac{y^2-3x^2}{y^4}\mathrm{d}y=0$ 的通解.

**解** 现令 $P(x, y)=\frac{2x}{y^3}$，$Q(x, y)=\frac{y^2-3x^2}{y^4}$，则有$\frac{\partial Q}{\partial x}=-\frac{6x}{y^4}=\frac{\partial P}{\partial y}$，故原方程为全微分方程. 现用曲线积分求原函数 $u(x, y)$，由曲线积分可得

$$\begin{aligned}u(x, y)&=\int_0^1\frac{2x}{1^3}\mathrm{d}x+\int_1^y\frac{y^2-3x^2}{y^4}\mathrm{d}y=x^2+\left[-\frac{1}{y}+\frac{x^2}{y^3}\right]\Bigg|_1^y\\&=x^2+\left[\left(-\frac{1}{y}+\frac{x^2}{y^2}\right)-(-1+x^2)\right]\\&=\frac{x^2}{y^3}-\frac{1}{y}+1,\end{aligned}$$

(因为被积函数的分母有因子 $y$，因而积分路径不通过 $x$ 轴，积分的起点当然不能取 $y_0=0$. )方程的通解为 $u(x, y)=C$，即$\frac{x^2}{y^3}-\frac{1}{y}+1=C$，其中 $C$ 为任意常数.

**例 14** 求微分方程$\frac{y}{x}\mathrm{d}x+(y^3-\ln x)\mathrm{d}y=0$ 的通解.

**解** 现令 $P(x, y)=\frac{y}{x}$，$Q(x, y)=y^3-\ln x$，则有$\frac{\partial Q}{\partial x}=-\frac{1}{x}$，$\frac{\partial P}{\partial y}=\frac{1}{x}$. 由于$\frac{\partial Q}{\partial x}\neq\frac{\partial P}{\partial y}$故原方程不是全微分方程，但方程可化为 $y\mathrm{d}(\ln x)+y^3\mathrm{d}y-\ln x\mathrm{d}y=0$. 若

方程两端乘以$\frac{1}{y^2}$，则$\frac{1}{y}\mathrm{d}(\ln x)-\frac{\ln x}{y^2}\mathrm{d}y+y\mathrm{d}y=0$，即 $\mathrm{d}\left(\frac{\ln x}{y}\right)+\mathrm{d}\left(\frac{y^2}{2}\right)=0$. 该方程为全微分方程，其通解为$\frac{\ln x}{y}+\frac{y^2}{2}=C$，其中 $C$ 为任意常数，此外 $y=0$ 也是原方程的一个特解.

**例 15**　求函数$f(x)$，使其满足$f(x)=2\int_0^x f(t)\mathrm{d}t+x^2$.

**解**　对原方程两端关于 $x$ 求导得

$$f'(x)+2f(x)=2x.$$

由一阶线性微分方程的通解公式可得

$$f(x)=\mathrm{e}^{-\int 2\mathrm{d}x}\left(\int 2x\mathrm{e}^{\int 2\mathrm{d}x}\mathrm{d}x+C\right)=C\mathrm{e}^{-2x}+x-\frac{1}{2}.$$

又 $f(0)=0$，故 $C=\frac{1}{2}$，从而所求函数为$f(x)=\frac{1}{2}\mathrm{e}^{-2x}+x-\frac{1}{2}$.

**例 16**　在过原点和点(2，3)的单调光滑曲线上任取一点，作两坐标轴的平行线，其中一条平行线与 $x$ 轴及曲线围成的图形的面积是另一条平行线与 $y$ 轴及曲线围成面积的两倍，求此曲线方程.

**解**　设曲线方程为 $y=f(x)$，在曲线上任取一点$(x,f(x))$，则有

$$\int_0^x f(t)\mathrm{d}t=2\left[xf(x)-\int_0^x f(t)\mathrm{d}t\right].$$

上式两端对 $x$ 求导得$f(x)=2xf'(x)$，由此解出$f(x)=C\sqrt{x}$. 由$f(2)=3$，解得$C=\frac{3}{\sqrt{2}}$，故$f(x)=\frac{3}{\sqrt{2}}\sqrt{x}$.

**例 17**　设物体 $A$ 从点(0，1)出发，以速度大小为常数 $v$ 沿 $y$ 轴的正向运动，物体 $B$ 从点(−1，0)与 $A$ 同时出发，其速度大小为 $2v$，方向始终指向 $A$，试建立物体 $B$ 的运动轨迹所满足的微分方程.

**解**　设在时刻 $t$，$B$ 点位于$(x,y)$点处，$A$ 点的出发时间为 $t=0$，由题意$2v=\sqrt{\left(\frac{\mathrm{d}x}{\mathrm{d}t}\right)^2+\left(\frac{\mathrm{d}y}{\mathrm{d}t}\right)^2}$，从而 $2v=\sqrt{1+\left(\frac{\mathrm{d}y}{\mathrm{d}x}\right)^2}\frac{\mathrm{d}x}{\mathrm{d}t}$. 另一方面，又因为$\frac{\mathrm{d}y}{\mathrm{d}x}=\frac{y-(1+vt)}{x}$，两边对 $x$ 求导得 $x\frac{\mathrm{d}^2y}{\mathrm{d}x^2}=-v\frac{\mathrm{d}t}{\mathrm{d}x}$. 所以所求的微分方程为

$$x\frac{\mathrm{d}^2y}{\mathrm{d}x^2}+\frac{1}{2}\sqrt{1+\left(\frac{\mathrm{d}y}{\mathrm{d}x}\right)^2}=0,$$

或者为$4x^2(y'')^2-y'^2=1$，初始条件为$y|_{x=-1}=0$，$y'|_{x=1}=1$.

## 第三节　可降阶的高阶微分方程

**一、内容提要**

1. $y^{(n)}=f(x)$型的微分方程，只须积分 $n$ 次可得通解.

2. $y''=f(x, y')$型(不显含 $y$)的微分方程，可令 $y'=p$，$y''=\frac{dp}{dx}$将方程降阶化为 $p'=f(x, p)$求出 $p=p(x, C_1)$后，再积分得原方程的通解.

3. $y''=f(y, y')$型(不显含 $x$)的微分方程，可令 $y'=p$，则有 $y''=\frac{dp}{dx}=\frac{dp}{dy}\cdot\frac{dy}{dx}=p\frac{dp}{dy}$将方程降阶化为一阶方程 $p\frac{dp}{dy}=f(y, p)$，解出 $p=p(C_1, y)$，再从方程 $y'=p(C_1, y)$求出原方程的通解.

**二、重点、难点分析**

1. 形如 $y^{(n)}=f(x, y^{(n-1)})$的高阶方程可类似内容提要中 2 的方法降阶.

2. 求特解时，并不一定要在求出通解以后再利用初始条件定出任意常数. 当积分一次出现一个常数而用初始条件能够确定它时，就将它定下来，这样可以减少计算量，具体的例子见例 4.

**三、典型例题**

**例 1**　求微分方程 $y'''=\cos x$ 的通解.

**解**　两端积分得 $y''=\sin x+2C_1$，再积分一次得 $y'=-\cos x+2C_1x+C_2$. 于是，方程通解为 $y=-\sin x+C_1x^2+C_2x+C_3$，其中 $C_1$，$C_2$，$C_3$ 为任意常数.

**例 2**　求方程 $y''=y'+x$ 的通解.

**解**　方程中不显含 $y$，令 $y'=p$，则 $y''=p'$，方程可化为 $p'=p+x$，即 $p'-p=x$，该方程为一阶非齐次线性方程，通解为

$$p(x)=e^{-\int -dx}\left[\int xe^{\int -dx}dx+C_1\right]$$

$$=e^x\left[\int xe^{-x}dx+C_1\right]=e^x[-e^{-x}(x+1)+C_1]=-(x+1)+C_1e^x,$$

再积分得原方程的通解 $y=-\frac{x^2}{2}-x+C_1e^x+C_2$($C_1$，$C_2$ 为任意常数).

**例 3**　求微分方程 $y^{(5)}-\frac{1}{x}y^{(4)}=0$ 的通解.

**解**　令 $y^{(4)}=p$，则 $y^{(5)}=p'$，方程化为 $p'-\frac{1}{x}p=0$. 分离变量得$\frac{dp}{p}=\frac{dx}{x}$，两端积分得 $p=Cx$，逐次积分四次，得原方程通解 $y=C_1x^5+C_2x^4+C_3x^3+C_4x+C_5$，其中 $C_1$，$C_2$，$C_3$，$C_4$，$C_5$ 为任意常数.

**例 4**　求微分方程 $y''+\frac{e^{y^2}}{y^2}y'-2yy'^2=0$ 满足初始条件 $y\left(-\frac{1}{2e}\right)=1$，$y'\left(-\frac{1}{2e}\right)=e$的特解.

**解**　方程中不显含 $x$. 令 $y'=p$，则 $y''=p\frac{dp}{dy}$，方程化为 $p\frac{dp}{dy}-2yp^2=-\frac{e^{y^2}}{y^2}p$，即$\frac{dp}{dy}-2yp=-\frac{e^{y^2}}{y^2}$或 $p=0$（此解不满足初始条件）. 显然方程$\frac{dp}{dy}-2yp=-\frac{e^{y^2}}{y^2}$为一阶非齐次线性方程，于是

$$p=e^{\int 2y dy}\left[\int -\frac{e^{y}}{y^2}e^{-\int 2y dy}dy+C_1\right]=e^{y^2}\left[\int -\frac{1}{y^2}dy+C_1\right]=e^{y^2}\left[\frac{1}{y}+C_1\right],$$

由初始条件 $p\left(-\frac{1}{2e}\right)=y'\left(-\frac{1}{2e}\right)=e$，$y\left(-\frac{1}{2e}\right)=1$，得 $e=e(1+C_1)$. 从而 $C_1=0$，由 $p=\frac{e^{y}}{y}$，即$\frac{dy}{dx}=\frac{e^{y^2}}{y}$，故可得 $ye^{-y^2}dy=dx$. 方程两端积分可得 $-\frac{1}{2}e^{-y^2}=x+C_2$，再由 $y\left(-\frac{1}{2e}\right)=1$ 可得 $-\frac{1}{2}e^{-1}=-\frac{1}{2e}+C_2$，从而 $C_2=0$，于是微分方程满足所给初始条件的特解为 $x=-\frac{1}{2e^{y^2}}$.

## 第四节　高阶线性和常系数线性方程

### 一、内容提要

1. 预备知识：复数

（1）形如 $a+bi$ 的数叫复数，记作 $z=a+bi$，其中 $a$，$b$ 为实数，i 为“虚数单位”，i 的平方等于 $-1$. 实数 $a$，$b$ 分别叫做实部和虚部. 如果两个复数的实部相等，虚部互为相反数，那么这两个复数称为共轭复数. 复数 $z=a+bi$ 的共轭复数可用 $\bar{z}=a-bi$ 来表示. 复数 $z=a+bi$ 可与直角坐标平面上的点 $Z(a,b)$ 建立一一对应关系. 建立直角坐标平面来表示复数的平面叫做复平面，$x$ 轴叫实轴，$y$ 轴除去原点的部分叫虚轴. 在复平面内，两个共轭复数的点 $z$ 与 $\bar{z}$ 关于实轴对称.

（2）复数 $z=a+bi$ 也可以用向量$\overrightarrow{OZ}$来表示（其中 $O$ 为原点，$Z(a,b)$为 $Z$ 对应的点），要特别注意相等的向量表示相同的复数，$x$ 正半轴为始边，$\overrightarrow{OZ}$为终边的角叫做复数 $z=a+bi$ 的辐角，辐角 $\theta$ 满足 $0\leqslant\theta<2\pi$ 的叫辐角的主值，记为 $\arg z$. 复数 $z=a+bi$ 的模 $|z|=\sqrt{a^2+b^2}=|\overrightarrow{OZ}|$. 复数的模和辐角是研究复数问题的重要几何要素.

（3）复数 $z=a+bi$ 还可以表示为三角式 $z=r(\cos\theta+i\sin\theta)$，其中 $r$ 为模，$\theta$ 为

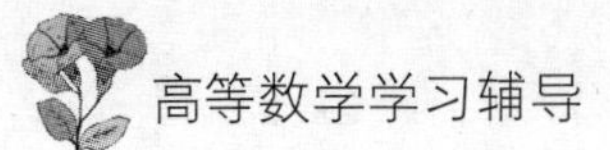


辐角，显然，$r\cos\theta$ 和 $r\sin\theta$ 分别就是复数 $z=a+bi$ 的实部和虚部.

2. 形如$\frac{d^n y}{dx^n}+p_1(x)\frac{d^{n-1}y}{dx^{n-1}}+\cdots+p_{n-1}(x)\frac{dy}{dx}+p_n(x)y=f(x)$的方程称为 $n$ 阶线性方程. 当$f(x)\equiv 0$ 时称为 $n$ 阶齐次线性方程；当$f(x)$不恒等于零时称为 $n$ 阶非齐次线性方程.

3. 函数的线性相关性. 设函数 $y_1(x)$，$y_2(x)$，…，$y_n(x)$是定义在区间 $I$ 内的 $n$ 个函数，如果存在不全为零的常数 $k_1$，$k_2$，…，$k_n$，使得当 $x\in I$ 时恒有

$$k_1y_1(x)+k_2y_2(x)+\cdots+k_ny_n(x)\equiv 0,$$

则称这 $n$ 个函数在区间 $I$ 内线性相关，否则称它们在区间 $I$ 内线性无关.

4. $n$ 阶常系数线性方程的一般形式为

$$\frac{d^n y}{dx^n}+a_1\frac{d^{n-1}y}{dx^{n-1}}+\cdots+a_{n-1}\frac{dy}{dx}+a_ny=f(x),$$

其中系数 $a_1$，$a_2$，…，$a_n$ 是常数. 当$f(x)\equiv 0$ 时称为 $n$ 阶常系数齐次线性方程；当$f(x)$不恒等于零时称为 $n$ 阶常系数非齐次线性方程.

5. 齐次微分方程的叠加原理

**定理 1**（叠加原理） 若函数 $y_1(x)$，$y_2(x)$是线性微分方程

$$\frac{d^n y}{dx^n}+p_1(x)\frac{d^{n-1}y}{dx^{n-1}}+\cdots+p_{n-1}(x)\frac{dy}{dx}+p_n(x)y=0$$

的两个解，则 $C_1y_1(x)+C_2y_2(x)$也是该微分方程的解，其中 $C_1$，$C_2$ 为任意常数.

6. $n$ 阶齐次线性方程解的结构

**定理 2** 设 $y_1$，$y_2$，…，$y_n$ 是 $n$ 阶齐次线性方程

$$\frac{d^n y}{dx^n}+p_1(x)\frac{d^{n-1}y}{dx^{n-1}}+\cdots+p_{n-1}(x)\frac{dy}{dx}+p_n(x)y=0$$

的 $n$ 个线性无关的解，则该方程的通解为 $y=C_1y_1(x)+C_2y_2(x)+\cdots+C_ny_n(x)$，其中 $C_1$，$C_2$，…，$C_n$ 是任意常数.

7. $n$ 阶非齐次线性方程解的结构

**定理 3** $n$ 阶非齐次线性微分方程的通解等于它本身的一个特解与它所对应的齐次线性方程的通解之和.

**二、重点、难点分析**

1. 利用线性微分方程解的结构定理求线性微分方程时，要充分理解和运用相关的结构定理. 如，非齐次方程的通解 = 齐次方程的通解 + 非齐次方程的特解，两个非齐次方程的特解之差为齐次方程的一个解.

2. 求解二($n$)阶常系数的齐次线性微分方程的通解步骤如下：(1) 写出方程的特征方程；(2) 求出特征方程的特征根；(3) 根据特征方程的根的不同情形，写出方程的通解.

3. 二阶常系数齐次线性方程 $y''+py'+qy=0$（$p$，$q$ 为常数）的特征方程为 $\lambda^2+p\lambda+q=0$.（1）若特征方程有相异实根 $\lambda_1$，$\lambda_2$，则原方程的通解为 $y=C_1\mathrm{e}^{\lambda_1 x}+C_2\mathrm{e}^{\lambda_2 x}$，其中 $C_1$，$C_2$ 为任意常数.（2）若特征方程有重根 $\lambda_1=\lambda_2$，原方程的通解为 $y=(C_1+C_2x)\mathrm{e}^{\lambda_1 x}$，其中 $C_1$，$C_2$ 为任意常数.（3）若特征方程有共轭复根 $\lambda_{1,2}=\alpha\pm\mathrm{i}\beta$，原方程的通解为 $y=\mathrm{e}^{\alpha x}(C_1\cos\beta x+C_2\sin\beta x)$，其中 $C_1$，$C_2$ 为任意常数.

4. $n$ 阶常系数齐次线性方程根据特征方程根的情况可以写出如下表所示微分方程的对应解.

| 特征方程的根 | $n$ 阶常系数齐次线性方程的通解中对应的项 |
|---|---|
| 单实根 $r$ | 给出一项 $C\mathrm{e}^{rx}$ |
| $k$ 重实根 $r$ | 给出 $k$ 项 $\mathrm{e}^{rx}(C_1+C_2x+\cdots+C_kx^{k-1})$ |
| 一对单重的共轭复根 $r_{1,2}=\alpha\pm\beta\mathrm{i}$ | 给出两项 $\mathrm{e}^{\alpha x}(C_1\cos\beta x+C_2\sin\beta x)$ |
| 一对 $k$ 重的共轭复根 $r_{1,2}=\alpha\pm\beta\mathrm{i}$ | 给出 $2k$ 项 $\mathrm{e}^{\alpha x}\cos\beta x(C_1+C_2x+\cdots+C_kx^{k-1})+\mathrm{e}^{\alpha x}\sin\beta x(D_1+D_2x+\cdots+D_kx^{k-1})$ |

5. $n$ 阶常系数非齐次线性方程 $\dfrac{\mathrm{d}^n y}{\mathrm{d}x^n}+a_1\dfrac{\mathrm{d}^{n-1}y}{\mathrm{d}x^{n-1}}+\cdots+a_{n-1}\dfrac{\mathrm{d}y}{\mathrm{d}x}+a_ny=f(x)$ 的通解为 $y=Y+y^*$，其中 $Y$ 是对应齐次方程的通解，$y^*$ 是非齐次方程本身的一个特解. 分两种情况：

（1）$f(x)=\mathrm{e}^{\lambda x}P_m(x)$，$P_m(x)$ 为 $m$ 次多项式.

当 $\lambda$ 不是特征方程的根时，$y^*=\mathrm{e}^{\lambda x}Q_m(x)$；当 $\lambda$ 是特征方程的 $k$ 重根时，$y^*=x^k\mathrm{e}^{\lambda x}Q_m(x)$，其中，$Q_m(x)$ 为待定系数的 $m$ 次多项式.

（2）$f(x)=\mathrm{e}^{\lambda x}[P_m(x)\cos\omega x+P_n(x)\sin\omega x]$，$P_m(x)$，$P_n(x)$ 分别为 $m$，$n$ 次多项式.

当 $\lambda\pm\mathrm{i}\omega$ 不是特征方程的共轭复根时，$y^*=\mathrm{e}^{\lambda x}[Q_{1,k}(x)\cos\omega x+Q_{2,k}(x)\sin\omega x]$；当 $\lambda\pm\mathrm{i}\omega$ 是特征方程的 $k$ 重共轭复根时，$y^*=x^k\mathrm{e}^{\lambda x}[Q_{1,h}(x)\cos\omega x+Q_{2,h}(x)\sin\omega x]$，$h=\max\{m,n\}$，$Q_{1,h}(x)$，$Q_{2,h}(x)$ 为待定系数的 $h$ 次多项式.

## 三、典型例题

1. 常系数齐次线性微分方程的求解

**例 1**　求微分方程 $y''-5y'+6y=0$ 的通解.

**解**　原方程的特征方程为 $\lambda^2-5\lambda+6=0$，解得特征方程的根为 $\lambda_1=2$，$\lambda_2=3$，故微分方程的通解为 $y=C_1\mathrm{e}^{2x}+C_2\mathrm{e}^{3x}$，其中 $C_1$，$C_2$ 为任意常数.

**例 2**　求微分方程 $y''+4y'+4y=0$ 的通解.

**解**　原方程的特征方程为 $\lambda^2+4\lambda+4=0$，解得特征方程有重根 $\lambda_1=\lambda_2=-2$，故原方程的通解为 $y=(C_1+C_2x)\mathrm{e}^{-2x}$，其中 $C_1$，$C_2$ 为任意常数.

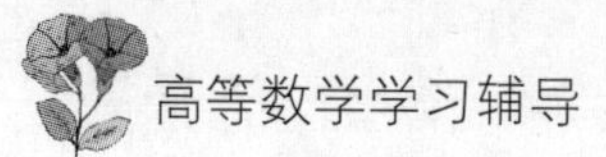


**例3** 求微分方程 $y''+\pi^2y=0$ 满足初始条件 $y(0)=0$，$y'(0)=1$ 的特解.

**解** 原方程的特征方程为 $\lambda^2+\pi^2=0$，解得特征方程有共轭复根 $\lambda=\pm\pi i$. 故原方程的通解为 $y=e^{0x}(C_1\cos\pi x+C_2\sin\pi x)=C_1\cos\pi x+C_2\sin\pi x$，其中 $C_1$，$C_2$ 为任意常数. 现将 $y(0)=0$ 代入通解，得 $C_1=0$，于是 $y=C_2\sin\pi x$，$y'=C_2\pi\cos\pi x$. 将 $y'(0)=1$ 代入解得 $C_2=\dfrac{1}{\pi}$，故所求特解为 $y=\dfrac{1}{\pi}\sin\pi x$.

**例4** 求微分方程 $y'''-3y''+3y'-y=0$ 的通解.

**解** 原方程的特征方程为 $\lambda^3-3\lambda^2+3\lambda-1=0$，解得特征方程有三重根 $\lambda_1=\lambda_2=\lambda_3=1$，故原方程的通解为 $y=C_1e^x+C_2xe^x+C_3x^2e^x=(C_1+C_2x+C_3x^2)e^x$ 其中 $C_1$，$C_2$，$C_3$ 为任意常数.

**例5** 求微分方程 $y^{(4)}-2y''=0$ 的通解.

**解** 原方程的特征方程为 $\lambda^4-2\lambda^2=0$，解得特征方程有二重根 $\lambda_1=\lambda_2=0$ 及 $\lambda_3=\sqrt{2}$，$\lambda_4=-\sqrt{2}$，故原方程的通解为

$$y=(C_1+C_2x)e^{0x}+C_3e^{\sqrt{2}x}C_4e^{-\sqrt{2}x}=C_1+C_2x+C_3e^{\sqrt{2}x}+C_4e^{-\sqrt{2}x}$$

其中 $C_1$，$C_2$，$C_3$，$C_4$ 为任意常数.

**例6** 质点作直线运动，受弹性恢复力($f_1=-kx$，$k>0$ 为常数，即与位移成正比而方向指向平衡位置)以及与速度成正比的空气阻力$\left(f_2=-h\dfrac{dx}{dt}，h>0\text{ 为常数}\right)$的作用，求运动规律 $x=x(t)$.

**解** 由牛顿第二运动定律知

$$m\frac{d^2x}{dt^2}=-kx-h\frac{dx}{dt}$$

此方程为常系数齐次线性方程，其特征方程为 $\lambda^2+\dfrac{h}{m}\lambda+\dfrac{k}{m}=0$，令 $a^2=\dfrac{k}{m}$，$2b=\dfrac{h}{m}$，则特征方程的根为

$$\lambda_{1,2}=\frac{-2b\pm\sqrt{4b^2-4a^2}}{2}=-b\pm\sqrt{b^2-a^2}.$$

1）当 $b>a$ 时，方程的通解为 $x(t)=C_1e^{(-b+\sqrt{b^2-a^2})t}+C_2e^{(-b-\sqrt{b^2-a^2})t}$($C_1$，$C_2$ 为任意常数)，运动逐渐衰减而停止；

2）当 $b=a$ 时，方程通解为 $x(t)=(C_1+C_2t)e^{-bt}$，($C_1$，$C_2$ 为任意常数)运动逐渐衰减而停止；

3）当 $b<a$ 时，$\lambda_{1,2}=-b\pm i\omega(\omega^2=a^2-b^2)$，故方程通解为

$$x(t)=\mathrm{e}^{-bt}(C_1\cos\omega t+C_2\sin\omega t)=\frac{1}{\sqrt{C_1^2+C_2^2}}\mathrm{e}^{-bt}\sin(\omega t+\varphi),$$

其中 $\sin\varphi=\dfrac{C_1}{\sqrt{C_1^2+C_2^2}}$，$\cos\varphi=\dfrac{C_2}{\sqrt{C_1^2+C_2^2}}$，$C_1$，$C_2$ 为任意常数．运动的振幅逐渐减小而趋于零，运动停止．

例 6 告诉我们，对于阻尼运动，不论是大阻尼，临界阻尼还是小阻尼运动，振动总是逐渐停止而趋于平衡位置．

2．常系数非齐次线性微分方程的求解

**例 7** 求微分方程 $y''+y'-6y=x\mathrm{e}^{2x}$ 的通解．

**解** 该方程所对应齐次方程为 $y''+y'-6y=0$，齐次方程的通解为

$$Y=C_1\mathrm{e}^{2x}+C_2\mathrm{e}^{-3x},$$

由于 $f(x)=x\mathrm{e}^{2x}$，$P_1(x)=x$，而 $\lambda=2$ 恰是特征方程的单根，故可令

$$y^*=x\mathrm{e}^{2x}Q_1(x)=x(Ax+B)\mathrm{e}^{2x}$$

是非齐次方程的特解，且有

$$\begin{aligned}\dot{y}^*&=(2Ax+B)\mathrm{e}^{2x}+2(Ax^2+Bx)\mathrm{e}^{2x}\\&=[2Ax^2+(2A+2B)x+B]\mathrm{e}^{2x},\\ \ddot{y}^*&=(4Ax+2A+2B)\mathrm{e}^{2x}+2[2Ax^2+(2A+2B)x+B]\mathrm{e}^{2x}\\&=[4Ax^2+(8A+4B)x+(2A+4B)]\mathrm{e}^{2x},\end{aligned}$$

代入原方程，约去 $\mathrm{e}^{2x}$，得

$$\begin{aligned}&[4Ax^2+(8A+4B)x+(2A+4B)]+\\&[2Ax^2+(2A+2B)x+B]-6(Ax^2+Bx)=x,\end{aligned}$$

即 $10Ax+(2A+5B)=x$．比较系数，得

$$\begin{cases}10A=1\\2A+5B=0\end{cases},$$

解得 $A=\dfrac{1}{10}$，$B=-\dfrac{1}{25}$，于是 $y^*=\left(\dfrac{x^2}{10}-\dfrac{x}{25}\right)\mathrm{e}^{2x}$ 是原方程的一个特解，故原方程的通解为

$$y=Y+y^*=C_1\mathrm{e}^{2x}+C_2\mathrm{e}^{-3x}+\left(\frac{x^2}{10}-\frac{x}{25}\right)\mathrm{e}^{2x},$$

其中 $C_1$，$C_2$ 为任意常数．

**注** 在本题中 $f(x)=x\mathrm{e}^{2x}$，其中 $P_1(x)=x$ 不含常数项，因而是一个不完全的一次多项式，但是在所令的特解形式中 $Q_1(x)$ 应该是一个完全的一次多项式 $Ax+B$．一般说来，不管 $m$ 次多项式 $P_m(x)$ 是否有缺项，特解中的 $Q_m(x)$ 是一个与 $P_m(x)$ 同次的完全多项式而不应该缺项，至于最后定出多项式中是否有某些系数

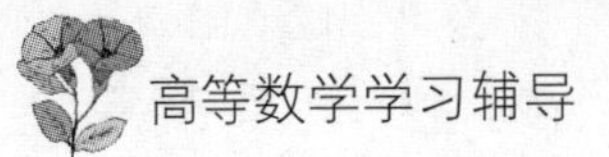


为零，那是另一回事了.

**例 8** 求微分方程 $y''+2y'+y=x^2-1$ 满足初始条件 $y(0)=3$，$y'(0)=2$ 的特解.

**解** 该方程所对应齐次方程为 $y''+2y'+y=0$，齐次方程的通解为

$$Y=(C_1+C_2x)\mathrm{e}^{-x},$$

由于 $f(x)=x^2-1=(x^2-1)\mathrm{e}^{0x}$，$P_2(x)=x^2-1$，而 $\lambda=0$ 不是特征方程的根，故可令

$$y^*=(Ax^2+Bx+C)\mathrm{e}^{0x}=Ax^2+Bx+C$$

为原方程的特解，将

$$y^*=Ax^2+Bx+C,$$
$$y^{*\prime}=2Ax+B,$$
$$y^{*\prime\prime}=2A$$

代入原方程，得

$$2A+2(2Ax+B)+(Ax^2+Bx+C)=x^2-1,$$

即 $Ax^2+(4A+B)x+(2A+2B+C)=x^2-1$. 比较系数，得

$$\begin{cases}A=1\\4A+B=0\\2A+2B+C=-1\end{cases},$$

从而 $A=1$，$B=-4$，$C=5$，原方程有特解 $y^*=x^2-4x+5$. 故原方程的通解为

$$y=(C_1+C_2x)\mathrm{e}^{-x}+x^2-4x+5,$$

将 $y(0)=3$ 代入通解，得 $C_1=-2$. 于是

$$y=(-2+C_2x)\mathrm{e}^{-x}+x^2-4x+5,$$
$$y'=C_2\mathrm{e}^{-x}-(-2+C_2x)\mathrm{e}^{-x}+2x-4,$$

将 $y'(0)=2$ 代入，得 $C_2=4$. 故所求特解为 $y=(4x-2)\mathrm{e}^{-x}+x^2-4x+5$.

**注** 为求非齐次线性方程满足所给初始条件的特解，应该先求出非齐次方程的通解，然后用初始条件定出任意常数而得特解. 这样定出的特解的形式不一定包含在解题过程中我们所令的非齐次线性方程的特解形式里面，也就是说我们所令的特解形式不能表示所有的特解，这是没有关系的，因为根据解的结构定理，我们只要找到非齐次方程本身的一个特解就够了.

**例 9** 求微分方程 $y''-2y'+y=2\mathrm{e}^x$ 的通解.

**解** 该方程所对应的齐次方程为 $y''-2y'+y=0$，齐次方程的通解为

$$Y=(C_1+C_2x)\mathrm{e}^x,$$

由于 $f(x)=2\mathrm{e}^x$，$\lambda=1$ 是特征方程的二重根，令 $y^*=Ax^2\mathrm{e}^x$ 是原方程的特解. 现将

$$y^{*\prime} = (2Ax + Ax^2)e^x,$$

$$y^{*\prime\prime} = (2A + 2Ax)e^x + (2Ax + Ax^2)e^x = (2A + 4Ax + Ax^2)e^x$$

代入原方程，约去 $e^x$，得

$$(2A + 4Ax + Ax^2) - 2(2Ax + Ax^2) + Ax^2 = 2,$$

得 $A = 1$，所以原方程的特解为 $y^* = x^2e^x$. 从而原方程的通解可表示为

$$y = Y + y^* = (C_1 + C_2x)e^x + x^2e^x,$$

其中 $C_1$，$C_2$ 为任意常数.

**例 10**　求微分方程 $y'' - 5y' + 6y = \sin x$ 的通解.

**解**　该方程所对应的齐次方程的特征方程为 $\lambda^2 - 5\lambda + 6 = 0$，特征方程有相异实根 $\lambda_1 = 2$，$\lambda_3 = 3$，故对应齐次方程的通解为 $Y = C_1e^{2x} + C_2e^{3x}$. 由于 $f(x) = \sin x = e^{0x}\sin x$，而 $\pm i$ 不是特征方程的根，故可令原方程的特解为

$$y^* = (A\cos x + B\sin x)$$

则

$$\dot{y}^* = -A\sin x + B\cos x$$

$$\ddot{y}^* = -A\cos x - B\cos x$$

将 $y^*$，$\dot{y}^*$，$\ddot{y}^*$ 代入原方程，得

$$-(A\cos x + B\sin x) - 5(-A\sin x + B\cos x) + 6(A\cos x + B\sin x) = \sin x,$$

即 $5(A - B)\cos x + 5(A + B)\sin x = \sin x$. 比较系数，得

$$\begin{cases} 5(A - B) = 0 \\ 5(A + B) = 1 \end{cases},$$

从而 $A = B = \dfrac{1}{10}$，原方程的特解为 $y^* = \dfrac{1}{10}(\cos x + \sin x)$. 故原方程的通解可表示为

$$y = Y + y^* = C_1e^{2x} + C_2e^{3x} + \frac{1}{10}(\cos x + \sin x),$$

其中 $C_1$，$C_2$ 为任意常数.

**例 11**　求微分方程 $y'' + y = \cos x$ 的通解.

**解**　该方程所对应的齐次方程的特征方程为 $\lambda^2 + 1 = 0$，特征方程的根为 $\lambda_{1,2} = \pm i$，故对应齐次方程的通解为 $Y = C_1\cos x + C_2\sin x$. 由于 $f(x) = \cos x$，$\lambda \pm i\omega = \pm i$为特征方程的共轭复根，现令 $y^* = x(A\cos x + B\sin x)$为原方程的特解，则有

$$\dot{y}^* = (A\cos x + B\sin x) + x(-a\sin x + B\cos x),$$

$$\begin{aligned}\ddot{y}^* &= (-A\sin x + B\cos x) + (-A\sin x + B\cos x) + x(-A\cos x - B\sin x) \\ &= -2A\sin x + 2B\cos x - Ax\cos x - Bx\sin x,\end{aligned}$$

将 $y^*$，$\dot{y}^*$，$\ddot{y}^*$ 代入原方程，得

$$(-2A\sin x + 2B\cos x - Ax\cos x - Bx\sin x) + (Ax\cos x + Bx\sin x) = \cos x,$$

即 $-2A\sin x+2B\cos x=\cos x$. 比较系数可得 $A=0$, $B=\dfrac{1}{2}$, 原方程的特解为 $y^*=\dfrac{1}{2}x\sin x$. 故原方程的通解可表示为 $y=Y+y^*=C_1\cos x+C_2\sin x+\dfrac{1}{2}x\sin x$, 其中 $C_1$, $C_2$ 为任意常数.

**例 12** 求微分方程 $y''+y=x+\cos x$ 的通解.

**解** 容易求得该方程所对应齐次方程的通解为 $Y=C_1\cos x+C_2\sin x$. 自由项 $f(x)=f_1(x)+f_2(x)$, 其中 $f_1(x)=x=xe^{0x}$, $f_2(x)=\cos x=e^{0x}\cos x$, $\lambda=0$ 不是特征方程的根, 而 $\lambda\pm i\omega=\pm i$ 是特征方程的根. 故原方程的特解形式应为两部分的和, 一部分是对应 $f_1(x)$ 的, 另一部分是对应 $f_2(x)$ 的, 即

$$y^*=(Ax+B)+x(D\cos x+E\sin x)$$

$$y^{*\prime}=A+(D\cos x+E\sin x)+x(-D\sin x+E\cos x)$$

$$\begin{aligned}y^{*\prime\prime}&=-D\sin x+B\cos x-D\sin x+E\cos x+x(-D\cos x-E\sin x)\\&=-Dx\cos x-Ex\sin x-2D\sin x+2E\cos x,\end{aligned}$$

将 $y^*$, $y^{*\prime\prime}$代入原方程, 得

$$(-Dx\cos x-Ex\sin x-2D\sin x+2E\cos x)+(Ax+B+Dx\cos x+Ex\sin x)=x+\cos x,$$

即 $Ax+B-2D\sin x+2E\cos x=x+\cos x$. 比较系数, 得 $A=1$, $B=0$, $D=0$, $E=\dfrac{1}{2}$.

由于原方程的特解为 $y^*=x+\dfrac{x}{2}\sin x$, 从而原方程的通解可表示为

$$y=C_1\cos x+C_2\sin x+x+\frac{x}{2}\sin x,$$

其中 $C_1$, $C_2$ 为任意常数.

**例 13** 指出下列非齐次线性方程的特解形式(除去对应齐次方程通解后的那一部分).

1) $y''-6y'+8y=x^2+xe^{2x}$; 2) $y''-6y'+9y=\sin3x+xe^{3x}$;

3) $y''+y'=x^2+\cos2x+xe^{-x}$; 4) $y''+4y=\sin^2x$.

**解** 1) 特征方程 $\lambda^2-6\lambda+8=0$ 的根为 $\lambda_1=2$, $\lambda_2=4$. 令 $f(x)=f_1(x)+f_2(x)$, 其中 $f_1(x)=x^2e^{0x}$, $\lambda=0$ 不是特征方程的根. $f_2(x)=xe^{2x}$, $\lambda=2$ 是特征方程的单根. 故可令原方程的特解形式为 $y^*=(Ax^2+Bx+D)+x(Ex+F)e^{2x}$.

2) 特征方程 $\lambda^2-6\lambda+9=0$ 有二重根, $\lambda_1=\lambda_2=3$. 令 $f(x)=f_1(x)+f_2(x)$, $f_1(x)=\sin3x$, $\lambda\pm i\omega=0\pm3i$ 不是特征方程的根. $f_2(x)=xe^{3x}$, $\lambda=3$ 是特征方程的二重根, 故可令原方程的特解形式为 $y^*=(A\cos3x+B\sin3x)+x^2(Dx+E)e^{3x}$.

3) 特征方程 $\lambda^2+\lambda=0$ 的根为 $\lambda_1=0$, $\lambda_2=-1$. 令 $f(x)=f_1(x)+f_2(x)+f_3(x)$, $f_1(x)=x^2e^{0x}$, $\lambda=0$ 是特征方程的单根. $f_2(x)=\cos2x$, $\lambda\pm i\omega=\pm2i$ 不是

特征方程的根. $f_3(x)=xe^{-x}$，$\lambda=-1$ 是特征方程的单根. 故可令原方程的特解形式为

$$y=x(Ax^2+Bx+D)+(E\cos2x+F\sin2x)+x(Gx+H)e^{-x}.$$

4）特征方程 $\lambda_1+4=0$ 有共轭复根 $\lambda_{1,2}=\pm2i$. 令自由项

$$f(x)=\sin^2x=\frac{1}{2}-\frac{1}{2}\cos2x=f_1(x)+f_2(x),$$

其中 $f_1(x)=\frac{1}{2}e^{0x}$，$\lambda=0$ 不是特征方程的根，$f_2(x)=-\frac{1}{2}\cos2x$，$\lambda\pm i\omega=\pm2i$ 是特征方程的共轭复根，故可令原方程的特解形式为 $y^*=A+x(B\cos2x+D\sin2x)$.

**例 14** 链条挂在一个无摩擦的钉子上，假定运动开始时链条的一段垂下 8m，另一段垂下 10m. 试问整个链条滑过钉子需要多少时间?

**解** 设链条的线密度为 $\rho$(常数). 时刻 $t$ 时，较长一边的长度为 $x$(m)，则有

$$18\rho\frac{d^2x}{dt^2}=\rho gx-\rho g(18-x),$$

整理得 $\frac{d^2x}{dt^2}-\frac{g}{9}x=-g$. 由题意可得初始条件为 $x\big|_{t=0}=10$，$\frac{dx}{dt}\Big|_{t=0}=0$. 微分方程的特征方程为 $\lambda^2-\frac{g}{9}=0$. 解得其根为 $\lambda_1=\sqrt{\frac{q}{9}}=\frac{1}{3}\sqrt{g}$，$\lambda_2=-\frac{1}{3}\sqrt{g}$. 故对应齐次方程的通解为 $X(t)=C_1e^{\sqrt{\frac{g}{3}}t}+C_2e^{-\sqrt{\frac{g}{3}}t}$，其中 $C_1$，$C_2$ 为任意常数. 由于 $f(x)=-g=-ge^{0t}$，$\lambda=0$ 不是特征方程的根，故可令原方程的特解形式为 $x^*=A$. 将其代入原方程，得 $A=9$. 所以原方程的通解为 $x(t)=X+x^*=C_1e^{\sqrt{\frac{g}{3}}t}+C_2e^{-\sqrt{\frac{g}{3}}t}+9$，且有

$$x'(t)=\frac{\sqrt{g}}{3}C_1e^{\sqrt{\frac{g}{3}}t}-\frac{\sqrt{g}}{3}C_2e^{-\sqrt{\frac{g}{3}}t},$$

现将 $x(0)=10$，$x'(0)=0$ 代入，得

$$10=C_1+C_2+9,$$

$$0=\frac{\sqrt{g}}{3}C_1-\frac{\sqrt{g}}{3}C_2,$$

解得 $C_1=C_2=\frac{1}{2}$. 因此，链条下滑的规律为 $x(t)=\frac{1}{2}e^{\sqrt{\frac{g}{3}}t}+\frac{1}{2}e^{-\sqrt{\frac{g}{3}}t}+9$. 又由于当 $x(t)=18$ 时，链条全部滑过钉子. 故将 $x=18$ 代入运动规律，得

$$\frac{1}{2}e^{\sqrt{\frac{g}{3}}t}+\frac{1}{2}e^{-\sqrt{\frac{g}{3}}t}-9=0,$$

$$(e^{\sqrt{\frac{g}{3}}t})^2-18e^{\sqrt{\frac{g}{3}}t}+1=0,$$

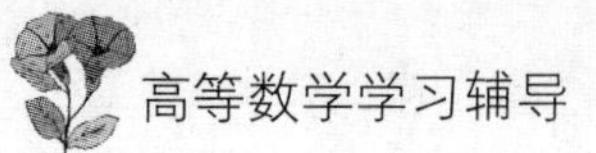


解得

$$e^{\sqrt{\frac{g}{3}}t}=\frac{18\pm\sqrt{324-4}}{2}=9\pm\sqrt{80},$$

$$\frac{\sqrt{g}}{3}t=\ln(9\pm\sqrt{80}),$$

因为 $t>0$，所以 $t=\frac{3}{\sqrt{g}}\ln(9+\sqrt{80})$. 故当 $t=\frac{3}{\sqrt{g}}\ln(9+\sqrt{80})$时，整个链条滑过钉子.

**例 15** 设函数 $y=y(x)$满足微分方程

$$y''-3y'+2y=2e^x$$

且函数的图象在点(0，1)处的切线与曲线 $y=x^2-x+1$ 在该点的切线重合，求函数 $y=y(x)$.

**解** 对应齐次方程的通解为 $Y=C_1e^x+C_2e^{2x}$. 设原方程的特解为 $y^*=Axe^x$. 将 $y^*$，$y^{*\prime}$，$y^{*\prime\prime}$代入方程，得 $A=-2$，故原方程的通解可表示为 $y=Y+y^*=C_1e^x+C_2e^{2x}-2xe^x$. 又 $y=x^2-x+1$ 在(0，1)的切线斜率为 $y'\big|_{x=0}=(2x-1)\big|_{x=0}=-1$，故初始条件为 $y(0)=1$，$y'(0)=-1$. 将初始条件代入原方程通解，得

$$\begin{cases}1=C_1+C_2\\-1=C_1+2C_2-2\end{cases},$$

从而 $C_1=1$，$C_2=0$，故所求函数为 $y=(1-2x)e^x$.

**例 16** 设 $\varphi(x)$具有二阶连续导数，并使曲线积分

$$\int_L[3\varphi'(x)-2\varphi(x)+xe^{2x}]y\mathrm{d}x+\varphi'(x)\mathrm{d}y$$

与路径无关，求 $\varphi(x)$.

**解** 记 $P(x)=3\varphi'(x)-2\varphi(x)+xe^{2x}$，$Q(x)=\varphi'(x)$，由$\frac{\partial P}{\partial y}=\frac{\partial Q}{\partial x}$，得到微分方程

$$\varphi''(x)-3\varphi'(x)+2\varphi(x)=xe^{2x}$$

为二阶非齐次常系数线性微分方程，对应齐方程的通解为 $y=C_1e^x+C_2e^{2x}$，设其特解为 $y^*=x(ax+b)e^{2x}$，代入上方程解得 $a=\frac{1}{2}$，$b=-1$. 则

$$\varphi(x)=C_1e^x+C_2e^{2x}+\left(\frac{x^2}{2}-x\right)e^{2x}.$$

**例 17** 已知 $y_1=xe^x+e^{2x}$，$y_2=xe^x+e^{-x}$，$y_3=xe^x+e^{2x}-e^{-x}$是某二阶常系数线性非齐次微分方程的三个解，试求此微分方程(第一届全国大学生数学竞赛预赛).

**解**　设 $y_1 = xe^x + e^{2x}$，$y_2 = xe^x + e^{-x}$，$y_3 = xe^x + e^{2x} - e^{-x}$ 是二阶常系数线性非齐次微分方程

$$y'' + by' + cy = f(x)$$

的三个解，则 $y_2 - y_1 = e^{-x} - e^{2x}$ 和 $y_3 - y_1 = e^{-x}$ 都是二阶常系数线性齐次微分方程

$$y'' + by' + cy = 0$$

的解，因此 $y'' + by' + cy = 0$ 的特征多项式是 $(\lambda - 2)(\lambda + 1) = 0$，而 $y'' + by' + cy = 0$ 的特征多项式是

$$\lambda^2 + b\lambda + c = 0,$$

因此二阶常系数线性齐次微分方程为 $y'' - y' - 2y = 0$，由 $y_1'' - y_1' - 2y_1 = f(x)$ 和 $y_1' = e^x + xe^x + 2e^{2x}$，$y_1'' = 2e^x + xe^x + 4e^{2x}$ 知，

$$f(x) = y_1'' - y_1' - 2y_1 = xe^x + 2e^x + 4e^{2x} - (xe^x + e^x + 2e^{2x}) - 2(xe^x + e^{2x}),$$
$$= (1 - 2x)e^x,$$

所以二阶常系数线性非齐次微分方程为

$$y'' - y' - 2y = e^x - 2xe^x.$$

**例 18**　设幂级数 $\sum\limits_{n=0}^{\infty} a_n x^n$ 在 $(-\infty, +\infty)$ 内收敛，其和函数 $y(x)$ 满足

$$y'' - 2xy' - 4y = 0,\ y(0) = 0,\ y'(0) = 1.$$

（1）证明：$a_{n+2} = \dfrac{2}{n+1} a_n$，$n = 1, 2, \cdots$；

（2）求 $y(x)$ 的表达式.（2007 年研究生入学考试数学一）

**解**　（1）记 $y(x) = \sum\limits_{n=0}^{\infty} a_n x^n$，则 $y' = \sum\limits_{n=1}^{\infty} n a_n x^{n-1}$，$y'' = \sum\limits_{n=2}^{\infty} n(n-1) a_n x^{n-2}$，

代入微分方程 $y'' - 2xy' - 4y = 0$，有 $\sum\limits_{n=2}^{\infty} n(n-1) a_n x^{n-2} - 2\sum\limits_{n=1}^{\infty} n a_n x^n - 4\sum\limits_{n=0}^{\infty} a_n x^n = 0$，即

$$\sum_{n=0}^{\infty} (n+2)(n+1) a_{n+2} x^n - 2\sum_{n=0}^{\infty} n a_n x^n - 4\sum_{n=0}^{\infty} a_n x^n = 0,$$

故有 $(n+2)(n+1)a_{n+2} - 2n a_n - 4a_n = 0$，即，

$$a_{n+2} = \frac{2}{n+1} a_n,\ n = 1, 2, \cdots.$$

（2）由初始条件 $y(0) = 0$，$y'(0) = 1$ 知，$a_0 = 0$，$a_1 = 1$. 于是根据递推关系式 $a_{n+2} = \dfrac{2}{n+1} a_n$，有 $a_{2n} = 0$，$a_{2n+1} = \dfrac{1}{n!}$. 故

$$y(x) = \sum_{n=0}^{\infty} a_n x^n = \sum_{n=0}^{\infty} a_{2n+1} x^{2n+1} = \sum_{n=0}^{\infty} \frac{1}{n!} x^{2n+1} = x\sum_{n=0}^{\infty} \frac{1}{n!} (x^2)^n = xe^{x^2}.$$

**微分方程的应用能力矩阵**

| 数学能力 | 后续数学课程学习能力 | 专业课程学习能力<br>（应用创新能力） |
|---|---|---|
| ①常微分方程的解、通解、阶与特解这些基本概念与全微分方程的概念可以培养学生的抽象思维能力与理解能力；<br>②可分离变量方程、齐次方程、一阶线性方程以及高阶方程等方程的求解可以培养学生的运算能力；<br>③一阶线性方程的常数变异法、分离变量法、齐次方程及可降阶方程和伯努利方程的换元法、可降阶方程的直接积分法、常系数线性方程的特征理论法可以培养学生的逻辑推理能力与综合分析能力；<br>④线性方程解的结构、函数组的线性相关与线性无关性质可以培养学生的理解能力以及综合分析能力；<br>⑤微分方程的幂级数解法可以培养学生的运算能力与综合分析问题解决问题的能力；<br>⑥微分方程来源于实际问题，或者说一个实际问题可以抽象成一个或几个常微分方程，因此这个过程中可以培养学生的数学建模能力与解决实际问题的能力和学以致用的能力. | ①全微分方程与积分因子的内容与高等数学课程中的原函数密切相关，而积分因子与多元函数的全微分是有关系的，因此这部分内容是前面多元函数的微分学的应用；常微分方程的幂级数解法是高等数学课程中幂级数这部分内容在微分方程中的应用，这也与求方程的近似解是密切相关的；<br>②在线性代数课程中，向量组的线性相关与线性无关性质，与高等数学中函数组的线性相关与线性无关性质是密切相关的；<br>③在偏微分方程课程中，分离变量法是解偏微分方程的最基本的一个方法，或者说偏微分方程经过分离变量后，会变成几个常微分方程，从而将偏微分方程的求解问题转化成常微分方程的求解问题；换元法在偏微分方程的求解中也是常用的方法，比如一个偏微分方程经过换元以后可以变成一个常微分方程，因此掌握常微分方程的求解对以后解偏微分方程是非常有帮助的；<br>④在工程数学课程中，微分方程经过傅里叶变换或拉普拉斯变换后会变成常微分方程，因此常微分方程是后面数学课程学习的基础. | ①常微分方程是实际问题的抽象模型，它在物理、经济金融学、流体力学、电路学、材料物理学、考古学、动力系统、最优化理论、计算机等方面都有广泛的应用；<br>②比如人口预测模型是一个可分离变量方程、混合溶液模型和市场价格模型都是一阶线性非其次方程，化学动力学中连串反应的速率方程也是一个一阶线性微分方程；<br>③再比如可降阶的高阶方程在电路分析、动力学、考古学等方面都有着广泛的应用，如 RLC 串联电路模型就是一个二阶常微分方程；<br>④常系数方程是最简单的一类方程，它在经济学、动力系统、最优化理论、计算机等各个领域都有着广泛的应用；<br>⑤幂级数解法为方程求近似解提供了一种方法，也是数值逼近的一种最简单的情形，它在工程领域有着广泛的应用. |

## 自测题（一）

**一、是非题**（每题 2 分，共 14 分）

**1.** $4xy+y^4=C$（$C$ 为任意常数）所确定的隐函数 $y=y(x)$ 是微分方程 $y\mathrm{d}x+(x+y^3)\mathrm{d}y=0$ 的通解.

2. $x = Cy + 1 - y^2$（$C$ 为任意常数）是微分方程 $x\mathrm{d}y - y\mathrm{d}x = (1 + y^2)\mathrm{d}y$ 的通解.

3. 微分方程 $y' = P(x)y$ 的通解也是微分方程 $y' = P(x)y + Q(x)$（$Q(x) \neq 0$）的通解.

4. $(1 + y^2)\mathrm{d}x = (\sqrt{1 + y^2}\sin y - y)\mathrm{d}y$ 不是一阶线性方程.

5. $y = \mathrm{e}^x + \mathrm{e}^{-x}$ 是方程 $y'' - y = 0$ 的满足初始条件 $y(0) = 2$，$y'(0) = 0$ 的特解.

6. 已知 $y_1(x)$，$y_2(x)$，$y_3(x)$ 是二阶非齐次线性方程 $y'' + P(x)y' + Q(x)y = f(x)$ 的线性无关的三个解，则 $y = C_1y_1 + C_2y_2 + (1 - C_1 - C_2)y_3$（$C_1$，$C_2$ 是任意常数）是方程的通解.

7. $y_1(x)$ 是方程 $y'' + y'^2 = f_1(x)$ 的解，$y_2(x)$ 是方程 $y'' + y'^2 = f_2(x)$ 的解，则 $y_1 + y_2$ 是方程 $y'' + y'^2 = f_1(x) + f_2(x)$ 的解.

二、(18 分)求下列一阶微分方程的通解

1. $\tan x\sin^2 y\mathrm{d}x + \cos^2 x\cot y\mathrm{d}y = 0$；

2. $(x - y)y\mathrm{d}x - x^2\mathrm{d}y = 0$；

3. $\dfrac{\mathrm{d}y}{\mathrm{d}x} + \dfrac{y}{x} = -xy^2$.

三、(12 分)用降阶法求解下列微分方程的通解或特解

1. $y''^2 + y'''^2 = 1$；

2. $y'^2 - yy'' = y^2y'$.

四、(16 分)求二阶线性方程的通解或指定条件的特解

1. $y'' - 4y' + 4y = x^2$；

2. $y'' + y' = 5x + 2\mathrm{e}^x$.

五、(10 分)有连结 $A(0,1)$ 和 $B(1,0)$ 两点的一条光滑凸曲线，点 $P(x, y)$ 为曲线上任意一点，已知曲线与弦 $AP$ 之间所夹的面积为 $x^3$，求此曲线方程.

六、(18 分)解下列应用题

1. 求曲线，使它的任一切线与 $y$ 轴交点的纵坐标等于切点的横坐标.

2. 求曲线，使它的任一切线与 $x$ 轴交点的横坐标等于切点纵坐标的平方.

3. 求曲线，使 $x$ 轴与它的任一切线及切点与坐标原点所连直线所围三解形的面积等于常数 $a^2$.

七、(12 分)设 $f(x)$ 具有二阶导数，且 $f(x) + f'(\pi - x) = \sin x$，$f\left(\dfrac{\pi}{2}\right) = 0$，求 $f(x)$.

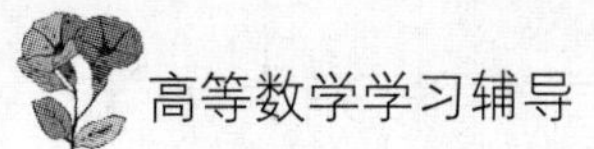


## 自测题（二）

一、选择题（每题4分，共24分）

**1**. 已知函数 $y=y(x)$ 在任意点 $x$ 处的增量 $\Delta y=\frac{y\Delta x}{1+x^2}+\alpha$，且 $\alpha=o(\Delta x)$，$y(0)=\pi$，则 $y(1)=$________.

A. $2\pi$　　B. $\pi$　　C. $e^{\frac{\pi}{4}}$　　D. $\pi e^{\frac{\pi}{4}}$

**2**. 方程 $y^{(4)}+2y''+y=\sin x$ 相应齐次方程的通解形式为________.

A. $y=(C_1+C_2x)\cos x+(C_3+C_4x)\sin x$

B. $y=C_1\sin x+C_2\cos x$

C. $y=(C_1+C_2x)e^x+(C_3+C_4x)e^{-x}$

**3**. 设函数 $p(x)$，$q(x)$，$f(x)$ 都连续，$f(x)$ 不恒等于0，$y_1$，$y_2$，$y_3$ 都是 $y''+p(x)y'+q(x)y=f(x)$ 的解，则它必定有解________.

A. $y_1+y_2+y_3$　　B. $y_1+y_2-y_3$　　C. $y_1-y_2-y_3$　　D. $-y_1-y_2-y_3$

**4**. 微分方程 $y''-3y'+2y=3x-2e^x$ 有特解形式________.

A. $ax+be^x$　　B. $(ax+b)+ce^x$　　C. $ax+bxe^x$　　D. $(ax+b)+cxe^x$

**5**. 设函数 $p(x)$，$q(x)$，$f(x)$ 都连续，$f(x)$ 不恒等于0，且 $y=C_1y_1(x)+C_2y_2(x)+y_3(x)$ 是非齐次线性微分方程 $y''+p(x)y'+q(x)y=f(x)$ 的通解，则________.

A. $y_1+y_2-y_3$ 也是方程的解　　B. $y_1$，$y_2$，$y_3$ 线性相关

C. $y_1$，$y_2$，$y_3$ 线性无关　　D. $y_1$，$y_2$，$y_3$ 可能线性相关，也可能线性无关

**6**. 微分方程 $y''+4y=\cos^2x$ 有特解形式________.

A. $a\cos^2x$　　B. $a\sin^2x$

C. $x(a+b\cos2x+c\sin2x)$　　D. $a+x(b\cos2x+c\sin2x)$

二、填空题（每题4分，共20分）

**1**. 微分方程 $y^{(4)}-y=0$ 的通解是________.

**2**. $y'=\frac{x(1+y^2)}{y(1+x^2)}$ 的通解为________.

**3**. $y'y'''=3(y'')^2$ 的通解为____________.

**4**. 微分方程 $[(x+1)^{\frac{7}{2}}+2y]dx=(x+1)dy$ 的通解为____________.

**5**. $(x+y)y'+(x-y)=0$ 的通解为____________________.

三、（15分）求下列一阶微分方程的通解

**1**. $y-xy'=a(1+x^2y')$；

2. $\frac{dy}{dx}+\frac{2y}{x}=x^3$；

3. $xdy+ydx=\frac{xdy-ydx}{x^2+y^2}$.

四、(10分)用降阶法求解下列微分方程的通解或特解

1. $(1+x^2)y''-2xy'=0$，$y(0)=0$，$y'(0)=3$；

2. $(x+1)y''-(x+2)y'+x+2=0$.

五、(10分)求二阶线性方程的通解或指定条件的特解

1. $y''-2y'+5y=e^x\cos 2x$；

2. $y''+4y=\sin x$，$y(0)=1$，$y'(0)=1$.

六、(7分)设$f(x)$有二阶连续导数，且曲线积分$\int_L[3f'(x)-2f(x)+2xe^{2x}]ydx+f'(x)dy$与路径无关，求$f(x)$.

七、(7分)设$y_1(x)$，$y_2(x)$是方程$y'+p(x)y=Q(x)$的两个解，且$y_2(x)=z(x)y_1(x)$，求证：$z(x)=1+Ce^{-\int\frac{Q(x)}{y_1(x)}dx}$（$C$为常数）.

八、(7分)设函数$\varphi(x)$连续，且满足$\varphi(x)=e^x+\int_0^x t\varphi(t)dt-x\int_0^x\varphi(t)dt$，求$\varphi(x)$.

# 自测题答案

**自测题（一）**

一、1. 是. 2. 是. 3. 非.

4. 非. 方程化为

$$\frac{dx}{dy}+\frac{y}{1+y^2}x=-\frac{\sin y}{\sqrt{1+y^2}}$$

为一阶非齐次线性方程.

5. 是.

6. 是. 1）易验证$y_1-y_3$及$y_2-y_3$皆为对应齐次方程的解. 2）$y_1-y_2$与$y_2-y_3$线性无关，不然的话，由$\frac{y_1-y_3}{y_2-y_3}=k$得$y_1-y_3=k(y_2-y_3)$，即$y_1-ky_2+(k-1)y_3=0$，而1，$-k$，$k-1$不全为零，因而$y_1$，$y_2$，$y_3$线性相关，与题设矛盾. 因而$Y=C_1(y_1-y_3)+C_2(y_2-y_3)$（$C_1$，$C_2$为任意常数）是对应齐次方程的通解. 3）$C_1y_1+C_2y_2+(1-C_1-C_2)y_3=C_1(y_1-y_3)+C_2(y_2-y_3)+y_3=Y+y_3$是非齐次方程

的通解.

7. 非. $y''+y'^2=f(x)$ 中含有 $y'^2$，方程不是线性方程，其解一般不具有迭加的性质.

二、1. $\tan^2x-\cot^2y=C$.

2. $x=Ce^{\frac{x}{y}}$. 方程为齐次方程.

3. $y(x^2+Cx)=1$. 方程为贝努里方程，令 $z=y^{-1}$.

三、1. $y=\pm\sin(x+C_1)+C_2x+C_3$. 令 $y''=p$，$y'''=p'$，得 $p'^2+p^2=1$，$p'=\pm\sqrt{1-p^2}$，用分离变量法求解.

2. $\left(\text{提示：令 } y'=p \text{ 得}\frac{dp}{dy}-\frac{p}{y}=-y \text{ 或 } p=0\right)y=\frac{C_1C_2e^{C_1x}}{1+C_2e^{C_1x}}$ 或 $y=C$.

四、1. $y=(C_1+C_2x)e^{2x}+\frac{1}{8}(2x^2+4x+3)$.

2. $y=C_1+C_2e^{-x}+e^x+\frac{5}{2}x^2-5x$.

五、$\int_0^x y\mathrm{d}x-\frac{x(y+1)}{2}=x^3$，两边求导 $-y'x+y=6x^2+1$，$y(0)=1$，得 $y=5x+1-6x^2$.

六、1. $y=Cx-x\ln|x|$，微分方程为 $y-xy'=x$.

2. $y^2+Cy+x=0$，微分方程为 $x-\frac{y}{y'}=y^2$，再取 $x$ 为未知函数.

3. $x=Cy+\frac{a^2}{y}$，微分方程 $\frac{dx}{dy}-\frac{x}{y}=-\frac{2a^2}{y^2}$.

七、$f(x)=\left(\frac{\pi}{4}-\frac{1}{2}-\frac{x}{2}\right)\cos x+\left(-\frac{\pi}{4}+\frac{x}{2}\right)\sin x$.

**自测题(二)**

一、1. D 2. A 3. B 4. D 5. C 6. D

二、1. $C_1e^x+C_2e^{-x}+C_3\cos x+C_4\sin x$.

2. $1+y^2=C(1+x^2)$.

3. $(y-C_3)^2=C_1x+C_2$.

4. $y=(x+1)^2\left[\frac{2}{3}(x+1)^{\frac{3}{2}}+C\right]$.

5. $\sqrt{x^2+y^2}=Ce^{-\arctan\frac{y}{x}}$.

三、1. $y=\frac{a+Cx}{1+ax}$; 2. $y=\frac{1}{6}x^4+\frac{C}{x^2}$; 3. $x^2+y^2+2\arctan\frac{x}{y}=C$，方程为全微分方

程.

**四、1**. $y=x^3+3x$，令 $y'=p$，$y''=p'$.

**2**. $y=x(1+C_1\mathrm{e}^x)+C_2$，令 $y'=p$，$y''=p'$. 并注意 $\int\frac{-(x+2)\mathrm{e}^{-x}}{(x+1)^2}\mathrm{d}x=\int\left(\frac{\mathrm{e}^{-x}}{x+1}\right)'\mathrm{d}x=\frac{\mathrm{e}^{-x}}{x+1}$.（亦可用分部积的方法求出.）

**五、1**. $y=\mathrm{e}^x(C_1\cos2x+C_2\sin2x)+\frac{x}{4}\mathrm{e}^x\sin2x$.

**2**. $y=\cos2x+\frac{1}{3}\sin2+\frac{1}{3}\sin x$.

六、$Q_x=P_y$，$f''(x)-3f'(x)+2f(x)=2x\mathrm{e}^{2x}$，$f(x)=C_1\mathrm{e}^x+C_2\mathrm{e}^{2x}+x(x-2)\mathrm{e}^{2x}$.

七、提示：令 $y_2=zy_1$，$z'(x)+\frac{Q(x)}{y_1(x)}z(x)=\frac{Q(x)}{y_1(x)}$，其一个解 $z_0=1$，$z'+\frac{Q}{y_1}z=0$ 的通解 $z_1=C\mathrm{e}^{-\int\frac{Q}{y_1}\mathrm{d}x}$.

八、$\varphi(x)=\frac{1}{2}(\sin x+\cos x+\mathrm{e}^x)$.

# 附　　录

## 附录一　高等数学考试试卷

### 高等数学（上）期中考试卷（一）

一、填空题(每题 3 分，共 30 分)

1. 设函数 $f(x)$ 满足 $2f(x)+3xf(1/x)=4/x$，则 $f(x)=$____________.

2. 当 $x\to 0$ 时，函数 $(1+a\sin x^2)^{\frac{2}{3}}-1$ 与 $\cos 2x-1$ 是等价无穷小，则常数 $a$ $=$____.

3. 设 $y=\mathrm{e}^{f(\ln x)}$，则 $y'=$____________.

4. 函数 $y=\dfrac{\dfrac{1}{x}-\dfrac{1}{x+2}}{\dfrac{1}{x-2}-\dfrac{1}{x}}$ 的可去间断点为____________，无穷间断点为____________.

5. 曲线 $x^3+y^3=3axy$ 在点$(\sqrt[3]{2}a,\sqrt[3]{4}a)$处的切线方程为____________.

6. 设 $f(x)=\dfrac{7}{2x^2+5x-3}$，则 $f^{(40)}(x)=$________.

7. 曲线 $y=(3-x)\mathrm{e}^{\frac{1}{x}}$ 的斜渐近线为____________.

8. 设 $\lim\limits_{x\to 0}\left(\dfrac{f(x)}{x}-\dfrac{3\sin 2x}{x^2}\right)=-4$，则 $\lim\limits_{x\to 0}f(x)=$____________.

9. 曲线 $\rho=a(1+\cos\theta)$ 在 $\theta=\pi/3$ 处的曲率为____________.

10. 设 $\lim\limits_{n\to\infty}\dfrac{4n^{2014}}{n^{a+1}-(n+1)^{a+1}}=b$，其中 $a,b\in\mathbf{R}$ 且 $b\neq 0$，则 $b=$____________.

二、(10 分)求极限：(1) $\lim\limits_{x\to\infty}\left(\dfrac{x-2}{x+3}\right)^x$；(2) $\lim\limits_{x\to 0}\dfrac{3^{\tan x}-3^x}{x\sin x^2}$.

三、(10 分)(1) 设 $y=(\sin 2x)^{x^3}$，求 $\dfrac{\mathrm{d}y}{\mathrm{d}(x^3)}$.

(2) 设 $y=y(x)$ 是由参数方程 $\begin{cases} x=t^3+\dfrac{11}{2}t^2+3t \\ y=(t^2+3t)e^{3t} \end{cases}$ 所确定的函数，求 $\dfrac{dy}{dx}$ 和 $\dfrac{d^2y}{dx^2}$.

**四、**(10 分)设 $f(x)=\begin{cases} x^3\sin(1/x)-2ax, & x>0 \\ 0, & x=0 \\ \dfrac{xe^{-(1/x)}}{2+e^{-(1/x)}}, & x<0 \end{cases}$，问：(1) 当 $a$ 为何值时，函数 $f(x)$ 在 $x=0$ 处可导？(2) 求 $f'(x)$.

**五、**(8 分)设 $x_1=24$，$x_{n+1}=\sqrt{12+x_n}$，证明：数列 $\{x_n\}$ 收敛，并求其极限值.

**六、**(8 分)试确定常数 $a$，$b$，$c$，$d$，使得当 $x\to 0$ 时，

$$f(x)=\sin^2 x+ae^{2x^2}+b\sin x+cx\ln(1+x^2)-6x+d$$

为 $x$ 的四阶无穷小.

**七、**(8 分)设 $f(x)$ 在 $[1,3]$ 上连续，在 $(1,3)$ 内可导，并且有 $f(1)=f(3)=1$，$f(2)=-1$. 证明：在 $(1,3)$ 内至少存在一点 $\xi$ 使得 $f'(\xi)=2f(\xi)$.

**八、**(8 分)设 $\alpha$ 为正的常数，并使不等式 $(2x)^\alpha\geqslant\ln(2x)$ 对任意 $x>\dfrac{1}{2}$ 都成立，试求 $\alpha$ 的最小值.

**九、**(8 分)设函数 $f(x)$ 在 $(-\infty,+\infty)$ 内具有连续的三阶导数，且满足方程

$$f(x+h)=f(x)+hf'(x+\theta h),$$

其中 $0<\theta<1$，且 $\theta$ 与 $h$ 无关，证明：当 $\theta\neq\dfrac{1}{2}$ 时，$f(x)$ 为 $x$ 的至多一次函数. 当 $\theta=\dfrac{1}{2}$ 时，$f(x)$ 为 $x$ 的至多二次函数.

## 高等数学(上)期中考试卷(二)

**一、填空**(每题 3 分，共 30 分)

1. 设 $y=\arctan\left(x+\sqrt{1+x^2}\right)$，则 $dy=$________.

2. 极限 $\lim\limits_{n\to\infty}\sqrt[n]{n^2+4^n}=$________.

3. 已知 $x\to 0$ 时，$e^x-\dfrac{1+ax}{1+bx}$ 关于 $x$ 为三阶无穷小，则 $a=$______，$b=$______.

4. 设 $f(x)=\dfrac{x}{2-x}\ln|x|$，则 $f(x)$ 的可去间断点为________.

5. 已知 $y=(\ln x)^{x}$，则 $y'=$____________.

6. 函数 $f(x)=(x-1)\sqrt[3]{x^{2}}$ 的极小值为____________.

7. 曲线 $f(x)=\ln(1+x^{2})$，$x>0$ 拐点为________，在拐点处的曲率为____________.

8. 函数 $f(x)=\tan x$ 的三阶麦克劳林公式是____________(带皮亚诺余项).

9. 方程 $x^{5}-3x-1=0$ 在区间 $[1,2]$ 内根的个数是____________.

10. 曲线 $y=\dfrac{2^{x}+1}{2^{x}-1}$ 的渐近线方程为____________.

二、求极限(每题7分，共14分)

1. $\lim\limits_{x\to0}\dfrac{\sqrt{1+\tan^{2}x}-\sqrt{1+\sin^{2}x}}{(5^{x}-1)\arcsin^{3}x}$；　　2. $\lim\limits_{x\to0}\left(\dfrac{\sin x}{x}\right)^{\frac{1}{x^{2}}}$.

三、根据要求求导(每题7分，共21分)

1. 已知函数 $y=y(x)$ 由 $\begin{cases}x=\arctan t\\2y-ty^{2}+\mathrm{e}^{t}=5\end{cases}$ 确定，求 $\dfrac{\mathrm{d}y}{\mathrm{d}x}$.

2. 已知隐函数 $y=y(x)$ 由方程 $y=\dfrac{1}{2}\sin(x+y)$ 确定，求 $\dfrac{\mathrm{d}^{2}y}{\mathrm{d}x^{2}}$.

3. 设 $y=x^{2}\ln(x+1)$，求 $y^{(10)}$.

四、(8分)从一个半径为 $R$ 的圆铁片上挖去一个顶点在圆心的扇形做成锥形漏斗，问留下的扇形中心角 $\varphi$ 为多大时，做成的漏斗的容积最大.

五、(8分)设 $g(x)$ 一阶可导，$g'(0)=a$. $g(x)$ 在 $x=0$ 处二阶可导，$g''(0)=b$. 又 $x\neq0$ 时 $f(x)=\dfrac{1}{x}(g(x)-\cos x)$.

(1) 欲使 $f(x)$ 在 $x=0$ 处连续，求 $g(0)$，$f(0)$ 值.

(2) 在(1)的条件下 $f'(x)$ 是否存在? 若存在求出 $f'(x)$.

六、(7分)设函数 $f(x)$，$g(x)$ 在 $[0,1]$ 上可导，且 $g'(x)\neq0$，证明：存在一点 $\xi(0<\xi<1)$ 使得 $\dfrac{f(0)-f(\xi)}{g(\xi)-g(1)}=\dfrac{f'(\xi)}{g'(\xi)}$.

七、(6分)设数列 $\{x_n\}$ 由下面递推公式给出 $0<x_1<1$，$x_{n+1}=\dfrac{2+3x_n}{1+x_n}$，$n=1,2,\cdots$，验证数列 $\{x_n\}$ 有极限，并求 $\{x_n\}$ 的极限.

八、(6分)设函数 $f(x)$ 在 $(0,+\infty)$ 上可导，

(1) 若 $\lim\limits_{x\to+\infty}f'(x)=k>0$，求证：$\lim\limits_{x\to+\infty}f(x)=+\infty$

(2) 若 $\lim\limits_{x\to+\infty}(f'(x)+f(x))=l\ (l\in\mathbf{R})$，利用(1)的结论求 $\lim\limits_{x\to+\infty}f'(x)$ 和 $\lim\limits_{x\to+\infty}f(x)$.

## 高等数学(上)期末考试卷(一)

一、填空题(每题2分，共20分)

1. 当 $x=$ ________时，函数 $y=x2^x$ 取得极小值.

2. 设方程 $2^x+2^y=2^{x+y}$ 确定隐函数是 $y=y(x)$，则 $\left.\frac{dy}{dx}\right|_{(1,1)}=$ ________.

3. 当 $x\to 0$ 时，$\cos x-\cos 2x$ 是 $x$ 的________阶无穷小.

4. 函数 $f(x)=\frac{\ln|x|}{|x-1|}\sin x$ 的跳跃间断点是 $x=$ ________处.

5. 设 $y=\ln^2(\ln x)$，则 $dy=$ ________.

6. 设 $f(x)$ 在 $x=0$ 处连续，且 $\lim\limits_{x\to 0}\frac{f(x)+1}{x+\sin x}=2$，则 $f'(0)=$ ________.

7. 曲线 $y=\sqrt{x}$ 在点(1，1)处的曲率 = ________.

8. 写出 $f(x)=\arctan x$ 的三阶麦克劳林公式____________(带皮亚诺余项).

9. $\lim\limits_{x\to 0}(1+2x^2)^{\cot^2 x}=$ ________.

10. 曲线 $f(x)=\sin x$，$x\in[0,\pi]$ 与 $x$ 轴所围图形绕 $x$ 轴旋转而得旋转体的体积________.

二、计算极限(每题5分，共10分)

1. $\lim\limits_{x\to 0}\frac{\int_0^{x^2}\sin(t^2)dt}{x^6}$　　　　2. $\lim\limits_{n\to\infty}\frac{1}{n^2}(\sqrt{n}+\sqrt{2n}+\cdots+\sqrt{n^2})$

三、求导运算（每题5分，共10分）

1. 设 $\begin{cases}x=1-t^2\\ y=t-t^3\end{cases}$ 求 $\frac{d^2y}{dx^2}$；　　2. 设 $f(x)=\begin{cases}(x-1)^2\sin\frac{1}{x-1}, & x<1\\ (x-1)^{\frac{3}{2}}, & x\geqslant 1\end{cases}$ 求 $f'(x)$.

四、计算积分(每题6分，共12分)

1. $\int_0^{\frac{1}{2}}\arcsin x\,dx$；　　　　2. $\int\frac{dx}{(2x^2+1)\sqrt{1+x^2}}$.

五、(8分)求函数 $f(x)=(x-1)\sqrt[3]{x^5}$ 的凹凸区间及拐点.

六、(6分)设 $f'(x)=\arccos x$，且 $f(0)=0$，求定积分 $\int_0^1 xf(x)dx$.

七、(8分)已知曲线 $\Gamma$：$\rho=1+\cos\theta\left(0\leqslant\theta\leqslant\frac{\pi}{2}\right)$，求该曲线在 $\theta=\frac{\pi}{4}$ 所对应的点处的切线 $L$ 的直角坐标方程，并求曲线 $\Gamma$ 和切线 $L$ 及 $x$ 轴所围图形的面积.

八、(6 分)设函数 $f(x)$ 在 $[a, b]$ 上可导，且 $f(a)=a$，

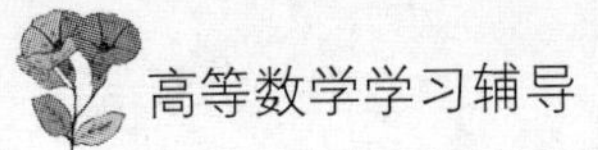


$\int_a^b f(x)\mathrm{d}x = \frac{1}{2}(b^2 - a^2)$.

证明：(1) 存在一点 $\theta \in (a, b)$，使 $f(\theta) - \theta = 0$.

(2) 至少存在一点 $\xi \in (a, b)$ 使得 $f'(\xi) = f(\xi) - \xi + 1$.

## 高等数学(上)期末考试卷(二)

一、填空题(每题 2 分，共 20 分)

(1) 极限 $\lim\limits_{x \to 0}(1-x)^{\frac{1}{\sin x}} =$ ________.

(2) 曲线 $\begin{cases} x = 1 + t^2 \\ y = t^3 \end{cases}$ 在 $t = 1$ 对应的点处的切线方程(直角坐标系下)是________.

(3) 设 $y = y(x)$ 是由方程 $xy - \ln y = -1$ 所确定的隐函数，则 $y'(0) =$ ____.

(4) 极限 $\lim\limits_{x \to 0} \frac{\int_0^{x^2} \sin t \mathrm{d}t}{x^4} =$ ________.

(5) 积分 $\int_{-\frac{1}{2}}^{\frac{1}{2}} \frac{x^2 \arctan x + 1}{\sqrt{1 - x^2}} \mathrm{d}x =$ ________.

(6) 曲线 $y = \frac{x^3}{1 + x^2}$ 的渐近线方程是________.

(7) 函数 $y = \int_0^{x^2} (t - 1)\mathrm{e}^{t^2} \mathrm{d}t$ 的极大值点是 $x =$ ________.

(8) 点(1，3)为曲线 $y = ax^3 + bx^2$ 的拐点，则 $a =$ ________，$b =$ ________.

(9) 极限 $\lim\limits_{n \to \infty} \frac{\pi}{n}\left[\cos^2 \frac{\pi}{n} + \cos^2 \frac{2\pi}{n} + \cdots + \cos^2 \frac{(n-1)\pi}{n}\right] =$ ________.

(10) 下列结论正确的是________.

①若 $\int_0^{+\infty} \mathrm{e}^{-x} \mathrm{d}x = a \int_0^1 \ln x \mathrm{d}x$，则 $a = -1$；

②点 $x = 0$ 为函数 $f(x) = \begin{cases} \frac{\sin x}{|x|}, & x \neq 0 \\ 1, & x = 0 \end{cases}$ 的可去间断点；

③设 $f(x) = \begin{cases} \frac{\ln x}{1 - x}, & x > 0, x \neq 1 \\ a, & x = 1 \end{cases}$，当 $a = 1$ 时，$f(x)$ 在 $x = 1$ 处连续；

④摆线一拱 $\begin{cases} x = t - \sin t \\ y = 1 - \cos t \end{cases}$ $(0 \leqslant t \leqslant 2\pi)$ 的弧长积分表示为 $\int_0^{2\pi} \sqrt{(1 - \cos t)^2 + \sin^2 t} \mathrm{d}t$.

二、计算题(每题5分，共10分)

(1) 设 $y=\dfrac{2x}{x^2-4}$，求 $y^{(n)}$.

(2) 设 $y=y(x)$ 是由方程 $e^x\sin y-e^{-y}\cos x=0$ 所确定，求 $dy$.

三、计算题(每题5分，共10分)

(1) 求 $\lim\limits_{x\to+\infty}\left(\cos\dfrac{1}{x}\right)^x$.

(2) 记 $f(x)=\lim\limits_{n\to\infty}\dfrac{x^{2n-1}+a+bx}{x^{2n}+1}$，$n$ 为自然数，确定常数 $a$，$b$ 使得 $f(x)$ 为 $\mathbf{R}$ 上的连续函数.

四、计算题(每题5分，共10分)

(1) 求不定积分 $\displaystyle\int\frac{dx}{\sqrt{x}-\sqrt[3]{x}}$;(2) 求定积分 $\displaystyle\int_0^1 x\arctan x\,dx$.

五、(9分)当 $x$ 为实数时，比较 $e^x+e^{-x}$ 与 $2+x^2$ 的大小，并给出理由.

六、(7分)设 $f(x)=2+\displaystyle\int_0^x\frac{x+\sin t}{1+t^2}dt$，$p(x)=ax^2+bx+c$，求常数 $a$，$b$，$c$ 使得 $p(0)=f(0)$，$p'(0)=f'(0)$，$p''(0)=f''(0)$，并判断 $f(x)$ 的奇偶性.

七、(7分)记由抛物线 $x=y^2+1$ 与过点 $P(2,1)$ 处的法线及 $x$ 轴，$y$ 轴所围成的平面图形为 $G$，求图形 $G$ 的面积及图形 $G$ 绕 $x$ 轴旋转所成旋转体的体积.

八、(7分)设函数 $f(x)$ 在闭区间 $[0,2]$ 上连续可导，$f(0)=0=f(2)$，证明:

(1) 存在 $\xi\in(0,2)$，使得 $f'(\xi)=2f(\xi)$;

(2) $\left|\displaystyle\int_0^2 f(x)\,dx\right|\leqslant\max\limits_{0\leqslant x\leqslant 2}|f'(x)|$.

## 高等数学(上)期末考试卷(三)

一、填空题(每题3分，共15分)

(1) 当 $x\to0$ 时，$(1+ax^2)^{\frac{1}{3}}-1$ 与 $\cos x-1$ 是等价无穷小量，则 $a=$____.

(2) 设函数 $F(x)$ 是连续函数 $f(x)$ 在区间 $[a,b]$ 上的一个原函数，则 $\displaystyle\int_a^b f(x)\,dx=$________.

(3) 星形线 $x^{\frac{2}{3}}+y^{\frac{2}{3}}=a^{\frac{2}{3}}(a>0)$ 的弧长是________.

(4) $\dfrac{1}{2+x}$ 的 $n$ 阶麦克劳林展开式为(带皮亚诺型余项)________.

(5) 曲线 $y=\ln x$ 上曲率最大的点为________.

二、求极限(每题5分，共15分)

(1) $\lim\limits_{x\to\frac{\pi}{2}}\left(x-\dfrac{\pi}{2}\right)\cot 2x$；　　(2) $\lim\limits_{x\to 0}\dfrac{\int_0^x(\mathrm{e}^t-\mathrm{e}^{-t})\,\mathrm{d}t}{1-\cos x}$；

(3) $\lim\limits_{n\to\infty}\left(\dfrac{1}{n+1}+\dfrac{1}{n+2}+\cdots+\dfrac{1}{3n}\right)$.

三、(8分)设 $y=y(x)$ 由 $\begin{cases}x=2+\dfrac{1}{2}t^2\\ y=t^2\cos t\end{cases}$ 确定，求 $\dfrac{\mathrm{d}y}{\mathrm{d}x}$，$\dfrac{\mathrm{d}^2y}{\mathrm{d}x^2}$.

四、求积分(每题4分，共8分)

(1) $\int\dfrac{1}{x}\sqrt{\dfrac{x+2}{x-2}}\mathrm{d}x$；　　(2) $\int_{-2}^{2}x\cdot(\cos x+\mathrm{e}^x)\,\mathrm{d}x$.

五、(8分)设函数 $y=f(x)$ 由方程 $x^3+y^3-3x+3y=2$ 所确定，试求出 $y=f(x)$ 的极大值与极小值.

六、(8分)曲线 $y=\dfrac{\sqrt{x}}{1+x^2}$ 绕 $x$ 轴旋转得一旋转体，若把它在 $x=0$ 与 $x=\xi$ 之间的一个旋转体体积记为 $V(\xi)$，试问 $a$ 多少时，$V(a)=\dfrac{1}{2}\lim\limits_{\xi\to+\infty}V(\xi)$.

七、(6分)设 $f(x)$ 在 $(-\infty,+\infty)$ 上连续，且满足方程：$f(x)=\int_0^x tf(x-t)\,\mathrm{d}t$，试求函数 $f(x)$.

八、(4分)判断下列各题是否正确，不正确的请给出反例. 对于错题，举不出反例的，则该小题扣1分！

(1) 若 $f(x)$ 是 $(-\infty,+\infty)$ 内图像过原点的可导函数，且 $f'(x)\equiv 0$，则 $f(x)\equiv 0$. A 正确；B 错误；反例：__________.

(2) 设 $f(x)$ 在 $(-\infty,+\infty)$ 内连续且有界，则 $f(x)$ 在 $(-\infty,+\infty)$ 内至少有一个极值点. A 正确；B 错误；反例：__________.

九、证明题(8分)

(1) (5分)设 $f$ 在 $[0,a]$ 上二阶可导，且 $f''(x)\geqslant 0$，证明：$\int_0^a f(x)\,\mathrm{d}x\geqslant af\left(\dfrac{a}{2}\right)$.

(2) (3分)若 $f(x)$ 在 $(-\infty,+\infty)$ 上是周期函数，且 $f(x)\to 0\ (x\to\infty)$，证明：$f(x)\equiv 0$.

## 高等数学(下)期中考试卷(一)

一、填空题(每题3分，共24分)

(1) 设 $\boldsymbol{a}=\{6,-1,2\}$，$\boldsymbol{b}=\{7,-4,4\}$，则 $\boldsymbol{a}$ 在 $\boldsymbol{b}$ 上的投影是________.

(2) 设 $\boldsymbol{a}=\{1,0,2\}$，$\boldsymbol{b}=\{1,1,3\}$，$\boldsymbol{c}=\{1,-2,1\}$，$\boldsymbol{d}=\boldsymbol{a}+\lambda(\boldsymbol{a}\times\boldsymbol{b})$，若 $\boldsymbol{c}\perp\boldsymbol{d}$，则 $\lambda=$______.

(3) 曲线 $\begin{cases}z=x^2+2y^2\\ z=2-x^2\end{cases}$ 在 $xOy$ 面上的投影曲线方程是______.

(4) 设 $z=\ln(\sqrt{x}+\sqrt{y})$，则 $x\dfrac{\partial z}{\partial x}+y\dfrac{\partial z}{\partial y}=$______.

(5) 由方程 $xyz+\sqrt{x^2+y^2+z^2}=\sqrt{2}$ 所确定的隐函数 $z=z(x,y)$ 在点 $(1,0,-1)$ 处的全微分 $\mathrm{d}z=$______.

(6) 由曲线 $\begin{cases}3x^2+2y^2=12\\ z=0\end{cases}$ 绕 $y$ 轴旋转一周得到的旋转曲面在点 $M(1,\sqrt{3},1)$ 处的切平面方程为______.

(7) 设 $\Omega$ 是由球面 $x^2+y^2+z^2=a^2$（其中 $a>0$）所围成的区域，则 $\iiint\limits_{\Omega}[2+x\sin(yz)]\mathrm{d}V=$______.

(8) 设平面曲线 $L$ 为圆周 $x^2+y^2=1$，则 $\oint_L x^2\mathrm{d}s=$______.

二、(7 分) 求过直线 $\begin{cases}x+2y-z-6=0\\ x-2y+z=0\end{cases}$，且与平面 $x+2y+z=0$ 垂直的平面方程.

三、(7 分) 求函数 $f(x,y)=2xy-3x^2-3y^2+10$ 的极值.

四、(7 分) 设 $z=f(x^2-y^2,\mathrm{e}^{xy})$，其中 $f$ 有二阶连续偏导数，求 $\dfrac{\partial^2 z}{\partial x\partial y}$.

五、(7 分) 求曲线 $\begin{cases}x^2+y^2+z^2=6\\ z=x^2+y^2\end{cases}$ 在点 $(1,1,2)$ 处的切线方程.

六、(7 分) 求球面 $x^2+y^2+z^2=25$ 被平面 $z=3$ 所分成的上半部分曲面的面积.

七、计算积分

(1) (7 分) 二次积分 $I=\int_0^1\mathrm{d}x\int_0^{\sqrt{x}}\mathrm{e}^{-\frac{y^2}{2}}\mathrm{d}y$.

(2) (8 分) 三重积分 $\iiint\limits_{\Omega}z\sqrt{x^2+y^2+z^2}\,\mathrm{d}V$，其中 $\Omega$ 是由曲面 $x^2+y^2+z^2=1$ 与 $z=\sqrt{3(x^2+y^2)}$ 所围成的区域.

八、(8 分) 设 $f(x,y)=\iint\limits_{D}f(x,y)\mathrm{d}x\mathrm{d}y+x+y$，其中 $D$ 是由曲线 $y=x^2$，$y=4x^2$ 及 $y=1$ 所围成的区域，求 $f(x,y)$ 的表达式.

九、(8 分)在曲面 $2x^2+2y^2+z^2=1$ 上求点 $P$，使函数 $u(x, y, z)=x^2+y^2+z^2$ 在点 $P$ 沿方向 $\boldsymbol{l}=\{1, -1, 0\}$ 的方向导数为最大.

十、(1)(5 分)确定常数 $\lambda$，使在右半平面 $x>0$ 上的向量

$$\boldsymbol{A}(x, y)=\{2xy(x^4+y^2)^{\lambda}, -x^2(x^4+y^2)^{\lambda}\}$$

为某个二元函数 $u(x, y)$ 的梯度，并求 $u(x, y)$.

(2)(5 分)设平面曲线 $L$ 为圆周 $x^2+y^2=a^2$(常数 $a>0$)，$\boldsymbol{n}$ 为 $L$ 的外法向量，$u(x, y)$ 具有二阶连续偏导数且 $\dfrac{\partial^2 u}{\partial x^2}+\dfrac{\partial^2 u}{\partial y^2}=x^2+y^2$，求 $\oint_L \dfrac{\partial u}{\partial n}\mathrm{d}s$.

## 高等数学(下)期中考试卷(二)

一、填空与选择(每题 4 分，共 32 分)

(1) 若 $|\boldsymbol{a}+\boldsymbol{b}|=|\boldsymbol{a}-\boldsymbol{b}|$，则非零向量 $\boldsymbol{a}$，$\boldsymbol{b}$ 满足条件：__________.

(2) 已知两直线 $L_1$: $\begin{cases}x-3y+z=0\\2x-4y+z+1=0\end{cases}$，$L_2$: $x=\dfrac{y+1}{3}=\dfrac{z-2}{4}$，则过 $L_1$ 且平行于 $L_2$ 的平面方程为：__________.

(3) 曲线 $\begin{cases}3x^2+2y^2=12\\z=0\end{cases}$ 绕 $y$ 轴旋转一周所得的旋转面在点 $(0, \sqrt{3}, \sqrt{2})$ 处的指向外侧的单位法向量为：__________.

(4) 函数 $z=xy^x$ 的全微分 $\mathrm{d}z=$__________.

(5) 设函数 $\varphi(u)$ 可导，二元函数 $z=\varphi(x+y)\mathrm{e}^{xy}$ 满足 $\dfrac{\partial z}{\partial x}+\dfrac{\partial z}{\partial y}=0$，则函数 $\varphi(u)$ 满足关系式：__________.

(6) 已知积分：$I_1=\iint\limits_{x^2+y^2\leqslant 1}|xy|\mathrm{d}x\mathrm{d}y$，$I_2=\iint\limits_{|x|+|y|\leqslant 1}|xy|\mathrm{d}x\mathrm{d}y$，$I_3=\int_{-1}^{1}\mathrm{d}x\int_{-1}^{1}|xy|\mathrm{d}y$，则它们的大小关系是__________.

(7) 将直角坐标系下的二次积分化为极坐标系下的二次积分，$\int_0^1\mathrm{d}x\int_{\sqrt{1-x^2}}^{\sqrt{4-x^2}}f(x,y)\mathrm{d}y+\int_1^2\mathrm{d}x\int_0^{\sqrt{4-x^2}}f(x,y)\mathrm{d}y=$__________.

(8) 设函数 $f(x)$ 连续，区域 $\Omega$: $x^2+y^2+z^2\leqslant 2r^2$，$x^2+y^2\geqslant z^2$，$z\geqslant 0$，采用先重后单的积分次序，三重积分 $\iiint\limits_{\Omega}f(z)\mathrm{d}v$ 可化为定积分__________.

二、计算题(每题 6 分，共 12 分)

(1) 求两直线 $L_1$: $\dfrac{x-1}{1}=\dfrac{y-5}{-2}=\dfrac{z+8}{1}$，$L_2$: $\begin{cases}x-y=6\\2y+z=3\end{cases}$ 的夹角.

(2) 已知函数$f(x, y)=\mathrm{e}^{-x}(ax+b-y^2)$有极大值$f(-1, 0)$，求常数$a$，$b$满足的条件.

三、计算题(每题7分，共14分)

(1) 设$u=f(x^2y, \mathrm{e}^{x^2y})$，$z=\int_0^{x^2y}f(t,\mathrm{e}^t)\mathrm{d}t$，其中函数$f(x, y)$有一阶连续偏导数，求$\frac{\partial u}{\partial x}$，$\frac{\partial^2 z}{\partial x\partial y}$.

(2) 设函数$z=z(x, y)$是由方程$x^2+y^2-z=\varphi(x+y+z)$确定，其中$\varphi$具有二阶导数，且$\varphi'\neq -1$，求$\frac{1}{x-y}\left(\frac{\partial z}{\partial x}-\frac{\partial z}{\partial y}\right)$.

四、计算题(每题7分，共14分)

(1) 计算$\iiint\limits_{\Omega}(a_0+a_1z+a_2z^2)\mathrm{d}v$，其中区域$\Omega: x^2+y^2+z^2\leqslant R^2$.

(2) 求由两直交圆柱面$x^2+y^2=R^2$，$x^2+z^2=R^2$所围成空间区域$\Omega$的表面积.

五、(10分)已知曲面$\sqrt{x}+\sqrt{y}+\sqrt{z}=1$，点$P(a, b, c)$在曲面上.

(1) 求证曲面在点$P$处的切平面方程：$\frac{1}{\sqrt{a}}x+\frac{1}{\sqrt{b}}y+\frac{1}{\sqrt{c}}z=1$.

(2) 问$a$，$b$，$c$为何值时，上述切平面与三个坐标平面所围成的四面体体积最大.

六、(10分)设函数$f(x)$连续，$f(0)=k$，区域$\Omega_t: 0\leqslant z\leqslant k$，$x^2+y^2\leqslant t^2$，试求$\lim\limits_{t\to 0^+}\frac{F(t)}{t^2}$，其中$F(t)=\iiint\limits_{\Omega_t}(z^2f(x^2+y^2))\mathrm{d}v$.

七、(每题4分，共8分)

(1) 证明：$1\leqslant\iint\limits_D(\sin x^2+\cos y^2)\mathrm{d}x\mathrm{d}y\leqslant\sqrt{2}$，其中$D: 0\leqslant x\leqslant 1$，$0\leqslant y\leqslant 1$.

(2) 设函数$f(x, y)$在正方形区域$D: 0\leqslant x\leqslant 1$，$0\leqslant y\leqslant 1$上有二阶连续偏导数，且满足$f(x, 0)=f(0, y)=0$，证明：

$$\max_{(x,y)\in D}|f(x,y)|\leqslant\iint\limits_D|f_{xy}(x,y)|\mathrm{d}\sigma.$$

## 高等数学(下)期末考试卷(一)

一、填空与选择(每题3分，共24分)

(1) 设$2\sin(x+2y-3z)=x+2y-3z$，则$\frac{\partial z}{\partial x}+\frac{\partial z}{\partial y}=$__________.

(2) 函数$z=\ln(x+\sqrt{y})$在点$A(0, 1)$沿$A$指向点$B(3, 4)$的方向的方向导数

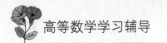

为________.

(3) 交换积分次序 $\int_0^1 \mathrm{d}x\int_0^{x^2} f(x,y)\,\mathrm{d}y + \int_1^{\sqrt{2}} \mathrm{d}x\int_0^{2-x^2} f(x,y)\,\mathrm{d}y =$________.

(4) 幂级数 $\sum_{n=1}^{\infty}\frac{(x-2)^n}{3^n n}$ 的收敛域为________.

(5) $L: y=\sin x(0\leqslant x\leqslant\pi)$，则积分 $\int_L y\cos x\,\mathrm{d}s =$________.

(6) 方程 $y'+xy=0$ 的通解是________.

(7) 下列级数中发散的是________.

A. $\sum_{n=1}^{\infty}\frac{n+1}{3n^3+n}$;　　B. $\sum_{n=1}^{\infty}\frac{2^n+1}{3^n}$;

C. $\sum_{n=1}^{\infty}\frac{(-1)^n}{\sqrt{n}+1}$;　　D. $\sum_{n=1}^{\infty}\ln\left(1+\frac{1}{2n+1}\right)$.

(8) 设 $z=\begin{cases}\frac{xy}{x^2+y^2}, & x^2+y^2\neq 0\\ 0, & x^2+y^2=0\end{cases}$，则 $z=z(x,\ y)$ 在点 $(0,\ 0)$________.

A. 连续且偏导数存在；　　B. 连续但不可微；

C. 不连续且偏导数不存在；　　D. 不连续但偏导数存在.

二、(6 分)求函数 $f(x,\ y)=x^3-4x^2+2xy-y^2$ 的极值.

三、(6 分)设 $f(u,\ v)$ 的二阶偏导连续，$z=xf\left(x,\ \frac{y}{x}\right)$，求 $\frac{\partial^2 z}{\partial x\partial y}$.

四、(6 分)将函数 $f(x)=\frac{1}{4x-1}$ 展开为 $(x+1)$ 的幂级数并给出收敛域.

五、(6 分)求微分方程 $y''-6y'+8y=(3x-1)\mathrm{e}^x$ 的通解.

六、(6 分)求过直线 $\begin{cases}x+2y+z=1\\ x-y-2z=-3\end{cases}$ 且与曲线 $\begin{cases}2x^2+2y^2=z^2\\ x+y+2z=4\end{cases}$ 在点 $(1,\ -1,\ 2)$ 处的切线平行的平面方程.

七、(8 分)计算 $I=\iint\limits_D |\cos(x+y)|\,\mathrm{d}x\mathrm{d}y$，其中区域 $D: 0\leqslant x\leqslant\frac{\pi}{2},\ 0\leqslant y\leqslant\frac{\pi}{2}$.

八、(6 分)计算 $\int_L(\mathrm{e}^x\sin y+8y)\,\mathrm{d}x+(\mathrm{e}^x\cos y-7x)\,\mathrm{d}y$，其中 $L$ 是从 $A(-3,\ 0)$ 到 $B(3,\ 0)$ 的上半圆周.

九、(8 分)计算 $\iint\limits_{\Sigma} xy^2\mathrm{d}y\mathrm{d}z+x^2y\mathrm{d}z\mathrm{d}x+z\mathrm{d}x\mathrm{d}y$，其中 $\sum$ 为曲面 $z=x^2+y^2$ 被平

面 $z=1$ 所截下的下面部分取下侧.

十、(6分)设函数 $f(x,\ y)$ 在单位圆域上有连续的偏导数，且在边界上的值恒为零，又 $f(0,\ 0)=-1$.

(1) 若 $z=f(\rho\cos\varphi,\ \rho\sin\varphi)$，求 $\dfrac{\partial z}{\partial \rho}$.

(2) 求极限 $\lim\limits_{\varepsilon\to 0^+}\dfrac{1}{2\pi}\iint\limits_{D_\varepsilon}\dfrac{xf_x+yf_y}{x^2+y^2}\mathrm{d}x\mathrm{d}y$, 其中 $D_\varepsilon$ 为圆环 $\varepsilon^2\leqslant x^2+y^2\leqslant 1$.

## 高等数学(下)期末考试卷(二)

一、填空题(每题2分，共18分)

(1) 过点 $P(1,\ 3,\ 2)$ 且与直线 $\begin{cases}2x+3y-4z-8=0\\4x-3y-2z+6=0\end{cases}$ 垂直的平面方程为____________.

(2) 设 $\sin(xyz)-3z=0$ 确定函数 $z=z(x,\ y)$，则 $\mathrm{d}z=$____________.

(3) 幂级数 $\sum\limits_{n=1}^{\infty}\dfrac{(x-1)^n}{n\cdot 2^n}$ 的收敛域为____________.

(4) 设 $D$ 是以 $(0,\ 0)$，$\left(\dfrac{\pi}{2},\ \dfrac{\pi}{2}\right)$，$(\pi,\ 0)$ 为顶点的三角形所围的闭区域，则 $\iint\limits_{D} y\mathrm{d}x\mathrm{d}y=$____________.

(5) 设 $L$ 是沿圆周 $x^2+y^2=a^2$ 顺时针从点 $A(0,\ a)$ 到点 $B(0,\ -a)$ 的弧段，则曲线积分 $I=\int_L x\mathrm{d}s=$____________.

(6) 设 $\Sigma$ 为上半球面 $z=\sqrt{4-x^2-y^2}$，则曲面积分 $\iint\limits_{\Sigma} z\mathrm{d}S=$____________.

(7) 一阶微分方程 $y'=\left(\dfrac{y}{x}\right)^2+\dfrac{y}{x}$ 的通解为____________.

(8) 设 $f(x)$ 是周期为 $2\pi$ 的奇函数，且 $f(x)=x$，$x\in(-\pi,\ \pi)$，则 $f(x)$ 的傅里叶级数为____________(不讨论级数收敛性).

(9) 设 $\Omega$ 是平面 $\dfrac{x}{2}+\dfrac{y}{4}+\dfrac{z}{4}=1$ 与三个坐标平面所围的第一卦限区域，积分 $\iiint\limits_{\Omega} z\mathrm{d}v$ 化成先对 $z$，再对 $y$，最后对 $x$ 的三次积分为____________.

二、(7分)求过 $(-1,\ 2,\ -3)$ 点垂直于向量 $\boldsymbol{a}=\{6,\ -2,\ -3\}$，又与直线 $\begin{cases}2x-3y=5\\5x+3z=14\end{cases}$ 相交的直线方程.

三、(7分)在区域 $-3<x<1$，$-1<y<\dfrac{3\pi}{2}$内求$f(x, y)=(1+e^x)\cos y-xe^x$的极值.

四、(7分)设 $u=f(y\arcsin x, x+2y)$，其中$f$具有二阶连续偏导数，求$\dfrac{\partial u}{\partial x}$，$\dfrac{\partial^2 u}{\partial x\partial y}$.

五、(7分)将$f(x)=\dfrac{3x}{x^2+5x+6}$展开成$x$的幂级数，并指出收敛域.

六、解下面方程(每题6分，共12分)

(1) $(x^2-1)dy+(2xy-\cos x)dx=0$ 满足条件 $y(0)=1$ 的特解.

(2) 求方程 $y''-3y'+2y=6xe^{-x}$通解.

七、(8分)计算曲线积分$\oint_L \dfrac{2x^2}{\sqrt{1+x^2}}\arctan\left(\dfrac{y}{\sqrt{1+x^2}}\right)dx+x\ln(1+x^2+y^2)dy$，其中$L$是圆 $x^2+y^2=1$ 所围区域的边界曲线的正向.

八、(8分)设$f(u)$的导函数连续，计算曲面积分

$$\iint_{\Sigma} xf(xy)dydz-yf(xy)dxdz+z^2dxdy,$$

其中$\Sigma$为曲面 $z=x^2+y^2(0\leqslant z\leqslant 1)$的下侧.

九、(6分)设$f(x)$，$g(x)$都是$(-\infty, +\infty)$上的无限次可微函数，且它们的麦克劳林级数相同. 问$f(x)$，$g(x)$是否相等，如果相等请给出证明. 如果不相等请举出反例，并给出$f(x)$，$g(x)$相等的充分必要条件.

## 高等数学(下)期末考试卷(三)

一、填空题(每题3分，共15分)

(1) 设函数 $z=(x-2y)^2+1$，则 $dz=$________.

(2) 积分$\int_0^1 dx\int_0^{\frac{\pi}{2}} x(\cos y)^2 dy=$________.

(3) 设$(6xy^2-y^3)dx+(6x^2y-axy^2)dy$ 是某一函数 $u(x, y)$的全微分，则$a=$________.

(4) 设$f(x)=\begin{cases} x-4, & -\pi\leqslant x\leqslant 0 \\ -x, & 0\leqslant x\leqslant \pi \end{cases}$以 $2\pi$ 为周期，$f(x)$的傅里叶级数的和函数为$S(x)$，则$S(0)=$________，$S(\pi)=$________.

(5) 微分方程 $xy'=y\ln y$ 的通解为________.

二、(6分)设$z=xf\left(x, \dfrac{y}{x}\right)$，其中$f$具有二阶连续偏导数，求$z_x$，$z_y$，$z_{xy}$.

三、(8 分)求曲线$\begin{cases}x^2+y^2+z^2-3x=0\\2x-3y+5z-4=0\end{cases}$在(1，1，1)的切线及法平面方程.

四、(8 分)求 $u=x+2y+z$ 在球面 $x^2+y^2+z^2=1$ 上点 $P\left(0,\ \frac{\sqrt{3}}{2},\ \frac{1}{2}\right)$处，沿球面在该点的外法线方向的方向导数.

五、判别下列级数的敛散性：(每题 6 分，共 12 分)

(1) $\sum\limits_{n=1}^{\infty} n\sin\frac{2}{n^2}$;

(2) $\sum\limits_{n=1}^{\infty}(-1)^n(\sqrt{n+1}-\sqrt{n})$,若收敛,指出是条件收敛还是绝对收敛.

六、(8 分)求旋转抛物面 $z=x^2+y^2$ 上位于 $0\leqslant z\leqslant 2$ 之间的那部分面积.

七、(8 分)计算曲面积分 $I=\iint\limits_{\Sigma}(2x^3-xy^2)\mathrm{d}y\mathrm{d}z+(2y^3-yz^2)\mathrm{d}x\mathrm{d}z+(2z^3-zx^2+1)\mathrm{d}x\mathrm{d}y$，其中 $\Sigma$ 是上半球面 $z=\sqrt{R^2-x^2-y^2}\ (R>0)$ 的上侧.

八、(1) (6 分)求微分方程 $y''-3y'+2y=2\mathrm{e}^{-x}\cos x$ 的通解.

(2) (4 分)求过点 $P(2,\ -1,\ -1)$和 $Q(1,\ 2,\ 3)$，且垂直于平面 $2x+3y-5z+6=0$ 的平面方程.

九、判断下列各题是否正确，不正确的给出反例，若错题，举不出反例，则该小题不给分(每题 1 分，共 5 分)

(1) 函数 $z=f(x,\ y)$在闭区域 $D$ 上连续，且在 $D$ 内一点$(x_0,\ y_0)$取极值，则 $f_x(x_0,\ y_0)=0$，$f_y(x_0,\ y_0)=0$.

A 正确；B 错误；反例：____________.

(2) 若 $f(x,\ y)=f(-x,\ -y)$，$(x,\ y)\in\mathbf{R}^2$，且 $\lim\limits_{\substack{(x,y)\to(0,0)\\(xy>0)}} f(x,\ y)=A$，则 $\lim\limits_{(x,y)\to(0,0)} f(x,\ y)=A$.

A 正确；B 错误；反例：____________.

(3) 若 $z=f(x,\ y)$在点$(x_0,\ y_0)$处可微，且 $f_{xy}(x_0,\ y_0)$，$f_{yx}(x_0,\ y_0)$都存在，则两者相等.

A 正确；B 错误；反例：____________.

(4) 若 $\sum\limits_{n=1}^{\infty} a_n\ (a_n\geqslant 0)$ 收敛，则 $\sum\limits_{n=1}^{\infty} a_n^2$ 也收敛.

A 正确；B 错误；反例：____________.

(5) 定理：设 $x_k>0$，$k=1,\ 2,\ \cdots$满足 $\lim\limits_{n\to\infty}\frac{x_n}{x_1+x_2+\cdots+x_n}=0$，$\lim\limits_{n\to\infty} y_n=l$，则

$\lim\limits_{n\to\infty}\dfrac{x_1y_n+\cdots+y_ny_1}{x_1+x_2+\cdots+x_n}=l$. 问等式$\lim\limits_{n\to\infty}\dfrac{y_1+y_2+\cdots+y_n}{n}=l$是否正确?

A 正确; B 错误; 反例: ____________.

## 南京理工大学高等数学竞赛试卷

一、求幂级数 $\sum\limits_{n=1}^{\infty}\dfrac{(-1)^{n-1}x^{2n+1}}{4n^2-1}$ 的收敛域及和函数. (10 分)

二、判别级数 $\sum\limits_{n=1}^{\infty}\dfrac{(-1)^{n-1}(2n-1)!!}{(2n)!!}$ 是否收敛, 是否绝对收敛? (12 分)

三、设函数 $f$ 连续, 且 $\int_0^1 tf(2x-t)\,\mathrm{d}t=\dfrac{1}{2}\arctan x^2$, $f(1)=1$, 求$\int_1^2 f(x)\,\mathrm{d}x$. (12 分)

四、求椭球面 $x^2+y^2+z^2-xy=1$ 在坐标面 $yOz$ 上的投影区域的边界曲线方程. (10 分)

五、证明: 设 $a_1<a_2<\cdots<a_n$ 为 $n$ 个实数, 函数 $f$ 在$[a_1, a_n]$上有 $n$ 阶导数, 并满足$f(a_1)=f(a_2)=\cdots=f(a_n)=0$, 则对每个 $c\in[a_1, a_n]$都相应的存在 $\xi\in(a_1, a_n)$满足等式$f(c)=\dfrac{(-1)^n(a_1-c)(a_2-c)\cdots(a_n-c)}{n!}f^{(n)}(\xi)$ (10 分)

六、(1) 证明当$|t|\leqslant\dfrac{\pi}{2}$时, $1-\dfrac{1}{2}t^2\leqslant\cos t\leqslant 1$;

(2) 设$D=[0, 1]\times[0, 1]$, 证明: $\dfrac{49}{50}\leqslant\iint\limits_D\cos(xy)^2\,\mathrm{d}x\mathrm{d}y\leqslant 1$. (12 分)

七、设有一高度为 $h(t)$ ($t$ 为时间)的雪堆在融化过程中, 其侧面满足方程(设长度为 cm, 时间单位 h) $z=h(t)-\dfrac{2(x^2+y^2)}{h(t)}$

已知体积减少的速度与侧面积成比例. (比例系数为0.9)问高度为130cm 的雪堆全部融化需要多少时间. (12 分)

八、证明: 当 $x\geqslant 1$, $y\geqslant 0$ 时, $xy\leqslant x\ln x-x+\mathrm{e}^y$. (10 分)

九、设函数$f$, $g$ 具有二阶连续导数, 且$f(0)=g(0)=0$, 若对于任意的封闭曲线 $C$ 积分$\oint_C[y^2f(x)+2y\mathrm{e}^x+2yg(x)]\mathrm{d}x+2[yg(x)+f(x)]\mathrm{d}y=0$.

(1) 求$f(x)$, $g(x)$.

(2) 计算沿任意曲线从$(0, 0)$到点$(1, 1)$的积分. (12 分)

## 第十二届江苏省普通高校非理科专业高等数学竞赛试题

一、填空题(每题4分, 共40分)

1. 设 $h(x)=\mathrm{e}^x$，则极限 $\lim\limits_{n\to\infty}\dfrac{\ln[h(1)h(4)\cdots h(3n+1)]}{1+n^2}=$__________.

2. 极限 $\lim\limits_{x\to 0}\dfrac{1-x\cot x}{x^2\cos x^2}=$__________.

3. 若当 $x\to 0$ 时，$f(x)=\mathrm{e}^x-2ax^2+3bx-1$ 是 $x^2$ 的高阶无穷小，则 $a=$__________，$b=$__________.

4. 极限 $\lim\limits_{x\to 0}\dfrac{2}{x^5}\int_0^x\sin(tx)^2\mathrm{d}t=$__________.

5. 函数 $f(x)=x\ln(x-1)$ 在 $x=2$ 处的泰勒公式中，带 $(x-2)^{10}$ 的项为__________.

6. 函数 $f(x)=\dfrac{x^2-x}{x^2-1}\sqrt{1+\dfrac{1}{x^2}}$ 的间断点是__________，它们的类型分别是__________.（请用 A、B、C 分别表示“可去”、“跳跃”、“第二类”间断点）

7. 若函数的参数方程为 $x=t\mathrm{e}^t$，$\mathrm{e}^t+\mathrm{e}^y=2$，则 $\dfrac{\mathrm{d}y}{\mathrm{d}x}=$__________，$\dfrac{\mathrm{d}^2y}{\mathrm{d}^2x}=$__________.

8. 设 $|\boldsymbol{a}|=|\boldsymbol{b}|=1$，$<\boldsymbol{a},\boldsymbol{b}>=\dfrac{\pi}{4}$，则以 $\boldsymbol{a}+\boldsymbol{b}$ 与 $\boldsymbol{a}-\boldsymbol{b}$ 为邻边的平行四边形的面积是__________.

9. 过直线 $\dfrac{x-1}{1}=\dfrac{y-1}{-3}=\dfrac{z+1}{-5}$，且平行于 $z$ 轴的平面的方程为__________.

10. 设 $L_{ABC}$ 是由 $A(1,0)$，$B(0,1)$，$C(-1,0)$ 三点从 $A$ 到 $B$ 再到 $C$ 连成的折线，则曲线积分 $\int_{L_{ABC}}\dfrac{\mathrm{d}x+\mathrm{d}y}{|x|+|y|}=$__________.

二、（每题 6 分，共 12 分）

1. 计算 $\int_{-1}^{1}(x^2+\tan x)^2\mathrm{d}x$.

2. 过 $(2,3)$ 作曲线 $y=x^2$ 的切线，求该曲线和切线围成图形的面积.

三、（每题 6 分，共 12 分）

1. 计算积分 $\int_0^2\mathrm{d}x\int_0^{\sqrt{2x-x^2}}\sqrt{2x-x^2-y^2}\mathrm{d}y$.

2. 求锥面 $z=\sqrt{x^2+y^2}$ 被圆柱面 $x^2+y^2=2ax(a>0)$ 截下的曲面的面积.

四、（每题 6 分，共 12 分）

1. 计算 $\oint_L\dfrac{a^2b^2(x-y)}{(b^2x^2+a^2y^2)(x^2+y^2)}\mathrm{d}x+\dfrac{a^2b^2(x+y)}{(b^2x^2+a^2y^2)(x^2+y^2)}\mathrm{d}y$，其中 $L$ 是平

面闭曲线$\dfrac{x^2}{a^2}+\dfrac{y^2}{b^2}=1$沿逆时针方向.

2. 求曲面积分$\iint\limits_{\Sigma} x\mathrm{d}y\mathrm{d}z+xz\mathrm{d}z\mathrm{d}x$，其中，$\Sigma: x^2+y^2+z^2=1(z\geqslant 0)$取上侧.

五、(每题6分，共12分)

1. 判别级数$\sum\limits_{n=1}^{\infty}\dfrac{(-1)^{n+1}}{2n+\sin^2 n}$的敛散性，若收敛，要区分是绝对收敛还是条件收敛.

2. 求幂级数$\sum\limits_{n=1}^{\infty}\dfrac{2n+1}{n!}x^{2n}$的收敛域与和函数.

六、(每题6分，共12分)

1. 设函数$f(x,y)=\begin{cases}\dfrac{x^2y^2}{(x^2+y^2)^{3/2}}, & x^2+y^2\neq 0,\\ 0, & x^2+y^2=0\end{cases}$问$f(x,y)$在$(0,0)$点是否连续？是否可微？说明理由.

2. 设对每个$j$，$\{f_j(k)\}_{k=1}^{\infty}$都是无穷小数列，$j=1,2,3,\cdots$，定义$z_k=\lim\limits_{n\to\infty}[f_1(k)f_2(k)\cdots f_n(k)]$，$k=1,2,3,\cdots$，若$\{z_k\}$是一个数列，则$\lim\limits_{k\to\infty}z_k=0$是否一定成立？若一定成立，给出证明；若不一定成立，给出反例.

## 第五届全国大学生数学竞赛预赛试卷

一、解答下列各题(要求写出重要步骤)

1. 求极限$\lim\limits_{n\to\infty}(1+\sin\pi\sqrt{1+4n^2})^n$.

2. 证明广义积分$\int_0^{+\infty}\dfrac{\sin x}{x}\mathrm{d}x$不是绝对收敛的.

3. 设函数$y=y(x)$由$x^3+3x^2y-2y^3=2$确定，求$y(x)$的极值.

4. 过曲线$y=\sqrt[3]{x}(x\geqslant 0)$上的点$A$作切线，使该切线与曲线及$x$轴所围成的平面图形的面积为$\dfrac{3}{4}$，求点$A$的坐标.

二、计算定积分$I=\int_{-\pi}^{\pi}\dfrac{x\sin x\cdot\arctan\mathrm{e}^x}{1+\cos^2 x}\mathrm{d}x$.

三、设$f(x)$在$x=0$处存在二阶导数$f''(0)$，且$\lim\limits_{x\to 0}\dfrac{f(x)}{x}=0$. 证明：级数$\sum\limits_{n=1}^{\infty}\left|f\left(\dfrac{1}{n}\right)\right|$收敛.

四、设 $|f(x)|\leqslant\pi$，$f'(x)\geqslant\pi>0$ $(a\leqslant x\leqslant b)$，证明：$\left|\int_a^b \sin f(x)\,\mathrm{d}x\right|\leqslant\dfrac{2}{m}$.

五、设 $\Sigma$ 是一个光滑封闭曲面，方向朝外. 给定第二型的曲面积分 $I=\iint\limits_{\Sigma}(x^3-x)\mathrm{d}y\mathrm{d}z+(2y^3-y)\mathrm{d}z\mathrm{d}x+(3z^3-z)\mathrm{d}x\mathrm{d}y$,试确定曲面 $\Sigma$,使积分 $I$ 的值最小,并求该最小值.

六、设 $I_a(r)=\oint\limits_C\dfrac{y\mathrm{d}x-x\mathrm{d}y}{(x^2+y^2)^a}$,其中 $a$ 为常数,曲线 $C$ 为椭圆 $x^2+xy+y^2=r^2$,取正向,求极限 $\lim\limits_{r\to+\infty}I_a(r)$

七、判断级数 $\sum\limits_{n=1}^{\infty}\dfrac{1+\dfrac{1}{2}+\cdots+\dfrac{1}{n}}{(n+1)(n+2)}$ 的敛散性，若收敛，求其和.

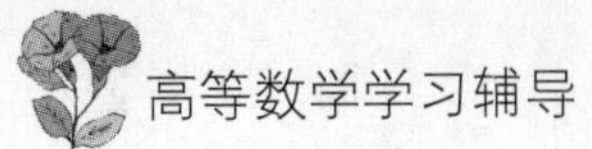


# 附录二　高等数学试卷参考答案

## 高等数学(上)期中考试卷(一)

一、填空题

1. $\frac{12}{5}x^2-\frac{8}{5x}$;　　2. $-3$;　　3. $\frac{1}{x}f'(\ln x)e^{f(\ln x)}$;

4. 可去间断点为 $x=0$ 和 $x=2$，无穷间断点为 $x=-2$;

5. $y=\sqrt[3]{4}a$;　　6. $40!\left[\frac{1}{\left(x-\frac{1}{2}\right)^{41}}-\frac{1}{(x+3)^{41}}\right]$;　　7. $y=-x+2$;

8. 6;　　9. $\frac{\sqrt{3}}{2a}$;　　10. $-\frac{4}{2015}$.

二、(1) $\lim\limits_{x\to\infty}\left(\frac{x-2}{x+3}\right)^x=\lim\limits_{x\to\infty}\left(1-\frac{5}{x+3}\right)^x$

$$=\lim_{x\to\infty}\left[\left(1-\frac{5}{x+3}\right)^{\frac{x+3}{5}}\right]^5\left(1-\frac{5}{x+3}\right)^{-3}=e^{-5}.$$

(2) $\lim\limits_{x\to0}\frac{3^{\tan x}-3^x}{x\sin x^2}=\lim\limits_{x\to0}\frac{3^x(3^{\tan x-x}-1)}{x^3}=\lim\limits_{x\to0}\frac{e^{(\tan x-x)\ln3}-1}{x^3}=\lim\limits_{x\to0}\frac{(\tan x-x)\ln3}{x^3}$

$$=(\ln3)\lim_{x\to0}\frac{\sec^2x-1}{3x^2}=\frac{\ln3}{3}\lim_{x\to0}\frac{\tan^2x}{x^2}=\frac{\ln3}{3}.$$

三、(1) $y'=(e^{x^3\ln\sin2x})'=(\sin2x)^{x^3}\left(3x^2\ln\sin2x+2x^3\frac{\cos2x}{\sin2x}\right)$

$$dy=(\sin2x)^{x^3}(3x^2\ln\sin2x+2x^3\cot2x)dx$$

$$\frac{dy}{d(x^3)}=\frac{dy}{3x^2dx}=(\sin2x)^{x^3}\left(\ln\sin2x+\frac{2}{3}x\cot2x\right).$$

(2) 因为 $\frac{dy}{dt}=(3t^2+11t+3)e^{3t}$，$\frac{dx}{dt}=3t^2+11t+3$，所以

$$\frac{dy}{dx}=e^{3t},\ \frac{d^2y}{dx^2}=\frac{d}{dx}\left(\frac{dy}{dx}\right)=\frac{d}{dt}\left(\frac{dy}{dx}\right)\frac{dt}{dx}=\frac{3e^{3t}}{3t^2+11t+3}.$$

四、(1) $f'_+(0)=\lim\limits_{x\to0^+}\frac{f(x)-f(0)}{x}=\lim\limits_{x\to0^+}\left(x^2\sin\frac{1}{x}-2a\right)=-2a$,

$$f'_-(0)=\lim_{x\to0^-}\frac{f(x)-f(0)}{x}=\lim_{x\to0^+}\frac{e^{-\frac{1}{x}}}{2+e^{-\frac{1}{x}}}\xlongequal{u=-\frac{1}{x}}\lim_{u\to+\infty}\frac{e^u}{2+e^u}.$$

$$= \lim_{u \to +\infty} \frac{1}{2e^{-u}+1} = 1.$$

故当 $a=-\frac{1}{2}$时，$f(x)$在 $x=0$ 处可导.

（2）当 $x>0$ 时，$f'(x)=3x^2\sin\frac{1}{x}-x\cos\frac{1}{x}+1$. 当 $x<0$ 时，$f'(x)=\frac{e^{-\frac{1}{x}}\left(2+\frac{2}{x}+e^{-\frac{1}{x}}\right)}{(2+e^{-\frac{1}{x}})^2}$，$f'(0)=1$.

**五**、（1）证明：由 $x_1=24$，$x_2=6$ 可知 $x_1>x_2$. 假设 $x_k>x_{k+1}$，则

$$x_{k+1}=\sqrt{12+x_k}>\sqrt{12+x_{k+1}}=x_{k+2}.$$

故由数学归纳法可知$\{x_n\}$为单调减少数列. 又由 $x_1=24$，$x_{n+1}=\sqrt{12+x_n}$易知 $x_n>0$，所以$\{x_n\}$有下界. 从而由单调有界准则可知，$\{x_n\}$收敛.

（2）令 $a=\lim\limits_{n\to\infty}x_n$，则对 $x_{n+1}=\sqrt{12+x_n}$两边取极限可得 $a^2-a-12=0$. 所以，$a=-3$ 和 $a=4$. $a=-3$ 与实际情况不符，舍去. 故 $a=4$.

**六**、$\sin^2 x=\frac{1-\cos 2x}{2}=x^2-\frac{1}{3}x^4+o(x^4)$，$e^{2x^2}=1+2x^2+2x^4+o(x^4)$，

$$\sin x=x-\frac{x^3}{3!}+o(x^4),\ x\ln(1+x^2)=x^3+o(x^4).$$

所以有 $f(x)=\sin^2x+ae^{2x^2}+b\sin x+cx\ln(1+x^2)-6x+d+o(x^4)$

$$=x^2-\frac{x^4}{3}+a(1+2x^2+2x^4)+b\left(x-\frac{1}{6}x^3\right)+cx^3-6x+d+o(x^4)$$

$$=a+d+(b-6)x+(1+2a)x^2+\left(c-\frac{b}{6}\right)x^3+\left(2a-\frac{1}{3}\right)x^4+o(x^4),$$

要使$f(x)$为四阶无穷小，必有 $a+d=0$，$b-6=0$，$1+2a=0$，$c-\frac{b}{6}=0$. 于是有，$a=-\frac{1}{2}$，$b=6$，$c=1$，$d=\frac{1}{2}$.

**七**、证明：令 $F(x)=e^{-2x}f(x)$，则 $F(1)=e^{-2}$，$F(2)=-e^{-4}$，$F(3)=e^{-6}$. 因为 $F(x)$在$[1,\ 2]$上连续，所以由介值定理可知，存在 $\eta\in(1,\ 2)$，使得 $F(\eta)=e^{-6}$. 又因为 $F(x)$在$[\eta,\ 3]$上连续，在$(\eta,\ 3)$内可导，$F(\eta)=F(3)=e^{-6}$，由罗尔定理可知，存在 $\xi\in(\eta,\ 3)\subset(1,\ 3)$，$F'(\xi)=0$，即 $f'(\xi)=2f(\xi)$.

八、原不等式等价于$\alpha\ln(2x)\geqslant\ln\ln(2x)$，即$\alpha\geqslant\dfrac{\ln\ln(2x)}{\ln(2x)}$. 所以，求$\alpha$的最小值也就是要求函数$f(x)=\dfrac{\ln\ln(2x)}{\ln(2x)}$的最大值. $f'(x)=\dfrac{1}{\ln^2(2x)}\left[\dfrac{1}{x}-\dfrac{1}{x}\ln\ln(2x)\right]$，得驻点为$x=\dfrac{1}{2}\mathrm{e}^{\mathrm{e}}$. 当$1<x<\dfrac{1}{2}\mathrm{e}^{\mathrm{e}}$时，$f'(x)>0$，当$x>\dfrac{1}{2}\mathrm{e}^{\mathrm{e}}$时，$f'(x)<0$. 所以，$f\left(\dfrac{1}{2}\mathrm{e}^{\mathrm{e}}\right)=\dfrac{1}{\mathrm{e}}$为$f(x)$的极大值，即最大值. 所以$\alpha$的最小值为$\dfrac{1}{\mathrm{e}}$.

九、方程两边关于$h$求导，有$f'(x+h)=f'(x+\theta h)+\theta hf''(x+\theta h)$，所以

$$\lim_{h\to0}\frac{f'(x+h)-f'(x)+f'(x)-f'(x+\theta h)}{h}=\theta\lim_{h\to0}f''(x+\theta h).$$

即$f''(x)-\theta f''(x)=\theta f''(x)$. 故当$\theta\neq\dfrac{1}{2}$时，$f''(x)=0$，即$f(x)$为$x$的至多一次函数.

当$\theta=\dfrac{1}{2}$时，有$f'(x+h)=f'\left(x+\dfrac{1}{2}h\right)+\dfrac{1}{2}hf''\left(x+\dfrac{1}{2}h\right)$. 对该方程两边关于$h$求导，有

$$f''(x+h)=f''\left(x+\frac{1}{2}h\right)+\frac{1}{4}hf'''\left(x+\frac{1}{2}h\right),$$

所以，$\displaystyle\lim_{h\to0}\frac{f''(x+h)-f''(x)+f''(x)-f''\left(x+\frac{1}{2}h\right)}{h}=\frac{1}{4}\lim_{h\to0}f'''\left(x+\frac{1}{2}h\right)$，

即$\dfrac{1}{2}f'''(x)=\dfrac{1}{4}f'''(x)$，所以$f'''(x)=0$，即$f(x)$为$x$的至多二次函数.

## 高等数学(上)期中考试卷(二)

一、填空

1. $\mathrm{d}y=\dfrac{1}{1+(x+\sqrt{1+x^2})^2}\left(1+\dfrac{x}{\sqrt{1+x^2}}\right)\mathrm{d}x$；　2. 4；　3. $a=1/2$，$b=-1/2$；

4. $x=0$；　5. $y'=(\ln x)^x\left[\ln\ln x+\dfrac{1}{\ln x}\right]$；　6. $f\left(\dfrac{2}{5}\right)=-\dfrac{3}{25}\sqrt[3]{20}$.

7. $[1, \ln2]$，0；　8. $f(x)=x+\dfrac{1}{3}x^3+o(x^3)$；　9. 1；　10. $x=0$，$y=\pm1$.

二、求极限

1. $\lim\limits_{x\to 0}\dfrac{\sqrt{1+\tan^2 x}-\sqrt{1+\sin^2 x}}{(5^x-1)\arcsin^3 x}=\lim\limits_{x\to 0}\dfrac{\sqrt{1+\tan^2 x}-\sqrt{1+\sin^2 x}}{x^4\ln 5}$

$$=\lim_{x\to 0}\frac{\tan^2 x-\sin^2 x}{x^4\ln 5(\sqrt{1+\tan^2 x}+\sqrt{1+\sin^2 x})}$$

$$=\frac{1}{2\ln 5}\lim_{x\to 0}\frac{\tan x+\sin x}{x}\lim_{x\to 0}\frac{\tan x-\sin x}{x^3}=\frac{1}{2\ln 5}.$$

2. $\lim\limits_{x\to 0}\left(\dfrac{\sin x}{x}\right)^{\frac{1}{x^2}}=\lim\limits_{x\to 0}\mathrm{e}^{\frac{\ln\frac{\sin x}{x}}{x^2}}$,

而$\lim\limits_{x\to 0}\dfrac{\ln\dfrac{\sin x}{x}}{x^2}=\lim\limits_{x\to 0}\dfrac{\dfrac{\cos x}{\sin x}-\dfrac{1}{x}}{2x}=\lim\limits_{x\to 0}\dfrac{x\cos x-\sin x}{2x^2\sin x}$

$$=\lim_{x\to 0}\frac{x\cos x-\sin x}{2x^3}=\frac{1}{6}\lim_{x\to 0}\frac{-x\sin x}{x^2}=-\frac{1}{6},$$

$\lim\limits_{x\to 0}\left(\dfrac{\sin x}{x}\right)^{\frac{1}{x^2}}=\mathrm{e}^{-\frac{1}{6}}$.

三、根据要求求导

1. $\dfrac{\mathrm{d}x}{\mathrm{d}t}=\dfrac{1}{1+t^2}$，$2\dfrac{\mathrm{d}y}{\mathrm{d}t}-y^2-2ty\dfrac{\mathrm{d}y}{\mathrm{d}t}+\mathrm{e}^t=0$，

于是$\dfrac{\mathrm{d}y}{\mathrm{d}t}=\dfrac{y^2-\mathrm{e}^t}{2(1-ty)}$，因此$\dfrac{\mathrm{d}y}{\mathrm{d}x}=\dfrac{(y^2-\mathrm{e}^t)(1+t^2)}{2(1-ty)}$.

2. 两边对 $x$ 求导可得 $y'=\dfrac{1}{2}\cos(x+y)(1+y')$，于是

$$y'=\frac{\cos(x+y)}{2-\cos(x+y)}=-1+\frac{2}{2-\cos(x+y)},$$

$$y''=\frac{2\sin(x+y)(1+y')}{[2-\cos(x+y)]^2}=\frac{4\sin(x+y)}{[2-\cos(x+y)]^3}.$$

3. $y^{(10)}=x^2[\ln(x+1)]^{(10)}+10[\ln(x+1)]^{(9)}2x+90[\ln(x+1)]^{(8)}$

$$=\frac{-9!\,x^2}{(x+1)^{10}}+\frac{20\cdot 8!\,x}{(x+1)^9}-\frac{90\cdot 8!}{(x+1)^8}.$$

**四、**设留下的扇形中心角 $\varphi$，做成的漏斗半径为 $r=R\dfrac{\varphi}{2\pi}$，高为 $h=\dfrac{R}{2\pi}\sqrt{4\pi^2-\varphi^2}$. 于是漏斗的体积 $V=\dfrac{R^3}{24\pi^2}\varphi^2\sqrt{4\pi^2-\varphi^2}$，$0<\varphi<2\pi$，$V'=$

$\frac{R^3}{24\pi^2}\varphi(8\pi^2-3\varphi^2)$，令$V'=0$得$(0, 2\pi)$内唯一的驻点$\varphi=\frac{2}{3}\sqrt{6}\pi$，而实际问题$V$有最大值. 于是$\varphi=\frac{2}{3}\sqrt{6}\pi$时，$V$取最大值.

五、(1) 欲使$f(x)$在零点连续，则$f(0)=\lim\limits_{x\to0}\frac{g(x)-\cos x}{x}$存在，于是
$g(0)-1=\lim\limits_{x\to0}(g(x)-\cos x)=\lim\limits_{x\to0}f(x)x=0$，因此$g(0)=1$，而
$f(0)=\lim\limits_{x\to0}\frac{g(x)-\cos x}{x}=\lim\limits_{x\to0}g'(x)-\sin x=g'(0)=a.$

(2) 只要$f(x)$在0点可导，则$f(x)$在$(-\infty, +\infty)$上可导.

$$f'(0)=\lim_{x\to0}\frac{f(x)-f(0)}{x}=\lim_{x\to0}\frac{g(x)-\cos x-ax}{x^2}$$
$$=\lim_{x\to0}\frac{g'(x)+\sin x-a}{2x}=\lim_{x\to0}\frac{g'(x)-g'(0)}{2x}+\frac{1}{2}=\frac{1}{2}(b+1).$$

当$x\neq0$时，$f'(x)=\frac{(g'(x)+\sin x)x-(g(x)-\cos x)}{x^2}$

于是，$f'(x)=\begin{cases}\frac{(g'(x)+\sin x)x-(g(x)-\cos x)}{x^2}, & x\neq0\\ \frac{1}{2}(1+b), & x=0\end{cases}.$

六、证明：由于$x_{n+1}=\frac{2+3x_n}{1+x_n}=3-\frac{1}{1+x_n}$，利用归纳法易证$0<x_n<3$，于是数列$\{x_n\}$是有界数列.

又$x_{n+1}-x_n=\frac{x_n-x_{n-1}}{(1+x_n)(1+x_{n-1})}$，于是$x_{n+1}-x_n$与$x_n-x_{n-1}$同号，从而与$x_2-x_1$同号，这就验证了$\{x_n\}$是单调数列. 于是$\{x_n\}$的极限存在，设极限为$A$. 则$A=\frac{2+3A}{1+A}$，因此$A=1+\sqrt{3}$.

七、证明：令$F(x)=f(0)g(x)+g(1)f(x)-f(x)g(x)$，则$F(x)$在$[0, 1]$上可微，且$F(0)=F(1)=f(0)g(1)$，应用罗尔定理，存在$\xi\in(0, 1)$使得$F'(\xi)=0$.

由于$F'(x)=f(0)g'(x)+g(1)f'(x)-f'(x)g(x)-f(x)g'(x)$，
于是$F'(\xi)=f(0)g'(\xi)+g(1)f'(\xi)-f'(\xi)g(\xi)-f(\xi)g'(\xi)$. 化简可得
$g'(\xi)(f(0)-f(\xi))=f'(\xi)(g(\xi)-g(1))$

由于$g'(\xi)\neq0$，$g(\xi)-g(1)\neq0$. 否则存在$c\in(\xi, 1)$，使得$g'(c)=0$，此

与 $g'(x)\neq 0$ 矛盾. 于是上式等价于$\dfrac{f(0)-f(\xi)}{g(\xi)-g(1)}=\dfrac{f'(\xi)}{g'(\xi)}$.

八、证明 (1) 若 $\lim\limits_{x\to+\infty}f'(x)=k>0$，由极限的定义可知：存在 $N>0$，当 $x>N$ 后有 $f'(x)>\dfrac{k}{2}>0$.

由拉格朗日中值定理，有 $f(x)=f(N)+f'(\xi)(x-N)>f(N)+\dfrac{k}{2}(x-N)$，故 $\lim\limits_{x\to+\infty}f(x)=+\infty$.

(2) 对 $l(l\in\mathbf{R})$，取 $k(k\in\mathbf{R})$ 使得 $k+l>0$，则由 $\lim\limits_{x\to+\infty}(f'(x)+f(x))=l(l\in\mathbf{R})$知：$\lim\limits_{x\to+\infty}(f'(x)+f(x)+k)=l+k>0(l\in\mathbf{R})$，而

$\lim\limits_{x\to+\infty}[\mathrm{e}^x(f(x)+k)]'=\lim\limits_{x\to+\infty}\mathrm{e}^x(f'(x)+f(x)+k)=+\infty$. 由(1)得

$\lim\limits_{x\to+\infty}[\mathrm{e}^x(f(x)+k)]=+\infty$，从而

$$\lim_{x\to+\infty}[(f(x)+k)]=\lim_{x\to+\infty}\frac{[\mathrm{e}^x(f(x)+k)]}{\mathrm{e}^x}=\lim_{x\to+\infty}\frac{[\mathrm{e}^x(f'(x)+f(x)+k)]}{\mathrm{e}^x}$$

$$=\lim_{x\to+\infty}\frac{[\mathrm{e}^x(l+k)]}{\mathrm{e}^x}=l+k,$$

即 $\lim\limits_{x\to+\infty}f(x)=l$,

因而 $\lim\limits_{x\to+\infty}f'(x)=\lim\limits_{x\to+\infty}(f'(x)+f(x))-\lim\limits_{x\to+\infty}f(x)=l-l=0$.

## 高等数学(上)期末考试卷(一)

一、填空题

1. $-\dfrac{1}{\ln 2}$； 2，$-1$； 3. 2； 4. 1； 5. $\mathrm{d}y=\dfrac{2\ln(\ln x)}{x\ln x}\mathrm{d}x$；

6. 4； 7. $\dfrac{2}{5\sqrt{5}}$； 8. $x-\dfrac{1}{3}x^3+o(x^3)$； 9. $\mathrm{e}^2$； 10. $\dfrac{\pi^2}{2}$.

二、1. $\lim\limits_{x\to 0}\dfrac{\int_0^{x^2}\sin t^2\,\mathrm{d}t}{x^6}=\lim\limits_{x\to 0}\dfrac{2x\sin x^4}{6x^5}=\dfrac{1}{3}$.

2. $\lim\limits_{n\to\infty}\dfrac{1}{n^2}(\sqrt{n}+\sqrt{2n}+\cdots+\sqrt{n^2})=\lim\limits_{n\to\infty}\dfrac{1}{n}\sum\limits_{i=1}^{n}\sqrt{\dfrac{i}{n}}=\int_0^1\sqrt{x}\mathrm{d}x=\dfrac{2}{3}x^{\frac{3}{2}}\Big|_0^1=\dfrac{2}{3}$.

三、1. $\dfrac{\mathrm{d}y}{\mathrm{d}x}=\dfrac{1-3t^2}{-2t}$； $\dfrac{\mathrm{d}y}{\mathrm{d}x}=-\dfrac{1+3t^2}{4t^3}$.

2. 当 $x<1$ 时，$f'(x)=2(x-1)\sin\dfrac{1}{x-1}-\cos\dfrac{1}{x-1}$. 当 $x>1$ 时，$f'(x)=$

$\frac{3}{2}(x-1)^{\frac{1}{2}}$. 而$f'_{+}(1)=\lim\limits_{h\to0^+}\frac{f(1+h)-f(1)}{h}=\lim\limits_{h\to0^+}\frac{h^{\frac{3}{2}}}{h}=0$,

$$f'_{-}(1)=\lim_{h\to0^-}\frac{h^2\sin\frac{1}{h}}{h}=\lim_{h\to0^-}h\sin\frac{1}{h}=0,\text{ 于是 } f'(1)=0.$$

四、1. $\int_0^{\frac{1}{2}}\arcsin x\mathrm{d}x = x\arcsin x\Big|_0^{\frac{1}{2}}-\int_0^{\frac{1}{2}}x\mathrm{d}\arcsin x$

$$=\frac{\pi}{12}-\int_0^{\frac{1}{2}}\frac{x}{\sqrt{1-x^2}}\mathrm{d}x=\frac{\pi}{12}+\sqrt{1-x^2}\Big|_0^{\frac{1}{2}}$$

$$=\frac{\pi}{12}+\frac{\sqrt{3}}{2}-1.$$

2. $\int\frac{\mathrm{d}x}{(2x^2+1)\sqrt{1+x^2}}\xlongequal{令 x=\tan t}\int\frac{\sec t}{(2\tan^2t+1)}\mathrm{d}t$

$$=\int\frac{\cos t}{(1+\sin^2t)}\mathrm{d}t=\arctan(\sin t)+C$$

$$=\arctan\frac{x}{\sqrt{1+x^2}}+C.$$

五、$f'(x)=\frac{8}{3}x^{\frac{5}{3}}-\frac{5}{3}x^{\frac{2}{3}}$, $f''(x)=\frac{10(4x-1)}{9\sqrt[3]{x}}$, 注意到$f''\left(\frac{1}{4}\right)=0$, 点 $x=0$ 是$f''(x)$不存在的点, 于是上凹区间为$(-\infty,0)$, $\left(\frac{1}{4},+\infty\right)$, 上凸区间为$\left(0,\frac{1}{4}\right)$. 而拐点是$(0,0)$, $\left(\frac{1}{4},-\frac{3}{16\sqrt[3]{16}}\right)$.

六、$\int_0^1 xf(x)\mathrm{d}x=\frac{1}{2}\left[x^2f(x)\Big|_0^1-\int_0^1x^2\mathrm{d}f(x)\right]=\frac{1}{2}f(1)-\frac{1}{2}\int_0^1x^2f'(x)\mathrm{d}x$,

$$f(1)=f(1)-f(0)=\int_0^1f'(x)\mathrm{d}x=x\arccos x\Big|_0^1-\int_0^1x\mathrm{d}\arccos x$$

$$=\int_0^1\frac{x}{\sqrt{1-x^2}}\mathrm{d}x=1.$$

$$\int_0^1x^2f'(x)\mathrm{d}x=\frac{1}{3}\int_0^1\arccos x\mathrm{d}x^3=\frac{1}{3}\left[x^3\arccos x\Big|_0^1-\int_0^1x^3\mathrm{d}\arccos x\right]$$

$$=\frac{1}{3}\int_0^1\frac{x^3}{\sqrt{1-x^2}}\mathrm{d}x\xlongequal{令 x=\sin t}\frac{1}{3}\int_0^{\frac{\pi}{2}}\sin^3t\mathrm{d}t$$

$= \dfrac{2}{9}$，于是原式 $= \dfrac{7}{18}$.

七、设切点为 $P$，切线与 $x$ 轴的交点为 $B$，曲线 $\Gamma$ 与 $x$ 轴的交点为 $A$

$$\begin{cases} x=(1+\cos\theta)\cos\theta \\ y=(1+\cos\theta)\sin\theta \end{cases},\ \left.\frac{\mathrm{d}y}{\mathrm{d}x}\right|_{\theta=\frac{\pi}{4}} = \left.\frac{\cos\theta+\cos2\theta}{-\sin\theta-\sin2\theta}\right|_{\theta=\frac{\pi}{4}} = 1-\sqrt{2},$$

点 $P\left(\dfrac{1+\sqrt{2}}{2},\ \dfrac{1+\sqrt{2}}{2}\right)$，切线 $L$：$y-\dfrac{1+\sqrt{2}}{2}=(1-\sqrt{2})\left(x-\dfrac{1+\sqrt{2}}{2}\right)$，

三角形 $OPB$ 的面积 $S_1=\dfrac{1}{2}\left(2+\dfrac{3}{2}\sqrt{2}\right)\dfrac{1+\sqrt{2}}{2}=\dfrac{10+7\sqrt{2}}{8}$，

曲边三角形 $OPA$ 的面积 
$$S_2 = \frac{1}{2}\int_0^{\frac{\pi}{4}}\rho^2\mathrm{d}\theta = \frac{1}{2}\int_0^{\frac{\pi}{4}}\left(\frac{3}{2}+2\cos\theta+\frac{1}{2}\cos2\theta\right)\mathrm{d}\theta$$
$$= \frac{1}{2}\left.\left(\frac{3}{2}\theta+2\sin\theta+\frac{1}{4}\sin2\theta\right)\right|_0^{\frac{\pi}{4}}$$
$$= \frac{3}{16}\pi+\frac{\sqrt{2}}{2}+\frac{1}{8},$$

于是 $S=S_1-S_2=\dfrac{9}{8}+\dfrac{3\sqrt{2}}{8}-\dfrac{3\pi}{16}$.

八、证明：(1) 由 $\displaystyle\int_a^b f(x)\mathrm{d}x=\frac{1}{2}(b^2-a^2)$ 得 $\displaystyle\int_a^b (f(x)-x)\mathrm{d}x=0$，

由积分中值定理存在一点 $\theta\in(a,\ b)$ 使得 $(f(\theta)-\theta)(b-a)=0$ 即 $f(\theta)-\theta=0$.

(2) 设 $F(x)=\mathrm{e}^{-x}(f(x)-x)$，$F(x)$ 在 $[a,\ \theta]$ 上连续，在 $(a,\ \theta)$ 内可导，

$F(a)=F(\theta)=0$，于是存在一点 $\xi\in(a,\ \theta)\subseteq(a,\ b)$ 使得 $F'(\xi)=0$，

即 $f'(\xi)=f(\xi)-\xi+1$.

## 高等数学(上)期末考试卷(二)

一、(1) $\dfrac{1}{\mathrm{e}}$；　(2) $3x-2y-4=0$；　(3) $\mathrm{e}^2$；　(4) $\dfrac{1}{2}$；　(5) $\dfrac{\pi}{3}$；

(6) $y=x$；　(7) 0；　(8) $a=-\dfrac{3}{2}$，$b=\dfrac{9}{2}$；　(9) $\dfrac{\pi}{2}$；　(10) ①④.

二、(1) $y=\dfrac{1}{x-2}+\dfrac{1}{x+2}$，$y^{(n)}=(-1)^n n!\left[\dfrac{1}{(x-2)^{n+1}}+\dfrac{1}{(x+2)^{n+1}}\right]$.

(2) 两边同时对 $x$ 求导，得

$\mathrm{e}^x\sin y+\mathrm{e}^x\cos y y'+\mathrm{e}^{-y}y'\cos x+\mathrm{e}^{-y}\sin x=0$，

$y'=-\dfrac{\mathrm{e}^x\sin y+\mathrm{e}^{-y}\sin x}{\mathrm{e}^x\cos y+\mathrm{e}^{-y}\cos x}$，　$\mathrm{d}y=-\dfrac{\mathrm{e}^x\sin y+\mathrm{e}^{-y}\sin x}{\mathrm{e}^x\cos y+\mathrm{e}^{-y}\cos x}\mathrm{d}x$.

三、(1) 原式 $= e^{\lim\limits_{x\to+\infty} x\ln\left(\cos\frac{1}{x}\right)} = e^{\lim\limits_{x\to+\infty} x\ln\left(1+\left(\cos\frac{1}{x}-1\right)\right)}$

$= e^{\lim\limits_{x\to+\infty} x\left(\cos\frac{1}{x}-1\right)} = e^{\lim\limits_{t\to+0}\frac{\cos t-1}{t}} = 1.$

(2) $f(x) = \lim\limits_{n\to\infty}\dfrac{x^{2n-1}+a+bx}{x^{2n}+1} = \begin{cases} a+bx, & |x|<1 \\ (a-b-1)/2, & x=-1 \\ (a+b+1)/2, & x=1 \\ 1/x, & |x|>1 \end{cases}$,

$\lim\limits_{x\to1^-}f(x) = a+b = f(1) = \dfrac{a+b+1}{2} = \lim\limits_{x\to1^+}f(x) = 1,$

$\lim\limits_{x\to-1^-}f(x) = a-b = f(-1) = \dfrac{a-b-1}{2} = \lim\limits_{x\to-1^+}f(x) = -1,$

$\begin{cases} a+b=1 \\ a-b=-1 \end{cases}$， $a=0$，$b=1$.

四、(1) 原式 $\xlongequal{\sqrt[6]{x}=t} 6\int\dfrac{t^5\mathrm{d}t}{t^3-t^2} = 6\int\dfrac{t^3}{t-1}\mathrm{d}t = 6\int\dfrac{t^3-1+1}{t-1}\mathrm{d}t$

$= 6\int\left(t^2+t+1+\dfrac{1}{t-1}\right)\mathrm{d}t = 2t^3+3t^2+6t+6\ln|t-1|+C$

$= 2\sqrt{x}+3\sqrt[3]{x}+6\sqrt[6]{x}+6\ln\left|\sqrt[6]{x}-1\right|+C.$

(2) 原式 $= \dfrac{1}{2}\int_0^1\arctan x\,\mathrm{d}x^2 = \dfrac{1}{2}x^2\arctan x\Big|_0^1 - \dfrac{1}{2}\int_0^1\dfrac{x^2}{1+x^2}\mathrm{d}x$

$= \dfrac{\pi}{8}-\dfrac{1}{2}\int_0^1 1-\dfrac{1}{1+x^2}\mathrm{d}x = \dfrac{\pi}{4}-\dfrac{1}{2}.$

五、令 $f(x)=e^x+e^{-x}-2-x^2$，则 $f(x)$ 在 $(-\infty,+\infty)$ 上为偶函数，且

$f'(x)=e^x-e^{-x}-2x$，$f''(x)=e^x+e^{-x}-2\geqslant0$，

$f'(x)$ 在 $(0,+\infty)$ 单调递增，故 $f'(x)\geqslant f'(0)=0$，$f(x)$ 在 $(0,+\infty)$ 单调递增，故 $f(x)\geqslant f(0)=0$，又 $f(x)$ 为偶函数，故 $f(x)\geqslant0$，$x\in(-\infty,+\infty)$，即 $e^x+e^{-x}\geqslant2+x^2$.

六、$f(x) = 2+x\arctan x+\int_0^x\dfrac{\sin t}{1+t^2}\mathrm{d}t$，$f'(x) = \arctan x+\dfrac{x+\sin x}{1+x^2}$，

$f''(x) = \dfrac{1}{1+x^2}+\dfrac{(1+\cos x)(1+x^2)-2x(x+\sin x)}{(1+x^2)^2}$，

$f(0)=2$，$f'(0)=0$，$f''(0)=3$，由已知得，$c=2$，$b=0$，$a=\dfrac{3}{2}$.

$f(-x) = 2+x\arctan x+\int_0^{-x}\dfrac{\sin t}{1+t^2}\mathrm{d}t$，

$$\int_0^{-x}\frac{\sin t}{1+t^2}dt \xlongequal{t=-u} \int_0^x \frac{\sin(-u)}{1+(-u)^2}d(-u) = \int_0^x \frac{\sin t}{1+t^2}dt,$$

即 $f(-x)=f(x)$，$f(x)$ 为 $(-\infty, +\infty)$ 上的偶函数.

七、由 $x=y^2+1$，得 $1=2yy'$，切线斜率 $\frac{1}{2}$，法线斜率 $k=-2$，

法线方程：$y=-2x+5$.

面积：$S=\int_0^1(-2x+5)dx+\int_1^2(-2x+5-\sqrt{x-1})dx=\frac{16}{3}$.

体积：$V=\pi\int_0^2(-2x+5)^2dx-\pi\int_1^2(x-1)dx=\frac{121}{6}\pi$.

八、证明：(1) 令 $g(x)=e^{-2x}f(x)$，则 $g(0)=f(0)=0$，$g(2)=e^4f(2)=0$，
由 Rolle 定理，存在 $\xi\in(0,2)$，使得 $g'(\xi)=0$，即 $f'(\xi)=2f(\xi)$.
(2) 对 $f(x)$ 在 $[0,1]$ 上用 Lagrange 中值定理，
$\exists\xi_1\in(0,1)$，s. t $f(x)-f(0)=f'(\xi_1)x$，即 $f(x)=f'(\xi_1)x$；
同理，$\exists\xi_2\in(0,1)$，s. t. $f(2)-f(x)=f'(\xi_2)(2-x)$，
即 $f(x)=f'(\xi_2)(x-2)$.

$$\begin{aligned}\left|\int_0^2 f(x)dx\right| &\leqslant \left|\int_0^1 f(x)dx\right|+\left|\int_1^2 f(x)dx\right|\\ &= \left|\int_0^1 f'(\xi_1)xdx\right|+\left|\int_1^2 f'(\xi_2)(2-x)dx\right|\\ &\leqslant \int_0^1 xdx\max_{0\leqslant x\leqslant 2}|f'(x)| + \int_1^2(2-x)dx\max_{0\leqslant x\leqslant 2}|f'(x)|\\ &= \max_{0\leqslant x\leqslant 2}|f'(x)|.\end{aligned}$$

## 高等数学(上)期末考试卷(三)

一、(1) $-\frac{3}{2}$；　(2) $F(b)-F(a)$；　(3) $6a$；

(4) $\sum_{k=0}^{n}\frac{(-1)^k}{2^{k+1}}x^k+o(x^n)(x\to 0)$；　(5) $\left(\frac{1}{\sqrt{2}}, -\frac{1}{2}\ln 2\right)$.

二、(1) 原式 $=\lim\limits_{x\to\frac{\pi}{2}}\frac{\left(x-\frac{\pi}{2}\right)\cos 2x}{\sin 2x}=-\lim\limits_{x\to\frac{\pi}{2}}\frac{x-\frac{\pi}{2}}{\sin 2x}=-\lim\limits_{x\to\frac{\pi}{2}}\frac{1}{2\cos 2x}=\frac{1}{2}$；

(2) 原式 $=\lim\limits_{x\to 0}\frac{e^x-e^{-x}}{\sin x}=\lim\limits_{x\to 0}\frac{e^x+e^{-x}}{\cos x}=2$；

(3) 原式 $=\int_0^2\frac{1}{1+x}dx=\ln 3$.

三、$x'(t)=t$，$y'(t)=2t\cos t-t^2\sin t$，

$$\frac{dy}{dx}=2\cos t-t\sin t,\qquad \frac{d^2y}{dx^2}=-\cos t-\frac{3\sin t}{t}.$$

四、(1) 令 $t=\sqrt{\frac{x+2}{x-2}}$，则 $x=\frac{2t^2+2}{t^2-1}$，$dx=\frac{-8t\,dt}{(t^2-1)^2}$，于是

$$\begin{aligned}原式&=\int\frac{-4t^2}{(t^2+1)(t^2-1)}dt=-2\int\left(\frac{1}{t^2-1}+\frac{1}{t^2+1}\right)dt\\&=\int\left(\frac{1}{t+1}-\frac{1}{t-1}-\frac{2}{t^2+1}\right)dt=\ln\left|\frac{1+t}{1-t}\right|-2\arctan t+C\\&=\ln\left|\frac{\sqrt{x-2}+\sqrt{x+2}}{\sqrt{x-2}+\sqrt{x+2}}\right|-2\arctan\sqrt{\frac{x+2}{x-2}}+C.\end{aligned}$$

(2) 原式 $=\int_{-2}^{2}xe^x dx=e^2+3e^{-2}.$

五、两端关于 $x$ 求导，有 $3x^2+3y^2y'-3+3y'=0$，得 $y'=\frac{1-x^2}{y^2+1}$，两个驻点 1，$-1$.

注意到当 $x=1$ 时，$y=1$. 而 $x=-1$ 时 $y=0$，而

当 $x<-1$ 时 $y'<0$，当 $x>-1$ 时 $y'>0$，所以 $f(-1)=0$ 为极小值，

当 $x<1$ 时 $y'>0$，当 $x>1$ 时 $y'<0$，所以 $f(1)=1$ 为极大值.

六、旋转体介于 $x=0$ 和 $x=\xi$ 之间的体积为：

$$V(\xi)=\pi\int_0^{\xi}\frac{x}{(1+x^2)^2}dx=\frac{\pi}{2}\frac{\xi^2}{1+\xi^2},$$

由题意得：$\frac{a^2}{1+a^2}=\frac{1}{2}$，　　$a=1$.

七、$f(x)=\int_0^x tf(x-t)dt\overset{x-t=u}{=\!=\!=}\int_0^x(x-u)f(u)du$

$$=x\int_0^x f(u)du-\int_0^x uf(u)du,$$

两边求导，$f'(x)=\int_0^x f(u)du, f''(x)=f(x)$，

于是 $f(x)=c_1e^x+c_2e^{-x}$，由题意 $f(0)=0$，$f'(0)=0$，于是 $c_1=c_2=0$，

因此 $f(x)=0$.

八、答：(1) 正确；(2) 错误　反例 $f(x)=\arctan x$.

九、证明：(1) 因为 $f''(x)\geqslant0$，所以 $f$ 为下凸函数，由 Jensen 不等式

$$f\left(\frac{1}{a}\int_0^a x\,dx\right)\leqslant\frac{1}{a}\int_0^a f(x)dx,即\quad\int_0^a f(x)dx\geqslant af\left(\frac{a}{2}\right).$$

(2) $\forall a\in\mathbf{R}$，作数列$\{x_n\}$：$x_n=a+nT$，则$\{x_n\}$为无穷大量，又$f(x)\to 0(x\to\infty)$由 Heine 定理$\lim\limits_{n\to\infty}f(x_n)=0$，但$f(x_n)=f(a)$，所以$f(a)=0$，由 $a$ 的任意性$f(x)\equiv 0$.

## 高等数学(下)期中考试卷(一)

一、填空题

(1) 6；　(2) $-3$；　(3) $\begin{cases}x^2+y^2=1\\ z=0\end{cases}$；　(4) $\dfrac{1}{2}$；　(5) $\mathrm{d}x-\sqrt{2}\mathrm{d}y$；

(6) $3x+2\sqrt{3}y+3z-12=0$；　(7) $\dfrac{8}{3}\pi a^3$；　(8) $\pi$

二、方法一　设过直线$\begin{cases}x+2y-z-6=0\\ x-2y+z=0\end{cases}$的平面束方程为

$$x+2y-z-6+\lambda(x-2y+z)=0,$$

则它的法向量$\boldsymbol{n}=\{1+\lambda,\ 2-2\lambda,\ \lambda-1\}$垂直于平面 $x+2y+z=0$ 的法向量$\boldsymbol{n}_1=\{1,\ 2,\ 1\}$，所以有

$$1+\lambda+2(2-2\lambda)+\lambda-1=0\Rightarrow\lambda=2.$$

故所求的平面方程为$3x-2y+z-6=0$.

方法二　直线$\begin{cases}x+2y-z-6=0\\ x-2y+z=0\end{cases}$的方向向量可取为

$$\boldsymbol{s}=\begin{vmatrix}\boldsymbol{i} & \boldsymbol{j} & \boldsymbol{k}\\ 1 & 2 & -1\\ 1 & -2 & 1\end{vmatrix}=-2\boldsymbol{j}-4\boldsymbol{k},$$

所求的平面的法向量可取为

$$\boldsymbol{n}=\begin{vmatrix}\boldsymbol{i} & \boldsymbol{j} & \boldsymbol{k}\\ 0 & -2 & -4\\ 1 & 2 & 1\end{vmatrix}=6\boldsymbol{i}-4\boldsymbol{j}+2\boldsymbol{k},$$

在$\begin{cases}x+2y-z-6=0\\ x-2y+z=0\end{cases}$取 $y=0$ 解得 $x=3$，$z=-3$，故所求的平面方程为$6(x-3)-4y+2(z+3)=0$，即$3x-2y+z-6=0$.

三、由$\begin{cases}f_x=2y-6x=0\\ f_y=2x-6y=0\end{cases}$得到驻点$(0,\ 0)$，而$f_{xx}=-6$，$f_{xy}=2$，$f_{yy}=-6$，在点$(0,\ 0)$处：$A=f_{xx}(0,\ 0)=-6$，$B=f_{xy}(0,\ 0)=2$，$C=f_{yy}(0,\ 0)=-6$. 由于$AC-B^2=34>0$，$A<0$，所以$f(x,\ y)$在点$(0,\ 0)$处取极大值$f(0,\ 0)=10$.

四、$\dfrac{\partial z}{\partial x}=2xf_1+y\mathrm{e}^{xy}f_2$；

$$\begin{aligned}\frac{\partial^2 z}{\partial x\partial y}&=2x(-2yf_{11}+x\mathrm{e}^{xy}f_{12})+\mathrm{e}^{xy}f_2+xy\mathrm{e}^{xy}f_2+y\mathrm{e}^{xy}(-2yf_{21}+x\mathrm{e}^{xy}f_{22})\\ &=(1+xy)\mathrm{e}^{xy}f_2-4xyf_{11}+2(x^2-y^2)\mathrm{e}^{xy}f_{12}+xy\mathrm{e}^{2xy}f_{22}.\end{aligned}$$

五、方法一　由 $\begin{cases} 2x+2y\dfrac{dy}{dx}+2z\dfrac{dz}{dx}=0 \\ \dfrac{dz}{dx}=2x+2y\dfrac{dy}{dx} \end{cases}$ 得 $\dfrac{dy}{dx}=-\dfrac{x}{y}$，$\dfrac{dz}{dx}=0$，因此曲线 $\begin{cases} x^2+y^2+z^2=6 \\ z=x^2+y^2 \end{cases}$ 在点(1，1，2)处的一个切向量为 $\boldsymbol{s}\{1,\ -1,\ 0\}$，故所求切线方程为 $\dfrac{x-1}{1}=\dfrac{y-1}{-1}=\dfrac{z-2}{0}$.

方法二　曲线 $\begin{cases} x^2+y^2+z^2=6 \\ z=x^2+y^2 \end{cases}$ 在点(1，1，2)处的一个切向量为

$$\boldsymbol{s}=\begin{vmatrix} \boldsymbol{i} & \boldsymbol{j} & \boldsymbol{k} \\ 2x & 2y & 2z \\ 2x & 2y & -1 \end{vmatrix}_{(1,1,2)}=[(-2y-4yz)\boldsymbol{i}+(4xz+2x)\boldsymbol{j}]_{(1,1,2)}=-10\boldsymbol{i}+10\boldsymbol{j},$$

故所求切线方程为 $\dfrac{x-1}{1}=\dfrac{y-1}{-1}=\dfrac{z-2}{0}$.

六、$S=\displaystyle\iint\limits_{D:x^2+y^2\leqslant 16}\frac{5}{\sqrt{25-x^2-y^2}}dxdy=\int_0^{2\pi}d\varphi\int_0^4\frac{5\rho}{\sqrt{25-\rho^2}}d\rho=20\pi.$

七、(1) $I=\displaystyle\int_0^1dx\int_0^{\sqrt{x}}e^{-\frac{y^2}{2}}dy=\int_0^1e^{-\frac{y^2}{2}}dy\int_{y^2}^1dx=\int_0^1e^{-\frac{y^2}{2}}(1-y^2)dy$

$\displaystyle=\int_0^1e^{-\frac{y^2}{2}}dy-\int_0^1y^2e^{-\frac{y^2}{2}}dy=\int_0^1e^{-\frac{y^2}{2}}dy+ye^{-\frac{y^2}{2}}\Big|_0^1-\int_0^1e^{-\frac{y^2}{2}}dy=e^{-\frac{1}{2}}.$

(2) $\displaystyle\iiint\limits_{\Omega}z\sqrt{x^2+y^2+z^2}dV=\int_0^{2\pi}d\varphi\int_0^{\frac{\pi}{6}}\sin\theta\cos\theta d\theta\int_0^1r^4dr=\frac{\pi}{20},$

或者

$$\iiint\limits_{\Omega}z\sqrt{x^2+y^2+z^2}dV=\int_0^{2\pi}d\varphi\int_0^{\frac{1}{2}}\rho d\rho\int_{\sqrt{3}\rho}^{\sqrt{1-\rho^2}}z\sqrt{\rho^2+z^2}dz=\frac{\pi}{20}.$$

八、设 $\displaystyle\iint\limits_D f(x,y)dxdy=a$，则 $f(x,y)=a+x+y$，从而 $a=\displaystyle\iint\limits_D f(x,y)dxdy=\iint\limits_D(a+x+y)dxdy=2\iint\limits_{D_1}(a+y)dxdy$（其中 $D_1$ 是 $D$ 在第一象限中部分）$\displaystyle=2\int_0^1(a+y)dy\int_{\frac{\sqrt{y}}{2}}^{\sqrt{y}}dx=\frac{2}{3}a+\frac{2}{5}$，因此 $a=\dfrac{6}{5}$，所以 $f(x,y)=\dfrac{6}{5}+x+y$.

九、由于 $\boldsymbol{l}^0=\left\{\dfrac{1}{\sqrt{2}},\ -\dfrac{1}{\sqrt{2}},\ 0\right\}$，$\mathrm{grad}u=\{2x,\ 2y,\ 2z\}$，所以 $\dfrac{\partial u}{\partial \boldsymbol{l}}=\mathrm{grad}u\cdot\boldsymbol{l}^0=\sqrt{2}(x-y)$. 令

$$L(x, y, z, \lambda)=\sqrt{2}(x-y)+\lambda(2x^2+2y^2+z^2-1),$$

由$\begin{cases}L_x=\sqrt{2}+4\lambda x=0\\L_y=-\sqrt{2}+4\lambda y=0\\L_z=2\lambda z=0\\L_\lambda=2x^2+2y^2+z^2-1=0\end{cases}$ 解得$\begin{cases}x=\frac{1}{2}\\y=-\frac{1}{2}\\z=0\end{cases}$或$\begin{cases}x=-\frac{1}{2}\\y=\frac{1}{2}\\z=0\end{cases}$. 因为$\left.\frac{\partial u}{\partial \boldsymbol{l}}\right|_{\left(\frac{1}{2},-\frac{1}{2},0\right)}=\sqrt{2}$,

$\left.\frac{\partial u}{\partial \boldsymbol{l}}\right|_{\left(-\frac{1}{2},\frac{1}{2},0\right)}=-\sqrt{2}$，所以在点$P\left(\frac{1}{2}, -\frac{1}{2}, 0\right)$处，$\frac{\partial u}{\partial \boldsymbol{l}}$最大.

十、(1) 记$P=2xy(x^4+y^2)^\lambda$，$Q=-x^2(x^4+y^2)^\lambda$，要使$\boldsymbol{A}(x, y)$在右半平面$x>0$上为某个二元函数$u(x, y)$的梯度，则需要$\frac{\partial P}{\partial y}=\frac{\partial Q}{\partial x}$ $(x>0)$，即

$$2x(x^4+y^2)^\lambda+4\lambda xy^2(x^4+y^2)^{\lambda-1}=-2x(x^4+y^2)^\lambda-4\lambda x^5(x^4+y^2)^{\lambda-1}(x>0),$$

解得$\lambda=-1$. 而

$$\begin{aligned}u(x,y)&=\int_{(1,0)}^{(x,y)}2xy(x^4+y^2)^{-1}\mathrm{d}x-x^2(x^4+y^2)^{-1}\mathrm{d}y+C\\&=-\int_0^y x^2(x^4+y^2)^{-1}\mathrm{d}y+C=-\arctan\left(\frac{y}{x^2}\right)+C.\end{aligned}$$

(2) 若取曲线$L$的方向为逆时针方向，由于$L$的外单位法向量为$\boldsymbol{n}^0=\left\{\frac{x}{a}, \frac{y}{a}\right\}$，所以，与$L$同方向的单位切向量为$\boldsymbol{l}^0=\left\{-\frac{y}{a}, \frac{x}{a}\right\}$. 又因为$\mathrm{d}\boldsymbol{l}=\boldsymbol{l}^0\mathrm{d}s$，即$\{\mathrm{d}x, \mathrm{d}y\}=\left\{-\frac{y}{a}\mathrm{d}s, \frac{x}{a}\mathrm{d}s\right\}$，所以

$$\begin{aligned}\oint_L\frac{\partial u}{\partial n}\mathrm{d}s&=\oint_L\mathrm{grad}u\cdot\boldsymbol{n}^0\mathrm{d}s=\oint_L\left(\frac{\partial u}{\partial x}\frac{x}{a}+\frac{\partial u}{\partial y}\frac{y}{a}\right)\mathrm{d}s=\oint_L\frac{\partial u}{\partial x}\mathrm{d}y-\frac{\partial u}{\partial y}\mathrm{d}x\\&=\iint_D\left(\frac{\partial^2 u}{\partial x^2}+\frac{\partial^2 u}{\partial y^2}\right)\mathrm{d}x\mathrm{d}y\text{（其中}D:x^2+y^2\leqslant a^2\text{）}\\&=\iint_D(x^2+y^2)\mathrm{d}x\mathrm{d}y=\int_0^{2\pi}\mathrm{d}\varphi\int_0^a\rho^3\mathrm{d}\rho=\frac{\pi a^4}{2}.\end{aligned}$$

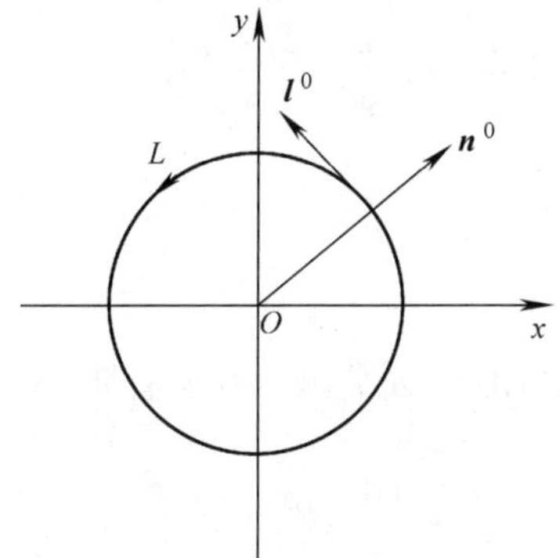

## 高等数学(下)期中考试卷(二)

一、填空与选择

(1) $\boldsymbol{a}\perp\boldsymbol{b}$； (2) $x+y-z+2=0$； (3) $\left(0,\sqrt{\frac{2}{5}},\sqrt{\frac{3}{5}}\right)$；

(4) $y^x\left((1+x\ln y)\mathrm{d}x+\frac{x^2}{y}\mathrm{d}y\right)$； (5) $2\varphi'(u)+u\varphi(u)=0$； (6) $I_2<I_1<I_3$；

(7) $\int_0^{\frac{\pi}{2}}\mathrm{d}\varphi\int_1^2 f(\rho\cos\varphi,\rho\sin\varphi)\rho\mathrm{d}\rho$； (8) $2\pi\int_0^r(r^2-z^2)f(z)\mathrm{d}z$.

二、计算题

(1) $\boldsymbol{s}_1=\{1,\ -2,\ 1\}$，$\boldsymbol{s}_2=\{1,\ -1,\ 0\}\times\{0,\ 2,\ 1\}=\{-1,\ -1,\ 2\}$，$\cos\theta=\frac{\boldsymbol{s}_1\cdot\boldsymbol{s}_2}{|\boldsymbol{s}_1|\ |\boldsymbol{s}_2|}=\frac{1}{2}$，$\theta=\frac{\pi}{3}$

(2) $f_x(-1,\ 0)=\mathrm{e}(2a-b)=0$，$f_y(-1,\ 0)=0$，$b=2a$，$A=f_{xx}(-1,\ 0)=\mathrm{e}(-3a+b)$，

$B=f_{xy}(-1,\ 0)=0$，$C=f_{yy}(-1,\ 0)=-2\mathrm{e}$，$\Delta=B^2-AC=2\mathrm{e}^2(-3a+b)$.

当$\Delta<0$，$A<0$时，$f(x,\ y)=-y^2\mathrm{e}^{-x}$取极大值$f(-1,\ 0)$，此时$a>0$，$b=2a$；

当$a=b=0$有$\Delta=0$，直接由表达式知$f(x,\ y)=-y^2\mathrm{e}^{-x}$也有极大值$f(-1,\ 0)=0$；故$a\geqslant0$，$b=2a$.

三、计算题

(1) $\frac{\partial u}{\partial x}=2xyf_1(x^2y,\ \mathrm{e}^{x^2y})+2xy\mathrm{e}^{x^2y}f_2(x^2y,\ \mathrm{e}^{x^2y})$，

$\frac{\partial z}{\partial x}=2xyf(x^2y,\ \mathrm{e}^{x^2y})$，$\frac{\partial^2 z}{\partial x\partial y}=2xf(x^2y,\ \mathrm{e}^{x^2y})+2x^3y(f_1+\mathrm{e}^{x^2y}f_2)$.

(2) $2x-z_x=\varphi'(x+y+z)(1+z_x)$，$\frac{\partial z}{\partial x}=\frac{2x-\varphi'}{1+\varphi'}$，

$2x-z_y=\varphi'(x+y+z)(1+z_y)$，$\frac{\partial z}{\partial y}=\frac{2y-\varphi'}{1+\varphi'}$，

$\frac{1}{x-y}\left(\frac{\partial z}{\partial x}-\frac{\partial z}{\partial y}\right)=\frac{2}{1+\varphi'}$.

四、计算题

$$
\begin{aligned}
(1)\ \iiint\limits_{\Omega}(a_0+a_1z+a_2z^2)\mathrm{d}v &= a_0\iiint\limits_{\Omega}\mathrm{d}v+0+a_2\iiint\limits_{\Omega}z^2\mathrm{d}v\\
&=\frac{4\pi}{3}a_0R^3+a_2\int_0^{2\pi}\mathrm{d}\varphi\int_0^{\pi}\cos^2\theta\sin\theta\mathrm{d}\theta\int_0^R r^4\mathrm{d}r
\end{aligned}
$$

$$= \frac{4\pi}{3}a_0R^3 + \frac{4\pi}{15}a_2R^5.$$

(2) $A = 16\iint\limits_D \frac{a}{\sqrt{a^2-x^2}}\mathrm{d}x\mathrm{d}y = 16\int_0^a \mathrm{d}x\int_0^{\sqrt{a^2-x^2}} \frac{a}{\sqrt{a^2-x^2}}\mathrm{d}y = 16a^2.$

五、

(1) 证明 $\boldsymbol{n} = \frac{1}{2}\left\{\frac{1}{\sqrt{x}},\frac{1}{\sqrt{y}},\frac{1}{\sqrt{z}}\right\}, \frac{1}{\sqrt{a}}(x-a)+\frac{1}{\sqrt{b}}(y-b)+\frac{1}{\sqrt{c}}(z-c)=1$;

即 $\frac{1}{\sqrt{a}}x+\frac{1}{\sqrt{b}}y+\frac{1}{\sqrt{c}}z=1$;

(2) $V = \frac{1}{6}\sqrt{abc}$,

$$F(a,b,c,\lambda) = abc + \lambda(\sqrt{a}+\sqrt{b}+\sqrt{c}-1),$$

$$\begin{cases} F_a = bc + \frac{1}{2\sqrt{a}}\lambda = 0, F_b = ac + \frac{1}{2\sqrt{b}}\lambda = 0, \\ F_c = ab + \frac{1}{2\sqrt{c}}\lambda = 0, F_\lambda = \sqrt{a}+\sqrt{b}+\sqrt{c}-1 = 0, \end{cases}$$

$$a = b = c = \frac{1}{9}.$$

六、

$$F(t) = \iiint\limits_{\Omega_t}(z^2f(x^2+y^2))\mathrm{d}v = \int_0^{2\pi}\mathrm{d}\varphi\int_0^t f(\rho^2)\rho\mathrm{d}\rho\int_0^k z^2\mathrm{d}z$$

$$= \frac{2\pi}{3}k^3\int_0^t f(\rho^2)\rho\mathrm{d}\rho,\ 故\lim_{t\to0^+}\frac{F(t)}{t^2} = \frac{\pi}{3}k^4.$$

七、

(1) 证明

$$1 \leqslant \iint\limits_D(\sin x^2+\cos y^2)\mathrm{d}x\mathrm{d}y = \iint\limits_D(\sin x^2+\cos x^2)\mathrm{d}x\mathrm{d}y$$

$$= \iint\limits_D \sqrt{2}\sin\left(x^2+\frac{\pi}{4}\right)\mathrm{d}x\mathrm{d}y \leqslant \sqrt{2}.$$

(2) 证明　设 $\max\limits_{(x,y)\in D}|f(x,y)| = |f(a,b)|$，取 $D_1: 0\leqslant x\leqslant a,\ 0\leqslant y\leqslant b$,

$$\iint\limits_{D_1}f_{xy}(x,y)\mathrm{d}\sigma = \int_0^a\mathrm{d}x\int_0^b f_{xy}(x,y)\mathrm{d}\sigma = \int_0^a(f_x(x,b)-f_x(x,0))\mathrm{d}x$$

$$= f(a,b) - 2f(0,b) + f(0,0) = f(a,b),$$

$$\iint\limits_{D}\left|f_{xy}(x,y)\right|\mathrm{d}\sigma \geqslant \iint\limits_{D_1}\left|f_{xy}(x,y)\right|\mathrm{d}\sigma \geqslant \left|\iint\limits_{D_1}f_{xy}(x,y)\mathrm{d}\sigma\right|$$

$$=\left|f(a,b)\right| = \max_{(x,y)\in D}\left|f(x,y)\right|.$$

## 高等数学(下)期末考试卷(一)

一、

(1) 1; (2) $\dfrac{3\sqrt{2}}{4}$; (3) $\int_0^1 \mathrm{d}y\int_{\sqrt{y}}^{\sqrt{2-y}} f(x,y)\mathrm{d}x$; (4) $[-1, 5)$;

(5) 0; (6) $\ln y+\dfrac{x^2}{2}=c$ 或 $y=\mathrm{e}^{c-\frac{x^2}{2}}$; (7) D; (8) D.

二、由$\begin{cases}z_x=3x^2-8x+2y=0\\ z_y=2x-2y=0\end{cases}$得驻点(0, 0), (2, 2).

而 $z_{xx}=6x-8$, $z_{xy}=2$, $z_{yy}=-2$

在(0, 0)点 $A=-8$, $B=2$, $C=-2$, $B^2-AC=-12<0$, 且 $A<0$,

因此在(0, 0)点处取得极大值 $z(0, 0)=0$;

在(2, 2)点 $A=4$, $B=2$, $C=-2$, $B^2-AC=12>0$, 因此在(2, 2)点处不取极值.

三、$\dfrac{\partial z}{\partial x}=f+xf_1-\dfrac{y}{x}f_2$, $\dfrac{\partial^2 z}{\partial x\partial y}=f_{12}-\dfrac{y}{x}f_{22}$.

四、$\dfrac{1}{4x-1}=\dfrac{1}{-5+4(x+1)}=-\dfrac{1}{5}\cdot\dfrac{1}{1-\dfrac{4(x+1)}{5}}$

$$=-\frac{1}{5}\sum_{n=0}^{\infty}\left[\frac{4(x+1)}{5}\right]^n=-\sum_{n=0}^{\infty}\frac{4^n}{5^{n+1}}(x+1)^n,$$

收敛域满足 $\left|\dfrac{4(x+1)}{5}\right|<1$, 解出得: $-\dfrac{9}{4}<x<\dfrac{1}{4}$.

五、对应齐次方程的特征根为: $r_1=4$, $r_2=2$,

故对应齐次方程的通解为: $y=C_1\mathrm{e}^{4x}+C_2\mathrm{e}^{2x}$.

自由项 $f(x)=\mathrm{e}^x(3x-1)$, $\lambda=1$ 不是特征根, 所以方程特解为: $y^*=\mathrm{e}^x(Ax+B)$, $(y^*)'=\mathrm{e}^x(Ax+A+B)$, $(y^*)''=\mathrm{e}^x(Ax+2A+B)$.

代入方程解得 $A=1$, $B=1$, 所以 $y^*=\mathrm{e}^x(x+1)$,

故方程的通解为: $y=C_1\mathrm{e}^{4x}+C_2\mathrm{e}^{2x}+\mathrm{e}^x(x+1)$.

六、通过直线$\begin{cases}x+2y+z=1\\ x-y-2z=-3\end{cases}$的平面束方程为

$$x+2y+z-1+\lambda(x-y-2z+3)=0,$$

即$(1+\lambda)x+(2-\lambda)y+(1-2\lambda)z-1+3\lambda=0$.

曲线$\begin{cases}2x^2+2y^2=z^2\\x+y+2z=4\end{cases}$在点(1，-1，2)处的切线的方向向量为$(1, y', z')$,

$\begin{cases}4x+4yy'=2zz'\\1+y'+2z'=0\end{cases}$,　　$\begin{cases}4-4y'=4z'\\1+y'+2z'=0\end{cases}$, $y'=3$, $z'=-2$,

$(1+\lambda, 2-\lambda, 1-2\lambda)\cdot(1, 3, -2)=2\lambda+5=0$,

由于平面与切线平行于是 $\lambda=-\dfrac{5}{2}$,

因此平面方程为 $3x-9y-12z+17=0$.

七、如图 1 所示，用直线 $x+y=\dfrac{\pi}{2}$将区域 $D$

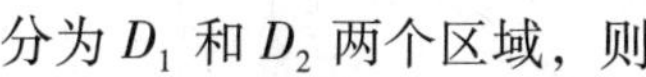

分为 $D_1$ 和 $D_2$ 两个区域，则

图 1

$$I=\iint_{D_1}\cos(x+y)\mathrm{d}x\mathrm{d}y-\iint_{D_2}\cos(x+y)\mathrm{d}x\mathrm{d}y$$

$$=\int_0^{\frac{\pi}{2}}\mathrm{d}x\int_0^{\frac{\pi}{2}-x}\cos(x+y)\mathrm{d}y-\int_0^{\frac{\pi}{2}}\mathrm{d}x\int_{\frac{\pi}{2}-x}^{\frac{\pi}{2}}\cos(x+y)\mathrm{d}y$$

$$=\int_0^{\frac{\pi}{2}}(1-\sin x)\mathrm{d}x-\int_0^{\frac{\pi}{2}}(\cos x-1)\mathrm{d}x=\pi-2.$$

八、添直线$\overline{AB}$：$y=0$，$x$ 从 3 到 $-3$.

由格林公式得：$\oint_{L+\overline{AB}}=15\iint_D\mathrm{d}x\mathrm{d}y=\dfrac{135\pi}{2}$,

从而$\int_L=\oint_{L+\overline{AB}}-\int_{AB}=\dfrac{135\pi}{2}-0=\dfrac{135\pi}{2}$.

九、作辅助面 $z=1(x^2+y^2\leqslant 1)$取上侧，

$$\oiint_{\Sigma+\Sigma_1}xy^2\mathrm{d}y\mathrm{d}z+x^2y\mathrm{d}z\mathrm{d}x+z\mathrm{d}x\mathrm{d}y=\iiint_\Omega(y^2+x^2+1)\mathrm{d}v$$

$$=\int_0^{2\pi}\mathrm{d}\varphi\int_0^1\rho\mathrm{d}\rho\int_{\rho^2}^1(\rho^2+1)\mathrm{d}z=\frac{2}{3}\pi,$$

$$\iint_{\Sigma_1}xy^2\mathrm{d}y\mathrm{d}z+x^2y\mathrm{d}z\mathrm{d}x+z\mathrm{d}x\mathrm{d}y=\iint_D\mathrm{d}x\mathrm{d}y=\pi,$$

$$I=\iint_{\Sigma+\Sigma_1}-\iint_{\Sigma_{21}}=-\frac{\pi}{3}.$$

十、由$\begin{cases}x=\rho\cos\varphi\\y=\rho\sin\varphi\end{cases}$，得到

$$\frac{\partial z}{\partial \rho}=\frac{\partial f}{\partial x}\cdot\frac{\partial x}{\partial \rho}+\frac{\partial f}{\partial y}\cdot\frac{\partial y}{\partial \rho}=\frac{\partial f}{\partial x}\cos\varphi+\frac{\partial f}{\partial y}\sin\varphi,$$

将上式两端同乘 $\rho$，得到

$$\rho\frac{\partial f}{\partial \rho}=\frac{\partial f}{\partial x}\rho\cos\varphi+\frac{\partial f}{\partial y}\rho\sin\varphi=xf_x'+yf_y'.$$

于是有

$$I=\iint\limits_{D_\varepsilon}\frac{xf_x'+yf_y'}{x^2+y^2}\mathrm{d}x\mathrm{d}y=\iint\limits_{D_\varepsilon}\frac{1}{\rho^2}\rho\frac{\partial f}{\partial \rho}\rho\mathrm{d}\rho\mathrm{d}\varphi=\int_0^{2\pi}\mathrm{d}\varphi\int_\varepsilon^1\frac{\partial f}{\partial \rho}\mathrm{d}\rho=\int_0^{2\pi}f(\rho\cos\varphi,\rho\sin\varphi)\Big|_\varepsilon^1\mathrm{d}\varphi$$

$$=\int_0^{2\pi}f(\cos\varphi,\sin\varphi)\mathrm{d}\varphi-\int_0^{2\pi}f(\varepsilon\cos\varphi,\varepsilon\sin\varphi)\mathrm{d}\varphi=0-\int_0^{2\pi}f(\varepsilon\cos\varphi,\varepsilon\sin\varphi)\mathrm{d}\varphi$$

$$=-\int_0^{2\pi}f(\varepsilon\cos\varphi,\varepsilon\sin\varphi)\mathrm{d}\varphi.$$

由积分中值定理，有

$$I=-2\pi\cdot f(\varepsilon\cos\varphi_1,\varepsilon\sin\varphi_1)\text{，其中 }0\leqslant\varphi_1\leqslant2\pi,$$

故 $\lim\limits_{\varepsilon\to0^+}\dfrac{-1}{2\pi}\iint\limits_D\dfrac{xf_x'+yf_y'}{x^2+y^2}\mathrm{d}x\mathrm{d}y=\lim\limits_{\varepsilon\to0^+}f(\varepsilon\cos\varphi_1,\varepsilon\sin\varphi_1)=f(0,0)=-1.$

## 高等数学（下）期末考试卷（二）

一、填空题

(1) $3x+2y+3z=15$； (2) $\mathrm{d}z=\dfrac{yz\cos xyz}{3-xy\cos xyz}\mathrm{d}x+\dfrac{xz\cos xyz}{3-xy\cos xyz}\mathrm{d}y$；

(3) $[-1,3)$； (4) $\dfrac{\pi^3}{24}$； (5) $2a^2$； (6) $8\pi$；

(7) $\ln|x|+\dfrac{x}{y}=C$ 或 $y(\ln|x|+C)+x=0$；

(8) $2\sum\limits_{n=1}^{\infty}\dfrac{(-1)^{n-1}}{n}\sin nx$； (9) $\int_0^2\mathrm{d}x\int_0^{4-2x}\mathrm{d}y\int_0^{4-2x-y}z\mathrm{d}z$.

二、设直线过另一点$(x_0,\ y_0,\ z_0)$，则直线的方向向量为 $\boldsymbol{s}=\{x_0+1,\ y_0-2,\ z_0+3\}$，由已知可得 $\boldsymbol{s}\cdot\boldsymbol{a}=6(x_0+1)-2(y_0-2)-3(z_0+3)=0$.

又 $2x_0-3y_0=5$，$5x_0+3z_0=14$，由此直线上这点坐标为$(1,\ -1,\ 3)$.

因此直线的方程为 $\dfrac{x+1}{2}=\dfrac{y-2}{-3}=\dfrac{z+3}{6}$.

三、由 $\begin{cases}f_x=\mathrm{e}^x(\cos y-1-x)=0\\ f_y=-(1+\mathrm{e}^x)\sin y=0\end{cases}$ 得驻点为$(0,\ 0)$，$(-2,\ \pi)$.

$$f_{xx}=\mathrm{e}^x(\cos y-x-2),\ f_{xy}=-\mathrm{e}^x\sin y,\ f_{yy}=-(1+\mathrm{e}^x)\cos y.$$

在$(0,\ 0)$点，$A=-2$，$B=0$，$C=-2$. $AC-B^2>0$，$A<0$，

于是 $f(0, 0)=2$ 为函数的极大值；

在 $(-2, \pi)$ 点，$A=-e^{\pi}$，$B=0$，$C=1+e^{-2}$. $AC-B^2<0$，

于是 $(-2, \pi)$ 不是函数的极值点.

**四、** $\dfrac{\partial u}{\partial x}=\dfrac{y}{\sqrt{1-x^2}}f_1+f_2$；

$$\frac{\partial^2 u}{\partial x\partial y}=\frac{1}{\sqrt{1-x^2}}f_1+\frac{y}{\sqrt{1-x^2}}[f_{11}\arcsin x+2f_{12}]+[f_{21}\arcsin x+2f_{22}].$$

**五、**

$$\frac{3x}{x^2+5x+6}=\frac{-6}{x+2}+\frac{9}{x+3}=3\cdot\frac{1}{1+\frac{x}{3}}-3\cdot\frac{1}{1+\frac{x}{2}}$$

$$=3\sum_{n=0}^{\infty}(-1)^n\left[\frac{1}{3^n}-\frac{1}{2^n}\right]x^n\quad(-2<x<2).$$

**六、**

(1) 方法一　$\dfrac{\partial P}{\partial y}=2x=\dfrac{\partial Q}{\partial x}$，因此此方程为全微分方程，

$$u(x,y)=\int_{(0,0)}^{(x,y)}P\mathrm{d}x+Q\mathrm{d}y=\int_0^x-\cos x\mathrm{d}x+\int_0^y(x^2-1)\mathrm{d}y$$

$$=-\sin x+x^2y-y,$$

于是方程的通解为　$-\sin x+x^2y-y=c$，

代入初值条件可得，$c=-1$，

因此方程的解为　$-\sin x+x^2y-y+1=0$.

方法二　原方程可变形为$\dfrac{\mathrm{d}y}{\mathrm{d}x}+\dfrac{2x}{x^2-1}y=\dfrac{\cos x}{x^2-1}$，为一阶线性方程，

于是方程的通解为 $y=e^{-\int\frac{2x}{x^2-1}\mathrm{d}x}\left[\int\dfrac{\cos x}{x^2-1}e^{\int\frac{2x}{x^2-1}\mathrm{d}x}\mathrm{d}x+c\right]$

$$=\frac{1}{x^2-1}(c+\sin x),$$

代入初值条件可得，$c=1$，

因此方程的解为 $(x^2-1)y=1+\sin x$.

(2) 特征方程为 $r^2-3r+2=0$，于是对应的齐次通解为 $Y=C_1e^x+C_2e^{2x}$，

设特解的形式为 $y^*=(ax+b)e^{-x}$ 则

$$y^{*\prime}=(-ax-b+a)e^{-x},\ y^{*\prime\prime}=(ax-2a+b)e^{-x},$$

代入到原方程化简可得　$6ax-5a+6b=6x$，

于是 $a=1$，$b=\dfrac{5}{6}$，$y^*=\left(x+\dfrac{5}{6}\right)e^{-x}$，

原方程通解为　$y=c_1e^x+c_2e^{2x}+\left(x+\dfrac{5}{6}\right)e^{-x}$.

七、由于 $P$，$Q$ 的一阶偏导在 $L$ 所围区域 $D$ 内偏导连续. 由格林公式得

$$\oint_L P\mathrm{d}x+Q\mathrm{d}y=\iint_D \ln(1+x^2+y^2)\mathrm{d}x\mathrm{d}y$$

$$=\int_0^{2\pi}\mathrm{d}\varphi\int_0^1\rho\ln(1+\rho^2)\mathrm{d}\rho=\pi(2\ln2-1).$$

八、$\Sigma_1:z=1$，$x^2+y^2=1$ 取上侧，则

$$\iint_\Sigma P\mathrm{d}y\mathrm{d}z+Q\mathrm{d}z\mathrm{d}x+R\mathrm{d}x\mathrm{d}y$$

$$=\iint_{\Sigma+\Sigma_1} P\mathrm{d}y\mathrm{d}z+Q\mathrm{d}z\mathrm{d}x+R\mathrm{d}x\mathrm{d}y-\iint_{\Sigma_1} P\mathrm{d}y\mathrm{d}z+Q\mathrm{d}z\mathrm{d}x+R\mathrm{d}x\mathrm{d}y$$

$$\oiint_{\Sigma+\Sigma_1} P\mathrm{d}y\mathrm{d}z+Q\mathrm{d}z\mathrm{d}x+R\mathrm{d}x\mathrm{d}y=\iiint_\Omega 2z\mathrm{d}x\mathrm{d}y\mathrm{d}z$$

$$=\int_0^{2\pi}\mathrm{d}\varphi\int_0^1\rho\mathrm{d}\rho\int_{\rho^2}^1 2z\mathrm{d}z=\frac{2}{3}\pi,$$

$$\iint_{\Sigma_1} P\mathrm{d}y\mathrm{d}z+Q\mathrm{d}z\mathrm{d}x+R\mathrm{d}x\mathrm{d}y=\iint_D \mathrm{d}x\mathrm{d}y=\pi,$$

因此原式 $=-\dfrac{\pi}{3}$.

九、不一定相等，例如 $f(x)=\begin{cases}e^{-\frac{1}{x^2}}, & x\neq0\\ 0, & x=0\end{cases}$，$g(x)=0$，它们的麦克劳林级数相同，但是 $f(x)\neq g(x)$，令 $F(x)=f(x)-g(x)$，$R_n(x)$ 是 $F(x)$ 的 $n$ 阶麦克劳林公式的余项. $f(x)=g(x)$ 充要条件是 $\lim\limits_{n\to\infty}R_n(x)=0$.

## 高等数学(下)期末考试卷(三)

一、(1) $(2x-4y)\mathrm{d}x-(4x-8y)\mathrm{d}y$;　　(2) $\pi/8$;　　(3) 3;
(4) $-2$，$-\pi-2$;　　(5) $\ln y=Cx$ 或 $y=e^{Cx}$.

二、$z_x=f+xf_1-\dfrac{y}{x}f_2$，$z_y=f_2$，$z_{xy}=z_{yx}=f_{21}-\dfrac{y}{x^2}f_{22}$.

三、方程组确定 $y=y(x)$，$z=z(x)$，切向量 $\boldsymbol{s}=(1, y', z')$，

方程组两边同时对 $x$ 求导，得 $\begin{cases}2x+2yy'+2zz'-3=0\\ 2-3y'+5z'=0\end{cases}$，

把点(1，1，1)代入方程组，$\begin{cases}2y'+2z'=1\\3y'-5z'=2\end{cases}$，解方程组，得 $y'=\frac{9}{16}$，$z'=-\frac{1}{16}$.

切向量 $s=(16,\ 9,\ -1)$，切线方程为：$\frac{x-1}{16}=\frac{y-1}{9}=\frac{z-1}{-1}$.

法平面方程为 $16(x-1)+9(y-1)-(z-1)=0$，即　$16x+9y-z-24=0$.

**四、**$u_x=1$，$u_y=2$，$u_z=1$. 令 $F(x,\ y,\ z)=x^2+y^2+z^2-1$，

法线方向：$\pm(F_x,\ F_y,\ F_z)=\pm(2x,\ 2y,\ 2z)=\pm(0,\ \sqrt{3},\ 1)$，

外法线方向：$(0,\ \sqrt{3},\ 1)$，$\cos\alpha=0$，$\cos\beta=\frac{\sqrt{3}}{2}$，$\cos\gamma=\frac{1}{2}$.

$\frac{\partial u}{\partial l}=u_x\cos\alpha+u_y\cos\beta+u_z\cos\gamma=\sqrt{3}+\frac{1}{2}$.

**五、**(1) $u_n=n\sin\frac{2}{n^2}\geqslant 0$，取 $p=1$，$\lim\limits_{n\to\infty}nu_n=\lim\limits_{n\to\infty}n^2\sin\frac{2}{n^2}=2$，

由极限判别法，级数发散.

(2) $u_n=\sqrt{n+1}-\sqrt{n}=\frac{1}{\sqrt{n+1}+\sqrt{n}}\geqslant u_{n+1}\geqslant 0$，$\{u_n\}$单调递减，且$\lim\limits_{n\to\infty}u_n=0$，

由莱布尼茨定理，交错级数 $\sum\limits_{n=1}^{\infty}(-1)^n(\sqrt{n+1}-\sqrt{n})$ 收敛.

取 $p=\frac{1}{2}$，$\lim\limits_{n\to\infty}n^{\frac{1}{2}}u_n=\frac{1}{2}$，$\sum\limits_{n=1}^{\infty}(\sqrt{n+1}-\sqrt{n})$ 发散，所以原级数条件收敛.

**六、**旋转抛物面 $\Sigma$：$z=x^2+y^2$，$\mathrm{d}S=\sqrt{1+z_x^2+z_y^2}\mathrm{d}x\mathrm{d}y=\sqrt{1+4x^2+4y^2}\mathrm{d}x\mathrm{d}y$.

曲面 $\Sigma$ 在 $xOy$ 平面上的投影区域 $D$ 是：$x^2+y^2\leqslant 2$.

所求曲面面积：
$$S=\iint_{\Sigma}\mathrm{d}S=\iint_{D}\sqrt{1+4x^2+4y^2}\mathrm{d}x\mathrm{d}y$$
$$=\int_0^{2\pi}\mathrm{d}\varphi\int_0^{\sqrt{2}}\rho\sqrt{1+4\rho^2}\mathrm{d}\rho=\frac{13}{3}\pi.$$

**七、**$\Sigma'$：$z=0$ $(x^2+y^2\leqslant R^2)$，$\mathrm{d}z=0$，取下侧.

$$I=\oiint_{\Sigma+\Sigma'}-\iint_{\Sigma'}=2\pi R^5+\pi R^2,$$

$$\oiint_{\Sigma+\Sigma'}=\iiint_{\Omega}5(x^2+y^2+z^2)\mathrm{d}x\mathrm{d}y\mathrm{d}z=\int_0^{2\pi}\mathrm{d}\varphi\int_0^{\frac{\pi}{2}}\mathrm{d}\theta\int_0^R 5r^4\sin\theta\mathrm{d}r=2\pi R^5,$$

$$\iint_{\Sigma'}=-\iint_{D}\mathrm{d}x\mathrm{d}y=-\pi R^2.$$

八、(1) 特征方程：$\lambda^2-3\lambda+2=0$，特征根 $\lambda_1=1$，$\lambda_2=2$，

对应齐次方程的通解为：$Y=c_1\mathrm{e}^x+c_2\mathrm{e}^{2x}$.

$f(x)=\mathrm{e}^{-x}\cos x$，$k=0$，$m=0$，设特解形式为：$y^*=\mathrm{e}^{-x}(A\cos x+B\sin x)$，则

$(y^*)'=\mathrm{e}^{-x}[(B-A)\cos x-(A+B)\sin x]$，

$(y^*)''=\mathrm{e}^{-x}[-2B\cos x+2A\sin x]$，代入原方程：

$\mathrm{e}^{-x}[(5A-5B)\cos x+(5A+5B)\sin x]=2\mathrm{e}^{-x}\cos x$，

比较系数得 $A=\dfrac{1}{5}$，$B=-\dfrac{1}{5}$.

方程的通解为 $y=\mathrm{e}^{-x}\left(\dfrac{1}{5}\cos x-\dfrac{1}{5}\sin x\right)+c_1\mathrm{e}^x+c_2\mathrm{e}^{2x}$.

(2) 过点 $P(2,-1,-1)$，$Q(1,2,3)$ 的直线的方向向量：$\boldsymbol{s}=(1,-3,-4)$，

平面 $2x+3y-5z+6=0$ 的法向量：$\boldsymbol{n}_2=(2,3,-5)$，

所求平面的法向量：$\boldsymbol{n}=\boldsymbol{s}\times\boldsymbol{n}_2=(27,-3,9)=3(9,-1,3)$，

平面方程：$9(x-1)-(y-2)+3(z-3)=0$，

即 $9x-y+3z-16=0$.

九、(1) B 错误；反例：$z=\sqrt{x^2+y^2}$ 在 $(x,y)=(0,0)$ 处；

(2) B 错误；反例：$f(x,y)=\begin{cases}xy, & xy\geqslant 0,\\ 0, & xy<0,\ x\neq y,\\ 1, & x=-y,\ xy\neq 0.\end{cases}$

(3) B 错误；反例：$f(x,y)=\begin{cases}\dfrac{xy(x^2-y^2)}{x^2+y^2}, & x^2+y^2\neq 0,\\ 0, & x^2+y^2=0.\end{cases}$ $(x_0,y_0)=(0,0)$，

$$f_{xy}(0,0)=-1,\ f_{yx}(0,0)=1;$$

(4) A 正确；

(5) A 正确.

## 南京理工大学高等数学竞赛试卷

一、级数的收敛半径 $R=1$，且级数在 $x=\pm1$ 处收敛，因此收敛域为 $[-1,1]$

令 $S(x)=\sum\limits_{n=1}^{\infty}\dfrac{(-1)^{n-1}x^{2n+1}}{4n^2-1}$，则对于任意 $x\in(-1,1)$，

$$S(x)=\frac{1}{2}\sum_{n=1}^{\infty}\frac{(-1)^{n-1}x^{2n+1}}{2n-1}-\frac{1}{2}\sum_{n=1}^{\infty}\frac{(-1)^{n-1}x^{2n+1}}{2n+1}$$

$$=\frac{x^2}{2}\sum_{n=1}^{\infty}(-1)^{n-1}\int_0^x t^{2n-2}\mathrm{d}t-\frac{1}{2}\sum_{n=1}^{\infty}(-1)^{n-1}\int_0^x t^{2n}\mathrm{d}t$$

$$= \frac{x^2}{2}\int_0^x \frac{1}{1+t^2}dt - \frac{1}{2}\int_0^x \frac{t^2}{1+t^2}dt = \frac{1}{2}(x^2+1)\arctan x - \frac{x}{2},$$

于是 $S(x)=\frac{1}{2}(x^2+1)\arctan x-\frac{x}{2}$，$x\in[-1,1]$.

**二、**$a_n=\frac{1\cdot 3\cdot 5\cdots(2n-1)}{2\cdot 4\cdot 6\cdots(2n)}$

$$a_n^2=\frac{1\cdot 3}{2^2}\cdot\frac{3\cdot 5}{4^2}\cdot\frac{5\cdot 7}{6^2}\cdots\frac{(2n-3)(2n-1)}{(2n-2)^2}\cdot\frac{(2n-1)(2n+1)}{(2n)^2}\frac{1}{2n+1},$$

于是　$a_n^2<\frac{1}{2n+1}(n=1,2,\cdots)$，又

$$a_n^2=\frac{1}{2}\frac{3^2}{2\cdot 4}\cdot\frac{5^2}{4\cdot 6}\cdot\frac{7^2}{6\cdot 8}\cdots\frac{(2n-3)^2}{(2n-4)(2n-2)}\cdot\frac{(2n-1)^2}{(2n-2)(2n)}\frac{1}{2n},$$

于是　$a_n^2>\frac{1}{4n}(n=2,3,\cdots)$，

因此　$\frac{1}{2\sqrt{n}}<a_n<\frac{1}{\sqrt{2n+1}}(n=2,3,\cdots)$.

由已知$\{a_n\}$单调减少，且$\lim\limits_{n\to\infty}a_n=0$因此交错级数是收敛的.

又$a_n>\frac{1}{2\sqrt{n}}(n=2,3,\cdots)$，而$\sum\limits_{n=1}^{\infty}\frac{1}{2\sqrt{n}}$发散，因此$\sum\limits_{n=1}^{\infty}a_n$发散. 因此原级数条件收敛.

**三、**令$2x-t=u$，则$\int_0^1 tf(2x-t)dt=\int_{2x}^{2x-1}(2x-u)f(u)du$，

于是　$2x\int_{2x-1}^{2x}f(u)du-\int_{2x-1}^{2x}uf(u)du=\frac{1}{2}\arctan x^2$.

对$x$求导可得

$$2\int_{2x-1}^{2x}f(u)du-2f(2x-1)=\frac{x}{1+x^4},$$

令$x=1$，得$\int_1^2 f(x)dx=\frac{5}{4}$.

**四、**点$(0,y,z)$落在投影区域内，当且仅当过$(0,y,z)$平行于$x$轴的直线与曲面$x^2+y^2+z^2-xy=1$有交点，而$(0,y,z)$投影区域的边界曲线上当且仅当过$(0,y,z)$平行于$x$轴的直线与曲面$x^2+y^2+z^2-xy=1$有唯一交点.

当且仅当$x^2-xy+(y^2+z^2-1)=0$有唯一的实根.

于是要求判别式$\Delta=0$即$3y^2+4z^2=4$.

**五、**证明：令$F(x)=f(c)(a_1-x)(a_2-x)\cdots(a_n-x)-$

$$(-1)^n f(x)(c-a_1)(c-a_2)\cdots(c-a_n),$$

则 $F(a_1)=F(a_2)=\cdots=F(a_n)=F(c)=0$,

多次使用罗尔定理得 存在 $\xi\in(a_1, a_n)$ 使得 $F^{(n)}(\xi)=0$，即

$$(-1)^n n!\ f(c)+f^{(n)}(\xi)(c-a_1)(c-a_2)\cdots(c-a_n)=0,$$

即 $f(c)=\dfrac{(-1)^n(a_1-c)(a_2-c)\cdots(a_n-c)}{n!}f^{(n)}(\xi)$.

六、(1) 显然 $\cos t\leqslant 1$，由 Taylor 公式 $\cos t=1-\dfrac{t^2}{2}+\dfrac{\cos\xi}{4!}t^4$，其中 $\xi$ 介于 0 与 $t$ 之间，因为 $|t|<\dfrac{\pi}{2}$，于是 $\cos\xi>0$,

因此 $1-\dfrac{1}{2}t^2\leqslant\cos t\leqslant 1$;

(2) $1-\dfrac{1}{2}x^4y^4\leqslant\cos(xy)^2\leqslant 1$,

而 $\iint\limits_D 1\mathrm{d}x\mathrm{d}y=1$,

$$\iint\limits_D\left(1-\frac{1}{2}x^4y^4\right)\mathrm{d}x\mathrm{d}y=\frac{49}{50},$$

于是 $\dfrac{49}{50}\leqslant\iint\limits_D\cos(xy)^2\mathrm{d}x\mathrm{d}y\leqslant 1$.

七、雪堆的体积为

$$V(t)=\iint\limits_D\left(h(t)-\frac{2(x^2+y^2)}{h(t)}\right)\mathrm{d}x\mathrm{d}y=\int_0^{2\pi}\mathrm{d}\theta\int_0^{\frac{\sqrt{2}}{2}h(t)}\left(h(t)-\frac{2\rho^2}{h(t)}\right)\rho\mathrm{d}\rho$$

$$=\frac{\pi}{4}h^3(t),$$

雪堆的表面积为

$$S(t)=\iint\limits_D\sqrt{1+z_x^2+z_y^2}\mathrm{d}x\mathrm{d}y=\frac{1}{h(t)}\iint\limits_D\sqrt{16h^2(t)+16(x^2+y^2)}\mathrm{d}x\mathrm{d}y$$

$$=\frac{13}{12}\pi h^2(t),$$

由于 $\dfrac{\mathrm{d}V}{\mathrm{d}t}=-0.9S(t)$ 得

$$h'(t)=-1.3,\ h(0)=130,$$

解得 $h(t)=130-1.3t$.

当雪堆完全融化时，$h(t)=0$，于是 $t=100$.

八、证明对任意 $y \geqslant 0$，令 $f(x)=x\ln x-x+e^{y}-xy$，$x \in[0,\ +\infty)$.

由 $f'(x)=\ln x-y=0$ 得 $[0,\ +\infty)$ 内唯一的驻点 $x=e^{y}$，由于 $f''(x)=\dfrac{1}{x}>0$，唯一驻点是函数的最小值点. $f(e^{y})=0$，因此 $f(x) \geqslant 0$，于是结论成立.

九、(1) $P=y^{2}f(x)+2ye^{x}+2yg(x)$，$Q=2[yg(x)+f(x)]$

由于任意封闭曲线上积分值为0，且被积函数 $P$，$Q$ 在平面上偏导连续，因此积分与路径无关 $\dfrac{\partial Q}{\partial x}=\dfrac{\partial P}{\partial y}$,

于是得 $(g'(x)-f(x))y+f'(x)-g(x)-e^{x}=0$，$\forall(x,\ y) \in \mathbf{R}^{2}$,

于是有

$$\begin{cases}g'(x)=f(x)\\ f'(x)-g(x)=e^{x}\end{cases} \quad f(0)=g(0)=0,$$

解微分方程可得 $f(x)=\dfrac{1}{4}(e^{x}-e^{-x})+\dfrac{1}{2}xe^{x}$，$g(x)=-\dfrac{1}{4}(e^{x}-e^{-x})+\dfrac{1}{2}xe^{x}$.

(2) 由于积分与路径无关，因此

$$I=2\int_{0}^{1}[yg(1)+f(1)]\mathrm{d}y=\frac{1}{4}(7e-e^{-1}).$$

## 第十二届江苏省普通高校非理科专业高等数学竞赛试题

一、填空题

1. $\dfrac{3}{2}$

2. $\dfrac{1}{3}$

3. $a=\dfrac{1}{4}$，$b=-\dfrac{1}{3}$

4. $\dfrac{2}{3}$

5. $-\dfrac{4}{45}(x-2)^{10}$

6. 间断点为0，1，−1，类型分别为B，A，C.

7. $\dfrac{1}{(t+1)(e^{t}-2)}$，$\dfrac{2-2e^{t}-te^{t}}{(1+t)^{3}e^{t}\ (e^{t}-2)^{2}}$

8. $\sqrt{2}$

9. $3x+y-4=0$

10. $-2$

二、

1. $2\tan 1-\dfrac{8}{5}$.

2. 所得切线为 $y=2x-1$，$y=6x-9$，所求面积 $S=\int_1^2(x^2-2x+1)\mathrm{d}x+\int_2^3(x^2-6x+9)\mathrm{d}x=\dfrac{2}{3}$.

三、

1. 原式 $=\iint_D\sqrt{2x-x^2-y^2}\mathrm{d}x\mathrm{d}y$，$D:0\leqslant y\leqslant\sqrt{2x-x^2}$，$0\leqslant x\leqslant 2$，作变换：$x=r\cos\theta+1$，$y=r\sin\theta$，原式为 $\int_0^\pi\mathrm{d}\theta\int_0^1\sqrt{1-r^2}r\mathrm{d}r=\dfrac{\pi}{3}$.

2. $\dfrac{\partial z}{\partial x}=\dfrac{x}{\sqrt{x^2+y^2}}$，$\dfrac{\partial z}{\partial y}=\dfrac{y}{\sqrt{x^2+y^2}}$，$\sqrt{1+\left(\dfrac{\partial z}{\partial x}\right)^2+\left(\dfrac{\partial z}{\partial y}\right)^2}=\sqrt{2}$，

$$S=\iint_{D_{xy}}\sqrt{2}\mathrm{d}x\mathrm{d}y=2\int_0^{\frac{\pi}{2}}\mathrm{d}\theta\int_0^{2a\cos\theta}\sqrt{2}r\mathrm{d}r=\sqrt{2}\int_0^{\frac{\pi}{2}}4a^2\cos^2\theta\mathrm{d}\theta$$

$$=2\sqrt{2}a^2\int_0^{\frac{\pi}{2}}(1+\cos2\theta)\mathrm{d}\theta=\sqrt{2}a^2\pi.$$

四、

1. $\oint_L\dfrac{a^2b^2(x-y)}{(b^2x^2+a^2y^2)(x^2+y^2)}\mathrm{d}x+\dfrac{a^2b^2(x+y)}{(b^2x^2+a^2y^2)(x^2+y^2)}\mathrm{d}y=\oint_L\dfrac{x-y}{x^2+y^2}\mathrm{d}x+\dfrac{x+y}{x^2+y^2}\mathrm{d}y$.

$(x,y)\neq(0,0)$ 时，$\dfrac{\partial Q}{\partial x}=\dfrac{\partial P}{\partial y}=\dfrac{y^2-x^2-2xy}{x^2+y^2}$，由 Green 公式，

$$\text{原式}=\oint_{x^2+y^2=\varepsilon^2}\frac{x-y}{x^2+y^2}\mathrm{d}x+\frac{x+y}{x^2+y^2}\mathrm{d}y=\int_0^{2\pi}\mathrm{d}\theta=2\pi.$$

2. $\iint_\Sigma x\mathrm{d}y\mathrm{d}z=2\iint_{y^2+z^2\leqslant1(z\geqslant0)}\sqrt{1-y^2-z^2}\mathrm{d}y\mathrm{d}z=2\int_0^\pi\mathrm{d}\theta\int_0^1\sqrt{1-r^2}r\mathrm{d}r=\dfrac{2}{3}\pi$.

由关于 $zOx$ 坐标面的对称性，$\iint_\Sigma xz\mathrm{d}z\mathrm{d}x=0$.

所以，原式 $=\dfrac{2}{3}\pi$.

五、

1. 原级数收敛，且为条件收敛.

记 $a_n=\dfrac{1}{2n+\sin^2 n}$，且 $a_n>\dfrac{1}{2n}$，所以 $\sum\limits_{n=1}^{\infty}a_n$ 发散，所以原级数不是绝对收敛.

而 $\lim\limits_{n\to\infty}a_n=0$，且通过对该数列对应的函数形式求导，可知该数列递减，此时，将原级数看做一个交错级数，由莱布尼茨判别法知原级数收敛，继而为条件收敛.

2. 收敛半径为 $R=\lim\limits_{n\to\infty}\dfrac{2n+1}{n!}\cdot\dfrac{(n+1)!}{2n+3}=+\infty$，所以收敛域为 $(-\infty,+\infty)$.

记 $f(x)=\sum\limits_{n=1}^{\infty}\dfrac{2n+1}{n!}x^{2n}, x\in(-\infty,+\infty)$，则 $\int_0^x f(x)\mathrm{d}x=x(\mathrm{e}^{x^2}-1)$，从而

$$f(x)=\mathrm{e}^{x^2}(2x^2+1)-1.$$

六、

1. 连续但不可微.

因为 $\lim\limits_{(x,y)\to(0,0)}\dfrac{x^2y^2}{(x^2+y^2)^{3/2}}=0=f(0,0)$，所以函数在 $(0,0)$ 处连续.

而 $f_x(0,0)=\lim\limits_{x\to0}\dfrac{f(x,0)-f(0,0)}{x}=0$，$f_y(0,0)=\lim\limits_{y\to0}\dfrac{f(0,y)-f(0,0)}{y}=0$，

记 $\Delta w=f(x,y)-f(0,0)-f_x(0,0)x-f_y(0,0)y$，

由 $\dfrac{\Delta w}{\rho}=\dfrac{x^2y^2}{(x^2+y^2)^2}\to\dfrac{k^2}{(1+k^2)^2}(y=kx, x\to0)$，所以 $\dfrac{\Delta w}{\rho}$ 的极限不存在，所以在 $(0,0)$ 不可微.

2. 不一定成立.

反例：$f_j(k)=\begin{cases}1, & k<j,\\ k^{j-1}, & k=j,\ j=1,2,3,\cdots\\ \dfrac{1}{k}, & k>j\end{cases}$，对每个 $j$，$f_j(k)$ 都是无穷小数列，且易知，$z_k=1$，$k=1,2,3,\cdots$，从而，$\lim\limits_{k\to\infty}z_k=1$.

## 第五届全国大学生数学竞赛预赛试卷

一、解答下列各题.

1. 因为 $\sin\pi\sqrt{1+4n^2}=\sin(\pi\sqrt{1+4n^2}-2n\pi)=\sin\dfrac{\pi}{\sqrt{1+4n^2}+2n}$，所以

$$原式=\lim_{n\to\infty}\left(1+\sin\frac{\pi}{\pi\sqrt{1+4n^2}+2n\pi}\right)^n$$

$$=\exp\left[\lim_{n\to\infty}n\ln\left(1+\sin\frac{\pi}{\pi\sqrt{1+4n^2}+2n\pi}\right)\right]$$

$$=\exp\left(\lim_{n\to\infty}n\sin\frac{\pi}{\pi\sqrt{1+4n^2}+2n\pi}\right)=\exp\left(\lim_{n\to\infty}\frac{n\pi}{\pi\sqrt{1+4n^2}+2n\pi}\right)=e^{\frac{1}{4}}.$$

2. 记 $a_n=\int_{n\pi}^{(n+1)\pi}\frac{|\sin x|}{x}dx$，只要证明 $\sum_{n=0}^{\infty}a_n$ 发散即可. 因为 $a_n\geqslant\frac{1}{(n+1)\pi}\int_{n\pi}^{(n+1)\pi}|\sin x|dx=\frac{1}{(n+1)\pi}\int_0^{\pi}\sin x dx=\frac{2}{(n+1)\pi}$. 而 $\sum_{n=0}^{\infty}\frac{2}{(n+1)\pi}$ 发散，故由比较判别法 $\sum_{n=0}^{\infty}a_n$ 发散.

3. 方程两边对 $x$ 求导，得 $3x^2+6xy+3x^2y'-6y^2y'=0$，故 $y'=\frac{x(x+2y)}{2y^2-x^2}$，令 $y'=0$，得 $x(x+2y)=0\Rightarrow x=0$ 或 $x=-2y$. 将 $x=-2y$ 代入所给方程得 $x=-2$，$y=1$，将 $x=0$ 代入所给方程得 $x=0$，$y=-1$. 又因为

$$y''=\frac{(2x+2xy'+2y)(2y^2-x^2)-x(x+2y)(4yy'-2x)}{(2y^2-x^2)^2},$$

$$y''\big|_{x=0,y=-1,y'=0}=\frac{(0+0-2)(2-0)-0}{(2-0)^2}=-1<0,\quad y''\big|_{x=-2,y=1,y'=0}=1>0,$$

故 $y(0)=-1$ 为极大值，$y(-2)=1$ 为极小值.

4. 设切点 $A$ 的坐标为 $(t,\sqrt[3]{t})$，曲线过 $A$ 点的切线方程为 $y-\sqrt[3]{t}=\frac{1}{3\sqrt[3]{t^2}}(x-t)$. 令 $y=0$，由切线方程得切线与 $x$ 轴交点的横坐标为 $x_0=-2t$. 从而作图可知，所求平面图形的面积 $S=\frac{1}{2}\sqrt[3]{t}[t-(-2t)]-\int_0^t\sqrt[3]{x}dx=\frac{3}{4}t\sqrt[3]{t}=\frac{3}{4}\Rightarrow t=1$，故 $A$ 点的坐标为 $(1,1)$.

二、$$I=\int_{-\pi}^{0}\frac{x\sin x\cdot\arctan e^x}{1+\cos^2x}dx+\int_0^{\pi}\frac{x\sin x\cdot\arctan e^x}{1+\cos^2x}dx$$

$$=\int_0^{\pi}\frac{x\sin x\cdot\arctan e^{-x}}{1+\cos^2x}dx+\int_0^{\pi}\frac{x\sin x\cdot\arctan e^x}{1+\cos^2x}dx$$

$$=\int_0^{\pi}\frac{x\sin x}{1+\cos^2x}\cdot(\arctan e^{-x}+\arctan e^x)dx=\frac{\pi}{2}\int_0^{\pi}\frac{x\sin x}{1+\cos^2x}dx$$

$$=\left(\frac{\pi}{2}\right)^2\int_0^{\pi}\frac{\sin x}{1+\cos^2x}dx=-\left(\frac{\pi}{2}\right)^2\arctan\cos x\Big|_0^{\pi}=\frac{\pi^3}{8}.$$

三、由于 $f(x)$ 在 $x=0$ 处可导必连续，由 $\lim\limits_{x\to 0}\dfrac{f(x)}{x}=0$ 得

$$f(0)=\lim_{x\to 0}f(x)=\lim_{x\to 0}\left[x\cdot\frac{f(x)}{x}\right]=0,\ f'(0)=\lim_{x\to 0}\frac{f(x)-f(0)}{x-0}=\lim_{x\to 0}\frac{f(x)}{x}=0.$$

由洛必塔法则及定义 $\lim\limits_{x\to 0}\dfrac{f(x)}{x^2}=\lim\limits_{x\to 0}\dfrac{f'(x)}{2x}=\dfrac{1}{2}\lim\limits_{x\to 0}\dfrac{f'(x)-f'(0)}{x-0}=\dfrac{1}{2}f''(0)$ 所以 $\lim\limits_{n\to\infty}\dfrac{\left|f\left(\dfrac{1}{n}\right)\right|}{\left(\dfrac{1}{n}\right)^2}=\dfrac{1}{2}f''(0)$. 由于级数 $\sum\limits_{n=1}^{\infty}\dfrac{1}{n^2}$ 收敛，从而由比较判别法的极限形式 $\sum\limits_{n=1}^{\infty}\left|f\left(\dfrac{1}{n}\right)\right|$ 收敛.

四、证明：因为 $f'(x)\geqslant\pi>0\ (a\leqslant x\leqslant b)$，所以 $f(x)$ 在 $[a,\ b]$ 上严格单调增，从而有反函数. 设 $A=f(a)$，$B=f(b)$，$\varphi$ 是 $f$ 的反函数，则 $0<\varphi'(y)=\dfrac{1}{f'(x)}\leqslant\dfrac{1}{m}$. 又因为 $|f(x)|\leqslant\pi$，则 $-\pi\leqslant A<B\leqslant\pi$，所以

$$\left|\int_a^b \sin f(x)\,\mathrm{d}x\right| \xlongequal{x=\varphi(y)} \left|\int_A^B \varphi'(y)\sin y\,\mathrm{d}y\right| \leqslant \left|\int_0^{\pi}\varphi'(y)\sin y\,\mathrm{d}y\right| \leqslant \int_0^{\pi}\frac{1}{m}\sin y\,\mathrm{d}y$$

$$=-\frac{1}{m}\cos y\Big|_0^{\pi}=\frac{2}{m}.$$

五、记 $\Sigma$ 围成的立体为 $V$，由高斯公式

$$I=\iiint_V(3x^2+6y^2+9z^2-3)\,\mathrm{d}v=3\iiint_V(x^2+2y^2+3z^2-1)\,\mathrm{d}x\mathrm{d}y\mathrm{d}z,$$

为了使得 $I$ 的值最小，就要求 $V$ 是使得的最大空间区域 $x^2+2y^2+3z^2-1\leqslant 0$，即取 $V=\{(x,\ y,\ z)\mid x^2+2y^2+3z^2\leqslant 1\}$，曲面 $\Sigma$: $x^2+2y^2+3z^2=1$. 为求最小值，

作变换 $\begin{cases}x=u\\ y=v/\sqrt{2}\\ z=w/\sqrt{3}\end{cases}$，则 $\dfrac{\partial(x,y,z)}{\partial(u,v,w)}=\begin{vmatrix}1&0&0\\0&1/\sqrt{2}&0\\0&0&1/\sqrt{3}\end{vmatrix}=\dfrac{1}{\sqrt{6}}$,

从而 $I=\dfrac{3}{\sqrt{6}}\iiint\limits_V(u^2+v^2+w^2-1)\,\mathrm{d}u\mathrm{d}v\mathrm{d}w$. 使用球坐标计算，得

$$I=\frac{3}{\sqrt{6}}\int_0^{\pi}d\varphi\int_0^{2\pi}\mathrm{d}\theta\int_0^1(r^2-1)r^2\sin\varphi\,\mathrm{d}r$$

$$=\frac{3}{\sqrt{6}}\cdot 2\pi\left(\frac{1}{5}-\frac{1}{3}\right)(-\cos\varphi)\Big|_0^{\pi}$$

$$= \frac{3\sqrt{6}}{6} \cdot 4\pi \cdot \frac{-2}{15} = -\frac{4\sqrt{6}}{15}\pi.$$

六、作变换$\begin{cases} x = \dfrac{\sqrt{2}}{2}(u-v) \\ y = \dfrac{\sqrt{2}}{2}(u+v) \end{cases}$（观察发现或用线性代数里正交变换化二次型的方法），曲线 $C$ 变为 $uOv$ 平面上的椭圆 $\Gamma$：$\frac{3}{2}u^2 + \frac{1}{2}v^2 = r^2$（实现了简化积分曲线），也是取正向，而且 $x^2 + y^2 = u^2 + v^2$，$y\mathrm{d}x - x\mathrm{d}y = v\mathrm{d}u - u\mathrm{d}v$（被积表达式没变，同样简单！），$I_a(r) = \oint_\Gamma \frac{v\mathrm{d}u - u\mathrm{d}v}{(u^2+v^2)^a}$. 曲线参数化 $u = \sqrt{\frac{2}{3}}r\cos\theta, v = \sqrt{2}r\sin\theta, \theta: 0 \to 2\pi$，则有 $v\mathrm{d}u - u\mathrm{d}v = -\frac{2}{\sqrt{3}}r^2\mathrm{d}\theta$.

$$I_a(r) = \int_0^{2\pi} \frac{-\frac{2}{\sqrt{3}}r^2\mathrm{d}\theta}{\left(\frac{2}{3}r^2\cos^2\theta + 2r^2\sin^2\theta\right)^a} = -\frac{2}{\sqrt{3}}r^{2(1-a)}\int_0^{2\pi} \frac{\mathrm{d}\theta}{\left(\frac{2}{3}\cos^2\theta + 2\sin^2\theta\right)^a},$$

令 $J_a = \int_0^{2\pi} \frac{\mathrm{d}\theta}{\left(\frac{2}{3}\cos^2\theta + 2\sin^2\theta\right)^a}$，则由于 $\frac{2}{3} < \frac{2}{3}\cos^2\theta + 2\sin^2\theta < 2$，从而 $0 < J_a < +\infty$. 因此当 $a > 1$ 时 $\lim\limits_{r\to+\infty} I_a(r) = 0$ 或 $a < 1$ 时 $\lim\limits_{r\to+\infty} I_a(r) = -\infty$. 而

$$a = 1, J_1 = \int_0^{2\pi} \frac{\mathrm{d}\theta}{\frac{2}{3}\cos^2\theta + 2\sin^2\theta} = 4\int_0^{\pi/2} \frac{\mathrm{d}\theta}{\frac{2}{3}\cos^2\theta + 2\sin^2\theta}$$

$$= 2\int_0^{\pi/2} \frac{\mathrm{d}\tan\theta}{\frac{1}{3} + \tan^2\theta} \doteq 2\int_0^{+\infty} \frac{\mathrm{d}t}{\frac{1}{3} + t^2} = 2 \cdot \frac{1}{\sqrt{1/3}}\arctan\frac{t}{\sqrt{1/3}}\bigg|_0^{+\infty}$$

$$= 2\sqrt{3}\left(\frac{\pi}{2} - 0\right) = \sqrt{3}\pi,$$

$$I_1(r) = -\frac{2}{\sqrt{3}} \cdot \sqrt{3}\pi = -2\pi.$$ 故所求极限为 $I_a(r) = \begin{cases} 0, & a > 1 \\ -\infty, & a < 1 \\ -2\pi, & a = 1 \end{cases}$.

七、(1) 记 $a_n = 1 + \frac{1}{2} + \cdots + \frac{1}{n}$，$u_n = \frac{a_n}{(n+1)(n+2)}$，$n = 1, 2, 3, \cdots$. 因

为 $\lim\limits_{n\to\infty}\dfrac{1+\ln n}{\sqrt{n}}=0$，当 $n$ 充分大时 $0<a_n<1+\displaystyle\int_1^n\frac{1}{x}\mathrm{d}x=1+\ln n<\sqrt{n}$，所以 $0<u_n<\dfrac{\sqrt{n}}{(n+1)(n+2)}<\dfrac{1}{n^{\frac{3}{2}}}$，而 $\displaystyle\sum_{n=1}^{\infty}\frac{1}{n^{\frac{3}{2}}}$ 收敛，故 $\displaystyle\sum_{n=1}^{\infty}\frac{1+\frac{1}{2}+\cdots+\frac{1}{n}}{(n+1)(n+2)}$ 收敛.

(2) 记 $a_k=1+\dfrac{1}{2}+\cdots+\dfrac{1}{k}$，$(k=1,2,3,\cdots)$，则

$$
\begin{aligned}
S_n &= \sum_{k=1}^{n}\frac{1+\frac{1}{2}+\cdots+\frac{1}{k}}{(k+1)(k+2)}=\sum_{k=1}^{n}\frac{a_k}{(k+1)(k+2)}=\sum_{k=1}^{n}\left(\frac{a_k}{k+1}-\frac{a_k}{k+2}\right)\\
&=\left(\frac{a_1}{2}-\frac{a_1}{3}\right)+\left(\frac{a_2}{3}-\frac{a_2}{4}\right)+\cdots+\left(\frac{a_{n-1}}{n}-\frac{a_{n-1}}{n+1}\right)+\left(\frac{a_n}{n+1}-\frac{a_n}{n+2}\right)\\
&=\frac{a_1}{2}+\frac{1}{3}(a_2-a_1)+\frac{1}{4}(a_3-a_2)+\cdots+\frac{1}{n+1}(a_n-a_{n-1})-\frac{a_n}{n+2}\\
&=\frac{1}{2}+\frac{1}{3}\cdot\frac{1}{2}+\frac{1}{4}\cdot\frac{1}{3}+\cdots+\frac{1}{n+1}\cdot\frac{1}{n}-\frac{a_n}{n+2}=1-\frac{1}{n}-\frac{a_n}{n+2},
\end{aligned}
$$

因为 $0<a_n<1+\displaystyle\int_1^n\frac{1}{x}\mathrm{d}x=1+\ln n$，所以 $0<\dfrac{a_n}{n+2}<\dfrac{1+\ln n}{n+2}$，而 $\lim\limits_{n\to\infty}\dfrac{1+\ln n}{n+2}=0$，故 $\lim\limits_{n\to\infty}\dfrac{a_n}{n+2}=0$. 因此 $S=\lim\limits_{n\to\infty}S_n=1-0-0=1$(也可由此用定义推知级数的收敛性).

# 附录三　常用数学公式

## 一、三角函数公式

同角三角函数的基本关系式

倒数关系

$\tan\alpha \cdot \cot\alpha = 1$

$\sin\alpha \cdot \csc\alpha = 1$

$\cos\alpha \cdot \sec\alpha = 1$

商的关系

$\sin\alpha/\cos\alpha = \tan\alpha = \sec\alpha/\csc\alpha$

$\cos\alpha/\sin\alpha = \cot\alpha = \csc\alpha/\sec\alpha$

平方关系

$\sin^2\alpha + \cos^2\alpha = 1$

$1 + \tan^2\alpha = \sec^2\alpha$

$1 + \cot^2\alpha = \csc^2\alpha$

诱导公式（口诀：奇变偶不变，符号看象限.）

$\sin(-\alpha) = -\sin\alpha$　$\cos(-\alpha) = \cos\alpha$

$\tan(-\alpha) = -\tan\alpha$　$\cot(-\alpha) = -\cot\alpha$

$\sin(\pi/2 - \alpha) = \cos\alpha$　$\sin(\pi - \alpha) = \sin\alpha$

$\cos(\pi/2 - \alpha) = \sin\alpha$　$\cos(\pi - \alpha) = -\cos\alpha$

$\tan(\pi/2 - \alpha) = \cot\alpha$　$\tan(\pi - \alpha) = -\tan\alpha$

$\cot(\pi/2 - \alpha) = \tan\alpha$　$\cot(\pi - \alpha) = -\cot\alpha$

$\sin(\pi/2 + \alpha) = \cos\alpha$　$\sin(\pi + \alpha) = -\sin\alpha$

$\cos(\pi/2 + \alpha) = -\sin\alpha$　$\cos(\pi + \alpha) = -\cos\alpha$

$\tan(\pi/2 + \alpha) = -\cot\alpha$　$\tan(\pi + \alpha) = \tan\alpha$

$\cot(\pi/2 + \alpha) = -\tan\alpha$　$\cot(\pi + \alpha) = \cot\alpha$

$\sin(3\pi/2 - \alpha) = -\cos\alpha$　$\sin(2\pi - \alpha) = -\sin\alpha$

$\cos(3\pi/2 - \alpha) = -\sin\alpha$　$\cos(2\pi - \alpha) = \cos\alpha$

$\tan(3\pi/2 - \alpha) = \cot\alpha$　$\tan(2\pi - \alpha) = -\tan\alpha$

$\cot(3\pi/2 - \alpha) = \tan\alpha$　$\cot(2\pi - \alpha) = -\cot\alpha$

$\sin(3\pi/2 + \alpha) = -\cos\alpha$　$\sin(2k\pi + \alpha) = \sin\alpha$

$\cos(3\pi/2+\alpha)=\sin\alpha$　　$\cos(2k\pi+\alpha)=\cos\alpha$

$\tan(3\pi/2+\alpha)=-\cot\alpha$　　$\tan(2k\pi+\alpha)=\tan\alpha$

$\cot(3\pi/2+\alpha)=-\tan\alpha$　　$\cot(2k\pi+\alpha)=\cot\alpha$

(其中 $k\in\mathbf{Z}$)

两角和与差的三角函数公式

$\sin(\alpha+\beta)=\sin\alpha\cos\beta+\cos\alpha\sin\beta$

$\sin(\alpha-\beta)=\sin\alpha\cos\beta-\cos\alpha\sin\beta$

$\cos(\alpha+\beta)=\cos\alpha\cos\beta-\sin\alpha\sin\beta$

$\cos(\alpha-\beta)=\cos\alpha\cos\beta+\sin\alpha\sin\beta$

$$\tan(\alpha+\beta)=\frac{\tan\alpha+\tan\beta}{1-\tan\alpha\cdot\tan\beta}$$

$$\tan(\alpha-\beta)=\frac{\tan\alpha-\tan\beta}{1+\tan\alpha\cdot\tan\beta}$$

万能公式

$$\sin\alpha=\frac{2\tan(\alpha/2)}{1+\tan^2(\alpha/2)}$$

$$\cos\alpha=\frac{1-\tan^2(\alpha/2)}{1+\tan^2(\alpha/2)}$$

$$\tan\alpha=\frac{2\tan(\alpha/2)}{1-\tan^2(\alpha/2)}$$

半角的正弦、余弦和正切公式

$$\sin\frac{\alpha}{2}=\pm\sqrt{\frac{1-\cos\alpha}{2}}$$

$$\cos\frac{\alpha}{2}=\pm\sqrt{\frac{1+\cos\alpha}{2}}$$

$$\tan\frac{\alpha}{2}=\pm\sqrt{\frac{1-\cos\alpha}{1+\cos\alpha}}=\frac{1-\cos\alpha}{\sin\alpha}=\frac{\sin\alpha}{1+\cos\alpha}$$

三角函数的降幂公式

$$\sin^2\alpha=\frac{1-\cos2\alpha}{2}$$

$$\cos^2\alpha=\frac{1+\cos2\alpha}{2}$$

二倍角的正弦、余弦和正切公式

$\sin2\alpha=2\sin\alpha\cos\alpha$

$\cos2\alpha=\cos^2\alpha-\sin^2\alpha=2\cos^2\alpha-1=1-2\sin^2\alpha$

$$\tan 2\alpha = \frac{2\tan\alpha}{1-\tan^2\alpha}$$

三倍角的正弦、余弦和正切公式

$$\sin 3\alpha = 3\sin\alpha - 4\sin^3\alpha$$

$$\cos 3\alpha = 4\cos^3\alpha - 3\cos\alpha$$

$$\tan 3\alpha = \frac{3\tan\alpha - \tan^3\alpha}{1-3\tan^2\alpha}$$

三角函数的和差化积公式

$$\sin\alpha + \sin\beta = 2\sin\frac{\alpha+\beta}{2}\cdot\cos\frac{\alpha-\beta}{2}$$

$$\sin\alpha - \sin\beta = 2\cos\frac{\alpha+\beta}{2}\cdot\sin\frac{\alpha-\beta}{2}$$

$$\cos\alpha + \cos\beta = 2\cos\frac{\alpha+\beta}{2}\cdot\cos\frac{\alpha-\beta}{2}$$

$$\cos\alpha - \cos\beta = -2\sin\frac{\alpha+\beta}{2}\cdot\sin\frac{\alpha-\beta}{2}$$

三角函数的积化和差公式

$$\sin\alpha\cdot\cos\beta = \frac{1}{2}[\sin(\alpha+\beta)+\sin(\alpha-\beta)]$$

$$\cos\alpha\cdot\sin\beta = \frac{1}{2}[\sin(\alpha+\beta)-\sin(\alpha-\beta)]$$

$$\cos\alpha\cdot\cos\beta = \frac{1}{2}[\cos(\alpha+\beta)+\cos(\alpha-\beta)]$$

$$\sin\alpha\cdot\sin\beta = -\frac{1}{2}[\cos(\alpha+\beta)-\cos(\alpha-\beta)]$$

化 $a\sin\alpha \pm b\cos\alpha$ 为一个角的一个三角函数的形式（辅助角的三角函数的公式）

$$a\sin x \pm b\cos x = \sqrt{a^2+b^2}\sin(x\pm\phi)$$

$\left(\text{其中 }\phi\text{ 角所在象限由 }a\text{、}b\text{ 的符号确定，}\phi\text{ 角的值由 }\tan\phi=\frac{b}{a}\text{确定.}\right)$

**二、常用代数公式：**

1. 等差数列的通项公式：$a_n = a_1 + (n-1)d$

前 $n$ 项和：$S_n = \dfrac{(a_1+a_n)n}{2} = na_1 + \dfrac{n(n-1)}{2}d$

2. 等比数列的通项公式：$a_n = a_1 q^{n-1}$

前 $n$ 项和：$S_n=\dfrac{a_1(1-q^n)}{1-q}=\dfrac{a_1-a_nq}{1-q}\quad(q\neq1)$

3. 某些数列的部分和：

$$1+2+3+\cdots+n=\frac{1}{2}n(n+1)$$

$$1^2+2^2+3^2+\cdots+n^2=\frac{1}{6}n(n+1)(2n+1)$$

$$1^3+2^3+3^3+\cdots+n^3=\frac{1}{4}n^2(n+1)^2$$

4. 乘法与因式分解公式

$(x+a)(x+b)=x^2+(a+b)x+ab$

$(a\pm b)^2=a^2\pm2ab+b^2$

$(a\pm b)^3=a^3\pm3a^2b+3ab^2\pm b^3$

$a^2-b^2=(a-b)(a+b)$

$a^3\pm b^3=(a\pm b)(a^2\mp ab+b^2)$

$a^n-b^n=(a-b)(a^{n-1}+a^{n-2}b+a^{n-3}b^2+\cdots+ab^{n-2}+b^{n-1})$（$n$ 为正整数）

$a^n-b^n=(a+b)(a^{n-1}-a^{n-2}b+a^{n-3}b^2-\cdots+ab^{n-2}-b^{n-1})$（$n$ 为偶数）

$a^n+b^n=(a+b)(a^{n-1}-a^{n-2}b+a^{n-3}b^2-\cdots-ab^{n-2}+b^{n-1})$（$n$ 为奇数）

$(a+b+c)^2=a^2+b^2+c^2+2ab+2bc+2ca$

$$\begin{aligned}(a+b)^n&=\mathrm{C}_n^0a^n+\mathrm{C}_n^1a^{n-1}b+\mathrm{C}_n^2a^{n-2}b^2+\cdots+\mathrm{C}_n^{n-1}ab^{n-1}+\mathrm{C}_n^nb^n\\&=\sum_{k=0}^{n}\mathrm{C}_n^ka^{n-k}b^k\end{aligned}$$

5. 算术平均值与几何平均值不等式

1° 几个数的算术平均值的绝对值不超过这些数的均方根，即

$$\left|\frac{a_1+a_2+\cdots+a_n}{n}\right|\leqslant\sqrt{\frac{a_1^2+a_2^2+\cdots+a_n^2}{n}},$$

等号只当 $a_1=a_2=\cdots=a_n$ 时成立.

2° 设 $a_1$，$a_2$，$\cdots$，$a_n$ 均为正数，则它们的几何平均值不超过算术平均值，即

$$\sqrt[n]{a_1a_2\cdots a_n}\leqslant\frac{a_1+a_2+\cdots+a_n}{n},$$

等号只当 $a_1=a_2=\cdots=a_n$ 时成立.

# 参 考 文 献


[1] 南京理工大学应用数学系. 高等数学：上册[M]. 2版. 北京：高等教育出版社，2008.

[2] 南京理工大学应用数学系. 高等数学：下册[M]. 2版. 北京：高等教育出版社，2008.

[3] 南京理工大学高等数学教程编写组. 高等数学教程[M]. 北京：兵器工业出版社，2000.

[4] 朱顺荣，王为群. 高等数学复习指南[M]. 成都：成都科技大学出版社，1999.

[5] 同济大学应用数学系. 高等数学[M]. 6版. 北京：高等教育出版社，2007.

[6] 同济大学应用数学系. 高等数学附册学习辅导与习题选解[M]. 北京：高等教育出版社，2003.

[7] 李文. 高等数学辅导及教材习题解析[M]. 北京：朝华出版社，2006.

[8] 曹绳武，王振中，于远许. 高等数学重要习题集[M]. 大连：大连理工大学出版社，2002.

[9] 吴昌炽. 高等数学学习和解题指导[M]. 北京：北京邮电大学出版社，1999.

[10] 周玮，张明，郑燕华. 高等数学学习指导[M]. 北京：北京理工大学出版社，2007.